中国科学院院长 白春礼院士题

论低维并纳器件
致广大而尽精微

白春礼

戊戌春月

中国科学院科学出版基金资助出版

低维材料与器件丛书

成会明　总主编

富勒烯：从基础到应用

谢素原　杨上峰　李姝慧　编著

科学出版社

北京

内 容 简 介

本书为“低维材料与器件丛书”之一。本书基于作者多年的科研工作，并结合国内外的最新研究进展比较系统地介绍了富勒烯的发现、结构、合成、分离、形成机理、物理性质、化学性质及高分子化学等相关基础知识，对富勒烯的产业化开发和应用作了回顾与展望。全书共分 10 章，涵盖了目前国内外有关富勒烯的最新研究成果。

本书可供在化学、材料、物理、医学等领域从事富勒烯基础研究与应用开拓的科技工作者参考，也可供富勒烯教学参考，还可供对富勒烯感兴趣的广大青少年阅读。

图书在版编目（CIP）数据

富勒烯：从基础到应用 / 谢素原，杨上峰，李姝慧编著. —北京：科学出版社，2019.11

（低维材料与器件丛书/成会明总主编）

ISBN 978-7-03-062423-9

Ⅰ. ①富…　Ⅱ. ①谢…　②杨…　③李…　Ⅲ. ①碳－纳米材料－研究　Ⅳ. ①TB383

中国版本图书馆 CIP 数据核字（2019）第 214197 号

责任编辑：翁靖一　李丽娇 / 责任校对：严　娜

责任印制：徐晓晨 / 封面设计：耕者设计工作室

科学出版社 出版

北京东黄城根北街 16 号

邮政编码：100717

http://www.sciencep.com

北京建宏印刷有限公司 印刷

科学出版社发行　各地新华书店经销

*

2019 年 11 月第 一 版　开本：720×1000　1/16

2021 年 3 月第二次印刷　印张：26

字数：498 000

定价：198.00 元

（如有印装质量问题，我社负责调换）

低维材料与器件丛书

编 委 会

总　序

人类社会的发展水平，多以材料作为主要标志。在我国近年来颁发的《国家创新驱动发展战略纲要》、《国家中长期科学和技术发展规划纲要（2006—2020年）》、《“十三五”国家科技创新规划》和《中国制造2025》中，材料都是重点发展的领域之一。

随着科学技术的不断进步和发展，人们对信息、显示和传感等各类器件的要求越来越高，包括高性能化、小型化、多功能、智能化、节能环保，甚至自驱动、柔性可穿戴、健康全时监/检测等。这些要求对材料和器件提出了巨大的挑战，各种新材料、新器件应运而生。特别是自 20 世纪 80 年代以来，科学家们发现和制备出一系列低维材料（如零维的量子点、一维的纳米管和纳米线、二维的石墨烯和石墨炔等新材料），它们具有独特的结构和优异的性质，有望满足未来社会对材料和器件多功能化的要求，因而相关基础研究和应用技术的发展受到了全世界各国政府、学术界、工业界的高度重视。其中富勒烯和石墨烯这两种低维碳材料的发现者还分别获得了 1996 年诺贝尔化学奖和 2010 年诺贝尔物理学奖。由此可见，在新材料中，低维材料占据了非常重要的地位，是当前材料科学的研究前沿，也是材料科学、软物质科学、物理、化学、工程等领域的重要交叉，其覆盖面广，包含了很多基础科学问题和关键技术问题，尤其在结构上的多样性、加工上的多尺度性、应用上的广泛性等使该领域具有很强的生命力，其研究和应用前景极为广阔。

我国是富勒烯、量子点、碳纳米管、石墨烯、纳米线、二维原子晶体等低维材料研究、生产和应用开发的大国，科研工作者众多，每年在这些领域发表的学术论文和授权专利的数量已经位居世界第一，相关器件应用的研究与开发也方兴未艾。在这种大背景和环境下，及时总结并编撰出版一套高水平、全面、系统地反映低维材料与器件这一国际学科前沿领域的基础科学原理、最新研究进展及未来发展和应用趋势的系列学术著作，对于形成新的完整知识体系，推动我国低维材料与器件的发展，实现优秀科技成果的传承与传播，推动其在新能源、信息、光电、生命健康、环保、航空航天等战略新兴领域的应用开发具有划时代的意义。

为此，我接受科学出版社的邀请，组织活跃在科研第一线的三十多位优秀科学家积极撰写“低维材料与器件丛书”，内容涵盖了量子点、纳米管、纳米线、石墨烯、石墨炔、二维原子晶体、拓扑绝缘体等低维材料的结构、物性及其制备方法，并全面探讨了低维材料在信息、光电、传感、生物医用、健康、新能源、环境保护等领域的应用，具有学术水平高、系统性强、涵盖面广、时效性高和引领性强等特点。本套丛书的特色鲜明，不仅全面、系统地总结和归纳了国内外在低维材料与器件领域的优秀科研成果，展示了该领域研究的主流和发展趋势，而且反映了编著者在各自研究领域多年形成的大量原始创新研究成果，将有利于提升我国在这一前沿领域的学术水平和国际地位、创造战略新兴产业，并为我国产业升级、提升国家核心竞争力提供学科基础。同时，这套丛书的成功出版将使更多的年轻研究人员和研究生获取更为系统、更前沿的知识，有利于低维材料与器件领域青年人才的培养。

历经一年半的时间，这套“低维材料与器件丛书”即将问世。在此，我衷心感谢李玉良院士、谢毅院士、俞书宏教授、谢素原教授、张跃教授、康飞宇教授、张锦教授等诸位专家学者积极热心的参与，正是在大家认真负责、无私奉献、齐心协力下才顺利完成了丛书各分册的撰写工作。最后，也要感谢科学出版社各级领导和编辑，特别是翁靖一编辑，为这套丛书的策划和出版所做出的一切努力。

材料科学创造了众多奇迹，并仍然在创造奇迹。相比于常见的基础材料，低维材料是高新技术产业和先进制造业的基础。我衷心地希望更多的科学家、工程师、企业家、研究生投身于低维材料与器件的研究、开发及应用行列，共同推动人类科技文明的进步！

成会明

中国科学院院士，发展中国家科学院院士

清华大学，清华-伯克利深圳学院，低维材料与器件实验室主任

中国科学院金属研究所，沈阳材料科学国家研究中心先进炭材料研究部主任

Energy Storage Materials 主编

SCIENCE CHINA Materials 副主编

序

富勒烯是由五边形和六边形组成的笼状结构的全碳分子，其中的 C_{60} 可以具有足球一样完美对称的结构。富勒烯的发现获得了 1996 年诺贝尔化学奖，激发了化学、物理、材料、生命等领域的广泛兴趣和研究热潮。富勒烯本身就是纳米尺度的碳原子团簇，在合成富勒烯的过程中又发现了碳纳米管，进一步激发了纳米科技的研究。

《富勒烯：从基础到应用》的作者长期从事富勒烯的研究工作。他们在书中首先介绍了富勒烯奇妙的发现过程；结合他们的研究工作，详细描述了富勒烯的结构特点及富勒烯的各种合成与分离方法；介绍了富勒烯可能的形成机理；在总结富勒烯物理与化学性质的基础上，比较全面地概述了富勒烯的应用领域及其前景。该书不仅对于从事富勒烯研究的科技工作者具有重要的参考价值，而且也能增长和丰富相关研究人员和学生的科学兴趣和知识。

富勒烯科学在经历了研究高潮之后，仍然还在路上。随着研究的深入，新的富勒烯、新的富勒烯的结构和性质，尤其是富勒烯的新用途，仍将不断被发现，这不仅能丰富相关的科学知识，而且将成为人类社会和经济发展的重要物质宝库。

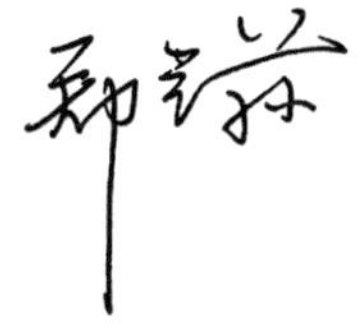

中国科学院院士

厦门大学教授

前　言

富勒烯作为20世纪最后十五年人类的最大发现之一，颇受科技界关注，尤其自21世纪初实现了富勒烯的宏量合成后，富勒烯的神奇魅力得以展现，富勒烯的相关研究取得了一次又一次的重要突破，这些研究影响了物理、化学、材料、医学、天文等诸多领域，富勒烯的发现者们也因此获得了诺贝尔化学奖。

目前，富勒烯无论是基础研究还是应用开发方面都已取得长足的进步，除了经典富勒烯，内嵌富勒烯、杂富勒烯、开孔富勒烯、非经典富勒烯乃至碳纳米管的神秘面纱被逐渐揭开，但尚缺一本全面介绍富勒烯知识的中文书籍。本书力图在作者过去二十多年对富勒烯的学习、体会与研究基础上，较全面地介绍富勒烯的发现历史、宏量合成、笼状结构、理化特性及应用领域，重展过去三十五年谱写的富勒烯精彩篇章，提升青年学子对富勒烯的兴趣。本书亦可供从事富勒烯的基础研究或应用开拓的读者参考，激发大家对犹待解决的核心科学与技术问题的深入思考，推进富勒烯的研究与开发。

全书共分10章，第1章回顾富勒烯的发现史，第2章说明富勒烯的独特笼状结构，第3章展示富勒烯宏量合成的方法，第4章阐述富勒烯的分离纯化技术，第5章探讨富勒烯的形成机理，第6、7章介绍富勒烯的物理、化学性质，第8章讨论富勒烯的高分子化学，第9章列举富勒烯的应用领域，第10章总结富勒烯的发展纪元。

感谢在书稿撰写过程中作出重要贡献的中国科学技术大学的杨上峰、刘富品和厦门大学的团队成员李姝慧、谭元植、张前炎、邓林龙、邓顺柳、田寒蕊、黄乐乐、邢舟等，全书由谢素原、杨上峰、李姝慧负责组稿、撰写、修改和审稿。

感谢为本书提出宝贵意见的成会明院士、“低维材料与器件丛书”编委会专家及科学出版社的编辑翁靖一和李丽娇等！

感谢对本书出版进行资助的厦门市优秀人才专项资金和厦门大学“双一流”建设物质创制基础化学研究中心项目！

此外，致力于富勒烯产业化生产与应用的厦门福纳新材料科技有限公司和新疆雅克拉炭黑有限责任公司（及其全资子公司江西金石高科技开发有限公司）对本书的出版也提供了赞助，在此一并致谢！

限于作者的时间和精力，书中难免有不足和疏漏之处，敬请广大读者批评指正。

2019 年 9 月

目　　录

第1章

富勒烯的发现

1985年9月，克罗托（Harold Kroto）、斯莫利（Richard E. Smalley）和柯尔（Robert Curl）等（图1-1）提出了一种全碳分子，这是除了石墨和金刚石之外的碳的第三种同素异形体，这一发现于1985年11月14日以《C_{60}：巴克明斯特富勒烯》为题发表在《自然》杂志上[1]，标志着富勒烯的神秘面纱被揭开。他们是在研究星际尘埃中的长链碳形成过程中，在美国莱斯大学的实验室，通过激光蒸发石墨的质谱实验敏锐地捕捉到了富勒烯 C_{60}——巴克明斯特富勒烯（Buckminsterfullerene）的信号，并率先提出了其封闭的笼状分子结构。确切地说，C_{60} 具有完美的球形对称结构，可以看作是一个截角二十面体，具有32个多边形面，包括12个正五边形和20个正六边形。我们可以想象一下足球表面的图案，它是由12个黑五边形和20个白六边形缝合在一起，这样五边形就不会与另一个五边形接触，其结果是具有60个顶点的高度对称结构，如果我们想象在这60个顶点的每一处放置一个碳原子，这就形成了克罗托、斯莫利和柯尔他们提出的巴克明斯特富勒烯分子，不过，它的直径是足球的三亿分之一（如果将足球想象成地球那么大，那么 C_{60} 就相当于地球上的一粒乒乓球）。

图1-1　富勒烯的发现者：斯莫利、克罗托和柯尔（从左至右）

一晃11年过去了，1996年12月10日，在瑞典首都金碧辉煌的斯德哥尔摩音乐厅，瑞典皇家科学院院长莱纳特·艾伯森（Lennart Eberson）郑重宣布克罗托、柯尔和斯莫利三位教授因为发现富勒烯而获得诺贝尔化学奖（图1-2）。他们三人从国王陛下手中接受诺贝尔奖的那一刻，他们和富勒烯一同站在世界科学界的顶端，令世人瞩目。他们为富勒烯揭开了封存亿万年的神秘面纱，富勒烯同时也为他们带来无上的荣誉。

图 1-2　1996 年的诺贝尔化学奖颁奖

然而，这一荣誉背后藏了多少艰辛、怀疑、失望，抑或惊喜、兴奋、坚定，我们虽不能切身感受，却能从历史中品味。由吉姆・巴戈特（Jim Baggott）著，并由李涛、曹志良翻译的《完美的对称：富勒烯的意外发现》一书重现了那些精彩的历史片段[2]。让我们一起跟随《完美的对称：富勒烯的意外发现》去接近那些令人心跳的瞬间，体会那失之交臂的遗憾，经历那怀疑和质问的挣扎，感受那紧张刺激的竞争，共同去收获那属于富勒烯的精彩和辉煌！

1.1 星际尘埃的难题

早在 20 世纪 60 年代末，包括天文学家、物理学家、化学家、生物学家在内的科学家们开始对宇宙的起源和演化越来越感兴趣。尽管星际介质中 70%是氢，28%是氦，而剩下 2%的物质对于研究宇宙和生命，却显得尤为关键。到 20 世纪 70 年代中期，已经困扰了天文学家近 50 年的星际漫射带（diffuse interstellar band,

DIB）数目已有 40 个左右（图 1-3），这些物质主要来源于星际空间，但具体怎么产生，人们只能初步判断它们和星际尘埃有明显的关系，可能是由某一种或某一类物质的吸收造成的。1964 年诺贝尔物理学奖得主，“激光之父”查尔斯·哈德·汤斯（Charles Hard Townes）最先利用射电望远镜观察星际空间，并搜寻微波信号以确认太空中的分子信息[3]，虽然包括水、甲醛、氰化氢和乙醛在内的简单分子的微波信号被一一确认，但是对于复杂分子，由于不能预知它们的微波波谱，射电望远镜的使命变得难以完成。这就意味着人们必须通过实验室制备类似的分子，并测出其微波波谱，来进一步指导新的太空分子的寻找与发现。这一工作最终集中到了一个当时已趋于成熟的科学领域——微波光谱学。

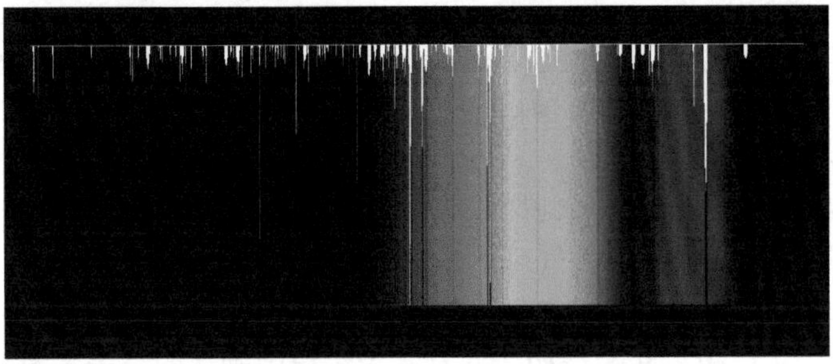

图 1-3　观察到的弥漫星际带的相对强度

无独有偶，克罗托和柯尔二人正是微波光谱学家。1975 年，克罗托还是英国萨塞克斯大学的一名年轻讲师，他一方面追随着汤斯等从事利用微波光谱寻找星际大分子的工作；另一方面，结合自己基于碳原子长链分子的研究经历，继续开展微波谱的探索。两年后，克罗托和柯尔在英国的一次会议上相识，柯尔那时在美国莱斯大学工作，共同的研究兴趣使两人日后建立起了联系。

克罗托一直着迷于利用微波光谱实验去研究长链分子的振动和转动特性。克罗托和同一个大学的同事沃尔顿合作，沃尔顿负责化学合成，克罗托负责微波谱研究。他们首先设计制备了氰基丁二炔（结构为 H—C≡C—C≡C—C≡N，分子简式为 HC_5N），并用惠普 8460A 微波谱仪进行了测试。这个工作得到了预期的结果，似乎也算是圆满了，但是却让克罗托联想起 5 年前美国天文学家特纳（Barry Turner）的一项研究[4]。特纳在星际介质中发现了丙炔氰分子 HC_3N，它的结构和克罗托研究的 HC_5N 结构相似。那么这个 HC_5N 在星际介质中是否同样存在呢？克罗托联系到了当初在加拿大国家研究委员会（National Research Council，NRC）做博士后的同事冈（Takeshi Oka），两人一拍即合。冈联合他的同事用安大略省阿尔贡金帕克的射电望远镜在人马座 B2 星云（图 1-4）寻找对应的微波信号。观测结果让人惊喜，这也使得 HC_5N 成为当时星际介质中已知的最大的分子[5]。顺着这个思路，克罗托和沃尔顿还有冈继续合作，在一年多后又制备出 HC_7N 分子，并在金牛座中的海勒斯 2 号星云中发现了它的信号[6]。制备更长碳链的分子已然困难重重，但运用外推的方式，他们成功地预测了 HC_9N 作为星际分子的存在。

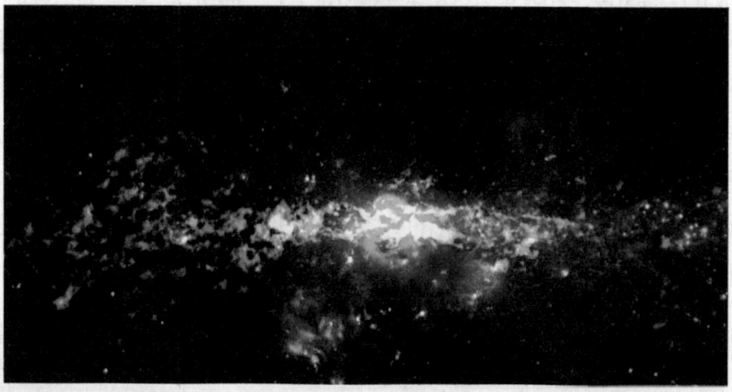

图 1-4 克罗托发现 HC_5N 的人马座 B2 星云

对于长的碳链分子的形成问题，克罗托将目光集中在红巨星上，也就是恒星的老年期。这些恒星的外层大气可能是形成这些分子的理想场所。1982 年，射电天文学家贝尔（M. B. Bell）等在《自然》杂志上报道了红巨星 IRC + 10°216 发射的微波信号对应了 $HC_{11}N$ 的结构，并且其大气层中确认的分子多数含有 C—C 键和 C≡N 键[7]。这也进一步印证了克罗托的猜想。

现在关键的问题在于能不能找到更加充分可信的证据来证明长链分子（如氰基聚炔烃）和红巨星气体尘埃的物理条件有关。从这一点出发，如果能可控地合成更长碳链的分子（如 $HC_{33}N$）将是一件令人梦寐以求的事情。对于长链氰基聚炔烃分子（以 $HC_{33}N$ 为例），作为这一大难题的可能答案，一直让克罗托魂牵梦绕……值得一提的是，直到今天，人们能够实验产生并光谱表征的最长碳链也只是 $HC_{13}N$[8]。

1.2 超级机器

1984 年 2 月，克罗托来到美国得克萨斯州奥斯汀参加两年一度的分子结构会议，会上又碰到了老朋友柯尔。这次轮到柯尔尽地主之谊，他邀请克罗托到他休斯敦的家里做客，并一起参观他在莱斯大学的实验室。在亲切的交谈中，克罗托得知柯尔现在与莱斯大学的同事斯莫利合作研究半导体团簇材料。更让人兴奋的是，斯莫利有一台超级机器，功能十分强大，可以用来探寻奇异的分子结构。

不日，两人一起来到莱斯大学空间物理实验室的顶层三楼，即斯莫利用来放那台超级机器的地方。这台机器称为 AP2，是一台第二代团簇束流发生器（图 1-5）。

它的中心部分是一个大的不锈钢柱形工作腔，安装在同样大小的真空泵上。工作腔四周摆着装有激光器和各种光学仪器的工作面板。每台控制或探测仪器都拖着数条颜色各异、粗细不匀的电缆线，凌乱地躺在地板上或是悬在半空中。控制 AP2 以及接受储存数字信号的工作是由一台计算机完成的。它被放在木制工作台上，旁边是一排排电子设备，前面则放着一台屏幕上仰的示波器。整个装置被硬塞在实验室的角落里，占据了地板到天花板的几乎所有空间，像是一个庞大的机械怪物，却又长着奇奇怪怪的胡须。

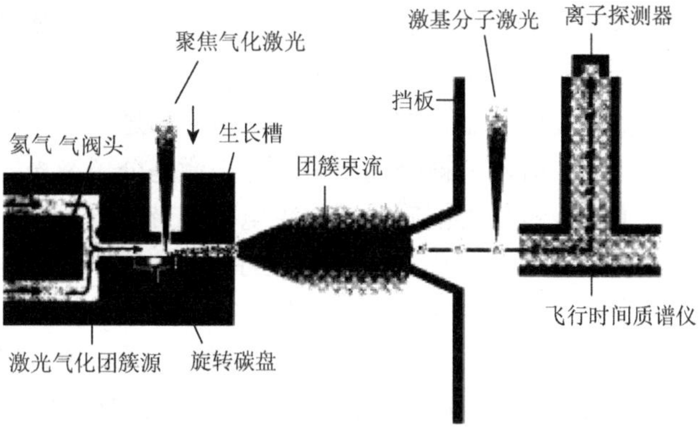

图 1-5　AP2 的示意图

斯莫利是个对科学充满激情的人，他亲自示范并详细地向克罗托介绍了 AP2 各部件的功能。最吸引人的就是 AP2 有两台激光器。一台是长形浅棕色蹲式量子射线（quanta-ray）激光器，它是掺钕离子的钇铝石榴子石（Nd∶YAG）激光器，可以产生红外和可见光区的高能光脉冲。另一台是体型庞大的方形天蓝色 Lumonics 激基分子激光器，可以产生强大的紫外脉冲。在斯莫利的演示下，克罗托清楚地了解了这些激光器产生的光脉冲通过反射镜分束，然后沿同一光轴被导入工作腔的整个流程。

斯莫利还就他和柯尔一起研究的 SiC_2 的工作为例，介绍了 AP2 的工作原理。对于 SiC_2 的研究最早也源于天体物理学，它被确认是富碳恒星光谱上蓝光到绿光波段产生吸收带的原因，但当时吸收谱分析并不全面，其分子形状也难以确认。这也归因于这类分子，如铬、钒金属以及硅、锗、砷化镓半导体等，一般只能在高温下合成，这样就使得这些团簇分子的光谱转动谱线密集重叠，难以分辨。斯莫利的目标就是借助 AP2 利用光代替热，制备团簇分子，并在低温状态下进行测量。这样分子就能回到较低的转动能级，从而得到清晰明确的光谱信息。

AP2 研究 SiC_2 的实验开始了。首先 Nd∶YAG 激光器发出波长 532 nm 的绿色激光脉冲轰击旋转的固体靶靶面。固体靶是安装在工作腔内的一根碳化硅棒。每个激光脉冲在不到十亿分之五秒内提供 60～70 MJ 的能量，聚焦在直径不到 1 mm 的点上，其峰值功率可达 10000 kW。靶表面被瞬间破坏，表面原子被激发形成电离原子和电子组成的等离子体，温度可达 10000 K 以上。固体靶的旋转保证了实验条件的相对稳定，以免在靶表面形成深坑。另外在激光脉冲轰击靶面前的一瞬间，打开气阀将工作腔内充满 3 atm[1 atm(1 个大气压) = 101325 Pa]的氦气，把上述形成的等离子体带向成簇区并形成数个甚至数十个原子大小的团簇分子。接下来氦原子和团簇分子通过一个小喷嘴，受到进一步压缩，在这个过程中，团簇分子和氦原子的激烈碰撞把团簇分子振动和转动自由度上的能量传递到氦原子的平动自由度上，使得氦原子进一步加速到超音速，团簇分子得到了显著的冷却。之后它们进入到真空腔发生膨胀。在气体的膨胀和冷却过程中，团簇还会进一步形成。锥状的膨胀气流中心部分被分离出来，并用激基分子激光器发出的紫外光脉冲照射。这些光子的能量使得团簇分子发生电离并带正电。这些离子进入到飞行时间质谱仪中，经偏折后沿着一条 1.5 m 长的管子加速。在加速过程中，各种离子按其质量的顺序分离，轻的团簇离子先到达检测器，重的后到达检测器。因此通过团簇的“飞行时间”进而推知团簇分子的相对质量和所含原子数的多寡。整个这样的过程大约每秒重复 10 次，累积 1000 次就能获得一张不错的质谱图[9]。

实验到了这一步，不同种类的团簇分开之后，接下来的任务是设法测量其中一种或者多种团簇的光谱。斯莫利等采用了另外一台激光器——染料激光器，替代 Nd：YAG 激光器来激发 SiC_2 分子。染料激光器能在可见光的小范围内可调，这样当激光器的波长或频率和分子间能级相匹配时，SiC_2 分子才能被激发，从而被激基分子激光器进一步电离。这样以染料激光器的波长为横坐标，以吸收信号强度为纵坐标，可以得到一张中性 SiC_2 分子的吸收谱。质谱信号的强度，也就是电离效率，达到最大时，染料激光器的波长或频率和分子的跃迁频率相匹配，共振达到最大。整个过程依赖于两个光子的吸收（一个用来激发，一个用来电离），故也被称为共振加强双光子电离过程。利用这一方法，斯莫利和同事们测定了 SiC_2 分子的转动光谱，并断定 SiC_2 分子并不是一个线形分子，而是一个三角形。并且结果也与克罗托同事莫雷尔（John Murrell）的理论计算相吻合[10]。

AP2 可谓是斯莫利的得意之作。斯莫利早期在芝加哥大学的沃顿（Lennard Wharton）和利维（Don Levy）手下做博士后研究，学习掌握了制造和使用大型仪器的过硬本领。而当斯莫利慷慨激昂夸耀 AP2 的奇妙之处时，克罗托联想到了早在 21 年前德国马克斯・普朗克化学研究所的欣腾贝格尔（H. von Hintenberger）发表在德国《自然科学杂志》的一篇文章[11]。他们报道了一种通过两根石墨电极间高压放电的方法生成了碳灰，进一步进行物质分析则发现了直到 C_{33} 原子团簇的一系列碳分子。碳弧光放电的物理条件与红巨星外层大气条件十分相似。而眼前这个 AP2 也能达到十分激烈的物理条件，能在极高温度下产生原子，并在氦气的冲击下形成团簇分子，同时又被冷却到极低的温度。如果将碳化硅靶换作石墨靶，这似乎也和红巨星外层大气有异曲同工之妙。这种条件下 AP2 是否也能产生长链碳分子？如果加入氢和氮，是否能产生长链氰基聚炔烃，甚至是梦寐以求的 $HC_{33}N$ 分子？

克罗托把自己的想法告诉了柯尔，柯尔十分支持。AP2 不仅十分适合研究长链分子，并且可以利用双光子电离技术测量其吸收光谱，进一步与星际漫反射带进行对照。这对于探究 1977 年道格拉斯提出的星际漫反射带起源于长碳链分子的设想大有裨益。另外，斯莫利虽然同意这项研究，但目前 AP2 相关的半导体原子簇工作还有很多，他也更偏爱自己的研究方向，因此眼下并没有研究碳原子簇的空档。

克罗托先回到了英国萨塞克斯大学，不久就从同事斯泰斯（Tony Stace）那里看到了一份激光气化石墨研究碳原子团簇的手稿。手稿的作者就是美国新泽西州的埃克森石油公司实验室的三位科学家——罗尔芬（Eric Rohlfing）、考克斯（Donald Cox）和卡尔多（Andrew Kaldor）。他们使用的仪器实际上和斯莫利小组的别无二致。它就是 AP3 第三代团簇发生器的克隆体，是在 1982 年莱斯大学科学家为了得到埃克森石油公司的资助而复制给他们的。他们正是用 Nd：YAG 激光器轰击石墨，由高压氦气脉冲带走碳原子团簇，这些团簇在超音速气流中冷却膨胀，之后电离分开，由飞行时间质谱仪进行最后的检测（图 1-6）。

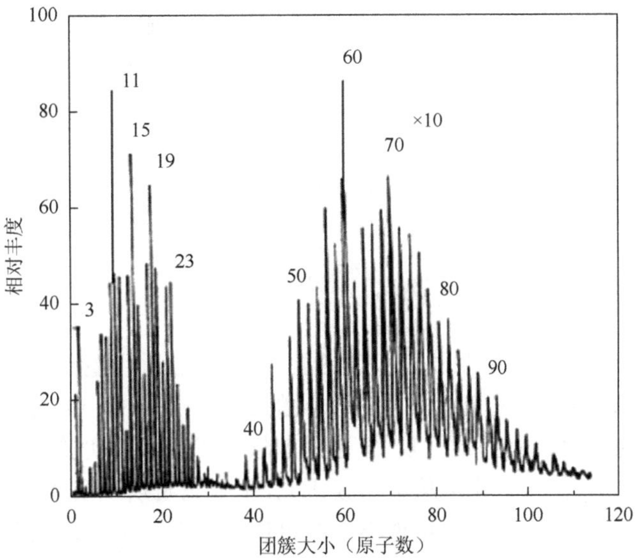

图 1-6　埃克森小组报道的碳原子团簇质谱图

测试的结果包含了原子数在 2～190 的碳原子团簇，其中少于 30 个原子的团簇分布符合人们的预期形式，且与之前德国欣腾贝格尔 1963 年碳弧放电的结果分布类似。在这个区间里，奇数碳原子团簇比偶数碳原子团簇更加明显，并且碳原子数为 3、11、15、19、23 的团簇信号尤其突出。整体信号逐步下降，到了 C_{33} 处则逐渐消失。之后到了 C_{38} 处信号又重新出现并迅速上升，在 C_{60} 处达到最大，而后又开始下降。在 C_{38} 以后的团簇分布，奇数的团簇信号奇迹般消失了，只剩下偶数团簇的信号，这和 C_{33} 之前的信号特征完全相反。但是整张质谱图似乎又没有什么特殊之处，那个 C_{60} 的信号也没有特别突出，并且对于高低原子数下团簇的奇偶分布不同也没有很好的解释。罗尔芬等只能猜测大的原子团簇中形成了一种新的形态的碳，并试图用碳炔来说明只会出现偶数的团簇。因为根据之前科学家对碳炔的猜测，它就是由一系列包含 2 个原子的亚基—C≡C—组成的，所以总含有偶数个碳原子。另外他们还通过氢氧化钾处理后的石墨，制备了一系列 K—C 团簇。这一成果在 1984 年 10 月发表在《物理化学杂志》上[12]。在第三届国际微粒和无机团簇研讨会（International Symposium on Small Particles and Inorganic Clusters，ISSPIC）上，埃克森小组也用海报形式展示了这一成果，引起了很大关注。但始终没有人提出比碳炔更好的解释，更没有人就 C_{60} 和 C_{70} 信号更强的现象发表评论。

克罗托了解到了埃克森小组的研究现状，心情显得很是复杂。一方面，这本来就是自己竭力劝说斯莫利做的实验，如今却被抢了先机，很是遗憾；另一方面，他也欣喜地看到了这个实验的初步结果，进一步印证了他的猜想。更让人摩拳擦掌的是，这份工作并没有利用双光子电离技术研究光谱信息，也没有提及星际介质的工作，更何况关于氰基聚炔烃的探索也大有可为！接下来就是要看斯莫利的 AP2 什么时候有空让他安排一下碳原子团簇的实验了。直到 1985 年 8 月，也就是离上次克罗托到莱斯大学已经一年半了，柯尔告诉克罗托可以安排 AP2 的碳原子簇实验了。克罗托二话不说就制定了赴美的行程。

1.3 捉摸不透的信号

1985 年 8 月 23 日，星期五，AP2 终于第一次装上了石墨靶。柯尔的学生张清玲（Qing-Ling Zhang），还有柯尔和斯莫利的合作者蒂特尔（Frank Tittel）的学生刘元（Yuan Liu）两个人开始重复 18 个月前埃克森的团簇实验。当时，厦门大学的郑兰荪也在斯莫利的实验室从事团簇研究，主要负责研制负离子团簇束源设备。初步实验结果不出所料地与埃克森小组的报道相吻合，也就是原子数较少时奇数峰占优，C_{38} 之后却只有偶数原子团簇的分布。到了午后，她们发现了一个新的现象，C_{60} 的信号比相邻的 C_{62} 信号高出大约 20 倍，C_{70} 的信号也十分显著，这比埃克森小组测量的质谱信号要高很多。接下来她们尝试对碳原子团簇做了共振加强双光子电离实验，发现在 C_{14}～C_{25} 范围内是有效的。至此，准备工作基本完成，接下来就是等克罗托抵达莱斯大学商讨下一步的实验计划了。

1985 年 9 月 1 日，星期日，按照两天前在斯莫利办公室讨论的方案，克罗托以及斯莫利的两个学生，希思（Jim Heath）和奥布莱恩（Sean O'Brien），正式启动了他们的碳原子团簇实验。学生们负责操作仪器，而克罗托负责监视计算机上的飞行时间质谱信号，也方便及时根据实验结果来指导下一次的实验。一开始的结果与埃克森小组报道的并没有区别，希思在喷嘴上延长了一段来延长团簇碰撞的时间，C_{60} 的信号突出了一些，大约是 C_{62} 的 8 倍。但是 AP2 的其他信号都很弱。第二天，他们将载流气体由氦气换成氢气，发现那些较大的偶数原子团簇的信号更突出了，其与氢反应的活性不如小团簇，似乎更加稳定。也看到了结构可能为 $H\text{-}(C\equiv C)_n\text{-}H$ 的长链分子，其中 n 为 6～20，这可以用来证明富碳红巨星的外层大气可能也形成了某些聚炔烃。第三天，刘元又花了一整天时间来修改计算机里面的程序错误。到了第四天下午才重新启动实验。这次他们用氮气作为载气，目的是看看能不能观测到两头是 2 个氮原子的碳原子链，但实验不如所愿。到了晚上 6 点多，他们又接上最开始用的氦气看看。谁知这漫不经心的尝试得到了意想不到的结果：整个质谱图上几乎只剩下 C_{60} 和 C_{70} 的信号（图 1-7）。C_{60} 的信号是溢出的，但至少是 C_{62} 信号的 30 倍，C_{70} 的信号也十分显著。这一结果令人十分震惊，他们当即重新测试了一下，结果依然如此。实际上，刘元和张清玲在上周五就已经看到过这一现象，但科学家们现在才如梦初醒，意识到它的存在。

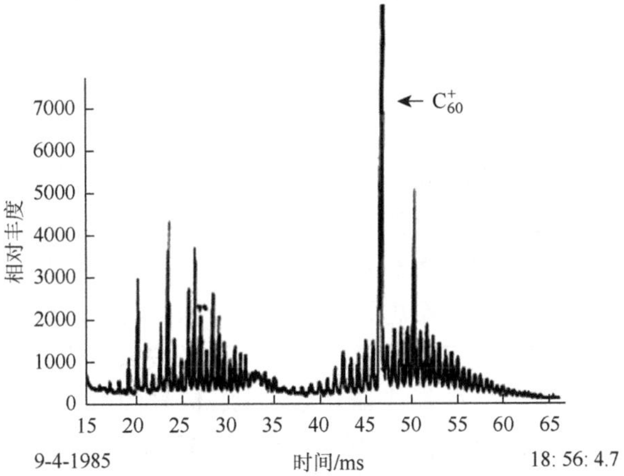

图 1-7　AP2 的飞行时间质谱图

47 ms 处对应的 C_{60}^{+} 的信号是溢出的，次强峰是 C_{70}^{+}

翌日一早，克罗托带着这张谱图和其他谱图一起，与柯尔和斯莫利讨论这一结果。显而易见的是，C_{60} 的团簇要比其他团簇更加稳定，因此信号最强。另外

C_{70}也总是如影随形，也较为稳定。克罗托还以得克萨斯州的民间传说打比方，给C_{60}取了一个有趣的名字——“孤单骑侠”（Lone Ranger），而C_{70}则是它忠实的伙伴唐托（Tonto）。但另一个更关键的问题是，那些碳原子为什么就刚好形成60个原子的稳定团簇呢？它到底是什么样不同寻常的结构才会如此稳定呢？

克罗托他们又一次聚集在一起讨论这个偶然发现的现象，虽然它和氰基聚炔烃的研究似乎并不相关，但是这个谜激起了大家强烈的好奇心。克罗托为C_{60}设想了一个平面展开的三明治结构（图1-8），中间两层碳原子平面由7个六边形组成，各含24个原子。顶层和底层各有1个六边形，如此结构正好是60个原子。并且当层与层之间很近的时候，悬键活性就会大大降低。这个想法差强人意，但大家还是觉得没有悬键的结构才会最稳定，而三明治结构的每一层边缘还是有悬键。按照这个思路，如果网状的石墨碎片可以弯曲，让边缘的悬键一一键合，整个结构就是封闭的笼状，那就不存在悬键了。克罗托想起了他在1967年加拿大蒙特利尔世界博览会上见到的美国展馆。它是建筑师巴克明斯特·富勒（Richard Buckminster Fuller）设计的“网格球顶”结构，是当时最大的富勒式球顶。那么C_{60}会不会也是这样一种网格球结构呢？遗憾的是，这些科学家并不熟悉富勒网络球顶设计原理，最终也未能提出C_{60}的满意结构。

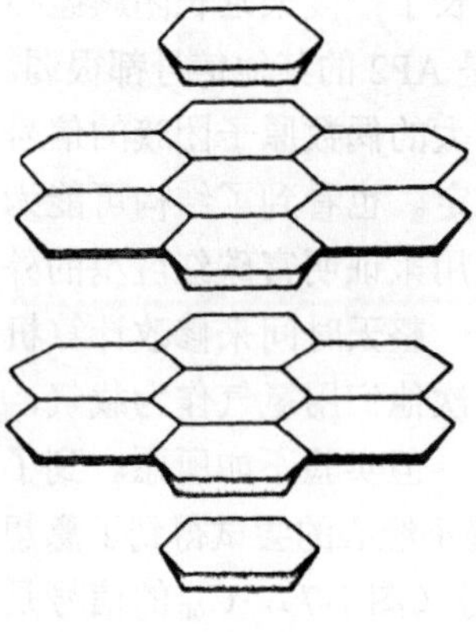

图1-8 克罗托为C_{60}设想的平展三明治结构

实验还需要继续，克罗托又把精力转到了长链氰基聚炔烃的研究上。他陆续在AP2上发现了碳原子与氢和氮分别结合，形成$H\text{-}(C\equiv C)_n\text{-}H$和$N\equiv C\text{-}(C\equiv C)_n\text{-}C\equiv N$分子，如果能进一步合成长链氰基聚炔烃，并设法测出其微波谱，那么就可以在星际介质中寻找它的踪迹，扩大星际分子的阵容。周五一天他们又围绕这一方向继续努力，而C_{60}信号突出的问题也暂时放到了一边。

柯尔则提议周末加个班，希思和奥布莱恩都积极响应。他们对这个神秘的难以捉摸的C_{60}充满了兴趣。奥布莱恩周五晚上已经按捺不住开始了独自工作。依次核查了石墨靶的老化、气化激光器功率对C_{60}信号的影响。到了周末，希思接过奥布莱恩的工作，从改变氦气背压、调节阀门开启和激光器点燃之间的时间间隔，以及延长喷嘴也就是成簇区的长度，三个方面考察C_{60}信号的强度。他发现当增大背压、优化激光器的点燃时间、延长喷嘴成簇区后，C_{60}的信号大大增强了。希思兴奋地发现原来C_{60}的信号是可控的。周一清晨，希思加回AP2的积分罩后，赶在会议讨论前匆匆又做了一遍实验。神奇的现象发生了：C_{60}的信号竟然有C_{62}的40倍高，整张质谱图除了C_{70}还有一点信号外，只有C_{60}一枝独秀的高峰（图 1-9）。当这些科学家们看到希思的最新结果时都要惊呆了，斯莫利形象地称之为“旗杆”谱。以前杂乱的质谱信号如今特征却如此明显，C_{60}的信号就像一根没有挂旗的光旗杆。结论已经很明显了，一种全新形态的碳以出人意料的方式在这台团簇束流发生器中产生了，它具有奇异的稳定性，既不生长为更大的团簇，也不会破裂为更小的碎片，甚至在这种高压和激烈碰撞的环境下都能泰然自若。可以预料到，这个东西的结构一定十分奇妙，但这些科学家们无论如何也不能给出一个让自己信服的推论，到底是一系列平展的石墨层，还是一个碳原子环，抑或是一个网格球呢？

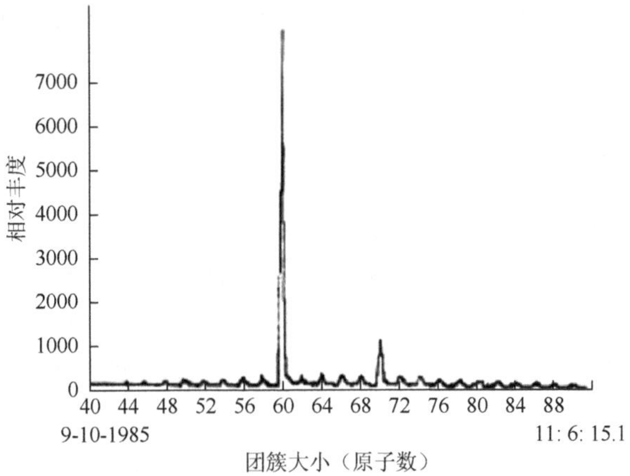

图 1-9　C_{60}“旗杆”峰

聚炔烃的实验今天也取得了新的进展，用 H_2O 和碳原子簇反应亦得到了预期的含氢的聚炔烃。氰基聚炔烃已然是一个呼之欲出的结果，起码说明在像 IRC + 10°216 这样的富碳红巨星的外层大气尘埃中，它在原则上是存在的。科学家们准备在文章中考察这些结果，并投稿给《天体物理杂志》[13]。

斯莫利觉得 C_{60}“旗杆”峰的事情也值得发表，但是总归缺乏明确的分子结构设想。斯莫利又去翻看了克罗托提到的富勒网格球顶的一本书籍，马克斯（Robert W. Marks）的《巴克明斯特・富勒的 Dymaxion 世界》，他对着 1985 年在路易斯安那州联合车罐公司的半球顶建筑苦思冥想（图 1-10）。实际上他忽略了更加体现球顶设计结构的照片，错误地认为这些球顶都是六边形构成的。到了晚上，克罗托宴请了这段时间一起紧张工作的伙伴们，晚餐上 C_{60} 的结构又成了大家讨论的焦点，大家甚至在餐巾纸上画出自己的想法，富勒球形似乎非常完美，但大家最近来来回回都在这个问题上兜圈子，这层神秘的面纱却始终没有被揭开[8]。

(a)

(b)

图 1-10 蒙特利尔世界博览会的美国展馆（a）和联合车罐公司（b）的富勒球顶

1.4 巴克明斯特富勒烯

克罗托准备在回英国之前努力解开这个谜，他回到实验室想看看那本斯莫利借的富勒球顶建筑的书，却没能找到。他回到柯尔家里，提起了之前他为孩子们做的网格球顶“星穹”模型，他依稀记得上面有五边形，也有六边形。它是不是正好有 60 个顶点呢，他想给家里打个电话详细询问模型的结构，英国那边家人还没起床，只好暂时作罢。

希思和妻子二人去实验室关掉 AP2，在回家的路上特意买了一些牙签和一堆小熊软糖。他们试图用 60 个小熊和牙签拼接成一个球状，首先用 6 个小熊拼成石墨中类似的六边形，再把六边形尽力搭成球，但结果徒劳，六边形无论如何也构不成闭合的结构。他们又插入了一些三元环，仍旧无济于事，一定是哪里不对。

斯莫利回家也没有闲下来，他打开计算机尝试绘制三维图形，但脑子里并没有明确的构思，几个钟头过去了，却毫无进展。他干脆找来了纸片、胶带和剪刀，搞起了手工艺制作。首先，斯莫利也是剪出了一系列 3 cm 边长的六边形，然后边对边的粘起来，然而最后只能得到一个可以平展的面，斯莫利气恼地将整个结构强行向上弯折，看上去貌似有那回事，实则自欺欺人，这个做法根本行不通。已经到了午夜，斯莫利还是不能入睡，他边喝着啤酒，边在想到底缺了些什么。他也想起了克罗托以前提到的“星穹”模型，貌似里面有五边形？是啊，碳原子的五元环也多得是啊，为什么要局限于石墨六元环的结构呢？斯莫利又忙活了起来，他不断尝试发现，当一个五边形紧紧环绕五个六边形的时候，整个结构呈碗状，而且可以重复相接。他在碗状结构的边缘相间地添加五边形，慢慢地就形成了一个优美弧度的半球形。斯莫利开始激动起来，他急忙继续添加更多五边形、六边形，并始终保持每个五边形相间且被五个六边形包围的结构。成功了！就是它！

随着最后一个五边形的填入，整个结构完全封闭，顶点数不多不少，正好 60 个！斯莫利获得了一个完美的球形结构，所有的原子都已成键，没有悬键的存在，它一定就是 C_{60} 结构的正确答案（图 1-11）！

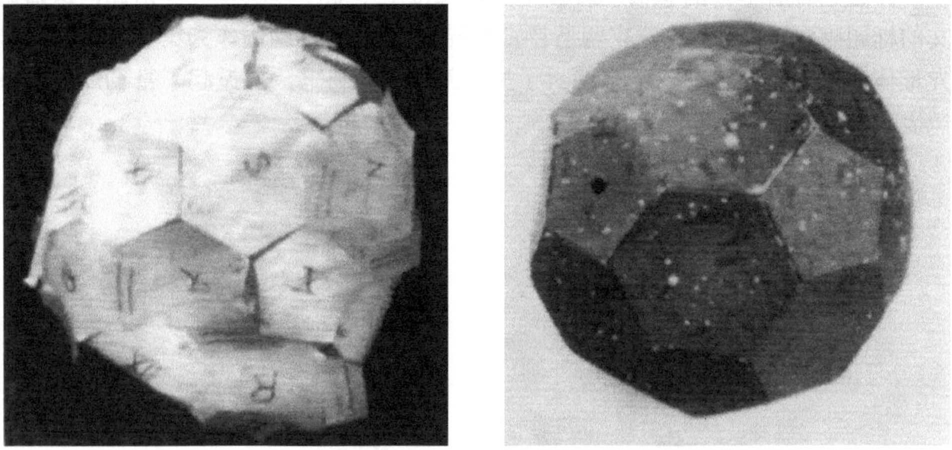

(a)　　(b)

图 1-11　斯莫利的 C_{60} 纸质模型（a）和克罗托的“星穹”模型（b）

第二天一早，斯莫利打电话兴奋地告知了柯尔这一发现，并召集大家开会。斯莫利一走进办公室，克罗托、柯尔、希思和奥布莱恩已经在办公室等着了。大家围着这个小纸球，大喜过望，克罗托十分满足，这正和他最初的猜想一模一样，他想起来了，这就是星穹模型那个结构（图 1-11）。柯尔也兴奋不已，他提出要检验一下这个 C_{60} 结构的成键情况，并用标签标识单双键。这个模型最终通过了检验，整个结构单双键相间分布，每个碳原子以 2 个单键和 1 个双键和周围三个碳原子成键，丝毫不差。至此他们明确了自己完全意外地发现了一种崭新的碳分子，甚至是除了金刚石和石墨的碳的第三种形态。

面对这个对称的几何结构，斯莫利想到了数学家一定有所了解，他给莱斯大学数学系主任维科（Willian Veech）打了个电话。维科和同事商量后不久回复了，结果竟如此显而易见，“孩子们，你们发现的，就是一个足球啊。” C_{60} 不仅是目前最完美、最对称的结构，而且是一个基本的常识（图 1-12）。一个欧洲足球正是由 12 个黑五边形和 20 个白六边形缝合在一起，而足球接缝处相交的 60 个点正是碳原子的位置（图 1-12）。希思去体育用品店买了一个真正的足球，奥布莱恩则把书店里所有的分子模型组件买了回来搭建 C_{60}。

科学家们准备发表一篇论文宣告这一重大发现。至于这个新分子，我们怎么称呼它呢？这个分子有双键，习惯上应该以烯（ene）来结尾，如丁烯（butene）、苯（benzene）。但怎么叫才最贴切？球烯（ballene）？球面烯（spherene）？还是足球烯（soccerene）？克罗托提议他们应该铭记和感谢巴克明斯特·富勒在建筑学上的造诣给 C_{60} 分子发现带来的灵感，可以把这个分子称为巴克明斯特富勒烯（Buckminsterfullerene）。斯莫利和柯尔虽然觉得名字太长了，但也没有更好的提议，并且它有着丰富的感情色彩在里面，都接受了克罗托的观点。由此，这篇论文的标题确定了："C_{60}：巴克明斯特富勒烯"。至此，富勒烯作为第三种碳的同素异形体横空出世，它在接下来的日子里重新改写教科书，并掀起了富勒烯科学领域轰轰烈烈的研究。

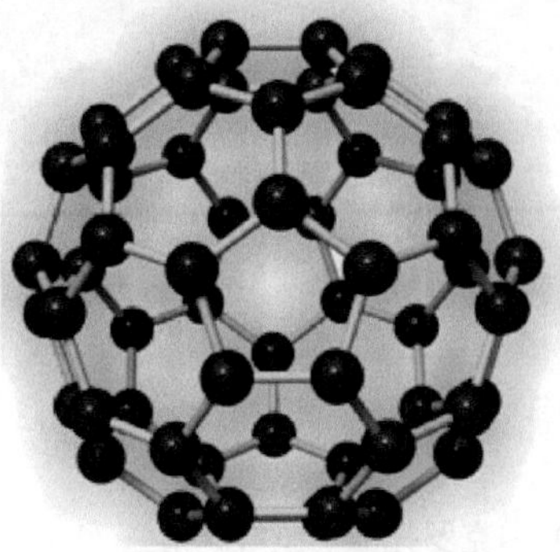
(a)

(b)

图 1-12 C_{60} 分子模型（a）和足球（b）

1.5 C_{60} 的预言和神秘信号

富勒烯足球状分子结构的发现和提出当然是要归功于克罗托、斯莫利以及柯尔等科学家，但实际上 C_{60} 分子球形结构和概念并非他们首创，甚至于它的信号也并非是他们最先观测到。

早在 1966 年 11 月出版的英国科普杂志《新科学家》，以及 1982 年《代达罗斯的发明》一书中，英国化学家琼斯（Jones），提出了一个新鲜有趣的想法[14, 15]。他假想可以在石墨平坦的碳原子平面中引入五边形缺陷，使原子层发生变形和翘曲进而闭合，形成巨型石墨"气球"。更重要的是他指出了一个几何上的概念——多面体欧拉定理。它最早由瑞士数学家欧拉（Leonhard Euler）于 1752 年证明。该定理指对于简单多面体，其顶点数 V、棱数 E 及面数 F 间有关系满足欧拉公式：$V-E+F=2$。根据这个公式我们不难进行一番计算，假设一个只有五边形和六边形的闭合碳原子笼 C_{2n}（$n\geqslant 10$，$n\neq 11$），必然含有 12 个五边形和 $n-10$ 个六边形。这也说明了之前提到的为什么原子数大于 38 的碳原子簇质谱信号只有偶数，因为奇数不能形成笼状球形结构。琼斯也早早地断定缺陷必不可少，一个完全由六边形构成的平面无论如何也弯曲不成一个封闭的结构。也就是说斯莫利那些科学家们最早尝试的用六边形构建 C_{60} 的想法，其实一开始就是行不通的。斯莫利当初紧盯着的，美国联合车罐公司的半球顶富勒式建筑实际上是一个误导，如果细细观察其他富勒式建筑，例如，给启发克罗托灵感的加拿大世博会美国馆，从内部看可以发现整个结构确实是有五边形的存在。

同样是 1966 年，大洋彼岸的美国密歇根大学的两位有机化学家巴思（Wayne Barth）和劳顿（Richard Lawton）宣布合成了一种六个碳原子环的曲面分子（图 1-13），它的中心是一个五边形环，周围环绕 5 个六边形环，分子式为 $C_{20}H_{10}$[16]。巴思和劳顿用拉丁文中表示心脏的 cor 和表示环的 annula 为它命名为心环烯（corannulene）。心环烯一方面为了使 π 电子充分离域化，尽量像苯分子一样结构平展，另一方面，五边形的缺陷又带来明显的应变。最终心环烯呈现一种形似浅碗的结构。我们现在知道，心环烯的碳原子结构部分正是富勒烯 C_{60} 的一个重复单元。20 世纪 60 年代末，日本化学家大泽映二（Eiji Osawa）在观看孩子玩耍足球时也正迸发了这一念头。他仔细研究了心环烯的结构，并提出可以将它扩展为一个全新的三维芳香分子，也就是一个球。他在 1970 年日本通俗化学杂志《化学》的文章和 1971 年出版的《芳香性》一书中都对这个预言的分子做了详细的描述[17, 18]：这个球形结构是一个截角二十面体，也就是把一个二十面体的顶点全部截掉，其结果就是一个三十二面体，它包含 20 个六边形面和 12 个五边形面，60 个顶点被碳原子占据，其实就是足球状 C_{60}。他还进一步根据德国理论化学家休克尔（Erich Hückel）的方法对其进行了计算，推断它确实应该是稳定的。但当时这也只是一个超前的想法，加上他的研究都是日文发表的，后来并未引起普遍关注。

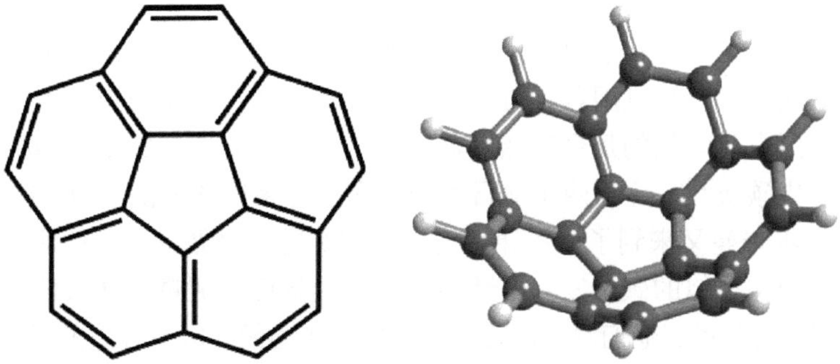

图 1-13　形似碗状的心环烯（corannulene）

除此之外，1973 年苏联理论学家博奇瓦尔（D. A. Bochvar）和加尔佩恩（E. G. Gal'pern）[19]以及 1981 年美国杜邦研究开发部的戴维森（Robert Davidson）[20]都曾独立地利用理论计算的手段发现和研究了足球状 C_{60} 分子。1980 年，日本 NEC 公司基础研究实验室的饭岛澄男（Sumio Iijima）在分析碳膜的透射电子显微镜图时发现同心圆结构（图 1-14），就像切开的洋葱，中心球面直径 0.8 nm 与 C_{60} 直径相近。这后来证实是 C_{60} 的第一个电子显微镜图。这些碳膜是由石墨棒放电蒸发产生的非晶碳粒沉积在衬底上得到的[21]。甚至在 1981 年到 1985 年间，美国加州大学有机化学家查普曼（Orville Chapman）曾尝试有机方法制备球形碳分子 C_{60}，但大多数人认为是天方夜谭。当然更不用说埃克森小组更早用 AP3 研究过碳原子簇，而且谱图信号中 C_{60} 和 C_{70} 信号很强。

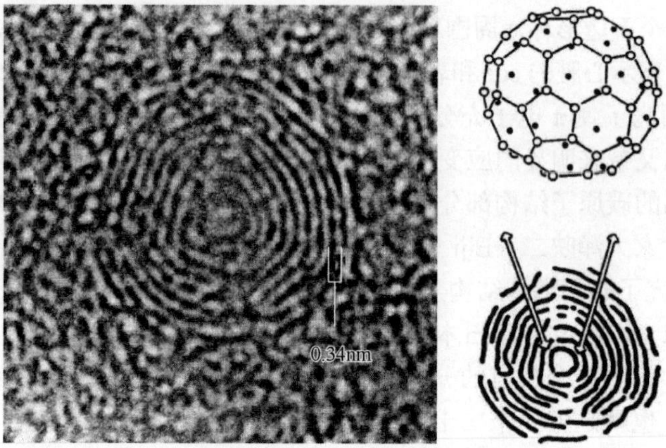

图 1-14 饭岛澄男拍摄的透射电子显微镜图

更值得一提的是在 1983 年德国海森堡进行的一项实验。美国亚利桑那大学的物理学家霍夫曼（Donald Huffman）与德国海德堡马克斯·普朗克核物理研究所的克雷奇默（Wolfgang Krätschmer）和克罗托他们一样，也一直从事着星际尘埃领域的研究。霍夫曼也对于星际尘埃的起源很感兴趣，他假定部分尘埃的组成是一些石墨颗粒，并且尝试用各种方法对碳进行蒸发和冷却来模拟制备一些碳灰。他很早之前用自己学校的那台碳蒸发器做过实验。在氦气气氛中使两根石墨电极高压放电产生碳灰[22]。这和两年前日本的饭岛澄男采用的方法一致。1982 年秋到 1983 年夏，霍夫曼又来到了老伙计克雷奇默的实验室来做进一步的研究。他利用海德堡的一台很类似的碳蒸发器，适当改变实验条件，测量不同条件的碳灰的远紫外光谱和拉曼光谱。他们发现，某些碳灰样品在远紫外区有强烈的吸收带，产生了形似驼峰的双峰信号（图 1-15）。克雷奇默把这些具有奇怪隆起吸收谱的碳灰样品称为“骆驼样品”（camel sample）。霍夫曼觉得这里面一定是包含什么新奇的东西，可能是科学家们 1968 年提出的一种叫碳炔的物质，但他实在没什么把握。在克雷奇默的影响下，他也把这些神秘的驼峰归为“某种杂质”了。而直到 1989 年，他们重新认识到了这一现象，又再次测量了这种试样的红外吸收谱带，得到的四条尖锐的谱线[23]与 C_{60} 分子模拟计算的结果完全吻合[24]。他们终于意识到“某种杂质”就是富勒烯 C_{60}。他们虽然和 C_{60} 的发现失之交臂，但也由此发现宏量制备 C_{60} 的新方法[25]，使得 C_{60} 的研究得以如火如荼地展开并形成热潮。

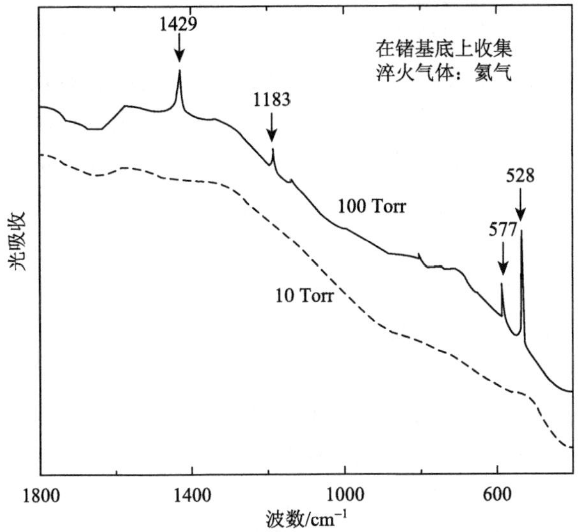

图 1-15　“骆驼样品”的远红外吸收谱

科学知识的迅速膨胀，加上检索交流渠道的局限，克罗托等科学家事先并不知道这些关于 C_{60} 的想法。这一结构的存在虽然事先被许多人预言甚至发现，但他们无疑是最早在实验室制备出足球状 C_{60} 并明确其真实存在的人。总之，不得不说，C_{60} 的发现是一个意外，但它的面世并非全凭运气，还是要归功于克罗托等科学家敏锐细致的科学精神，不离不弃的坚毅品质，还有超乎寻常的想象力！换句话说，尽管 C_{60} 早已存在于自然界，也非第一次出现在光谱、质谱信号中，但没有克罗托一行科学家的努力，我们更晚才能看到甚至可能永远看不到它的踪迹吧！

1.6　从怀疑到证实

确切地说，富勒烯最初发现的证据只有质谱信息，在富勒烯的宏量制备实现之前，关于它的结构更多的是基于实验现象的猜测和推论。现任职于北京大学深圳研究生院的杨世和（Shi-He Yang）当年在斯莫利的实验室时，还观察到 C_{60} 存在开壳层的同分异构体[26]。大泽、博奇瓦尔和加尔佩恩以及戴维森都用理论计算验证过足球状 C_{60} 的稳定性，奥布莱恩和加州大学伯克利分校的海米特（Anthony Haymet）也在富勒烯发现后，独立地证实了足球状 C_{60} 的稳定性。其稳定性区别于其他原子数富勒烯以及 C_{60} 的另外 1811 种异构体的特殊性体现在两点上：一是其结构中五边形从不相邻的事实，相邻的五元环会带来较大的张力；二是休克尔计算表明足球状 C_{60} 分子形成闭壳层电子结构 π 电子的离域效应，大大增强了稳定性，并远远超过了已经均匀分布在球面上的应变引起的不稳定性。但是，仅靠这些还是不能让训练有素的科学家们信服。之前提到的拥有 AP3 的埃克森小组，认为 C_{60}^+ 的信号可能不仅依赖于 C_{60} 团簇的电离，也可能是较大的团簇分子分裂产生，如此 C_{60} 突出的信号就不能归结于其特殊的结构。美国电话电报公司贝尔实验室的一个小组也提出类似的质疑，并且他们实验得到 C_{60} 的负离子分布和正离子分布差别很大。如果 C_{60}^+ 的信号和中性团簇分布密切相关，不大可能出现这种情况。

另外一个重要问题就是，C_{60} 以及其他的富勒烯在 AP2 中是怎么形成的？克罗托他们根据碳灰形成机制，又提出了螺状成核机制[27]（图 1-16）。1987 年德国碳灰专家霍曼（Klaus Homann）报道了其在氧气和乙炔或苯的混合物燃烧产生的碳灰中发现了 C_{60}。斯莫利和克罗托认为这是螺状成核机制的证据，但霍曼认为其更可能是 C_{60} 分子是在石墨微粒表面形成的。另一个证据就是 1980 年日本的饭岛澄男拍摄的透射电子显微镜图[21]，照片中出现了同心球结构，中心球直径约 0.8 nm，与 C_{60} 直径相近。不过碳灰研究专家总体的共识是，螺状成核机制存在诸多问题，而且和碳灰似乎没什么关系。时至今日，富勒烯的形成机理仍然是科学家们百思不得其解之谜，我们期待在不久的将来，科学家能够解开富勒烯形成机理之谜。

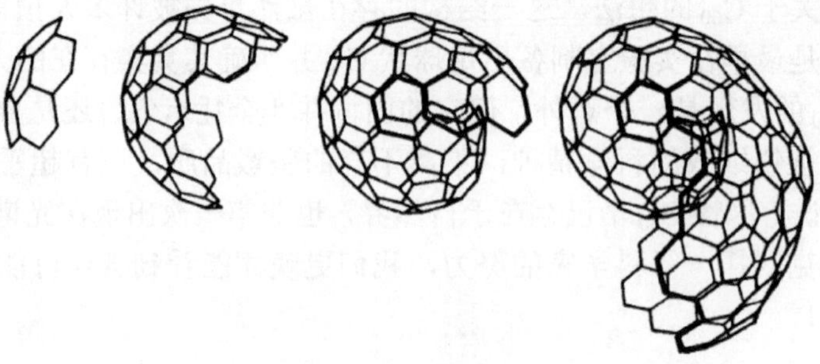

图 1-16 螺状成核机制

总而言之，预言总归是预言，推论也不是过硬的事实。如果能找到 C_{60} 的振动光谱数据来检验就好了，能找到核磁共振单线谱就更漂亮了。如果 C_{60} 是球状分子，60 个碳原子位置则完全等价，其核磁共振频率将相同，结果只会有一条谱线。又或者能得到 C_{60} 的 X 射线晶体衍射图样，可以直接证实它的结构。但最致命的问题就是它的含量微乎其微，并不能用常规的分析手段更加细致地去表征它，以及研究它的性质。希思早在富勒烯发现的一个月后就开始尝试用激光气化技术大量制备 C_{60}，效果并不如意。

直到 1989 年，我们前面提到的霍夫曼等重新研究了“骆驼样品”，发现了其红外吸收谱中有 4 条明显的谱线和 C_{60} 分子理论计算的结果相吻合，间接证明了 C_{60} 的结构（图 1-17）。后来国际商用机器公司（IBM）的贝休恩（D. S. Bethune）等在拉曼光谱中看到的 10 条尖锐的吸收谱线[28]，以及卡佩奇蒂（R. L. Cappelletti）等用非弹性中子散射实验和高分辨电子能量损失谱都有力支持了 C_{60} 的分子结构模型[29]。1990 年克罗托终于设法提纯了 C_{60} 和 C_{70} 试样，并成功测量了核磁共振谱[30]。C_{60} 谱图显示了预期的单谱线，C_{70} 则有 5 根谱线。不久后，贝休恩的同事威尔逊（Robert Wilson）还在扫描隧道显微镜中观察到了 C_{60} 分子的球形特征[31]。到了 1991 年，美国加州大学伯克利分校的霍金斯（Joel Hawkins）巧妙地用四氧化锇加成的 C_{60} 衍生物第一次测量出了其 X 射线衍射图样[32]。随着这个结构的发表，富勒烯 C_{60} 的足球状结构已经毋庸置疑了。富勒烯从被发现到被怀疑，再到被充分证实，花了 5 年多的时间，至此，富勒烯以让人信服的姿态展现在众人面前。关于富勒烯的实验表征在 2.1.3 小节中还会做进一步的描述。

图 1-17　发现富勒烯的先驱们在莱斯大学的草坪上

从左至右依次是奥布莱恩、斯莫利、柯尔（站者）、克罗托和希思

1.7　自然界中富勒烯的发现

正如我们前面所提到的，富勒烯本来就是在星际尘埃的研究探索中无意发现的珍宝。在最初的研究中，富勒烯大多情况下也是在实验室的激烈条件下产生的，如激光气化、电弧放电、火焰燃烧等。实际上科学家们，尤其是地质学家和天文学家，在自然界中也发现了富勒烯的踪迹。这不仅促进了对富勒烯形成的进一步认识，而且对生命、地质、宇宙的研究有所帮助。

1992 年，美国科学家布塞克（P. R. Buseck）等最早在俄罗斯圣彼得堡附近的一处前寒武纪时代的岩石中发现了富勒烯 C_{60} 和 C_{70}，并称之为“地质富勒烯”（geological fullerene）[33]。他们用高分辨透射电镜观察，并用激光解析傅里叶变换质谱加以验证。1993 年，布塞克小组还在美国科罗拉多州的闪电熔岩中提取到了富勒烯 C_{60} 和 C_{70}[34]。1994 年，美国海曼（Hymann）小组和贝克尔（Becker）小组分别在不同地质界线黏土层中发现了富勒烯[35, 36]。在我国云南的煤层中，也发现了富勒烯[37, 38]。1998 年，国内科学家王震遐还在河南西峡恐龙蛋化石中发现了富勒烯 C_{60}[39]。到了 2010 年，富勒烯 C_{60} 终于在距离 6500 光年远的遥远恒星周围的宇宙尘埃云中被发现了（图 1-18）。加拿大的卡米（Jan Cami）小组利用美国航天局的斯皮策红外望远镜观察到了 C_{60} 的红外信号[40]。克罗托兴奋地评价道：“这一最令人激动的突破提供了令人信服的证据，正如我怀疑的一样，巴克明斯特富勒烯自古就存在于我们银河系黑暗的深处。”克罗托在 AP2 中研究星际尘埃问题时发现了 C_{60}，如今 C_{60} 绕了一圈又重新出现在了星际尘埃中。不得不说这是一个完美的巧合。

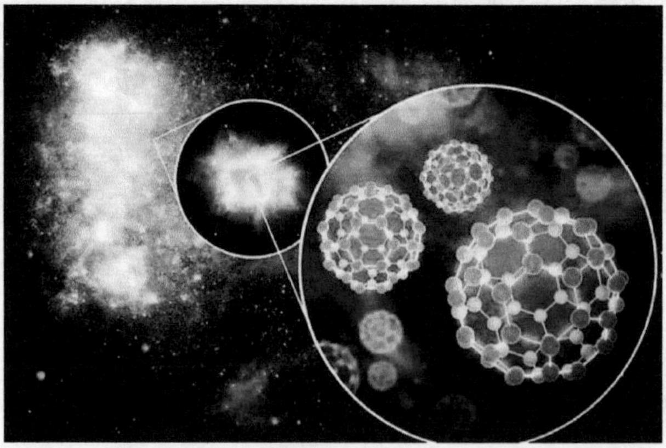

图 1-18　2010 年星际尘埃中发现的富勒烯 C_{60} 是当时最大的太空分子

比起人类 300 多万年的历史，富勒烯至少已经存在数十亿年，要显得悠久古老得多。富勒烯又是无处不在、分布极广的，无论是在遥远太空红巨星向外喷射的含碳颗粒里，还是在地球深处的化石岩层中，抑或是人们祭祀庆典的香灰和烛烟中，我们都能看到这个完美对称的分子的印迹。也许它就是上天赐予我们的宝藏，只是我们还没有完全发掘它的魅力。

参 考 文 献

[1] Kroto H W，Heath J R，Obrien S C，et al. C_{60}：Buckminsterfullerene. Nature，1985，318（6042）：162-163.

[2] Baggott J. 完美的对称：富勒烯的意外发现. 李涛，曹志良译. 上海：上海科技教育出版社，2012.

[3] Cheung A C，Rank D M，Townes C H，et al. Detection of NH_3 molecules in the interstellar medium by their microwave emission. Physical Review Letters，1968，21（25）：1701-1705.

[4] Turner B E. Detection of interstellar cyanoacetylene. Astrophysical Journal，1971，163：L35-L39.

[5] Alexander A J，Kroto H W，Walton D R M. The microwave spectrum，substitution structure and dipole moment of cyanobutadiyne，H—C≡C—C≡C—C≡N. Journal of Molecular Spectroscopy，1976，62（2）：175-180.

[6] Kirby C，Kroto H W，Walton D R M. The microwave spectrum of cyanohexatriyne，H—C≡C—C≡C—C≡C—C≡N. Journal of Molecular Spectroscopy，1980，83（2）：261-265.

[7] Bell M B，Feldman P A，Kwok S，et al. Detection of $HC_{11}N$ in IRC + 10°216. Nature，1982，295：389.

[8] Wakabayashi T，Saikawa M，Wada Y，et al. Isotope scrambling in the formation of cyanopolyynes by laser ablation of carbon particles in liquid acetonitrile. Carbon，2012，50（1）：47-56.

[9] Baggott J E. Perfect Symmetry：the Accidental Discovery of Buckminsterfullerene. Oxford，New York：Oxford University Press，1994.

[10] Michalopoulos D L，Geusic M E，Langridge-Smith P R R，et al. Visible spectroscopy of jet-cooled SiC_2：geometry and electronic structure. The Journal of Chemical Physics，1984，80（8）：3556-3560.

[11] Hintenberger H，Franzen J，Schuy K D. Die periodizitäten in den häufigkeitsverteilungen der positiv und negativ geladenen vielatomigen kohlenstoffmolekülionen C_n^+ und C_n^- im hochfrequenzfunken zwischen graphitelektroden. Zeitschrift für Naturforschung A，1963，18：1236-1237.

[12] Rohlfing E A，Cox D M，Kaldor A. Production and characterization of supersonic carbon cluster beams. The Journal of Chemical Physics，1984，81（7）：3322-3330.

[13] Kroto H W，Heath J R，Obrien S C，et al. Long carbon chain molecules in circumstellar shells. Astrophysical Journal，1987，314：352-355.

[14] Jones D E H. Atomization of chemistry. New Scientist，1966，31：493-496.

[15] Jones D E H. The Inventions of Daedalus. Freeman，Oxford，1982.

[16] Barth W E，Lawton R G. Dibenzo[*ghi, mno*]fluoranthene. Journal of the American Chemical Society，1966，88（2）：380-381.

[17] Osawa E. Superaromaticity. Kagaku（Kyoto，Japan），1970，25：854-863.

[18] Yoshida Z，Osawa E. Aromaticity. Kyoto：Kagakudojin，1971.

[19] Bochvar D A，Gal'pern E G. Hypothetical systems carbododecahedron，s-scosahedrane，and carbo-s-icosahedrane. Dokl. Akad. Nauk SSSR，1973，209（3）：610-612.

[20] Davidson R A. Spectral analysis of graphs by cyclic automorphism subgroups. Theoretical Chimica Acta，1981，58（3）：193-231.

[21] Iijima S. The 60-carbon cluster has been revealed. Journal of Physical Chemistry，1987，91（13）：3466-3467.

[22] Huffman D R. Interstellar grains the interaction of light with a small-particle system. Advances in Physics，1977，26（2）：129-230.

[23] Krätschmer W，Fostiropoulos K，Huffman D R. The infrared and ultraviolet absorption spectra of laboratory-produced carbon dust：evidence for the presence of the C_{60} molecule. Chemical Physics Letters，1990，170（2）：167-170.

[24] Cyvin S J，Brendsdal E，Cyvin B N，et al. Molecular vibrations of footballene. Chemical Physics Letters，1988，143（4）：377-380.

[25] Krätschmer W，Lamb L D，Fostiropoulos K，et al. Solid C_{60}：a new form of carbon. Nature，1990，347（6291）：354.

[26] Yang S H，Pettiette C L，Conceicao J，et al. Ups of buckminsterfullerene and other large clusters of carbon. Chemical Physics Letters，1987，139（3）：233-238.

[27] Zhang Q L，O'brien S C，Heath J R，et al. Reactivity of large carbon clusters：spheroidal carbon shells and their possible relevance to the formation and morphology of soot. The Journal of Physical Chemistry，1986，90（4）：525-528.

[28] Bethune D S，Meijer G，Tang W C，et al. The vibrational Raman spectra of purified solid films of C_{60} and C_{70}. Chemical Physics Letters，1990，174（3）：219-222.

[29] Cappelletti R L，Copley J R D，Kamitakahara W A，et al. Neutron measurements of intramolecular vibrational modes in C_{60}. Physical Review Letters，1991，66（25）：3261-3264.

[30] Taylor R，Hare J P，Abdul-Sada A A K，et al. Isolation，separation and characterisation of the fullerenes C_{60} and C_{70}：the third form of carbon. Journal of the Chemical Society，Chemical Communications，1990，（20）：1423-1425.

[31] Wilson R J，Meijer G，Bethune D S，et al. Imaging C_{60} clusters on a surface using a scanning tunnelling microscope. Nature，1990，348：621-622.

[32] Hawkins J M，Meyer A，Lewis T A，et al. Crystal structure of osmylated C_{60}：confirmation of the soccer ball framework. Science，1991，252（5003）：312-313.

[33] Buseck P R，Tsipursky S J，Hettich R. Fullerenes from the geological environment. Science，1992，257（5067）：215-217.

[34] Daly T K，Buseck P R，Williams P，et al. Fullerenes from a fulgurite. Science，1993，259（5101）：1599-1601.

[35] Heymann D，Chibante L P F，Brooks R R，et al. Fullerenes in the cretaceous-tertiary boundary-layer. Science，1994，265（5172）：645-647.

[36] Becker L，Bada J L，Winans R E，et al. Fullerenes in the 1.85-billion-year-old Sudbury impact structure. Science，1994，265（5172）：642-645.

[37] 陈玉峻. 云南产的煤中含有丰富的“富勒烯”原料. 炭素，2001，1：33.

[38] 梁汉东，李艳芳，刘敦一，等. 云南禄丰煤岩与围岩中富勒烯（C_{60}）物质的初步探索. 岩石学报，2002，18（3）：419-423.

[39] 王震遐. 化石富勒烯与考古学——关于恐龙蛋化石中的富勒烯研究. 自然杂志，2005，27（3）：135-139.

[40] Cami J，Bernard-Salas J，Peeters E，et al. Detection of C_{60} and C_{70} in a young planetary nebula. Science，2010，329（5996）：1180-1182.

第2章 富勒烯的结构

2.1 富勒烯的结构特点

富勒烯是由 sp^2 杂化碳原子组成的封闭笼状碳簇分子。富勒烯碳笼上的每一个碳原子都与其他三个相邻的碳原子形成三个碳碳共价键。这种碳碳成键方式使得富勒烯的碳骨架形成一个多面体，每个碳原子都在多面体的顶点上，所有的碳碳键都在多面体的边上，形成不同数目的多边形（碳环）。欧拉定理可以在数学上来描述一个多面体的顶点数（V）、边数（E）及面数（F）之间的关系：$V+F=E+2$。

富勒烯碳笼所对应的多面体，具有的顶点数（V）等于其组成碳笼的碳原子的个数（n）；由于每个碳原子都与相邻的三个碳原子形成三个碳碳键，其具有的边数（E）就等于 $3n/2$。因为多面体的边数一定是整数，决定了碳笼的碳原子个数 n 一定是偶数。因此富勒烯一定是具有偶数个碳原子的碳簇分子。根据欧拉定理，富勒烯碳笼上的碳环的个数（即多面体的面数）为：$F=n/2+2$。这个等式决定了富勒烯碳笼上碳原子的个数与碳环数之间的关系，对于所有的富勒烯结构都是满足的。

富勒烯碳笼上的碳环通常是由六元环和五元环组成的，但是随着富勒烯研究的发展，含有四元环或七元环的富勒烯也被相继发现、制备和表征。目前，我们把只含有六元环和五元环组成的富勒烯称为经典富勒烯，而含有四元环或七元环的富勒烯称为非经典富勒烯。而就已发现的富勒烯结构来说，绝大多数都只含有六元环和五元环，属于经典富勒烯。对于经典富勒烯而言，设其含有 p 个五元环和 h 个六元环，则其碳环数可以表述为：$F=p+h$；而顶点数可以表述为：$(5p+6h)/3=n$，结合前面碳环数和碳原子个数之间的关系：$F=n/2+2$。联立这两个方程，其整数解为 $p=12$，$h=n/2-10$。因此，对于所有的经典富勒烯来说，他们都是由 12 个五元环和$(n/2-10)$个六元环组成。这也决定了富勒烯碳笼的碳原子个数一定不小于 20，结构上决定了最小的富勒烯是 C_{20}。而如果碳原子个数为 22 的话，是无法由 12 个五元环和 1 个六元环进行构筑成富勒烯结构的。因此，富勒烯的碳原子个数为 $n \geqslant 20, \neq 22$。

综上所述，简单总结富勒烯结构的要点：①由 $n \geqslant 20, \neq 22$ 偶数个碳原子组成；②每个碳原子与相邻的三个碳原子形成碳碳键；③对于只由五元环和六元环组成的经典富勒烯，一定含有 12 个五元环和$(n/2-10)$个六元环。

2.2 独立五元环规则

由于五元环和六元环的排布方式不同，对于给定碳原子数的富勒烯而言，存在大量的同分异构体，特别是五元环的排列方式对于富勒烯的性质有着巨大的影响。早在 1987 年[1]，富勒烯的发现者之一的克罗托就指出，当富勒烯碳笼上存在相邻的五元环时，富勒烯碳笼的张力增大，将变得不稳定，这个规则被称为“独立五元环规则”（isolated pentagon rule，IPR）。随后的研究也指出，相邻五元环结构具有非芳香性的电子结构，这使得含有相邻五元环结构的富勒烯过于活泼，实验上难以获得。因此，可以将五元环是否相邻作为划分富勒烯种类的依据，将富勒烯划分为独立五元环富勒烯和相邻五元环富勒烯两大类。顾名思义，独立五元环富勒烯其碳笼上的五元环直接都被六元环隔离开，不存在相邻的五元环结构；反之，相邻五元环富勒烯则具有相邻的五元环结构。

随着富勒烯碳原子数目增大，富勒烯 C_n 的同分异构体的数目成倍地增加（表 2-1）。值得注意的是，当碳原子数 $n<60$，或 $60<n<70$ 时，富勒烯不能满足独立五元环规则的异构体结构，而 C_{60} 和 C_{70} 则分别含有一个独立五元环富勒烯结构，即最为广泛研究的具有 I_h 对称性的 I_h-C_{60} 和 D_{5h} 对称性的 D_{5h}-C_{70}。当碳原子数目 $n>70$ 时，相对应的富勒烯 C_n 具有的满足独立五元环规则的异构体数目也大幅增多。但是，我们可以发现非独立五元环富勒烯异构体仍然在数量上占绝对优势。针对富勒烯随碳原子数目的变化，人们也把 $n<60$ 的富勒烯称为小富勒烯（small fullerene），而 $n>70$ 的富勒烯称为大碳笼富勒烯（higher fullerene）。

表 2-1　由五元环和六元环构成的富勒烯的同分异构体数

n	non-IPR	IPR	*n*	non-IPR	IPR
20	1	0	36	15	0
24	1	0	38	17	0
26	1	0	40	40	0
28	2	0	42	45	0
30	3	0	44	89	0
32	6	0	46	116	0
34	6	0	48	199	0

续表

n	non-IPR	IPR	n	non-IPR	IPR
50	271	0	76	19149	2
52	437	0	78	24104	5
54	580	0	80	31917	7
56	924	0	82	39710	9
58	1205	0	84	51568	24
60	1811	1	86	63742	19
62	2385	0	88	81703	35
64	3465	0	90	99872	46
66	4478	0	92	126323	86
68	6332	0	94	153359	134
70	8148	1	96	191652	187
72	11189	1	98	230758	259
74	14245	1	100	285463	450

注：non-IPR 表示违反 IPR。

富勒烯结构上的一个重要特点是笼状空腔结构，因此富勒烯碳笼内部的空腔可以容纳特定的原子或原子簇。当富勒烯内嵌了原子或原子簇，这类富勒烯被称为内嵌富勒烯（见第 2.2 节）。相应地，不含内嵌原子或原子簇的富勒烯被称为空心富勒烯。

2.3 富勒烯的结构表征方法

结构表征是合成、认识新物质的关键步骤，对于富勒烯研究来说也是如此。富勒烯的结构表征方法的发展极大地推动了富勒烯科学的发展。虽然 1985 年 Smalley 等通过质谱发现了富勒烯的存在（图 2-1）[2]，并对其结构进行了推测，且引起了理论研究者的广泛兴趣，同时还取得了许多重要的研究成果，但是富勒烯结构的确切表征直到 1990 年实现了 C_{60} 的宏量合成后才得以实现[3]。目前已发展的富勒烯的结构表征主要包括质谱、核磁共振谱、振动光谱和 X 射线衍射等方法。

1. 质谱

质谱可以快速地确定一个新物质的相对分子质量，特别是高分辨质谱可以通过同位素分布和高精度的质荷比直接推测被测分子的分子式。质谱分析快速、方便，对于被测分子的纯度要求较低，检测灵敏度高。这些特点使得质谱在富勒烯表征中有着重要的应用，尤其在初步的合成条件筛选、目标分子选定以及新富勒

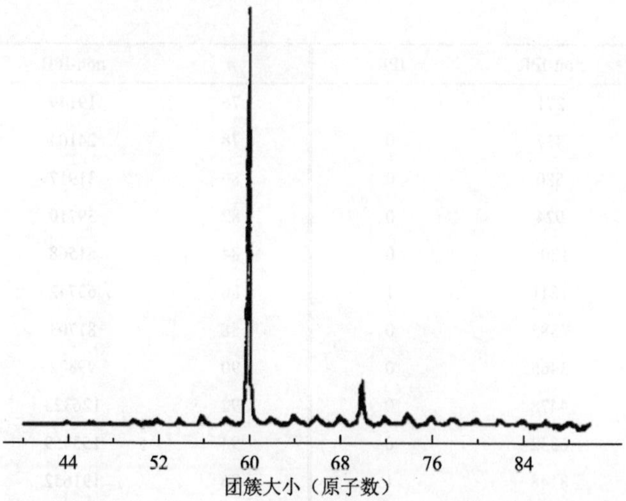

图 2-1 激光蒸发法制备的碳灰的飞行时间质谱（TOF-MS）[2]

烯的发现上等方面相对其他表征手段具有很大优势。绝大部分的新富勒烯分子的发现首先都是通过质谱获得的，如 C_{60} 富勒烯的发现、首个内嵌富勒烯 La@C_{82} 的发现等[4]。

在质谱表征中，要获得良好的谱学信号，最重要的实验条件是电离源的选择。针对富勒烯的低极性和疏水性的特点，富勒烯在质谱表征中常用的电离源有激光溅射电离、基质辅助激光电离、大气压化学电离和快离子束电离等。而一般有机分子常用的电喷雾电离源无法对富勒烯分子进行电离，从而获得质谱信号。如果富勒烯分子接枝上高极性的基团，如羧基、氨基、羟基等时，其对应的衍生物也可以通过电喷雾电离获得质谱信号。

质谱不但可以作为富勒烯结构研究的表征手段，还可以作为富勒烯离子的分离手段。将具有选定质荷比的富勒烯离子通过质量分析器选择出来并传输到与之串联的表征仪器中，对该富勒烯离子进行进一步研究表征。质谱串联紫外光电子能谱对气相产生的富勒烯离子的带隙和电子结构的研究非常有效。质谱串联漂移管技术可以对富勒烯离子的异构体进行部分分离和确认。但是，富勒烯的结构确切信息仍很难通过质谱表征获得。

2. ^{13}C 核磁共振谱

富勒烯可以看作富碳的有机分子，核磁共振谱是表征有机分子结构的最重要手段之一，同样也适用于富勒烯的结构表征中。通过对富勒烯进行 ^{13}C 核磁共振谱表征，可以确定富勒烯碳笼的结构，特别是对于对称性高的富勒烯分子，如 I_h-C_{60} 和 D_{5h}-C_{70}。它们的分子结构首次确切表征就是于 1990 年通过核磁共振谱实现的

（图 2-2）。C_{60}的 ^{13}C 核磁共振谱只在化学位移为 143 ppm（1 ppm = 10^{-16}）处出现了一个单峰，确认了其为 I_h 对称的笼状共轭分子结构，而 C_{70} 的 ^{13}C 核磁共振谱在化学位移为 150.8 ppm、147.8 ppm、147.1 ppm、145.0 ppm 和 130.8 ppm 处则有五个峰[5]，也正好对应了其 D_{5h} 对称的笼状共轭分子结构。虽然核磁谱和质谱结合确凿地表征了 C_{60}和 C_{70}的结构，但是其最确定的分子结构则是通过对其锇配合物的 X 射线单晶衍射分析得到的，其准确直观地展示了 C_{60}分子独特的笼状分子结构。

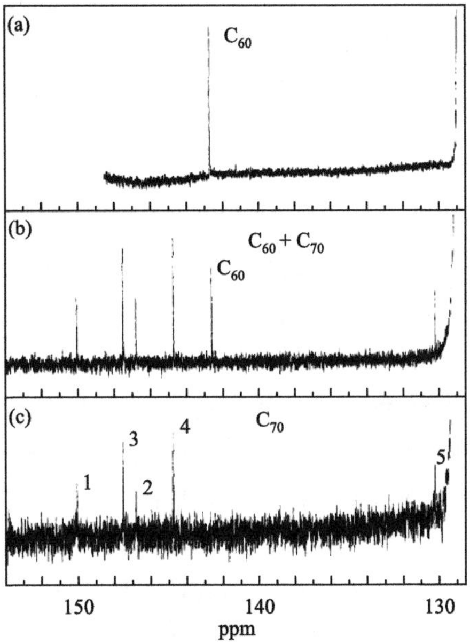

图 2-2　C_{60}（a）、C_{60}和 C_{70}混合物（b）、C_{70}（c）的 ^{13}C 核磁共振谱[5]

富勒烯的核磁共振谱表征有其特点，这源自于富勒烯独特的结构。首先，未修饰的富勒烯只含有碳元素，因此核磁共振谱只能对其用 ^{13}C 核磁共振进行测定。而相对于 ^{1}H 核磁共振来说，^{13}C 同位素的天然丰度只有 1%，使得 ^{13}C 核磁共振信号要弱很多。并且富勒烯上的碳原子不与氢原子相连，其核磁弛豫时间长，进一步削弱了富勒烯 ^{13}C 核磁共振信号强度。这就要求在核磁表征中富勒烯的浓度要足够高，才能获得足够信噪比的 ^{13}C 核磁共振谱。针对富勒烯 ^{13}C 核磁共振信号强度弱的问题，可以通过合成 ^{13}C 富集的富勒烯分子进行解决，但是 ^{13}C 同位素高昂的价格极大地限制了该方法的应用。其次，富勒烯全碳的结构，使得核磁共振结构表征中很多重要的二维谱学技术无法应用，只能获得其一维的 ^{13}C 核磁共振谱，可以获得的结构信息相对较少。严格意义上来讲，未修饰的富勒烯的 ^{13}C 核磁共振谱只能获得碳笼的对称性，而富勒烯分子存在大量的结构异构体，特别是当分子对称性较低时，仅凭其碳笼的对称性难以对其结构进行准确确认。即使在量子化学计算的辅助下，低对称性的富勒烯分子的 ^{13}C 核磁共振谱也是难以指认归属的。总体而言，核磁共振谱表征对富勒烯分子具有普适性，绝大多数富勒烯都是可以获得其 ^{13}C 核磁共振谱，从而对其结构进行表征，除去一些具有单电子顺磁性的富勒烯如 $La@C_{82}$，无法获得核磁信号。

在实际研究过程中，富勒烯分子的核磁表征还存在以下两点技术上的难点。一是富勒烯分子之间存在着较强的 π-π 相互作用，因而很多的富勒烯分子在有机溶剂中溶解度很低，这也导致这些富勒烯分子的 ^{13}C 核磁共振谱难以获得。另外一个因素来自于合成方面，对于一些特殊的富勒烯分子，特别是在早期的合成研究中，合成产率极低，难以获得足够量的高纯样品，这也很大程度上限制它们通过 ^{13}C 核磁共振谱表征的可能。

3. 振动光谱

除核磁共振谱外，振动光谱是对结构最为敏感的谱学表征技术，但是它不能提供直接的结构信息。通常来说，通过振动光谱来确定富勒烯分子的结构，需要结合理论计算，给出一系列可能的异构体结构的振动光谱，然后再与实验上获得的振动光谱进行比对，间接地对富勒烯结构进行确认。显然，通过振动光谱来表征富勒烯结构不但强烈依赖所分析的富勒烯样品的纯度和质量，而且也与理论计算所采用方法的可靠性和所选择考虑的异构体结构非常相关。因此，任何可靠的基于振动光谱的富勒烯结构研究，都要求理论计算考虑足够多的可能异构体，并且对于异构体的选择要有明确的标准。因为计算所有可能的异构体的振动光谱需要的时间太长，不具备实用性。所以，必须通过一定的标准筛选出有限数量的异构体进行振动光谱计算。此外，振动光谱的计算精度要足够提供一个可靠的振动光谱。

在实验上振动光谱测量方面，也存在着一个技术上的难点。富勒烯样品通常是通过高效液相色谱进行分离纯化的，其纯度可以超过 95%以上，但是其中的少量杂质通常是多环芳烃类的物质。这些物质虽然含量少，但它们具有很强的红外振动信号，会强烈干扰富勒烯样品的红外振动光谱。因此，对于富勒烯的振动光谱结构表征对纯度的要求更高，需要对样品进行小心的纯化，避免污染。富勒烯的电子吸收光谱通常在可见到近红外光区，主要来源于碳笼上的 π-π 电子跃迁。因此，富勒烯的电子吸收光谱也对富勒烯的结构非常敏感。和振动光谱一样，电子吸收光谱也无法给出直接的结构信息，通常也是需要比对和计算辅助才有可能获得相关的结构信息。

尽管光谱表征具有不少的限制，但是无论是振动光谱还是电子吸收光谱，相对比较容易在实验上获得，其优点是需要的样品量少（对于振动光谱，1 mg 的样品就可以获得足够信噪比的光谱，而对于电子吸收光谱，0.01 mg 就完全足够）。

4. X 射线衍射法

X 射线衍射法是目前表征富勒烯结构的最为直接和有效的手段，其中包括 X 射线粉末衍射和 X 射线单晶衍射。由于富勒烯由碳原子组成，对 X 射线的衍射能力相对较弱，粉末样品的低结晶度进一步降低了其 X 射线衍射的强度。为了获得高精度的 X 射线粉末衍射图样，特别是对于结构精修的高衍射角的数据，富勒烯 X 射线粉末衍射通常在同步辐射光源上进行。获得的粉末衍射实验数据通过递归分析方法和最大熵值法（maximum entropy method，MEM）进行解析，以获得富勒烯的结构，但是其解析结果很大程度上与递归分析所选择的初始结构有很大关系，这导致其分析结果具有一定的人为性，降低了其结果的可靠性。例如，早在 1999 年，Shinohara 等通过同步辐射 X 射线粉末衍射法首次表征了 $Sc_3@C_{82}$ 的结构，提出其为三金属内嵌富勒烯的结构（图 2-3）[6]。但是，2005 年，通过对 $Sc_3@C_{82}$ 进行 X 射线单晶衍射分析，得到的结果却是 $Sc_3C_2@C_{80}$[7]。理论计算表明 $Sc_3C_2@C_{80}$ 具有 $(Sc^{3+})_3(C_2)^{3-}@C_{80}{}^{6-}$ 的电子结构[8]。随后，以 $Sc_3C_2@C_{80}$ 作为起始模型通过递归分析方法和最大熵值法去精修 $Sc_3@C_{82}$ 的同步辐射 X 射线粉末衍射，同样获得了 $Sc_3C_2@C_{80}$[9]。因此，通过同步辐射 X 射线粉末衍射法确定富勒烯的结构的可靠性尚有待提高。但是，由于其不需要培养单晶，也不失为一种快速有效的表征方法。

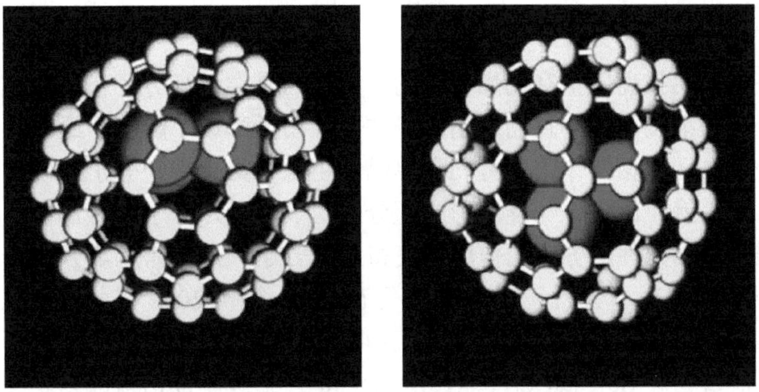

(a)　　(b)

图 2-3　$Sc_3@C_{82}$ 的晶体结构模型[6]

（a）侧视图；（b）俯视图

相比而言，X 射线单晶衍射法是目前最为有效和确凿的富勒烯表征方法，其可以获得精确的分子结构，表征结果可靠性高。随着测试仪器的进步，特别是同步辐射光源的应用，使得即使尺寸很小的富勒烯单晶（>50μm）都可以获得很好的 X 射线单晶衍射数据。此外，单晶结构解析软件如 SHEXL、Olex2 等的普及和流程化，使得 X 射线单晶衍射数据的解析变得越来越常规化和非专业化，这也大幅度推动了 X 射线单晶衍射法在富勒烯结构研究中的普及性。当然，X 射线单晶衍射的重要性和不可替代性源自于其对结构准确的表征，可以获得富勒烯分子中高精度的键长、键角、原子连接顺序等结构参数，还可以获得富勒烯分子在固体时分子之间的堆积和作用方式。虽然 X 射线单晶衍射相较其他的表征手段优势很多，但是其要求表征的样品必须是单晶，这一点经常在实际研究中是极其困难的。

富勒烯单晶难以获得，这和富勒烯的分子结构有关。富勒烯具有球状结构，在晶态时容易发生分子的无序排布，导致晶体结构无法解析。为了获得富勒烯的单晶，研究者主要发展了两个解决方案。一是通过衍生化，在富勒烯分子上接枝功能基团，从而降低分子的对称性和增强各向异性的分子间相互作用，使得衍生化富勒烯更容易形成有序的单晶，实现对其结构的确切表征。因为衍生化通常是不会破坏和改变富勒烯的碳笼结构，因而获得了富勒烯衍生物的结构之后，就可以获得未修饰的富勒烯碳笼结构。例如，C_{60} 结构的首次单晶衍射表征就是通过合成其与锇配位的衍生物实现的[10]。衍生化后富勒烯分子的对称性较低，结构更为复杂，不但要表征其碳笼结构，还要对其衍生化结构进行准确表征。核磁共振谱、振动光谱、吸收光谱等谱学表征已无法满足其确切结构表征的需要，只有通过 X 射线单晶衍射才有可能对其结构进行确认。这一情况在多取代的富勒烯衍生物中尤其明显，如氯化富勒烯、三氟甲基化富勒烯等都是通过 X 射线单晶衍射法对其结构进行表征的。

另外一个生长高质量富勒烯单晶的有效方法是通过超分子作用，将富勒烯和其他分子进行组装，获得它们的超分子共晶。由于形成了超分子组装体，增强了富勒烯分子之间的相互作用，有利于单晶的生长。如果把超分子组装体看成一个分子的话，这就和衍生化一样。形成超分子组装体后，分子的对称性大幅度降低了，增强了各向异性的分子间作用，使得在超分子共晶中富勒烯分子相对有序，利于 X 射线单晶衍射分析。Stevenson 等在 2001 年和 2008 年分别报道了通过内嵌富勒烯与八乙基卟啉钴(Ⅱ)[11]或八乙基卟啉镍(Ⅱ)[12]形成共结晶，培养出了较为有序的内嵌富勒烯 $Sc_3N@C_{80}$ 单晶，从而使得 X 射线单晶衍射成为表征内嵌富勒烯结构最为有力的手段，极大地改变了内嵌富勒烯研究的状况。随后，一系列内嵌多金属的内嵌富勒烯最终被确认为内嵌多金属碳化物的内嵌富勒烯。值得一提的是，超分子共晶中富勒烯和共晶分子之间不存在共价作用，因而富勒烯的分子结构是完全保持不变的，可以获得富勒烯碳笼本征的结构数据，但是同时也带来了不足之处。富勒烯分子和共晶分子间是超分子作用，取向性较低，使得富勒烯分子在超分子组装体中可能存在多种取向，这导致在富勒烯超分子共晶中，富勒烯分子经常存在部分碳笼取向无序，降低了获得碳笼结构的精度和大幅度增大了结构解析精修的难度。为了克服这些困难，研究者甚至发展了在超低温（20K）下的 X 射线单晶衍射技术，以此来降低富勒烯分子的取向无序。

2.4 空心富勒烯

1. 富勒烯碳笼的编号原则

对于拥有相同碳原子数目的富勒烯 C_n 而言，由于其碳笼结构中五元环和六元环的不同联结方式而产生同分异构体，同分异构体的数目随着碳原子数目 n 的增加而急剧增加。所以用一套有效的命名方式区分这些同分异构体是十分必要的。在 1995 年，Fowler 和 Manolopoulos 发展出一套被广泛接受的命名方式：螺旋算法（spiral algorithm）[13]。该算法为富勒烯异构体的编号提供了一种独一无二的方式。

一般来说，在命名富勒烯 C_n 的同分异构体时，在 C_n 之前加上碳笼的最高对称性及其在螺旋算法中的异构体编号（异构体编号在对称性后面用括号标出）。由于满足 IPR 的同分异构体的广泛存在，而其在螺旋算法中的编号是最靠后边的（也就是编号的数值是最大的），所以对于 IPR 同分异构体通常采用简化版的编号系统（仅对 IPR 同分异构体进行编号，在该编号系统中，按照螺旋算法，排在最前面的 IPR 同分异构体的编号为 1，如果只有一个 IPR 异构体，则编号 1 省略，如 I_h-C_{60}、I_h(7)-C_{80}［对应于 I_h(39712)-C_{80} 的简化版编号］。然而，随着违反独立五元环规则（non-IPR）的富勒烯同分异构体的发现，对于 non-IPR 同分异构体的编号必须使用完整的螺旋算法编号（对于已经报道的 non-IPR 富勒烯，一般相连的五元环数目小于或等于 3 个，所以其螺旋算法编号是一个比较大的数值）。因此，遵循领域的惯例，涉及的富勒烯碳笼结构命名中的编号问题采用两套编号系统：①对于 IPR 同分异构体富勒烯，采用简化版的螺旋算法编号系统。②对于 non-IPR 同分异构体富勒烯的编号则采用完整的螺旋算法编号系统。这可以一方面便于从命名上直接区分 IPR 和 non-IPR 富勒烯；另一方面，由于现在报道的 non-IPR 富勒烯异构体的螺旋算法编号是一个比较大的数值，所以不会产生 IPR 和 non-IPR 异构体编号的混淆。为统一起见，本书中将采用该规则，但对于不影响讨论的地方将略去编号。

2. C_{20}-C_{104} 空心富勒烯的结构特点

下面我们按碳原子数目的增长，分别介绍到目前为止，结构已经明确表征的代表性的空心富勒烯。总体来说，目前获得的最小的富勒烯为 C_{20}，最大的富勒烯为 C_{104}。我们先介绍 C_{20} 的结构特点。

1）C_{20}

C_{20} 是理论上碳原子数目最小的富勒烯，其碳笼完全由 12 个五元环组成。而

其衍生物 $C_{20}H_{20}$ 的合成（图 2-4），甚至早于 C_{60} 的发现及富勒烯概念的诞生，尽管 C_{20} 的碳笼无法在通常的碳原子团簇生长条件下生成。$C_{20}H_{20}$ 以及其相关的衍生物都是属于笼外接枝功能基团的非 IPR 富勒烯衍生物。$C_{20}H_{20}$ 的首次合成可以追溯到 1982 年[14-16]。Paquette 等通过有机全合成的方法，从环戊二烯为起始物，经过 20 多步有机反应之后，成功地制备出 $C_{20}H_{20}$。随后 Prinzbach 等发展了“isodrin-pagodane-dodecahedrane”合成途径，使得 $C_{20}H_{20}$ 的产率有了较大的提高，并且反应步骤大大地简化[17, 18]。最近，人们合成了一系列不饱和的 C_{20} 衍生物，希望可以由此合成 C_{20}。但是 C_{20} 过于活泼而难以在空气中稳定存在，只在气相中具有一定的稳定性。2000 年，通过气相中电子撞击 $C_{20}H_mBr_{14-m}$，于气相中获得了 C_{20}，并利用光电子能谱研究了其电子结构[19]。$C_{20}Cl_{16}$ 也可以通过“brute-force”光照氯化反应的方法从 $C_{20}H_{20}$ 反应得到[20]。尽管 $C_{20}Cl_{16}$ 具有高度弯曲的 C ═ C，但是 $C_{20}Cl_{16}$ 对于氧气有一定惰性并且不倾向于发生自身聚合反应，且可以和 CH_2N_2 平稳地发生加成反应[20]。正十二面体构型的 C_{20} 是无法在碳原子团簇成核条件下生成的，实验证明在气相条件下，碳数为 20 的团簇更倾向于形成大环状结构而不是富勒烯的球状多面体结构。

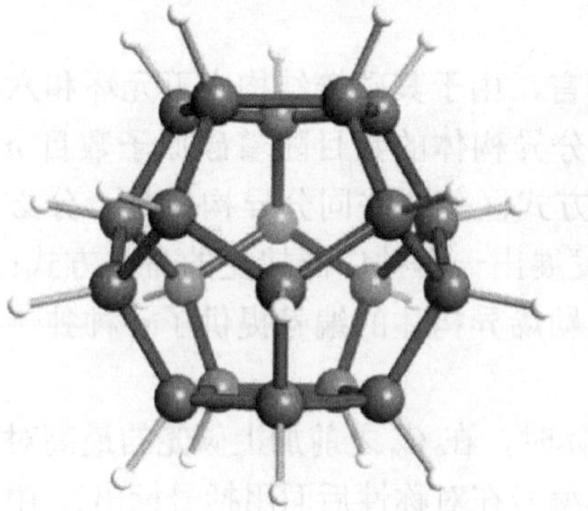

图 2-4 $C_{20}H_{20}$ 分子结构图

2）C_{36}

Zettle 小组[21]报道了 C_{36} 固体的合成分离及其表征。C_{36} 固体通过石墨电弧放电法合成，经过升华或吡啶提取分离。其飞行时间质谱（TOF-MS）中，主要的质谱峰的质量数为 438，比 C_{36} 的理论分子质量大了 6 amu，被认为是其氢化衍生物 $C_{36}H_6$。而其 ^{13}C 固体核磁谱图主要有 146.1 ppm 和 137.5 ppm 两个峰，并且其相对强度比为 2∶1。基于 ^{13}C 固体核磁谱和飞行时间质谱，分离得到的固体被确认为分子状态的 D_{6h} 对称性的 C_{36} 富勒烯。但是 C_{36} 固体的电子衍射图样表明其具有 1.7 Å 的分子间距离，存在分子间共价键。随后的实验及理论研究指出，分子态的 C_{36} 是不稳定的，会发生自身聚合或生成笼外氢化衍生物，如 $C_{36}H_4$、$C_{36}H_6$、$C_{36}H_6O$，应该存在 sp^3 杂化的碳原子，应存在化学位移小于 100 ppm[21-23]的信号。然而，至今 C_{36} 仍然缺乏确切的结构表征。此外，C_{36} 可以形成 $C_{36}H_6O$ 衍生物，但是目前也只报道了其质谱表征，而确切的结构表征却仍然缺失[21-23]。

3）C_{50}

C_{50} 是第一个从碳原子团簇生长条件下合成并且得到准确结构表征的小富勒烯。C_{50} 是最小的只含有二重相邻五元环的富勒烯。根据 Hirsch 的球形芳香性规

则 $2(N+1)^2$ 规则，C_{50} 具有全充满的电子结构，并且具有较高的芳香性[24]。但是原始的 C_{50} 碳笼还是过于活泼而难以以其裸笼的形式制备获得。C_{50} 可以在碳原子碳簇成核条件下被氯所捕获以衍生物 $C_{50}Cl_{10}$ 的形式稳定下来（图 2-5）[25]。其 ^{13}C 核磁共振谱只有位于 161.5 ppm、146.6 ppm、143.0 ppm 和 88.7 ppm 的四个核磁峰，表明其具有相当高的分子对称性。前面三个核磁峰对应于碳笼上 sp^2 杂化的碳原子核磁峰，而后一个核磁峰对应于与氯原子相连的 sp^3 杂化的碳原子。结合密度泛函计算，确定了 $C_{50}Cl_{10}$ 的结构。$C_{50}Cl_{10}$ 具有 D_{5h} 对称性，所有氯原子连接在赤道上的相邻五元环的碳原子上，其 sp^2 杂化的局域芳香性片段为两个 C_{20} 片段（图 2-5）。整个分子的构型与土星十分相像。最近，在甲苯和氯仿溶液中获得了 $C_{50}Cl_{10}$ 的单晶，通过 X 射线单晶衍射再次确认了 $C_{50}Cl_{10}$ 的结构。

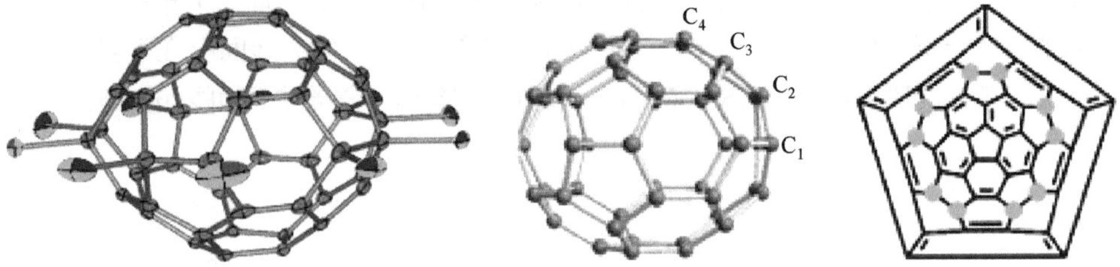

图 2-5　$C_{50}Cl_{10}$ 的结构图[12]

4）C_{54}

理论上 C_{54} 富勒烯有 580 个同分异构体，都不满足独立五元环规则。通常来讲，相邻五元环共边上的碳数越多，富勒烯的能量也越高，稳定性越差。在 C_{54} 的 580 个可能的异构体中，相邻五元环共边的碳数最少为八，为#540C_{54}，因此#540C_{54} 是能量最低、最为稳定的异构体。的确，通过氯化稳定化的方法，目前实验上成功合成并分离出了一个基于#540C_{54} 富勒烯的氯化衍生物 $C_{54}Cl_8$（图 2-6），其#540C_{54} 富勒烯碳笼具有 C_{2v} 的对称性。#540C_{54} 碳笼含有两组三重顺连的相邻五元环结构，而其中的四个相邻五元环共边的碳原子中只被三个氯原子所加成，形成了独特的氯化加成模式，因此#540$C_{54}Cl_8$ 表现出了三重顺连相邻五元环结构的独特反应性。

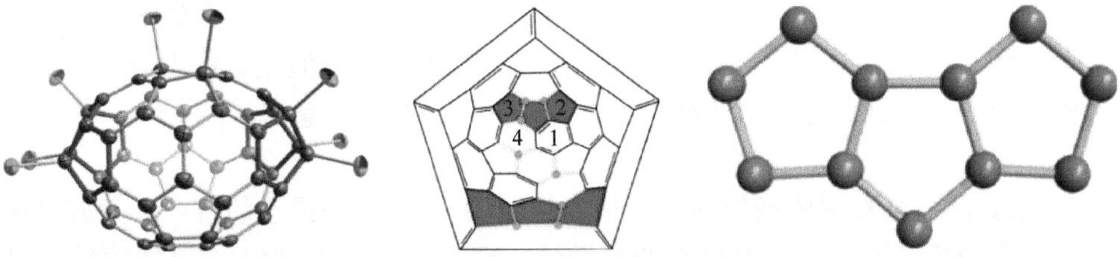

图 2-6　$C_{54}Cl_8$ 的结构图[26]

5）C_{56}

C_{56}是目前小富勒烯中已被精确结构表征得到最多异构体的一个，已有三个C_{56}碳笼的同分异构体被合成、分离和精确结构表征，分别为$^{\#913}C_{56}$、$^{\#864}C_{56}$、$^{\#916}C_{56}$，各自的对称性分别为C_{2v}、C_s、D_2[27-30]。它们都是通过氯掺杂的石墨电弧放电方法合成出来的，分别以氯化衍生物$^{\#913}C_{56}Cl_{10}$、$^{\#864}C_{56}Cl_{12}$、$^{\#916}C_{56}Cl_{12}$的形式被捕获稳定下来。$^{\#913}C_{56}$、$^{\#864}C_{56}$和$^{\#916}C_{56}$都不满足独立五元环规则，都具有八个相邻五元环碳原子，是C_{56}所有的924个异构体中含有相邻五元环位点最少的异构体，并且理论计算也指出它们是所有异构体中能量最低的结构。此外，$^{\#913}C_{56}$、$^{\#864}C_{56}$和$^{\#916}C_{56}$的相邻五元环排列方式不尽相同，$^{\#913}C_{56}$和$^{\#916}C_{56}$均含有四对二重相邻五元环结构，而$^{\#864}C_{56}$则含有两对二重相邻五元环结构和一组三重顺连的相邻五元环结构，因此，当它们形成稳定的氯化富勒烯时，在$^{\#864}C_{56}$中有一个相邻五元环位点未和氯原子成键，仍然保持不变。$^{\#913}C_{56}$、$^{\#864}C_{56}$和$^{\#916}C_{56}$之间存在着结构关联性（图2-7），它们可以通过Stone-Wales转化（SWT），碳笼之间可以进行转换[30]。

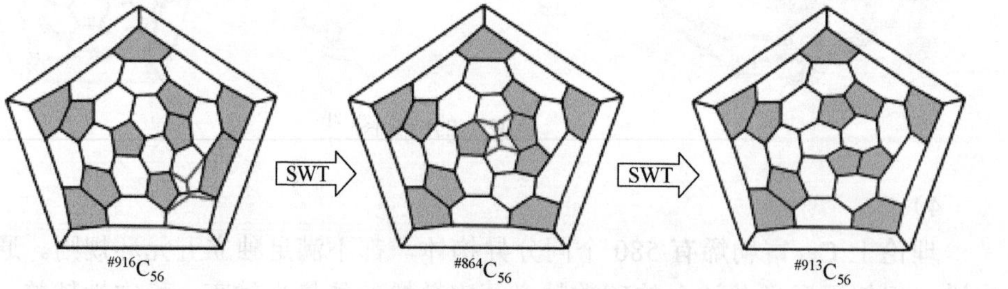

图2-7 C_{56}的Stone-Wales转化[30]

6）C_{58}

目前实验上只报道了一例C_{58}富勒烯结构，而且其合成不是通过碳原子团簇生长获得的，而是在已有的C_{60}碳笼上，通过化学反应，使得碳笼发生骨架转变，脱去一个C_2单元，形成新的C_{58}碳笼。具体来说：I_h-C_{60}与含铯的氟氧化铅在550℃真空条件下反应使I_h-C_{60}氟化，导致其六元环-五元环连接处的两个碳原子从碳笼上失去，生成了稳定的C_{58}衍生物$C_{58}F_{18}$和$C_{58}F_{17}CF_3$（图2-8）[31]。$C_{58}F_{18}$和$C_{58}F_{17}CF_3$的分子结构通过质谱和^{19}F核磁共振谱进行表征，最显著特征是在碳笼上具有一个七元环，尽管其C_{58}的碳笼来自于I_h-C_{60}碳笼的修饰化，但是其作为第一例实验上成功合成的含有七元环的非经典富勒烯，具有开拓性的意义。

7）C_{60}

C_{60}是所有富勒烯中最特殊也是最为重要的一个。它是最小的遵守独立五元环规则的富勒烯，而且是产率最高的富勒烯。理论上C_{60}有1812个可能的结构异构体，其中I_h-$^{\#1812}C_{60}$满足独立五元环规则。I_h-$^{\#1812}C_{60}$的结构首次由Kroto、

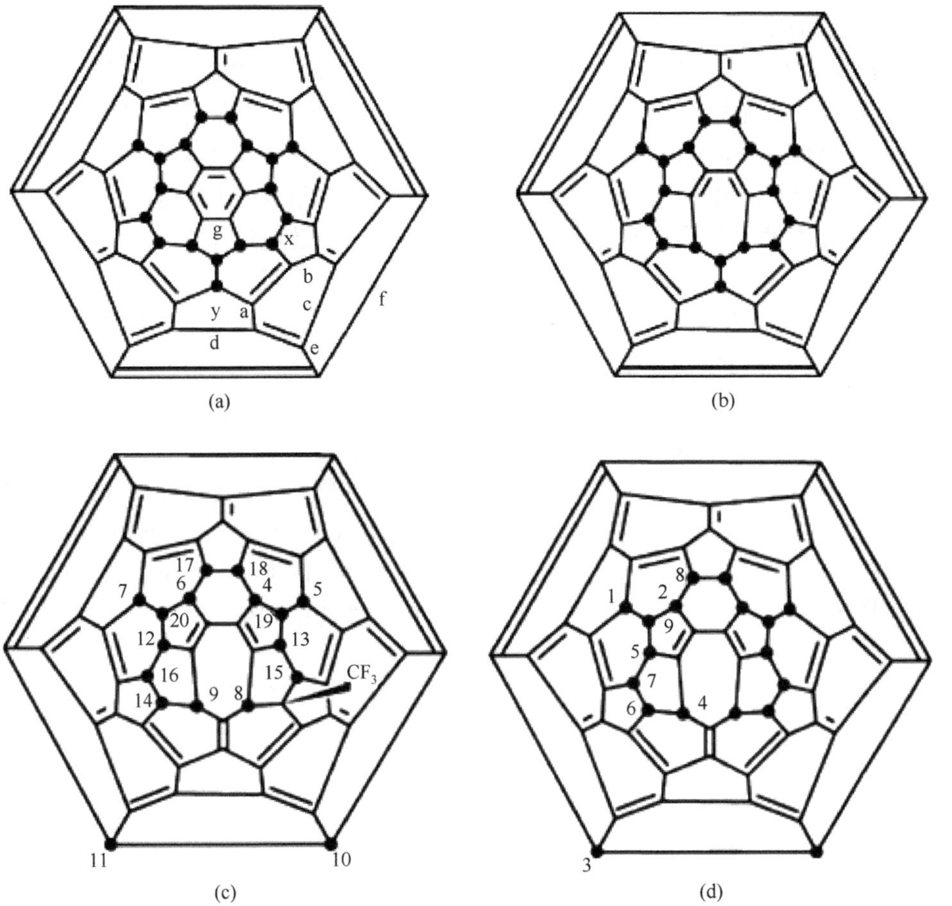

图 2-8　C_{60}失去两个 C 变成 C_{58}[31]

Curl、Smalley 三位科学家提出，这也标志着富勒烯的发现和碳纳米材料研究的开端。I_h-$^{\#1812}C_{60}$含有 12 个五元环和 20 个六元环，每个五元环被 5 个六元环所包围，而六元环周围则被 3 个五元环和 3 个六元环所包围。I_h-$^{\#1812}C_{60}$的结构正好和日常生活中足球的结构一致，这是 I_h-$^{\#1812}C_{60}$又被称为足球烯的原因。I_h-$^{\#1812}C_{60}$具有 I_h 对称性，是目前合成的富勒烯中对称性最高的，其碳笼上的每个碳原子所处的化学环境都一致，因此 I_h-$^{\#1812}C_{60}$的 ^{13}C 核磁图谱只有一个信号峰，化学位移为 143 ppm。I_h-$^{\#1812}C_{60}$含有 90 个 C—C 共价键，根据其所处的化学环境和结构，可以分为[6, 6]C—C 键和[5, 6]C—C 键。虽然 I_h-$^{\#1812}C_{60}$有着离域的 π_{60}^{60} 键，但是它的[6, 6]C—C 键和[5, 6]C—C 键还是表现出不同的化学特性，其中[5, 6]C—C 键即是所有五元环的边，具有更多碳碳单键的性质，键长较长，为 1.45 Å；而[6, 6]C—C 键则表现出更多的碳碳双键的性质，键长较短，为 1.38 Å，这也是通常的加成反应易于发生在[6, 6]C—C 键上的原因。

在 C_{60} 的 1812 个异构体中，唯有 I_h-C_{60} 满足独立五元环规则[1]，这使得 I_h-C_{60} 有别于其他 1811 个 C_{60} 异构体，能够稳定地存在于常规的实验条件下。其他的 C_{60} 异构体不可避免地违反独立五元环规则，具有高的局部张力[32]和局域反芳香性[33]，使得这些具有相邻五元环结构的 C_{60} 异构体相对于 I_h-C_{60} 来说，具有更高的分子能量和较小的带隙。这些性质都使得违反独立五元环规则的 C_{60} 异构体在一般的实验条件下难以得到。然而，通过在石墨电弧放电过程中掺入氯元素，目前有两例违反独立五元环规则的 C_{60} 异构体被成功地合成、分离及表征，它们分别为 C_{2v}-$^{\#1809}C_{60}$ 和 C_s-$^{\#1804}C_{60}$，各自含有两对和三对二重相邻五元环结构。在氯化稳定化时，它们分别形成了 C_{2v}-$^{\#1809}C_{60}Cl_8$ 和 C_1-$^{\#1804}C_{60}Cl_{12}$（图 2-9）[34]。对于 C_1-$^{\#1804}C_{60}Cl_{12}$ 是由于氯化破坏了 C_s 对称的$^{\#1804}C_{60}$ 的镜面对称性。

理论计算结果表明，在所有可能的 1812 个 C_{60} 异构体中，$^{\#1809}C_{60}$ 和$^{\#1804}C_{60}$ 是能量上和结构上最为接近 I_h-C_{60} 的异构体。并且在结构上，可以通过 Stone-Wales 转变从$^{\#1804}C_{60}$ 转变为$^{\#1809}C_{60}$，再从$^{\#1809}C_{60}$ 转变为 I_h-$^{\#1812}C_{60}$[13, 35]。而 Stone-Wales 转变一直被认为是富勒烯形成时所经历的退火重排过程中至关重要的一步[36, 37]。因此$^{\#1809}C_{60}$ 和$^{\#1804}C_{60}$ 可能是形成 I_h-C_{60} 过程中重要的中间体。

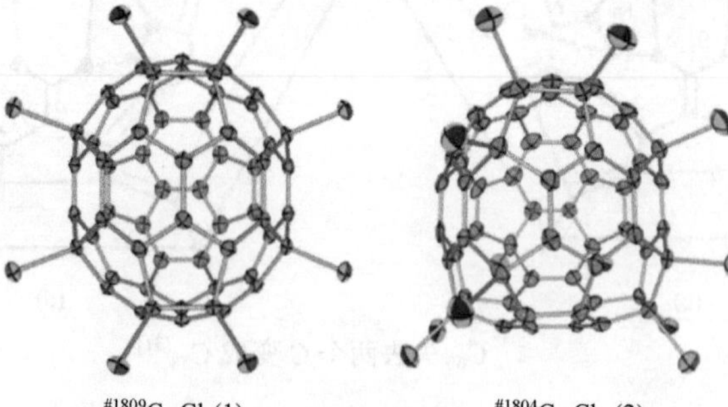

(a)

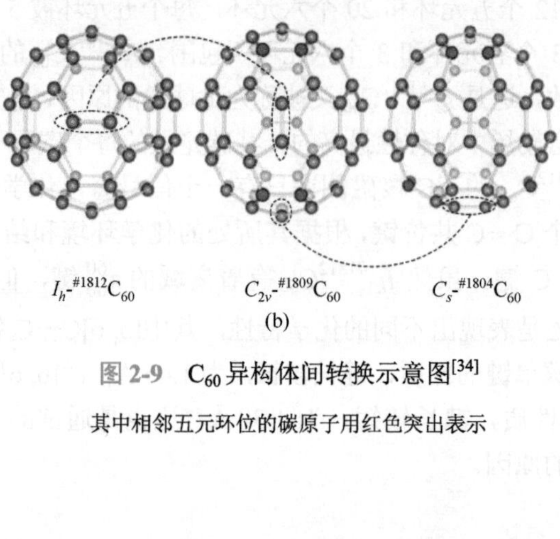

(b)

图 2-9　C_{60} 异构体间转换示意图[34]

其中相邻五元环位的碳原子用红色突出表示

8）C_{62}

富勒烯 C_{62} 的碳原子数介于 C_{60} 和 C_{70} 之间，它有 2385 个可能的异构体，都是含有相邻五元环结构的违反独立五元环规则的富勒烯。在激光溅射蒸发石墨形成富勒烯的气相实验中，在 C_{60} 到 C_{70} 区间内的碳簇，C_{62} 的丰度是最低的，暗示着 C_{62} 是产率较低的富勒烯。的确，至今还未有报道通过碳簇形成方式成功合成富勒烯 C_{62}。然而，类似于 C_{58} 是通过对 I_h-$^{\#1812}C_{60}$ 进行化学反应脱去 2 个碳原子而合成的，由于 C_{62} 只比 C_{60} 多两个碳原子，因此可以通过对 I_h-$^{\#1812}C_{60}$ 进行化学反应，将一个 C_2 单元插入到 C_{60} 中，得到 C_{62} 富勒烯。

的确，人们通过多步化学反应插入一个 C_2 单元到 I_h-C_{60} 的两个相邻的五元环-六元环连接处（图 2-10）合成了首个基于 C_{62} 富勒烯的衍生物 $C_{62}X_2$[X = H, 4-MeC_6H_4, 2-Py, 3, 5-$(MeO)_2C_6H_3$][38, 39]。有意思的是，插入一个 C_2 单元到 I_h-C_{60} 的两个相邻的五元环-六元环连接处后，所合成的 C_{62} 富勒烯含有一个四元环，因此属于非经典富勒烯，这也是目前为止报道的唯一一例含有四元环的富勒烯。特别地，$C_{62}(4\text{-}MeC_6H_4)_2$ 的单晶结构表明两个外接的官能团连接在四元环的两个顶点上，使得相应的碳原子从 sp^2 杂化转变到 sp^3 杂化。因此，C_{62} 中四元环的引入所带来的较大的局部张力得到了有效的释放。而 C_{62} 的其他 sp^2 杂化的部分与 C_{60} 几乎完全一样，具有明显的局域芳香性。

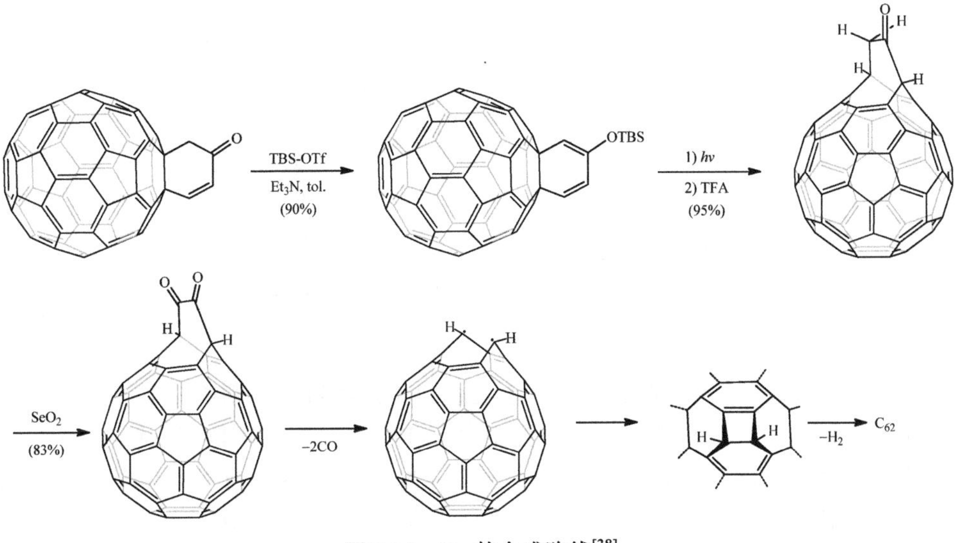

图 2-10　C_{62} 的合成路线[38]

9）C_{64}

在激光溅射蒸发石墨形成富勒烯的气相实验中，在 C_{60} 到 C_{70} 区间内的碳簇，C_{64} 具有较高的丰度，但是在结构上 C_{64} 的所有异构体都含有相邻五元环结构，其中含相邻五元环位点最少的异构体有四个，均只有四个相邻五元环位点。在这几

个 C_{64} 的异构体中，目前只有 C_{3v}-#1911C_{64}，以 $C_{64}H_4$、$C_{64}Cl_4$ 及 $C_{64}Cl_8$ 形式被成功合成、分离和表征[40, 41]。#1911C_{64} 含有一组三重直接相邻五元环，也是目前报道的唯一的含有三重直接相邻的五元环结构的富勒烯。$C_{64}H_4$ 是在 Krätschmer-Huffman 电弧放电过程中引入 CH_4 制备得到的（图 2-11），其分子结构通过质谱、红外、紫外-可见光谱和 ^{13}C 核磁共振谱进行了表征，并结合密度泛函理论计算，确定其 4 个相邻五元环位点都与氢原子成键。$C_{64}H_4$ 随后也成功地通过苯火焰燃烧法制备出来，为其大规模的连续合成提供了可能。另外，C_{64} 也在 CCl_4 气氛条件下 Krätschmer-Huffman 电弧放电过程中以其氯化物 $C_{64}Cl_4$ 的形式分离出来，并通过 X 射线单晶衍射确定了其结构，显示其与 $C_{64}H_4$ 具有同样的碳笼结构。并且 $C_{64}Cl_4$ 在晶态时，分子间存在明显的π…π作用，其π…π作用的距离只有 3.1 Å 左右，明显小于一般的π…π作用的距离，暗示 $C_{64}Cl_4$ 可能具有分子电子学的潜在应用，因为如此之短的π…π作用的距离使得 $C_{64}Cl_4$ 分子间电荷的传递变得较为容易。

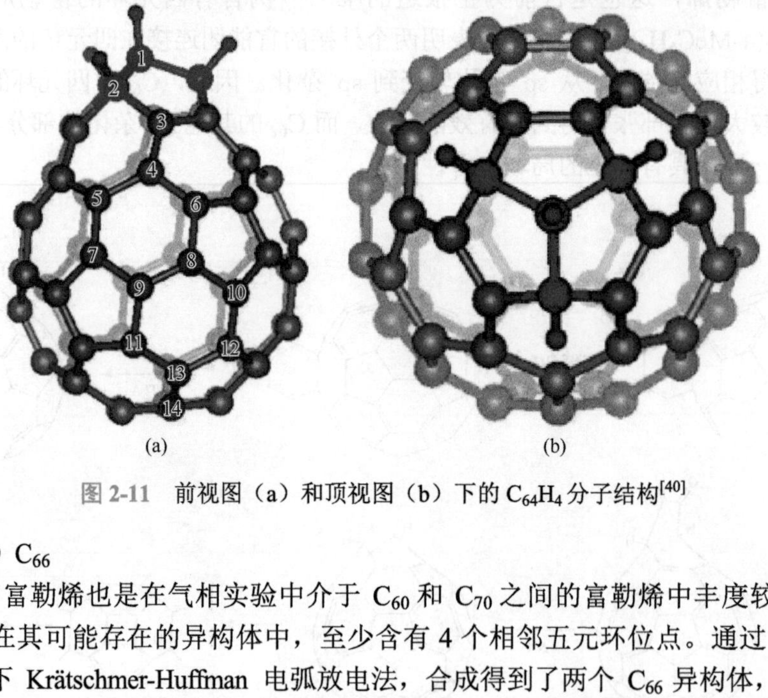

图 2-11　前视图（a）和顶视图（b）下的 $C_{64}H_4$ 分子结构[40]

10）C_{66}

C_{66} 富勒烯也是在气相实验中介于 C_{60} 和 C_{70} 之间的富勒烯中丰度较高的富勒烯，在其可能存在的异构体中，至少含有 4 个相邻五元环位点。通过 CCl_4 气氛条件下 Krätschmer-Huffman 电弧放电法，合成得到了两个 C_{66} 异构体，分别为 C_s-#4169C_{66} 和 C_{2v}-#4348C_{66}，分别以#4169$C_{66}Cl_6$、#4169$C_{66}Cl_{12}$ 和#4348$C_{66}Cl_{10}$ 的形式被宏量制备出来（图 2-12），并通过 X 射线单晶衍射确定了其分子结构[26]。C_s-#4169C_{66} 和 C_{2v}-#4348C_{66} 都只含有 4 个相邻五元环位点，是 C_{66} 富勒烯可能存在的异构体中最为稳定的两个，但它们所含的相邻五元环结构是大不相同的。C_s-#4169C_{66} 含有一组三重顺连的相邻五元环，而 C_{2v}-#4348C_{66} 则含有两对二重相邻五元环。C_s-#4169C_{66} 以两种氯化物（#4169$C_{66}Cl_6$，#4169$C_{66}Cl_{12}$）的形式被稳定下来，这为研究其分子氯化机理和稳定化过程提供了基础。通过理论计算，研究了$^{\#4169}C_{66}$的氯化过程，并揭示了三重顺连的相邻五元环结构独有的反应特性以及其两种氯化产物的生成机理。

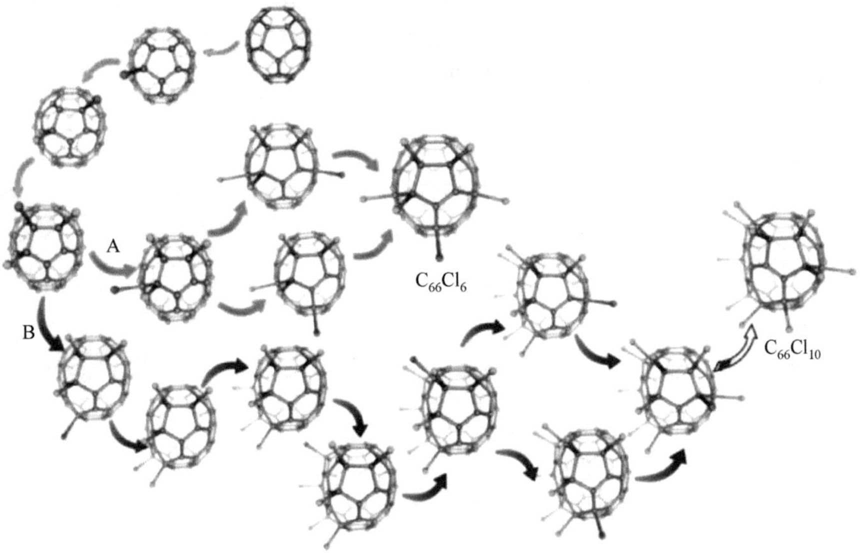

图 2-12 $^{\#4169}C_{66}$经过氯化过程形成$^{\#4169}C_{66}Cl_6$和$^{\#4348}C_{66}Cl_{10}$[26]

11）C_{68}

从碳原子数上来看，C_{68}可以通过C_{70}碳笼上脱去一个C_2单元而获得（图2-13），因此将C_{70}进行激光溅射解离，可以明显观测到C_{68}富勒烯在气相中生成。然而，在从石墨气化生长富勒烯的过程中，C_{68}的丰度是较低的[42]。C_{68}是最大的只含有相邻五元环异构体的富勒烯，在其所有的异构体中，目前已经明确表征的是C_s-$^{\#6094}C_{68}$，其含有两对二重相邻五元环结构，虽然是含有相邻五元环位点最少的异构体，但是C_s-$^{\#6094}C_{68}$在C_{68}所具有的9个相邻五元环位点最少的异构体中，能量是较高的[43]。理论计算表明，其比最稳定的异构体高出17.4 kcal/mol（1 kcal = 4.184 kJ），因此推测C_s-$^{\#6094}C_{68}$可能是由更大的C_{70}进行一次C_2消除后转变得到的或是通过更小的C_{2v}-$^{\#4348}C_{66}$进行一次C_2插入形成的。C_{2v}-$^{\#4348}C_{66}$是通过在氯气气氛下的高频感应炉蒸发石墨，以C_{2v}-$^{\#4348}C_{66}Cl_8$的形式被成功地宏量合成。C_{2v}-$^{\#4348}C_{66}$在形成氯化物之后，从裸笼的高反芳香性转变为高度芳香性的富勒烯氯化物，这些是C_{2v}-$^{\#4348}C_{66}$能够捕获得到的主要原因。

在C_{68}中，还报道一例非经典的富勒烯异构体，hepta-C_{68}，它最为显著的特征是含有七元环，因此属于非经典富勒烯[44]。由于一个七元环的引入，使得在hepta-C_{68}中五元环的数量增加到13个，超过所有的经典富勒烯和完美的碳纳米管中五元环的数量。而该hepta-C_{68}含有两对相邻的五元环，违反了独立五元环规则[1]，使得原始的 hepta-C_{68} 碳笼高度活泼，难以获得。而通过六个氯原子饱和了 hepta-C_{68} 碳笼上活泼的相邻五元环位点和不满足芳香性的位置之后，hepta-C_{68} 以其氯化物 hepta-$C_{68}Cl_6$ 的形式被稳定下来。^{13}C 标记的制备实验揭示了含有七元环的 hepta-C_{68} 与经典富勒烯同时生成，证明了含有七元环的 hepta-C_{68} 自下而上的形成机理，这对于理解富勒烯的形成过程将有所帮助。

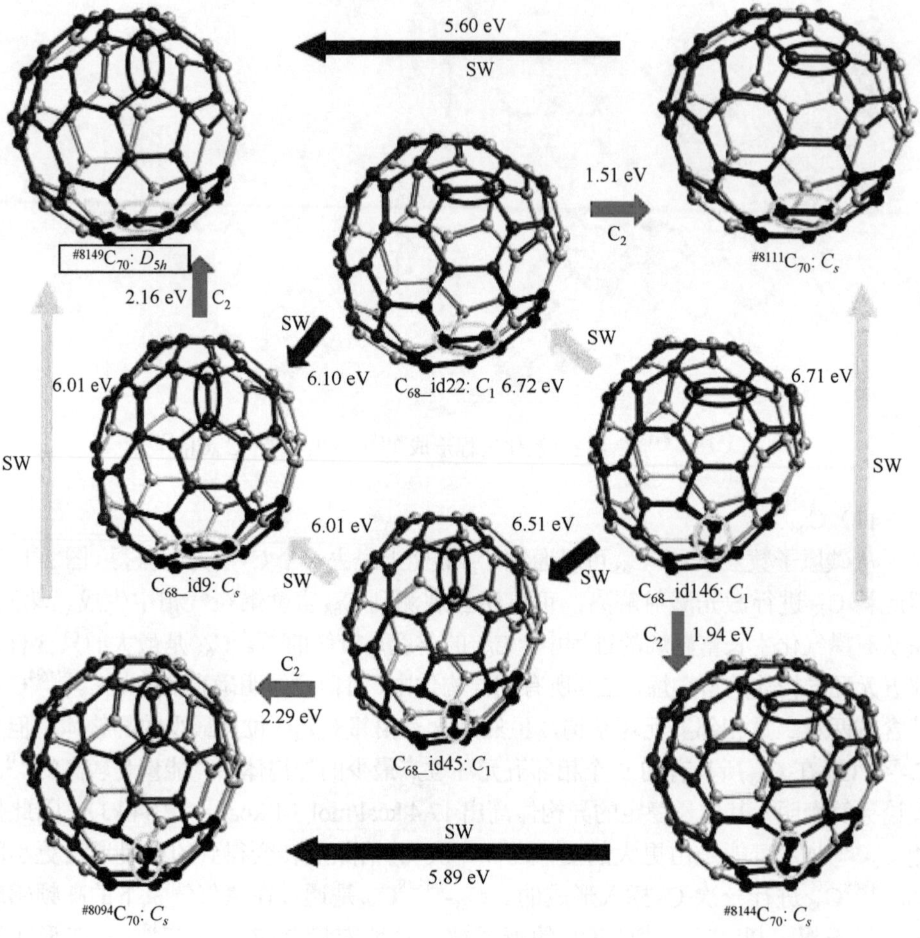

图 2-13 C_{68} 经过 C_2 加成和 Stone-Wales（SW）转化变成 C_{70} 的生长机理[44]

12）C_{70}

随着碳原子数的不断增加，富勒烯碳笼的尺寸不断增大，C_{70} 的丰度仅次于 C_{60}，而且具有高稳定性，因此 C_{70} 在富勒烯研究中的地位仅次于 C_{60}。C_{70} 的高丰度和稳定性，源自于 C_{70} 独特的碳笼结构。与 C_{60} 类似，C_{70} 也具有一个遵守独立五元环规则的异构体，即 D_{5h}-C_{70}。从结构上来看，D_{5h}-C_{70} 可以看作是拉长了的

I_h-C_{60}，将 D_{5h}-C_{70} 赤道上的 10 个碳原子全部去掉后，得到两个 C_{30} 的半球片段，旋转 36°后拼接起来，就是 I_h-C_{60}。在 D_{5h}-C_{70} 中，所有的五元环都被六元环包围起来，类似于 I_h-C_{60}，这也是 D_{5h}-C_{70} 高度稳定的原因之一。与 I_h-C_{60} 不同的是，在 D_{5h}-C_{70} 碳笼上，六元环相互之间开始出现相邻的情况，D_{5h}-C_{70} 是具有相邻六元环结构的最小的满足 IPR 规则的富勒烯。由于其碳笼上存在的六元环稠合的单元，使得分子之间的π…π相互作用增强，因此 D_{5h}-C_{70} 在有机溶剂中的溶解度较低。这种溶解度的变化趋势，随着富勒烯尺寸的增大越发明显，特别是对于大碳笼富勒烯，它们的溶解度通常都很低[45, 46]。D_{5h}-C_{70} 碳笼上的稠合六元环结构位于其赤道上，同样也是由于稠合六元环结构的芳香性较高，结构较为平坦，使得该区域的化学反应活性较低，因此 D_{5h}-C_{70} 的化学反应大多集中在其两极上，而赤道区域则较为惰性。

除去 D_{5h}-C_{70} 外，C_{70} 的其他异构体都含有相邻五元环结构，因此，长久以来 D_{5h}-C_{70} 一直都是唯一被合成得到的 C_{70} 富勒烯。近年来，氯参与的电弧放电法成为制备富勒烯异构体的行之有效的合成方法，C_{70} 的一个含有相邻五元环结构的异构体 $^{\#8064}C_{70}$ 也在该合成条件下得以宏量合成，其结构也得到了确切的表征[47-50]。它具有两对相邻的五元环结构，与 D_{5h}-$^{\#8149}C_{70}$ 相比，$^{\#8064}C_{70}$ 具有 C_2 的对称性，其碳笼形状较为不规则（图 2-14）。由于其源自于相邻五元环的高度活泼的本性，$^{\#8064}C_{70}$ 以 $^{\#8064}C_{70}Cl_{10}$ 的结构稳定下来。与先前所报道的非 IPR 氯化富勒烯相似，张力释放和局部芳香性原理是其稳定化的内在因素。

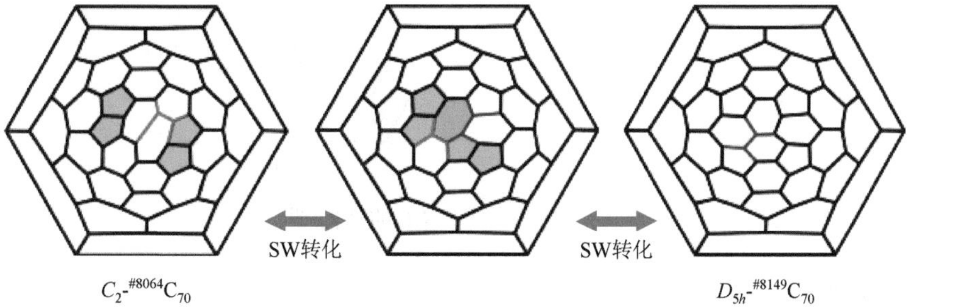

图 2-14　C_2-$^{\#8064}C_{70}$ 和 D_{5h}-$^{\#8149}C_{70}$ 之间的 Stone-Wales（SW）转化[47]

13）C_{72}

碳原子数介于 70 至 96 之间的富勒烯，它们各自满足 IPR 规则的原始的碳笼都得到了分离和明确的结构表征[51]。但是，其中的 C_{72} 是一个特殊的例外，从未被人们分离出来，尽管 C_{72} 家族也拥有一个满足 IPR 规则的异构体——D_{6h}-C_{72}。至今只有一些 C_{72} 的内嵌富勒烯[43, 52-55]通过内部金属原子与外部碳笼之间的电子转移作用而使其稳定化，从而得到分离和表征。但是内嵌金属富勒烯的合成过程中，金属原子的引入改变了碳簇的形成环境，与通常的富勒烯形成机理也是截然不同的。因而不足以证明 C_{72} 空心富勒烯的存在。理论上来说，难以获得 C_{72} 的主要原因是由于其 IPR 异构体 D_{6h}-C_{72} 在能量上不是最稳定的。已发表的理论计算表明，D_{6h}-C_{72} 虽然是 C_{72} 家族中唯一的满足 IPR 规则的异构体，但是在能量上却要比最稳定的异构体 $^{\#11188}C_{72}$ 要高出 11 kcal/mol，并且从熵值分析 D_{6h}-C_{72} 也是不利的[56-59]。有趣的是，异构体 $^{\#11188}C_{72}$ 并不满足 IPR 规则，含有一对相邻五元环。上述情况在富勒烯化学中是一个极为特殊的例子：具有相邻五元环结构（违反 IPR 规则）的异构体却比其满足 IPR 规则的异构体还要稳定。然而，实验上关于这样的违反 IPR 规则的异构体的存在仍然缺乏证据，迄今都只是基于理论预测。最近，利用前述的氯参与的电弧放电法，第一例 C_{72} 空心富勒烯以其氯化物 $^{\#11188}C_{72}Cl_4$ 的形式被分离和表征（图 2-15）[60]。整个 $^{\#11188}C_{72}Cl_4$ 分子与一个菠萝十分相似，而其碳笼上所加成的四个氯原子正如菠萝上的四片叶子。它的形状与谢素原课题组所报道另外一个“菠萝”状的氯化富勒烯 $C_{64}Cl_4$ 十分类似，只是碳笼的体积更大。

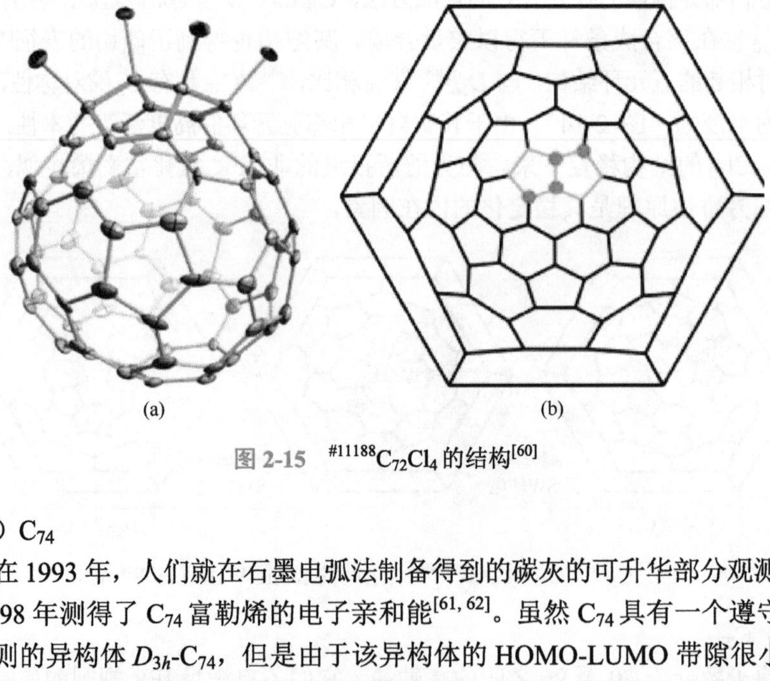

图 2-15 $^{\#11188}C_{72}Cl_4$ 的结构[60]

14）C_{74}

早在 1993 年，人们就在石墨电弧法制备得到的碳灰的可升华部分观测到 C_{74}，并于 1998 年测得了 C_{74} 富勒烯的电子亲和能[61, 62]。虽然 C_{74} 具有一个遵守独立五元环规则的异构体 D_{3h}-C_{74}，但是由于该异构体的 HOMO-LUMO 带隙很小，因此 D_{3h}-C_{74} 的分离及其表征，一直都是挑战性的课题。最近，通过衍生化，如氟化、三氟甲基化等方法，得到 D_{3h}-C_{74} 衍生物，并进一步实现了对其结构的精确表征和研究[63-65]。通过原位氯稳定化的石墨电弧放电方法，也成功地制备和表征了一例含有相邻五元环结构的 C_{74} 富勒烯（图 2-16）[66]。

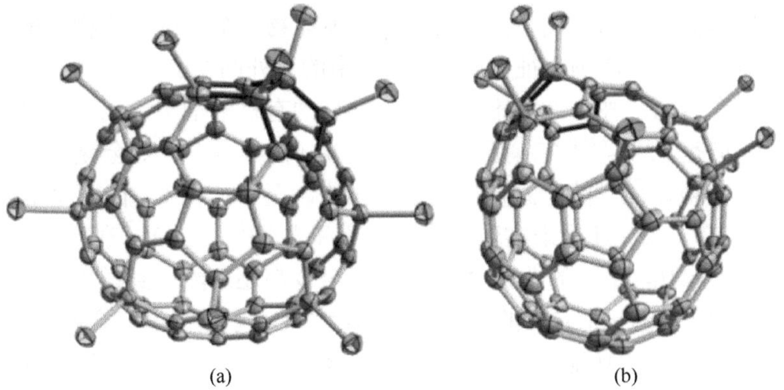

图 2-16　C_1-$^{\#14049}C_{74}Cl_{10}$ 的晶体结构[66]

15）C_{76}

从 C_{76} 开始，遵守独立五元环规则的富勒烯异构体的数目开始逐渐增多。对于 C_{76} 而言，含有两个遵守独立五元环规则的 C_{76} 异构体结构分别为 D_2-C_{76} 和 T_d-C_{76}，但是通常能分离得到的 C_{76} 富勒烯是 D_2-C_{76}（图 2-17），它具有较大的 HOMO- LUMO 带隙，能够更好地溶解到有机溶剂中，因此可以通过常规的提取及分离手段获得 D_2-C_{76}[67]。D_2-C_{76} 也是首个分离和表征得到的手性富勒烯，因此成为首次得到的手性碳同素异形体。而另外一个遵守独立五元环规则的 T_d-C_{76} 的分离则晚得多，这是由于 T_d-C_{76} 和 D_{3h}-C_{74} 一样，HOMO-LUMO 带隙较低，属于窄带隙富勒烯，难以溶解和分离[68]。后来，通过对 T_d-C_{76} 进行三氟甲基衍生化，实现了其结构的确定表征。有意思的是，D_2-C_{76} 在强烈的氯化条件下（$SbCl_5$ 作为氯化试剂），在氯化过程中可以发生碳笼的骨架转变，生成的氯化衍生物 $C_{76}Cl_{24}$ 中含有五对相邻五元环[67]。

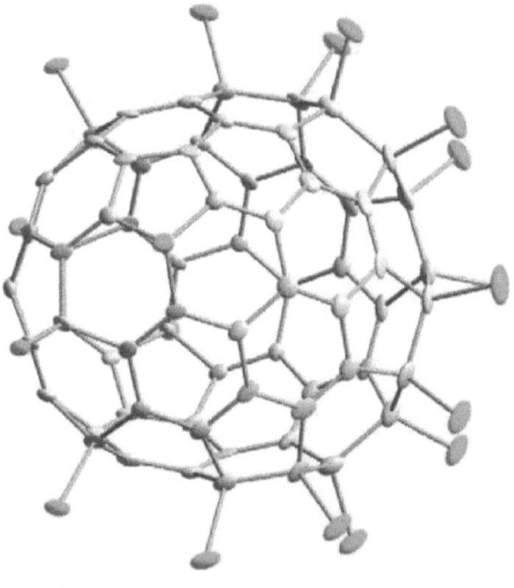

图 2-17　$C_{76}Cl_{18}$ 的分子结构[69]

16）C_{78}

在大碳笼富勒烯家族中，C_{78} 是研究最为广泛和深入的富勒烯之一。对于 C_{78} 来说，它具有 24109 个异构体，其中只有五个异构体满足独立五元环规则[1]。早在 1991 年，这其中的三个 IPR C_{78} 异构体，也就是 D_3-$^{\#24105}C_{78}$、C_{2v}-$^{\#24106}C_{78}$ 和 C_{2v}-$^{\#24107}C_{78}$，就已经通过 ^{13}C 核磁共振谱进行了结构表征[70, 71]。最近，其碳笼确凿的结构以其衍生物的形式（氯化物[72-74]、溴化物、全氟烷基化物[68]等）通过 X 射线单晶衍射得到了明确表征。而 C_{78} 家族中的另外两个 D_{3h} 对称的 IPR 异构体，$^{\#24108}C_{78}$ 和 $^{\#24109}C_{78}$，被认为是难以溶解于常见的有机溶剂中，因此而难以分离和表征[62, 75]。但是，D_{3h}-$^{\#24109}C_{78}$ 还是以其氯化物（图 2-18）[76]、全氟烷基化物[64, 65]和内嵌金属富勒烯[77, 79]的形式被成功分离出来。至今，在 C_{78} 的五个 IPR 异构体中，只有 D_{3h}-$^{\#24108}C_{78}$ 还尚未实现确凿的分离和表征[76]。然而，在 C_{78} 异构体家族中数量庞大（24104 个）的非 IPR 异构体却至今都还未能得到详尽的研究，至今为止，只有其中的一个非 IPR 的 C_{78} 碳笼 C_2-$^{\#22010}C_{78}$ 通过内嵌三金属氮化物 Gd_3N 得以稳定化，从而成功地被分离出来[80, 81]。有趣的是，C_{78} 的内嵌金属富勒烯的 Diels-Alder 反应，表现出一定的化学区域选择性。理论推测这种化学选择性可能来源于其内嵌金属原子对其碳笼表面几何和电子结构的影响[82-86]。此外，与以前合成的 C_{78} 的非 IPR 内嵌富勒烯和 IPR 空心 C_{78} 富勒烯不同，通过氯化稳定生成 $C_{78}Cl_8$ 的方式捕获得到了一个全新的非 IPR 空心富勒烯 C_1-$^{\#23863}C_{78}$。进一步地，将 $C_{78}Cl_8$ 与过氧化甲苯发生区域选择性取代反应，高产率地生成了单取代的 C_1-$^{\#23863}C_{78}(OOCH_2C_6H_5)Cl_7$。通过 X 射线单晶衍射确定了 C_1-$^{\#23863}C_{78}(OOCH_2C_6H_5)Cl_7$ 的分子结构。该取代反应具有很好的区域选择性，在 $C_{78}Cl_8$ 中的八个氯原子中，只有其中一个氯原子选择性地被过氧化苄基所取代。该反应是第一例基于空心 C_{78} 衍生物的选择性功能化的例子。通过理论计算，着重研究了该反应的化学区域选择性的机理，表明不同 C—Cl 键长，中间体的稳定性和空间位阻效应是导致该区域选择性的主要因素。

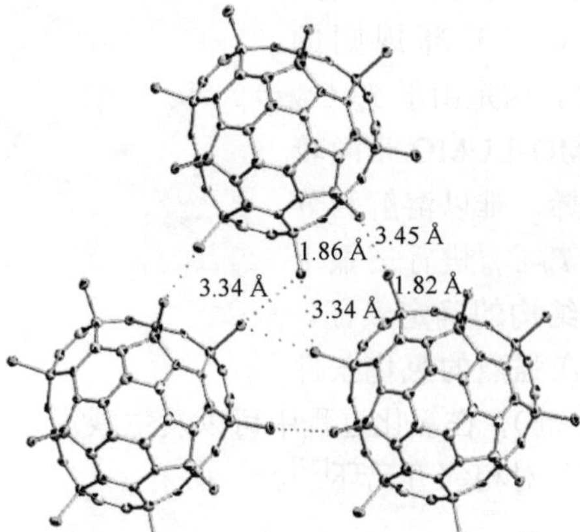

图 2-18　$C_{78}Cl_{18}$ 在晶体中的结构[76]

17）C_{80}

相对于其他相邻的大碳笼富勒烯而言，C_{80} 的含量相对比较少，被称为“丢失的”富勒烯。C_{80} 有七个同分异构体满足 IPR 规则，其中，D_{5h}-C_{80}(1)和 D_2-C_{80}(2)的生成能比较低，较稳定[87]。含量相对较高的 D_2-C_{80}(2)最先通过多步 HPLC 被分离出来并利用 ^{13}C NMR 谱确定了其结构[88]，随后 D_{5h}-C_{80}(1)也相继被分离和表征[89]。难溶的 C_{2v}-C_{80}(5)通过三氟甲基化变成可溶的 $C_{80}(5)(CF_3)_{12}$ 衍生物并用 ^{19}F NMR 确定了其结构[64, 89]。到目前为止，D_2-C_{80}(2)是被研究得最多的 C_{80} 异构体，其衍生物 $C_{80}Cl_{12}$（图 2-19）、$C_{80}(CF_3)_{12}$、$C_{80}Cl_{28}$ 相继被合成出来，并通过 X 射线单晶衍射表征了其结构[90]。虽然原始的 C_{80} 的异构体不稳定且含量很低，但是其内嵌衍生物的稳定性却非常高，这是因为内嵌金属的电子转移到了碳笼上，使其稳定性大大提高。例如，内嵌了稀土金属或稀土金属氮簇的 D_{5h}-C_{80}(6)和 I_h-C_{80}(7)均相继被合成分离表征出来（见第 2.2 节）。

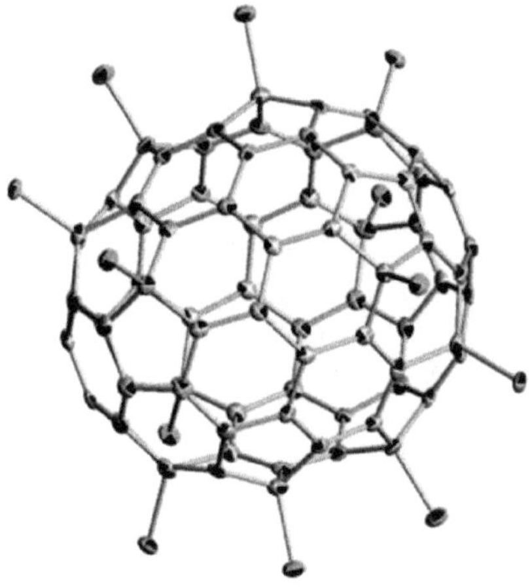

图 2-19　$C_{80}Cl_{12}$ 的分子结构[90]

18）C_{82}

C_{82} 有九个满足 IPR 规则的异构体，其中，C_2-C_{82}(3)相对比较稳定并在 1992 年即通过 ^{13}C NMR 谱表征了其结构[71]。C_2-C_{82}(3)在碳灰中的含量非常低，总是以痕量存在于 C_{84} 中，通过多步 HPLC 分离可以得到单一组分的 C_{82}。紫外光谱、理论计算均表明此 C_{82} 的结构为 C_2-C_{82}(3)[91]。通过将 C_2-C_{82}(3)三氟甲基化与可得到 C_2-$C_{82}(3)(CF_3)_{12}$、C_2-$C_{82}(3)(CF_3)_{18}$ 衍生物，其结构通过 X 射线单晶衍射进行了精确表征[92]。另外，C_2-C_{82}(3)在 $SbCl_5$ 氯化辅助下可以通过两次 Stone-Wales 转换变成含有一对相邻五元环的非 IPR 结构的 $^{\#39173}C_{82}Cl_{28}$，如图 2-20 所示，这也是目前为止实验上唯一合成出的非 IPR 结构的 C_{82}[93]。理论计算表明 C_{82} 的异构体中 C_2-C_{82}(3)最稳定，其次是 C_s-C_{82}(4)。2013 年，Troyanov 等通过将 C_s-C_{82}(4)利用 VCl_4 氯化成 C_s-$C_{82}(4)Cl_{20}$，然后用 X 射线单晶衍射法成功确定了其结构[94]。此外，HOMO-LUMO 带隙更小的 C_2-C_{82}(5)也通过三氟甲基化转变成可溶的 C_2-$C_{82}(5)(CF_3)_{12}$，其 ^{19}F NMR 谱与理论计算的结果相一致[64]。

19）C_{84}

在所有大碳笼富勒烯中，C_{84} 的含量最高，有 24 个满足 IPR 规则的同分异构体，也是目前表征的异构体数目最多的富勒烯。理论计算表明，D_2-C_{84}(22)和 D_{2d}-C_{84}(23)的能量最低，最稳定[95]。实验结果也证明 D_2-C_{84}(22)和 D_{2d}-C_{84}(23)产率最高，^{13}C NMR 表明其相对含量为 2∶1[96]。C_{84} 的其他产率较低的异构体也不断地被分离表征。1999 年，Tagmatarchis 等在含 Gd 的电弧放电碳灰中分离得到了 C_{84} 的两个异构体，并用 ^{13}C NMR 和 UV-vis-NIR 吸收光谱表征了其结构为 D_{6h}-C_{84}(19)

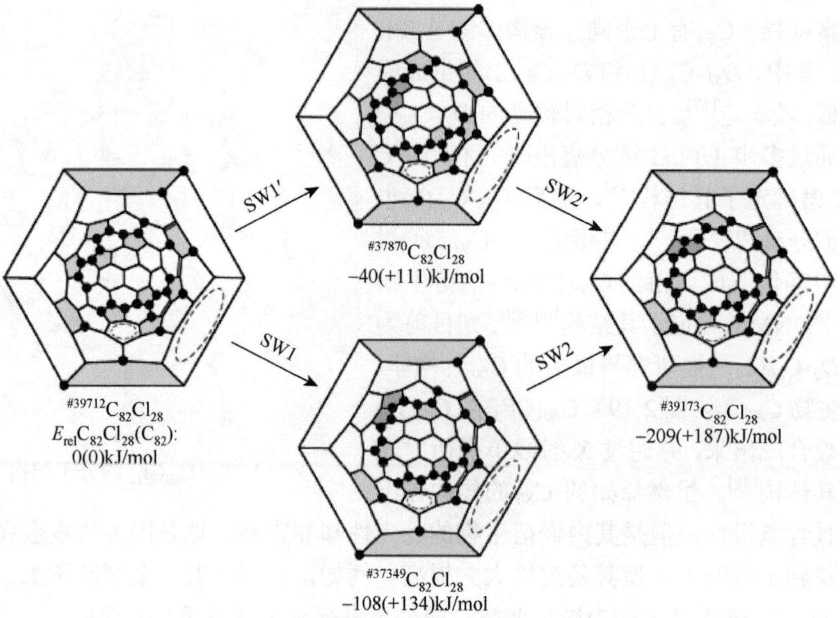

图 2-20 #39712 $C_{82}Cl_{28}$ 经过 Stone-Wales（SW）转化变为#39713 $C_{82}Cl_{28}$[93]

和 D_{3d}-C_{84}(24)[97]。D_{2d}-C_{84}(23)与金属 Ir 配位能形成[C_{84}(23)Ir(CO)Cl(PPh_3)$_2$]$_4$$C_6H_6$，而 C_s-C_{84}(14)能与 AgTPP 生成共晶[98]。此外，近年来其他 C_{84} 异构体［如 D_{2d}(4)、D_2(5)、C_2(11)、C_s(16)、C_{2v}(18)］也已通过先将其三氟甲基化或全氟烷基化生成对应的衍生物，再通过 X 射线单晶衍射法成功确定出其结构（图 2-21）[99, 100]。

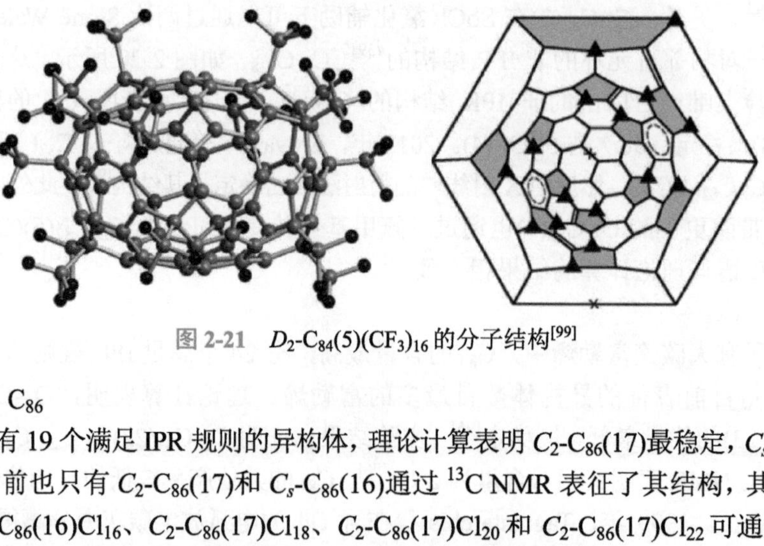

图 2-21 D_2-C_{84}(5)(CF_3)$_{16}$ 的分子结构[99]

20）C_{86}

C_{86} 有 19 个满足 IPR 规则的异构体，理论计算表明 C_2-C_{86}(17)最稳定，C_s-C_{86}(16)次之，目前也只有 C_2-C_{86}(17)和 C_s-C_{86}(16)通过 ^{13}C NMR 表征了其结构，其氯化衍生物 C_s-C_{86}(16)Cl_{16}、C_2-C_{86}(17)Cl_{18}、C_2-C_{86}(17)Cl_{20} 和 C_2-C_{86}(17)Cl_{22} 可通过 VCl_4 或者 $TiCl_4$ + Br_2 反应得到，进而利用 X 射线单晶衍射法确定结构（图 2-22）[101-103]。

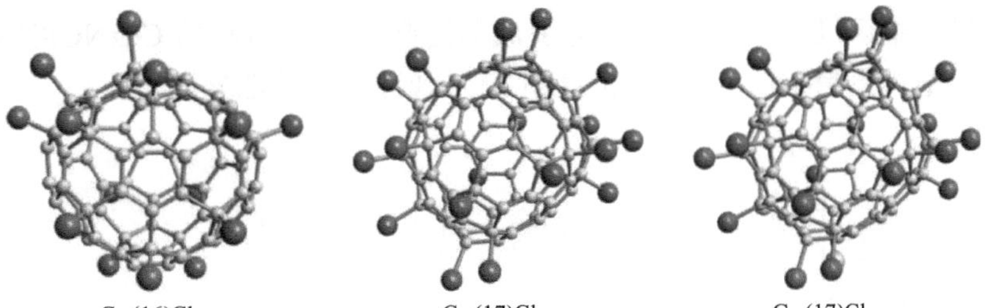

图 2-22　$C_{86}(16)Cl_{16}$、$C_{86}(17)Cl_{18}$ 和 $C_{86}(17)Cl_{20/22}$ 的结构图[103]

21）C_{88}

C_{88} 有 35 个满足 IPR 规则的异构体。通过 HPLC 分离纯化，结合 ^{13}C NMR 谱，表明其主要含有三个异构体：C_2-C_{88}(7)、C_s-C_{88}(17)、C_2-C_{88}(33)[104]。其中，C_2-C_{88}(33)最先通过三氟甲基化得到其衍生物 $C_{88}(33)(CF_3)_{16/18/20}$，然后是 C_2-C_{88}(7)，其衍生物形式为 $C_{88}(7)(CF_3)_{12/16}$[105]。C_s-C_{88}(17)是通过氯化衍生物的形式得到确切表征的，其氯化物为 $C_{88}(17)Cl_{16/22}$[106]。在之后的工作中，这三种异构体的其他氯化衍生物 $C_{88}(7)Cl_{12/24}$、$C_{88}(17)Cl_{22}$ 和 $C_{88}(33)Cl_{12/14}$ 也相继被合成表征出来（图 2-23）[107]。

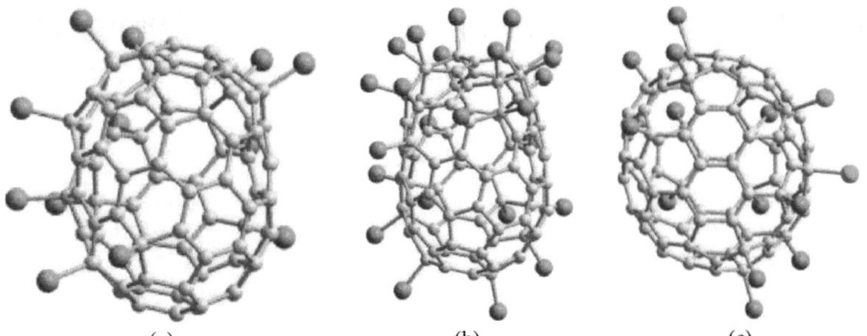

图 2-23　$C_{88}(7)Cl_{12}$(a)、$C_{88}(7)Cl_{24}$(b)和 $C_{88}(33)Cl_{12/14}$(c)的结构[107]

22）C_{90}

C_{90} 有 46 个满足 IPR 规则的异构体，理论计算表明这些异构体的稳定性为：$C_{90}(45) > C_{90}(46) \approx C_{90}(1) \approx C_{90}(35) > C_{90}(30) \approx C_{90}(32) > C_{90}(28) > C_{90}(29) \approx C_{90}(31) > C_{90}(27) \approx C_{90}(34)$[68]。其中，$D_{5h}$-$C_{90}$(1)、$C_1$-$C_{90}$(30)和 C_1-C_{90}(32)异构体采取与八乙基卟啉镍[Ni(OEP)]生成共晶的方法最先被表征[108]。D_{5h}-C_{90}(1)也能与 CS_2 形成晶体，C_1-C_{90}(32)能被三氟甲基化生成 C_1-$C_{90}(32)(CF_3)_{12}$[109]。此外，将 CF_3I 与 C_{76}-C_{96} 的富勒烯混合物反应，产物经 HPLC 分离后得到了 C_1-$C_{90}(30)(CF_3)_{18}$ 和 C_s-$C_{90}(35)(CF_3)_{14}$ 的单晶，再利用 X 射线单晶衍射法表征了其碳笼结构[110]。此外，采用将富勒烯混合物氯化的方法也得到 C_2-C_{90}(28)、C_1-C_{90}(30)、C_1-C_{90}(32)、C_s-C_{90}(34)、C_s-C_{90}(35)和 C_{2v}-C_{90}(46)的氯化衍生物（图 2-24）[111]。值得注意的是，C_2-C_{90}(28)

在氯化过程中可以丢失一个 C_2 单元变成非经典（NC）富勒烯 $C_{88}(NC)Cl_{22/24}$。相比之下，结构最稳定的 C_2-$C_{90}(45)$直到 2015 年才被成功地分离表征。

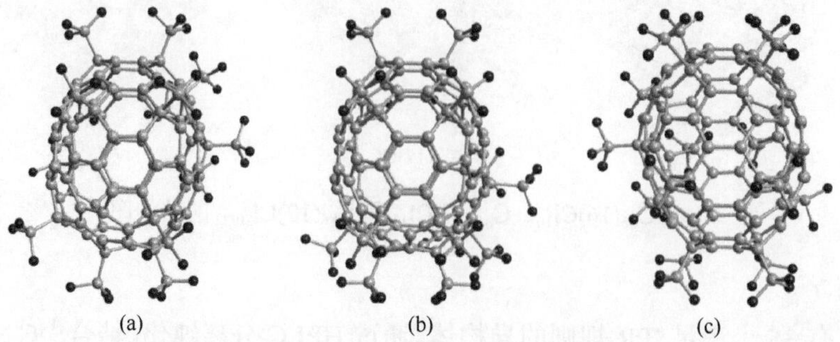

(a) (b) (c)

图 2-24 C_1-$C_{90}(30)(CF_3)_{14}$、C_1-$C_{90}(35)(CF_3)_{16}$ 和 C_1-$C_{90}(45)(CF_3)_{16}$ 的分子结构[111]

23）C_{92}

C_{92} 有 86 个满足 IPR 规则的异构体。理论计算表明 D_2-$C_{92}(82)$、D_2-$C_{92}(81)$、D_2-$C_{92}(84)$、C_1-$C_{92}(38)$和 D_3-$C_{92}(28)$的结构相对比较稳定（注意不同的计算方法计算出来的稳定性排序稍有区别）[112]。由于碳原子数太多，异构体数目太多，^{13}C NMR 数据只能初步测出 C_{92} 的异构体的对称性，不能准确测出其结构[113]。目前得到确切结构的 C_{92} 异构体只有 D_2-$C_{92}(82)$和 $C_{92}(38)$，前者的结构是通过三

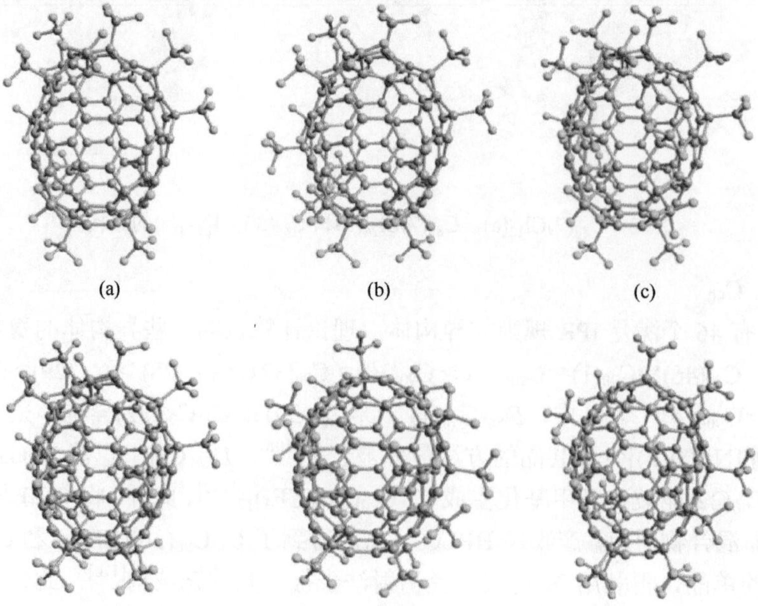

(a) (b) (c)

(d) (e) (f)

图 2-25 C_{92} 的几种典型结构[115]

氟甲基化衍生物 D_2-$C_{92}(CF_3)_{16}$ 确定出来的，而后者则以 C_1-$C_{92}(38)(CF_3)_{14/16}$ 和 C_1-$C_{92}(38)Cl_{20/22}$ 的不同形式被分离表征（图 2-25）[114, 115]。

24）C_{94}

C_{94} 有 134 个满足 IPR 规则的异构体，由于异构体数量之多，含量之少，^{13}C NMR 谱很难准确表征 C_{94} 的碳笼结构。通过三氟甲基化或者高温氯化的方法可以先将 C_{94} 变成其衍生物，再用 HPLC 将衍生物进行分离，最后通过 X 射线单晶衍射法可以表征其碳笼结构（图 2-26）。C_2-$C_{94}(61)$是首个被表征的 C_{94} 异构体，其衍生物为 C_2-$C_{94}(61)(CF_3)_{20}$[116]。2015 年，Troyanov 课题组又表征了四个新的异构体，包括 C_1-$C_{94}(34)Cl_{14}$、C_s-$C_{94}(42)(CF_3)_{16}$、C_2-$C_{94}(43)(CF_3)_{18}$ 和 C_1-$C_{94}(133)Cl_{22}$。C_2-$C_{94}(61)$也通过氯化的方式被成功捕获为 C_2-$C_{94}(61)Cl_{20}$[115]。

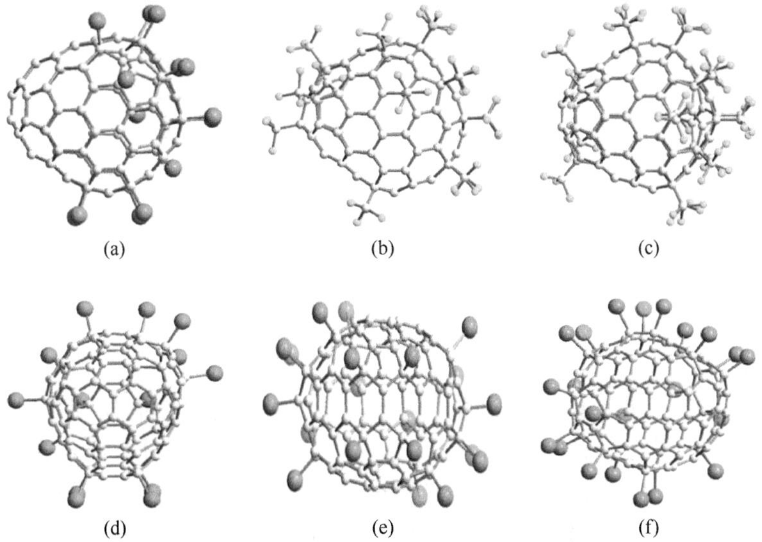

图 2-26 $C_{94}(34)Cl_{14}$[(a)和(d)]、$C_{94}(42)(CF_3)_{16}$(b)、$C_{94}(43)(CF_3)_{18}$(c)、$C_{94}(61)Cl_{20}$(e)和 $C_{94}(133)Cl_{22}$(f)的分子结构[117]

25）C_{96}

C_{96} 有 187 个满足 IPR 规则的异构体，根据理论计算，最稳定的四个异构体的对称性为 C_1、C_2、C_s 和 D_2。进一步的理论计算表明 D_2-$C_{96}(183)$的稳定性最高，其次是 C_2-$C_{96}(181)$、C_1-$C_{96}(144)$和 C_1-$C_{96}(145)$[118]。最先通过实验确切表征出的异构体为 C_1-$C_{96}(145)$，其与 C_2F_5I 反应生成五氟乙基化衍生物 C_1-$C_{96}(145)(C_2F_5)_{12}$[116]。D_{3d}-$C_{96}(3)$和 C_2-$C_{96}(181)$通过与八乙基卟啉镍[Ni(OEP)]生成共晶的方法被确切表征[119]。随后，杨上峰等通过氯化的方法得到了四个 C_{96} 的氯化衍生物：C_1-$C_{96}(145)Cl_{22}$、C_1-$C_{96}(176)Cl_{22}$、C_1-C_{96}-$(144)Cl_{22}$ 和 D_2-$C_{96}(183)Cl_{24}$[120]。

此外，通过将大碳笼富勒烯 C_{100}(18)在高温氯化条件下经过两步 C_2 单元的丢失和一步 Stone-Wales 转换可变成一个含三个七元环的非经典 C_{96} 富勒烯：C_{96}(NCC-3hp)Cl_{20}（图 2-27）[121]。C_{96}(175)也在不久之后通过与 VCl_4 和 $SbCl_5$ 的混合物发生氯化反应得到 C_{96}(175)Cl_{20}[120]。同样的条件下，C_{96}(144)和 C_{96}(80)会失去 C_2 单元变成非经典富勒烯 C_{94}(NC1)Cl_{28} 和 C_{92}(NC2)Cl_{32}[115]。通过三氟甲基化也能将 C_{96}(176)变成 C_2-C_{96}(176)$(CF_3)_{18}$，这与 C_{96}(176)的氯化产物 C_1-C_{96}(176)Cl_{22} 有对称性的改变。这主要是因为体积效应，更大的 CF_3 基团倾向于加成在六元环的对位，而小些的氯原子则可以排布得更紧密，采用邻位加成。

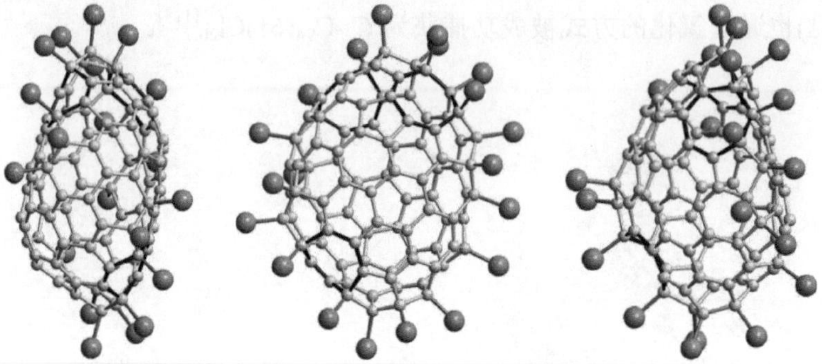

图 2-27　C_1-C_{96}(NCC-3hp)Cl_{20} 的分子结构[121]

26）C_{98}

C_{98} 有 259 个满足 IPR 规则的异构体。虽然很早之前就有质谱信号表明其存在于碳灰中，但是由于其含量低、分离难度大，直到 2016 年才分离表征出其中两个异构体 C_{98}(248)和 C_{98}(116)[122]。理论计算也表明 C_{98}(248)的稳定性是最高的，而氯化程度更高的衍生物 C_{98}(248)$Cl_{24/26}$ 也在不久之后被分离和表征[123]。C_{98} 的另外三个异构体 C_{98}(107)、C_{98}(109)和 C_{98}(120)也以氯化衍生物的形式 C_{98}(107, 109)$Cl_{20/22}$、C_{98}(120)Cl_{18} 和 C_{98}(120)Cl_{22} 分别被分离和表征（图 2-28）[123]。

27）C_{100}

C_{100} 含有 450 个满足 IPR 规则的异构体。理论计算表明 C_{100}(499)最稳定，其次是 C_{100}(18)、C_{100}(425)、C_{100}(440)、C_{100}(442)（注意不同的计算方法，其排序稍微有区别）。有趣的是，最先被明确表征出来的异构体是 D_{5d}-C_{100}(1)，其形状类似于纳米管，以氯化衍生物 C_{100}(1)Cl_{12} 的形式存在（图 2-29）[124]。另外三个异构体 C_2-C_{100}(18)、C_1-C_{100}(425)和 C_{2v}-C_{100}-(417)也通过 VCl_4 和 $SbCl_5$ 的混合物氯化成 C_2-C_{100}(18)$Cl_{28/30}$、C_1-C_{100}-(425)Cl_{22} 和 C_s-C_{100}(417)Cl_{28} 而得到确切结构。值得一提的是，C_{100}(18)在高温氯化条件下经过两步 C_2 单元的丢失和一步 Stone-Wales 转换可变成一个含三个七元环的非经典 C_{96} 富勒烯：C_{96}(NCC-3hp)Cl_{20}。同样的，在氯化条件

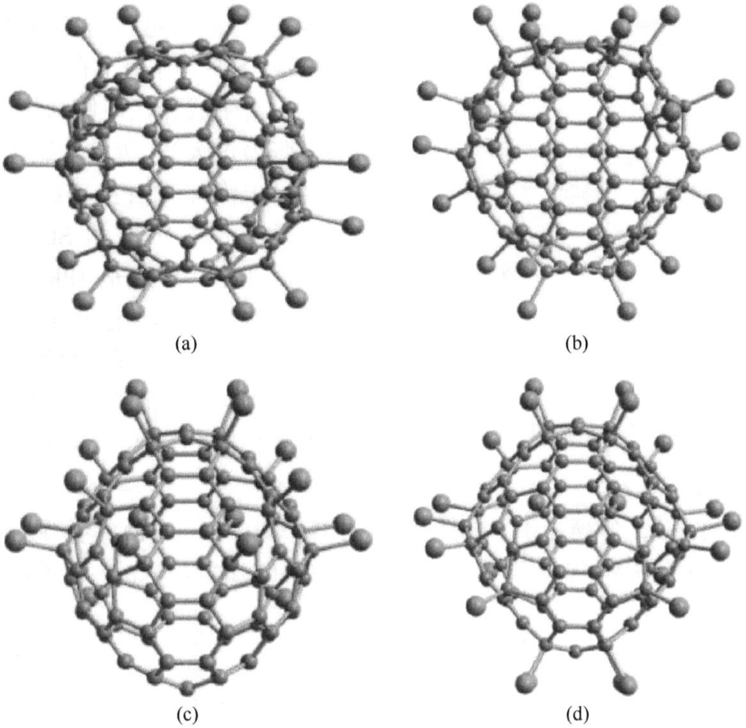

图 2-28　C_{98}(248)Cl_{24}(a)、C_{98}(107)Cl_{20}(b)、C_{98}(120)Cl_{18}(c)和 C_{98}(120)Cl_{18}(d)的分子结构[123]

下 C_{100}(417)也会转换成非经典富勒烯 C_{98}(NC)Cl_{26}，而 C_1-C_{100}(382)也能转化为非经典富勒烯 C_{100}(NC)$Cl_{11/22}$[125]。

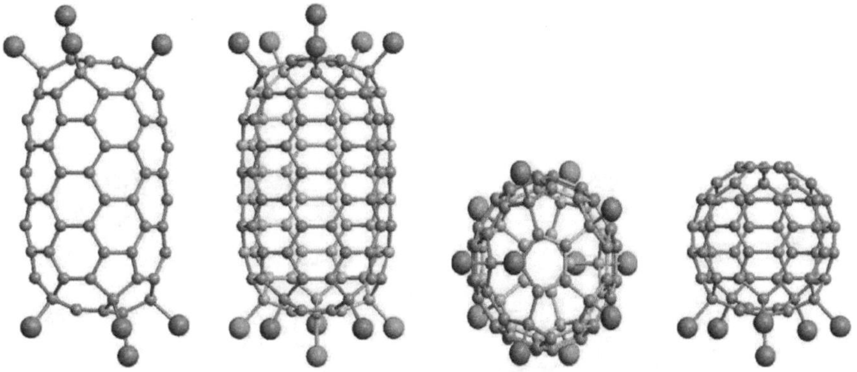

图 2-29　C_{2h}-C_{100}(1)Cl_{12} 和 C_s-$C_{60}Cl_{16}$ 的分子结构[124]

28）C_{102}

C_{102} 有 616 个满足 IPR 规则的异构体，其中，C_{102}(603)的稳定性最高。在 C_{102} 所有的异构体中，最先被表征的异构体并非满足 IPR 规则的异构体，而是一个

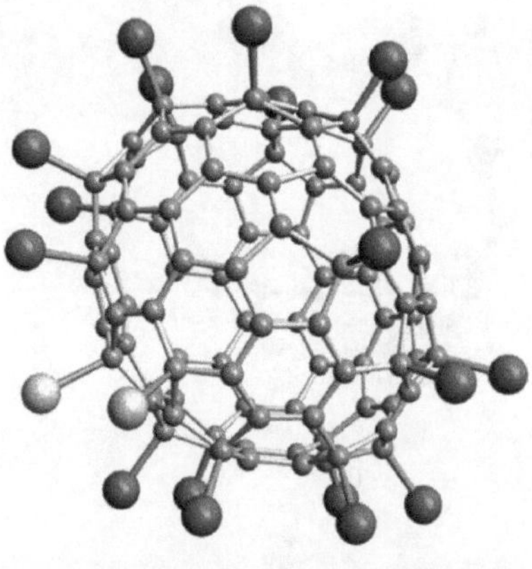

图 2-30　C_1-$C_{102}(603)Cl_{18/20}$的分子结构[127]

含有两对相邻五元环的非 IPR 富勒烯 $^{\#283794}C_{102}Cl_{20}$[126]。由于在电弧放电合成条件下不会生成无任何修饰的非 IPR 富勒烯（张力过大），所以此氯化富勒烯应该是经过未修饰的 IPR 富勒烯 C_{102} 在高温氯化条件下与 VCl_4 和 $SbCl_5$ 反应生成的。根据理论计算此非 IPR 富勒烯是由 IPR 富勒烯 $C_{102}(9)$经过两步 Stone-Wales 转换变来的。随后，杨上峰等合成并表征了基于最稳定的IPR异构体$C_{102}(603)$的氯化衍生物$C_{102}(603)Cl_{18/20}$（图 2-30）[127]。

29）C_{104}

C_{104}含有 823 个满足 IPR 规则的异构体。2014 年，杨上峰等通过高温氯化的方法最先分离纯化得到了三个异构体 C_1-$C_{104}(258)Cl_{16}$、D_2-$C_{104}(812)Cl_{24}$

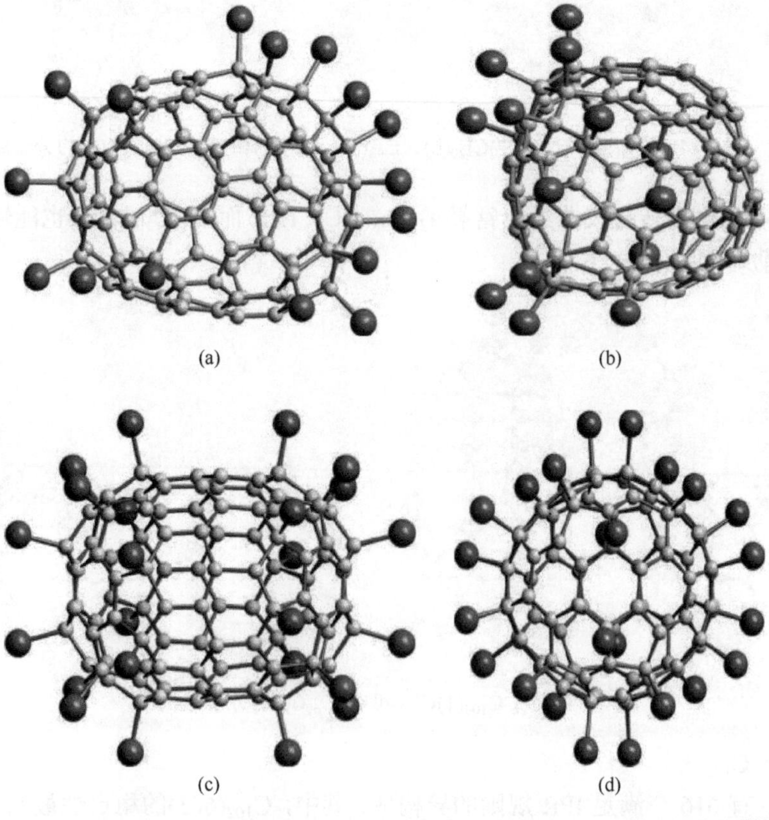

图 2-31　C_1-$C_{104}(258)Cl_{16}$（a、b）和 D_2-$C_{104}(812)Cl_{24}$（c、d）的分子结构[128]

和 C_2-C_{104}(811)Cl_{24}（图 2-31）[128]。其中，C_2-C_{104}(811)Cl_{24} 以极少的量存在于 D_2-C_{104}(812)Cl_{24} 中。理论计算表明 C_{104}(812)相对比较稳定，而 C_{104}(258)的稳定性次之[127]。随后，杨上峰等合成并表征了 C_{104} 的 IPR 异构体 C_s-C_{104}(234)的氯化衍生物 C_{104}(234)$Cl_{16/18/20/22}$[129]。

2.5 内嵌富勒烯

1985 年，在 C_{60} 富勒烯被发现后不久，美国莱斯大学 Smalley 等就注意到其内部为空腔结构，从而可以将其作为一个纳米容器用来盛放原子、分子或原子簇。基于这一想法，他们对浸泡了氯化镧（$LaCl_3$）溶液的石墨棒进行激光消融实验，通过质谱检测到了 La@C_{60} 的信号[130]。1991 年，该组取得了进一步的进展，通过激光消融石墨与氧化镧的混合物然后对产物进行升华处理的方法获得了 La@C_{82}。进一步地，他们将所得到的富勒烯产物溶于甲苯并暴露在空气中，发现其非常稳定，因此推断金属 La 被内嵌在 C_{82} 碳笼中，所形成的富勒烯被称为内嵌富勒烯（endohedral fullerene），他们还提出使用“@”符号来表示这个新兴的内嵌富勒烯家族：“@”符号的左边（金属）被内嵌到右边的富勒烯碳笼[131]。自此这种内嵌富勒烯的命名和表示方式一直被沿用下来。到目前为止，已经有种类繁多的内嵌富勒烯被发现和分离出来。按照其内嵌元素是否含有金属，可以将内嵌富勒烯粗略地分为内嵌非金属富勒烯和内嵌金属富勒烯两大类。

内嵌非金属富勒烯的内嵌物仅由非金属元素组成。到目前为止，只有为数不多的几种内嵌非金属富勒烯被合成并分离出来，内嵌物包括 He[132]、H_2O[133]、H_2[134]、CO[135]、CH_4[136]、HF[137]、CH_2O[138]、HCN[138]、NH_3[139]、N[140]和稀有气体原子（He、Ne、Ar、Ke、Xe）[141]等。图 2-32 所示为通过 X 射线单晶衍射法确定的 He@C_{60}[132]和 H_2O@C_{60}[133]的分子结构图。

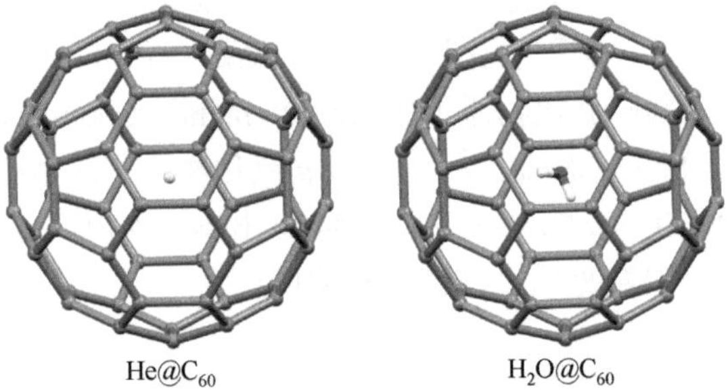

图 2-32 典型的内嵌非金属富勒烯 He@C_{60} 和 H_2O@C_{60} 的分子结构图

内嵌金属富勒烯的内嵌物含有金属元素，这是目前在内嵌富勒烯家族中成员最多、研究最为广泛的分支。其中，对于内嵌物只由金属元素组成的传统内嵌金属富勒烯（conventional metallofullerene），根据所内嵌的金属原子数目的不同，可以将其分为内嵌单金属富勒烯、内嵌双金属富勒烯和内嵌三金属富勒烯，其代表物的分子结构见图 2-33。到目前为止，成功合成并分离出来的传统的内嵌金属富勒烯的内嵌金属元素主要集中于第Ⅲ副族金属（包括 Sc、Y 及镧系金属），所内嵌的金属原子最多为三个。此外，基于第Ⅰ、Ⅱ主族、第Ⅲ、Ⅳ副族金属以及部分锕系金属（钍、铀）的内嵌金属富勒烯也有报道，详细介绍见第 3.7 节。

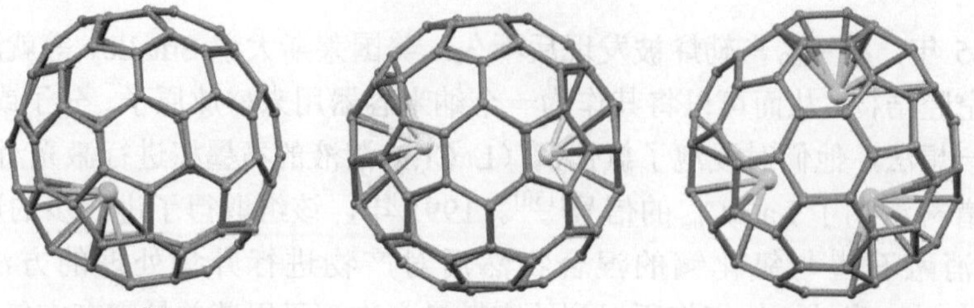

图 2-33　内嵌了不同个数金属原子的三类传统内嵌金属富勒烯代表物的分子结构图

1999 年，Dorn 等意外通过在电弧放电过程中引入氮气，合成了一种新型内嵌金属富勒烯——$Sc_3N@C_{80}$[142]。与传统内嵌金属富勒烯不同的是，其内嵌物是由金属原子和非金属原子组成的金属原子簇，因此 $Sc_3N@C_{80}$ 的发现开启了一类新型的内嵌富勒烯——内嵌金属原子簇富勒烯（endohedral clusterfullerene）[143]。自 1999 年以来，内嵌金属原子簇富勒烯成为内嵌富勒烯领域中研究最为广泛的家族。到目前为止，已经有七类内嵌金属原子簇富勒烯被陆续发现，包括：金属氮化物原子簇富勒烯（metal nitride clusterfullerenes，如 $Sc_3N@C_{80}$[142]）、金属碳化物原子簇富勒烯（metal carbide clusterfullerenes，如 $Sc_2C_2@C_{84}$[144]、$TiLu_2C@C_{80}$[145]）、金属碳氢化物原子簇富勒烯（metal hydrocarbide clusterfullerenes，如 $Sc_3CH@C_{80}$[146]、$Sc_4C_2H@C_{80}$[147]）、金属氧化物原子簇富勒烯［metal oxide clusterfullerenes，如 $Sc_4O_x@C_{80}(x = 2, 3)$[148]］、金属硫化物原子簇富勒烯（metal sulfide clusterfullerenes，如 $Sc_2S@C_{82}$[149]）、金属碳氮化物原子簇富勒烯（metal carbonitride clusterfullerenes，如 $Sc_3CN@C_{80}$[150]、$Sc_3C_2CN@C_{80}$[151]）、金属氰化物原子簇富勒烯（metal cyanide clusterfullerenes，如 $YCN@C_{82}$[152]）。图 2-34 给出典型的内嵌金属原子簇富勒烯的分子结构图，由此可以窥见这个家族丰富的成员。

2.5.1　碳笼结构

对于内嵌富勒烯的外部碳笼而言，其结构同空心富勒烯并无差异，主要由五元环和六元环组成，也有极少数出现七元环的情况。对于内嵌非金属富勒烯而言，碳笼结构和空心富勒烯有很大的相通性，如 $He@I_h\text{-}C_{60}$[132]和 $H_2O@I_h\text{-}C_{60}$[133]等。

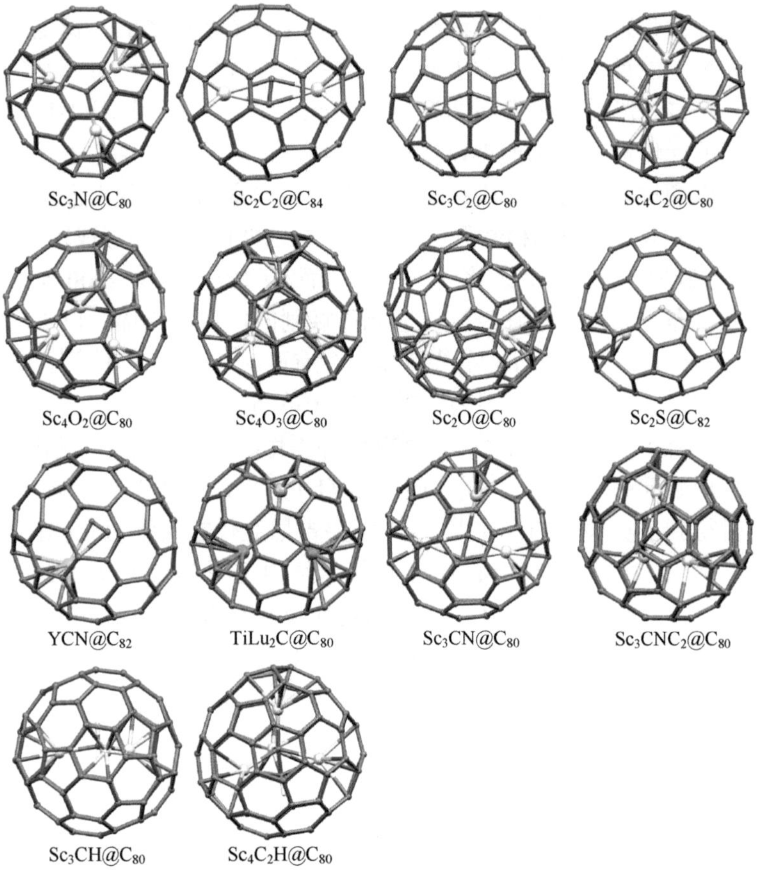

图 2-34 典型的内嵌金属原子簇富勒烯的分子结构图

对于这类内嵌富勒烯，内嵌物和碳笼均可以独立稳定存在，它们之间没有明显的电荷转移。然而，对于内嵌金属富勒烯而言，其碳笼结构和空心富勒烯有很大不同。这主要是因为内嵌金属离子或者内嵌金属原子簇都不能稳定存在，相应的碳笼结构作为空心富勒烯通常也不能稳定存在，而两者通过电荷转移形成类似于离子型化合物的方式从而稳定存在[153]。最典型的例子是 $Sc_3N@I_h(7)\text{-}C_{80}$，作为独立的碳笼结构，$I_h(7)\text{-}C_{80}$ 是十分不稳定的，到现在为止，依然没有办法将其单独分离出来，Sc_3N 原子簇也一样不能独立稳定存在，而这两者的结合产生了目前内嵌富勒烯家族产率最高的 $Sc_3N@I_h(7)\text{-}C_{80}$[142]。不仅仅是 $Sc_3N@I_h(7)\text{-}C_{80}$，还有很多其他类型的内嵌富勒烯也是基于该 $I_h(7)\text{-}C_{80}$ 碳笼的[154]。当然，也有一些极少的例外情况，如 $D_{2d}(23)\text{-}C_{84}$ 和 $Sc_2C_2@D_{2d}(23)\text{-}C_{84}$ 拥有相同的 $D_{2d}(23)\text{-}C_{84}$ 碳笼[155]。

如前所述，独立五元环规则（IPR）起初用于解释富勒烯碳笼的稳定性，后来成为判定未加修饰的空心富勒烯是否稳定的基本规则，迄今仍未有违反该规则的未加修饰的空心富勒烯的报道。这主要归因于非独立五元环富勒烯的碳笼上因为五元环相邻而带来了巨大的空间应力，从而导致了富勒烯的不稳定。理论计算表明，富勒烯的能量会随着相邻五元环对的引入而线性升高，每一对相邻五元环的引入，将使富勒烯的能量升高 80～100 kJ/mol[156]。然而，这种不稳定能量可以通过对相邻五元环进行修饰而得以抵消。这种修饰主要是提供电子用于稳定相邻五元环，可以通过两种方式实现：①通过形成内嵌富勒烯，使内嵌原子向碳笼转移电荷，该电荷相对集中到相邻五元环上；②通过外接官能团形成富勒烯衍生物，使 sp^2 杂化的碳原子变成 sp^3 杂化的碳原子从而消除应力[153]。2000 年，两个课题组同时独立宣布分离出首个违反独立五元环规则的内嵌富勒烯：日本名古屋大学 Shinohara 等成功合成出 $Sc_2@C_{2v}$-$^{\#4348}C_{66}$，含有两对相邻五元环[157]。值得指出的是，当时 $Sc_2@C_{66}$ 的结构表征因为缺乏 X 射线单晶衍射的直接证据而一直存在争议，Nagase 等通过计算发现 $Sc_2@C_{2v}$-$^{\#4348}C_{66}$ 并不稳定，而其最稳定结构应该为含有两对三顺连五元环 $Sc_2@C_{2v}$-$^{\#4059}C_{66}$［图 2-35（b）］[158]，该结构于 2014 年通过 X 射线单晶衍射得到了实验上的证实[159]；美国弗吉尼亚州立大学 Dorn 等成功合成出 $Sc_3N@D_3$-$^{\#6140}C_{68}$，含有三对相邻五元环[160]［结构见图 2-35（a）］。此外，通过对含有相邻五元环的碳笼外接基团，也可以将违反独立五元环规则的富勒烯碳笼稳定下来，厦门大学谢素原等发现的 D_{5h}-$^{\#271}C_{50}Cl_{10}$［图 2-35（c）］就是一个很好的例子[25, 41]。

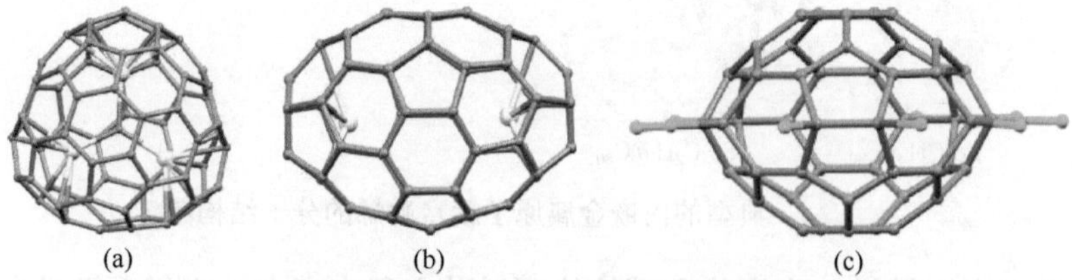

图 2-35 含有非独立五元环的富勒烯结构代表物

（a）$Sc_3N@D_3$-$^{\#6140}C_{68}$；（b）$Sc_2@C_{2v}$-$^{\#4059}C_{66}$；（c）D_{5h}-$^{\#271}C_{50}Cl_{10}$

违反独立五元环规则（non-IPR）的内嵌富勒烯能够稳定存在的原因主要包含以下三个方面：①内嵌物向碳笼转移电子，转移到碳笼上的电子被束缚到相邻五元环对上[161-163]；②内嵌物中的金属阳离子对碳笼上带负电荷的相邻五元环对的静电吸引而稳定相邻五元环对（这需要内嵌物的形状和 non-IPR 富勒烯碳笼的形状能完美匹配）[163]；③每个相邻五元环对得到 2 个电子后由 8 个 π 电子变成芳香化的 10 个 π 电子芳香性体系实现其稳定[163-165]。

另外，违反独立五元环规则的富勒烯衍生物能够稳定存在的原因主要包含以下两个方面：①消除应力原则（strain-relief principle）[166]：通过外接基团（如 Cl），将应力集中的五元环相连位置的 C 原子由 sp^2 杂化变成 sp^3 杂化，从而消除因为五元环相连而带来的应力；②局部芳香性原则（local-aromaticity principle）[165, 166]：

该规则源自于休克尔“$4n+2$”规则（Hückel rule），通过外接基团将部分碳原子由 sp^2 杂化变为 sp^3 杂化，使剩下的 sp^2 杂化碳原子片段满足休克尔“$4n+2$”规则。

2.5.2　内嵌物结构

内嵌富勒烯最为独特的结构特征是其内嵌物的结构多样性，这使得内嵌富勒烯家族的成员近年来快速增长。除了图 2-34 列出的不同种类内嵌金属原子簇富勒烯所表现出来的内嵌金属原子簇的多样性，对于同一类内嵌富勒烯而言，内嵌物的结构也会随着碳笼形状和大小不同而表现出相应的结构适应性[163]。内嵌单金属氰化物原子簇富勒烯便是一个很好的例子，如图 2-36 所示，内嵌的单金属铽氰化物 TbNC 随着碳笼形状和大小而发生明显的结构变化[167, 168]。除了单金属氰化物富勒烯，研究最为广泛的内嵌氮化物原子簇富勒烯也表现出结构匹配性。最为特别的是 $I_h(7)$-C_{80} 碳笼的内嵌氮化物原子簇富勒烯，直到目前为止，$Sc_3N@C_{80}$ 依然是产率最高的内嵌富勒烯，其内嵌物 Sc_3N 为平面结构。随着内嵌物的金属离子 M^{3+} 半径增加，M_3N 的结构由平面构型逐渐变成三角锥形（转变点在 Tb^{3+}）[169]。基于这种结构匹配性，对于特别大的 M^{3+} 离子（如 La^{3+} 和 Ce^{3+}），则不可能通过这种三角锥形的结构匹配而实现内嵌，而是采用更大的碳笼如 C_{96} 和 C_{88}。对于内嵌金属碳化物原子簇富勒烯，这种结构匹配性也表现出有趣的现象。到目前为止，内嵌金属碳化物原子簇富勒烯家族所跨越的碳笼尺寸是最大的，从 C_{68} 到 C_{104}。在这个广阔的跨越空间里，也表现出了 M_2C_2 原子簇与碳笼之间的结构匹配性[144, 167-179]，图 2-37 列出了代表性的分子结构图。

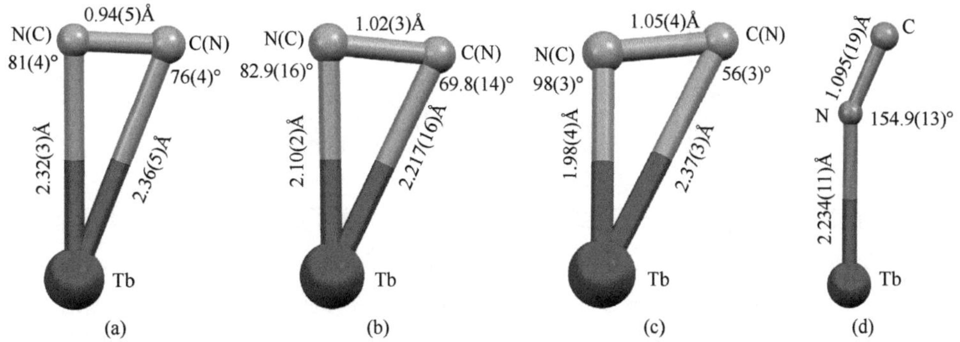

图 2-36　$TbNC@C_{2n}$ 中的 TbNC 随着碳笼形状和大小而发生剧烈的结构变化[167, 168]

（a）$TbNC@C_2(5)$-C_{82}；（b）$TbNC@C_s(6)$-C_{82}；（c）$TbNC@C_{2v}(9)$-C_{82}；（d）$TbNC@C_{2v}$-$^{\#19138}C_{76}$

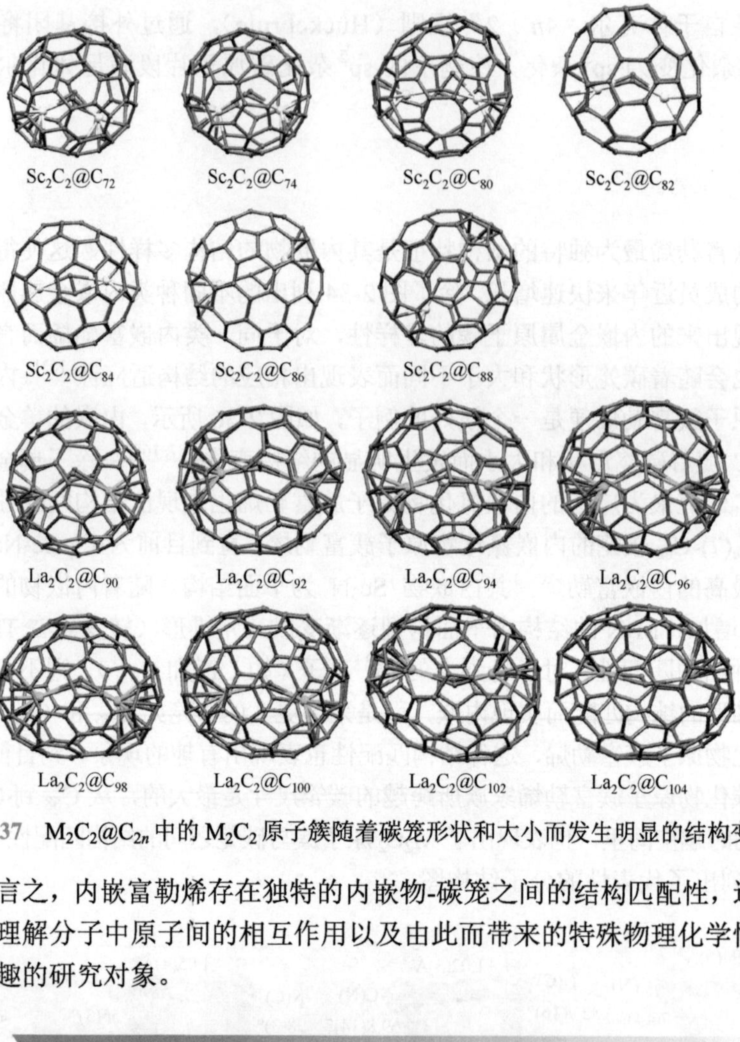

图 2-37 $M_2C_2@C_{2n}$中的M_2C_2原子簇随着碳笼形状和大小而发生明显的结构变化

总而言之，内嵌富勒烯存在独特的内嵌物-碳笼之间的结构匹配性，这种匹配性为我们理解分子中原子间的相互作用以及由此而带来的特殊物理化学性质提供了一类有趣的研究对象。

2.6 杂富勒烯

除了空心富勒烯、内嵌富勒烯之外，杂富勒烯代表了第三类富勒烯。所谓杂富勒烯，就是其分子骨架中的一个碳原子或多个碳原子被杂原子，如硼、氮、磷、氧、硫、硒、锑、硅、锗等非碳原子或多个非碳原子所取代后得到的富勒烯。由于杂原子的电子构型与碳原子不同，杂原子的掺杂会改变富勒烯的电子特性、光学特性和化学反应活性，使得杂富勒烯在超导、光电子器件、有机铁磁体等方面具有重要的应用前景。另外，杂富勒烯中的杂原子还被认为有可能对分子骨架中的相邻五元环起到稳定化的作用，因而容易形成一些含有相邻五元环的杂富勒烯。N 原子和 B 原子由于分别具有五个和三个价电子以及和碳原子相近的体积，因此这两个杂原子被认为是最有希望掺杂到富勒烯的骨架当中。在化学家多年的研究基础上，目前含有一个杂原子的氮杂富勒烯已经实现了宏量制备，而硼杂富勒烯在气相中已经通过质谱等表征手段得到证实。

2.6.1 氮杂、磷杂富勒烯

在目前实验合成的杂富勒烯中，氮杂富勒烯的实验研究工作已经取得了令人瞩目的重大进展。1995 年，Mattay[180]以及 Hirsch 小组[181]分别利用解离富勒烯衍生物的方法在气相中检测到了 $C_{59}N^+$和 $C_{69}N^+$的质谱信号。同年，郑兰荪等[182]用电弧放电法蒸发掺杂 BN 的石墨棒，并用甲苯提取碳灰，在飞行时间质谱中发现提取液中有 N 杂富勒烯 $C_{59}N$ 存在，并用光电子能谱证实了 N 原子的掺杂。第一例氮杂富勒烯的宏量合成由 Wudl 等[183]于 1995 年通过单线态氧参与的氧化以及脱 CO 等反应首先实现，到目前为止这是唯一一类合成得到的杂富勒烯。通常，富勒烯 C_{60} 中奇数个碳原子被三价 N 原子取代生成自由基（$C_{59}N\cdot$），此自由基可通过二聚得以稳定下来[$(C_{59}N)_2$]（图 2-38），而如果偶数个碳原子被氮取代则直接生成闭壳结构的杂富勒烯分子。

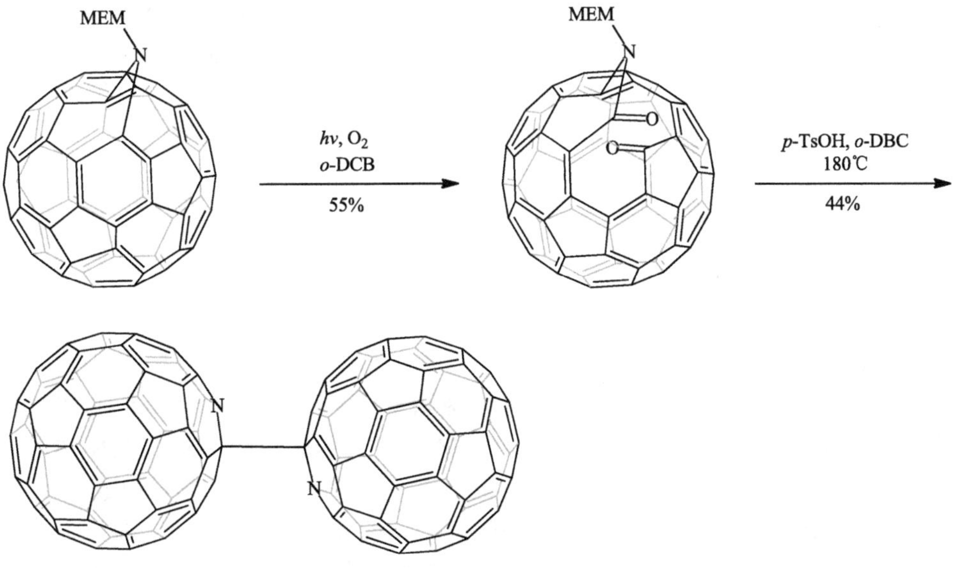

图 2-38 首例宏量制备氮杂富勒烯二聚体的反应路线

1996 年，Pavlovich 等[184]利用氮杂富勒烯前驱体作为起始原料，通过与对甲苯磺酸以及 15 倍过量的对苯二酚反应合成得到 $C_{59}NH$（图 2-39），对苯二酚被认为起到还原 $C_{59}N\cdot$自由基的作用。1997 年，Wudl 等[185]又将他们合成氮杂[60]富勒烯的方法运用到氮杂[70]富勒烯的合成中，合成得到了多种不同异构体结构的[70]富勒烯氮杂二聚体。

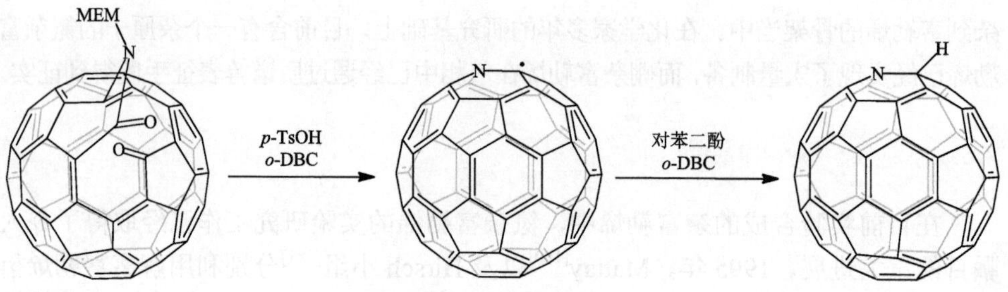

图 2-39 宏量合成氮杂氢化富勒烯 $C_{59}NH$ 的反应路线

2008 年，甘良兵等[186]报道了从富勒烯过氧化物出发，通过两步反应制备得到氮杂富勒烯衍生物$(^tBuOO)_4C_{59}NH$，并首次得到该氮杂富勒烯衍生物的单晶结构。2012 年，该课题组[187]又通过 BBr_3 和 PPh_3 还原的策略还原掉其叔丁过氧基团合成得到 $C_{59}NH$（图 2-40）。

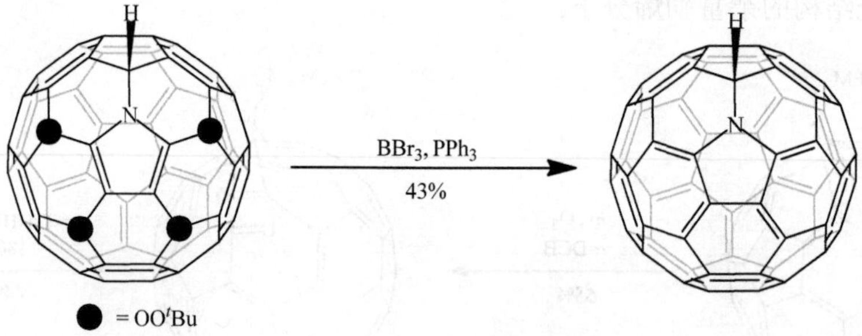

图 2-40 氮杂富勒烯衍生物$(^tBuOO)_4C_{59}NH$ 的晶体结构及氮杂氢化富勒烯 $C_{59}NH$ 的合成

理论上，富勒烯骨架中的碳原子可以被多个氮原子取代得到多氮杂富勒烯。但是，真正意义上的多氮杂富勒烯，甚至是双氮杂富勒烯的合成迄今还没有成功实现。理论计算方面，赵学庄等[188]利用 AM1 和 MNDO 半经验计算方法对 $C_{48}N_2$ 做了系统研究，研究结果显示 1, 4-二氮取代赤道上六元环碳原子的异构体最稳定。另外，根据 Heinrich R. Karfunkel 等[189]的理论计算 $C_{58}N_2$ 的异构体（两个氮原子之间不超过 3 个碳原子的情况下理论上有 10 种异构体）都是闭壳结构的分子（图 2-41），因此不像单氮杂富勒烯 $C_{59}N$ 以二聚体的形式存在，$C_{58}N_2$ 以单体的形式存在。在这 10 种异构体当中，异构体 d (1, 7-$C_{58}N_2$)最稳定。

2013 年，甘良兵小组[190]报道了类双氮杂富勒烯 $C_{59}N(NH)R$ 的合成，并利用基质辅助激光解吸电离飞行时间（MALDI-TOF）质谱首次观察到了 $C_{58}N_2$ 的分子正离子峰，在双氮杂富勒烯的全合成道路上迈进了重要的一步，该工作已经非常接近其宏量合成的目标。

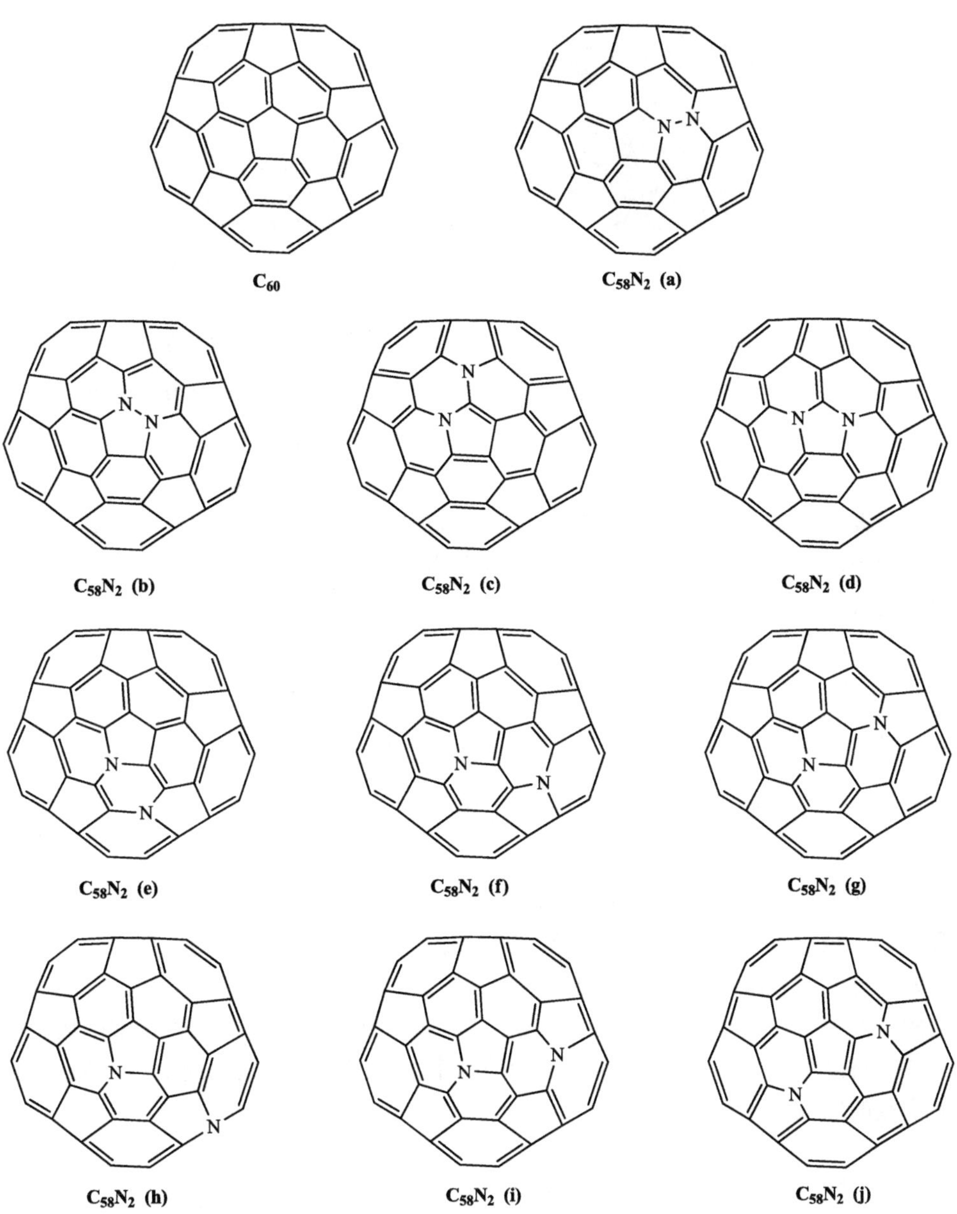

图 2-41　富勒烯 C_{60} 以及 10 个可能的二氮杂富勒烯异构体

2008 年，Otero 等[191]报道了他们利用合适的含三个氮原子的多环芳烃前驱体，于 750 K 的温度下在铂金属的（111）晶面上通过表面催化脱氢环化的手段，在电镜下可以观察到 $C_{57}N_3$ 的生成（图 2-42）。

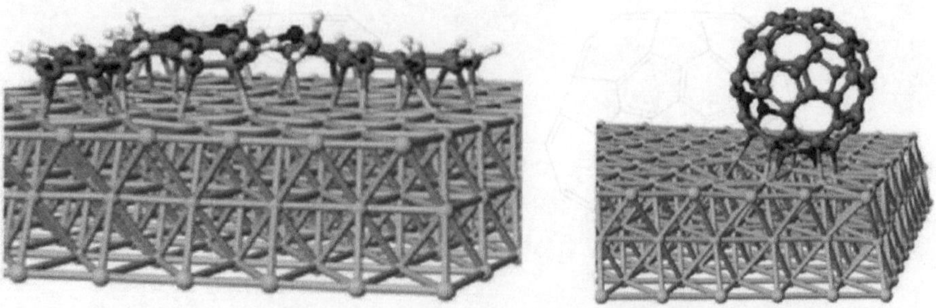

图 2-42 在铂金属（111）晶面上通过表面催化脱氢环化生成 $C_{57}N_3$

全氮取代的 N_{20}、N_{60} 等团簇[192]是潜在的高能密度材料，尤其是其作为火箭推进剂时，可通过自身的分解释放能量并产生 N_2，不需要携带供氧物质，这将给火箭推进剂的研制带来根本性的变革，因此备受人们重视。但是对于 N_{20}、N_{60} 的研究还是处于理论计算研究阶段，优化得到的 N_{60} 是数个向内凹陷的笼状体，而 N_{20} 是一个正十二面体的立体结构，理论计算表明这类全氮笼状团簇非常不稳定，目前还没有实验合成方面的报道[193, 194]。

磷原子和氮原子属于同一主族，相比于碳原子来说均多一个价电子，但是磷原子的原子半径以及电负性和氮原子相差较大，所以不管在结构方面，还是在电子结构方面，磷杂富勒烯和氮杂富勒烯应该会存在一些差别。关于磷杂富勒烯，目前还没有实际合成的报道，仅限于理论计算研究。北京大学吕劲课题组[195]、波多黎各大学的陈中方课题组以及吉林大学唐敖庆课题组[196]都利用半经验和密度泛函理论计算优化得到了 $C_{59}P$ 和 $C_{58}P_2$ 的几何构型，其中 1, 4-位取代的异构体最稳定（图 2-43），$C_{58}P_2$ 异构体的稳定性随杂原子间距离的增加而降低。$C_{58}P_2$ 分子的稳定性比全碳富勒烯 C_{60} 低，但仍具有相当的稳定性，是潜在的合成目标。另外陈中方教授和南开大学的王贵昌教授等[197]一起对 $C_{70-n}P_n$ 的几何结构以及芳香性进行了理论研究。他们认为随着磷原子的增多，磷杂富勒烯的稳定性会逐渐下降，其中如图 2-43 所示的两个 1, 4 对位取代结构的 $C_{68}P_2$ 被认为是最稳定的二取代磷杂 C_{70}。

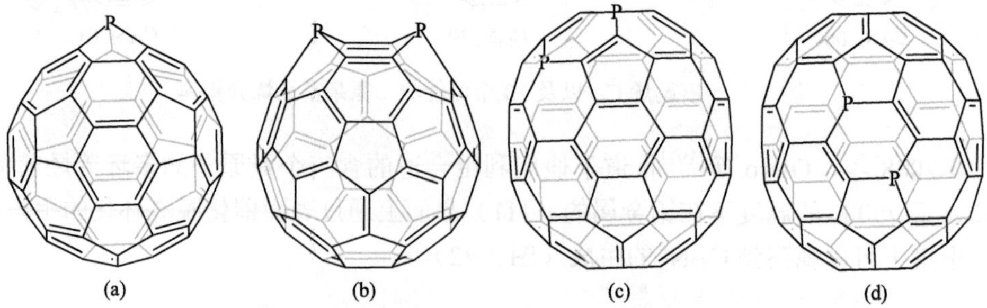

图 2-43 理论上预测最稳定的 $C_{59}P$(a)、$C_{58}P_2$(b)和 $C_{68}P_2$[(c)、(d)]磷杂富勒烯异构体

2.6.2　硼杂富勒烯

硼杂富勒烯是 1991 年在气相中第一个被发现的杂富勒烯[198]，自 Wudl 在 1995 年实现了氮杂富勒烯的宏量制备后，氮杂富勒烯得到化学家们更多的关注，而关于硼杂富勒烯的研究并不是很多，主要的原因是硼杂富勒烯合成、分离的难度更大，而且硼杂富勒烯不像氮杂富勒烯那么稳定。早在 1991 年，Smalley 教授等[131]发现激光蒸发含有 B、N 的石墨粉的原位质谱中可以观察到富勒烯的 C 原子可以被 B 原子取代的现象，后来在 1996 年，Murl 教授[199]宣称通过电弧放电掺有硼氮化物的石墨棒可以宏量合成 B 杂富勒烯，如 $C_{59}B$ 和 $C_{69}B$ 等，但可能是因为不稳定的原因，这种中性的或未修饰的硼杂富勒烯并没有得到类似核磁或单晶结构的表征确认。2013 年，Kroto 教授和 Poblet 教授等[200]在气相中观察到硼杂富勒烯的质谱信号。他们发现，将富勒烯 C_{60} 暴露于硼蒸气当中，富勒烯 C_{60} 骨架的碳原子会被一个 B 原子或多个 B 原子取代得到 $C_{59}B$、$C_{58}B_2$ 等硼杂富勒烯。尽管在质谱中可以观察到这些硼杂富勒烯的信号峰，但宏量的硼杂富勒烯目前实验上还无法实现，因此硼杂富勒烯可能存在的稳定结构目前只能依靠理论计算的方法预测。关于硼杂富勒烯的理论计算的工作非常多，如 $C_{12}B_8$、$C_{22}B_6$、$C_{24}B_4$、$C_{24}B_{12}$、$C_{48}B_{12}$、$C_{58}B_2$、$C_{59}B$ 等硼杂富勒烯都有相关的理论计算报道[201, 202]。根据福州大学齐嘉媛等对于 $C_{58}B_2$ 的理论计算[203]，在如图 2-44 所示的 23 个可能存在的异构体当中 1, 4-$C_{58}B_2$［图 2-44（a）］最稳定，1, 16-$C_{58}B_2$［图 2-44（b）］位居其次。

随着富勒烯中的碳原子不断被硼原子取代，最终可以形成全硼富勒烯团簇。2013 年，山西大学翟华金教授、李思殿教授与清华大学李隽教授、美国布朗大学 Lai-Sheng Wang 教授及复旦大学刘智攀教授课题组合作，结合特征实验光电子能谱、全局结构搜索和严格量子化学理论计算，首次在气相中观察到由双链交织而成、具有完美 D_{2d} 对称性的笼状 B_{40} 全硼富勒烯团簇[204]。该空心笼状分子由顶端和底端两个相互交错的 B_6 六元环及腰上两两相对的四个 B_7 七元环相互融合而成，沿二重主轴方向略有拉长，整体分子恰似传统的“中国红灯笼”。

2.6.3　硅杂富勒烯

硅、锗与碳是同族的相邻元素，而且硅又是重要的半导体材料，因此硅杂或锗杂富勒烯有希望成为具有与富勒烯相似性能的新材料。1996 年 Kimura 等[205]，用激光气化掺硅石墨得到了 C_nSi^+($n = 3$～69)，并推测了这些硅杂富勒烯的结构。理论计算方面，陈中方教授和赵学庄教授等[206]利用 MNDO、AM1 和 PM3 半经验量子化学计算方法对硅杂富勒烯 $C_{59}Si$ 和 $C_{69}Si$ 进行了系统的理论研究。研究结果表明，硅杂富勒烯的稳定性虽然低于全碳富勒烯，但也具有相当的稳定性。$C_{59}Si$

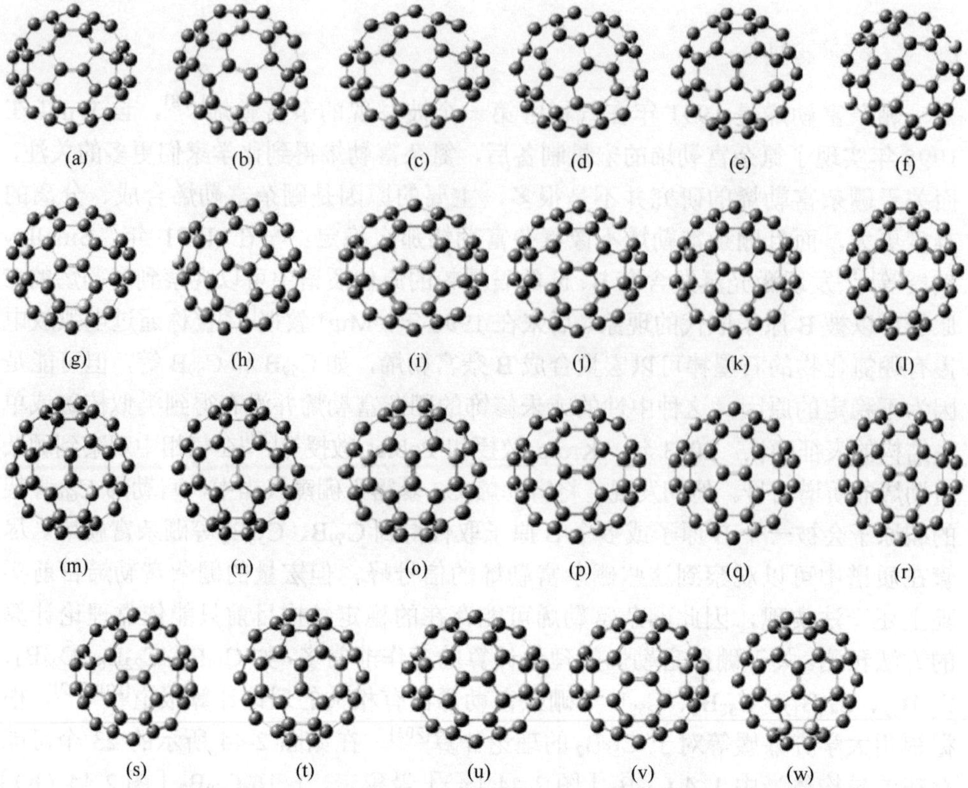

图 2-44 所有 23 个满足独立五元环规则的 $C_{58}B_2$ 异构体优化结构

的稳定性比 $C_{58}N_2$ 或 $C_{58}B_2$ 高，$C_{69}Si$ 与 C_{70} 的稳定性差异也很小，因此在适宜条件下硅杂富勒烯是应该能够合成的。在 $C_{69}Si$ 的各异构体中，取代位置在赤道的异构体具有最低的能量和最大的前沿轨道能级差，也是最稳定的异构体。

与全碳富勒烯 C_{60} 和 C_{70} 相比，$C_{59}Si$ 和 $C_{69}Si$[206]具有较小的电离势和电子亲和势，表明硅杂富勒烯容易被氧化，而被还原的难度要大些，但是仍容易发生还原反应而生成负离子。因此硅原子的掺杂能够使富勒烯的氧化还原性能得以改善。$C_{59}Si$ 和 $C_{69}Si$ 更容易与亲电试剂反应，而发生亲核反应的活性要相对小一些。

除此之外，化学家们还对 $C_{54}Si_6$、$C_{48}Si_{12}$、$C_{40}Si_{20}$、$C_{36}Si_2$ 和 $C_{30}Si_{30}$ 等[207, 208]可能存在的硅杂富勒烯进行过理论方面的研究。

2.6.4 氧杂、硫杂富勒烯

通常杂富勒烯的杂原子都被认为是三价的原子，如 N、P、B 原子，然而，Wudl 等也预测了二价杂原子氧、硫等也可以掺杂到富勒烯的骨架当中。其存在方式有可能是以$^{-}C—O^{+}$或$^{-}C—S^{+}$中性叶立德形式构成的闭笼富勒烯结构，也有可能是以 C＝O 或 C＝S 羰基形式构成的开笼类富勒烯结构（图 2-45）。1992 年，Christian 等[209]在质谱中观察到了 $C_{59}O^+$，1995 年 Stry 等在质谱中观察到了氧原子取代的杂富勒烯 $C_{59}O$ 和 $C_{58}O_2$ 等负离子[210]。次年，Glenis 等[211]宣称在噻吩存在的情况下利用电弧蒸发石墨可以产生硫杂富勒烯 $C_{60-2n}S_n$、$C_{60-3n}S_n$ 和 $C_{60-4n}S_n$。2012 年，北京大学甘良兵等[187]在气相质谱中也观察到 $C_{58}O_2$ 的分子离子峰。尽管他们在实验上发现了氧杂、硫杂富勒烯的信号，但是宏量的氧杂、硫杂等杂富勒烯目前实验上还是无法成功实现。

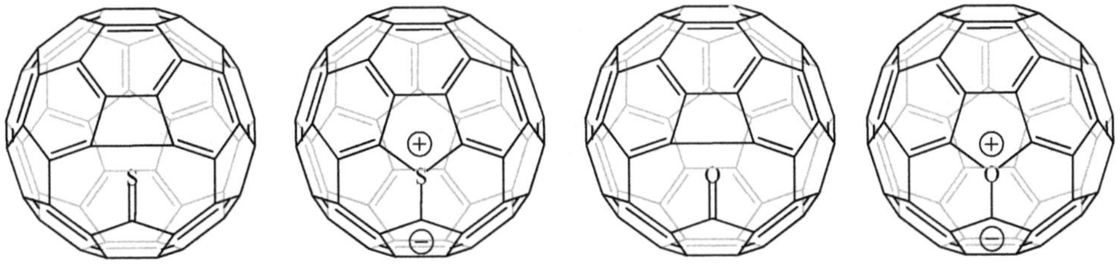

图 2-45　开口或闭合的氧杂、硫杂富勒烯

理论计算方面，陈中方和 Hirsh 一起合作[212]，利用 B3LYP 密度泛函理论方法对 $C_{59}O$ 和 $C_{59}S$ 以及它们的氧化态、还原态的开笼、闭笼等结构进行了理论计算。对于氧杂富勒烯 $C_{59}O$ 和 $C_{59}O^{4-}$来说，其具有一个八元环孔径和羰基的开孔富勒烯结构被认为是最稳定的，但对于 $C_{59}O^{2+}$来说，其像 C_{60} 一样的闭笼结构是最稳定的。与 $C_{59}O$ 相反，$C_{59}S$ 的闭笼结构是最稳定的。和预想的一致，$C_{59}S^{2+}$如同 $C_{59}O^{2+}$都是闭笼结构最稳定，$C_{59}S^{4-}$如同 $C_{59}O^{4-}$，其具有一个八元环孔径和羰基的开孔富勒烯结构被认为是最稳定的。

2.6.5　硼氮杂富勒烯

考虑到 BN 与 CC 是等电子体，1993 年 Dunitrescu[213]提出：N 与 B 应该也能形成富勒烯笼状结构的分子，$B_{12}N_{12}$、$B_{15}N_{15}$、$B_{18}N_{18}$、$B_{22}N_{22}$、$B_{30}N_{30}$ 等分子是完全可能的，并将这些分子命名为全无机富勒烯（fully inorganic fullerenes）。科学家已经对这类分子进行了大量的理论研究工作，认为 BN 不但可以组成类似富勒烯的笼状结构，而且可以组成类似碳纳米管的结构。虽然现在这类全无机富勒烯还未能合成得到，但是合成 BN 取代的异质富勒烯却是完全可能的。

陈中方、赵学庄和唐敖庆等[214]对异质富勒烯 $C_{58}BN$ 所有 31 种可能的异构体进行了理论研究。生成热和前线轨道能级差的结果均表明取代位置在 6-6 键（活泼的化学键）上的异构体 $C_{58}BN$ 是 $C_{58}BN$ 所有异构体中最稳定的，$C_{58}BN$ 分子的稳定性随着两杂原子间距离的增加而下降。$C_{56}(BN)_2$[215]最稳定的异构体是两 BN 单元位于同一个六元环上形成 B—N—B—N 环。综合 $C_{58}BN$ 和 $C_{56}(BN)_2$ 的计算结果，他们认为$C_{54}(BN)_3$最稳定异构体应该是三个 BN 单元位于同一个六元环上形成 B—N—B—N—B—N 环。

杂原子的掺杂可以显著改善全碳富勒烯的氧化还原性能。与全碳富勒烯C_{60}、C_{70}相比，这些异质富勒烯的最稳定异构体不仅更容易被氧化，而且也更容易被还原。对于双杂原子取代的富勒烯$C_{58}X_2$、$C_{68}X_2$、$C_{58}BN$和$C_{68}BN$而言，随着两杂原子间距离的增加，电离势逐步下降而电子亲和势逐步升高；两杂原子间距离越大，体系与最稳定异构体间在氧化还原性能上的差异就越大，这一结果再次说明了杂富勒烯电子性质与杂原子间相对位置的依赖关系。目前，这一领域的研究仍然只处于起步阶段，有许多问题等待我们进行更加深入的探讨，如将更多种类的杂原子掺杂到碳笼上，丰富杂富勒烯的种类，力争得到新的功能材料；另外，与全碳富勒烯化学的发展一样，杂富勒烯化学的发展也依赖于它们的宏量制备和分离提纯。

参考文献

[1] Kroto H W. The stability of the fullerenes C_n, with $n = 24, 28, 32, 36, 50, 60$ and 70. Nature，1987，329（6139）：529-531.

[2] Kroto H W，Heath J R，O'brien S C，et al. C_{60}：Buckminsterfullerene. Nature，1985，318（6042）：162.

[3] Krätschmer W，Lamb L D，Fostiropoulos K，et al. Solid C_{60}：a new form of carbon. Nature，1990，347（6291）：354.

[4] Kikuchi K，Suzuki S，Nakao Y，et al. Isolation and characterization of the metallofullerene LaC_{82}. Chemical Physics Letters，1993，216（1）：67-71.

[5] Taylor R，Hare J P，Abdul-Sada A A K，et al. Isolation，separation and characterisation of the fullerenes C_{60} and C_{70}：the third form of carbon. Journal of the Chemical Society，Chemical Communications，1990，(20)：1423-1425.

[6] Takata M，Nishibori E，Sakata M，et al. Triangle scandium cluster imprisoned in a fullerene cage. Physical Review Letters，1999，83（11）：2214-2217.

[7] Iiduka Y，Wakahara T，Nakahodo T，et al. Structural determination of metallofullerene Sc_3C_{82} revisited：a surprising finding. Journal of the American Chemical Society，2005，127（36）：12500-12501.

[8] Tan K，Lu X. Electronic structure and redox properties of the open-shell metal-carbide endofullerene $Sc_3C_2@C_{80}$：a density functional theory investigation. The Journal of Physical Chemistry A，2006，110（3）：1171-1176.

[9] Nishibori E，Terauchi I，Sakata M，et al. High-resolution analysis of $(Sc_3C_2)@C_{80}$ metallofullerene by third generation synchrotron radiation X-ray powder diffraction. The Journal of Physical Chemistry B，2006，110（39）：19215-19219.

[10] Liu S，Lu Y J，Kappes M M，et al. The structure of the C_{60} molecule：X-ray crystal structure determination of a twin at 110 K. Science，1991，254（5030）：408-410.

[11] Olmstead M M，De Bettencourt-Dias A，Duchamp J C，et al. Isolation and structural characterization of the endohedral fullerene $Sc_3N@C_{78}$. Angewandte Chemie International Edition，2001，40（7）：1223-1225.

[12] Stevenson S，Chancellor C J，Lee H M，et al. Internal and external factors in the structural organization in cocrystals of the mixed-metal endohedrals ($GdSc_2N@I_h$-C_{80}，$Gd_2ScN@I_h$-C_{80}，and $TbSc_2N@I_h$-C_{80}) and nickel（Ⅱ）octaethylporphyrin. Inorganic Chemistry，2008，47（5）：1420-1427.

[13] Fowler P W, Manolopoulos D E. An Atlas of Fullerenes. Oxford: Oxford University Press, 1995.

[14] Paquette L A. Dodecahedrane—the chemical transliteration of Plato's universe (a review). Proceedings of the National Academy of Sciences of the United States of America, 1982, 79: 4495-4500.

[15] Paquette L A, Ternansky R J, Balogh D W. A strategy for the synthesis of monosubstituted dodecahedrane and the isolation of an isododecahedrane. Journal of the American Chemical Society, 1982, 104 (16): 4502-4503.

[16] Ternansky R J, Balogh D W, Paquette L A. Dodecahedrane. Journal of the American Chemical Society, 1982, 104 (16): 4503-4504.

[17] Wahl F, Woerth J, Prinzbach H. The pagodane route to dodecahedranes: improved access to the $C_{20}H_{20}$ framework as well as partial and total functionalization. Does C_{20} fullerene exist? Angewandte Chemie International Edition in English, 1993, 32 (12): 1722-1726.

[18] Prinzbach H, Weber K. From insecticide to Plato's Universe—the pagodane route to dodecahedranes: new routes and new targets. Angewandte Chemie International Edition in English, 1994, 33 (22): 2239-2257.

[19] Prinzbach H, Weller A, Landenberger P, et al. Gas-phase production and photoelectron spectroscopy of the smallest fullerene, C_{20}. Nature, 2000, 407 (6800): 60-63.

[20] Wahl F, Weiler A, Landenberger P, et al. Towards perfunctionalized dodecahedranes—En route to C_{20} fullerene. Chemistry—A European Journal, 2006, 12 (24): 6255-6267.

[21] Piskoti C, Yarger J, Zettl A. C_{36}, a new carbon solid. Nature, 1998, 393 (6687): 771-774.

[22] Koshio A, Inakuma M, Sugai T, et al. A preparative scale synthesis of C_{36} by high-temperature laser-vaporization: purification and identification of $C_{36}H_6$ and $C_{36}H_6O$. Journal of the American Chemical Society, 2000, 122 (2): 398-399.

[23] Koshio A, Inakuma M, Wang Z W, et al. *In situ* laser-furnace TOF mass spectrometry of C_{36} and the large-scale production by arc-discharge. Journal of Physical Chemistry B, 2000, 104 (33): 7908-7913.

[24] Lu X, Chen Z, Thiel W, et al. Properties of fullerene[50] and D_{5h} decachlorofullerene[50]: a computational study. Journal of the American Chemical Society, 2004, 126 (45): 14871-14878.

[25] Xie S Y, Gao F, Lu X, et al. Capturing the labile fullerene[50] as $C_{50}Cl_{10}$. Science, 2004, 304 (5671): 699.

[26] Tan Y Z, Li J, Zhu F, et al. Chlorofullerenes featuring triple sequentially fused pentagons. Nature Chemistry, 2010, 2 (4): 269-273.

[27] Chen D L, Tian W Q, Feng J K, et al. Structures and electronic properties of $C_{56}Cl_8$ and $C_{56}Cl_{10}$ fullerene compounds. Chemphyschem, 2007, 8 (16): 2386-2390.

[28] Chen D L, Tian W Q, Feng J K, et al. Theoretical investigation of C_{56} fullerene isomers and related compounds. The Journal of Chemical Physics, 2008, 128 (4): 044318.

[29] Tan Y Z, Han X, Wu X, et al. An entrant of smaller fullerene: C_{56} captured by chlorines and aligned in linear chains. Journal of the American Chemical Society, 2008, 130 (46): 15240-15241.

[30] Ziegler K, Mueller A, Amsharov K Y, et al. Capturing the most-stable C_{56} fullerene cage by *in situ* chlorination. Chemistry—An Asian Journal, 2011, 6 (9): 2412-2418.

[31] Troshin P A, Avent A G, Darwish A D, et al. Isolation of two seven-membered ring C_{58} fullerene derivatives: $C_{58}F_{17}CF_3$ and $C_{58}F_{18}$. Science, 2005, 309 (5732): 278-281.

[32] Schmalz T G, Seitz W A, Klein D J, et al. Elemental carbon cages. Journal of the American Chemical Society, 1988, 110 (4): 1113-1127.

[33] Aihara J I. Bond resonance energy and verification of the isolated pentagon rule. Journal of the American Chemical Society, 1995, 117 (14): 4130-4136.

[34] Tan Y Z，Liao Z J，Qian Z Z，et al. Two I_h-symmetry-breaking C_{60} isomers stabilized by chlorination. Nature Materials，2008，7：790-794.

[35] Austin S J，Fowler P W，Manolopoulos D E，et al. The Stone-Wales map for C_{60}. Chemical Physics Letters，1995，235（1-2）：146-151.

[36] Marcos P A，Lopez M J，Rubio A，et al. Thermal road for fullerene annealing. Chemical Physics Letters，1997，273（5-6）：367-370.

[37] Goroff N S. Mechanism of fullerene formation. Accounts of Chemical Research，1996，29（2）：77-83.

[38] Qian W Y，Bartberger M D，Pastor S J，et al. C_{62}，a non-classical fullereneincorporating a four-membered ring. Journal of the American Chemical Society，2000，122（34）：8333-8334.

[39] Qian W，Chuang S C，Amador R B，et al. Synthesis of stable derivatives of C_{62}：the first nonclassical fullerene incorporating a four-membered ring. Journal of the American Chemical Society，2003，125（8）：2066-2067.

[40] Wang C R，Shi Z Q，Wan L J，et al. $C_{64}H_4$：Production，isolation，and structural characterizations of a stable unconventional fulleride. Journal of the American Chemical Society，2006，128（20）：6605-6610.

[41] Han X，Zhou S J，Tan Y Z，et al. Crystal structures of saturn-like $C_{50}Cl_{10}$ and pineapple-shaped $C_{64}Cl_4$：geometric implications of double-and triple-pentagon-fused chlorofullerenes. Angewandte Chemie International Edition，2008，47（29）：5340-5343.

[42] Chen D L，Tian W Q，Feng J K，et al. C_{68} fullerene isomers，anions，and their metallofullerenes：charge-stabilizing different isomers. Chemphyschem，2008，9（3）：454-461.

[43] Amsharov K Y，Ziegler K，Mueller A，et al. Capturing the antiaromatic $^{\#6094}C_{68}$ carbon cage in the radio-frequency furnace. Chemistry—A European Journal，2012，18（30）：9289-9293.

[44] Wang W W，Dang J S，Zheng J J，et al. Heptagons in C_{68}：impact on stabilities，growth，and exohedral derivatization of fullerenes. The Journal of Physical Chemistry C，2012，116（32）：17288-17293.

[45] Ajie H，Alvarez M M，Anz S J，et al. Characterization of the soluble all-carbon molecules C_{60} and C_{70}. The Journal of Physical Chemistry A，1990，94（24）：8630-8633.

[46] Zettergren H，Alcami M，Martin F. Stable non-IPR C_{60} and C_{70} fullerenes containing a uniform distribution of pyrenes and adjacent pentagons. ChemPhysChem，2008，9（6）：861-866.

[47] Tan Y Z，Li J，Du M Y，et al. Exohedrally stabilized C_{70} isomer with adjacent pentagons characterized by crystallography. Chemical Science，2013，4（7）：2967-2970.

[48] Troyanov S I，Popov A A，Denisenko N I，et al. The first X-ray crystal structures of halogenated [70]fullerene：$C_{70}Br_{10}$ and $C_{70}Br_{10}·3Br_2$. Angewandte Chemie International Edition，2003，42（21）：2395-2398.

[49] Troyanov S I，Popov A A. A [70]fullerene chloride，$C_{70}Cl_{16}$，obtained by the attempted bromination of C_{70} in $TiCl_4$. Angewandte Chemie International Edition，2005，44（27）：4215-4218.

[50] Ignat'eva D V，Goryunkov A A，Tamm N B，et al. Preparation，crystallographic characterization and theoretical study of two isomers of $C_{70}(CF_3)_{12}$. Chemical Communications，2006，（16）：1778-1780.

[51] Xu R R，Pang W Q，Hou Q S. Modern Inorganic Synthetic Chemistry. Elsevier，2010.

[52] Kato H，Taninaka A，Sugai T，et al. Structure of a missing-caged metallofullerene：$La_2@C_{72}$. Journal of the American Chemical Society，2003，125（26）：7782-7783.

[53] Wakahara T，Nikawa H，Kikuchi T，et al. $La@C_{72}$ having a non-IPR carbon cage. Journal of the American Chemical Society，2006，128（44）：14228-14229.

[54] Lu X，Nikawa H，Tsuchiya T，et al. Bis-carbene adducts of non-IPR $La_2@C_{72}$：liocalization of high reactivity around fused pentagons and electrochemical properties. Angewandte Chemie International Edition，2008，47（45）：

8642-8645.

[55] Yamada M，Wakahara T，Tsuchiya T，et al. Spectroscopic and theoretical study of endohedral dimetallofullerene having a non-IPR fullerene cage：$Ce_2@C_{72}$. The Journal of Physical Chemistry A，2008，112（33）：7627-7631.

[56] Zhang B L，Wang C Z，Ho K M，et al. The geometries of large fullerene cages：C_{72} to C_{102} fullerenes. The Journal of Chemical Physics，1993，98（4）：3095-3102.

[57] Raghavachari K. Electronic and geometric structure of fullerene C_{72}. Zeitschrift für Physik D Atoms，Molecules and Clusters，1993，26（1）：261-263.

[58] Chen Z，Cioslowski J，Rao N，et al. Endohedral chemical shifts in higher fullerenes with 72～86 carbon atoms. Theoretical Chemistry Accounts，2001，106（5）：364-368.

[59] Slanina Z，Ishimura K，Kobayashi K，et al. C_{72} isomers：the IPR-satisfying cage is disfavored by both energy and entropy. Chemical Physics Letters，2004，384（1-3）：114-118.

[60] Tan Y Z，Zhou T，Bao J，et al. $C_{72}Cl_4$：a pristine fullerene with favorable pentagon-adjacent structure. Journal of the American Chemical Society，2010，132（48）：17102-17104.

[61] Shinohara H，Yamaguchi H，Hayashi N，et al. Isolation and spectroscopic properties of scandium fullerenes ($Sc_2@C_{74}$，$Sc_2@C_{82}$，and $Sc_2@C_{84}$). The Journal of Physical Chemistry，1993，97（17）：4259-4261.

[62] Diener M D，Alford J M. Isolation and properties of small-bandgap fullerenes. Nature，1998，393（6686）：668-671.

[63] Goryunkov A A，Markov V Y，Ioffe I N，et al. $C_{74}F_{38}$：an exohedral derivative of a small-bandgap fullerene with D_3 symmetry. Angewandte Chemie International Edition in English，2004，43（8）：997-1000.

[64] Shustova N B，Kuvychko I V，Bolskar R D，et al. Trifluoromethyl derivatives of insoluble small-HOMO-LUMO-gap hollow higher fullerenes. NMR and DFT structure elucidation of C_2-(C_{74}-D_{3h})$(CF_3)_{12}$，C_s-(C_{76}-T_d(2))$(CF_3)_{12}$，C_2-(C_{78}-D_{3h}(5))$(CF_3)_{12}$，C_s-(C_{80}-C_{2v}(5))$(CF_3)_{12}$，and C_2-(C_{82}-C_2(5))$(CF_3)_{12}$. Journal of the American Chemical Society，2006，128（49）：15793-15798.

[65] Shustova N B，Newell B S，Miller S M，et al. Discovering and verifying elusive fullerene cage isomers：structures of C_2-p^{11}-(C_{74}-D_{3h})$(CF_3)_{12}$ and C_2-p^{11}-(C_{78}-D_{3h}(5))$(CF_3)_{12}$. Angewandte Chemie International Edition，2007，46（22）：4111-4114.

[66] Gao C L，Abella L，Tan Y Z，et al. Capturing the fused-pentagon C_{74} by stepwise chlorination. Inorganic Chemistry，2016，55（14）：6861-6865.

[67] Ioffe I N，Goryunkov A A，Tamm N B，et al. Fusing pentagons in a fullerene cage by chlorination：IPR D_2-C_{76} rearranges into non-IPR $C_{76}Cl_{24}$. Angewandte Chemie International Edition，2009，48（32）：5904-5907.

[68] Kareev I E，Popov A A，Kuvychko I V，et al. Synthesis and X-ray or NMR/DFT structure elucidation of twenty-one new trifluoromethyl derivatives of soluble cage isomers of C_{76}，C_{78}，C_{84}，and C_{90}. Journal of the American Chemical Society，2008，130（40）：13471-13489.

[69] Simeonov K S，Amsharov K Y，Jansen M. Connectivity of the chiral D_2-symmetric isomer of C_{76} through a crystal-structure determination of $C_{76}Cl_{18}\cdot TiCl_4$. Angewandte Chemie International Edition，2007，46（44）：8419-8421.

[70] Diederich F，Ettl R，Rubin Y，et al. The higher fullerenes：isolation and characterization of C_{76}，C_{84}，C_{90}，C_{94}，and $C_{70}O$，an oxide of D_{5h}-C_{70}. Science，1991，252（5005）：548-515.

[71] Kikuchi K，Nakahara N，Wakabayashi T，et al. NMR characterization of isomers of C_{78}，C_{82} and C_{84} fullerenes. Nature，1992，357（6374）：142-145.

[72] Simeonov K S，Amsharov K Y，Jansen M. Chlorinated derivatives of C_{78}-fullerene isomers with unusually short intermolecular halogen-halogen contacts. Chemistry—A European Journal，2008，14（31）：9585-9590.

[73] Burtsev A V, Kemnitz E, Troyanov S I. Synthesis and structure of fullerene halides $C_{70}X_{10}$(X = Br, Cl) and $C_{78}Cl_{18}$. Crystallography Reports，2008，53（4）：639-644.

[74] Troyanov S I，Tamm N B，Chen C，et al. Synthesis and structure of a highly chlorinated C_{78}：$C_{78}(2)Cl_{30}$. Zeitschrift für anorganische und allgemeine Chemie，2009，635（12）：1783-1786.

[75] Saito S，Okada S，Sawada S I，et al. Common electronic structure and pentagon pairing in extractable fullerenes. Physical Review Letters，1995，75（4）：685-688.

[76] Simeonov K S，Amsharov K Y，Krokos E，et al. An epilogue on the C_{78}-fullerene family：the discovery and characterization of an elusive isomer. Angewandte Chemie International Edition，2008，47（33）：6283-6285.

[77] Cao B，Wakahara T，Tsuchiya T，et al. Isolation，characterization，and theoretical study of $La_2@C_{78}$. Journal of the American Chemical Society，2004，126（30）：9164-9165.

[78] Krause M，Wong J，Dunsch L. Expanding the world of endohedral fullerenes-the $Tm_3N@C_{2n}(39\leqslant n\leqslant 43)$ clusterfullerene family. Chemistry—A European Journal，2005，11（2）：706-711.

[79] Otani M，Okada S，Oshiyama A. Formation of titanium-carbide in a nanospace of C_{78} fullerenes. Chemical Physics Letters，2007，438（4-6）：274-278.

[80] Popov A A，Krause M，Yang S，et al. C_{78} cage isomerism defined by trimetallic nitride cluster size：a computational and vibrational spectroscopic study. Journal of Physical Chemistry B，2007，111（13）：3363-3369.

[81] Beavers C M，Chaur M N，Olmstead M M，et al. Large metal ions in a relatively small fullerene cage：the structure of $Gd_3N@C_2(22010)$-C_{78} departs from the isolated pentagon rule. Journal of the American Chemical Society，2009，131（32）：11519-11524.

[82] Cai T，Xu L，Gibson H W，et al. $Sc_3N@C_{78}$：encapsulated cluster regiocontrol of adduct docking on an ellipsoidal metallofullerene sphere. Journal of the American Chemical Society，2007，129（35）：10795-10800.

[83] Cao B，Nikawa H，Nakahodo T，et al. Addition of adamantylidene to $La_2@C_{78}$：isolation and single-crystal X-ray structural determination of the monoadducts. Journal of the American Chemical Society，2008，130（3）：983-989.

[84] Osuna S，Swart M，Sola M. The Diels-Alder reaction on endohedral $Y_3N@C_{78}$：the importance of the fullerene strain energy. Journal of the American Chemical Society，2009，131（1）：129-139.

[85] Cai T，Xu L，Shu C，et al. Selective formation of a symmetric $Sc_3N@C_{78}$ bisadduct：adduct docking controlled by an internal trimetallic nitride cluster. Journal of the American Chemical Society，2008，130（7）：2136-2137.

[86] Yamada M，Wakahara T，Tsuchiya T，et al. Location of the metal atoms in $Ce_2@C_{78}$ and its bis-silylated derivative. Chemical Communications，2008，（5）：558-560.

[87] Hennrich F H，Michel R H，Fischer A，et al. Isolation and characterization of C_{80}. Angewandte Chemie International Edition in English，1996，35（15）：1732-1734.

[88] Wang C R，Sugai T，Kai T，et al. Production and isolation of an ellipsoidal C_{80} fullerene. Chemical Communications，2000，36（7）：557-558.

[89] Yang S，Wei T，Tamm N B，et al. Trifluoromethyl and chloro derivatives of a higher fullerene D_2-$C_{80}(2)$：$C_{80}(CF_3)_{12}$ and $C_{80}Cl_{28}$. Inorganic Chemistry，2013，52（9）：4768-4770.

[90] Simeonov K S，Amsharov K Y，Jansen M. $C_{80}Cl_{12}$：a chlorine derivative of the chiral D_2-C_{80} isomer—empirical rationale of halogen-atom addition pattern. Chemistry，2009，15（8）：1812-1815.

[91] Ziegler K，Amsharov K Y，Halasz I，et al. Facile separation and crystal structure determination of C_2-$C_{82}(3)$ fullerene. Zeitschrift für anorganische und allgemeine Chemie，2011，637（11）：1463-1466.

[92] Troyanov S I，Tamm N B. Crystal and molecular structures of trifluoromethyl derivatives of C_{82} fullerene：$C_{82}(CF_3)_{12}$ and $C_{82}(CF_3)_{18}$. Crystallography Reports，2010，55（3）：432-435.

[93] Ioffe I N，Mazaleva O N，Sidorov L N，et al. Skeletal transformation of isolated pentagon rule（IPR）fullerene C_{82} into non-IPR $C_{82}Cl_{28}$ with notably low activation barriers. Inorganic Chemistry，2012，51（21）：11226-11228.

[94] Yang S，Wei T，Troyanov S I. A new isomer of pristine higher fullerene C_s-C_{82}(4) captured by chlorination as $C_{82}Cl_{20}$. Chemistry—An Asian Journal，2013，8（2）：351-353.

[95] Tamm N B，Troyanov S I. A minor isomer of C_{84} fullerene，D_{6h}-C_{84}(24)，captured as a trifluoromethylated derivative，$C_{84}(CF_3)_{12}$. Mendeleev Communications，2016，26（4）：312-313.

[96] And G S，Kertesz M. Isomer identification for fullerene C_{84} by ^{13}C NMR spectrum：a density-functional theory study. The Journal of Physical Chemistry A，2001，105（21）：5212-5220.

[97] Tagmatarchis N，G. Avent A，Prassides K，et al. Separation，isolation and characterisation of two minor isomers of the[84]fullerene C_{84}. Chemical Communications，1999，（11）：1023-1024.

[98] Balch A L，Ginwalla A S，Lee J W，et al. Partial separation and structural characterization of C_{84} isomers by crystallization of $(\eta^2\text{-}C_{84})Ir(CO)Cl(P(C_6H_5)_3)_2$. Journal of the American Chemical Society，1994，116（5）：2227-2228.

[99] Yang S，Chen C，Wei T，et al. X-ray crystallographic proof of the isomer D_2-C_{84}(5) as trifluoromethylated and chlorinated derivatives，$C_{84}(CF_3)_{16}$，$C_{84}Cl_{20}$，and $C_{84}Cl_{32}$. Chemistry，2012，18（8）：2217-2220.

[100] Tamm N B，Sidorov L N，Kemnitz E，et al. Isolation and structural X-ray investigation of perfluoroalkyl derivatives of six cage isomers of C_{84}. Chemistry，2009，15（40）：10486-10492.

[101] Sun G，Kertesz M. ^{13}C NMR spectra for IPR isomers of fullerene C_{86}. Chemical Physics，2002，276（2）：107-114.

[102] Troyanov S I，Tamm N B. Crystal and molecular structures of trifluoromethyl derivatives of fullerene C_{86}, $C_{86}(CF_3)_{16}$ and $C_{86}(CF_3)_{18}$. Crystallography Reports，2009，54（4）：598-602.

[103] Yang S，Wei T，Troyanov S I. Chlorination of two isomers of C_{86} fullerene：molecular structures of $C_{86}(16)Cl_{16}$，$C_{86}(17)Cl_{18}$，$C_{86}(17)Cl_{20}$，and $C_{86}(17)Cl_{22}$. Chemistry—A European Journal，2014，20（44）：14198-14200.

[104] Sun G. Assigning the major isomers of fullerene C_{88} by theoretical ^{13}C NMR spectra. Chemical Physics Letters，2003，367（1）：26-33.

[105] Tamm N B，Troyanov S I. Synthesis and X-ray structure of $C_{88}(7)(CF_3)_{12/16}$. Mendeleev Communications，2016，26（2）：141-142.

[106] Yang S，Wei T，Kemnitz E，et al. The most stable IPR isomer of C_{88} fullerene，C_s-C_{88}(17)，revealed by X-ray structures of $C_{88}Cl_{16}$ and $C_{88}Cl_{22}$. Chemistry—An Asian Journal，2012，7（2）：290-293.

[107] Wang S，Yang S，Kemnitz E，et al. Unusual chlorination patterns of three IPR isomers of C_{88} fullerene in $C_{88}(7)Cl_{12/24}$，$C_{88}(17)Cl_{22}$，and $C_{88}(33)Cl_{12/14}$. Chemistry—An Asian Journal，2016，11（1）：77-80.

[108] Kemnitz E，Troyanov S I. Connectivity patterns of two C_{90} isomers provided by the structure elucidation of $C_{90}Cl_{32}$. Angewandte Chemie International Edition，2009，48（14）：2584-2587.

[109] Yang H，Beavers C M，Wang Z，et al. Isolation of a small carbon nanotube：the surprising appearance of D_{5h}(1)-C_{90}. Angewandte Chemie International Edition，2010，49（5）：886-890.

[110] Tamm N B T S I. Synthesis，isolation，and X-ray structural characterization of trifluoromethylated C_{90} fullerenes：$C_{90}(30)(CF_3)_{18}$ and $C_{90}(35)(CF_3)_{14}$. Nanosystems：Physics，Chemistry，Mathematics，2014，5（1）：39-45.

[111] Tamm N B，Troyanov S I. Capturing C_{90} isomers as CF_3 derivatives：$C_{90}(30)(CF_3)_{14}$，$C_{90}(35)(CF_3)_{16/18}$，and $C_{90}(45)(CF_3)_{16/18}$. Chemistry—An Asian Journal，2015，10（8）：1622-1625.

[112] Slanina Z，Zhao X，Deota P，et al. Relative stabilities of C_{92} IPR fullerenes. Molecular Modeling Annual，2000，6（2）：312-317.

[113] Tagmatarchis N，Arcon D，Prato M，et al. Production，isolation and structural characterization of [92]fullerene

isomers. Chemical Communications，2002，34（24）：2992-2993.

[114] Troyanov S I，Tamm N B. Cage connectivities of C_{88}(33) and C_{92}(82) fullerenes captured as trifluoromethyl derivatives，$C_{88}(CF_3)_{18}$ and $C_{92}(CF_3)_{16}$. Chemical Communications，2009，(40)：6035-6037.

[115] Tamm N B，Scheurell K，Kemnitz E，et al. Synthesis and X-ray structure of C_2-$C_{96}(176)(CF_3)_{18}$. Mendeleev Communications，2015，25（4）：275-276.

[116] Tamm N B，Sidorov L N，Kemnitz E，et al. Crystal structures of $C_{94}(CF_3)_{20}$ and $C_{96}(C_2F_5)_{12}$) reveal the cage connectivities in C_{94}(61) and C_{96}(145) fullerenes. Angewandte Chemie International Edition，2009，48（48）：9102-9104.

[117] Tamm N B，Yang S，Wei T，et al. Five isolated pentagon rule isomers of higher fullerene C_{94} captured as chlorides and CF_3 derivatives：$C_{94}(34)Cl_{14}$，$C_{94}(61)Cl_{20}$，$C_{94}(133)Cl_{22}$，$C_{94}(42)(CF_3)_{16}$，and $C_{94}(43)(CF_3)_{18}$. Inorganic Chemistry，2015，54（6）：2494-2496.

[118] Murry R L，Scuseria G E. Theoretical study of C_{90} and C_{96} fullerene isomers. The Journal of Physical Chemistry A，1994，98（26）：4212-4214.

[119] Yang H，Jin H，Che Y，et al. Isolation of four isomers of C_{96} and crystallographic characterization of nanotubular D_{3d}(3)-C_{96} and the somewhat flat-sided sphere C_2(181)-C_{96}. Chemistry—A European Journal，2012，18（10）：2792-2796.

[120] Yang S，Wei T，Wang S，et al. Structures of chlorinated fullerenes，IPR $C_{96}Cl_{20}$ and non-classical $C_{94}Cl_{28}$ and $C_{92}Cl_{32}$：evidence of the existence of three new isomers of C_{96}. Chemistry—An Asian Journal，2014，9（11）：3102-3105.

[121] Yang S，Wang S，Kemnitz E，et al. Chlorination of IPR C_{100} fullerene affords unconventional $C_{96}Cl_{20}$ with a nonclassical cage containing three heptagons. Angewandte Chemie International Edition，2014，53（9）：2460-2463.

[122] Wang S，Yang S，Kemnitz E，et al. The first experimentally confirmed isolated pentagon rule（IPR）isomers of higher fullerene C_{98} captured as chlorides，$C_{98}(248)Cl_{22}$ and $C_{98}(116)Cl_{20}$. Chemistry—A European Journal，2016，22（15）：5138-5141.

[123] Jin F，Yang S，Troyanov S I. New Isolated-pentagon-rule isomers of fullerene C_{98} captured as chloro derivatives. Inorganic Chemistry，2017，56（9）：4780-4783.

[124] Fritz M A，Kemnitz E，Troyanov S I. Capturing an unstable C_{100} fullerene as chloride，$C_{100}(1)Cl_{12}$，with a nanotubular carbon cage. Chemical Communications，2014，50（93）：14577-14580.

[125] Wang S，Yang S，Kemnitz E，et al. New isolated-pentagon-rule and skeletally transformed isomers of C_{100} fullerene identified by structure elucidation of their chloro derivatives. Angewandte Chemie International Edition，2016，55（10）：3451-3454.

[126] Yang S，Wei T，Wang S，et al. The first structural confirmation of a C_{102} fullerene as $C_{102}Cl_{20}$ containing a non-IPR carbon cage. Chemical Communications，2013，49（72）：7944-7946.

[127] Yang S，Wang S，Troyanov S I. The most stable isomers of giant fullerenes C_{102} and C_{104} captured as chlorides，$C_{102}(603)Cl_{18/20}$ and $C_{104}(234)Cl_{16/18/20/22}$. Chemistry—A European Journal，2014，20（23）：6875-6878.

[128] Yang S，Wei T，Kemnitz E，et al. First isomers of pristine C_{104} fullerene structurally confirmed as chlorides，$C_{104}(258)Cl_{16}$ and $C_{104}(812)Cl_{24}$. Chemistry—An Asian Journal，2014，9（1）：79-82.

[129] Jin F，Yang S，Fritz M A，et al. Chloro derivatives of isomers of a giant fullerene C_{104}：$C_{104}(234)Cl_{16/18}$，$C_{104}(812)Cl_{12/24}$，and $C_{104}(811)Cl_{28}$. Chemistry—A European Journal，2017，23（20）：4761-4764.

[130] Heath J R，O'brien S C，Zhang Q，et al. Lanthanum complexes of spheroidal carbon shells. Journal of the American Chemical Society，1985，107（25）：7779-7780.

[131] Chai Y，Guo T，Jin C，et al. Fullerenes with metals inside. The Journal of Physical Chemistry，1991，95（20）：7564-7568.

[132] Morinaka Y，Sato S，Wakamiya A，et al. X-ray observation of a helium atom and placing a nitrogen atom inside He@C_{60} and He@C_{70}. Nature Communications，2013，4：1554.

[133] Kurotobi K，Murata Y. A single molecule of water encapsulated in fullerene C_{60}. Science，2011，333（6042）：613-616.

[134] Li Y，Lei X，Lawler R G，et al. Distance-dependent paramagnet-enhanced nuclear spin relaxation of H_2@C_{60} derivatives covalently linked to a nitroxide radical. The Journal of Physical Chemistry Letters，2010，1（14）：2135-2138.

[135] Iwamatsu S I，Stanisky C M，Cross R J，et al. Carbon monoxide inside an open-cage fullerene. Angewandte Chemie International Edition，2006，45（32）：5337-5340.

[136] Whitener K E，Cross R J，Saunders M，et al. Methane in an open-cage [60]fullerene. Journal of the American Chemical Society，2009，131（18）：6338-6339.

[137] Krachmalnicoff A，Bounds R，Mamone S，et al. The dipolar endofullerene HF@C_{60}. Nature Chemistry，2016，8（10）：953-957.

[138] Chen C S，Kuo T S，Yeh W Y. Encapsulation of formaldehyde and hydrogen cyanide in an open-cage fullerene. Chemistry—A European Journal，2016，22（26）：8773-8776.

[139] Whitener K E，Frunzi M，Iwamatsu S，et al. Putting ammonia into a chemically opened fullerene. Journal of the American Chemical Society，2008，130（42）：13996-13999.

[140] Suetsuna T，Dragoe N，Harneit W，et al. Separation of N_2@C_{60} and N@C_{60}. Chemistry—A European Journal，2002，8（22）：5079-5083.

[141] Saunders M，Jimenez-Vazquez H A，Cross R J，et al. Incorporation of helium，neon，argon，krypton，and xenon into fullerenes using high pressure. Journal of the American Chemical Society，1994，116（5）：2193-2194.

[142] Stevenson S，Rice G，Glass T，et al. Small-bandgap endohedral metallofullerenes in high yield and purity. Nature，1999，401（6748）：55-57.

[143] Yang S，Wei T，Jin F. When metal clusters meet carbon cages：endohedral clusterfullerenes. Chemical Society Reviews，2017，46（16）：5005-5058.

[144] Wang C R，Kai T，Tomiyama T，et al. A scandium carbide endohedral metallofullerene：Sc_2C_2@C_{84}. Angewandte Chemie International Edition，2001，40（2）：397-399.

[145] Svitova A L，Ghiassi K B，Schlesier C，et al. Endohedral fullerene with μ_3-carbido ligand and titanium-carbon double bond stabilized inside a carbon cage. Nature Communications，2014，5：3568.

[146] Krause M，Ziegs F，Popov A A，et al. Entrapped bonded hydrogen in a fullerene：The five-atom cluster Sc_3CH in C_{80}. ChemPhysChem，2007，8（4）：537-540.

[147] Feng Y，Wang T，Wu J Y，et al. Electron-spin excitation by implanting hydrogen to metallofullerene：the synthesis and spectroscopic characterizations of Sc_4C_2H@I_h-C_{80}. Chemical Communications，2014，50（81）：12166-12168.

[148] Stevenson S，Mackey M A，Stuart M A，et al. A distorted tetrahedral metal oxide cluster inside an icosahedral carbon cage. Synthesis，isolation，and structural characterization of $Sc_4(\mu_3\text{-}O)_2$@I_h-C_{80}. Journal of the American Chemical Society，2008，130（36）：11844-11845.

[149] Dunsch L，Yang S F，Zhang L，et al. Metal sulfide in a C_{82} fullerene cage：a new form of endohedral clusterfullerenes. Journal of the American Chemical Society，2010，132（15）：5413-5421.

[150] Wang T S，Feng L，Wu J Y，et al. Planar quinary cluster inside a fullerene cage：synthesis and structural

characterizations of $Sc_3NC@C_{80}$-I_h. Journal of the American Chemical Society，2010，132（46）：16362-16364.

[151] Wang T，Wu J，Feng Y. Scandium carbide/cyanide alloyed cluster inside fullerene cage：synthesis and structural studies of $Sc_3(\mu_3\text{-}C_2)(\mu_3\text{-}CN)@I_h\text{-}C_{80}$. Dalton Transactions，2014，43（43）：16270-16274.

[152] Yang S，Chen C，Liu F，et al. An improbable monometallic cluster entrapped in a popular fullerene cage：YCN@C_s(6)-C_{82}. Scientific Reports，2013，3：1487.

[153] Popov A A，Yang S，Dunsch L. Endohedral fullerenes. Chemical Reviews，2013，113（8）：5989-6113.

[154] Wang T，Wang C. Endohedral metallofullerenes based on spherical I_h-C_{80} cage：molecular structures and paramagnetic properties. Accounts of Chemical Research，2014，47（2）：450-458.

[155] Yamada M，Tanabe Y，Dang J S，et al. D_{2d}(23)-C_{84} versus $Sc_2C_2@D_{2d}$(23)-C_{84}：impact of endohedral Sc_2C_2 doping on chemical reactivity in the photolysis of diazirine. Journal of the American Chemical Society，2016，138（50）：16523-16532.

[156] Albertazzi E，Domene C，W. Fowler P，et al. Pentagon adjacency as a determinant of fullerene stability. Physical Chemistry Chemical Physics，1999，1（12）：2913-2918.

[157] Wang C R，Kai T，Tomiyama T，et al. C_{66} fullerene encaging a scandium dimer. Nature，2000，408（6811）：426-427.

[158] Kobayashi K，Nagase S. A stable unconventional structure of $Sc_2@C_{66}$ found by density functional calculations. Chemical Physics Letters，2002，362（5-6）：373-379.

[159] Yamada M，Kurihara H，Suzuki M，et al. $Sc_2@C_{66}$ revisited：an endohedral fullerene with scandium ions nestled within two unsaturated linear triquinanes. Journal of the American Chemical Society，2014，136（21）：7611-7614.

[160] Stevenson S，Fowler P W，Heine T，et al. A stable non-classical metallofullerene family. Nature，2000，408（6811）：427-428.

[161] Campanera J M，Bo C，Poblet J M. General rule for the stabilization of fullerene cages encapsulating trimetallic nitride templates. Angewandte Chemie International Edition，2005，44（44）：7230-7233.

[162] Popov A A，Dunsch L. Structure，stability，and cluster-cage interactions in nitride clusterfullerenes $M_3N@C_{2n}$ (M = Sc, Y; $2n$ = 68～98)：a density functional theory study. Journal of the American Chemical Society，2007，129（38）：11835-11849.

[163] Cerón M R，Li F F，Echegoyen L A. Endohedral fullerenes：the importance of electronic，size and shape complementarity between the carbon cages and the corresponding encapsulated clusters. Journal of Physical Organic Chemistry，2014，27（4）：258-264.

[164] Garcia-Borràs M，Osuna S，Swart M，et al. Maximum aromaticity as a guiding principle for the most suitable hosting cages in endohedral metallofullerenes. Angewandte Chemie International Edition，2013，52（35）：9275-9278.

[165] Garcia-Borras M，Osuna S，Luis J M，et al. The role of aromaticity in determining the molecular structure and reactivity of（endohedral metallo）fullerenes. Chemical Society Reviews，2014，43（14）：5089-5105.

[166] Tan Y Z，Xie S Y，Huang R B，et al. The stabilization of fused-pentagon fullerene molecules. Nature Chemistry，2009，1（6）：450-460.

[167] Liu F，Gao C L，Deng Q，et al. Triangular monometallic cyanide cluster entrapped in carbon cage with geometry-dependent molecular magnetism. Journal of the American Chemical Society，2016，138（44）：14764-14771.

[168] Liu F，Wang S，Gao C L，et al. Mononuclear clusterfullerene single-molecule magnet containing strained fused-pentagons stabilized by a nearly linear metal cyanide cluster. Angewandte Chemie International Edition，2017，56（7）：1830-1834.

[169] Yang S F，Troyanov S I，Popov A A，et al. Deviation from the planarity—a large Dy_3N cluster encapsulated in an I_h-C_{80} cage：an X-ray crystallographic and vibrational spectroscopic study. Journal of the American Chemical Society，2006，128（51）：16733-16739.

[170] Lu X，Akasaka T，Nagase S. Carbide cluster metallofullerenes：structure，properties，and possible origin. Accounts of Chemical Research，2013，46（7）：1627-1635.

[171] Kurihara H，Lu X，Iiduka Y，et al. X-ray structures of $Sc_2C_2@C_{2n}$(n = 40～42)：in-depth understanding of the core-shell interplay in carbide cluster metallofullerenes. Inorganic Chemistry，2012，51（1）：746-750.

[172] Feng Y，Wang T，Wu J，et al. Structural and electronic studies of metal carbide clusterfullerene $Sc_2C_2@C_s$-C_{72}. Nanoscale，2013，5（15）：6704-6707.

[173] Chen C H，Abella L，Cerón M R，et al. A zigzag Sc_2C_2 carbide cluster inside a [88]fullerene cage with one heptagon，$Sc_2C_2@C_s$(hept)-C_{88}：a kinetically-trapped fullerene formed by C_2 insertion? Journal of the American Chemical Society，2016，138（39）：13030-13037.

[174] Cai W，Li F F，Bao L，et al. Isolation and crystallographic characterization of $La_2C_2@C_s$(574)-C_{102} and $La_2C_2@C_2$(816)-C_{104}：evidences for the top-down formation mechanism of fullerenes. Journal of the American Chemical Society，2016，138（20）：6670-6675.

[175] Chen C H，Ghiassi K B，Cerón M R，et al. Beyond the butterfly：$Sc_2C_2@C_{2v}$(9)-C_{86}，an endohedral fullerene containing a planar，twisted Sc_2C_2 unit with remarkable crystalline order in an unprecedented carbon cage. Journal of the American Chemical Society，2015，137（32）：10116-10119.

[176] Cai W，Bao L，Zhao S，et al. Anomalous compression of D_5(450)-C_{100} by encapsulating La_2C_2 cluster instead of La_2. Journal of the American Chemical Society，2015，137（32）：10292-10296.

[177] Zhao S，Zhao P，Cai W，et al. Stabilization of giant fullerenes C_2(41)-C_{90}，D_3(85)-C_{92}，C_1(132)-C_{94}，C_2(157)-C_{96} and C_1(175)-C_{98} by encapsulation of a large La_2C_2 cluster：the importance of cluster-cage matching. Journal of the American Chemical Society，2017，139（13）：4724-4728.

[178] Wang Y，Tang Q，Feng L，et al. $Sc_2C_2@D_{3h}$(14246)-C_{74}：a missing piece of the clusterfullerene puzzle. Inorganic Chemistry，2017，56（4）：1974-1980.

[179] Lu X，Nakajima K，Iiduka Y，et al. Structural elucidation and regioselective functionalization of an unexplored carbide cluster metallofullerene $Sc_2C_2@C_s$(6)-C_{82}. Journal of the American Chemical Society，2011，133（48）：19553-19558.

[180] Averdung J，Luftmann H，Schlachter I，et al. Aza-dihydro[60]fullerene in the gas phase. A mass-spectrometric and quantumchemical study. Tetrahedron，1995，51（25）：6977-6982.

[181] Lamparth I，Nuber B，Schick G，et al. $C_{59}N^+$and $C_{69}N^+$：isoelectronic heteroanalogues of C_{60} and C_{70}. Angewandte Chemie International Edition in English，1995，34（20）：2257-2259.

[182] Yu R，Zhan M，Cheng D，et al. Simultaneous synthesis of carbon nanotubes and nitrogen-doped fullerenes in nitrogen atmosphere. The Journal of Physical Chemistry，1995，99（7）：1818-1819.

[183] Hummelen J C，Knight B，Pavlovich J，et al. Isolation of the heterofullerene $C_{59}N$ as its dimer $(C_{59}N)_2$. Science，1995，269（5230）：1554-1556.

[184] Keshavarz K M，González R，Hicks R G，et al. Synthesis of hydroazafullerene $C_{59}HN$，the parent hydroheterofullerene. Nature，1996，383（6596）：147-150.

[185] Hasharoni K，Bellavia-Lund C，Keshavarz K M，et al. Light-induced ESR studies of the heterofullerene dimers. Journal of the American Chemical Society，1997，119（45）：11128-11129.

[186] Zhang G，Huang S，Xiao Z，et al. Preparation of azafullerene derivatives from fullerene-mixed peroxides and

single crystal X-ray structures of azafulleroid and azafullerene. Journal of the American Chemical Society，2008，130（38）：12614-12615.

[187] Xin N，Huang H，Zhang J，et al. Fullerene doping：preparation of azafullerene $C_{59}NH$ and oxafulleroids $C_{59}O_3$ and $C_{60}O_4$. Angewandte Chemie International Edition，2012，51（25）：6163-6166.

[188] Xu X，Xing Y，Shang Z，et al. Systematic investigation of the molecular behaviors of heterofullerenes $C_{48}X_2$ (X = B, N). Chemical Physics，2003，287（3）：317-333.

[189] Karfunkel H R，Dressler T，Hirsch A. Heterofullerenes：structure and property predictions，possible uses and synthesis proposals. Journal of Computer-Aided Molecular Design，1992，6（5）：521-535.

[190] Huang H，Zhang G，Wang D，et al. Synthesis of an azahomoazafullerene $C_{59}N(NH)R$ and gas-phase formation of the diazafullerene $C_{58}N_2$. Angewandte Chemie International Edition，2013，52（19）：5037-5040.

[191] Otero G，Biddau G，Sanchez-Sanchez C，et al. Fullerenes from aromatic precursors by surface-catalysed cyclodehydrogenation. Nature，2008，454（7206）：865-868.

[192] Samartzis P C，Wodtke A M. All-nitrogen chemistry：how far are we from N_{60}? International Reviews in Physical Chemistry，2006，25（4）：527-552.

[193] Wang L J，Zgierski M Z. Super-high energy-rich nitrogen cluster N_{60}. Chemical Physics Letters，2003，376（5-6）：698-703.

[194] Zhou H，Wong N B，Zhou G，et al. Theoretical study on “multilayer” nitrogen cages. The Journal of Physical Chemistry A，2006，110（10）：3845-3852.

[195] Lu J，Zhou Y，Luo Y，et al. Structural and electronic properties of heterofullerene $C_{59}P$. Molecular Physics，2001，99（14）：1203-1207.

[196] 陈中方，陈兰，马克勤，等. 异质富勒烯 $C_{58}BN$ 的结构与光谱研究. 高等学校化学学报，1999，20（2）：260-263.

[197] Chen Z，Wang G，Zhao X，et al. Isomerism and aromaticity of heterofullerene $C_{70-n}P_n(n = 2～10)$. Molecular Modeling Annual，2002，8（7）：223-229.

[198] Guo T，Jin C，Smalley R E. Doping bucky：formation and properties of boron-doped buckminsterfullerene. The Journal of Physical Chemistry，1991，95（13）：4948-4950.

[199] Muhr H J，Nesper R，Schnyder B，et al. The boron heterofullerenes $C_{59}B$ and $C_{69}B$：generation，extraction，mass spectrometric and XPS characterization. Chemical Physics Letters，1996，249（5）：399-405.

[200] Dunk P W，Rodriguez-Fortea A，Kaiser N K，et al. Formation of heterofullerenes by direct exposure of C_{60} to boron vapor. Angewandte Chemie International Edition，2013，52（1）：315-319.

[201] Vollhardt D. Proceedings of the Euroconference on Correlations in Unconventional Quantum Liquids，Evora，Portugal，7-11 October 1996. [In：Z. Phys. B：Condens. Matter，1997；103（2）]. Springer，1997：219 pp.

[202] 陈中方，赵学庄，唐敖庆. 异质富勒烯的理论研究进展. 结构化学，1999，（6）：463-469.

[203] Qi J Y，Zhu H H，Zheng M，et al. Theoretical studies on characterization of heterofullerene $C_{58}B_2$ isomers by X-ray spectroscopy. RSC Advances，2016，6（99）：96752-96761.

[204] Zhai H J，Zhao Y F，Li W L，et al. Observation of an all-boron fullerene. Nature Chemistry，2014，6（8）：727-731.

[205] Kimura T，Sugai T，Shinohara H. Production and characterization of boron and silicon-doped carbon clusters. Chemical Physics Letters，1996，256（3）：269-273.

[206] 陈中方，马克勤，潘荫明，等. 异质富勒烯 $C_{58}P_2$ 的理论研究. 高等学校化学学报，1999，20（12）：1921-1925.

[207] Matsubara M，Massobrio C. Bonding behavior and thermal stability of $C_{54}Si_6$：a first-principles molecular dynamics study. The Journal of Chemical Physics，2005，122（8）：084304.

[208] Matsubara M，Massobrio C. Stable highly doped C_{60}-mSim heterofullerenes：a first principles study of $C_{40}Si_{20}$，$C_{36}Si_{24}$，and $C_{30}Si_{30}$. The Journal of Physical Chemistry A，2005，109（19）：4415-4418.

[209] Christian J F，Wan Z，Anderson S L. $O^+ + C_{60}$. $C_{60}O^+$production and decomposition，charge transfer，and formation of $C_{59}O^+$. Dopeyball or $CO@C_{58}{}^+$. Chemical Physics Letters，1992，199（3）：373-378.

[210] Stry J J，Garvey J F. Generation of $C_{59}O^-$ via collision induced dissociation of oxy-fullerene anions. Chemical Physics Letters，1995，243（3）：199-204.

[211] Glenis S，Cooke S，Chen X，et al. Evidence for the existence of sulfur-doped fullerenes from elucidation of their photophysical properties. Chemistry of Materials，1996，8（1）：123-127.

[212] Jiao H J，Chen Z F，Hirsch A，et al. Oxa-and thia-fullerenes($C_{59}O$, $C_{59}S$)：Closed or opened cages? Physical Chemistry Chemical Physics，2002，4（20）：4916-4920.

[213] La Placa S J，Roland P A，Wynne J J. Boron clusters (B_n, $n = 2\sim52$) produced by laser ablation of hexagonal boron nitride. Chemical Physics Letters，1992，190（3）：163-168.

[214] 陈中方，马克勤，尚贞锋，等. 异质富勒烯 $C_{59}Si$ 与 $C_{69}Si$ 的理论研究. 化学学报，1999，57（7）：712-717.

[215] Chen Z，Ma K，Zhao H，et al. Semi-empirical calculations on the BN substituted fullerenes $C_{60-2x}(BN)_x(x = 1\sim3)$—isoelectronic equivalents of C_{60}. Journal of Molecular Structure：THEOCHEM，1999，466（1-3）：127-135.

第3章 富勒烯的合成

自从 1985 年富勒烯 C_{60} 被首次报道以来，Smalley 小组就一直在苦苦寻找获得足量 C_{60} 的方法，但遗憾的是当初发现 C_{60} 的那台激光蒸发器并未帮他们实现这个美好的愿望。由于缺乏适当的宏量合成方法，在 C_{60} 被发现后长达 5 年的时间里，人们对这类全碳分子的研究仅仅停留在质谱信号和理论计算上，直到 1990 年，Krätschmer 和 Huffman 等采用电阻加热蒸发石墨的办法才首次实现了富勒烯 C_{60} 的宏量合成，获得的质谱、X 射线粉末衍射、紫外、红外等数据准确无误地证明了 C_{60} 分子的足球状结构[1]。几乎在同时，Kroto 小组采用类似的碳蒸发方法也成功合成并分离了 C_{60} 和 C_{70}，并通过 ^{13}C 核磁共振谱获得了 C_{60} 的单谱线和 C_{70} 的五根谱线[2]，这些几乎完备的表征数据充分证明了 C_{60} 的足球状结构，由此 C_{60} 再一次为世人所瞩目，有关富勒烯的研究随即发生了爆炸式膨胀。此后，科学家们经过不断地探索和研究，迄今已有十余种富勒烯合成方法问世，如石墨电阻蒸发法、直流电弧放电法、苯火焰燃烧法、激光蒸发法、热解法、等离子体法、有机合成法、内嵌法等。本章将对几种主要的富勒烯合成方法进行介绍。

3.1 石墨电阻蒸发法和直流电弧放电法

石墨电阻蒸发法合成富勒烯 C_{60} 最早由德国物理学家 Krätschmer 和美国天体物理学家 Huffman 等于 1990 年报道[1]，具体实验方法是：在一个密闭直立钟形罩内，两根装在铜电极上的石墨棒，一根石墨棒的一端削尖，另一根石墨棒的一端保持平坦端面，在 100 Torr（1 Torr = 1.33322×10^2 Pa）低压惰性气体（氦气或氩气）气氛下，两根相互接触的石墨棒在电阻加热的作用下蒸发为气态碳原子，碳原子在惰性气氛中碰撞冷却，最终形成富含富勒烯 C_{60} 和 C_{70} 的碳灰。事实上，Krätschmer 和 Huffman 有关碳原子团簇形成的合作研究早在 1982 年就开始了，在实验中他们使用一台简易的碳蒸发器，两根相互接触的石墨棒在惰性气体条件下通过高压电流，石墨棒蒸发并形成大量的碳灰。通过对碳灰紫外-可见光谱的测量，他们发现碳灰样品在近紫外区出现了明显的吸收，产生了形似“驼峰”的独特双峰结构，这些碳灰试样也因此被形象地称为“驼峰试样”。但当时 Krätschmer 和 Huffman 等并不清楚这些神秘的“驼峰”意味着什么，甚至认为这些“驼峰”很可能是由污染物造成的。直到 1985 年发表在 *Nature* 上有关富勒烯的 C_{60} 文章报道后，Huffman 才联想到那些神秘的“驼峰”样品很可能包含大量的 C_{60} 分子。随后 Krätschmer 和 Huffman 等决定重复碳灰实验，并对实验条件不断改进，他们发现当把钟形罩内惰性气体的压强调到 13.3 kPa 后，紫外区的“驼峰”变得更加显著，并且在红外谱图上出现了四条很强的吸收谱线，进一步的 ^{13}C-石墨棒蒸发实验也明确无误地证明他们的碳灰试样中确实有富勒烯 C_{60}[3]。此后，他们对这一方法进行不断改进，富勒烯 C_{60} 的产率进一步得到提高（富勒烯 C_{60} 的产量可达 100 mg/天），通过使用真空升华和溶液提取、结晶的办法，他们首次获得了富勒烯 C_{60} 的显微镜晶体照片，以及包括红外、紫外光谱、X 射线粉末衍射图样在内的各种 C_{60} 表征数据，并将这一结果发表在 1990 年 9 月 27 日的 *Nature* 杂志上。

电阻加热蒸发石墨的方法虽然首次得到了宏量的富勒烯 C_{60}，但是在富勒烯的合成过程中，随着石墨阳极的消耗，两根石墨棒间的接触将逐渐消失，导致石墨棒间不稳定电弧的产生，最终影响了富勒烯的生成。Smalley 等[4]对这一电弧现象进行了巧妙的改进，发展了一种被称为“接触式电弧”放电的合成方法。反应在如图 3-1 所示的实验装置中进行，首先将电弧反应腔体抽成真空，然后通入氦气（100 Torr），两石墨电极间无须保持真正的接触（存在一狭缝），在电流 100～200 A，电压 10～20 V 条件下，通过调节连接电极的弹簧使两电极间产生稳定的

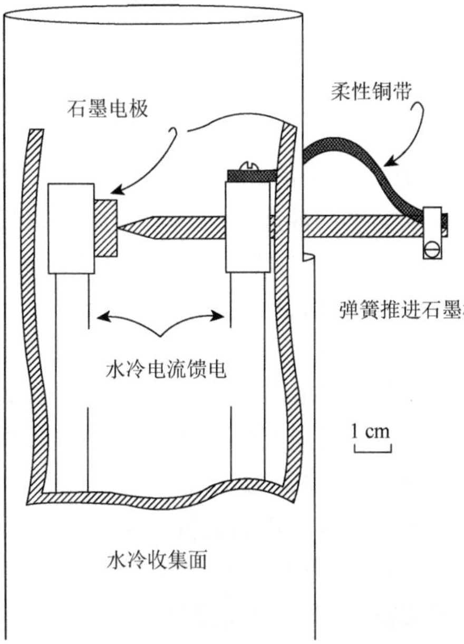

图 3-1　接触式电弧放电法合成富勒烯装置示意图[4]

电弧，由此产生电弧等离子体。由于两电极靠得如此之近，以至分散在等离子区中的能量并不损失，而是被电极所吸收最终导致石墨电极的蒸发，产生的高温等离子体在氦气气氛中碰撞冷却，最终得到高产率的 C_{60} 和 C_{70}。与石墨电阻蒸发法相比，直流电弧放电法可以使用更大的石墨棒（直径为 6 mm），因而大大提高了石墨的蒸发速率，可以在几小时内生产出 10 g 以上的碳灰，富勒烯的产率可达到 15%。

通过对石墨电弧放电反应的各项参数进行调整和优化，如电极材料的组成和形状、两电极的间距、惰性气体的种类和压力、电源种类和输出功率、腔体的温度等，碳灰中所含富勒烯的产率和相对组成都会发生较大的变化。例如，Tohji 等的研究表明，当以 1%硼掺杂的石墨为电极，在 N_2/He（2∶100）缓冲气体条件下进行电弧放电，产物中 C_{60} 的含量由 8.85%降为 2.75%，而大碳笼富勒烯，如 C_{78} 和 C_{84} 的含量则提高了两个数量级[5, 6]。厦门大学郑兰荪课题组在石墨电弧放电条件下引入活性反应物 CCl_4，首次成功合成并分离、表征了小富勒烯 C_{50} 的笼外氯化衍生物 $C_{50}Cl_{10}$[7]，证明违反独立五元环规则的非 IPR 富勒烯可以通过笼外衍生的方法使其稳定化。应用这一思路和方法，包括 C_{2v}-$^{\#1809}C_{60}$ 和 C_s-$^{\#1804}C_{60}$ 在内的其他十余种 C_{54}～C_{78} 非 IPR 富勒烯相继也被分离出来(见第 2.1.4 小节)[8-11]。

目前，直流电弧放电法已成为富勒烯合成的最常用方法之一，迄今得到的百余种富勒烯新结构绝大多数是采用该法实现的。1991 年，日本 NEC 公司的 Iijima 教授在石墨电弧放电产物中首次发现了碳纳米管[12]，这一方法也成为碳纳米管合成的常用方法之一。

3.2 苯火焰燃烧法

1987 年 Homann 等[13]在一个平的圆盘燃烧头上研究乙炔/氧和苯/氧的预混燃烧火焰，通过在线质谱对火焰不同高度的气体进行采样和分析，他们检测到了从 C_{30} 到 C_{210} 的质谱信号，其中一些产物具有与石墨蒸发法得到富勒烯 C_{60} 和 C_{70} 相同的分子量，但这些证据还不足以说明他们得到的全碳分子就是具有闭合笼状结构的富勒烯。

1991 年美国麻省理工学院的 Howard 等[14]将苯蒸气和氧气混合，在燃烧室低压环境下（约 5.32 kPa）进行不完全燃烧（图 3-2），所得的碳灰经甲苯提取，并经 HPLC 分离得到了克量级的富勒烯 C_{60} 和 C_{70}，首次证实了苯火焰燃烧法可以得到大量的 C_{60} 和 C_{70}。Howard 等进一步的研究结果表明[15, 16]，在火焰燃烧法制备富勒烯过程中，混合气的 C/O 原子比、燃烧室的压力和温度、稀释气体的种类和浓度、燃气的流速、火焰的温度等因素都会对碳灰中富勒烯的组成和含量产生影响。采用不同的燃烧条件，碳灰中富勒烯（$C_{60}+C_{70}$）的产率为 0.0026%～9.2%，

C_{70}和 C_{60}的摩尔比为 0.26～5.7（而石墨电弧放电产物中 C_{70}和 C_{60}的摩尔比仅为 0.02～0.18）。在最优条件下，富勒烯 C_{60}和 C_{70}的含量可达碳灰质量的 20%，总碳收率可达 0.5%[17]。

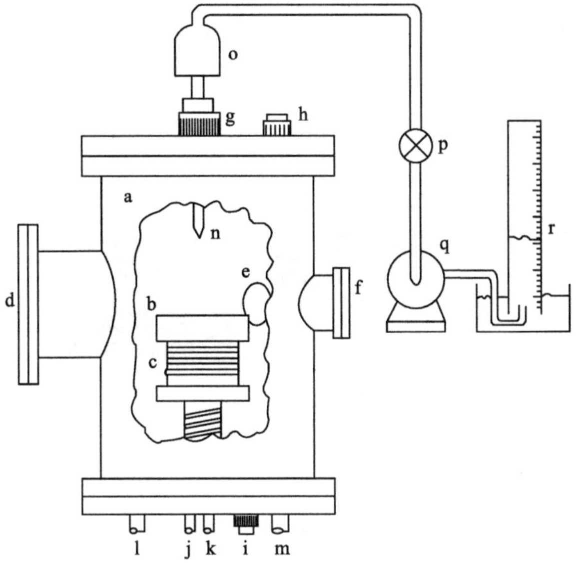

图 3-2　苯火焰燃烧法合成富勒烯装置示意图[14]

a. 低压燃烧室；b. 燃烧头；c. 水冷线圈；d、e、f. 观察窗；g、h、i. 连接管；j. 环形火焰进气口；k. 中心火焰进气口；l、m. 抽气管；n. 取样探头；o. 过滤头；p. 通气阀门；q. 真空泵；r. 压力计

苯火焰燃烧法具有可连续进料、操作简单等优点，不仅提供了一种可大规模制备富勒烯的新方法，而且由于该方法可以在很大范围内控制产物的分布，对制备某些特定产物，特别是大碳笼富勒烯更为有效[18]。最近，厦门大学谢素原等首次在苯/氧燃烧火焰产物中分离得到了含有相邻五元环的富勒烯 C_{64} 的氢化衍生物 $C_{64}H_4$[19]。目前苯火焰燃烧法已成为工业化生产富勒烯的主流方法，2001 年，大规模生产富勒烯的公司分别在美国和日本成立，其中日本的三菱公司在 2003 年宣称，基于火焰燃烧技术，富勒烯的年产量可达到上千吨[20]，而美国的 Nano-C 公司则声称已经能够生产出无须纯化的富勒烯样品。富勒烯大规模工业化生产的实现必将引起其实际应用的长足进展。

3.3　激光蒸发法

1985 年，Kroto、Smalley 和 Curl 等以脉冲激光束蒸发石墨靶（图 3-3），产生的碳蒸气在高密度氦气气氛中迅速冷却，形成了一系列碳团簇产物，首次观察到

了 C_{60} 的原位飞行时间质谱信号[21]，并由此开始了激光蒸发法宏量制备富勒烯 C_{60} 的研究。然而，经过很长一段时间的努力，他们都未能获得足量的 C_{60}。通过不断改进实验方法，他们发现将脉冲激光作用于高温炉（1200℃）中的纯石墨靶或掺杂有氧化镧的石墨靶可大大提高 C_{60} 或内嵌金属富勒烯的产率[22]。尽管这一方法仍不能得到宏量的 C_{60}，但是在某些金属的催化作用下，该方法可作为合成单壁碳纳米管的有效途径之一[23]。

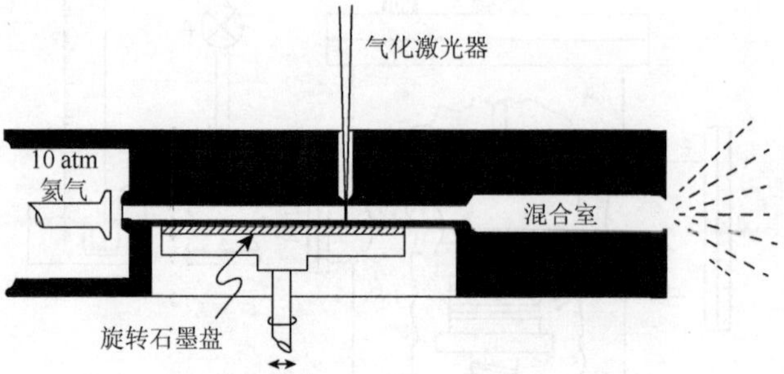

图 3-3 激光蒸发法制备富勒烯装置示意图[21]

厦门大学谢素原等从含有富勒烯基本结构单元（含一个五元环和两个六元环）的全氯代苊烯（$C_{12}Cl_8$）出发，在惰性气体下进行脉冲激光溅射作用也得到了微量的 C_{60}[24]。具体做法是：将全氯代苊烯置于真空度为 10^{-3} Torr 的密闭激光溅射反应腔中，让激光直接作用于全氯代苊烯数小时，得到克量级的混合产物。对产物的高效液相色谱-紫外可见光谱-质谱联用（HPLC-UV-vis-MS）分析表明，产物中不仅含有 C_{60}，还含有丰富的全氯代碳簇化合物。

3.4 热解法

长时间以来，多环芳烃都被认为是富勒烯形成过程中的中间体[25]，理论和实验也都表明了由芳烃组分直接构造 C_{60} 或 C_{70} 的可能性[25-27]。1993 年，Taylor 等首次报道了由萘热解直接制备富勒烯的实验[28]：将萘置于直径为 1 cm、长为 40 cm 的石英管一端，另一出口端依次导入冷阱和丙酮鼓泡器。在氩气气氛中，以丙烷-氧气火焰加热至 1000℃得到热解产物，产物的质谱分析表明热解产物中含有富勒烯 C_{60} 和 C_{70}。尽管这一过程得到的富勒烯产率很低（<0.5%），但却从实验上证明了含 10 个骨架碳的萘是可以缀合在一起形成 C_{60} 和 C_{70}，这一过程有助于人们对富勒烯形成机理的理解。

Scott 等[29, 30]在 600～1200℃条件下研究了萘、荧蒽和碗状心环烯等多环芳烃的热解反应，他们认为 1000℃是萘热解制备富勒烯 C_{60} 的最佳温度，在此温度下富勒烯的产率约为 1%。金属镍、钴和钯有助于提高富勒烯 C_{60} 的热解产率。此后又相继有文献报道其他碳氢化合物也能热解合成得到富勒烯[31]，包括环戊二烯、芘、苯并菲、菲、荧蒽、十环烯等。

3.5 等离子体法

从 20 世纪 90 年代开始，厦门大学郑兰荪课题组就开展了低温等离子体法宏量合成富勒烯的研究，发展了包括微波等离子体合成和辉光等离子体合成在内的多种富勒烯合成方法。他们利用自行设计的微波等离子体合成装置（图 3-4），以氯仿为反应原料，成功地合成得到 C_{60}（0.3%～1.3%）和 C_{70}（0.1%～0.3%）[32]。研究表明，在微波等离子体合成反应过程中，体系的真空度、微波能量、氯仿的进样量以及稀释气体（氩气）的流速都将直接影响到富勒烯的生成。在反应体系的不同温区，C_{60}、C_{70} 的产率以及 C_{60}/C_{70} 的比例也不尽相同。值得一提的是，在微波等离子体合成产物中，该组还首次检测到小富勒烯 C_{50} 的氯化衍生物 $C_{50}Cl_{10}$ 的质谱和光谱信号，只是苦于产物种类过多、合成条件难以控制和重现而未能进一步研究。

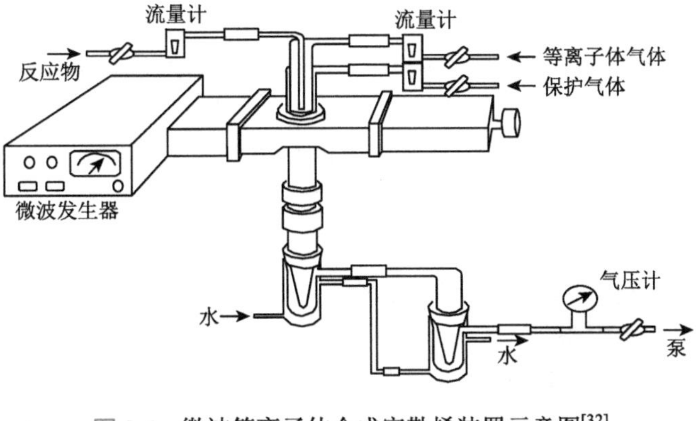

图 3-4 微波等离子体合成富勒烯装置示意图[32]

厦门大学谢素原等在氯仿的辉光等离子体反应中也合成得到了 C_{60} 和 C_{70}[33]。为了提高产物的转化率，增加大团簇形成的机会，他们将两个反应腔体串接在一起（图 3-5），通过对产物的 HPLC-UV-MS 联用分析，发现第一个反应腔体主要含富勒烯及其全氯代碎片，第二个反应腔体主要含石墨微晶及其全氯代碎片。采用辉光等离子体法合成富勒烯，虽然其产率（小于 1%）还有待提高，但作为一种合成方法，具有装置简单、可连续进样的优点，为富勒烯的合成增添了一种新方法。同时，产物中丰富的全氯代富勒烯碎片，如 $C_{10}Cl_8$、$C_{12}Cl_8$、$C_{16}Cl_{10}$、$C_{20}Cl_{10}$

和 $C_{30}Cl_{10}$ 等，它们与 C_{60} 在相同的辉光反应条件下生成，为研究富勒烯的形成机理提供了直接的实验证据。

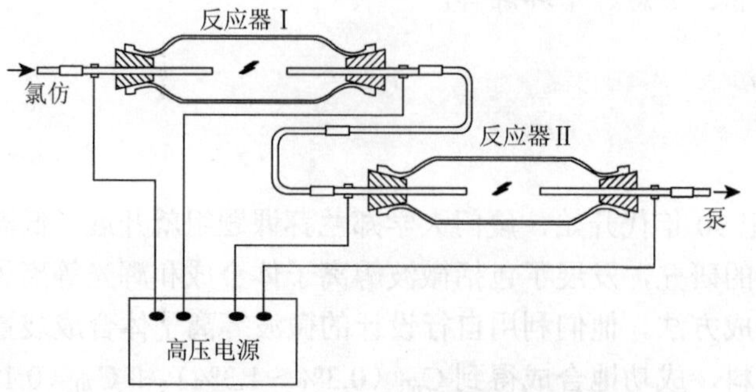

图 3-5　辉光等离子体合成富勒烯装置示意图[33]

3.6　有机合成法

尽管石墨电弧放电法和火焰燃烧法等可以方便地合成富勒烯，但是通过化学全合成法合成富勒烯，对选择性合成确定结构的富勒烯，以及研究富勒烯的形成机理及修饰都有重要意义。

Rubin 等报道了环状的含 60 个碳原子的多炔烃前驱体[$C_{60}H_6(CO)_{12}$]（图 3-6）[34]，在激光解吸质谱实验中这种多炔烃前驱体通过骨架异构化完全地失去羰基和氢原子，可以观察到 C_{60} 的信号。Tobe 等也合成出了类似稳定的大环多炔烃前驱体[$C_{60}H_6(Ind)_6$][35]（图 3-6），并在质谱中证实了这个化合物可以通过失去六个芳香化合物（茚）的碎片，伴随着脱氢和剧烈的分子骨架异构化，形成富勒烯 C_{60}。但是这些实验都仅仅停留在质谱研究阶段，并未找到有效的化学合成途径来完成转化成富勒烯这最关键的一步。

2000 年，Prinzbach 等采用结合力相对较弱的溴原子取代十二面体的烷烃 $C_{20}H_{20}$ 上的氢原子得到 $C_{20}H_{0\sim3}Br_{14\sim11}$，然后通过气相脱溴，生成笼状的富勒烯 C_{20}，并通过光电子能谱对其性质进行了研究[36]。但是将这种方法扩展到 C_{60} 或者含更多碳原子的富勒烯的合成是非常困难的。2001 年，Scott 等采用有机合成的方法，通过八步合成了多环芳烃 $C_{60}H_{30}$[37]，这个化合物包含了形成 C_{60} 所需的 60 个碳原子及其 90 个碳碳键中的 75 个。通过用 337 nm 的激光照射这个化合物，可以实现脱氢生成 C_{60}（图 3-7）。作者通过 ^{13}C 同位素标记和同系物 $C_{48}H_{24}$、$C_{80}H_{40}$ 对照实验证实，C_{60} 是通过直接从多环芳烃 $C_{60}H_{30}$ 分子转化形成的，而不是通过激光诱导多环芳烃降解为较小的碎片，然后这些碎片以热力学驱动的方式重组形成的。遗憾的是，这种方法合成的富勒烯产率极低，生成的富勒烯不能分离。后

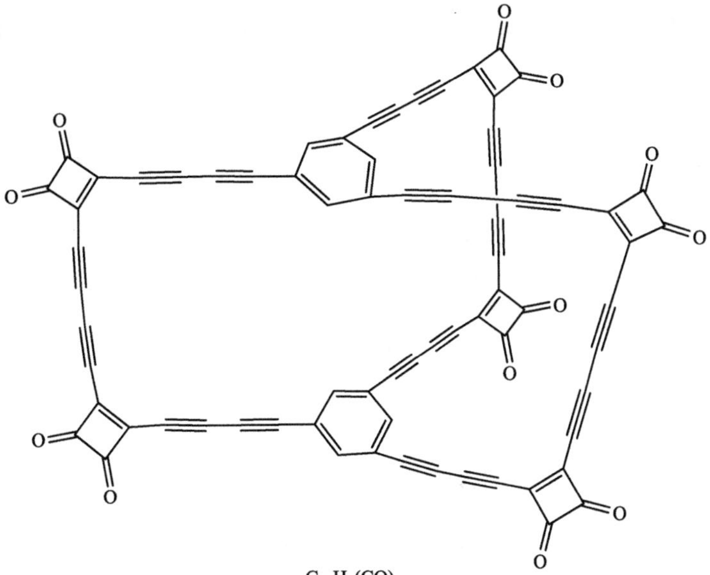

$C_{60}H_6(CO)_{12}$

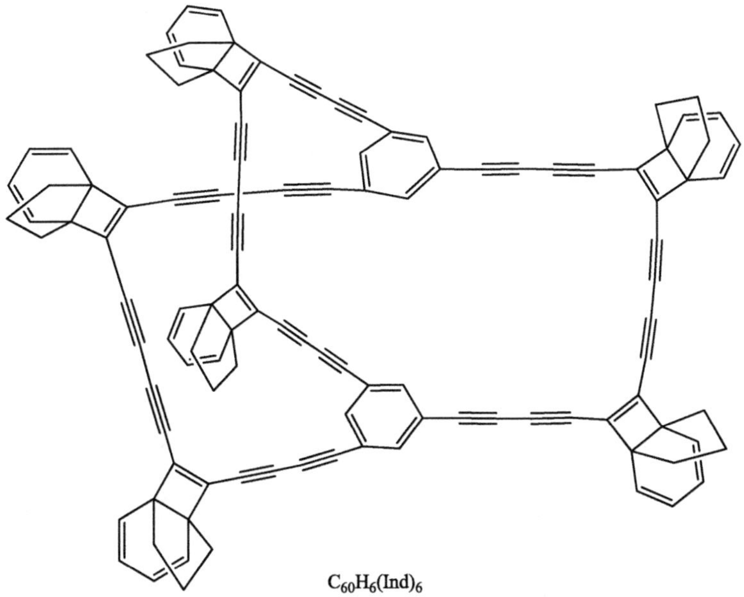

$C_{60}H_6(Ind)_6$

图 3-6　多炔烃前驱体 $C_{60}H_6(CO)_{12}$ 和 $C_{60}H_6(Ind)_6$ 的分子结构

来，Scott 等对多环芳烃 $C_{60}H_{30}$ 分子进行进一步的设计，对分子关键位置上的氢用氯进行取代，通过十一步有机化学反应全合成得到富勒烯 C_{60} 的前驱体分子 $C_{60}H_{27}Cl_3$[38]，然后将闪式真空热解技术（FVP）运用到脱氢成笼反应，这是合成富勒烯 C_{60} 最关键的一步，结果表明在 1100℃的高温条件下可以得到 0.1%～

1.0%的富勒烯 C_{60}，没有发现其他富勒烯副产物的形成，成功实现了 C_{60} 的有机合成（图 3-7）。

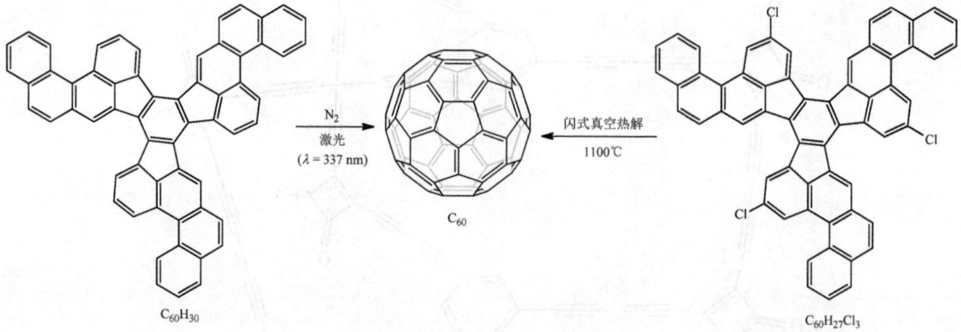

图 3-7　通过多环芳烃 $C_{60}H_{30}$ 或 $C_{60}H_{27}Cl_3$ 合成 C_{60}

利用 FVP 技术，其他大碳笼富勒烯，如 C_{78}、C_{84}，也有可能通过有机合成的方法合成。2008 年，Martin Jansen 课题组通过五步有机合成的方法合成了大碳笼富勒烯 C_{78} 的热解前驱体 $C_{78}H_{38}$（图 3-8），这个化合物包含了形成 C_{78} 所需的全部 78 个碳原子以及 117 个碳碳键中的 93 个[39]。激光解吸电离质谱分析 $C_{78}H_{38}$ 在 1000℃条件下 FVP 热解的产物，可以观察到明显的 C_{78} 信号。尽管在质谱中 C_{78} 的信号相对很强，但通过 HPLC 尝试分离 C_{78} 并没有获得成功。根据 $C_{78}H_{38}$ 成笼前基团单元的取向不同，Martin Jansen 等推测通过这个前驱体分子热解可以得到 C_{78} 五个 IPR 富勒烯异构体结构中的两个，即 C_{78}：$1(D_3)$和 C_{78}：$4(D_{3h})$。2009 年，该课题组通过八步有机反应设计合成了多环芳烃 $C_{84}H_{42}$（图 3-8），由于

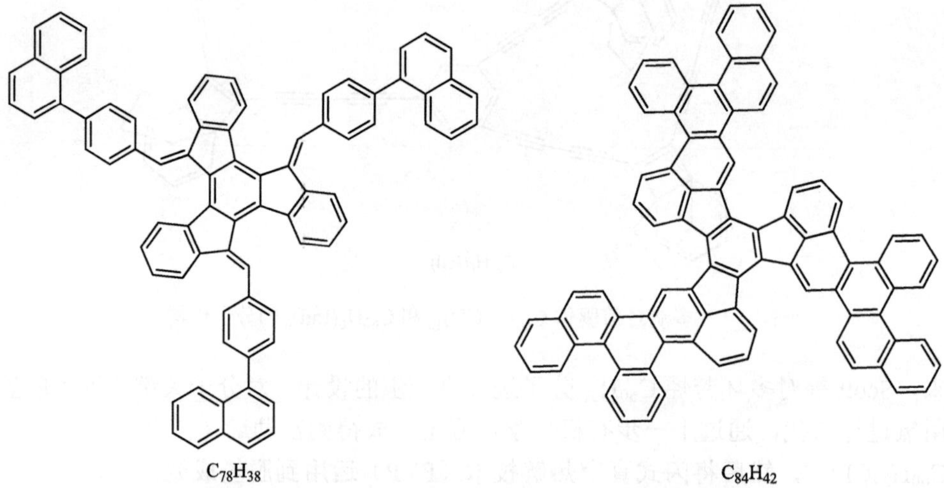

图 3-8　稠环芳烃前驱体 $C_{78}H_{38}$ 和 $C_{84}H_{42}$ 的分子结构

该分子中不含弱的碳碳单键，因此有利于通过高温热解合成理论预测富勒烯 C_{84} 24 个 IPR 异构体中的 $C_{84}(20)$[40]。通过质谱检测 $C_{84}H_{42}$ 的 FVP 热解产物，可以清楚地观察到 C_{84} 的信号。以上这些实验结果有力地证明了通过 FVP 方法可经由多环芳烃直接形成相应的富勒烯。

3.7 内嵌法

1985 年，在富勒烯 C_{60} 刚被发现不久，Smalley 组就注意到其内部为空腔结构，从而可以将其作为一个纳米容器用来盛放原子、分子或原子簇。基于这一想法，他们对浸泡了 $LaCl_3$ 溶液的石墨棒进行激光消融实验，通过质谱检测到了 La@C_{60} 的信号[41]。1991 年，该组取得了进一步的进展，通过激光消融石墨与氧化镧的混合物，然后对产物进行升华处理，获得了首个内嵌富勒烯 La@C_{82}[22]。

目前合成内嵌富勒烯的许多方法大多源自空心富勒烯的合成方法（如激光消融法、直流电弧放电法）。然而，值得指出的是，目前工业上合成空心富勒烯所使用的燃烧法虽然可以实现空心富勒烯的最高合成产率[14]，但燃烧法却一直没有被用于合成内嵌金属富勒烯，一个可能的原因是燃烧法的温度相对太低（约 1800 K[14]）而不能蒸发金属源。下面我们对目前常用于合成内嵌富勒烯的方法做一个简单的总结。

3.7.1 激光蒸发法

内嵌金属富勒烯首先被 Smalley 组利用合成富勒烯 C_{60} 所用的激光蒸发装置合成，不同之处在于原料[22, 42]。尽管激光蒸发法适合于富勒烯及内嵌富勒烯生长机理的研究，这种研究方法主要在早期的内嵌富勒烯研究中使用，由于其成本高、产率低，已经很大程度上被研究者抛弃了。

3.7.2 直流电弧放电法

1. 传统的直流电弧放电法

直流电弧放电法合成富勒烯自 1990 年由 Krätschmer 和 Huffman 等发明后[1]，实现了富勒烯的宏量合成，为之后富勒烯的结构性质研究打下了基础。就在这个方法发明之初，其就被用于高产率地合成内嵌金属富勒烯，实现了内嵌金属富勒烯的宏量合成[43, 44]。直到今天，这个方法依然是实验室用来合成内嵌金属富勒烯的主流方法。这主要归功于该方法高产率、低成本的优势。特别地，直流电弧提供了很高的温度，足以使金属或金属氧化物离子化。

值得注意的是，在放电前对装填有石墨粉和金属（氧化物）的混合物的石墨棒进行 1000℃以上高温的热处理（N_2或 He 惰性气体保护下）可以“活化”金属（氧化物）形成金属碳化物 MC_2，这被证明对于内嵌金属富勒烯的形成至关重要[45]。作为一个改进的办法，直接让阴阳极短接高电流预热的“原位活化”技术也通常被采用[46]。此外，反向放电技术也被证明有利于内嵌金属富勒烯的合成[47]。另外，在反应原料中加入一些过渡金属（化合物）如 Cu[48]、CoO[49]和 FeN_x[50]等作为催化剂也被用于提高内嵌金属富勒烯的产率。

2. *改进的直流电弧放电法*

1）添加氮气合成金属氮化物原子簇富勒烯（或三金属氮化物模板法）

在早期的内嵌金属富勒烯合成中，人们普遍认为应避免在富勒烯合成过程中引入氮气等相对于惰性气体 He 更活泼的气体，否则将不利于富勒烯的形成。然而，1999 年，美国弗吉尼亚州立大学 Dorn 组意外通过在电弧放电过程中引入氮气（N_2），合成了第一个内嵌金属原子簇富勒烯——$Sc_3N@C_{80}$，其产率高达 3%～5%，高于其他所有内嵌富勒烯和大部分空心富勒烯的合成产率，仅次于 C_{60}和 C_{70}[51]。利用该方法，目前人们已经合成和分离出来各种各样的金属氮化物原子簇富勒烯，包括：$Er_xSc_{3-x}N@C_{80}$（$x = 0$～3）[49, 51, 52]，$A_xSc_{3-x}N@C_{68}$（$x = 0$～2；A = Tm，Er，Gd，Ho，La）[53]，$Sc_3N@C_{78}$[54]，$Lu_3N@C_{80}$[55]，$Lu_{3-x}A_xN@C_{80}$（$x = 0$～2；A = Gd，Ho）[55]，$Y_3N@C_{2n}$（$2n = 80$～88）[56, 57]，$Tb_3N@C_{2n}$（$2n = 80$，84，86，88）[50, 58]，$CeSc_2N@C_{80}$[59]，$Gd_3N@C_{2n}$（$2n = 78$～88）[60-64]，$TiM_2N@C_{80}$（M = Sc[65]，Y[66]）等。此外，以 N_2为氮源，金属碳氮化物原子簇富勒烯［$Sc_3CN@C_{2n}$（$2n = 78$[67]，80[68]）］和金属氰化物原子簇富勒烯（$YCN@C_{82}$[69]）也已经通过这种方法被成功合成和分离出来。另外，作为副产物，一些金属碳化物原子簇富勒烯和杂原子取代碳笼的内嵌富勒烯，如 $M_2@C_{79}N$（M = Y[70]，Tb[70]，Gd[71]）也一并被合成和分离出来。

2）高反应活性气体气氛法

2003 年，德国莱布尼茨固体材料研究所 Dunsch 组发明了高反应活性气体气氛法（“reactive gas atmosphere” route）用于高选择性地合成金属氮化物原子簇富勒烯。该方法通过向合成富勒烯的电弧炉中引入少量高活性的氨气（NH_3）作为添加剂，合成出金属氮化物原子簇富勒烯作为主要产物，而其他的富勒烯包括空心富勒烯和内嵌金属富勒烯只占富勒烯混合物的 5%以下，从而实现了金属氮化物原子簇富勒烯的高选择性合成，降低了其分离的难度[72]。该方法的高选择性是建立在强烈抑制空心富勒烯和内嵌金属富勒烯的形成的基础上的[73]。之后，该方法因其很高的选择性而被广泛用于合成金属氮化物原子簇富勒烯。到目前为止，已经有多种金属氮化物原子簇富勒烯通过该方法被成功合成和分离出来，如 $M_3N@C_{2n}$（M = Ho[74]，Tb[74]，Gd[75]，Dy[76]，Tm[77]；$38 \leqslant n \leqslant 44$；M = La，Ce，

Pr，Nd；40≤n≤48[78-80]）、$Gd_xSc_{3-x}N@C_{80}$（Ⅰ，Ⅱ，$x=0$～2）[81, 82]、$Sc_3N@C_{70}$[83]、$DySc_2N@C_{76}$[84]、$MSc_2N@C_{68}$（M = Dy, Lu）[85]、$Lu_2ScN@C_{68}$[85]、$Lu_xY_{3-x}N@C_{80}$（$x=0$～2）[86]、$LuCe_2N@C_{80}$[87]、$Gd_xSc_{3-x}N@C_{2n}$（38≤n≤44）[88]。

3）含氮无机化合物作为添加剂

为了提高金属氮化物原子簇富勒烯的合成产率或者选择性，2004 年，Dunsch 组以 CaNCN 作为氮源实现了 $Sc_3N@C_{80}$ 的选择性合成，产率达到 3%～42%[73]。然而，CaNCN 作为氮源重复性不好，这导致其未得到广泛应用。2007 年，美国南密西西比大学 Stevenson 组在 N_2 作为氮源的基础上引入另一种含氮无机化合物硝酸铜［$Cu(NO_3)_2·2.5H_2O$］作为添加剂，实现了化学调节等离子体的温度、能量和活性（CAPTEAR），从而使 $Sc_3N@C_{80}$ 的相对产率提高到 96%[89]。CAPTEAR 方法用高温下硝酸铜中硝酸根分解的放热效应抑制了空心富勒烯和内嵌金属富勒烯的产率，而生成的 Cu 作为催化剂来抵消活性等离子体对 $Sc_3N@C_{80}$ 产率的抑制。

2013 年，中国科学技术大学杨上峰等将一系列氮原子价态可变的含氮无机化合物作为氮源，包括铵盐[$(NH_4)_xH_{3-x}PO_4$（$x=0$～2），$(NH_4)_2SO_4$，$(NH_4)_2CO_3$，NH_4X（X = F，Cl），NH_4SCN]，硫氰酸盐（KSCN），硝酸盐［$Cu(NO_3)_2$，$NaNO_3$］和亚硝酸盐（$NaNO_2$），成功合成了含钪的金属氮化物原子簇富勒烯，并发现以 NH_4SCN 作为氮源时合成的金属氮化物原子簇富勒烯的产率最高[90]。

4）含氮有机小分子固体作为添加剂

2010 年，中国科学技术大学杨上峰等将合成金属氮化物原子簇富勒烯的氮源拓展到含氮有机小分子固体，包括两种胍盐——硫氰酸胍和盐酸胍，获得的金属氮化物原子簇富勒烯的选择性与以氨气作为氮源时相当。此方法命名为选择性有机固体法（selective organic solid，SOS），其优点是将合成步骤中的预热过程省略，从而使得金属氮化物原子簇富勒烯的合成更为简便[91]。有意思的是，除了金属氮化物原子簇富勒烯，该氮源中含有的硫元素可以作为合成金属硫化物原子簇富勒烯的硫源，实现了金属硫化物原子簇富勒烯——$M_2S@C_{82}$（M = Sc，Y，Dy，Lu）的合成[92]。

2012 年，该组又发现另一种更廉价的有机小分子固体——尿素，同样可以作为合成 $Sc_3N@C_{80}$ 金属氮化物原子簇富勒烯的氮源。用该氮源合成 $Sc_3N@C_{80}$ 时，消耗每克 Sc_2O_3 得到的 $Sc_3N@C_{80}$ 量和以 N_2 作为氮源相当，比 NH_3 作为氮源得到的量更高，是胍盐作为氮源得到 $Sc_3N@C_{80}$ 量的大约 1.6 倍，而且尿素的售价只有硫氰酸胍的 1/8.5，因此尿素在成本方面更有优势[93]。此外，该工作中还发现三聚氰胺也同样可以作为合成金属氮化物原子簇富勒烯的氮源[93]。

5）二氧化硫作为添加剂

2010 年，几乎在 Dunsch 等发现金属硫化物原子簇富勒烯 $M_2S@C_{82}$（M = Sc，Y，Dy，Lu）的同时，美国克莱门森大学 Echegoyen 组通过添加 SO_2 作为硫源，成功地通过质谱检测到合成了一系列含钪的金属硫化物原子簇富勒烯——$Sc_2S@C_{2n}$（$2n = 80$～100）[93]。用此方法得到的金属硫化物原子簇富勒烯的种类明显比用胍盐作为硫源合成的金属硫化物原子簇富勒烯种类更多。到目前为止，通过这种方法该组已经成功合成并分离了一系列金属硫化物原子簇富勒烯，包括：$Sc_2S@C_{82}$[94, 95]，$Sc_2S@C_{72}$[96]，$Sc_2S@C_{70}$[97]，$Ti_2S@C_{78}$[98]。

6）甲烷作为添加剂

2007 年，Dunsch 组通过引入活性气氛甲烷（CH_4），成功合成了金属碳氢化物原子簇富勒烯——$Sc_3CH@C_{80}$[99]。$Sc_3CH@C_{80}$ 的成功合成拓展了“高反应活性气体气氛法”的范围，同时也扩展了人们对于新结构内嵌金属原子簇富勒烯的认识。值得一提的是，该方法可以用于选择性合成金属碳独配合物原子簇富勒烯 $TiM_2C@C_{80}$[100]。

7）氧气作为添加剂

2008 年，Stevenson 组通过在合成含 Sc 的内嵌金属富勒烯体系中引入少量的流动空气作为添加剂，成功发现了金属氧化物原子簇富勒烯——$Sc_4O_2@C_{80}$[101]。之后它们还利用此方法成功合成出含有七个内嵌原子的金属氧化物原子簇富勒烯——$Sc_4O_3@C_{80}$[102]以及只有三个内嵌原子的 $Sc_2O@C_{82}$[103]，进一步证明了金属氧化物原子簇富勒烯家族结构的多样性。2014 年，苏州大学冯莱和谌宁等通过以 CO_2 作为活性气体选择性地合成了一系列金属氧化物原子簇富勒烯 $Sc_2O@C_{2n}$（$2n = 70$～94）[104]。

综上所述，通过引入添加剂，改进的直流电弧放电法可以合成出多种类型的新型内嵌富勒烯，自然界中存在如此多的化合物，它们的引入可能会为新型内嵌富勒烯的合成带来惊喜！例如，最近 Shinohara 等在合成内嵌金属富勒烯的过程中加入聚四氟乙烯（PTFE），成功地将一系列低带隙的内嵌单金属富勒烯以三氟甲基衍生物的形式 $M@C_{2n}(CF_3)_m$（$2n = 60$、70、72 或 74）在线稳定下来，成功地实现这些低能隙内嵌单金属富勒烯的合成[105, 106]。

3.7.3 射频炉法

1992 年，为了寻找一种替代激光消融法的新方法合成富勒烯，Jansen 等发明了一种新的方法合成富勒烯，这种方法被命名为射频炉法［radio frequency（RF）furnace method］，他们用这种方法实现了空心富勒烯的高产率合成[107]。射频炉合成富勒烯的腔体模型图见图 3-9。一般来说，合成富勒烯的原料——石墨和金属源，被射频炉蒸发形成碳原子和金属离子的混合物，混合物在富勒烯形成区冷却从而形成富勒烯。

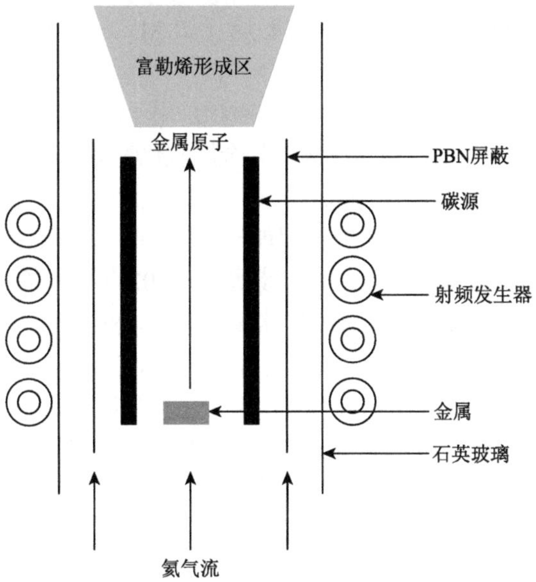

图 3-9　合成富勒烯所用的典型射频炉腔体剖面图[108]

基于射频加热蒸发的原理，已经有多种不同的射频炉被设计出来用于合成富勒烯。1992 年，Yoshie 等发展了一种杂化等离子体的方法合成富勒烯，这种方法将射频炉和直流电弧放电结合起来，达到了常压下 7%的空心富勒烯产率[109]。2001 年，Wang 等设计出无线电频率感应耦合热等离子体炉［radio frequency（RF）inductively coupled thermal plasma（ICTP）furnace］用于合成富勒烯[110]。此后，Marković 等用该设备生产空心富勒烯，优化后的最大产率达到了 4.1%，使得空心富勒烯生产速度能达到 6.4 g/h[111]。

2007 年，Kaneko 等设计出传统射频炉的又一个变体，该装置生成的电子回旋共振等离子体［electron cyclotron resonance（ECR）plasma］能高产率合成内嵌非金属富勒烯 N@C_{60}[112]。该装置利用 2.45 GHz、800 W 的微波发生器来电离 N_2，形成的等离子体被分离到两个区域，即电子回旋共振（ECR）区和 N@C_{60} 形成区。在 ECR 区的电子被束缚在磁透镜中，并因为磁透镜底部的电子回旋共振而得到加速，N_2 被电离产生大量 N^+和 N^*。作者称 N@C_{60} 在 C_{60} 中的浓度能提高到 0.03%，相比于传统射频炉的合成产率提高一个数量级。此外，催化剂的加入被证明可以有效地提高富勒烯的产率，例如，Fe 的加入使得富勒烯合成的产率被明显提高了 4 mol%（mol%表示摩尔分数）[113]。

随着内嵌富勒烯研究的深入，射频炉法也被应用于合成各种内嵌富勒烯。1995 年，Jansen 等用射频炉法实现了 La@C_{82} 的合成[114]。随后，他们进一步成功合成了其他的含有更小碳笼的内嵌单金属富勒烯 M@C_{2n}（$2n<80$），并发现大量

的碳笼小于 C_{82} 的小碳笼内嵌单金属富勒烯（如 M@C_{74} 和 M@C_{76}）能通过这种方法很容易地得到[115-117]。

2010 年，Krokos 设计出了一台新型的射频炉用于同时合成空心富勒烯、传统内嵌金属富勒烯及内嵌金属原子簇富勒烯（如金属碳化物原子簇富勒烯 Sc_4C_2@C_{80} 和金属氮化物原子簇富勒烯 Sc_3N@C_{2n}[108]）。

此外，在图 3-9 所示的射频炉底部加一个附件：用于 C_{60} 升华的电炉，并从底部通入 N_2，Huang 等用这个改进的射频炉在 2002 年成功合成出 N@C_{60}。该方法不需要预先对氮离子加速和分离就能实现 N@C_{60} 和 N@C_{60} 聚合物的合成。相比于用于合成 N@C_{60} 典型的离子注入法（图 3-10），作者称 N@C_{60} 可以在他们的装置中以相当的浓度（10^{-5}～10^{-4}）合成，但是所需的时间更短，约为 1/50[118]。通过这种方法，Miyanaga 等研究了 N@C_{60} 产率和 N_2 通入速率等的关系，发现增加 N_2 的通入量可以提高 N@C_{60} 的合成产率[119]。

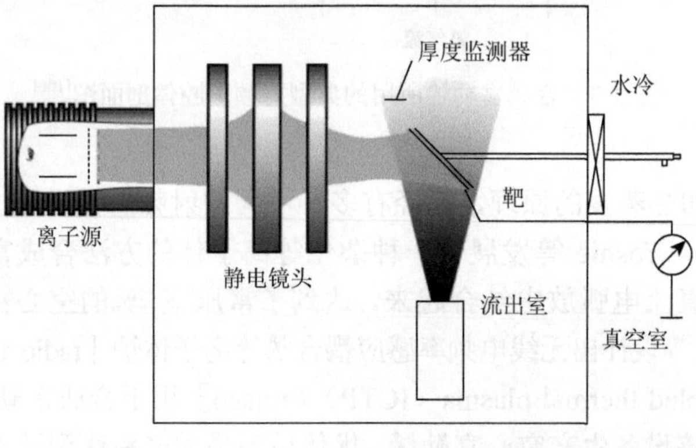

图 3-10　离子注入法合成内嵌富勒烯的实验装置示意图[128]

基于以上射频炉法在合成空心富勒烯、内嵌金属富勒烯等方面取得的成功，射频炉法有可能成为目前实验室广泛采用的直流电弧放电法的一个潜在替代方法。

3.7.4　高压内嵌法

1993 年，美国耶鲁大学 Saunders 等证明了通过直流电弧放电法合成的富勒烯中含有内嵌稀有气体原子的内嵌富勒烯（He@C_{60} 或 Ne@C_{60}），但它们的浓度十分低，摩尔分数约为 1/880000[120]。他们在不同的气氛下（He、Ne）将 C_{60} 加热到 600℃，压强为一个大气压，实现了这些稀有气体原子以相当量级的浓度内嵌到 C_{60} 分子中。这一系列发现之后，该组发展出了高压内嵌法合成一系列内嵌稀有气体原子的内嵌非金属富勒烯（He@$C_{60,70}$、Ne@$C_{60,70}$、Ar@$C_{60,70}$、Kr@$C_{60,70}$ 和 Xe@$C_{60,70}$）[121]。高压内嵌法用一个 4 英寸（英寸，in，1in = 2.54 cm）长、外径为 0.25 英寸的无氧铜管作为富勒烯样品盛放的内层容器，将拟内嵌的稀有气体引入并封装。然后将这个封装好的密封管放入一个高压釜中，高压釜的压强大约为 2700 atm。对高压釜加热，密封用的铜管坍塌，高压挤压里边的富勒烯样品和惰性气体。通过这个方法，内嵌惰性分子的内嵌富勒烯产率得到了极大提高。$X@C_{60}$的产率为 0.1%、0.2%、0.3%、0.3%和 0.008%，分别对应 He、Ne、Ar、Kr 和 Xe。$X@C_{70}$ 的产率为 0.1%、0.2%、0.2%、0.2%和 0.04%，分别对应 He、Ne、Ar、Kr 和 Xe[121]。

高压内嵌法不仅可以合成内嵌稀有气体原子的内嵌非金属富勒烯 $X@C_{2n}$（X = He，Ne，Ar，Kr，Xe），也可以用来合成其他的非金属内嵌富勒烯，例如，将其与“分子手术”法（见 3.7.8 小节）结合，将 H_2 分子内嵌到开孔的 C_{60} 中，然后闭孔得到 $H_2@C_{60}$[122, 123]。

2009 年，中国科学院化学研究所王春儒等发展出了一种改进的爆炸方法实现了高产率合成非金属内嵌富勒烯。通过这种方法，$He@C_{60}$ 和 $He_2@C_{60}$ 的产率分别达到了约 6%和 0.4%[124]。作者称该方法很容易扩展到用于合成其他非金属内嵌富勒烯，如广受关注的 $N@C_{60}$。

3.7.5　离子注入法

离子注入法（ion implantation method，因为合成过程需要两种反应物发生碰撞或离子轰击，有时也称碰撞合成法）合成内嵌富勒烯可以理解为高压内嵌法合成内嵌富勒烯的改进方法，因为离子注入法使用的是高能粒子束注入到富勒烯碳笼中。到现在为止，已经有多种方法实现离子注入。最经典的方法如图 3-10 所示，用离子束轰击富勒烯碳笼从而实现离子穿透碳笼被内嵌到碳笼中。Krätschmer 等在 1991 年报道通过高能（5 keV）C_{60}^{+} 离子和中性的稀有气体原子碰撞合成内嵌富勒烯[125]，这是离子注入法的雏形。1996 年，Murphy 等用离子注入法合成了 $N@C_{60}$。在他们的实验中，氮离子通过传统的等离子体放电离子源提供，抽取电压是 800 V，产生的离子能量为几百电子伏特[126]。Campbell 等在同一年用相似的方法实现了内嵌碱金属原子的内嵌富勒烯合成，他们证明了 C_{60} 捕获 Li^{+}的能垒是 6 eV，当 Li^{+}、Na^{+}半径增加到与 K^{+}相当时，捕获能垒升高到约 40 eV[127]。

离子注入法是一个十分有用的方法，因为相比于其他合成方法，其具有很少的限制。原则上，每一个元素都可以通过该方法内嵌到碳笼中。目前该方法主要被用于高产率合成内嵌第五主族元素的内嵌非金属富勒烯如 $N@C_{60}$[128]。此外，通过使用能量约为 40 eV 的氮离子束，氮气分子也可以被内嵌到 C_{60} 碳笼中形成 $N_2@C_{60}$[129]。

3.7.6　热原子化学法

热原子化学法利用核反应合成内嵌富勒烯，因此主要用于合成内嵌放射性原子的内嵌富勒烯。1994 年，Saunders 等成功通过热原子化学法首次将氚原子内嵌到 C_{60} 中[130]。他们对 C_{60} 的锂盐用一个低通量的核反应堆照射，^{6}Li 和热中子反应［反应方程式（3-1）所示］生成氚原子。

$$^{6}\mathrm{Li} + {}^{1}\mathrm{n} \longrightarrow {}^{3}\mathrm{H} + {}^{4}\mathrm{He} + 4.8\,\mathrm{MeV} \tag{3-1}$$

生成的氚原子穿过样品通过电离分子而释放多余的能量，从而停下来，其中的一些氚原子在 C_{60} 分子内部停留下来，从而形成 $^{3}H@C_{60}$。

反应（3-1）有两个缺点：①C_{60} 的锂盐需要在隔绝空气的条件下制备；②形成的 C_{60} 阴离子很容易受到辐射损伤。此后，他们发展了一个改进的方法合成 $^{3}H@C_{60}$，如反应方程式（3-2）所示：

$$^{3}\mathrm{He} + {}^{1}\mathrm{n} \longrightarrow {}^{3}\mathrm{H} + {}^{1}\mathrm{H} + 760\,\mathrm{keV} \tag{3-2}$$

核反应（3-2）释放的能量仅仅是核反应（3-1）释放的 16%，因此可以大大降低核辐射损伤，从而是一个合成 $^{3}H@C_{60}$ 更好的方法[131]。

几乎在 Saunders 等发展热原子化学法的同时，Kikuchi 等用相似的方法成功合成出内嵌放射性 ^{159}Gd 和 ^{161}Tb 的内嵌金属富勒烯[132]。此后，这项技术被用于通过中子活化 $^{165}Ho_x@C_{2n}$ 合成 $^{166}Ho_x@C_{2n}$，然后衰变为 $^{166}Er_x@C_{2n}$[133]。Ar@C_{60} 也通过中子活化 Ar 和晶体 C_{60} 反应成功制备。中子活化后的 Ar 有很大的动能，能通过双分子高能碰撞穿透富勒烯分子的碳笼而形成 Ar@C_{60}[134]。此外，$^{7}Be@C_{60}$[135]、$^{212}Pb@C_{60}$[136]等也已经通过热原子化学法被成功合成。更进一步，热原子化学法也用于合成含有放射性碳的富勒烯，其中有 60%～70%的 ^{11}C 原子[137]。

3.7.7 辉光放电法

1998 年，Weidinger 等设计了一个新的辉光放电装置（glow discharge reactor）合成内嵌第五主族元素的内嵌非金属富勒烯 N@C_{60}[128]。作者称这是一个更为简单便宜的方法，可以很容易地在任何物理或化学实验室实现。该装置由一个石英管和两个电极组成，石英管中通入低压的氮气（约 1 mbar①）。C_{60} 粉末摆放在石英管中部用炉子加热。辉光放电在 C_{60} 的蒸气压高到足够产生有效的升华让 C_{60} 到达水冷的阴极端时开始。

2008 年，Ito 等优化了该方法合成 N@C_{60} 的条件。他们总结出最优的升华温度是 650℃，氮气压强为 1.0 Torr，辉光放电的电压约为 850 V，并指出后两个参数（即氮气压强和辉光放电电压）是辉光放电发生的最低条件。因此，可能可以通过改进装置设计使得两个电极之间的距离更小，从而降低辉光放电发生的最低电压来进一步提高 N@C_{60} 的产率。通过该方法 N@C_{60} 的产率能提高到约 0.0025%，除了 N@C_{60}，N@C_{70} 和 N_2@C_{70} 也已经被成功制备[138]。

---

① 1 bar = 100 kPa。

实际上，辉光放电可以理解为直流电弧放电法（见 3.7.2 小节）和离子注入法（见 3.7.5 小节）相结合而衍生的新方法。尽管作者称这是一个简单而廉价的装置，但到目前为止该装置的应用还是十分有限。

3.7.8　“分子手术”法

通过有机化学反应合成内嵌富勒烯，也被形象地称为“分子手术”法，是一种通过合理的设计分步有目的地合成内嵌富勒烯的方法。这种方法和上文简介的七种方法有着很大的不同，因为它利用有机反应实现从碳笼结构中的 C—C 键断裂开始，到最终将断裂的 C—C 键修复形成一个完整碳笼[139]。通过这种方法，在富勒烯碳笼上先打开一个临时的小洞，接着将一个小的原子、分子或离子通过这个孔洞装入富勒烯碳笼，然后将碳笼缝合起来形成一个完整的碳笼。图 3-11 的流程图形象地说明了这个过程。

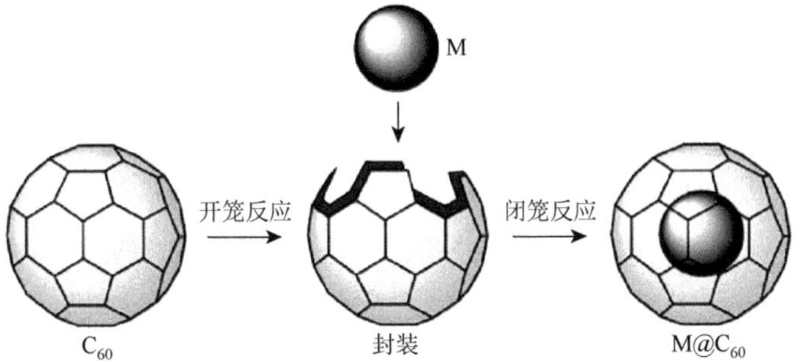

图 3-11　“分子手术”法的一般流程图[98]

在富勒烯化学研究的早期，在富勒烯碳笼上可控地打开一个小孔是十分具有挑战性的工作，在 1995 年，Wudl 等率先取得了一个巨大的突破，他们用[2 + 2]反应的方式合成出烯胺类的氮杂富勒烯衍生物，富勒烯被打开了一个含有环氧基和氮的十一元环孔洞[140, 141]。目前已经有多种方法用于对富勒烯碳笼进行开孔，并有一些专门而详尽的综述文章被发表[139, 142, 143]。

到了 1997 年，Rubin 等设计了一种有机化学反应用于合成内嵌富勒烯[144]，并在 2001 年成功将 He 和 H_2 内嵌到开孔的 C_{60} 中。他们用高压（约为 475 atm）将 He 或者 H_2 内嵌到开孔的 C_{60} 中，得到内嵌富勒烯的浓度（$He@C_{60}$ 的浓度约为 1.5%，$H_2@C_{60}$ 的浓度约为 5%）明显高于传统高压内嵌法（见 3.7.4 小节，$He@C_{60}$ 的浓度约为 0.1%）。然而，遗憾的是该内嵌富勒烯的碳笼依然是开口的[123]。

2003 年，日本京都大学 Komatsu 等通过一个更大的开孔（十三元环的开孔）成功实现了 $H_2@C_{60}$ 内嵌产率达 100%的突破。他们使用的内嵌 H_2 压强是 800 atm，温度为 200℃，值得注意的是：当 H_2 压强降低时，内嵌产率会降低，具体而言是

560 atm 的 H_2 压强对应 90%的内嵌产率，180 atm 的 H_2 压强对应 51%的内嵌产率。该工作的另一个突破是内嵌 H_2 得到的 $H_2@C_{60}$ 能经受住基质辅助激光解吸附-飞行时间质谱仪中的激光照射而稳定存在。因此，闭孔的内嵌富勒烯通过开孔内嵌富勒烯自愈合的方式在气相中得到并被质谱检测到[125]。之后，该组用一个四步有机反应的方法将该十三元环开孔富勒烯的孔闭合。该过程作为“分子手术”法合成内嵌富勒烯的第三步被首次成功完成，得到了完美的 $H_2@C_{60}$ 内嵌富勒烯。此外，他们还通过固体机械化学反应（高速球磨技术实现）的方法成功合成出了 $H_2@C_{60}$ 的二聚体[148]。

利用相同的方法，2011 年日本京都大学 Murata 等成功合成出内嵌水分子的内嵌非金属富勒烯 $H_2O@C_{60}$，并通过 X 射线单晶衍射确定了其分子结构[149]。2013 年，该组用两步内嵌技术成功将 He 和 N 原子同时内嵌到 C_{60} 和 C_{70} 中。作为第一步技术，$He@C_{60}$ 或者 $He@C_{70}$ 通过“分子手术”法合成。作为第二步技术，氮原子通过射频炉法（见 3.7.3 小节）内嵌到已经内嵌了 He 的内嵌富勒烯中，从而实现了两种不同的非金属原子内嵌到同一个碳笼中，形成 $HeN@C_{60}$ 或 $HeN@C_{70}$。该工作是“分子手术”法和射频炉法成功结合的典范[150]。

除了 He、H_2O 和 H_2，到目前为止，利用该方法 Ne[151]、Ar[151]、Kr[151]、N_2[151]、CO[152]、NH_3[153]、CH_4[154]等也已经被成功地内嵌到富勒烯碳笼中形成内嵌富勒烯。

参考文献

[1] Krätschmer W，Lamb L D，Fostiropoulos K，et al. Solid C_{60}：a new form of carbon. Nature，1990，347（6291）：354-358.

[2] Taylor R，Hare J P，Abdulsada A K，et al. Isolation，separation and characterization of the fullerenes C_{60} and C_{70}：the third form of carbon. Journal of the Chemical Society，Chemical Communications，1990，(20)：1423-1424.

[3] Krätschmer W，Fostiropoulos K，Huffman D R. The infrared and ultraviolet-absorption spectra of laboratory-produced carbon dust：evidence for the presence of the C_{60} molecule. Chemical Physics Letters，1990，170（2-3）：167-170.

[4] Haufler R E，Conceicao J，Chibante L P F，et al. Efficient production of C_{60}（buckminsterfullerene），$C_{60}H_{36}$，and the solvated buckide ion. Journal of Physical Chemistry，1990，94（24）：8634-8636.

[5] Tohji K，Paul A，Moro L，et al. Selective and high-yield synthesis of higher fullerenes. Journal of Physical Chemistry，1995，99（50）：17785-17788.

[6] Kimura T，Sugai T，Shinohara H，et al. Preferential arc-discharge production of higher fullerenes. Chemical Physics Letters，1995，246（6）：571-576.

[7] Xie S Y，Gao F，Lu X，et al. Capturing the labile fullerene 50 as $C_{50}Cl_{10}$. Science，2004，304（5671）：699.

[8] Tan Y Z，Liao Z J，Qian Z Z，et al. Two I_h-symmetry-breaking C_{60} isomers stabilized by chlorination. Nature Materials，2008，7（10）：790-794.

[9] Tan Y Z，Xie S Y，Huang R B，et al. The stabilization of fused-pentagon fullerene molecules. Nature Chemistry，2009，1（6）：450-460.

[10] Tan Y Z，Li J，Zhu F，et al. Chlorofullerenes featuring triple sequentially fused pentagons. Nature Chemistry，2010，2（4）：269-273.

[11] Tan Y Z，Chen R T，Liao Z J，et al. Carbon arc production of heptagon-containing fullerene[68]. Nature Communications，2011，2：420.

[12] Iijima S. Helical microtubules of graphitic carbon. Nature，1991，354（6348）：56-58.

[13] Gerhardt P，Loffler S，Homann K H. Polyhedral carbon-ions in hydrocarbon flames. Chemical Physics Letters，1987，137（4）：306-310.

[14] Howard J B，Mckinnon J T，Makarovsky Y，et al. Fullerenes C_{60} and C_{70} in flames. Nature，1991，352（6331）：139-141.

[15] Howard J B，Mckinnon J T，Johnson M E，et al. Production of C_{60} and C_{70} fullerenes in benzene oxygen flames. Journal of Physical Chemistry，1992，96（16）：6657-6662.

[16] Pope C J，Howard J B. Thermodynamic limitations for fullerene formation in flames. Tetrahedron，1996，52（14）：5161-5178.

[17] Howard J B，Lafleur A L，Makarovsky Y，et al. Fullerenes synthesis in combustion. Carbon，1992，30（8）：1183-1201.

[18] Richter H，Taghizadeh K，Grieco W J，et al. Preparative-scale liquid chromatography and characterization of large fullerenes generated in low-pressure benzene flames. Journal of Physical Chemistry，1996，100（50）：19603-19610.

[19] Gao Z Y，Jiang W S，Sun D，et al. Synthesis of C_{3v}-$^{\#1911}C_{64}H_4$ using a low-pressure benzene/oxygen diffusion flame：another pathway toward non-IPR fullerenes. Combustion and Flame，2010，157（5）：966-969.

[20] Murayama H，Tomonoh S，Alford J M，et al. Fullerene production in tons and more：from science to industry. Fullerenes，Nanotubes，Carbon Nanostructures，2004，12（1-2）：1-9.

[21] Kroto H W，Heath J R，O'brien S C，et al. C_{60}：buckminsterfullerene. Nature，1985，318（6042）：162-163.

[22] Chai Y，Guo T，Jin C M，et al. Fullerenes with metals inside. Journal of Physical Chemistry，1991，95（20）：7564-7568.

[23] Guo T，Nikolaev P，Thess A，et al. Catalytic growth of single-walled nanotubes by laser vaporization. Chemical Physics Letters，1995，243（1-2）：49-54.

[24] Xie S Y，Huang R B，Ding J，et al. Formation of buckminsterfullerene and its perchlorinated fragments by laser ablation of perchloroacenaphthylene. The Journal of Physical Chemistry A，2000，104（31）：7161-7164.

[25] Chang T M，Naim A，Ahmed S N，et al. On the mechanism of fullerene formation. Trapping of some possible intermediates. Journal of the American Chemical Society，1992，114（19）：7603-7604.

[26] Goeres A，Sedlmayr E. On the nucleation mechanism of effective fullerite condensation. Chemical Physics Letters，1991，184（4）：310-317.

[27] Broyer M，Goeres A，Pellarin M，et al. Experimental studies on the formation process of C_{60}. Chemical Physics Letters，1992，198（1）：128-134.

[28] Taylor R，Langley G J，Kroto H W，et al. Formation of C_{60} by pyrolysis of naphthalene. Nature，1993，366（6457）：728-731.

[29] Crowley C，Taylor R，Kroto H W，et al. Pyrolytic production of fullerenes. Synthetic Metals，1996，77（1）：17-22.

[30] Crowley C，Kroto H W，Taylor R，et al. Formation of [60] fullerene by pyrolysis of corannulene，7, 10-bis(2, 2′-dibromovinyl) fluoranthene，and 11, 12-benzofluoranthene. Tetrahedron Letters，1995，36（50）：9215-9218.

[31] Osterodt J，Zett A，Vögtle F. Fullerenes by pyrolysis of hydrocarbons and synthesis of isomeric methanofullerenes. Tetrahedron，1996，52（14）：4949-4962.

[32] Xie S Y，Huang R B，Yu L J，et al. Microwave synthesis of fullerenes from chloroform. Applied Physics Letters，

1999，75（18）：2764-2766.

[33] Xie S Y，Huang R B，Deng S L，et al. Synthesis，separation，and characterization of fullerenes and their chlorinated fragments in the glow discharge reaction of chloroform. Journal of Physical Chemistry B，2001，105（9）：1734-1738.

[34] Rubin Y，Parker T C，Pastor S J，et al. Acetylenic cyclophanes as fullerene precursors：formation of $C_{60}H_6$ and C_{60} by laser desorption mass spectrometry of $C_{60}H_6(CO)_{12}$. Angewandte Chemie International Edition，1998，37（9）：1226-1229.

[35] Tobe Y，Nakagawa N，Naemura K，et al. [16.16.16](1, 3, 5)Cyclophanetetracosayne($C_{60}H_6$)： a precursor to C_{60} fullerene. Journal of the American Chemical Society，1998，120（18）：4544-4545.

[36] Prinzbach H，Weiler A，Landenberger P，et al. Gas-phase production and photoelectron spectroscopy of the smallest fullerene，C_{20}. Nature，2000，407（6800）：60-63.

[37] Boorum M M，Vasil'ev Y V，Drewello T，et al. Groundwork for a rational synthesis of C_{60}：cyclodehydrogenation of a $C_{60}H_{30}$ polyarene. Science，2001，294（5543）：828-831.

[38] Scott L T，Boorum M M，Mcmahon B J，et al. A rational chemical synthesis of C_{60}. Science，2002，295（5559）：1500-1503.

[39] Amsharov K Y，Jansen M. A C_{78} fullerene precursor：toward the direct synthesis of higher fullerenes. The Journal of Organic Chemistry，2008，73（7）：2931-2934.

[40] Amsharov K，Jansen M. Synthesis of a higher fullerene precursor—an "unrolled" C_{84} fullerene. Chemical Communications，2009，(19)：2691-2693.

[41] Heath J R，O'brien S C，Zhang Q，et al. Lanthanum complexes of spheroidal carbon shells. Journal of the American Chemical Society，1985，107（25）：7779-7780.

[42] Haufler R，Chai Y，Chibante L，et al. Carbon arc generation of C_{60}. MRS Online Proceedings Library，1990，206：627-637.

[43] Johnson R D，de Vries M S，Salem J，et al. Electron paramagnetic resonance studies of lanthanum-containing C_{82}. Nature，1992，355（6357）：239-240.

[44] Alvarez M M，Gillan E G，Holczer K，et al. La_2C_{80}：a soluble dimetallofullerene. The Journal of Physical Chemistry，1991，95（26）：10561-10563.

[45] Bandow S，Shinohara H，Saito Y，et al. High-yield synthesis of lanthanofullerenes via lanthanum carbide. Journal of Physical Chemistry，1993，97（23）：6101-6103.

[46] Liu B，Xu W，Liu Z，et al. High yield synthesis and extraction of La@C_{2n}. Solid State Communications，1996，97（5）：407-410.

[47] Bolskar R D，Alford J M. Chemical oxidation of endohedral metallofullerenes：identification and separation of distinct classes. Chemical Communications，2003，(11)：1292-1293.

[48] Stevenson S，Mackey M A，Thompson M C，et al. Effect of copper metal on the yield of $Sc_3N@C_{80}$ metallofullerenes. Chemical Communications，2007，(41)：4263-4265.

[49] Olmstead M M，de Bettencourt-Dias A，Duchamp J C，et al. Isolation and crystallographic characterization of $ErSc_2N@C_{80}$：an endohedral fullerene which crystallizes with remarkable internal order. Journal of the American Chemical Society，2000，122（49）：12220-12226.

[50] Beavers C M，Zuo T M，Duchamp J C，et al. $Tb_3N@C_{84}$：an improbable，egg-shaped endohedral fullerene that violates the isolated pentagon rule. Journal of the American Chemical Society，2006，128（35）：11352-11353.

[51] Stevenson S，Rice G，Glass T，et al. Small-bandgap endohedral metallofullerenes in high yield and purity. Nature，

1999, 401 (6748): 55-57.

[52] Macfarlane R M, S Bethune D, Stevenson S, et al. Fluorescence spectroscopy and emission lifetimes of Er^{3+} in $Er_xSc_{3-x}N@C_{80}$($x = 1\sim3$). Chemical Physics Letters, 2001, 343 (3-4): 229-234.

[53] Stevenson S, Fowler P W, Heine T, et al. A stable non-classical metallofullerene family. Nature, 2000, 408 (6811): 427-428.

[54] Olmstead M H, de Bettencourt-Dias A, Duchamp J C, et al. Isolation and structural characterization of the endohedral fullerene $Sc_3N@C_{78}$. Angewandte Chemie International Edition, 2001, 40 (7): 1223-1225.

[55] Iezzi E B, Duchamp J C, Fletcher K R, et al. Lutetium-based trimetallic nitride endohedral metallofullerenes: new contrast agents. Nano Letters, 2002, 2 (11): 1187-1190.

[56] Fu W, Zhang J, Champion H, et al. Electronic properties and ^{13}C NMR structural study of $Y_3N@C_{88}$. Inorganic Chemistry, 2011, 50 (10): 4256-4259.

[57] Fu W, Xu L, Azurmendi H, et al. ^{89}Y and ^{13}C NMR cluster and carbon cage studies of an yttrium metallofullerene family, $Y_3N@C_{2n}$($n = 40\sim43$). Journal of the American Chemical Society, 2009, 131 (33): 11762-11769.

[58] Zuo T, Beavers C M, Duchamp J C, et al. Isolation and structural characterization of a family of endohedral fullerenes including the large, chiral cage fullerenes $Tb_3N@C_{88}$ and $Tb_3N@C_{86}$ as well as the I_h and D_{5h} isomers of $Tb_3N@C_{80}$. Journal of the American Chemical Society, 2007, 129 (7): 2035-2043.

[59] Wang X L, Zuo T M, Olmstead M M, et al. Preparation and structure of $CeSc_2N@C_{80}$: an icosahedral carbon cage enclosing an acentric $CeSc_2N$ unit with buried f electron spin. Journal of the American Chemical Society, 2006, 128 (27): 8884-8889.

[60] Burke B G, Chan J, Williams K A, et al. Investigation of $Gd_3N@C_{2n}$($40<n<44$) family by Raman and inelastic electron tunneling spectroscopy. Physical Review B, 2010, 81 (11): 115423.

[61] Beavers C M, Chaur M N, Olmstead M M, et al. Large metal ions in a relatively small fullerene cage: the structure of $Gd_3N@C_2$(22010)-C_{78} departs from the isolated pentagon rule. Journal of the American Chemical Society, 2009, 131 (32): 11519-11524.

[62] Mercado B Q, Beavers C M, Olmstead M M, et al. Is the isolated pentagon rule merely a suggestion for endohedral fullerenes? The structure of a second egg-shaped endohedral fullerene-$Gd_3N@C_s$(39663)-C_{82}. Journal of the American Chemical Society, 2008, 130 (25): 7854-7855.

[63] Chaur M N, Melin F, Elliott B, et al. $Gd_3N@C_{2n}$($n = 40$, 42, and 44): remarkably low HOMO-LUMO gap and unusual electrochemical reversibility of $Gd_3N@C_{88}$. Journal of the American Chemical Society, 2007, 129 (47): 14826-14829.

[64] Stevenson S, Phillips J P, Reid J E, et al. Pyramidalization of Gd_3N inside a C_{80} cage. The synthesis and structure of $Gd_3N@C_{80}$. Chemical Communications, 2004, (24): 2814-2815.

[65] Yang S, Chen C, Popov A A, et al. An endohedral titanium (Ⅲ) in a clusterfullerene: putting a non-group-Ⅲ metal nitride into the C_{80}-I_h fullerene cage. Chemical Communications, 2009, (42): 6391-6393.

[66] Chen C, Liu F, Li S, et al. Titanium/yttrium mixed metal nitride clusterfullerene $TiY_2N@C_{80}$: synthesis, isolation, and effect of the group-Ⅲ metal. Inorganic Chemistry, 2012, 51 (5): 3039-3045.

[67] Wu J Y, Wang T S, Ma Y H, et al. Synthesis, isolation, characterization, and theoretical studies of $Sc_3NC@C_{78}$-C_2. The Journal of Physical Chemistry C, 2011, 115 (48): 23755-23759.

[68] Wang T S, Feng L, Wu J Y, et al. Planar quinary cluster inside a fullerene cage: synthesis and structural characterizations of $Sc_3NC@C_{80}$-I_h. Journal of the American Chemical Society, 2010, 132 (46): 16362-16364.

[69] Yang S, Chen C, Liu F, et al. An improbable monometallic cluster entrapped in a popular fullerene cage:

$YCN@C_s(6)-C_{82}$. Scientific Reports，2013，3：1487.

[70] Zuo T，Xu L，Beavers C M，et al. $M_2@C_{79}N(M = Y，Tb)$：Isolation and characterization of stable endohedral metallofullerenes exhibiting M—M bonding interactions inside aza[80]fullerene cages. Journal of the American Chemical Society，2008，130（39）：12992-12997.

[71] Fu W，Zhang J，Fuhrer T，et al. $Gd_2@C_{79}N$：isolation，characterization，and monoadduct formation of a very stable heterofullerene with a magnetic spin state of $S = 15/2$. Journal of the American Chemical Society，2011，133（25）：9741-9750.

[72] Dunsch L，Georgi P，Ziegs F，et al. Production of endohedral fullerenes，e.g. useful as contrast agents，comprises burning graphite electrodes in an arc reactor in an inert gas atmosphere containing a reactive gas component：Germany，DE 10301722 A1.

[73] Dunsch L，Krause M，Noack J，et al. Endohedral nitride cluster fullerenes：formation and spectroscopic analysis of $L_{3-x}M_xN@C_{2n}(0 \leqslant x \leqslant 3；n = 39, 40)$. Journal of Physics and Chemistry of Solids，2004，65（2-3）：309-315.

[74] Wolf M，Müller K H，Skourski Y，et al. Magnetic moments of the endohedral cluster fullerenes $Ho_3N@C_{80}$ and $Tb_3N@C_{80}$：the role of ligand fields. Angewandte Chemie International Edition，2005，44（21）：3306-3309.

[75] Krause M，Dunsch L. Gadolinium nitride Gd_3N in carbon cages：the influence of cluster size and bond strength. Angewandte Chemie International Edition，2005，44（10）：1557-1560.

[76] Yang S，Dunsch L. A large family of dysprosium-based trimetallic nitride endohedral fullerenes：$Dy_3N@C_{2n}$ $(39 \leqslant n \leqslant 44)$. Journal of Physical Chemistry B，2005，109（25）：12320-12328.

[77] Krause M，Wong J，Dunsch L. Expanding the world of endohedral fullerenes—The $Tm_3N@C_{2n}(39 \leqslant n \leqslant 43)$ clusterfullerene family. Chemistry—A European Journal，2005，11（2）：706-711.

[78] Chaur M N，Valencia R，Rodriguez-Fortea A，et al. Trimetallic nitride endohedral fullerenes：experimental and theoretical evidence for the $M_3N^{6+}@C_{2n}^{6-}$ model. Angewandte Chemie International Edition，2009，48（8）：1425-1428.

[79] Chaur M N，Melin F，Ashby J，et al. Lanthanum nitride endohedral fullerenes $La_3N@C_{2n}(43 \leqslant n \leqslant 55)$：preferential formation of $La_3N@C_{96}$. Chemistry—A European Journal，2008，14（27）：8213-8219.

[80] Chaur M N，Melin F，Elliott B，et al. New $M_3N@C_{2n}$ endohedral metallofullerene families (M = Nd，Pr，Ce；$n = 40 \sim 53$)：Expanding the preferential templating of the C_{88} cage and approaching the C_{96} cage. Chemistry—A European Journal，2008，14（15）：4594-4599.

[81] Yang S F，Popov A，Kalbac M，et al. The isomers of gadolinium scandium nitride clusterfullerenes $Gd_xSc_{3-x}N@C_{80}$ $(x = 1, 2)$ and their influence on cluster structure. Chemistry—A European Journal，2008，14（7）：2084-2092.

[82] Yang S F，Kalbac M，Popov A，et al. Gadolinium-based mixed metal nitride clusterfullerenes $Gd_xSc_{3-x}N@C_{80}$ $(x = 1, 2)$. ChemPhysChem，2006，7（9）：1990-1995.

[83] Yang S F，Popov A A，Dunsch L. Violating the isolated pentagon rule（IPR）：the endohedral non-IPR C_{70} cage of $Sc_3N@C_{70}$. Angewandte Chemie International Edition，2007，46（8）：1256-1259.

[84] Yang S F，Popov A A，Dunsch L. The role of an asymmetric nitride cluster on a fullerene cage：the non-IPR endohedral $DySc_2N@C_{76}$. The Journal of Physical Chemistry B，2007，111（49）：13659-13663.

[85] Yang S F，Popov A A，Dunsch L. Large mixed metal nitride clusters encapsulated in a small cage：the confinement of the C_{68}-based clusterfullerenes. Chemical Communications，2008，(25)：2885-2887.

[86] Yang S F，Popov A A，Dunsch L. Carbon pyramidalization in fullerene cages induced by the endohedral cluster：non-scandium mixed metal nitride clusterfullerenes. Angewandte Chemie International Edition，2008，47（43）：8196-8200.

[87] Zhang L, Popov A A, Yang S F, et al. An endohedral redox system in a fullerene cage: the Ce based mixed-metal cluster fullerene $Lu_2CeN@C_{80}$. Physical Chemistry Chemical Physics, 2010, 12 (28): 7840-7847.

[88] Svitova A L, Popov A A, Dunsch L. Gd-Sc-based mixed-metal nitride cluster fullerenes: mutual influence of the cage and cluster size and the role of scandium in the electronic structure. Inorganic Chemistry, 2013, 52 (6): 3368-3380.

[89] Stevenson S, Thompson M C, Coumbe H L, et al. Chemically adjusting plasma temperature, energy, and reactivity (CAPTEAR) method using NO_x and combustion for selective synthesis of $Sc_3N@C_{80}$ metallic nitride fullerenes. Journal of the American Chemical Society, 2007, 129 (51): 16257-16262.

[90] Liu F, Guan J, Wei T, et al. A series of inorganic solid nitrogen sources for the synthesis of metal nitride clusterfullerenes: the dependence of production yield on the oxidation state of nitrogen and counter ion. Inorganic Chemistry, 2013, 52 (7): 3814-3822.

[91] Yang S, Zhang L, Zhang W, et al. A facile route to metal nitride clusterfullerenes by using guanidinium salts: a selective organic solid as the nitrogen source. Chemistry—A European Journal, 2010, 16 (41): 12398-12405.

[92] Dunsch L, Yang S F, Zhang L, et al. Metal sulfide in a C_{82} fullerene cage: a new form of endohedral clusterfullerenes. Journal of the American Chemical Society, 2010, 132 (15): 5413-5421.

[93] Jiao M, Zhang W, Xu Y, et al. Urea as a new and cheap nitrogen source for the synthesis of metal nitride clusterfullerenes: the role of decomposed products on the selectivity of fullerenes. Chemistry—A European Journal, 2012, 18 (9): 2666-2673.

[94] Chen N, Chaur M N, Moore C, et al. Synthesis of a new endohedral fullerene family, $Sc_2S@C_{2n}(n = 40\sim50)$ by the introduction of SO_2. Chemical Communications, 2010, 46 (26): 4818-4820.

[95] Mercado B Q, Chen N, RodríGuez-Fortea A, et al. The shape of the $Sc_2(\mu_2\text{-}S)$ unit trapped in C_{82}: crystallographic, computational, and electrochemical studies of the isomers, $Sc_2(\mu_2\text{-}S)@C_s(6)\text{-}C_{82}$ and $Sc_2(\mu_2\text{-}S)@C_{3v}(8)\text{-}C_{82}$. Journal of the American Chemical Society, 2011, 133 (17): 6752-6760.

[96] Chen N, Beavers C M, Mulet-Gas M, et al. $Sc_2S@C_s(10528)\text{-}C_{72}$: a dimetallic sulfide endohedral fullerene with a non isolated pentagon rule cage. Journal of the American Chemical Society, 2012, 134 (18): 7851-7860.

[97] Chen N, Mulet-Gas M, Li Y Y, et al. $Sc_2S@C_2(7892)\text{-}C_{70}$: a metallic sulfide cluster inside a non-IPR C_{70} cage. Chemical Science, 2013, 4 (1): 180-186.

[98] Li F, Chen N, Mulet-Gas M, et al. $Ti_2S@D_{3h}(24109)\text{-}C_{78}$: a sulfide cluster metallofullerene containing only transition metals inside the cage. Chemical Science, 2013, 4 (9): 3404-3410.

[99] Krause M, Ziegs F, Popov A A, et al. Entrapped bonded hydrogen in a fullerene: the five-atom cluster Sc_3CH in C_{80}. ChemPhysChem, 2007, 8 (4): 537-540.

[100] Junghans K, Schlesier C, Kostanyan A, et al. Methane as a selectivity booster in the arc-discharge synthesis of endohedral fullerenes: selective synthesis of the single-molecule magnet $Dy_2TiC@C_{80}$ and its congener $Dy_2TiC_2@C_{80}$. Angewandte Chemie International Edition, 2015, 54 (45): 13411-13415.

[101] Stevenson S, Mackey M A, Stuart M A, et al. A distorted tetrahedral metal oxide cluster inside an icosahedral carbon cage. synthesis, isolation, and structural characterization of $Sc_4(\mu_3\text{-}O)_2@I_h\text{-}C_{80}$. Journal of the American Chemical Society, 2008, 130 (36): 11844-11845.

[102] Mercado B Q, Olmstead M M, Beavers C M, et al. A seven atom cluster in a carbon cage, the crystallographically determined structure of $Sc_4(\mu_3\text{-}O)_3@I_h\text{-}C_{80}$. Chemical Communications, 2010, 46 (2): 279-281.

[103] Mercado B Q, Stuart M A, Mackey M A, et al. $Sc_2(\mu_2\text{-}O)$ trapped in a fullerene cage: the isolation and structural characterization of $Sc_2(\mu_2\text{-}O)@C_s(6)\text{-}C_{82}$ and the relevance of the thermal and entropic effects in fullerene isomer

selection. Journal of the American Chemical Society，2010，132（34）：12098-12105.

[104] Zhang M，Hao Y，Li X，et al. Facile synthesis of an extensive family of $Sc_2O@C_{2n}$($n = 35\sim47$) and chemical insight into the smallest member of $Sc_2O@C_2(7892)$-C_{70}. The Journal of Physical Chemistry C，2014，118（49）：28883-28889.

[105] Wang Z，Nakanishi Y，Noda S，et al. Missing small-bandgap metallofullerenes：their isolation and electronic properties. Angewandte Chemie International Edition，2013，52（45）：11770-11774.

[106] Nakagawa A，Nishino M，Niwa H，et al. Crystalline functionalized endohedral C_{60} metallofullerides. Nature Communications，2018，9（1）：3073.

[107] Peters G，Jansen M. A new fullerene synthesis. Angewandte Chemie International Edition in English，1992，31（2）：223-224.

[108] Krokos E. Plasma coupled radio frequency furnace：the synthesis，separation，and elucidation of the elusive Sc_4C_{82} fullerene. The Journal of Physical Chemistry C，2010，114（17）：7626-7630.

[109] Yoshie K I，Kasuya S，Eguchi K，et al. Novel method for C_{60} synthesis：a thermal plasma at atmospheric pressure. Applied Physics Letters，1992，61（23）：2782-2783.

[110] Wang C，Imahori T，Tanaka Y，et al. Synthesis of fullerenes from carbon powder by using high power induction thermal plasma. Thin Solid Films，2001，390（1-2）：31-36.

[111] Todorovic-Marković B，Marković Z，Mohai I，et al. Efficient synthesis of fullerenes in RF thermal plasma reactor. Chemical Physics Letters，2003，378（3-4）：434-439.

[112] Kaneko T，Abe S，Ishida H，et al. An electron cyclotron resonance plasma configuration for increasing the efficiency in the yield of nitrogen endohedral fullerenes. Physics of Plasmas，2007，14（11）：110705-110703.

[113] Cota-Sanchez G，Soucy G，Huczko A，et al. Effect of iron catalyst on the synthesis of fullerenes and carbon nanotubes in induction plasma. The Journal of Physical Chemistry B，2004，108（50）：19210-19217.

[114] Jansen M，Peters G，Wagner N. Zur bildung von fullerenen und endohedralen metallofullerenen：darstellung im hochfrequenzofen. Zeitschrift für anorganische und allgemeine Chemie，1995，621（4）：689-693.

[115] Reich A，Panthöfer M，Modrow H，et al. The structure of $Ba@C_{74}$. Journal of the American Chemical Society，2004，126（44）：14428-14434.

[116] Bucher K，Epple L，Mende J，et al. Synthesis，isolation and characterization of new endohedral fullerenes $M@C_{72}$(M = Eu，Sr，Yb). Physica Status Solidi（B），2006，243（13）：3025-3027.

[117] Haufe O，Hecht M，Grupp A，et al. Isolation and spectroscopic characterization of new endohedral fullerenes in the size gap of C_{74} to C_{76}. Zeitschrift für Anorganische und Allgemeine Chemie，2005，631（1）：126-130.

[118] Huang H，Ata M，Ramm M. $^{14}N@C_{60}$ formation in a nitrogen rf-plasma. Chemical Communications，2002，（18）：2076-2077.

[119] Miyanaga S，Kaneko T，Ishida H，et al. Synthesis evaluation of nitrogen atom encapsulated fullerenes by optical emission spectra in nitrogen plasmas. Thin Solid Films，2010，518（13）：3509-3512.

[120] Saunders M，Jiménez-Vázquez H A，Cross R J，et al. Stable compounds of helium and neon：$He@C_{60}$ and $Ne@C_{60}$. Science，1993，259（5100）：1428-1430.

[121] Saunders M，Jimenez-Vazquez H A，Cross R J，et al. Incorporation of helium，neon，argon，krypton，and xenon into fullerenes using high pressure. Journal of the American Chemical Society，1994，116（5）：2193-2194.

[122] Murata Y，Murata M，Komatsu K. 100% encapsulation of a hydrogen molecule into an open-cage fullerene derivative and gas-phase generation of $H_2@C_{60}$. Journal of the American Chemical Society，2003，125（24）：7152-7153.

[123] Rubin Y，Jarrosson T，Wang G W，et al. Insertion of helium and molecular hydrogen through the orifice of an open fullerene. Angewandte Chemie International Edition，2001，40（8）：1543-1546.

[124] Peng R F，Chu S J，Huang Y M，et al. Preparation of He@C_{60} and He_2@C_{60} by an explosive method. Journal of Materials Chemistry，2009，19（22）：3602-3605.

[125] Weiske T，Böhme D K，Hrušák J，et al. Endohedral cluster compounds：inclusion of helium within $C_{60}^{\cdot\oplus}$ and $C_{70}^{\cdot\oplus}$ through collision experiments. Angewandte Chemie International Edition in English，1991，30（7）：884-886.

[126] Almeida Murphy T，Pawlik T，Weidinger A，et al. Observation of atomlike nitrogen in nitrogen-implanted solid C_{60}. Physical Review Letters，1996，77（6）：1075-1078.

[127] Tellgmann R，Krawez N，Lin S H，et al. Endohedral fullerene production. Nature，1996，382（6590）：407-408.

[128] Weidinger A，Waiblinger M，Pietzak B，et al. Atomic nitrogen in C_{60}：N@C_{60}. Applied Physics A：Materials Science & Processing，1998，66（3）：287-292.

[129] Suetsuna T，Dragoe N，Harneit W，et al. Separation of N_2@C_{60} and N@C_{60}. Chemistry—A European Journal，2002，8（22）：5079-5083.

[130] Jiménez-Vázquez H A，Cross R J，Saunders M，et al. Hot-atom incorporation of tritium atoms into fullerenes. Chemical Physics Letters，1994，229（1-2）：111-114.

[131] Khong A，Cross R J，Saunders M. From ^{3}He@C_{60} to ^{3}H@C_{60}：hot-atom incorporation of tritium in C_{60}. The Journal of Physical Chemistry A，2000，104（17）：3940-3943.

[132] Kikuchi K，Kobayashi K，Sueki K，et al. Encapsulation of radioactive ^{159}Gd and ^{161}Tb atoms in fullerene cages. Journal of the American Chemical Society，1994，116（21）：9775-9776.

[133] Cagle D W，Thrash T P，Alford M，et al. Synthesis，characterization，and neutron activation of holmium metallofullerenes. Journal of the American Chemical Society，1996，118（34）：8043-8047.

[134] Braun T，Rausch H. Endohedral incorporation of argon atoms into C_{60} by neutron irradiation. Chemical Physics Letters，1995，237（5-6）：443-447.

[135] Ohtsuki T，Masumoto K，Ohno K，et al. Insertion of Be atoms in C_{60} fullerene cages：Be@C_{60}. Physical Review Letters，1996，77（17）：3522-3524.

[136] Diener M D，Alford J M，Kennel S J，et al. ^{212}Pb@C_{60} and its water-soluble derivatives：synthesis，stability，and suitability for radioimmunotherapy. Journal of the American Chemical Society，2007，129（16）：5131-5138.

[137] Ohtsuki T，Masumoto K，Kikuchi K，et al. Production of radioactive fullerene families using accelerators. Materials Science and Engineering：A，1996，217-218：38-41.

[138] Ito S，Shimotani H，Takagi H，et al. On the synthesis conditions of N and N_2 endohedral fullerenes. Fullerenes，Nanotubes and Carbon Nanostructures，2008，16（3）：206-213.

[139] Vougioukalakis G C，Roubelakis M M，Orfanopoulos M. Open-cage fullerenes：towards the construction of nanosized molecular containers. Chemical Society Reviews，2010，39（2）：817-844.

[140] Hummelen J C，Prato M，Wudl F. There is a hole in my bucky. Journal of the American Chemical Society，1995，117（26）：7003-7004.

[141] Hummelen J C，Knight B，Pavlovich J，et al. Isolation of the heterofullerene $C_{59}N$ as its dimer$(C_{59}N)_2$. Science，1995，269（5230）：1554-1556.

[142] Gan L，Yang D，Zhang Q，et al. Preparation of open-cage fullerenes and incorporation of small molecules through their orifices. Advanced Materials，2010，22（13）：1498-1507.

[143] Murata M，Murata Y，Komatsu K. Surgery of fullerenes. Chemical Communications，2008，（46）：6083-6094.

[144] Rubin Y. Organic approaches to endohedral metallofullerenes：cracking open or zipping up carbon shells?

Chemistry—A European Journal，1997，3（7）：1009-1016.

[145] Komatsu K，Murata M，Murata Y. Encapsulation of molecular hydrogen in fullerene C_{60} by organic synthesis. Science，2005，307（5707）：238-240.

[146] Kurotobi K，Murata Y. A single molecule of water encapsulated in fullerene C_{60}. Science，2011，333（6042）：613-616.

[147] Morinaka Y，Sato S，Wakamiya A，et al. X-ray observation of a helium atom and placing a nitrogen atom inside He@C_{60} and He@C_{70}. Nature Communications，2013，4：1554.

[148] Stanisky C M，Cross R J，Saunders M. Putting atoms and molecules into chemically opened fullerenes. Journal of the American Chemical Society，2009，131（9）：3392-3395.

[149] Iwamatsu S I，Stanisky C M，Cross R J，et al. Carbon monoxide inside an open-cage fullerene. Angewandte Chemie International Edition，2006，45（32）：5337-5340.

[150] Whitener K E，Frunzi M，Iwamatsu S，et al. Putting ammonia into a chemically opened fullerene. Journal of the American Chemical Society，2008，130（42）：13996-13999.

[151] Whitener K E，Cross R J，Saunders M，et al. Methane in an open-cage [60]fullerene. Journal of the American Chemical Society，2009，131（18）：6338-6339.

第4章 富勒烯的分离

从富勒烯的发现以来，科研工作者们为了提高富勒烯的产率发展了很多种合成制备的方法，通过不断地改进富勒烯的合成装置和优化反应条件可以实现高产率的富勒烯合成，但是到目前为止，无论是哪种合成富勒烯方法生产的碳灰，主要产物大体上都是C_{60}、C_{70}等多种富勒烯和小分子碳簇以及多环芳烃的混合产物，成分非常复杂，由于这些种类繁多的富勒烯彼此之间的分子结构都非常相似，而且很多富勒烯的极性等物理化学性质方面也都十分相近，因此如何简单高效地对富勒烯碳灰产物进行有效的提取和分离，是富勒烯的研究和发展中一个非常重要的环节，只有将这些合成的富勒烯提取分离出来，才能进一步对其独特的结构和性质进行深入的研究，才能更大范围地拓展富勒烯的价值和应用。

4.1 提取技术

目前，对于碳灰中富勒烯的提取方式主要包括索氏提取法和超声提取法。简单来说就是根据富勒烯和其副产物（如无定形碳）化学性质的差异选择合适的良性溶剂（只能溶解富勒烯，不能溶解无定形碳）有选择性地对富勒烯进行溶解，从而达到富勒烯的提取。所以不同溶剂以及提取方法的选择对于是否能高效提取富勒烯至关重要。

1990年Krätschmer和Huffman等第一次将直流电弧放电法引入到富勒烯的合成，成功实现了毫克级别制备富勒烯，使得富勒烯的提取具有实质性的意义，并得到广泛研究。在该研究中，研究者们首次将电弧蒸发所得到的碳灰直接分散、浸泡在有机苯溶剂中，通过过滤得到了酒红色的富勒烯提取溶液，利用质谱表征初步发现该富勒烯提取液主要为C_{60}和C_{70}的混合液（其中C_{70}约为C_{60}的1/10）[1]。采用类似的提取方法，Taylor等也成功得到了富勒烯C_{60}和C_{70}的提取液，在他们的提取液中C_{70}的含量显著增加，约为C_{60}的1/5[2]。将含有富勒烯的原灰分散浸泡在芳香性溶剂中进行溶解，然后过滤得到少量高产率富勒烯如C_{60}、C_{70}，这是初期阶段提取富勒烯的主要方法。随着研究的不断深入，各种不同方法和不同种类的溶剂被用于富勒烯的提取。例如，Ajie 等通过优化提取条件利用沸苯回流方法取代之前单纯的浸泡溶解的方法来提取富勒烯，显著提高了富勒烯的提取效率，在所得到的提取液中 C_{70} 与 C_{60} 的含量比与 Taylor 等报道的类似[3]。通过甲苯溶剂取代苯溶剂用于富勒烯提取，除了得到常规的主产物 C_{60} 和 C_{70}，一些少量的产率极低的大碳笼富勒烯包括 C_{76}、C_{84}、C_{90}、C_{94}，首次被 Diederich 等提取并分离出来。研究者同时提出了比苯或者甲苯芳香性更强的溶剂，如 1, 2, 4-三氯苯、1-甲基萘、嵌二萘和三亚苯更为适合提取大碳笼富勒烯[4]。有关强芳香性的溶剂能显著提高大碳笼富勒烯提取的观点随后被 Smart 等证实，作者分别用甲苯、二甲苯、1, 3, 5-均三甲苯和 1, 2, 4-三氯苯回流提取富勒烯，通过质谱表征发现具有较强芳香性的 1, 2, 4-三氯苯溶剂所提取的富勒烯中大碳笼富勒烯质谱信号强度显著增大，同时他们进一步指出了具有高沸点的溶剂对于大碳笼富勒烯提取也具有明显优势[5]。有关溶剂沸点对大碳笼富勒烯提取的影响，Shinohara 等也得到了类似的结论，研究者对比了具有不同沸点的溶剂（苯、吡啶和喹啉）对大碳笼富勒烯提取的影响，进一步的质谱表征发现甲苯提取液中所能观察到的最大碳笼富勒烯为 C_{140}，相比之下喹啉提取液中甚至能观察到 C_{300} 富勒烯以及一系列明显的 C_{70+2n}（$90>n>1$）富勒烯质谱信号。此外，研究者还发展了多步提取法用于大碳笼富勒烯的提取，首先通过低沸点的苯溶液对原灰进行初提取，很大程度上降低原灰中富产物富勒烯，如 C_{60}、C_{70} 的含量，接着改用高沸点的喹啉进行二次提取，从而得到富集的大碳笼富勒烯[6]。鉴于高沸点溶剂的高温提取能显著提高富勒烯（特别是大碳笼富勒烯）的提取效率，随后 Creasy 等进一步发展了一种高温、高压的富勒烯提取方法，研究者系统研究了一系列溶剂在高温高压条件下对富勒烯的提取效率，包括（邻）二甲苯、1, 3, 5-三甲苯、1, 2, 4-三氯苯、三氯甲苯、甲基萘和四氯化碳。质谱表征发现相比于单纯的高温提取，高温高压条件下提取的大碳笼富勒烯的质谱信号显著增强。其中芳香性较强的甲基萘所提取的富勒烯有较大的碳笼尺寸分布，甚至 C_{210} 的富勒烯质谱信号都清晰可见[7]。此外，1993 年 Ruoff 等系统研究了 C_{60} 在包含烷烃、卤代烷烃、极性溶剂、苯类溶剂、萘类溶剂、二硫化碳、四氢呋喃、四氢噻吩、甲基噻吩、吡啶等近 50 种常见有机溶剂中的溶解性，这为后续富勒烯提取溶剂的选择提供非常重要的依据（表 4-1）[8]。

表 4-1　C_{60} 在不同溶剂中的溶解性

溶剂	$[C_{60}]$/(mg/mL)	摩尔分数/($\times 10^4$)	n	ε	V/(cm^3/mol)	δ/(cal$^{1/2}$/cm$^{3/2}$)
烷烃						
正戊烷	0.005	0.008	1.36	1.84	115	7.0
环戊烷	0.002	0.003	1.41	1.97	93	8.6

续表

溶剂	$[C_{60}]$/(mg/mL)	摩尔分数/($\times10^4$)	n	ε	V/(cm^3/mol)	δ/($cal^{1/2}/cm^{3/2}$)
正己烷	0.043	0.073	1.38	1.89	131	7.3
环己烷	0.036	0.059	1.43	2.02	108	8.2
正癸烷	0.071	0.19	1.41	1.99	195	8.0
十氢萘	4.6	9.8	1.48	2.20	154	8.8
顺-十氢萘	2.2	4.6	1.48	—	154	8.8
反-十氢萘	1.3	2.9	1.47	—	158	8.6
卤代烃						
二氯甲烷	0.26	0.27	1.42	9.08	60	9.7
氯仿	0.16	0.22	1.45	4.81	86	9.3
四氯化碳	0.32	0.40	1.46	2.24	80	8.6
1, 2-二溴乙烷	0.50	0.60	1.54	4.79	72	10.4
三氯乙烯	1.4	1.7	1.48	3.40	89	9.2
四氯乙烯	1.2	1.7	1.51	2.46	102	9.3
二氯二氟乙烷	0.020	0.042	1.36	—	188	—
1, 1, 2-三氯三氟乙烷	0.014	0.017	1.44	—	118	—
1, 1, 2, 2-四氯乙烷	5.3	7.7	1.49	8.20	64	9.7
极性溶剂						
甲醇	0.000	0.000	1.33	33.62	41	14.5
乙醇	0.001	0.001	1.36	24.30	59	12.7
硝基甲烷	0.000	0.000	1.38	35.90	81	12.7
硝基乙烷	0.002	0.002	1.39	28.00	105	11.1
丙酮	0.001	0.001	1.36	20.70	90	9.8
乙腈	0.000	0.000	1.34	37.50	52	11.8
N-甲基-2-吡咯烷酮	0.89	1.2	1.47	—	96	11.3
苯系物						
苯	1.7	2.1	1.50	2.28	89	9.2
甲苯	2.8	4.0	1.50	2.44	106	8.9
二甲苯	5.2	8.9	1.50	2.40	123	8.8
均三甲苯	1.5	3.1	1.50	2.28	139	8.8
四氢萘	16	31	1.54	2.76	136	9.0
邻甲酚	0.014	0.029	1.54	11.50	103	10.7
苯腈	0.41	0.71	1.53	25.60	97	8.4
氟苯	0.59	0.78	1.47	5.42	94	9.0

续表

溶剂	$[C_{60}]$/(mg/mL)	摩尔分数/(×10^4)	n	ε	V/(cm^3/mol)	δ/(cal$^{1/2}$/cm$^{3/2}$)
硝基苯	0.80	1.1	1.56	35.74	103	10.0
溴苯	3.3	4.8	1.56	5.40	105	9.5
苯甲醚	5.6	8.4	1.52	4.33	109	9.5
氯苯	7.0	9.9	1.52	5.71	102	9.2
1, 2-二氯苯	27	53	1.55	9.93	113	10.0
1, 2, 4-三氯苯	8.5	15	1.57	3.95	125	9.3
萘类						
1-甲基萘	33	68	1.62	2.92	142	9.9
二甲基萘	36	78	1.61	2.90	156	9.9
1-苯萘	50	131	1.67	2.50	155	10.0
1-氯萘	51	97	1.63	5.00	136	9.8
其他						
二硫化碳	7.9	6.6	1.63	2.64	54	10.0
四氢呋喃	0.000	0.000	1.41	7.60	81	9.1
四氢噻吩	0.030	0.036	1.50	2.28	88	9.5
2-甲基噻吩	6.8	9.1	1.52	2.26	96	9.6
吡啶	0.89	0.99	1.51	12.30	80	10.7

注：cal，卡路里，1 cal = 4.184 J。

从最开始的利用芳香性溶剂浸泡、过滤方法提取富勒烯到利用相应溶剂进行加热回流提取，在一定程度上提高了富勒烯的提取效率。索氏提取法（Soxhlet extraction）是根据富勒烯具有与苯环比较相似的结构，呈芳香性，而且具有能够溶于有机溶剂的特点，利用合适的有机溶剂回流和虹吸的原理，使碳灰每一次都能被纯的溶剂所萃取，同时碳灰中的富勒烯及其衍生物等可溶物逐渐被溶剂所溶解富集到烧瓶内，很方便地将富勒烯从碳灰中提取出来，然后将富集的提取液利用旋转蒸发仪浓缩以备下一步分离。1991 年 Parker 等首次引入了索氏提取法用于富勒烯的提取。研究者以苯作为提取溶剂对比了索氏提取法与之前常用的高温回流提取法对富勒烯的提取效率，发现通过索氏提取所得到的富勒烯量是高温回流提取得到的富勒烯量的两倍，极大地提高了富勒烯的提取效率。虽然索氏提取能够更有效地从原灰中提取出富勒烯，但是通过质谱表征发现这两种方法所得到的富勒烯碳笼尺寸分布是一样的（C_{60}～C_{100}），除了主产物 C_{60}、C_{70} 外还含有少量的大碳笼富勒烯。这意味着还有许多大碳笼富勒烯没有被提取出来，仍然存留在原灰当中。接着研究者用 1, 2, 3, 4-四甲基苯对该原灰进行二次索氏提取得到了棕绿色的提取液，质谱表征发现该提取液中富含大量的大碳笼富勒烯甚至到 C_{200}[9]。

随后，该研究者以氮甲基吡咯烷酮（NMP）作为溶剂成功提取了一系列更大碳笼富勒烯甚至到 C_{250}[10]。利用索氏提取法，Kikuchi 等发展了以二硫化碳作为提取溶剂，成功提取分离 C_{76}～C_{96} 等大碳笼富勒烯[11]。

早在 1990 年内嵌富勒烯的发现之初，如何将内嵌富勒烯提取分离一直是富勒烯界关注的焦点。在内嵌富勒烯研究初期，研究者们主要根据空心富勒烯提取的经验，尝试将空心富勒烯提取的方法包括提取溶剂以及提取条件（主要是索氏提取法）应用于内嵌富勒烯的提取。利用索氏提取法以苯作为提取剂，1991 年 Chai 等成功提取了第一个内嵌富勒烯 $La@C_{82}$。自此索氏提取法作为内嵌富勒烯的主流提取方法被沿用至今[12]。1994 年 Capp 等成功地将之前大碳笼空心富勒烯分离的高温高压提取法用于内嵌富勒烯的提取，通过两步分离，首先将含有内嵌富勒烯的原灰在室温下分散到苯溶剂中搅拌并过滤以去除高含量的空心富勒烯 C_{60}、C_{70}，再改用甲苯对预提取过的灰进行高温高压提取，进一步通过质谱表征不仅观测到了 $La@C_{82}$ 的信号，还观察到了 $La@C_{74}$～$La@C_{90}$ 等一系列 La 基内嵌富勒烯的质谱信号[13]。1996 年 Fuchs 等成功地将这种两步提取法应用到索氏提取中，并进一步发展出混合溶剂提取法。首先将含有内嵌富勒烯的原灰用冷甲苯预提取以去除高含量的 C_{60} 和 C_{70}（在该过程中内嵌富勒烯没有明显损失），然后他们对比了单纯利用二硫化碳和利用二硫化碳/乙酸混合溶剂对内嵌富勒烯提取的影响，发现二硫化碳/乙酸混合溶剂所提取出来的内嵌富勒烯 $La@C_{82}$ 的含量是单纯利用二硫化碳所提取的 $La@C_{82}$ 含量的 2～3 倍。作者进一步将该提取法应用到其他金属（Ce，Y，Gd）内嵌富勒烯提取，均发现类似现象，即 $M@C_{82}$（M = Ce，Y，Gd）含量都显著增大。此外，所提取出来的大碳笼空心富勒烯含量却显著降低。作者提出这主要是由于混合溶剂的极性增大，理论计算表明内嵌富勒烯 $M@C_{82}$（M = Ce，Y，Gd）是极性分子，所以容易被提取出来，而空心富勒烯是没有极性的，所以在混合溶剂提取中含量降低[14]。有关极性溶剂有利于极性内嵌富勒烯提取这一观点，同年 Ding 等的研究也得到了相同的结论，作者用二甲基甲酰胺（DMF）对含 Ce 内嵌富勒烯原灰进行索氏提取，通过色谱检测发现 $Ce@C_{82}$ 的色谱强度显著增大，明显高于大碳笼空心富勒烯，甚至接近 C_{70} 强度。当改用极性稍小的溶剂如甲苯、二硫化碳（无极性）、1, 2, 4-三氯苯进行提取时，发现 $Ce@C_{82}$ 含量都明显降低[15]。1997 年 Sun 等以甲苯为溶剂对比了索氏提取法和高温高压提取法对 Pr 内嵌金属富勒烯的提取功效，通过质谱表征发现利用高温高压提取法甲苯提取液中 Pr 内嵌富勒烯具有更强的质谱信号。这主要是由于内嵌富勒烯溶剂化是一个热力学激发过程，高温高压有利于该过程进行。基于高温高压提取法作者又对比了甲苯和吡啶分别作为提取溶剂对一系列金属（La，Ce，Pr，Nd，Gd，Tb，Dy，Ho，Er）内嵌富勒烯的提取功效，特别是 $M@C_{82}$、$M@C_{80}$ 和 $M_2@C_{80}$，质谱表征发现相对于甲苯，吡啶表现出了更好的内嵌富勒烯提取效果。这主要是由于吡啶的极性比较大，更容易提取具有极性的内嵌金属富勒烯[16]。鉴于高温对内嵌富勒烯提取的优势，2002 年 Sun 等采用高温提取法以 DMF 为溶剂对一系列金属（Gd，Tb，Y，Sm）内嵌富勒烯进行提取，通过质谱与色谱表征发现提取液中内嵌富勒烯种类远远多于常规的以甲苯为溶剂索氏提取所得到的内嵌富勒烯种类[17]。此外，1996 年 Kubozono 等提出了一种超声提取法用于小碳笼内嵌富勒烯 M@C_{60}（M = Ca，Sr）的提取，作者同时对比了四种溶剂，包括苯胺、苯、甲苯、二硫化碳，对小碳笼内嵌富勒烯提取的影响。首先将含有内嵌富勒烯的原灰分散到这四种溶剂中并在低温下超声 3 h，然后过滤得到富勒烯提取液，进一步的质谱表征在苯胺提取液中观察到了较强的 M@C_{60}（M = Ca，Sr）质谱信号。有趣的是，其他三种溶剂的提取液中并没有观测到 M@C_{60}（M = Ca，Sr）的信号，作者提出苯胺是小碳笼内嵌富勒烯的良性提取剂[18]。2000 年，Yang 等将这种超声提取法引入索氏提取法中，发展了一种超声辅助索氏提取法，并对比了相对于单纯索氏提取法的对内嵌富勒烯提取的功效。首先将含 Pr 内嵌富勒烯原灰用于正常索氏提取约 10 h，发现 DMF 提取液颜色变淡，传统观念认为绝大多数内嵌富勒烯已被提取。此时，作者辅以超声继续索氏提取，发现之前变淡的提取液颜色显著加深，说明了仍有部分内嵌富勒烯残留在原灰中，并在超声的作用下被提取出来。同时作者对比了在相同时间下用超声辅助索氏提取和常规索氏提取对内嵌富勒烯的影响，通过色谱表征发现辅以超声的索氏提取液中内嵌富勒烯的含量约为常规索氏提取液中内嵌富勒烯含量的 2 倍[19]。

2004 年，Lian 等报道了四步索氏提取法用于选择性地提取内嵌富勒烯，作者先后用二硫化碳、DMF、吡啶、二甲苯分别对一系列金属（Y，La，Nd，Gd，Tb，Yb，Ca，Ba）内嵌富勒烯进行四步提取，并对每一步所得到的提取液进行质谱表征，发现二硫化碳比较容易提取一些极性较弱的二价单金属内嵌富勒烯和三价双金属富勒烯，DMF 和吡啶倾向于提取具有较大极性的三价金属富勒烯，如 M@C_{82}、M@C_{80}、M_2@C_{80}和 M@C_{90}，此外，吡啶还可以有效地提取一些小碳笼三价金属富勒烯，如 M@C_{60}和 M@C_{70}。而基于小碳笼 C_{60}、C_{70}的三价金属富勒烯只在二甲苯提取液中观测到[20]。2006 年，Tsuchiya 等报道了选择性地提取分离 La@C_{82}。首先通过 DMF 对含 La 金属富勒烯进行提取，为稳定该提取液中的 La@C_{82}的阴离子，加入四丁基高氯酸铵（n-Bu_4NClO_4），然后蒸干溶剂 DMF，改用二硫化碳和二硫化碳/丙酮分别提取。通过质谱表征发现二硫化碳提取液中主要为空心富勒烯，而二硫化碳/丙酮提取液中主要为 La@C_{82}阴离子，最后通过引入弱酸（如乙酸或二硝基酚）进行氧化可以得到中性的 La@C_{82}（图 4-1）[21]。在富勒烯发现之初，1, 2, 4-三氯苯由于其良好的富勒烯溶解性经常被用于富勒烯提取。有趣的是，2005 年 Akasaka 等用 1, 2, 4-三氯苯对含 La 金属富勒烯原灰进行提取时，成功捕捉到了一种被称为“消失的金属富勒烯”（missing metallofullerene）

La@C_{74}的单加成衍生物[La@D_{3h}-C_{74}($C_6H_2Cl_2$)]。没经过化学修饰的 La@C_{74}具有很强的自由基特性，一般不溶于有机溶剂，所以很难被提取出来，从而被称为“消失的金属富勒烯”。在利用 1, 2, 4-三氯苯提取时，三氯苯被原灰中的碳化镧还原成活性较强的二氯苯自由基，进一步与具有强自由基特性的 La@C_{74} 反应，并生成稳定的单加成衍生物被提取出来[22]。借助于此法，一系列“消失的金属富勒烯”被相继提取分离出来，如 La@C_2-C_{72}[23]、La@C_{2v}(5)-C_{80}[24]和 La@C_{3v}(7)-C_{82}[25]。

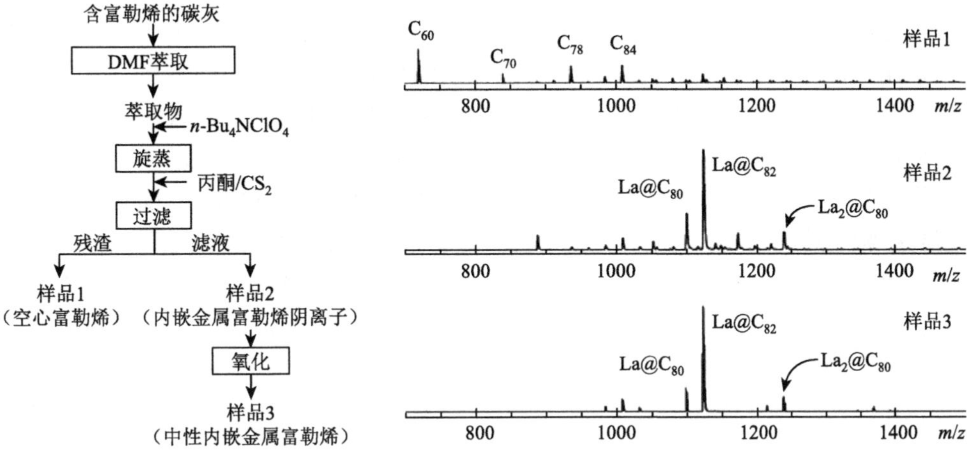

图 4-1　多步提取法用于选择性地提取金属富勒烯 La@C_{82}、La@C_{80}和 La_2@C_{80}

由于索氏提取装置体积小，不适合宏量提取，仅适于实验室应用，而且索式提取法所需温度较高，可能会导致比较活泼的富勒烯在提取过程中发生反应或分解，因此该方法比较适合提取稳定性较好的富勒烯。但是，对于通过外部衍生化的方法来合成的新型富勒烯碳灰，如氯化富勒烯和氢化富勒烯等，其中很多新型富勒烯具有相邻五元环本身不稳定，而且具有比较高的化学反应活性，如果采用加热的办法进行索氏提取，这些不稳定的富勒烯会发生反应或者分解，大大降低提取产物的产率，一些更活泼的富勒烯没办法提取出来，因此针对这些类型的碳灰常常采用超声法进行提取。超声法是利用超声波的破坏力将碳灰击碎，超声波产生高速、强烈的振动、空化效应以及搅拌作用，使富勒烯从碳灰混合物中释放，进而扩散到有机提取剂中，使富勒烯从碳灰中被提取出来。采用超声法可以使溶剂渗透到碳灰中，而且超声属于物理性的提取方法，并不会改变物质的结构，使提取过程在一个相对稳定的条件下进行，减少了样品损害和损失。相对于索式提取法，超声提取法可以较好地控制温度，在提取富勒烯混合物的过程中不会造成富勒烯产物分解，而且利用超声提取富勒烯粗产物时提灰量比较大，具有很高的提取效率，因此在实验中我们常采用超声法进行富勒烯的粗产物提取。采用超声提取的方法在短时间内提取大量的碳灰，省时省力，大大提高了富勒烯的提取效率。利用超声法提取富勒烯样品时，通常在短时间内就能有明显的效果，但是碳灰中富勒烯的提取率随着超声时间的增加不会显著提高，一般情况下将超声完的混合物固液分离之后，采取多次超声提取的方式可以使富勒烯提取得更加完全。

4.2 色谱分离

通过不同提取方法虽然可以有效地将富勒烯从原灰中提取出来达到初步分离的效果，但是这些提取出来的富勒烯仍然是混合液，包含了不同碳笼大小的富勒烯以及不同的富勒烯异构体，这些富勒烯的结构形状非常相似，极性和尺寸比较接近，物理化学性质极为相近，采用一般的分离方法很难分离到高纯度。关于如何将这些单一结构的富勒烯分离出来，研究者们发展了许多种方法。随着研究的推移和经验的总结，目前对于富勒烯的分离，无论是不加修饰的空笼富勒烯，抑或是内嵌或外接衍生化的富勒烯，色谱法都是对于碳灰中提取的富勒烯混合物分离最有效的手段之一，特别是高效液相色谱法（high-performance liquid chromatography，HPLC）。高效液相色谱分离主要是利用富勒烯混合物中各组分在固定相的吸附能力和在流动相中溶解能力的差异，这些差异会造成富勒烯本身与色谱柱固定相之间具有不同的相互作用，在色谱柱长时间的保留洗脱的过程中通过反复吸附和解吸，各组分就会逐渐分开进而达到分离的目的。高效液相色谱法分离富勒烯时可以不受样品挥发和样品热稳定性等方面的限制，可以实现对富勒烯的有效分离，而对于色谱法用于富勒烯的分离研究而言，最关键就是对于色谱柱固定相的设计和分离过程中流动相的选择。

在宏量富勒烯制备成为可能之后，1990 年 Talor 等率先尝试了用普通的柱色谱以氧化铝为填充物，正己烷为洗脱液成功分离了毫克级别的 C_{60} 和 C_{70}，其中 C_{70} 约为 C_{60} 的 1/5[2]。同年 Ajie 等尝试利用分析型高压液相色谱，以硅胶为固定相，正己烷为流动相，实现 C_{60} 和 C_{70} 的分离，但是由于两者在色谱柱中的保留时间非常接近（C_{60} 为 6.64 min，C_{70} 为 6.93 min），所以很难得到纯样的 C_{60} 和 C_{70}。鉴于硅胶对富勒烯分离有初步效果，作者改用普通的硅胶柱色谱，同样以正己烷为洗脱液成功分离了高纯度 C_{60} 和 C_{70}[3]。由于硅胶色谱柱单次很难实现对富勒烯的完全分离，Diederich 等进而改用多步高效液相色谱分离（正己烷为流动相），首次成功实现了一系列大碳笼富勒烯，包括 C_{76}、C_{84}、C_{90} 和 C_{94} 的分离[4]。由于富勒烯是具有芳香性的 π 体系分子，而普通的没经过修饰的硅胶色谱柱对 C_{60} 和 C_{70} 分离效果不佳（相互作用较弱造成保留时间相近）。1990 年 Hawkins 等提出在色谱柱固定相中引入 π 分子增大固定相与富勒烯的相互作用，从而有利于富勒烯的分离，并采用了 Pirkle 苯基甘氨酸基色谱柱（Pirkle phenylglycine-based HPLC column），以正己烷为流动相对富勒烯进行分离。发现 C_{60} 和 C_{70} 在该色谱柱中的保留时间有较大差异（C_{60} 为 12.2 min，C_{70} 为 23.5 min），可以实现有效的分离。由于这是一种半制备型色谱柱，单次可实现 0.5 mg 富勒烯的分离，相比于之前分离方法大大提高了分离效率[26]。随后，Pirkle 等进一步对该分离方法进行研究，发现温度对该类型色谱柱分离有较大影响，采用高温分离相比于常温分离，效果显著提高[27]。基于 π 分子的引入有利于富勒烯分离，随后 Cox 等也采用了一种类似改性的硅胶色谱柱，即二硝基苯胺丙基修饰的硅胶柱[dinitroanilinopropyl(DNAP)silica]也成功实现了对富勒烯 C_{60} 和 C_{70} 的有效分离[28]。1992 年 Welch 等系统地研究了十种不同类型的变性硅胶作为固定相用于富勒烯 C_{60}、C_{70} 的分离，发现具有三脚架结构的 π-吸电子（tripodal π-acidic）基团修饰的硅胶（即 Buckyclutcher）作为固定相对富勒烯的分离效果最好[29]。随后，Herren 等进一步改进了固定相，合成了一种具有更大 π-吸电子平面的 TCPP（tetrachlorophthandopropyl）修饰的硅胶，其表现出了更好的分离效果，同时可以应用于对大碳笼富勒烯的分离[30]。鉴于增大修饰基团平面增大 π-π 相互作用这一点，同年 Kibbey 等用四苯基卟啉（tetraphenylporphyrin，TPP）修饰的硅胶作为固定相用于富勒烯分离，由于这种四苯基卟啉相比于之前的修饰基团具有更大的芳香性平面，可以更好地与富勒烯进行 π-π 相互作用，从而表现出了更好的富勒烯 C_{60}、C_{70} 分离效果[31]。1992 年 Jinno 等设计了几种具有“多腿”（multilegged）苯基修饰的变性硅胶固定相，包括：双-二甲基二苯基［bis(dimethyldiphenyl)］，即 BP 柱；三-二甲基苯基［tris(dimethylphenyl)］，即 TP 柱；三-二甲基四苯基［tri(dimethylquarternaryphenyl)］，即 QP 柱，用于富勒烯的分离。在分离过程中这些固定相中的甲基和苯基会形成一个“腔洞”与 C_{60}、C_{70} 相互作用从而达到分离的效果，其中 C_{60} 和 C_{70} 在 BP 色谱柱中保留时间差异较大，并具有较好的分离效果。作者同时指出设计其他具有合适尺寸“腔洞”的固定相可以用于大碳笼富勒烯的分离[32]。1993 年 Kimata 等合成的一种 2-（1-芘基）乙基-甲硅烷基[2-(1-pyrenyl)ethyl-silyl(PYE)]修饰的变性硅胶可以作为很好的固定相用于富勒烯分离，这主要是由于固定相中的电子给体芘与电子受体富勒烯之间有电荷转移相互作用，从而提高了分离效率[33]。此外，通过进一步研究，作者发现除了在固定相中引入芳香性基团有利于富勒烯分离外，在固定相中引入重原子，如硫、溴，同样会提高富勒烯的分离效率，为此作者设计了一种含有五个溴原子修饰的固定相 3-［（五溴苄基）氧基］丙基-甲硅烷基修饰的硅胶柱，即 PBB 柱，用于富勒烯的分离，也表现出了很好的分离效果，该色谱柱的一大优点是具有很高的样品分离负荷[34]。通过以苯乙烯-二乙烯基苯共聚物[poly(styrene-divinylbenzene)]为固定相对富勒烯进行分离，Hosoya 等发现填充物的孔尺寸以及尺寸分布都对富勒烯的分离产生很大影响[35]。此外，Anacleto 等发现十八烷基甲基硅烷基修饰的硅胶也可以作为固定相用于富勒烯的分离，但其分离效果不如芳香基团修饰的固定相[36]。初期有关富勒烯的色谱分离主要是基于正己烷、二氯甲烷、乙腈、四氢呋喃等溶剂，而这些溶剂由于对富勒烯的溶解性低，造成分离效率极其低下，所以这些不良溶剂并不能作为富勒烯分离流动相的首选。1991 年 Kikuchi 等提出了改用具有较好富勒烯溶解性的苯作为流动相用于富勒烯的色谱分离，并成功实现了大碳笼富勒烯 C_{76}、C_{78} 和 C_{84} 的分离[37]。1992 年 Kikuchi 等进而改用二硫化碳作为流动相成功分离了 C_{76}、C_{78}、C_{82}、C_{84}、C_{90} 和 C_{96}，其中具有较低产率的富勒烯 C_{82} 被首次分离出来[11]。除此之外，甲苯作为流动相被 Kibbey 等用于富勒烯的分离[31]。值得强调的是，这些富勒烯良性溶剂虽然可以作为理想的流动相提高富勒烯的分离效率，但同时也要求色谱柱中的固定相与富勒烯具有较强相互作用以增加富勒烯在色谱柱中的保留时间（否则由于不同富勒烯如 C_{60}、C_{70} 保留时间相近造成无法分离）。只有通过适当的匹配流动相和具有不同特点的固定相才能有效地完成富勒烯的分离。

虽然在 1990 年初到 1992 年许多研究者已经通过质谱表征发现了一系列基于不同金属内嵌富勒烯，但是如何将这些内嵌富勒烯成功分离出来，在那时一直是困扰富勒烯界研究者的难题。相比于空心富勒烯，内嵌富勒烯的分离要困难许多。这主要是由于富勒烯提取液中同时包含了空心富勒烯和内嵌富勒烯，而内嵌富勒烯的产率极其低下（甚至不到空心富勒烯的百分之一），如此低的产率使其在色谱分离过程中所呈现的色谱峰非常微弱，通常被空心富勒烯色谱峰所淹没，从而造成其分离非常困难。此外，这些低产率内嵌富勒烯还存在不同的异构体，这进一步地加剧了内嵌富勒烯的分离难度。早期研究者们主要是将空心富勒烯色谱分离方法应用于内嵌富勒烯的分离，如利用（1-芘基）乙基-甲硅烷基修饰的硅胶柱，即 PYE 色谱柱[33]，四苯基卟啉（tetraphenylporphyrin，TPP）色谱柱[31]。在此基础上研究者们进一步地设计合成了合适的色谱柱固定相，成功实现了内嵌富勒烯的分离。

1993 年 Kikuchi 等成功地分离了第一个内嵌富勒烯 $La@C_{82}$。作者发展了两步色谱法用于内嵌富勒烯的分离。首先利用常用于空心富勒烯分离的聚苯乙烯色谱柱，以二硫化碳为流动相对富勒烯提取液进行分离。由于内嵌富勒烯在色谱柱上的保留时间未知，作者分批段收取了众多组分用于第二步色谱分离。第二步同样利用之前设计的用于空心富勒烯分离的 Buckyclutcher 色谱柱，以甲苯为流动相在混有 C_{76}、C_{78} 的组分中成功分离出了第一个内嵌富勒烯 $La@C_{82}$[38]。基于这种两步色谱分离法，同年 Shinohara 等成功分离了一系列基于钪的双金属内嵌富勒烯，包括 Sc_2C_{74}、Sc_2C_{82} 和 Sc_2C_{84}。首先同样借助于聚苯乙烯色谱柱，以甲苯为流动相对富勒烯提取液进行初分离，得到了一系列细组分。通过质谱表征在含有空心富勒烯 C_{90} 和 C_{96} 的组分中检测到了内嵌富勒烯 $Sc_2@C_{74}$、$Sc_2@C_{82}$ 和 $Sc_2@C_{84}$。接着利用 Trident-Tri-DNP 色谱柱，以甲苯/正己烷混合液为流动相对该细组分进行第二步分离，得到了纯样 $Sc_2@C_{74}$、$Sc_2@C_{82}$ 和 $Sc_2@C_{84}$[29]。内嵌富勒烯由于其产率极低，无法利用色谱同步检测（色谱峰强度太低），所以很难确定内嵌富勒烯在色谱分离中的保留时间。初期有关内嵌富勒烯色谱分离主要是分区段收集样品，再结合每区段的质谱表征以确定内嵌富勒烯组分，然后再对该组分进行再次分离（有时由于组分过于复杂，多步的色谱分离结合质谱表征是必要的），这种方法虽然可以成功分离一系列内嵌富勒烯，但是操作过程复杂，效率低下。1994 年 Stevenson 等发展了一种 HPLC 结合 EPR（电子顺磁共振）检测器的方法用于简洁、快速地分离一些具有 EPR 活性的内嵌富勒烯。研究者在传统的 HPLC 紫外检测器（UV-detector）后面附加安装一个 EPR 检测器，当被分离出来的具有 EPR 活性的内嵌富勒烯经过 EPR 检测器时会呈现出 EPR 信号，据此可以确定内嵌富勒烯在色谱分离过程中的具体保留时间。这样可以有目的地收集所需要的组分，大大简化了之前盲目地分区段收集样品的方法，再辅以质谱表征确定内嵌富勒烯的组分位置，从而显著提高了具有 EPR 活性的内嵌富勒烯分离效率。借助于此法，作者轻易地分离了一系列具有 EPR 活性的内嵌富勒烯，如 $Y@C_{82}$[39]、$Sc@C_{82}$[40]和 $Sc_3@C_{82}$[39]等。该方法虽然大大简化了具有 EPR 活性内嵌富勒烯的分离过程，但由于内嵌富勒烯含量低，往往需要重复多次初步分离累积内嵌富勒烯的组分，以备下一步分离。为此作者进一步改进了分离装置，发展了一种自动 HPLC 分离用于初分离来累积内嵌富勒烯[40]。该法只能针对一些特殊的具有 EPR 活性的内嵌富勒烯分离，但对于绝大多数常规的内嵌富勒烯的分离主要还是依赖于设计合适的色谱柱固定相，发展一些能够和内嵌富勒烯产生较强的相互作用的固定相从而使得能够以一些对富勒烯有高溶解度的芳香性溶剂作为流动相（良性溶剂可以增大内嵌富勒烯浓度，有利于色谱峰的检测），才能从根本上解决内嵌富勒烯的分离难题。例如，1995 年 Kimata 等设计的 PBB 色谱柱有较高的富勒烯分离负荷，是较为理想的内嵌富勒烯分离色谱柱之一，自发现至今 20 余年一直被广泛使用。

由于富勒烯本身所具有的独特性质，真正能够用来高效分离富勒烯的色谱柱并不是很多，目前用于分离富勒烯混合物的常用色谱柱有 C18 柱、Buckyprep 色谱柱、Buckyprep-M 色谱柱、5PBB 色谱柱、芘基丁酸硅胶柱、5NPE 色谱柱及 5PYE 色谱柱等，这几种色谱柱的固定相分子式如图 4-2 所示。C18 色谱柱是一种常用的反相色谱柱，它以十八烷基硅烷键合硅胶为填料，因此有较高的碳含量和更好的疏水性，对各种类型的生物大分子有更强的适应能力，适用范围较广，经常用来分离碳灰提取液中的多环芳烃等。Buckyprep 色谱柱是在硅胶基体表面键合上芘基丙基（pyrenylpropyl）基团作固定相的电荷转移型色谱柱，属于 π 碱型固定相，分离富勒烯及金属富勒烯异构体效果好，保留时间适中，是专门为分离富勒烯而设计的色谱柱，具有非常好的分离富勒烯能力，Buckyprep 柱采用甲苯等作流动相，柱容量很大，因而广泛用作分析和制备分离，已成为 HPLC 分离富勒烯的标准柱。Buckyprep-M 是专门为分离金属富勒烯而设计的吩噻嗪基键合硅胶柱，属于π碱型固定相，与极性的内嵌金属富勒烯作用更强，能在较短时间内将其与空心富勒烯分离并对大碳笼富勒烯及富勒烯衍生物的分离具有较好的效果，并能高效地将富勒烯混合物中的多环芳烃分离除去。5PBB 柱是以 3-(五溴苯基)羟基-丙基甲硅烷基二氧化硅为固定相，属于π酸型固定相，保留时间长，分辨能力强，对碳笼的尺寸非常敏感，适用于富勒烯衍生物、氯化富勒烯及空心富勒烯的分离。5PYE 属于反相柱，它的固定相是芘基乙基化学键合硅胶，使得 5PYE 可以用来分离富勒烯的异构体。5NPE 也是反相柱，它的固定相是苯乙基键合硅胶，与 5PYE 柱不同，5NPE 柱对富勒烯样品具有独特的保留特性，对于一些更大碳笼的富勒烯来说出峰时间较短，对更大碳笼的富勒烯来说具有非常有效的分离效果。此外，在分离特殊结构的内嵌金属富勒烯时也可能会选用 Buckyclutcher 色谱柱，Buckyclutcher 色谱柱的固定相结构如图 4-3 所示。由于这个色谱柱含有极性的基团，所以对于内嵌金属富勒烯比空笼富勒烯的保留时间更长，所以能够更好地将内嵌富勒烯和空笼富勒烯分离开来。Buckyclutcher 色谱柱与前面所说的 Buckyprep 色谱柱、Buckyprep-M 色谱柱、5PBB 色谱柱及 5PYE 色谱柱这 4 种色谱柱功能互补，如果串联使用，能够达到更快速高效的分离效果。

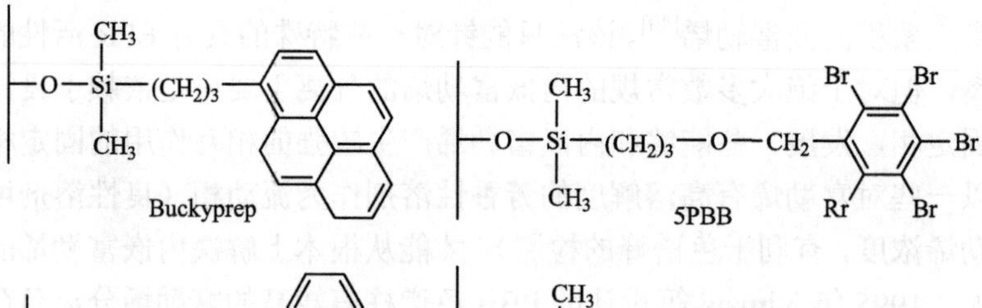

图 4-2 常用色谱柱固定相分子式

发展至今其他的一些色谱分离方法如串联（linear combinations）色谱柱、多步色谱分离以及循环色谱分离都被广泛用于空笼富勒烯、内嵌富勒烯以及外接衍生化氯化富勒烯和氢化富勒烯等多种类型富勒烯的分离。循环色谱的使用对于那些具有相近色谱保留时间的富勒烯以及富勒烯异构体提供了很好的分离手段。谢

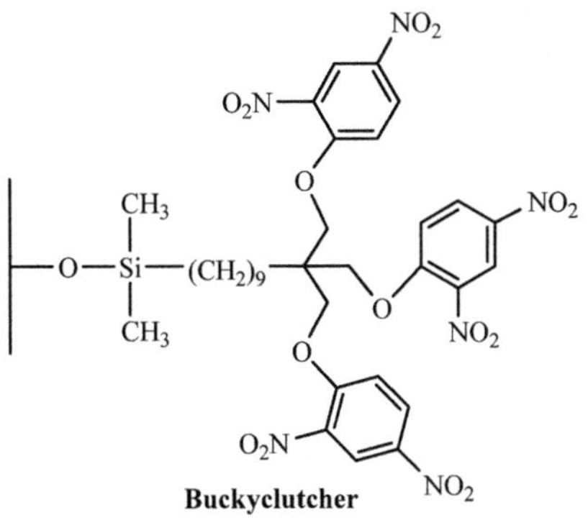

图 4-3　Buckyclutcher 色谱柱固定相分子式

素原教授课题组近年来就利用多步色谱以及循环色谱相结合的方式分离了多种类型的氯外接衍生化富勒烯、氢外接衍生化富勒烯以及富勒烯的异构体。例如，利用电弧法合成的含有氯化富勒烯的碳灰中，$^{\#4169}C_{66}Cl_6$ 和 $^{\#4169}C_{66}Cl_{10}$ 出峰时间比较接近，通过循环色谱的方式可以将两者很好地进行纯化分离[41]（图 4-4），并培养出它们的单晶，解析出明确的晶体结构。利用相同的方式也可以对火焰燃烧法合成碳灰中的富勒烯进行有效的分离，火焰燃烧过程非常复杂，产物中含有大量的多环芳烃、空笼富勒烯、氢化富勒烯以及富勒烯衍生物，通过前期多步色谱粗分和后期循环色谱相结合的方式可以有效地分离出多种类型的氢化富勒烯[42, 43]。另外，富勒烯的不同类型异构体具有非常接近的保留时间，利用一步色谱法很难将其分离，如果采用循环色谱的方式，经过长时间的循环能够将这些富勒烯异构体分离[44]（图 4-5）。

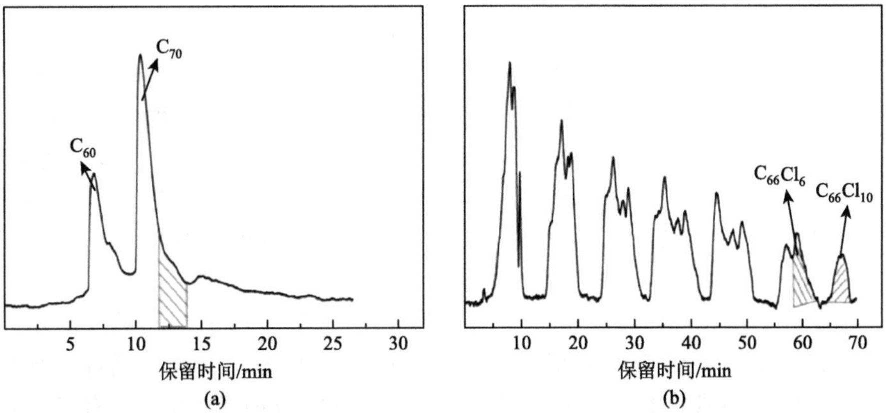

图 4-4　$^{\#4169}C_{66}Cl_6$ 和 $^{\#4169}C_{66}Cl_{10}$ 多级循环高效液相色谱分离流程图

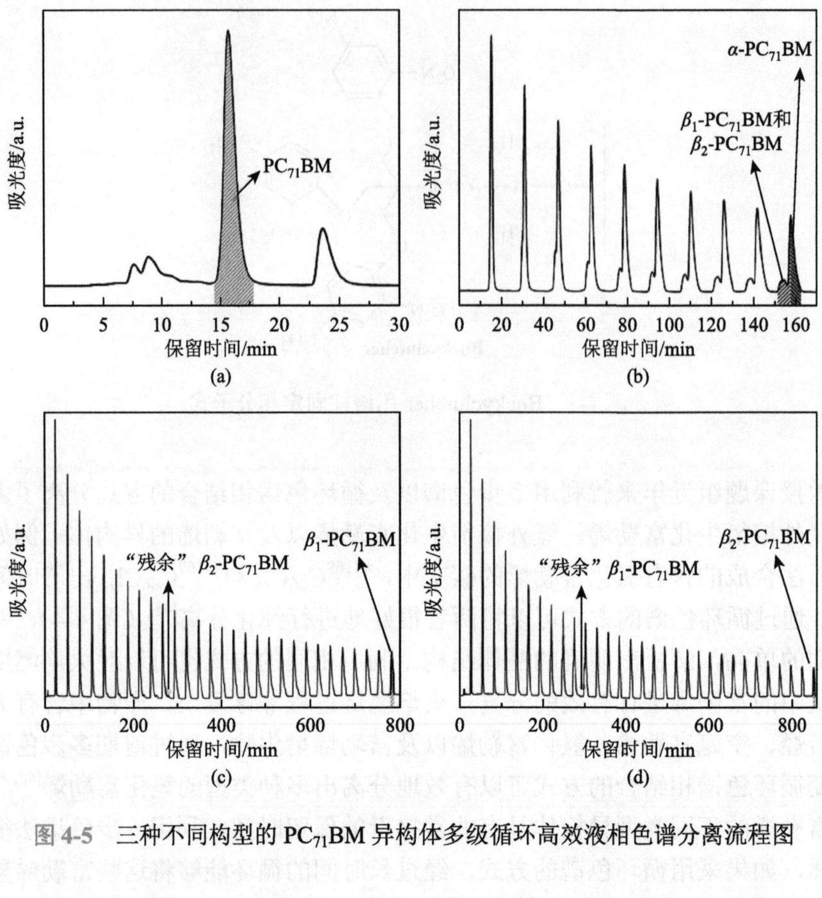

图 4-5　三种不同构型的 $PC_{71}BM$ 异构体多级循环高效液相色谱分离流程图

除了分离空笼富勒烯，氯外接衍生化富勒烯，氢外接衍生化富勒烯，以及富勒烯的异构体，循环色谱还可以有效地分离一些后续发现的内嵌团簇富勒烯，包括氮化物内嵌富勒烯（NCF）[45]、碳化物内嵌富勒烯（CCF）[46]、氧化物内嵌富勒烯（OCF）[47]、硫化物内嵌富勒烯（SCF）[48]、氰化物内嵌富勒烯（CYCF）[49]、碳氢化物内嵌富勒烯（HCCF）[50]、碳氮化物内嵌富勒烯（CNCF）[51]。此外，循环色谱已成为一些混合金属内嵌富勒烯分离必不可少的手段，如 $V_xSc_{3-x}N@I_h\text{-}C_{80}$（$x = 1, 2$）的分离。由于 $VSc_2N@I_h\text{-}C_{80}$ 和 $V_2ScN@I_h\text{-}C_{80}$ 的结构非常相近，其中碳笼结构相同，只是内嵌团簇有略微差别，借助于循环色谱通过 87 次循环（3000 min 左右）才成功使其分离（图 4-6）[52]。

目前对于富勒烯的分离，无论是未修饰的空笼富勒烯，还是外接衍生化的氯化和氢化富勒烯或内嵌富勒烯，利用高效液相色谱进行分离都是最高效的分离手段，而且，目前能唯一有效分离出高纯富勒烯的方法只有高效液相色谱法。

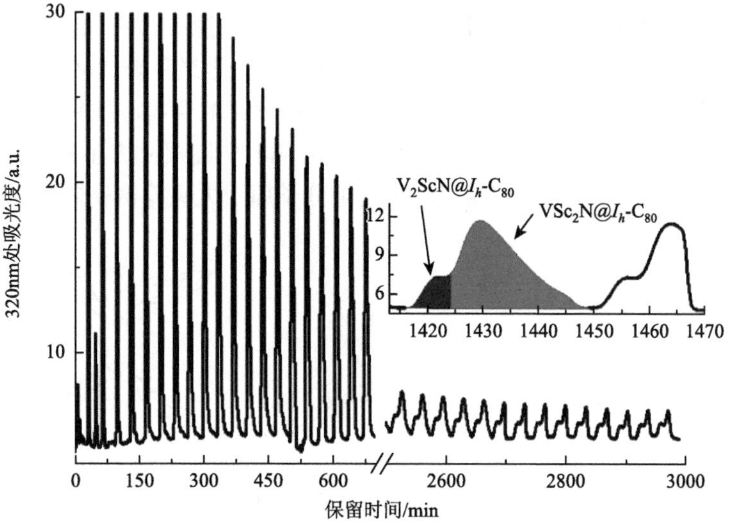

图 4-6　循环高效液相色谱分离混合金属富勒烯 $V_xSc_{3-x}N@I_h$-C_{80}

4.3 超分子化学分离

早在 1990 年，科学家通过芳香烃试剂把富勒烯分子从碳灰中提取出来后，富勒烯分子和 π 共轭的平面芳香烃分子之间的相互作用引起了极大的关注。超分子化学分离对于研究富勒烯的理化性质与潜在应用具有非常重要的意义。因此，寻求能够与不同尺寸和种类的富勒烯分子形成超分子组装的主体分子则是该领域的重中之重。

早期有关富勒烯化学研究发现富勒烯 C_{60} 能够与对苯二酚（hydroquinone）[53, 54]、氮杂冠醚（azacrown）[55]及环糊精（cyclodextrin）[56]等形成主客体（host-guest）结构。这种结构是通过合成一种大的环状结构分子通过非共价作用将富勒烯包裹起来。这种主客体结构为富勒烯分离提供了一种新的思路。1994 年 Atwood 和 Suzuki 等率先合成了一种碗状结构的物质——杯芳烃（calixarene），由于 *p*-^{t}Bu-calix[8]arene 直径约为 8.6Å，具有与 C_{60} 直径相当的尺寸从而将 C_{60} 包裹起来形成主客体结构的络合物，而 C_{70} 由于尺寸稍大很难形成主客体结构。所以作者进一步尝试将其用于富勒烯 C_{60} 的分离，发现该杯芳烃可以从富勒烯混合液中选择性地与 C_{60} 形成主客体结构，再通过多次重结晶的方法可以得到纯度为 99%的富勒烯 C_{60}[57, 58]。由于这种杯芳烃-C_{60} 主客体结构络合物一般只能稳定存在于水性体系中，作者通过进一步地在杯芳烃周围引入苯二胺，可以很好地将该主客体结构稳定于各种有机溶剂中[59]。这种通过形成主客体结构的超分子化学分离方法可以方便、快速地完成宏量 C_{60} 的分离，相比于 HPLC 分离具有明显优势。另外，具有刚性骨架结构的三蝶烯（a）[60]、氮杂三环（b）[61]和二蒽（c）[62]的杯芳烃分子也可以与富勒烯形成包合络合物用于分离 C_{60}（图 4-7）。报道称合成杯芳烃类分子中虽然存在一定的腔体空间，能与富勒烯分子形成超分子配合物，但由于空腔的大小受到分子结构的限制，不能灵活调控，只能用于分离与空腔尺寸大小相匹配的富勒烯。因此，杯芳烃类分子的结构弊端限制了这类分子用于大碳笼富勒烯的分离。

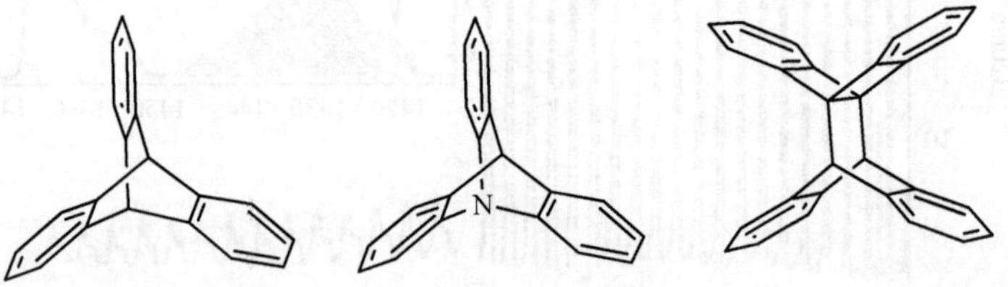

图 4-7 （a）三蝶烯杯芳烃；（b）氮杂三环杯芳烃；（c）二蒽杯芳烃

1998 年 Matsubara 等合成了一种环-三-二甲氧苯甲基（cyclotriveratrylene，CTV）衍生物能够轻易地与 C_{60} 形成主客体结构络合物，然而却很难络合 C_{70} 以形成该结构，作者将该CTV衍生物直接添加到富勒烯甲苯混合液中，并加热到50℃保持 30 min（用于络合 C_{60}），然后过滤并以甲苯、乙腈分别洗涤得到了纯的富勒烯 C_{60}[63]。进一步对 CTV 进行化学修饰，在 CTV 中引入 UPy（2-ureido-4-[1*H*]-pyrimidinone）基团，2007 年 Huerta 等合成了一种新的主体分子 CTV-UPy，通过实验发现相对于 C_{60} 而言，CTV-UPy 主体分子表现出了更好的 C_{70} 络合能力，会优先选择与 C_{70} 形成主客体结构络合物。作者直接将含有富勒烯的原灰分散到溶解有 CTV-UPy 的四氢呋喃溶液中室温搅拌 15 min，在该过程中 C_{70} 被 CTV-UPy 络合溶解于四氢呋喃中，然后过滤并辅以甲苯/乙腈/甲醇混合溶剂洗涤，通过这种简单的一步固液萃取得到了纯度为 97%的 C_{70} 富勒烯。该方法使宏量分离富勒烯 C_{70} 成为可能并简化了 C_{70} 的分离过程[64]。关于 CTV 作为主体分子用于富勒烯分离，2012 年 Li 等提出通过选择性地在 CTV 上引入不同链长化学基团形成“半分子监狱”的笼状结构，并允许小尺寸富勒烯 C_{60} 自由通过，用于捕获尺寸较大的 C_{70} 而达到分离的效果。该“半分子监狱”的笼状结构显著特点是在高温下能让客体分子（C_{70}）自由进入其空腔（而 C_{60} 无论在高温还是常温都会自由进出这种笼状主体分子），但在常温下会形成稳定的半笼式主客体结构的络合物（hemicarceplexes），最后利用富勒烯良性溶剂甲苯在高温下溶解从半笼式主客体结构的络合物释放出来的 C_{70}，达到分离的目的（图 4-8）[65]。

2004 年 Shoji 等合成了三种环二聚锌卟啉主体分子，其中这三种主体分子中两个卟啉分子之间分别间隔了 5～7 个亚烷基用于调节空隙的尺寸。作者将这三种主体分子与富勒烯络合形成主客体结构络合物用于富勒烯分离，发现该主体分

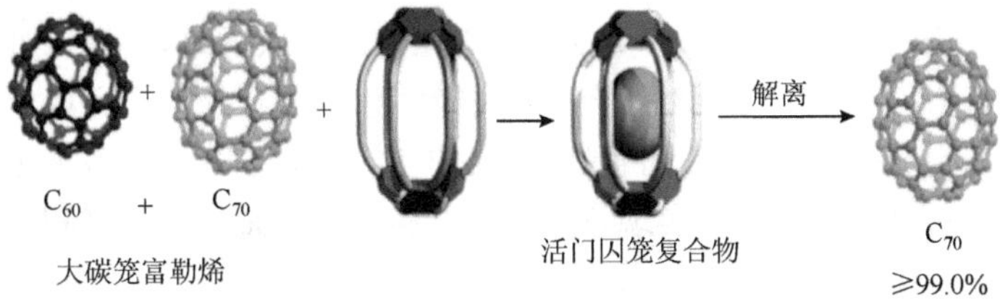

图 4-8 利用“半分子监狱”主体分子与客体分子对富勒烯进行分离

子可以选择性地将大碳笼富勒烯（C_{76} 以上）从富勒烯混合液中提取出来。进一步的对比发现，间隔 5 个亚烷基分子的环二聚锌卟啉主体分子中大碳笼富勒烯含量提高 74%，而间隔 6 个、7 个亚烷基分子的环二聚锌卟啉主体分子中大碳笼富勒烯含量分别提高 93%和 97%。这种大碳笼富勒烯的选择性主要依赖于主体分子所含的空隙大小以及卟啉的类型[66]。2006 年 Haino 等合成了一种上缘桥联双杯[5]芳烃的主体分子，该主体分子有两种异构体，一种是能形成较大凹腔的 syn 异构体，一种是具有较小凹腔的 syn-anti 异构体。有趣的是在高温下可以实现 syn 异构体到 syn-anti 异构体的转变。由于 syn 异构体具有较大凹腔可以从富勒烯混合液中络合大碳笼富勒烯将其提取出来，接着通过简单的一步高温处理使其发生从 syn 到 syn-anti 异构体的转变，由于 syn-anti 异构体所含凹腔较小不能稳定已络合的大碳笼富勒烯，从而将其释放，完成大碳笼富勒烯的分离[67]。

此外，带有空隙的三维共价有机多面体（COP）可以作为良好的主体分子与富勒烯形成主客体结构。2011 年 Zhang 等设计了一种由刚性的卟啉、咔唑和线形乙炔连接体组成的 COP-5 主体分子，虽然 COP-5 可以作为良好的受体用于与富勒烯 C_{60}、C_{70} 形成主客体结构，但该主体分子对 C_{70} 结合能力比 C_{60} 高出了三个数量级，表现出了极高的选择性，进一步通过三氟乙酸洗涤可以将被 COP-5 络合的 C_{70} 释放出来从而完成 C_{70} 的分离[68]。这种基于卟啉的三维共价有机多面体可用于富勒烯 C_{70} 的分离。该分子与富勒烯分子的键合作用在酸碱的刺激下完全可逆，通过选择性地络合和解离，可以将 C_{70} 从 C_{60} 含量较高的富勒烯混合物中成功分离出来。2018 年，Shi 等的研究也得到了类似的效果，他们合成了一种四棱柱状卟啉笼 TPPCage·8PF_6，这种笼状分子与 C_{70} 分子的作用力比 C_{60} 强，可以将 C_{70} 从 C_{60} 和 C_{70} 的富勒烯混合物中选择性地分离（图 4-9）[69]。

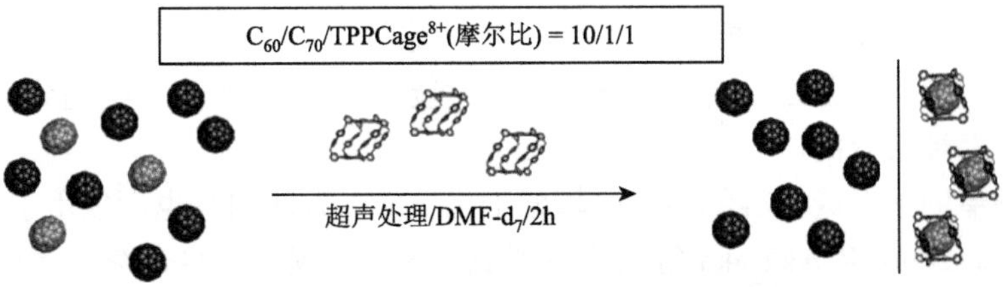

图 4-9 三维矩形四棱柱分子的合成及相应配合物的结构

2013 年，Yoshizawa 等[70]合成了一种新型的由内嵌蒽基团的二吡啶类分子与 Ag^+组成的 M_2L_2 型分子管，该分子管不仅能够包裹 C_{60} 分子还可以包裹具有很大官能团的 C_{60} 分子的衍生物，而且通过光照的方式就可以将包裹进去的富勒烯分子释放出来（图 4-10），从而实现富勒烯 C_{60} 和 C_{70} 的选择性包裹和释放。

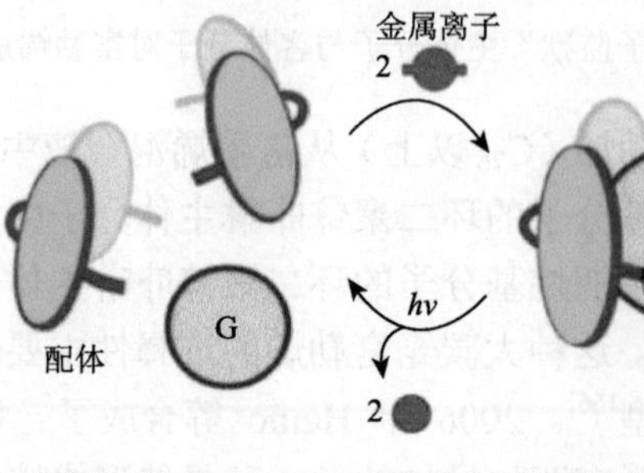

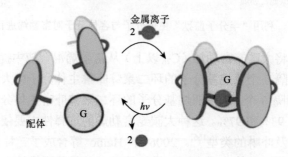

图 4-10 光照实现 M_2L_2 型分子管对富勒烯的选择性包裹和释放方式

2014 年，Ribas 等[71]合成了一种超分子纳米笼，它由两个卟啉锌分子和通过钯配位的四个分子别针组成（图 4-11）。这种超分子纳米笼可以实现对富勒烯分子从 C_{60} 到 C_{84} 进行选择性包裹，而且可以通过简单的溶剂冲洗就可以实现客体富勒烯分子的释放，这个纳米笼在整个选择性包裹与释放过程中都能够像一个海绵处于固体状态，从而快速地对富勒烯混合物实现分离和纯化。

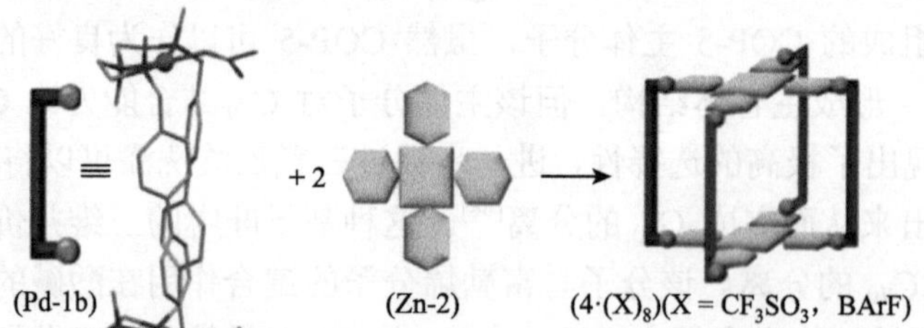

图 4-11 两个卟啉锌分子和通过钯配位的四个分子别针组成的纳米笼

2017 年，Stang 等[72]通过类似夹子结构的四吡啶与线形 Pt 化合物进行自组装形成具有凸面三棱柱笼状配合物（图 4-12）。这种结构的空腔具有一定的尺寸，且分子中含有曲面的芳香性吡啶配体有利于封装 C_{60}，从而得到三维超分子配合物，实现对富勒烯的分离。

这种借助于形成主客体结构的超分子化学分离方法同样也可以用于内嵌富勒烯的分离。2006 年 Akasaka 等研究发现氮杂冠醚不仅可以络合空心富勒烯 C_{60}，同时可以络合内嵌富勒烯如 $La_2@C_{80}$ 和 $La@C_{82}$。不同的是在甲苯溶液中络合了

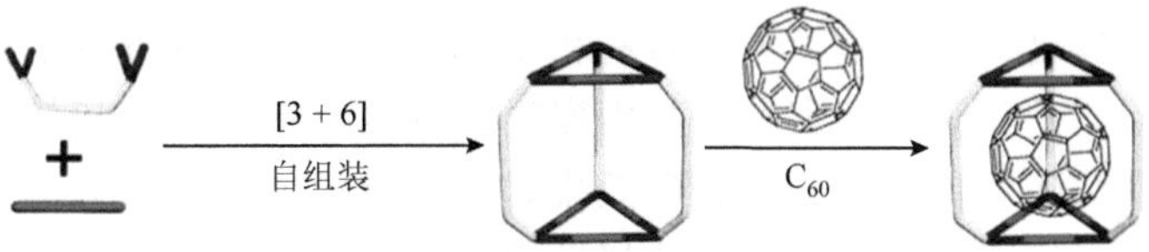

图 4-12　三维柱状结构封装分离 C_{60} 过程

内嵌富勒烯 $La_2@C_{80}$ 和 $La@C_{82}$ 的氮杂冠醚络合物会发生沉淀，而络合 C_{60} 的氮杂冠醚络合物仍然可以溶解在甲苯中。借助于这种溶解性的差异，作者尝试用氮杂冠醚从富勒烯混合液中分离内嵌富勒烯 $La_2@C_{80}$ 和 $La@C_{82}$，过滤得到了富含内嵌富勒烯 $La_2@C_{80}$ 和 $La@C_{82}$ 的氮杂冠醚络合物。最后通过二硫化碳超声洗涤可以将 $La_2@C_{80}$ 和 $La@C_{82}$ 释放溶解，达到分离的目的[73]。2013 年 Shinohara 等发展了一种主体分子环对苯撑（cycloparaphenylene），可以选择性地络合内嵌富勒烯 $M@C_{82}$（M = Gd，Tm），由于该络合物在甲苯溶剂中溶解性较差，通过蒸发溶剂提高浓度使得该络合物沉淀，通过过滤达到 $M@C_{82}$（M = Gd，Tm）的分离（图 4-13）[74]。

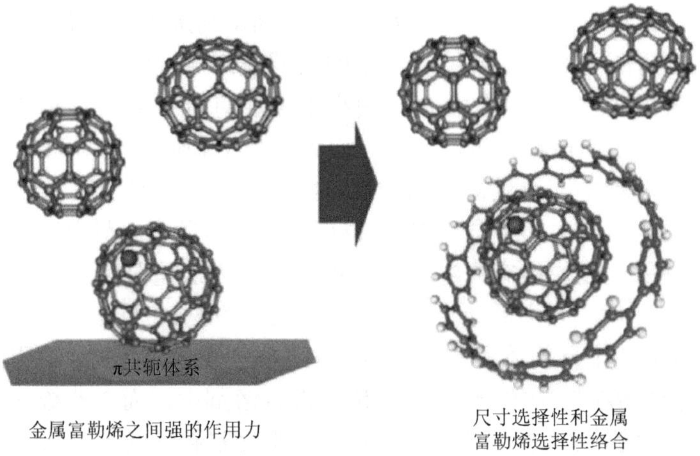

图 4-13　利用环对苯撑选择性络合并分离金属富勒烯 $M@C_{82}$（M = Gd，Tm）

以往的报道结果说明利用超分子化学法来实现分离富勒烯的可行性，但依然存在各种各样的缺陷有待进一步完善。相信在不久的将来会有更多、更合适的超分子主体分子被设计、合成出来，用于封装不同尺寸、手性的富勒烯，从而提高富勒烯分离的效率，进而将进一步挖掘富勒烯家族的潜在应用。

4.4 电化学分离

电化学分离富勒烯主要是利用不同富勒烯氧化还原电位的差异分离不同结构

富勒烯，通常情况下电位差越大越容易将不同电位的富勒烯分开。使用电化学的方法分离富勒烯尤其对空笼富勒烯和内嵌富勒烯具有很好的分离效果，对于一些特殊结构的富勒烯也具有很好的分离效果。用电化学的方法来分离富勒烯大致可以分为选择性电化学还原的方法、选择性电化学氧化的方法、利用路易斯酸来分离富勒烯这几种类型。

1. 选择性电化学还原的方法

对于窄带系的富勒烯，由于其 HOMO-LUMO 能隙比较小，容易聚合而很难被分离。但是通过电化学还原的方法，能够使得分子间的键被破坏从而形成阴离子变得可溶，例如，1998 年 Diener 首次尝试利用电化学还原方法从混合富勒烯中分离了具有窄带隙（small-band gap）的空心富勒烯如 C_{74}、C_{80} 和内嵌富勒烯如 Gd@C_{74}。相比于大带隙富勒烯而言，这些小带隙富勒烯的显著特点是不溶于常见的有机溶剂中，很难通过传统的提取法将其提取并分离出来。作者通过蒸发升华法得到了富勒烯混合物，以苯腈为溶剂，四丁基六氟磷酸铵为电解质对富勒烯混合液进行电化学还原，得到了一系列富勒烯阴离子混合物（此时 C_{74}、C_{80}、Gd@C_{74} 阴离子溶解于苯腈中）。由于小带隙富勒烯与大带隙富勒烯电化学性质差异较大，通过控制再氧化电位使小带隙富勒烯 C_{74}、C_{80} 和 Gd@C_{74} 阴离子变成中性并在工作电极中沉淀出来，而大带隙富勒烯如 C_{60}、C_{70} 等仍以阴离子形式溶解于苯腈中，通过简单的过滤可将小带隙富勒烯分离出来。此外，通过选择合适的化学氧化剂（如 $FcPF_6$）也可以将小带隙富勒烯氧化沉淀出来。由于这种电化学氧化还原很容易实现大规模操作，为宏量分离特定结构富勒烯提供了一种新思路[75]。同样借助于这种电化学还原方法，2004 年 Akasaka 等成功分离 La@C_{82} 的两个异构体和 La_2@C_{80}。作者研究发现 La@C_{82} 的阴离子能够很好地溶解于极性溶剂，如丙酮/二硫化碳的混合溶剂中，而在非极性溶剂（如二硫化碳）中的溶解性非常差[76]。这与常规的中性富勒烯的溶解特性刚好相反。此外，La@C_{82} 的两个异构体和 La_2@C_{80} 的第一还原电位为 0.15 V/0.10 V 和 0.26 V（相对于饱和甘汞电极 SCE），与其他富勒烯第一还原电位（一般在 0 V 以下）具有较大的差异。首先作者将提取的富勒烯溶解在邻二氯苯中并调节还原电位为 0.00 V（相对于饱和甘汞电极），此时 La@C_{82} 的两个异构体和 La_2@C_{80} 被还原成阴离子（其他富勒烯仍然呈中性状态），进一步蒸干邻二氯苯溶剂，添加极性的丙酮/二硫化碳混合溶剂用于溶解 La@C_{82} 和 La_2@C_{80} 阴离子。最后过滤并添加氧化剂二氯乙酸得到中性的内嵌富勒烯 La@C_{82} 和 La_2@C_{80}（图 4-14）[77]。此外，利用选择性电化学还原的方法根据空笼富勒烯与内嵌富勒烯自身具有的氧化还原能力的不同也可以将它们进行分离。2004 年 Tsuchiya 等[77]通过严格控制电位，并利用空笼富勒烯与内嵌富勒烯第一还原电位之间的差距，使得空心富勒烯依旧呈电中性而内嵌富勒烯则被还原，成功实现了空笼富勒烯和内嵌富勒烯的分离。

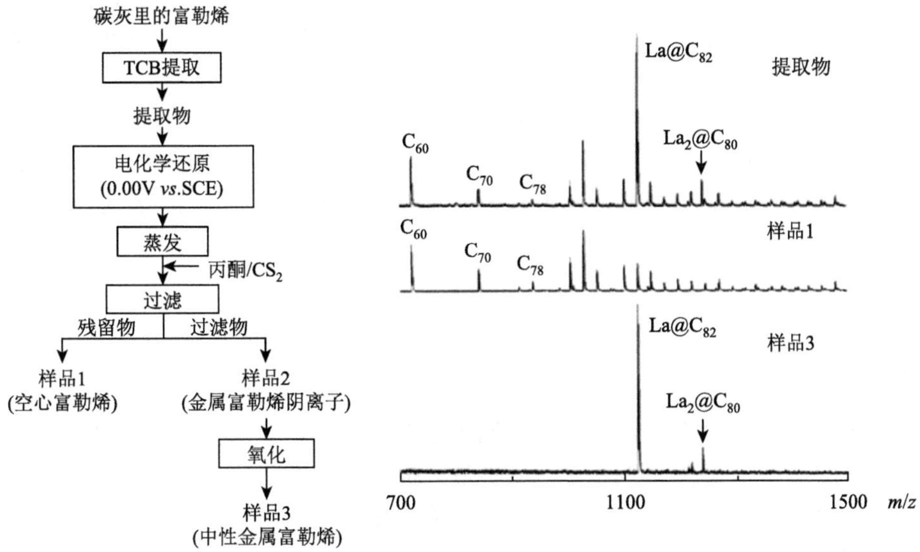

图 4-14　利用电化学法分离金属富勒烯 $La@C_{82}$ 和 $La_2@C_{80}$

2. 选择性电化学氧化的方法

该方法主要用于分离内嵌富勒烯，它是根据不同的内嵌富勒烯具有不同的氧化还原电位，空笼富勒烯与内嵌富勒烯之间氧化还原电位不同来实现分离目的的。使用电化学氧化的方法不仅可以分离不同种类的富勒烯，还可以分离不同种类的富勒烯异构体。例如，2005 年 Echegoyen 等[78]报道利用电化学氧化的方法，根据两个内嵌富勒烯第一氧化电位的不同，选择合适的氧化剂可以选择性地氧化 D_{5h} 的异构体，使之形成阳离子，达到分离 $Sc_3N@^{\#31924}C_{80}(I_h)$和 $Sc_3N@^{\#31923}C_{80}(D_{5h})$ 两种异构体的目的。

3. 利用路易斯酸来分离富勒烯

路易斯酸主要用来分离空心富勒烯与内嵌富勒烯。由于空心富勒烯和内嵌富勒烯有 π 富电子的表面，所以一般来说是比较容易与路易斯酸之间发生反应的。路易斯酸与空心富勒烯或内嵌富勒烯之间形成络合物，从而实现分离纯化的目的，反应的原理取决于它们本身的电子结构。例如，2017 年 Shinohara 等[79]利用内嵌富勒烯更容易与 $TiCl_4$ 形成络合物容易从碳灰中被提取出来，进而通过水解作用获得中性内嵌富勒烯，从而实现利用 $TiCl_4$ 来分离纯化内嵌富勒烯的目的。经过系统地研究发现，决定 $TiCl_4$ 与空心富勒烯或内嵌富勒烯之间反应活性的重要物理参数是它们的第一氧化电位，如果它们的第一氧化电位明显高于临界值，就比较难形成络合物，只有它们的第一氧化电位低于或接近临界值时，才能够与 $TiCl_4$ 形成络合沉淀物被分离出来。因此，利用路易斯酸来分离富勒烯，为富勒烯的分离也提供了一种方便有效的方法。

用电化学法来分离富勒烯也是一种比较行之有效的手段，特别是在应用于分离内嵌富勒烯和空笼富勒烯方面起到了很重要的作用，但由于对设备要求高、操作复杂，特别是对富勒烯本身的性质要求比较严格，所以一直没有被广泛应用。

4.5 重结晶

重结晶法分离富勒烯是根据在不同的温度下，富勒烯在有机溶剂中对应的溶解度不同，选择合适的溶剂和结晶条件进行提纯分离富勒烯。在碳灰提取液中，富勒烯的主要成分是 C_{60} 和 C_{70}，这两者的存在大大加重了分离的工作量，但是在不同的有机溶剂和温度条件下，C_{60} 和 C_{70} 的溶解能力不同，如果能够通过改变溶剂及温度等因素，将其首先从提取液中除去，将会获得一定纯度的 C_{60} 和 C_{70}，若继续重结晶，纯度高达 98%以上，一方面可以获得大量相当纯度的 C_{60} 和 C_{70}，另一方面会大大减小后续分离其他含量偏低富勒烯的工作量。1992 年 Coustel 等利用 C_{60} 和 C_{70} 溶解度的差异，以甲苯为溶剂通过重结晶成功分离了纯度为 98%的 C_{60}。并通过第二次重结晶可以将 C_{60} 的纯度提高到 99.5%。但是由于 C_{60} 和 C_{70} 化学组成相似，通过重结晶方法很难得到纯度为 99.99%以上的 C_{60}[80]。随后 Doome 等进一步改进重结晶方法实现了纯度 99.99%以上的 C_{60} 分离。作者利用 1, 3-二苯丙酮分步结晶来纯化 C_{60}，经过三次重结晶，C_{60} 纯度可达 99.5%，最后再利用活性炭吸附残余的 C_{70}，C_{60} 纯度可达 99.99%（图 4-15）[81]。

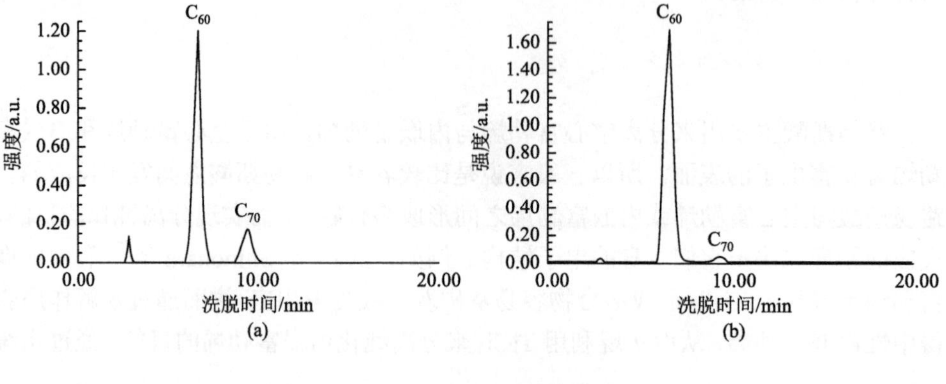

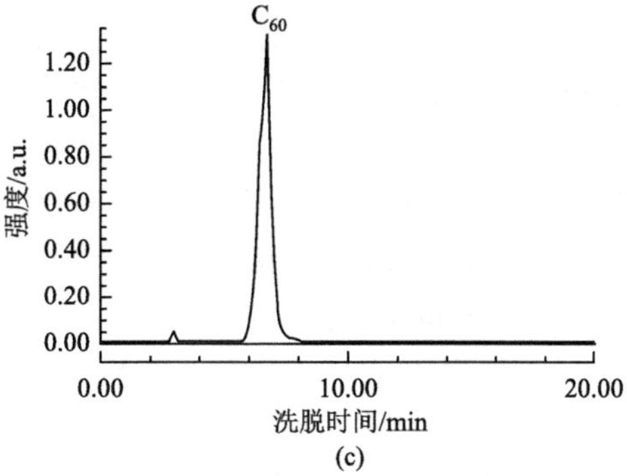

图 4-15　（a）富勒烯提取液色谱图；（b）第一次重结晶产物色谱图；（c）第三次重结晶产物色谱图

1993 年，Ruaff 等[8]通过实验发现 C_{60} 在二硫化碳、甲苯和环己烷中的溶解度与温度的关系曲线上在 280 K 有一个最大值。这就为 C_{60} 可以通过重结晶的方法进行分离提供了理论依据。1994 年 Zhou 等发现 C_{60}、C_{70} 在邻二甲苯中的溶解度随温度上升所呈现的趋势相反。C_{70} 随着温度的提高溶解度显著增大，如–20℃、25℃和 80℃的溶解度分别为 3.7 mg/mL、16.3 mg/mL、20.2 mg/mL。而 C_{60} 在–20℃、25℃时溶解度为 1.8 mg/mL 和 11.1 mg/mL，当进一步升高温度到 80℃时溶解度降低到 6.0 mg/mL。作者利用 C_{60} 和 C_{70} 在不同温度下的溶解度差异成功使其分离。首先将提取出来的富勒烯溶解在邻二甲苯中，然后加热到 80℃搅拌 4 h，此时 C_{60} 由于溶解度降低形成沉淀，过滤得到了纯度为 96%～98%的 C_{60}。为进一步提高富勒烯 C_{60} 纯度，需要多次重结晶，经过三次重结晶后得到的 C_{60} 纯度达到 99.5%。借助于该法同样可实现高纯度的 C_{70} 的分离，首先用旋转蒸发仪缓慢地将第一次重结晶过滤出来的母液浓缩至初始体积的 1/3，趁热快速分离去除富集 C_{60} 的沉淀，而将富集 C_{70} 的母液冷却至–20℃，分离得到含 70%的 C_{70} 沉淀，将其作为继续提纯 C_{70} 的原料，如此进行下去，再经过四次重结晶，可得到纯度为 98%的 C_{70}。该方法虽然可以实现宏量 C_{70} 的分离，但是损失较为严重[82]。同年 Darwish 等提出一种无损分离 C_{70} 的方法。直接将溶有富勒烯的苯饱和溶液用旋转蒸发仪缓慢地将溶液浓缩至初始体积的一半，然后静置溶液，用移液管小心地转移出上层清液，其中含有比起始原料更高比例的 C_{60}，而沉淀出来的固体中含有更高比例的 C_{70}，经过这样的三次重结晶，可将 C_{70} 纯度提高到 95%，该方法适合于大规模无损分离 C_{70} 富勒烯[83]。2010 年 Kwok 等用重结晶法分离富勒烯，得到纯度高于 99%的 C_{60} 和 C_{70}[84]。

重结晶法的主要步骤一般是将初步分离的组分溶解在适当的溶剂中，制成饱和溶液，并让溶剂缓慢蒸发，根据不同类型的富勒烯在相同溶剂中溶解度的不同进行富勒烯的分离。下面以富勒烯提取液中 C_{60} 和 C_{70} 为例对重结晶进行简单介绍。例如，重结晶 C_{60} 时，首先利用石油醚和丙酮等溶剂对碳灰提取的富勒烯粗样进行超声洗涤，除去碳灰中的芳烃等小分子产物，然后进行过滤和真空干燥，用研钵研磨成细小颗粒备用。下一步将称取一定量研磨后的富勒烯样品，选择合适的有机溶剂溶解，充分超声后，浓缩至饱和溶液，加热到 80℃搅拌一定时间后，趁热过滤，分别收集滤渣和滤液，C_{60} 会在滤渣中得到富集和结晶，得到一定纯度的 C_{60}，如果按此步骤进行多次重结晶，将会得到纯度更高的 C_{60} 样品。重结晶 C_{70} 时与重结晶 C_{60} 类似，加热到 80℃搅拌一定时间后，趁热过滤，然后将过滤后的溶液放置于低温–20℃条件下保持一定时间，再迅速过滤，分别收集滤渣和滤液，C_{70} 会在滤渣中得到富集和结晶，得到一定纯度的 C_{70}，按此步骤进行多次重结晶，将会得到纯度更高的 C_{70} 样品。工艺流程如图 4-16 所示，利用这种方法可以大量分离 C_{60} 和 C_{70}。

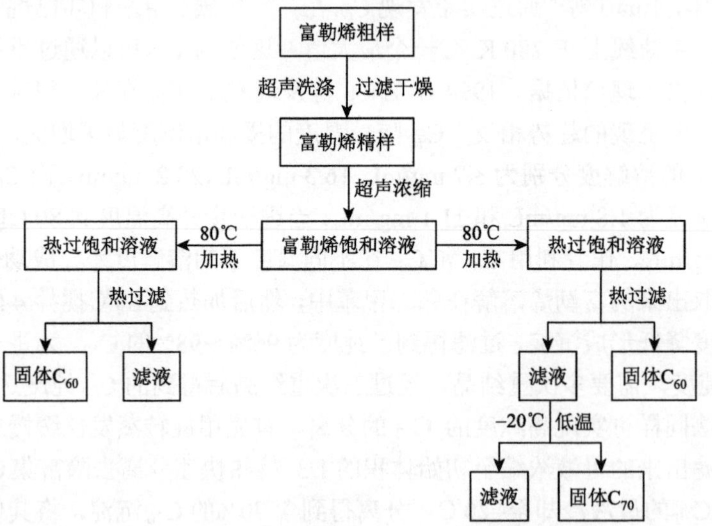

图 4-16 重结晶法分离 C_{60} 和 C_{70} 工艺流程图

值得指出的是，利用多次重结晶的方法对富勒烯的提纯具有一定的效果，但是要纯度达到 99.9%以上还是非常困难的，主要原因是富勒烯的溶解度会随温度的变化而变化，在结晶的过程中难以保证富勒烯在溶剂中的溶解度保持恒定，因此在过滤的过程中重结晶的目标产物结晶析出的行为很难控制，造成分离程度不够，或者在其中一种富勒烯的溶解度减小迅速沉淀析出时，不可避免地会夹带别的种类富勒烯同时共结晶，从而对最终重结晶样品的纯度造成干扰和影响，这种误差在大量重结晶分离富勒烯时影响相对较小，但是对于获得纯度更高的富勒烯仍有一定的影响。虽然重结晶法有一些不足，但是考虑各方面的因素，总体而言，这种方法仍然是一种有效的大批量分离含量较高富勒烯的方法，该方法操作简便，分离时间短，成本低，分离量大，有较多的溶剂可供选择，而且可以连续进行，只是目前各种富勒烯在不同溶剂中的溶解度及参数还不够完整，还需后续更多的研究工作进一步完善。

4.6 升华

升华法分离的原理是利用不同种类的富勒烯在相同条件下具有不同升华温度，将碳灰在惰性气体下或较高的真空度条件下加热到 400～500℃，根据它们彼此升华温度的不同，从而将不同类型的富勒烯各自分开。普通升华富勒烯的方法是通过调节不同升华温度达到分离的目的，但对于一些升华温度比较高的富勒烯可以通过降低体系的真空度从而降低升华温度来实现富勒烯的分离。

升华分离法是早期富勒烯研究的重要分离方法之一。升华分离法主要是借助于富勒烯和副产物的升华温度的差异，将富勒烯从原灰中分离出来。升华分离法的优点是避免了提取溶剂的使用，简化了富勒烯的提取过程，特别是规避了一些具有亲核反应活性的溶剂的使用。但是由于富含富勒烯原灰中含有许多不同碳笼大小的富勒烯以及不同异构体，这些众多不同类型富勒烯的升华温度差异较小(特别是异构体之间)，所以利用升华方法很难实现对某一特定结构富勒烯进行分离，只能用于简单的初分离。1991 年 Pan 等利用升华法成功地从富勒烯混合物中分离出了 C_{60}、C_{70}。并指出分别在 707 K 和 739 K，C_{60} 和 C_{70} 开始升华，由于两者升华温度差异较小，很难将其分开。随后作者进一步的对升华气压进行研究指出 C_{60} 相比于 C_{70} 更容易挥发[85, 86]。升华法另一优点是可以提取一些不溶于常规有机溶剂的富勒烯，如 1993 年 Yeretzian 等利用升华法成功地提取了不溶于常见有机溶剂的空心富勒烯 C_{74}（图 4-17）。此外作者尝试了金属富勒烯的升华分离，发现在

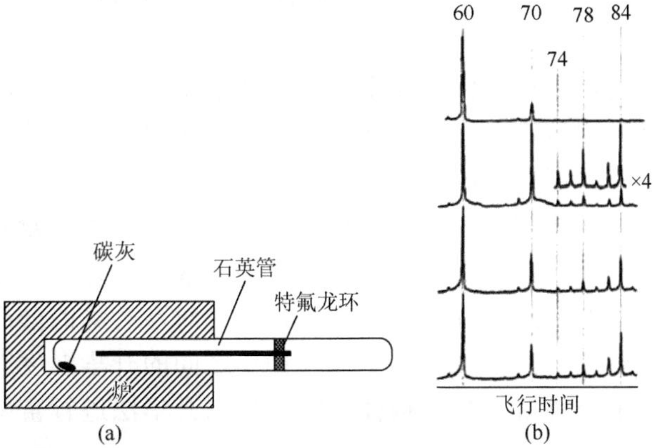

图 4-17　（a）升华法分离富勒烯装置；（b）自上到下依次为不同蒸发温度区间沉积物的质谱图

1050℃时可以将内嵌金属富勒烯 La@C_{82} 和 La@C_{74} 提取分离出来。通过这种升华法并不能将原灰中含有的小碳笼内嵌富勒烯如La@C_{60}和La@C_{70}提取分离出来[87]。该现象与之前 Chai 等利用相同方法提取 La-基内嵌富勒烯所观察到的现象一致[12]。作者指出小碳笼内嵌富勒烯 La@C_{60}、La@C_{70} 不稳定，在升华过程中由于外界因素（少量氧气、高温等）干扰而分解。

1994 年，Averitt 等[88]利用 C_{60} 与大碳笼富勒烯之间蒸气压力的不同，将提取的碳灰引入至含有一系列均匀间隔的穿孔挡板的蒸馏塔中，在真空中被加热至 970 K，建立一个线性温度梯度，从而分离获得高纯的 C_{60}（99.7%）。1997 年 Diener 等利用升华法成功对铀（U）金属内嵌富勒烯进行分离。通过控制升华温度发现在 365℃时 U@C_{60} 开始升华，在该温度下通过质谱表征发现并没有其他类型的铀内嵌富勒（U@C_n）被蒸发出来，所以该方法可以有效地用于 U@C_{60} 内嵌富勒烯的分离。由于空心富勒烯 C_{60}、C_{70} 的升华温度低于 U@C_{60}，所以在该内嵌富勒烯中不可避免地混有部分空心富勒烯。当提高温度至 510℃发现除了 U@C_{60} 外，更大碳笼的铀内嵌富勒烯包括 U@C_{74}、U@C_{82} 等被蒸发出来。当进一步提高升华温度到 680℃，质谱表征发现 U@C_{60} 信号消失，同时 U@C_{74}、U@C_{82} 的信号显著增强，表明小碳笼的 U@C_{60} 蒸发结束，主要为大碳笼 U@C_{74}、U@C_{82} 的蒸发[89]。除了 U@C_{60} 外，借助于升华分离法，2000 年 Ogawa 等成功分离了另外一个基于 C_{60} 的内嵌富勒烯——Er@C_{60}，控制升华温度在 450℃，可以将 C_{60} 和 Er@C_{60} 蒸发出来，而其他类型的富勒烯仍存在于原灰中，接着通过一步简单的色谱分离得到了 Er@C_{60}（图 4-18）[90]。2008 年 Raebiger 等通过结合升华提取法和液相提取法对一系列不同碳笼大小的钆内嵌金属富勒烯进行了提取和分离。作者首先通过升华法从含有富勒烯原灰中将含钆内嵌富勒烯提取出来。第二步用邻二氯苯对蒸发所得到的富勒烯进行提取，其中溶解于邻二氯苯的主要为大碳笼钆内嵌富勒烯如 Gd@C_{82}，不溶于邻二氯苯的为小碳笼 Gd 内嵌富勒烯如 Gd@C_{60}、Gd@C_{74}[91]。

利用升华法进行分离的优势在于不必在体系中加入复杂的溶剂成分，从而能够避免加入复杂的溶剂对样品造成污染，能够实现一些不溶于有机溶剂的大碳笼富勒烯的分离。但升华法进行分离富勒烯也有很多不足，如实验条件难以控制和每次的分离量比较小，以及逆行升华时的反应设备比较复杂难以实现工业化，因此利用升华法进行富勒烯分离的应用比较少，升华法分离富勒烯只是在富勒烯研究的早期起到十分重要的作用，当时对富勒烯的分离还没有其他可供选择的方法，然而，由于富勒烯不同异构体之间的升华温度差别很小，使用升华法并不能用来分离富勒烯异构体，因此使用升华法进行富勒烯的分离具有一定的局限性。

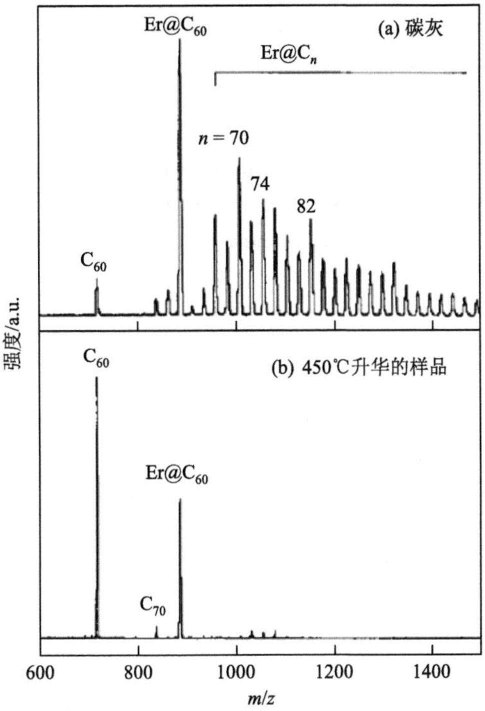

图 4-18　(a) 富勒烯提取液质谱图；(b) 450℃升华产物质谱图

参考文献

[1] Krätschmer W, Lamb L D, Fostiropoulos K, et al. Solid C_{60}: a new form of carbon. Nature, 1990, 347 (6291): 354-358.

[2] Taylor R, Hare J P, Abdulsada A K, et al. Isolation, separation and characterization of the fullerenes C_{60} and C_{70}: the 3rd form of carbon. Journal of the Chemical Society—Chemical Communications, 1990, (20): 1423-1424.

[3] Ajie H, Alvarez M M, Anz S J, et al. Characterization of the soluble all-carbon molecules C_{60} and C_{70}. Journal of Physical Chemistry, 1990, 94 (24): 8630-8633.

[4] Diederich F, Ettl R, Rubin Y, et al. The higher fullerenes: isolation and characterization of C_{76}, C_{84}, C_{90}, C_{94}, and $C_{70}O$, an oxide of D_{5h}-C_{70}. Science, 1991, 252 (5005): 548-551.

[5] Smart C, Eldridge B, Reuter W, et al. Extraction of giant fullerene molecules, and their subsequent solvation in low boiling-point solvents. Chemical Physics Letters, 1992, 188 (3-4): 171-176.

[6] Shinohara H, Sato H, Saito Y, et al. Formation and extraction of very large all-carbon fullerenes. Journal of Physical Chemistry, 1991, 95 (22): 8449-8451.

[7] Creasy W R, Zimmerman J A, Ruoff R S. Fullerene molecular-weight distributions in graphite soot extractions measured by laser desorption Fourier-transform mass-spectrometry. Journal of Physical Chemistry, 1993, 97 (5): 973-979.

[8] Ruoff R S, Tse D S, Malhotra R, et al. Solubility of C_{60} in a variety of solvents. Journal of Physical Chemistry, 1993, 97 (13): 3379-3383.

[9] Parker D H, Wurz P, Chatterjee K, et al. High-yield synthesis, separation, and mass-spectrometric characterization of fullerenes C_{60} to C_{266}. Journal of the American Chemical Society，1991，113（20）：7499-7503.

[10] Parker D H，Chatterjee K，Wurz P，et al. Fullerenes and giant fullerenes：synthesis，separation，and mass-spectrometric characterization. Carbon，1992，30（8）：1167-1182.

[11] Kikuchi K，Nakahara N，Wakabayashi T，et al. Isolation and identification of fullerene family：C_{76}，C_{78}，C_{82}，C_{84}，C_{90} and C_{96}. Chemical Physics Letters，1992，188（3-4）：177-180.

[12] Chai Y，Guo T，Jin C M，et al. Fullerenes with metals inside. Journal of Physical Chemistry，1991，95（20）：7564-7568.

[13] Capp C，Wood T D，Marshall A G，et al. High-pressure toluene extraction of La@C_n for even n from 74 to 90. Journal of the American Chemical Society，1994，116（11）：4987-4988.

[14] Fuchs D，Rietschel H，Michel R H，et al. Extraction and chromatographic elution behavior of endohedral metallofullerenes：inferences regarding effective dipole moments. Journal of Physical Chemistry，1996，100（2）：725-729.

[15] Ding J Q，Yang S H. Efficient *N*，*N*-dimethylformamide extraction of endohedral metallofullerenes for HPLC purification. Chemistry of Materials，1996，8（12）：2824-2827.

[16] Sun D Y，Liu Z Y，Guo X H，et al. High-yield extraction of endohedral rare-earth fullerenes. Journal of Physical Chemistry B，1997，101（20）：3927-3930.

[17] Sun B Y, Feng L, Shi Z J, et al. Improved extraction of metallofullerenes with DMF at high temperature. Carbon，2002，40（9）：1591-1595.

[18] Kubozono Y，Noto T，Ohta T，et al. Extractions of Ca@C_{60} and Sr@C_{60} with aniline. Chemistry Letters，1996，（6）：453-454.

[19] Huang H J，Yang S H. Toward efficient synthesis of endohedral metallofullerenes by arc discharge of carbon rods containing encapsulated rare earth carbides and ultrasonic Soxhlet extraction. Chemistry of Materials，2000，12（9）：2715-2720.

[20] Lian Y F，Shi Z J，Zhou X H，et al. Different extraction behaviors between divalent and trivalent endohedral metallofullerenes. Chemistry of Materials，2004，16（9）：1704-1714.

[21] Tsuchiya T, Wakahara T, Lian Y F, et al. Selective extraction and purification of endohedral metallofullerene from carbon soot. Journal of Physical Chemistry B，2006，110（45）：22517-22520.

[22] Nikawa H，Kikuchi T，Wakahara T，et al. Missing metallofullerene La@C_{74}. Journal of the American Chemical Society，2005，127（27）：9684-9685.

[23] Wakahara T，Nikawa H，Kikuchi T，et al. La@C_{72} having a non-IPR carbon cage. Journal of the American Chemical Society，2006，128（44）：14228-14229.

[24] Nikawa H, Yamada T, Cao B P, et al. Missing Metallofullerene with C_{80} Cage. Journal of the American Chemical Society，2009，131（31）：10950-10954.

[25] Akasaka T，Lu X，Kuga H，et al. Dichlorophenyl derivatives of La@C_{3v}(7)-C_{82}：endohedral metal induced localization of pyramidalization and spin on a triple-hexagon junction. Angewandte Chemie International Edition，2010，49（50）：9715-9719.

[26] Hawkins J M，Lewis T A，Loren S D，et al. Organic-chemistry of C_{60}（buckminsterfullerene）：chromatography and osmylation. Journal of Organic Chemistry，1990，55（26）：6250-6252.

[27] Pirkle W H，Welch C J. An unusual effect of temperature on the chromatographic behavior of buckminsterfullerene. Journal of Organic Chemistry，1991，56（25）：6973-6974.

[28] Cox D M，Behal S，Disko M，et al. Characterization of C_{60} and C_{70} clusters. Journal of the American Chemical Society，1991，113（8）：2940-2944.

[29] Welch C J，Pirkle W H. Progress in the design of selectors for buckminsterfullerene. Journal of Chromatography，1992，609（1-2）：89-101.

[30] Herren D，Thilgen C，Calzaferri G，et al. Preparative separation of higher fullerenes by high-performance liquid-chromatography on a tetrachlorophthalimidopropyl-modified silica column. Journal of Chromatography，1993，644（1）：188-192.

[31] Kibbey C E，Savina M R，Parseghian B K，et al. Selective separation of C_{60} and C_{70} fullerenes on tetraphenylporphyrin silica-gel stationary phases. Analytical Chemistry，1993，65（24）：3717-3719.

[32] Jinno K，Yamamoto K，Ueda T，et al. Liquid-chromatographic separation of all-carbon molecules C_{60} and C_{70} with multilegged phenyl group bonded silica phases. Journal of Chromatography，1992，594（1-2）：105-109.

[33] Kimata K，Hosoya K，Araki T，et al. 2-（1-pyrenyl）ethyl silyl silica packing material for liquid-chromatographic separation of fullerenes. Journal of Organic Chemistry，1993，58（1）：282-283.

[34] Kimata K，Hirose T，Moriuchi K，et al. High-capacity stationary phases containing heavy-atoms for hplc separation of fullerenes. Analytical Chemistry，1995，67（15）：2556-2561.

[35] Hosoya K，Kimata K，Tanaka N，et al. Influence of pore-size and pore-size distribution of polymer-based packing materials on chromatographic-separation of carbon clusters. Journal of Liquid Chromatography，1993，16（14）：3059-3071.

[36] Anacleto J F，Perreault H，Boyd R K，et al. C_{60} and C_{70} fullerene isomers generated in flames：detection and verification by liquid-chromatography mass-spectrometry analyses. Rapid Communications in Mass Spectrometry，1992，6（3）：214-220.

[37] Kikuchi K，Nakahara N，Honda M，et al. Separation，detection，and UV/visible absorption-spectra of fullerenes C_{76}，C_{78}，C_{84}. Chemistry Letters，1991，（9）：1607-1610.

[38] Kikuchi K，Suzuki S，Nakao Y，et al. Isolation and characterization of the metallofullerene La@C_{82}. Chemical Physics Letters，1993，216（1-2）：67-71.

[39] Stevenson S，Dorn H C，Burbank P，et al. Isolation and monitoring of the endohedral metallofullerenes Y@C_{82} and Sc_3@C_{82} online chromatographic-separation with EPR detection. Analytical Chemistry，1994，66（17）：2680-2685.

[40] Stevenson S，Dorn H C，Burbank P，et al. Automated HPLC separation of endohedral metallofullerene Sc@C_{2n} and Y@C_{2n} fractions. Analytical Chemistry，1994，66（17）：2675-2679.

[41] Tan Y Z，Li J，Zhu F，et al. Chlorofullerenes featuring triple sequentially fused pentagons. Nature Chemistry，2010，2（4）：269-273.

[42] Chen J H，Gao Z Y，Weng Q H，et al. Combustion synthesis and electrochemical properties of the small hydrofullerene $C_{50}H_{10}$. Chemistry—A European Journal，2012，18（11）：3408-3415.

[43] Wu X Z，Yao Y R，Chen M M，et al. Formation of curvature subunit of carbon in combustion. Journal of the American Chemical Society，2016，138（30）：9629-9633.

[44] Zhan X X，Zhang X，Dai S M，et al. Tailorable $PC_{71}BM$ isomers：using the most prevalent electron acceptor to obtain high-performance polymer solar cells. Chemistry—A European Journal，2016，22（52）：18709-18713.

[45] Stevenson S，Rice G，Glass T，et al. Small-bandgap endohedral metallofullerenes in high yield and purity. Nature，1999，401（6748）：55-57.

[46] Wang C R，Kai T，Tomiyama T，et al. A scandium carbide endohedral metallofullerene：（Sc_2C_2）@C_{84}. Angewandte Chemie International Edition，2001，40（2）：397-399.

[47] Stevenson S，Mackey M A，Stuart M A，et al. A distorted tetrahedral metal oxide cluster inside an lcosahedral carbon cage. synthesis，isolation，and structural characterization of $Sc_4(\mu_3\text{-}O)_2@I_h\text{-}C_{80}$. Journal of the American Chemical Society，2008，130（36）：11844-11845.

[48] Dunsch L，Yang S F，Zhang L，et al. Metal sulfide in a C_{82} fullerene cage：a new form of endohedral clusterfullerenes. Journal of the American Chemical Society，2010，132（15）：5413-5421.

[49] Yang S F，Chen C B，Liu F P，et al. An improbable monometallic cluster entrapped in a popular fullerene cage：YCN@C_s(6)-C_{82}. Scientific Reports，2013，3：1487.

[50] Krause M，Ziegs F，Popov A A，et al. Entrapped bonded hydrogen in a fullerene：the five-atom cluster Sc_3CH in C_{80}. ChemPhysChem，2007，8（4）：537-540.

[51] Wang T S，Feng L，Wu J Y，et al. Planar quinary cluster inside a fullerene cage：synthesis and structural characterizations of $Sc_3NC@C_{80}\text{-}I_h$. Journal of the American Chemical Society，2010，132（46）：16362-16364.

[52] Wei T，Wang S，Lu X，et al. Entrapping a group-VB transition metal，vanadium，within an endohedral metallofullerene：$V_xSc_{3-x}N@I_h\text{-}C_{80}$（$x = 1, 2$）. Journal of the American Chemical Society，2016，138（1）：207-214.

[53] Ermer O. 3-1 Molecular-complex of hydroquinone and C_{60}. Helvetica Chimica Acta，1991，74（6）：1339-1351.

[54] Ermer O，Robke C. New host architecture of hydroquinone with enclathrated C_{70}. Journal of the American Chemical Society，1993，115（22）：10077-10082.

[55] Diederich F，Effing J，Jonas U，et al. C_{60} and C_{70} in a basket：investigations of monolayer and multilayers from azacrown compounds and fullerenes. Angewandte Chemie International Edition in English，1992，31（12）：1599-1602.

[56] Delgado G，Guzman S. Acid-induced rearrangements of the melampolide schkuhriolide：an alternative approach to the oplopane skeleton. Journal of the Chemical Society—Chemical Communications，1992，（8）：606-607.

[57] Suzuki T，Nakashima K，Shinkai S. Very convenient and efficient purification method for fullerene（C_{60}）with 5, 11, 17, 23, 29, 35, 41, 47-octa-tert-butylcalix 8 arene-49, 50, 51, 52, 53, 54, 55, 56-octol. Chemistry Letters，1994，（4）：699-702.

[58] Atwood J L，Koutsantonis G A，Raston C L. Purification of C_{60} and C_{70} by selective complexation with calixarenes. Nature，1994，368（6468）：229-231.

[59] Araki K，Akao K，Ikeda A，et al. Molecular design of calixarene-based host molecules for inclusion of C_{60} in solution. Tetrahedron Letters，1996，37（1）：73-76.

[60] Veen E M，Postma P M，Jonkman H T，et al. Solid state organisation of C_{60} by inclusion crystallisation with triptycenes. Chemical Communications，1999，（17）：1709-1710.

[61] Konarev D V，Valeev E F，Slovokhotov Y L，et al. Molecular complex of C_{60} with the concave aromatic donor dianthracene：synthesis，crystal structure and some properties. Journal of Chemical Research，Synopses，1997，（12）：442-443.

[62] Atwood J L，Barnes M J，Gardiner M G，et al. Cyclotriveratrylene polarisation assisted aggregation of C_{60}. Chemical Communications，1996，（12）：1449-1450.

[63] Matsubara H，Hasegawa A，Shiwaku K，et al. Supramolecular inclusion complexes of fullerenes using cyclotriveratrylene derivatives with aromatic pendants. Chemistry Letters，1998，（9）：923-924.

[64] Huerta E，Metselaar G A，Fragoso A，et al. Selective binding and easy separation C_{70} by nanoscale self-assembled capsules. Angewandte Chemie International Edition，2007，46（1-2）：202-205.

[65] Li M J，Huang C H，Lai C C，et al. Hemicarceplex formation with a cyclotriveratrylene-based molecular cage allows isolation of high-purity（≥99.0%）C_{70} directly from fullerene extracts. Organic Letters，2012，14（24）：

6146-6149.

[66] Shoji Y，Tashiro K，Aida T. Selective extraction of higher fullerenes using cyclic dimers of zinc porphyrins. Journal of the American Chemical Society，2004，126（21）：6570-6571.

[67] Haino T，Fukunaga C，Fukazawa Y. A new calix 5 arene-based container：selective extraction of higher fullerenes. Organic Letters，2006，8（16）：3545-3548.

[68] Zhang C X，Wang Q，Long H，et al. A highly C_{70} selective shape-persistent rectangular prism constructed through one-step alkyne metathesis. Journal of the American Chemical Society，2011，133（51）：20995-21001.

[69] Shi Y，Cai K，Xiao H，et al. Selective extraction of C_{70} by a tetragonal prismatic porphyrin cage. Journal of the American Chemical Society，2018，140（42）：13835-13842.

[70] Kishi N，Akita M，Kamiya M，et al. Facile catch and release of fullerenes using a photoresponsive molecular tube. Journal of the American Chemical Society，2013，135（35）：12976-12979.

[71] Garcia-Simon C，Garcia-Borras M，Gomez L，et al. Sponge-like molecular cage for purification of fullerenes. Nature Communications，2014，5：9.

[72] Zhang M M，Xu H C，Wang M，et al. Platinum(Ⅱ)-based convex trigonal-prismatic cages via coordination-driven self-assembly and C_{60} encapsulation. Inorganic Chemistry，2017，56（20）：12498-12504.

[73] Tsuchiya T，Sato K，Kurihara H，et al. Host-guest complexation of endohedral metallofullerene with azacrown ether and its application. Journal of the American Chemical Society，2006，128（20）：6699-6703.

[74] Nakanishi Y，Omachi H，Matsuura S，et al. Size-selective complexation and extraction of endohedral metallofullerenes with cycloparaphenylene. Angewandte Chemie International Edition，2014，53（12）：3102-3106.

[75] Diener M D，Alford J M. Isolation and properties of small-bandgap fullerenes. Nature，1998，393（6686）：668-671.

[76] Akasaka T，Wakahara T，Nagase S，et al. La@C_{82} anion. An unusually stable metallofullerene. Journal of the American Chemical Society，2000，122（38）：9316-9317.

[77] Tsuchiya T，Wakahara T，Shirakura S，et al. Reduction of endohedral metallofullerenes：a convenient method for isolation. Chemistry of Materials，2004，16（22）：4343-4346.

[78] Elliott B，Yu L，Echegoyen L. A simple isomeric separation of D_{5h} and I_h-Sc_3N@C_{80} by selective chemical oxidation. Journal of the American Chemical Society，2005，127（31）：10885-10888.

[79] Wang Z Y，Omachi H，Shinohara H. Non-chromatographic purification of endohedral metallofullerenes. Molecules，2017，22（5）：14.

[80] Coustel N，Bernier P，Aznar R，et al. Purification of C_{60} by a simple crystallization procedure. Journal of the Chemical Society—Chemical Communications，1992，（19）：1402-1403.

[81] Doome R J，Fonseca A，Richter H，et al. Purification of C_{60} by fractional crystallization. Journal of Physics and Chemistry of Solids，1997，58（11）：1839-1843.

[82] Zhou X H，Gu Z N，Wu Y Q，et al. Separation of C_{60} and C_{70} fullerenes in gram quantities by fractional crystallization. Carbon，1994，32（5）：935-937.

[83] Darwish A D，Kroto H W，Taylor R，et al. Improved chromatographic-separation of C_{60} and C_{70}. Journal of the Chemical Society—Chemical Communications，1994，（1）：15-16.

[84] Kwok K S，Chan Y C，Ng K M，et al. Separation of fullerenes C_{60} and C_{70} using a crystallization-based process. AICHE Journal，2010，56（7）：1801-1812.

[85] Pan C，Chandrasekharaiah M S，Agan D，et al. Determination of sublimation pressures of a C_{60}/C_{70} solid-solution. Journal of Physical Chemistry，1992，96（16）：6752-6755.

[86] Pan C，Sampson M P，Chai Y，et al. Heats of sublimation from a polycrystalline mixture of C_{60} and C_{70}. Journal

of Physical Chemistry，1991，95（8）：2944-2946.

[87] Yeretzian C，Wiley J B，Holczer K，et al. Partial separation of fullerenes by gradient sublimation. Journal of Physical Chemistry，1993，97（39）：10097-10101.

[88] Averitt R D，Alford J M，Halas N J. High-purity vapor-phase purification of C_{60}. Applied Physics Letters，1994，65（3）：374-376.

[89] Diener M D，Smith C A，Veirs D K. Anaerobic preparation and solvent-free separation of uranium endohedral metallofullerenes. Chemistry of Materials，1997，9（8）：1773-1777.

[90] Ogawa T，Sugai T，Shinohara H. Isolation and characterization of Er@C_{60}. Journal of the American Chemical Society，2000，122（14）：3538-3539.

[91] Raebiger J W，Bolskar R D. Improved production and separation processes for gadolinium metallofullerenes. Journal of Physical Chemistry C，2008，112（17）：6605-6612.

第5章 富勒烯的形成机理

近年来，随着富勒烯科学研究的深入和拓展，富勒烯材料在能源、材料、生物、医学等领域越来越显示出不寻常或不可替代的特性。然而，围绕 C_{60} 等富勒烯的形成这一基本科学问题却至今没有明了。为什么在高温等离子体或石墨电弧放电所产生的混沌状态中会产生结构如此完美的分子？为什么热力学上并非特别稳定的 C_{60} 的产率总是比其他富勒烯高？虽然自从 C_{60} 被发现的 1985 年起，科学界就对富勒烯的形成机理予以极大关注，三十余年来各国学者根据实验观察和理论计算提出了各种模型和可能机制，但是由于缺乏足够的实验证据，至今还没有一种机理得到实验事实的完全证明并被普遍接受。可以说，对富勒烯形成机理研究的滞后阻碍了富勒烯科学的发展，而该研究一旦取得突破，人们对富勒烯的认识、合成和利用都会迈上一个新的台阶，将有望以更高效和更经济的方法合成各种特殊结构的富勒烯，进而开发富勒烯新材料。

本章就目前提出的富勒烯形成机理进行归纳阐述，并详细概述了其中较有影响力的几种机理。需要说明的是，此处讨论所涉及的富勒烯生长环境仅限于惰性气体缓冲下的纯碳气氛，如石墨激光蒸发[1]、石墨电阻加热[2]、石墨电弧放电[3]等，而富勒烯在其他条件下的合成，如碳氢火焰燃烧[4]、有机化学合成[5, 6]等，由于涉及的元素种类较多，富勒烯形成机理差异较大，不在本章讨论的范围。

关于富勒烯的形成过程，目前科学界主要有三种观点：一种观点认为富勒烯是从碳原子或 C_2、C_3 等小碳簇聚合生长而成，即“自下而上”（bottom-up）生长；也有实验证据表明，富勒烯可由石墨或石墨片层经过键的断裂和若干碳原子的解离后直接翻卷而成，即“自上而下”（top-down）生长；第三种观点认为，在富勒烯生长过程中碳原子或小碳簇首先聚集形成巨富勒烯，巨富勒烯再高温缩合形成 C_{60} 等常见的富勒烯，即“先上后下”（size-up/size-down）生长。

5.1 “自下而上”生长机理

富勒烯“自下而上”生长的实验证据主要来源于 $^{12}C/^{13}C$ 的同位素争夺实验。

1990 年，Meijer 等[7]最早以 1∶1 混合的 ^{12}C/^{13}C 石墨粉为原料，采用激光蒸发的方法合成得到微克级的 C_{60} 和 C_{70}，质谱分析表明 ^{12}C 和 ^{13}C 在产物中的质量分布遵循统计规律，未得到单一同位素分布的 $^{12}C_{60}$ 或 $^{13}C_{60}$。将 ^{12}C 和 ^{13}C 依不同比例混合制成石墨棒，以电弧放电方式产生富勒烯，根据 ^{12}C 和 ^{13}C 的质量分布情况来研究富勒烯可能形成过程的一系列实验也表明[8-10]，在电弧放电条件下，石墨首先被气化为碳原子或 C_2、C_3 等小碳簇，随后发生聚集形成碳链和碳环，并最终冷凝形成富勒烯碳笼。这些研究结果毫无疑问都支持富勒烯“自下而上”的生长方式。然而，这些碳链和碳环是如何转变至封闭碳笼，碳笼又是如何进一步生长至更大、更稳定的富勒烯或其他含碳材料，目前科学界仍是众说纷纭，科学家们提出各种可能机制试图来解释这一过程[11, 12]，其中较有影响力的有“团队路线”（party line）[13]，“五元环道路”（pentagon road）[11, 14, 15]，“环融合和重构道路”（ring coalescence and annealing）[16-18]和“富勒烯道路”（fullerene road）[19]等。

5.1.1 碳笼的形成过程

在激光蒸发或电弧放电作用下石墨气化为碳原子或 C_2、C_3 等小碳簇，这些小碳簇逐渐聚集形成线形碳链，Bowers 及其合作者的离子色谱实验表明[20-24]，当碳原子数超过 9 时，线形碳链将相互结合形成环状结构，而当碳原子数超过 30 时，环状结构将转变为更稳定的富勒烯碳笼结构。目前关于富勒烯碳笼自碳链和碳环的形成过程主要有以下几种观点。

1. “团队路线”和“五元环道路”

早在 C_{60} 被发现后不久的 1986 年，Smalley 等根据实验结果就提出了一种可能的富勒烯生长机制，即“团队路线”[13]。他们认为：在激光蒸发石墨的过程中会产生许多碳原子或小碳簇，碳原子和小碳簇逐渐聚集形成链状物质，链状物质之间相互结合形成环状结构，并逐步形成至 25～30 个碳原子的多环结构。由于这些多环结构周边具有更多的悬挂键，因而比线形碳链（两个悬挂键）或单环结构（无悬挂键）反应活性更高，将发生结构重排，形成包含五元环和六元环的石墨碎片结构。五元环的形成减少了悬挂键的数目，并因此使结构发生卷曲。五元环的数目越多，石墨碎片卷曲的程度越大，最终生长成封闭的富勒烯，而封闭的碳笼一旦形成就会因为悬挂键的消除而停止生长。

然而，尽管有悬挂键，多环结构发生重排并形成五元环的可能性还是很小，要形成足够多的五元环并生成封闭碳笼的机会更是微乎其微，更可能发生的是生成鹦鹉螺状的多层结构而不是完整的富勒烯碳笼。因此，按照这一机制，富勒烯 C_{60} 出现的机会也很少，这显然与电弧放电方法可以大规模制备 C_{60} 的事实不符。为此，Smalley 等修改了他们的“团队路线”，又提出了被称为“五元环道路”的富勒烯生长机制。

Smalley 等认为[11, 14, 15]，富勒烯的形成首先应该遵循“五元环规则”（pentagon rule），即由碳原子聚集而成的最低能量石墨碎片应该满足以下三个特征：①只由五元环和六元环组成；②包含尽可能多的五元环；③不含相邻五元环。当碳原子数目生长至 20～30 时，遵循此规则的石墨碎片多为碗状团簇结构，其悬挂键的数目将显著少于只含六元环的石墨碎片，能量上也最为有利（图 5-1）。当碳原子数增加到 60 时，石墨碎片的悬挂键变为零，将形成第一个封闭的碳笼结构，即 C_{60}。封闭的富勒烯一旦形成，就会因其开口边缘的消失而停止生长。按照这一生长机制，只要调整反应条件，使石墨碎片在反应腔体中能有足够的时间经历退火、重排，形成符合“五元环规则”的最低能量团簇结构，就可以最终形成封闭的富勒烯碳笼。

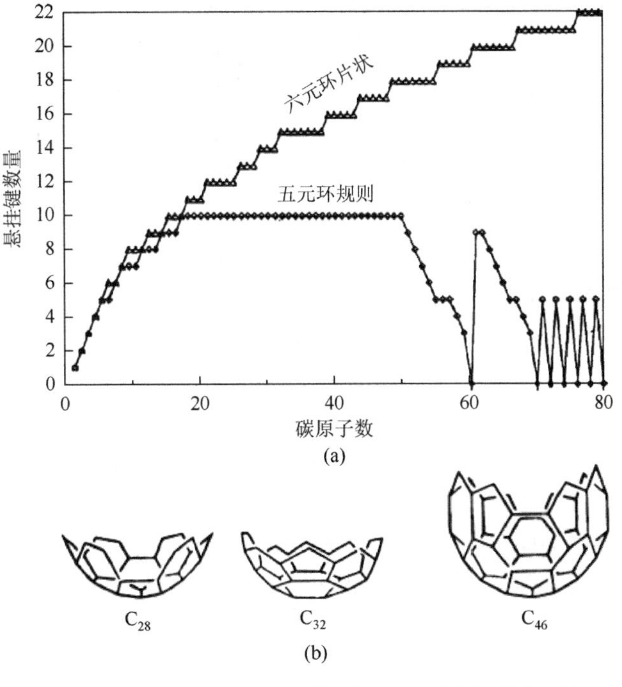

图 5-1　(a) 只含六元环和符合“五元环规则”的石墨碎片悬挂键的数目与碳原子数的关系图；(b)“五元环道路”所预测的富勒烯碗状中间体[11, 14]

按照 Smalley 的这一机制，似乎也就不难理解早期激光蒸发石墨的实验中 C_{60} 产率不高的原因：脉冲激光产生的高温、高密度等离子体具有极快的生长速度，并以超音速向周围低温区扩散并冷凝，还没来得及重排以形成足够多的五元环（12 个）之前就停止了生长。而在石墨电弧放电实验中，惰性气体将那些在石墨蒸发过程中形成的碳原子及石墨碎片限制在石墨棒周围的高温气体区域范围内，减缓它们向较冷气体区域的扩散，因而大大降低了它们的冷却速度。由于被限制在高温气体区域范围内，它们可以发生必要结构重排，形成符合“五元环规则”的碗状石墨碎片结构。而在富勒烯形成的退火阶段，这些碗状团簇按上述最低能量原则，在其具有反应活性的开口边缘以 C_2 或其他小碳簇不断增加的方式生长，直至形成封闭碳笼。封闭的富勒烯一旦形成，就会因其开口边缘的消失而停止生长。根据 Smalley 的这一理论，尽管 C_{60} 在热力学上的稳定性不如 C_{70} 或其他大碳笼富勒烯[25-27]，但 C_{60} 却是富勒烯形成过程中第一个不含相邻五元环的富勒烯，在动力学上最为有利，这也就不难理解 C_{60} 产率异常高的原因。

最近，厦门大学谢素原等以仅含一个碳原子的氯仿为反应起始物，采用微波等离子体[28]、辉光放电[29, 30]和激光溅射[31]等方法合成得到了一定量的 C_{60} 和 C_{70} 等富勒烯，并分离得到包括六氯苯（C_6Cl_6）、八氯萘（$C_{10}Cl_8$）、全氯代苊烯（$C_{12}Cl_8$）、全氯代苯并苊烯（$C_{16}Cl_{10}$）、全氯代心轮烯（$C_{20}Cl_{10}$）在内的一系列全氯代碳簇，后三种化合物包含了形成富勒烯所必需的五元环，都可以看作是 C_{60} 形成过程中稳定下来的中间体，说明了氯原子参与下碳簇的生长过程。但是由于氯原子的介入可能会对这些反应中间体的热力学和动力学稳定性产生影响，并可能因此改变富勒烯的形成过程，所以这种利用外来原子来稳定这些中间体的做法存在一定的局限性，不足以说明纯碳气氛中富勒烯的形成过程。最近，该组提出合成反应条件下形成的 C_{60} 可以作为富勒烯形成中间体的原位捕获试剂[32]，由于这一方法不需要引入其他的捕获试剂，对富勒烯的形成过程不会产生影响，这可能是解决这一矛盾的途径，然而，值得指出的是，该实验仍然存在很大的偶然性。

“五元环道路”解释了激光蒸发和电弧放电条件下富勒烯碳笼封闭结构的形成过程，对 C_{60} 产率异常高的原因也给出了足够的说明，然而，许多理论和实验研究也对“五元环道路”提出了疑问：迄今还没有足够的实验能证明富勒烯形成过程中含有大量“五元环道路”所预言的符合“五元环规则”的碗状中间体的存在[20-24]；理论研究表明，“五元环道路”所预测的含五元环碗状中间体的能量反而比不含五元环的平面结构高[33]。因此，这一理论在解释实验现象和理论结果的过程中仍然存在许多不尽人意的地方。

2. “环融合和重构道路”

大量实验证据表明，中等大小的碳环可以相互结合并重排形成富勒烯，而无须经历 C_2、C_3 等小碳簇的逐步加成反应。例如，Rubin 和 McElvany 等[34, 35]分别通过质谱实验表明，在激光解离作用下，$C_{18}(CO)_6$、$C_{24}(CO)_8$ 和 $C_{30}(CO)_{10}$（图 5-2）可以脱附 CO 形成环状全碳分子，并聚合形成稳定的富勒烯 C_{60} 或 C_{70}。在他们的激光解离质谱实验中，C_{60}^+ 或 C_{70}^+ 是最主要的生成物种，并且未发现有“五元环道路”所描述的 C_2 加成现象。受他们的实验启发，Kroto 和 Walton 提出[36]：含 60 个碳原子的多炔碳环有可能直接重排生成富勒烯分子。

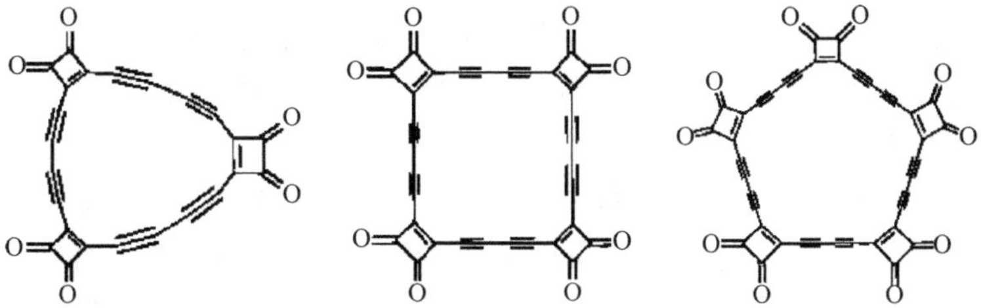

图 5-2　$C_{18}(CO)_6$、$C_{24}(CO)_8$ 和 $C_{30}(CO)_{10}$ 的结构示意图

事实上，Bowers 及其合作者的一系列实验也证明了全碳离子 C_n^+（n≥33）在退火条件下很容易异构化为富勒烯结构[16, 24, 37]。在这些实验现象的基础上，1993 年，Bowers 等[16]提出富勒烯生长的另一种可能机制：碳原子和其他小碳簇首先聚集形成线形碳链，线形碳链相互结合形成碳环，而生长到较大尺寸的碳环 C_n（n≥33）经过退火和异构化形成富勒烯碳笼，同时释放出碳原子或 C_2、C_3 基团（图 5-3）。

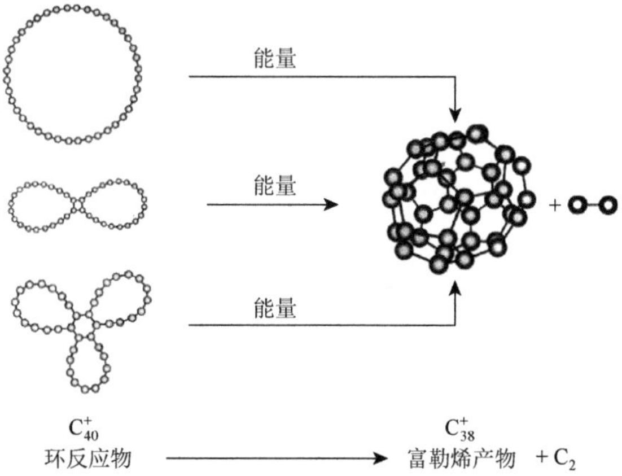

图 5-3　Bowers 的“环融合和重构道路”示意图[16]

Jarrold 等也给出了支持这一机制的实验证据[17, 18, 38, 39]。他们的研究表明：含 50～70 个碳原子的平面多环结构异构化成富勒烯所需的活化能（约 2.5 eV）甚至小于 C—C σ键的键能（约 4 eV）；碳环含碳数越多，异构化为富勒烯的概率越大；和其他环状团簇（如 C_{58}^+）类似，C_{60}^+ 在退火条件下也会异构化为富勒烯。这些实验结果都支持富勒烯的形成过程无须经过碗状富勒烯碎片的中间过程，可以直接从中等大小的碳环生长而来。在大量实验现象的基础上，Jarrold 及其合作者进一步发展了 Kroto 和 Walton 的理论，并提出由碳环生长为富勒烯的具体途径。他们认为[18]，在富勒烯的形成过程中，两个中等大小的碳环首先通过［2＋2］环加

成反应生成包含四元环的双周环（图 5-4），随后经过连续的伯格曼环化反应（Bergman cyclization）、自由基环化反应和逆［2+2］环加成反应形成一个包含两个六元环的富勒烯中间体，而较长的多炔碳链则以螺旋形的方式环绕在四周，最后通过环缩合（zipping up）反应形成相应的富勒烯（图 5-5）。根据多炔碳链的长短不同可以得到不同大小的富勒烯。Jarrold 理论认为，由于 C_{60} 是在富勒烯形成过程中第一个具有相间五元环的富勒烯，具有特别的稳定性，不容易发生进一步的加成反应，因此含量最高。此外，随着分子量的增加，碳簇的单环结构变得越来越不稳定，而富勒烯异构体的稳定性却随分子量的增加而增大。因此，在 60～70 碳原子时，碳簇重排为富勒烯的可能性比单环结构大，这也增加了富勒烯的产率。

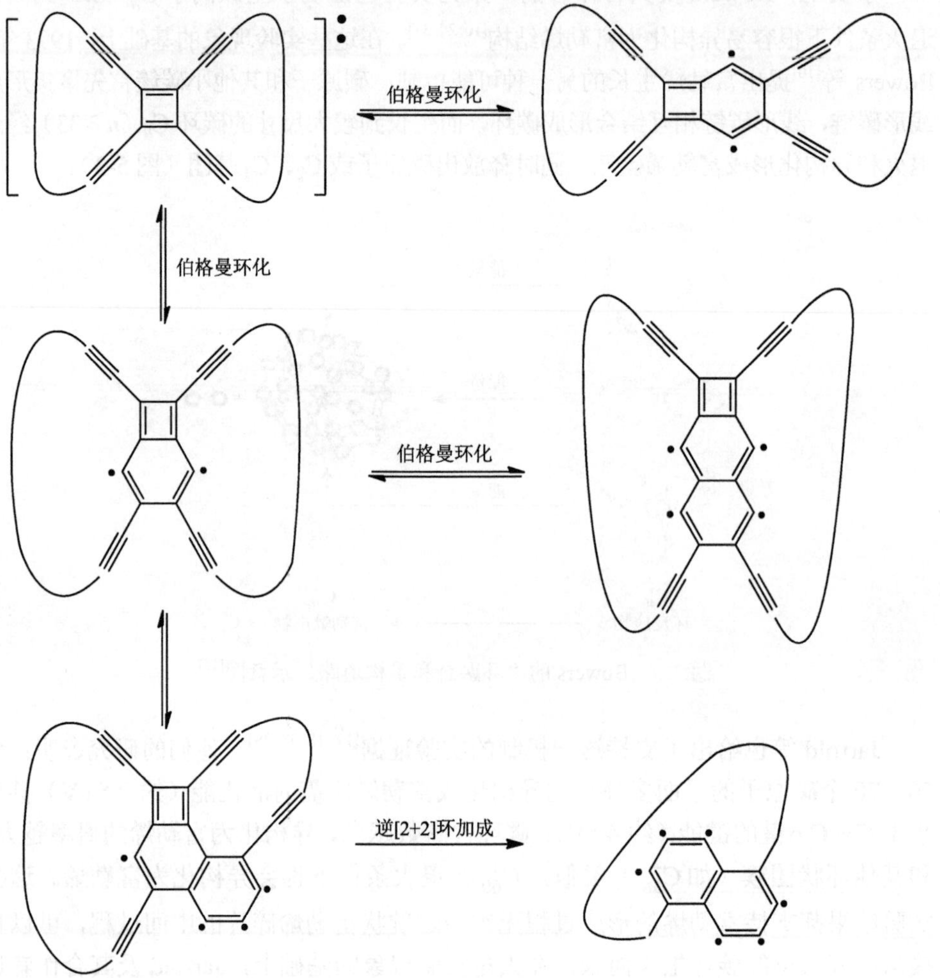

图 5-4　平面双周环经伯格曼环化反应、自由基环化反应和逆［2+2］环加成反应形成富勒烯中间体示意图[12]

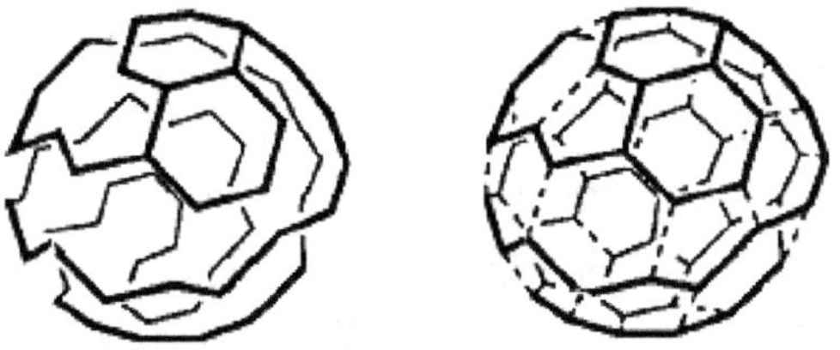

图 5-5 含螺旋形多炔碳链的富勒烯中间体缩合形成富勒烯 C_{60} 示意图[12]

5.1.2 碳笼的再生长过程

石墨在激光蒸发和电弧放电条件下被气化为碳原子或其他小碳簇，这些碳原子和小碳簇逐渐生长形成碳链和碳环，上述这些机制分别给出了从碳链和碳环转变为富勒烯碳笼的可能途径，部分说明了这些条件下 C_{60} 的形成过程，对 C_{60} 和 C_{70} 在碳灰中产率特别高的原因也给出了相应的解释。但事实上，除了 C_{60} 和 C_{70} 外，在石墨激光蒸发和电弧放电产物中也能检测到大量的其他含碳物质，如小富勒烯（C_{30}～C_{58}）、大碳笼富勒烯（C_{76}～C_{96}）、碳纳米管等，上述机制对这些物质的形成过程，以及对合成反应条件下形成的 C_{60} 等富勒烯是否还会继续生长至更大、更稳定的富勒烯或其他含碳分子等问题都没有给予回答。

1. “富勒烯道路”

1991 年，Heath 就富勒烯碳笼的再生长过程提出“富勒烯道路”[19]。他认为，在合成反应条件下形成的富勒烯，如果含碳原子数小于 60，那么富勒烯球面上必然存在相邻分布的五元环。由于违反独立五元环规则，这些小富勒烯将不稳定并具有较高的反应活性，通过在[5, 5]键活性位点处不断增加 C_2 基团的方式，这些小富勒烯将越长越大。在能量最低的要求下，不断增加的 C_2 基团使富勒烯生长的每一步都尽可能使独立五元环的数目达到最大，直至形成完全不含相邻五元环的富勒烯，如 C_{60}。此外，通过 Stone-Wales 转变[40]也可以形成含最少相邻五元环的富勒烯异构体。

通过在石墨电弧放电过程中引入活性反应物 CCl_4，厦门大学郑兰荪课题组首次成功合成并表征了小富勒烯 C_{50} 的笼外修饰衍生物 $C_{50}Cl_{10}$[41]，说明违反独立五元环规则的非 IPR 富勒烯可以通过笼外衍生的方法使其稳定化。应用这一思路和方法，包括 C_{2v}-#1809C_{60} 和 C_s-#1804C_{60} 在内的其他十余种 C_{54}～C_{78} 非 IPR 富勒烯也被一一分离得到（见 2.1 节）[42-45]。通过同位素标记实验，结合电弧放电反应器中传质和传热计算，厦门大学谢素原等模拟了反应器中温度分布和 ^{13}C 同位素浓度分布，结果表明，这些非 IPR 富勒烯与 C_{60} 都是在离电弧中心 2～3 mm，温度高达 2000～2500 K 的区域范围内形成，并在离电弧中心较远（30～33 mm）、温度低得多（700～730 K）的范围内被氯原子所捕获[45]。由此可见，电弧反应器中的氯原子并没有影响到富勒烯碳笼的形成过程，这些氯原子捕获得到的非 IPR 富勒烯很可能是 C_{60} 等 IPR 富勒烯按“富勒烯道路”形成过程中的重要中间体。

“富勒烯道路”认为，含 30～58 个碳原子的小富勒烯是 C_{60} 形成过程中的重要中间体，由于 C_{60} 在碳灰中的含量最多，所以可以想象在高温等离子体或石墨电弧放电产物中必须包含有足够浓度的 C_2 等碳原子小基团，只有这样才能使大量的小富勒烯转变成不含相邻五元环的 C_{60}。然而，Heath 理论对比 C_{60} 更大的其他富勒烯的形成过程却缺乏足够的说明，也不能解释内嵌富勒烯的形成。因为按照“富勒烯道路”，小富勒烯（如 C_{32}）在通过 C_2 增加方式长大成 C_{60} 之前可能因为碳笼太小而无法容纳金属原子，在它生长形成 C_{60} 后，金属原子也不太可能钻穿进入笼内。

2.“闭合网络生长”道路

2012 年，Kroto 等[46]研究发现，在氦气气氛下，以脉冲激光蒸发掺杂富勒烯 C_{60} 的石墨靶，采用傅里叶变换离子回旋共振质谱检测到一系列团簇 C_{60+2n}，而小于 60 个碳原子的团簇没有检测到，说明这些团簇可以由 C_{60} 直接生长而来。进一步的碰撞诱导解离实验以及氢气气氛下的团簇生长实验表明，这些碳团簇都具有富勒烯笼状结构。此外，产物中也未检测到内嵌 He 原子的富勒烯，如 He@C_{60}，说明 C_{60} 在转变至这些团簇的过程中始终保持封闭碳笼结构，未发生开笼现象。根据 ^{13}C 同位素标记实验并结合理论计算，他们提出富勒烯生长的“闭合网络生长”（closed network growth）机制：石墨在激光蒸发作用下气化为碳原子或其他小碳簇，通过 C_2 插入或连续 C_1 插入的方式与富勒烯 C_{60} 反应，逐步形成更大的富勒烯 C_{60+2n}。在富勒烯形成过程中，C_{60} 始终保持笼状结构，而反应气氛中碳原子和富勒烯碳笼之间的碳原子交换反应被证明对碳笼重排并生成稳定结构具有催化促进作用。

他们以脉冲激光蒸发掺杂富勒烯 C_{70}、C_{76}、C_{78}、C_{84} 的石墨靶也得到了相似幻数分布的富勒烯，说明富勒烯的形成遵循相同的“闭合网络生长”机制，而且，在这些实验中都没有发现 C_{60} 的质谱峰，说明 C_{60} 不能由更大的富勒烯转变而来，更可能发生的是由小富勒烯通过 C_2 插入或连续 C_1 插入的方式逐步生长而成。由于 C_{60} 具有独立五元环的稳定结构，发生 C_1 或 C_2 插入反应的可能性小于其他富勒烯，这也解释了碳灰中 C_{60} 产率较高的原因。

关于富勒烯碳笼的再生长过程，Kroto 的理论与 Heath 的“富勒烯道路”具有异曲同工之处，并且较好地解释了比 C_{60} 更大的其他富勒烯的形成过程。按照 Kroto 理论，只要体系中碳原子蒸气的密度足够大，碳原子和富勒烯反应的时间足够长，富勒烯就可以无限制地生长下去，并有可能合成得到包括碳纳米管在内的各种碳纳米材料。

5.2 “自上而下”机理

$^{12}C/^{13}C$ 的同位素争夺实验为富勒烯的“自下而上”生长机制提供了有利的实验证据，能够解释部分实验现象。但这些实验大多在气相条件下完成，对各种可能的富勒烯中间体的表征也仅局限于质谱或相关技术，由于缺乏直接的结构信息，更无法进行反应中间体的原位跟踪，因而对富勒烯形成过程中的许多细节问题仍不明了。

最近，Chuvilin 等[47]利用球差校正透射电子显微技术观察到石墨烯片在高能电子束作用下直接卷曲为富勒烯的过程（图 5-6）。这一实验为富勒烯的形成过程提供了直接的实验证据，说明富勒烯的形成无须经过碳原子或其他小碳簇等前驱体，可从石墨烯片直接翻卷而成。根据实验现象并结合量化计算，他们提出富勒烯按“石墨烯道路”（graphene road）生长的具体过程：在高能电子束作用下，石墨烯片解离失去部分边缘碳原子，由此造成悬挂键数目的增加。为减小悬挂键的数目，石墨烯片将发生结构重排，形成含有五元环的石墨片层结构。五元环的形成减小了悬挂键的数目，并使石墨烯片发生卷曲，形成碗状的中间体。在电子束的持续照射下，碗状中间体失去开口边缘的部分碳原子，为满足能量最低要求，碗状中间体将发生重排以形成更多的五元环，并使结构进一步卷曲，直至形成完全封闭的碳笼结构。通过 Stone-Wales 转变可以形成含最少相邻五元环的富勒烯异构体。

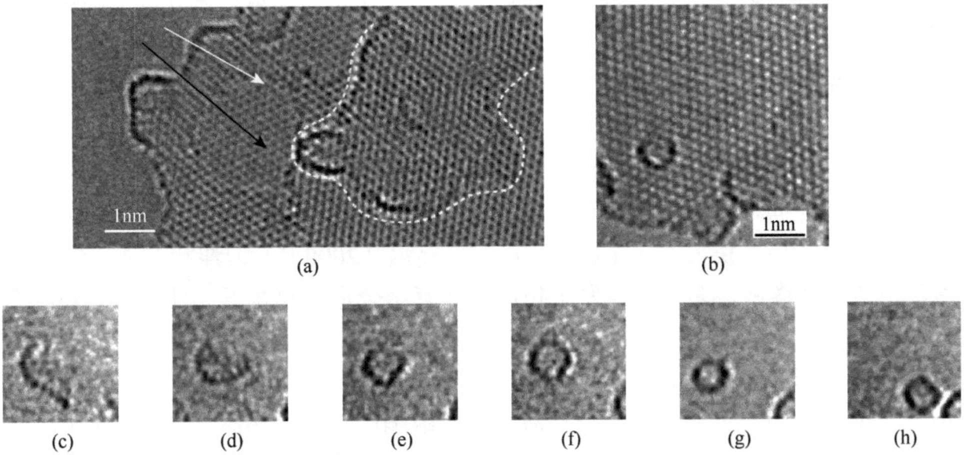

图 5-6　透射电子显微镜观察到的石墨烯片翻卷为富勒烯的过程[47]

图（a）中黑色箭头指示双层石墨烯，可作为衬底；白色箭头指示一片石墨烯（单层）吸附在基底上

事实上，早在 20 世纪 90 年代就有实验证据表明富勒烯可以从石墨直接转变而来，但这些实验大多未给出相关的形成机制。例如，1992 年 Ugarte 研究发现在电子束作用下，石墨边缘会发生卷曲，并提出：对有限尺寸的石墨碎片而言，平

面结构并不是最稳定的构型[48]。随后 Fuller 等进一步的研究发现，在电子束照射下石墨的（001）面会发生脱落，并产生结构弯曲，直至形成封闭的不规则笼状结构[49]。1994 年厦门大学郑兰荪课题组[50]以脉冲激光在高真空中溅射不同取向的单晶态高定向热解石墨（HOPG）、多晶态石墨及玻璃态碳等碳材料，通过比较产生的碳团簇飞行时间质谱时发现，当入射激光束垂直于 HOPG 的（001）晶面（即六元环平面）时，所产生的正离子主要是 C_{60}^+ 和 C_{70}^+，而当入射激光束与该晶面平行时，则在质谱中观察不到 C_{60}^+ 及其他富勒烯的质谱信号。这些实验结果说明，C_{60} 的产生与石墨样品的晶面及取向密切相关，富勒烯的形成可能是由石墨的六元环平面经过键的断裂和若干碳原子的解离直接翻卷而成。由于普通石墨的晶面取向是无序的，只有很少一部分晶面垂直于入射激光束，所以当对普通石墨进行激光溅射实验时，只能检测到少量的 C_{60} 和 C_{70} 信号。从其他不含六元环的碳材料如玻璃态碳出发，则完全检测不到 C_{60} 及其他富勒烯的质谱信号。

5.3 “先上后下”机理

除 C_{60} 和 C_{70} 外，在石墨激光蒸发实验中还发现有大量含很多碳原子数的碳簇 C_n（$n>200$），这些碳簇也都具有封闭碳笼结构，被称为“巨富勒烯”[11, 51]。研究发现，这些巨富勒烯在光分解的条件下能逐步失去 C_2 单元，并按“收缩-包裹”（shrink-wrap）机制形成更小的富勒烯[11, 15, 52]。这些实验现象显然支持富勒烯“先上后下”的生长方式，即碳原子和其他小碳簇首先聚集形成巨富勒烯，巨富勒烯在高温或光分解的条件下逐步失去 C_2 单元，并收缩形成 C_{60} 等富勒烯。

最近，Irle 等[53-57]利用分子动力学模拟对偏离热力学平衡状态下碳原子蒸气中 C_{60}、C_{70} 等富勒烯的形成过程进行了研究，也给出了支持富勒烯“先上后下”生长的理论证据。他们认为富勒烯的形成遵循“巨富勒烯收缩道路”，具体包含两步：第一步是“长大”（size-up）过程。高温（2000 K）混沌状态下，C_2 基团聚集形成多炔碳链，多炔碳链发生扭曲并相互结合形成包含五元环和六元环的多环结构，经过碳链和碳环间的融合反应或 C_2 加成反应，这些多环结构越长越大，并最终卷曲形成缺陷巨富勒烯（不完全闭合或碳笼上连有碳链）。第二步是“变小”（size-down）过程。处于振动激发态的缺陷巨富勒烯在高温（3000 K）退火条件下剥离多余碳链，并逐步失去 C_2 单元，最终“收缩-包裹”为结构完美的 C_{60} 等富勒烯。

从某种意义上说，这种“先上后下”的富勒烯形成过程可以看成是“自下而上”和“自上而下”结合生长形成富勒烯的过程：C_2 基团“自下而上”聚集形成巨富勒烯，其形成过程涉及“团队路线”、“五元环道路”和“环融合和重构道路”；处于高振动激发态的巨富勒烯“自上而下”逐渐“收缩-包裹”形成更小的碳笼。与“自下而上”和“自上而下”生长过程相比，这种“先上后下”的富勒烯生长机制包含了富勒烯形成过程中出现的各种实验现象和可能机制——高温、C_2基团、多炔碳链、巨富勒烯、“收缩-包裹”、“团队路线”、“五元环道路”和“环融合和重构道路”，因而从理论上更系统地说明了富勒烯的形成过程。

最近，Huang 等[58]通过原位高分辨透射电子显微镜观察到多壁碳纳米管内巨富勒烯 C_{1100}和 C_{1300}的逐步收缩过程，首次从实验上证明了 Smalley 的“收缩-包裹”机制和 Irle 的“巨富勒烯收缩道路”。然而，对热力学上更为稳定的巨富勒烯在高温下如何失去 C_2 单元并收缩为 C_{60} 等富勒烯的驱动力问题，这些理论和实验都没给出足够的解释，Curl 等[59]认为富勒烯之间的 C_2 交换反应很可能是“巨富勒烯收缩”生长形成 C_{60} 等富勒烯的驱动力。

5.4　总结

富勒烯的形成机理多年来一直是富勒烯研究的焦点问题，科学家们设计了大量的实验和理论计算来探索富勒烯的形成过程，并提出了各种模型和可能机理，这些机理在解释实验现象时各有千秋，但又或多或少都存在与事实相悖的地方。

富勒烯的“自下而上”形成过程长时间以来都为人们所普遍接受，根据这一机理，通过对各反应装置的各项参数进行调整和优化，人们已经合成并分离得到了大量富勒烯新结构，大大促进了富勒烯科学的发展。但是，这一机理仍然存在不完善或与事实不相符的地方，例如，“五元环道路”所预测的碗状石墨碎片（特别是大于 20 个碳原子的较大碎片）始终不曾为实验所发现，理论计算也表明这些结构在能量上是不利的；“环融合和重构道路”尽管得到科学界更多的认可，由 18、24 和 30 个碳原子组成的碳环都已为实验证明能直接聚合形成富勒烯 C_{60}或 C_{70}，然而，对环融合或重构至富勒烯过程中可能存在的中间产物同样也缺乏足够的实验证据；“富勒烯道路”较好地解释了富勒烯碳笼的再生长过程，但却不能解释内嵌富勒烯的形成。此外，通过石墨激光蒸发或石墨电弧放电等方法合成得到的往往是多种富勒烯的混合物，各种产物的含量也参差不齐，说明这些富勒烯或其中间体的形成是一个具有一定概率的过程，今后研究的重点应该集中在对实验装置各项参数（包括石墨电极的间距、电源的种类和输出功率、惰性气体的种类和压力、碳棒的尺寸和形状等）的精细调整和优化上，以期进一步提高富勒烯的产率，并发现更多的富勒烯新结构。另外，“自上而下”生长形成富勒烯机理中，由石墨烯直接卷曲形成富勒烯的实验虽然为富勒烯的形成过程提供了直接的实验证据，但电子显微镜下观察到的是十分局部的实验现象，其实验条件也与石墨激光蒸发和电弧放电大相径庭，不足以说明富勒烯在这些条件下的形成过程。相比之下，理论上预测的“先上后下”机理涉及富勒烯形成过程的各种实验现象和可能机制，因而在理论上能够较系统地解释富勒烯的形成，但这一机理显得过于笼统、复杂，仍然需要更多的实验证据。

可以说，至今还没有一种理论得到实验事实的完全证明并被普遍接受，要打开这扇“球门”，确定富勒烯形成机理的关键在于反应中间体的捕获和表征。然而，这些反应中间体必然十分活泼和不稳定，因此才有可能继续生长形成稳定的C_{60}等富勒烯，由此也造成了相关研究的难度。科学家们在捕获中间体方面做了许多积极有意义的尝试，如在合成反应的气氛中引入捕获试剂（如NCCN、Cl_2、甲醇、丙烯等），试图稳定各种亚稳态的中间体[60-62]，但是这些研究所表征的产物大多含碳原子数较少，而且没有观察到 C_{60} 等富勒烯，说明外来原子的引入影响了富勒烯的形成，因而对确定富勒烯的形成机理作用不大。早在 20 世纪 80 年代厦门大学郑兰荪课题组就开始了富勒烯的形成机理研究，发展了多种形成和研究富勒烯的方法。他们通过在石墨电弧放电过程中引入 CCl_4 等活性物质，已经成功捕获、分离并表征得到一系列 C_{50}～C_{78} 的非 IPR 富勒烯[41-45]。这些非 IPR 富勒烯虽然在结构上不稳定，但在富勒烯研究中却具有重要的作用，它们很可能是 C_{60} 等 IPR 富勒烯生长过程中的重要前驱体或中间产物，对它们结构和性质的研究以及对人们正确认识富勒烯的形成过程具有重要的指导意义。

总之，富勒烯的形成机理仍旧是一个值得推敲和争论的问题，要揭开富勒烯形成机理的神秘面纱还有待于更充分的实验和理论研究。

参考文献

[1] Kroto H W，Heath J R，O'brien S C，et al. C_{60}：buckminsterfullerene. Nature，1985，318（6042）：162-163.

[2] Krätschmer W，Lamb L D，Fostiropoulos K，et al. Solid C_{60}：a new form of carbon. Nature，1990，347（6291）：354-358.

[3] Haufler R E，Conceicao J，Chibante L P F，et al. Efficient production of C_{60}（buckminsterfullerene），$C_{60}H_{36}$，and the solvated buckide ion. Journal of Physical Chemistry，1990，94（24）：8634-8636.

[4] Howard J B，Mckinnon J T，Makarovsky Y，et al. Fullerenes C_{60} and C_{70} in flames. Nature，1991，352（6331）：139-141.

[5] Boorum M M，Vasil'ev Y V，Drewello T，et al. Groundwork for a rational synthesis of C_{60}：cyclodehydrogenation of a $C_{60}H_{30}$ polyarene. Science，2001，294（5543）：828-831.

[6] Scott L T，Boorum M M，Mcmahon B J，et al. A rational chemical synthesis of C_{60}. Science，2002，295（5559）：1500-1503.

[7] Meijer G，Bethune D S. Laser deposition of carbon clusters on surfaces：a new approach to the study of fullerenes. The Journal of Chemical Physics，1990，93（11）：7800-7802.

[8] Yannoni C S，Bernier P P，Bethune D S，et al. NMR determination of the bond lengths in C_{60}. Journal of the American Chemical Society，1991，113（8）：3190-3192.

[9] Hawkins J M，Meyer A，Loren S，et al. Statistical incorporation of $^{13}C_2$ units into C_{60}. Journal of the American Chemical Society，1991，113（24）：9394-9395.

[10] Ebbesen T W, Tabuchi J, Tanigaki K. The mechanistics of fullerene formation. Chemical Physics Letters, 1992, 191 (3-4): 336-338.

[11] Smalley R E. Self-assembly of the fullerenes. Accounts of Chemical Research, 1992, 25 (3): 98-105.

[12] Goroff N S. Mechanism of fullerene formation. Accounts of Chemical Research, 1996, 29 (2): 77-83.

[13] Zhang Q L, O'brien S C, Heath J R, et al. Reactivity of large carbon clusters: spheroidal carbon shells and their possible relevance to the formation and morphology of soot. The Journal of Physical Chemistry, 1986, 90 (4): 525-528.

[14] Haufler R E, Chai Y, Chibante L P F, et al. Carbon arc generation of C_{60}. MRS Online Proceedings Library Archive, 1990, 206: 627-637.

[15] Curl R F, Smalley R E. Fullerenes. Scientific American, 1991, 265 (4): 54-63.

[16] Von Helden G, Gotts N G, Bowers M T. Experimental evidence for the formation of fullerenes by collisional heating of carbon rings in the gas phase. Nature, 1993, 363 (6424): 60-63.

[17] Hunter J, Fye J, Jarrold M F. Annealing C_{60}^+: synthesis of fullerenes and large carbon rings. Science, 1993, 260 (5109): 784-786.

[18] Hunter J M, Fye J L, Roskamp E J, et al. Annealing carbon cluster ions: a mechanism for fullerene synthesis. The Journal of Physical Chemistry, 1994, 98 (7): 1810-1818.

[19] Heath J R. Synthesis of C_{60} from small carbon clusters. ACS Symposium Series, 1992, 481: 1-23.

[20] Von Helden G, Hsu M T, Kemper P R, et al. Structures of carbon cluster ions from 3 to 60 atoms: linears to rings to fullerenes. The Journal of Chemical Physics, 1991, 95 (5): 3835-3837.

[21] Von Helden G, Kemper P R, Gotts N G, et al. Isomers of small carbon cluster anions: linear chains with up to 20 atoms. Science, 1993, 259 (5099): 1300-1302.

[22] Van Helden G, Gotts N G, Palke W E, et al. Structures and energies of small carbon clusters: what experiment and theory have to say about C_8^+, C_9^+ and C_{10}^+. International Journal of Mass Spectrometry and Ion Processes, 1994, 138: 33-48.

[23] Von Helden G, Hsu M T, Gotts N G, et al. Do small fullerenes exist only on the computer? Experimental results on $C_{20}^{+/-}$ and $C_{24}^{+/-}$. Chemical Physics Letters, 1993, 204 (1-2): 15-22.

[24] Von Helden G, Hsu M T, Gotts N, et al. Carbon cluster cations with up to 84 atoms: structures, formation mechanism, and reactivity. Journal of Physical Chemistry, 1993, 97 (31): 8182-8192.

[25] Scuseria G E. The equilibrium structure of C_{70}. An *ab initio* Hartree-Fock study. Chemical Physics Letters, 1991, 180 (5): 451-456.

[26] Dunlap B I, Brenner D W, Mintmire J W, et al. Local density functional electronic structures of three stable icosahedral fullerenes. The Journal of Physical Chemistry, 1991, 95 (22): 8737-8741.

[27] Fowler P W. How unusual is C_{60}? Magic numbers for carbon clusters. Chemical Physics Letters, 1986, 131 (6): 444-450.

[28] Xie S Y, Huang R B, Yu L J, et al. Microwave synthesis of fullerenes from chloroform. Applied Physics Letters, 1999, 75 (18): 2764-2766.

[29] Xie S Y, Huang R B, Deng S L, et al. Synthesis, separation, and characterization of fullerenes and their chlorinated fragments in the glow discharge reaction of chloroform. The Journal of Physical Chemistry B, 2001, 105 (9): 1734-1738.

[30] Xie S Y, Huang R B, Chen L H, et al. Glow discharge synthesis and molecular structures of perchlorofluoranthene and other perchlorinated fragments of buckminsterfullerene. Chemical Communications, 1998, (18): 2045-2046.

[31] Xie S Y，Huang R B，Ding J，et al. Formation of buckminsterfullerene and its perchlorinated fragments by laser ablation of perchloroacenaphthylene. The Journal of Physical Chemistry A，2000，104（31）：7161-7164.

[32] Weng Q H，He Q，Sun D，et al. Separation and characterization of C_{70}（$C_{14}H_{10}$）and C_{70}（C_5H_6）from an acetylene-benzene-oxygen flame. The Journal of Physical Chemistry C，2011，115（22）：11016-11022.

[33] Raghavachari K，Zhang B，Pople J A，et al. Isomers of C_{24}. Density functional studies including gradient corrections. Chemical Physics Letters，1994，220（6）：385-390.

[34] Rubin Y，Kahr M，Knobler C B，et al. The higher oxides of carbon $C_{8n}O_{2n}$（$n = 3\sim5$）：synthesis，characterization，and X-ray crystal structure. Formation of cyclo[*n*]carbon ions C_n^+（$n = 18, 24$），C_n^-（$n = 18, 24, 30$），and higher carbon ions including C_{60}^+ in laser desorption Fourier transform mass spectrometric experiments. Journal of the American Chemical Society，1991，113（2）：495-500.

[35] Mcelvany S W，Ross M M，Goroff N S，et al. Cyclocarbon coalescence：mechanisms for tailor-made fullerene formation. Science，1993，259（5101）：1594-1596.

[36] Kroto H W，Walton D R M，Osawa E，et al. Carbocylic Cage Compounds：Chemistry and Applications. New York：VCH，1992：91-100.

[37] Von Helden G，Gotts N G，Bowers M T. Annealing of carbon cluster cations：rings to rings and rings to fullerenes. Journal of the American Chemical Society，1993，115（10）：4363-4364.

[38] Hunter J M，Fye J L，Jarrold M F. Annealing and dissociation of carbon rings. The Journal of Chemical Physics，1993，99（3）：1785-1795.

[39] Hunter J，Fye J，Jarrold M F. Carbon rings. The Journal of Physical Chemistry，1993，97（14）：3460-3462.

[40] Stone A J，Wales D J. Theoretical studies of icosahedral C_{60} and some related species. Chemical Physics Letters，1986，128（5-6）：501-503.

[41] Xie S Y，Gao F，Lu X，et al. Capturing the labile fullerene 50 as $C_{50}Cl_{10}$. Science，2004，304（5671）：699.

[42] Tan Y Z，Liao Z J，Qian Z Z，et al. Two I_h-symmetry-breaking C_{60} isomers stabilized by chlorination. Nature Materials，2008，7（10）：790-794.

[43] Tan Y Z，Xie S Y，Huang R B，et al. The stabilization of fused-pentagon fullerene molecules. Nature Chemistry，2009，1（6）：450-460.

[44] Tan Y Z，Li J，Zhu F，et al. Chlorofullerenes featuring triple sequentially fused pentagons. Nature Chemistry，2010，2（4）：269-273.

[45] Tan Y Z，Chen R T，Liao Z J，et al. Carbon arc production of heptagon-containing fullerene[68]. Nature Communications，2011，2：420.

[46] Dunk P W，Kaiser N K，Hendrickson C L，et al. Closed network growth of fullerenes. Nature Communications，2012，3：855.

[47] Chuvilin A，Kaiser U，Bichoutskaia E，et al. Direct transformation of graphene to fullerene. Nature Chemistry，2010，2（6）：450-453.

[48] Ugarte D. Curling and closure of graphitic networks under electron-beam irradiation. Nature，1992，359（6397）：707-709.

[49] Fuller T，Banhart F. *In situ* observation of the formation and stability of single fullerene molecules under electron irradiation. Chemical Physics Letters，1996，254（5-6）：372-378.

[50] Xie Z X，Liu Z Y，Wang C R，et al. Dependence of C_{60} formation on orientation of graphite lattice plane. The Journal of Physical Chemistry，1994，98（51）：13440-13442.

[51] Kroto H. C_{60}，fullerenes，giant fullerenes，and soot. Pure and Applied Chemistry，1990，62（3）：407-415.

[52] O'brien S C，Heath J R，Curl R F，et al. Photophysics of buckminsterfullerene and other carbon cluster ions. The Journal of Chemical Physics，1988，88（1）：220-230.

[53] Irle S，Zheng G，Elstner M，et al. From C_2 molecules to self-assembled fullerenes in quantum chemical molecular dynamics. Nano Letters，2003，3（12）：1657-1664.

[54] Irle S，Zheng G，Wang Z，et al. The C_{60} formation puzzle "solved"：QM/MD simulations reveal the shrinking hot giant road of the dynamic fullerene self-assembly mechanism. The Journal of Physical Chemistry B，2006，110（30）：14531-14545.

[55] Zheng G，Wang Z，Irle S，et al. Quantum chemical molecular dynamics study of "shrinking" of hot giant fullerenes. Journal of Nanoscience and Nanotechnology，2007，7（4-5）：1662-1669.

[56] Zheng G，Irle S，Morokuma K. Towards formation of buckminsterfullerene C_{60} in quantum chemical molecular dynamics. The Journal of Chemical Physics，2005，122（1）：014708.

[57] Saha B，Irle S，Morokuma K. Hot giant fullerenes eject and capture C_2 molecules：QM/MD simulations with constant density. The Journal of Physical Chemistry C，2011，115（46）：22707-22716.

[58] Huang J Y，Ding F，Jiao K，et al. Real time microscopy，kinetics，and mechanism of giant fullerene evaporation. Physical Review Letters，2007，99（17）：175503.

[59] Curl R F，Lee M K，Scuseria G E. C_{60} buckminsterfullerene high yields unraveled. The Journal of Physical Chemistry A，2008，112（46）：11951-11955.

[60] Groesser T，Hirsch A. Dicyanopolyynes：new rodlike molecules from carbon plasma. Angewandte Chemie International Edition in English，1993，32（9）：1340-1342.

[61] Chang T M，Naim A，Ahmed S N，et al. On the mechanism of fullerene formation. Trapping of some possible intermediates. Journal of the American Chemical Society，1992，114（19）：7603-7604.

[62] Schwarz H. Mechanism of fullerene formation. Angewandte Chemie International Edition in English，1993，32（10）：1412-1415.

第6章 富勒烯的物理性质

富勒烯的一大迷人之处在于其丰富的物理性质。探索其物理性质是通往其应用的关键桥梁；同时，其物理性质尤其是光谱性质的研究也为结构表征提供了极大的帮助。然而，相对于对其结构和化学性质广泛而深入的研究，对其物理性质的研究有一定的滞后。本章将对其光谱、磁学、非线性光学和超导性质进行简要介绍。

6.1 光谱性质

6.1.1 光吸收性质

富勒烯的光吸收主要是由富勒烯碳笼上 π 电子由 $\pi \rightarrow \pi^*$ 的跃迁造成的，而富勒烯碳笼上 π 电子分布与富勒烯的分子轨道能级紧密相关，该分子轨道能级则取决于富勒烯碳笼的分子结构及其所带的电荷。因此富勒烯的光吸收性质成为富勒烯的电子性质中最为重要的性质之一，也是描述富勒烯结构时必不可少的数据[1-4]。研究富勒烯的光吸收性质最直接的手段是紫外-可见-近红外（UV-vis-NIR）吸收光谱，其在富勒烯研究的早期就已经被广泛采用。因其测试简单、样品用量较少，而且具有高结构灵敏性，因此可以作为确定富勒烯结构的辅助依据[1-4]。对于空心富勒烯而言，其光吸收性质完全取决于富勒烯碳笼的分子结构。图 6-1 为代表性的空心富勒烯 I_h-C_{60} 和 D_{5h}-C_{70} 溶于正己烷溶液中的 UV-vis 吸收光谱图，可以看出其光吸收主要集中于 200～700 nm 之间[5]。基于这一光吸收特性，C_{60} 和 C_{70} 的溶液颜色分别为紫红色和酒红色。

对于内嵌金属富勒烯而言，由于内嵌金属原子向碳笼转移了电荷，使得富勒烯碳笼带有一定数目的负电荷，其数目取决于金属原子或原子簇的种类[3, 4]。因此，内嵌金属富勒烯的光吸收性质不仅取决于富勒烯碳笼的分子结构，而且还依赖于富勒烯碳笼所带的电荷。值得一提的是，研究表明，对于具有相同碳笼结构以及相同内嵌物类型（即金属原子的个数及原子簇类型相同）的内嵌金属富勒烯而言，

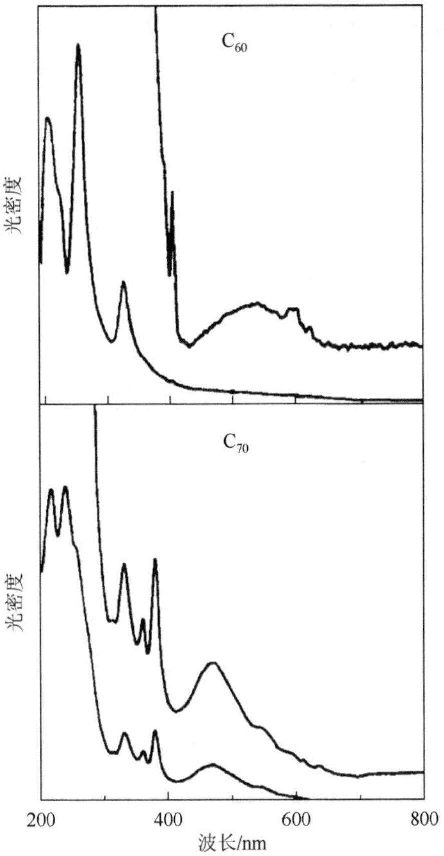

图 6-1　I_h-C_{60} 和 D_{5h}-C_{70} 溶于正己烷溶液中的 UV-vis 吸收光谱图[5]

尽管内嵌金属原子不同，其具有十分相似的 UV-vis-NIR 吸收光谱[3, 4]。基于这一规律，可以通过将未知碳笼结构的内嵌金属富勒烯与同类型的已确定了碳笼结构的相似内嵌金属富勒烯的 UV-vis-NIR 吸收光谱进行比较，如果很相似则可以初步确定出其碳笼结构。

UV-vis-NIR 吸收光谱在确定内嵌金属富勒烯碳笼结构方面的一个十分成功的例子如图 6-2 所示[6]，该图对比了 $Er_2C_2@C_{82}$ 和 $Er_2@C_{82}$ 的三个同分异构体的 UV-vis-NIR 吸收光谱图。通过对比 $Er_2C_2@C_{82}$ 的三个异构体和之前报道的 $Y_2C_2@C_{82}$ 的三个同分异构体的 UV-vis-NIR 吸收光谱图[7]发现很相似，从而可以确定出 $Er_2C_2@C_{82}$ 的三个异构体Ⅰ、Ⅱ和Ⅲ分别对应 $C_s(6)$-C_{82}、$C_{2v}(9)$-C_{82} 和 $C_{3v}(8)$-C_{82} 碳笼结构。而将 $Er_2@C_{82}$ 的三个异构体和 $Er_2C_2@C_{82}$ 的三个异构体的 UV-vis-NIR 吸收谱图进行对比发现也具有很高的相似度，因此可以得出两个推论：①$Er_2@C_{82}$ 的三个异构体Ⅰ、Ⅱ和Ⅲ也分别对应 $C_s(6)$-C_{82}、$C_{2v}(9)$-C_{82} 和 $C_{3v}(8)$-C_{82} 碳笼结构，其中 $Er_2@C_s(6)$-C_{82}[8]和 $Er_2@C_{3v}(8)$-C_{82}[9]之前已由美国加州大学戴维斯

分校 Balch 等通过 X 射线单晶衍射确定了结构。②由于 $Er_2C_2@C_{82}$ 碳笼的形式电荷为–4，所以 $Er_2@C_{82}$ 碳笼的形式电荷也为–4，这就证明 Er 在 $Er_2@C_{82}$ 中的化合价是 +2 价。

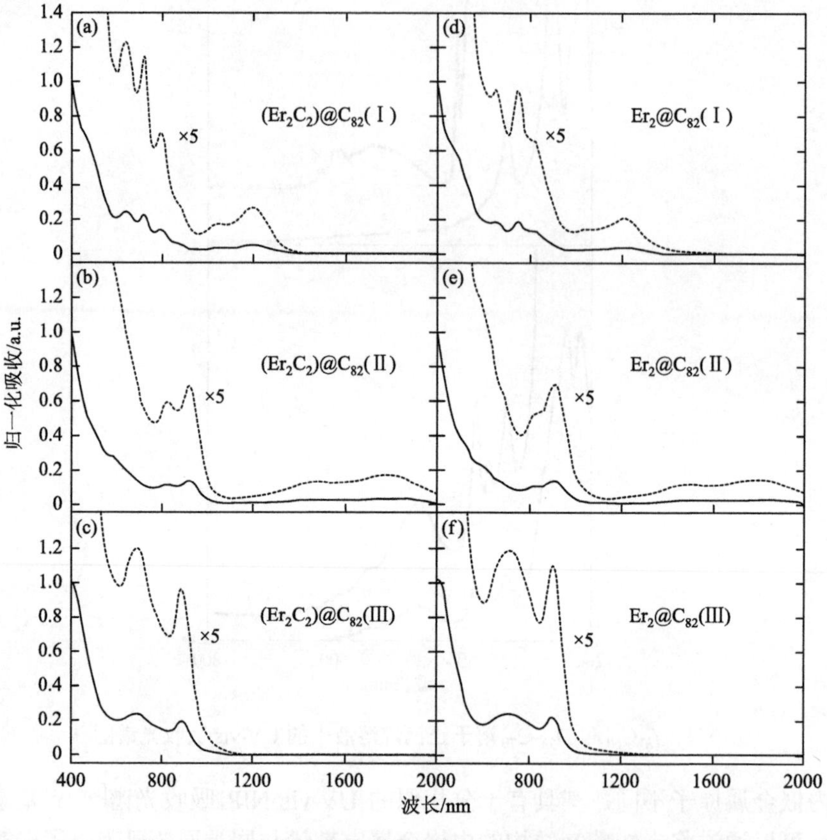

图 6-2　$Er_2C_2@C_{82}$ 和 $Er_2@C_{82}$ 三个异构体（异构体Ⅰ、Ⅱ和Ⅲ分别对应 $C_s(6)$-C_{82}、$C_{2v}(9)$-C_{82} 和 $C_{3v}(8)$-C_{82}）的 UV-vis-NIR 吸收光谱图[6]

UV-vis-NIR 吸收光谱也可用于判断富勒烯的吸光性，同时通过吸光的吸收起点（onset）来估算其光学带隙，光吸收起点 λ 和光学带隙 E 之间的转换关系为 $E(\text{eV}) = 1240(\text{nm}\cdot\text{eV})/\lambda(\text{nm})$。之所以选择吸收起点，而不选择光学带隙定义的最低能量激发吸收峰，是因为多数情况下多个吸收峰叠加在一起，从而湮灭了最低能量激发吸收峰，取而代之的是一个很宽的吸收带，导致确定最低能量激发吸收峰十分困难，甚至是不可能的。这也说明通过吸收起点确定的带隙通常比真实的光学带隙要小。

通过光学带隙也能大致确定富勒烯分子的最低未占分子轨道（LUMO）和最高占据分子轨道（HOMO）之间的能量差，从而揭示富勒烯分子的动力学稳定性。

如果富勒烯的光学带隙比较大（大带隙），则动力学较稳定。对于内嵌金属富勒烯，一般用 1 eV 作为区分大带隙和小带隙的分界线[3]。

此外，通过 UV-vis-NIR 吸收光谱结合 Lambert-Beer 定律还能确定出富勒烯的吸光系数，但相关的报道相对较少[10]。

6.1.2　光物理性质

富勒烯的光物理性质研究对于深入理解富勒烯的性质及开发其应用意义深远。对富勒烯的光物理性质研究主要分为以下几类：①富勒烯的发光光谱研究。事实上，C_{60} 和 C_{70} 由于分子对称性高所以目前没有 C_{60} 和 C_{70} 发射荧光或磷光的报道[2, 11]。而内嵌金属富勒烯因含有具有发光性质的稀土金属离子，因此基于稀土金属的内嵌金属富勒烯的发光光谱是近年来富勒烯领域的一大研究方向。然而，由于大部分发光发生在可见光区域，而富勒烯在可见光区域通常都会有比较强的吸收，因而很难探测到基于稀土金属的内嵌金属富勒烯的发光。因此，到现在为止，只有发光在近红外波段的 Er^{3+} 离子 $^4I_{13/2}\rightarrow{}^4I_{15/2}$ 跃迁（1500～1650 nm）在含金属铒（Er）的内嵌富勒烯中被探测到[6, 12-19]。此外，单分子 C_{60} 的电致发光光谱研究也已有报道[20]。②富勒烯的瞬态光谱研究[21]。近年来，这种研究手段被广泛用于研究内嵌富勒烯的给体-受体（donor-acceptor，D-A）结构的光致电荷转移现象，为富勒烯及内嵌富勒烯在有机光伏等器件中的应用开拓思路[22-30]。③非线性光学性质研究（见 6.3 节）[31-33]。④单线态氧的产生[34]。⑤等离子体增强发光[35, 36]。

6.1.3　高能光谱学

高能光谱学对于理解富勒烯尤其是内嵌富勒烯的性质十分重要。相对激发能量较低的低能光谱学（如 UV-vis-NIR 吸收光谱，激发的最大能量一般到 6 eV）只能激发富勒烯分子的前线轨道，造成 $\pi\rightarrow\pi^*$ 跃迁，从而只能观测到富勒烯前线轨道的性质。需要了解富勒烯尤其是内嵌富勒烯的内嵌金属的价态等关系到原子的电子轨道的信息时，则需要用到高能光谱学。高能光谱学研究的激发光源主要是能量更高的紫外光及 X 射线，其中包括紫外光电子能谱（UV photoelectron spectroscopy，UPS）[37]、X 射线光电子能谱（X-ray photoelectron spectroscopy，XPS）[37, 38]、价带光电子能谱（valence-band photoelectron spectroscopy，VB-PES）[38]、X 射线吸收光谱（X-ray absorption spectroscopy，XAS）[37]、（近边）X 射线吸收精细结构［（near-edge）X-ray absorptionfine-structure（NEXAFS、XANES、EXAFS）］[38, 39]、电子能量损失谱（electron energy loss spectroscopy，EELS）[40]等。高能光谱学研究在确定内嵌物（金属及原子簇）向碳笼转移的电荷数目，从而理解内嵌富勒烯的稳定机制方面具有重要的意义[3, 4]。

6.1.4 振动光谱

振动光谱具有很高的结构敏感性，而且相比起核磁共振谱有着更高的时间分辨率，因此结合理论计算可以用于确定富勒烯的分子结构[2-4]。图 6-3 为代表性的空心富勒烯 I_h-C_{60} 和 D_{5h}-C_{70} 的傅里叶变换红外（FTIR）光谱图。对于 C_{60} 而言，4 个特征的振动信号出现在 1429 cm^{-1}、1183 cm^{-1}、577 cm^{-1} 和 528 cm^{-1}[41]。通过 ^{13}C 同位素标记制备出的纯 $^{13}C_{60}$ 的 4 个特征红外振动信号都向低波数方向移动，为 1375 cm^{-1}、1138 cm^{-1}、554 cm^{-1} 和 506 cm^{-1}[42]。C_{70} 由于 D_{5h} 对称性低于 C_{60}，其 FTIR 光谱图明显更为复杂，所观察到的特征的振动信号也明显增多[41]。另外，在 C_{60} 的拉曼（Raman）光谱图中，所有的 10 个具有 Raman 活性的振动峰（1573 cm^{-1}、1467 cm^{-1}、1422 cm^{-1}、1250 cm^{-1}、1099 cm^{-1}、772 cm^{-1}、711 cm^{-1}、495 cm^{-1}、429 cm^{-1} 和 272 cm^{-1}）都被观察到[41]。

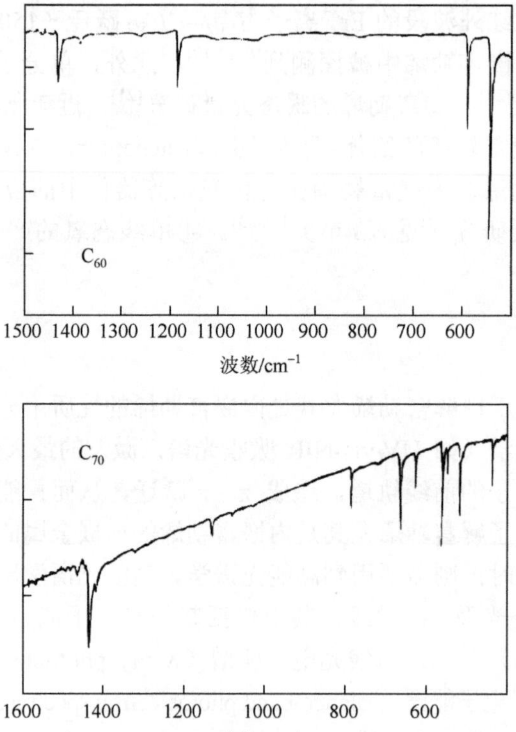

图 6-3　I_h-C_{60} 和 D_{5h}-C_{70} 的傅里叶变换红外（FTIR）光谱图[41]

对于内嵌富勒烯而言，其碳笼结构、内嵌物的构型以及其与碳笼之间的相互作用对于理解其分子稳定性尤为重要。在早期 X 射线单晶衍射法尚未发展完善之前，振动光谱并结合理论计算被广泛应用于确定内嵌富勒烯的分子结构[2-4]。对于内嵌富勒烯的振动光谱（包括 FTIR 和 Raman），两类振动模式可以得到很好的区分，包括：①碳笼振动模式；②内嵌物振动模式[2-4]。图 6-4 为 $Gd_xSc_{3-x}N@I_h(7)-C_{80}$（$x=0\sim3$）的 FTIR 光谱图[43]，从图中可以看出四种内嵌金属富勒烯的碳笼振动模式均主要集中于 1600～1000 cm^{-1} 范围内，而且 $Gd_xSc_{3-x}N@I_h(7)-C_{80}$ 的碳笼振动模式与 $Sc_3N@I_h(7)-C_{80}$ 是完全一样的，表明 C_{80} 碳笼的对称性相同，均为 $I_h(7)$。此外，它们的谱图在 600～800 cm^{-1} 范围内出现了明显的区别，这个区域的信号归属为金属原子（Sc/Gd）和氮（N）原子的反对称伸缩振动模式［记为 ν_{as}（M—N）］，取决于金属离子的半径。有意思的是，当 Sc/Gd 两种金属同时被内嵌在碳笼中形成内嵌混合金属氮化物原子簇富勒烯时，该反对称伸缩振动模式 ν_{as}（M—N）发生了劈裂，高频振动模式一般归属为 ν_{as}（Sc—N）[3]。

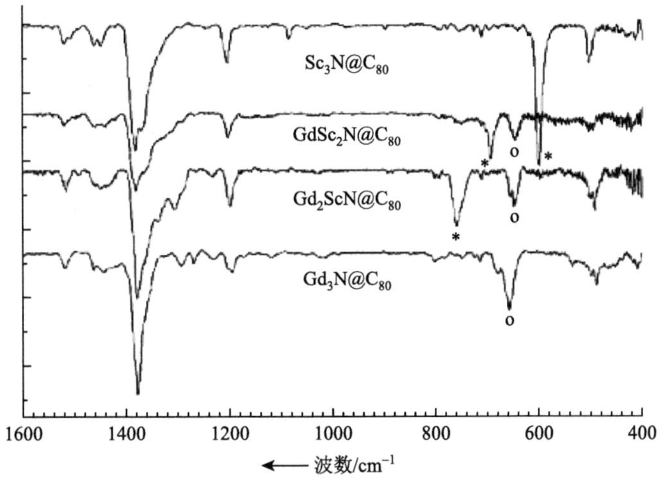

图 6-4　$Gd_xSc_{3-x}N@I_h(7)-C_{80}$（$x=0\sim3$）的傅里叶变换红外（FTIR）光谱图[43]

图中“*”和“o”分别代表 ν_{as}（Sc—N）和 ν_{as}（Gd—N）振动模式

除了红外光谱，Raman 光谱也被广泛应用于研究内嵌富勒烯的分子结构尤其是内嵌物与碳笼之间的相互作用[3]。1998 年 Lebedkin 等研究了一系列 $M@C_{82}$（M＝Y，La，Ce，Gd）的远红外光谱和 Raman 光谱，得到了与内嵌金属相关的振动频率：金属原子平行于碳笼的振动频率在远红外区域，展现出一个很宽的振动峰（10～80 cm^{-1}），而金属原子垂直于碳笼表面的振动频率则在 160 cm^{-1} 左右，该振动模式表现出拉曼活性[44]。图 6-5 为 $M_3N@I_h(7)-C_{80}$（M＝Dy，Gd，Sc）的低能量区间 Raman 光谱图，从图 6-5（a）可以看出在不同的激发光（514 nm 或 647 nm）条件下 $Dy_3N@I_h(7)-C_{80}$ 的 Raman 光谱图几乎一样，而图 6-5（b）显示 $Dy_3N@I_h(7)-C_{80}$ 的 Raman 光谱图与 $Gd_3N@I_h(7)-C_{80}$ 很相似，但明显不同于

$Sc_3N@I_h(7)$-C_{80}，其中 $Dy_3N@I_h(7)$-C_{80} 和 $Gd_3N@I_h(7)$-C_{80} 分别在 163 cm^{-1} 和 165 cm^{-1} 处的特征峰（归属为金属原子簇面内平移及变形振动模式）在 $Sc_3N@I_h(7)$-C_{80} 中正移到了 210 cm^{-1} 处。结合密度泛函理论（DFT）计算，该特征峰的移动表明 Sc_3N 与 C_{80} 的相互作用显著弱于 Dy_3N/Gd_3N[45]。因此，Raman 光谱图中该特征峰的频率可以作为 $M_3N@C_{2n}$ 内嵌氮化物原子簇富勒烯中内嵌的氮化物原子簇与碳笼之间的相互作用的衡量指标[3]。

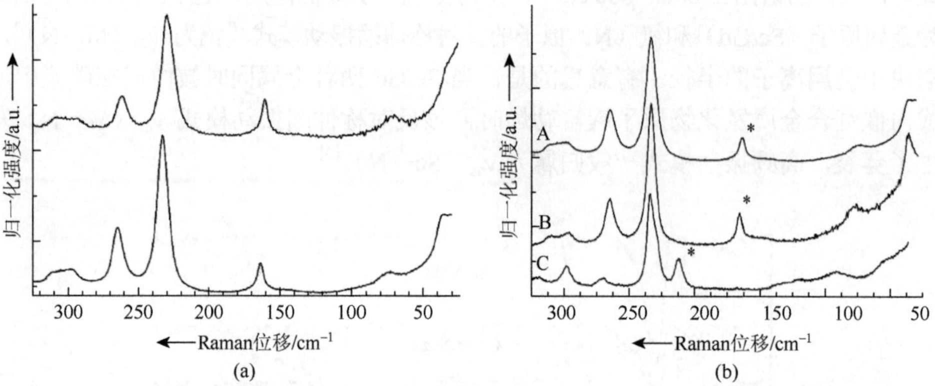

图 6-5 （a）$Dy_3N@I_h(7)$-C_{80} 在 514 nm（上）和 647 nm（下）激发光条件下的低能量区间 Raman 光谱图；（b）$M_3N@I_h(7)$-C_{80} ［M = Dy（A），Gd（B），Sc（C）］在 647 nm 激发光条件下的低能量区间 Raman 光谱图[45]

6.2 磁学性质

磁性是材料最重要的物理性质之一，磁性材料由于在信息、存储等众多领域的广泛应用而备受关注。稳定的空心富勒烯无顺磁性，而内嵌了具有单电子的非金属原子或金属离子的内嵌富勒烯通常表现出顺磁性。内嵌金属富勒烯的磁性由以下几个因素决定：①内嵌物转移奇数个电子到富勒烯碳笼上（如 $Sc@C_{82}$[4, 46]），从而产生具有顺磁性的内嵌金属富勒烯分子。这种情况下，产生顺磁性的单电子在碳笼上。碳笼上的单电子和内嵌金属的核自旋耦合可以通过电子顺磁共振谱（electron paramagnetic resonance，EPR）进行表征，通常表现出典型的超精细耦合谱，如图 6-6 所示[4]。②内嵌金属离子具有未成对电子，从而使得内嵌金属富勒烯分子具有磁性，如 $Gd@C_{82}$。③如果内嵌金属富勒烯分子中包含多个磁性金属离子，这些金属离子之间的交换作用强烈影响整个分子的磁性（如 $Tb_3N@C_{80}$[47]）。④内嵌金属富勒烯的结晶状态也会产生分子间的交换作用，从而影响材料的磁性。内嵌金属富勒烯分子的磁性就是以上四种因素相互作用的结果。利用超导量子干涉装置（superconducting quantum interference device，SQUID）和 X 射线磁圆二色性（X-ray magnetic circular dichroism，XMCD）对内嵌金属富勒烯 $M@C_{82}$ 的磁性进行研究发现：$M@C_{82}$ 的磁化曲线表现为不含有磁滞现象的顺磁体，而且内嵌的镧系金属离子的磁矩通常比自由的镧系金属离子小，这主要是由晶体场导致的各向异性以及内嵌的镧系金属离子和碳笼的 π 电子体系杂化作用的结果[3]。

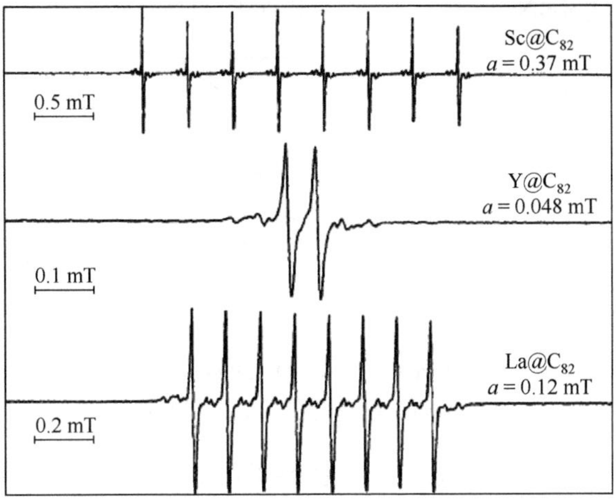

图 6-6 $Sc@C_{82}$、$Y@C_{82}$ 和 $La@C_{82}$ 的 EPR 谱图[46]

到目前为止，内嵌金属富勒烯所内嵌的金属原子主要为稀土金属（Sc、Y 和镧系金属），这主要是由 2.2 节所介绍的结构匹配性决定的。对于基于镧系金属的内嵌金属富勒烯而言，由于镧系金属存在未成对的 f 电子而表现出明显的磁性。例如，基于 Gd 的内嵌富勒烯 $Gd@C_{82}$ 和 $Gd_3N@C_{80}$ 中 Gd^{3+} 拥有七个未成对电子，因此具有很大的磁矩，使其在磁共振成像（MRI）方面具有广阔的应用前景[48-51]。此外，基于镧系金属的内嵌富勒烯也在量子计算、信息存储等方面表现出一定的应用潜力。特别地，内嵌金属原子簇富勒烯的磁化行为被广泛研究，它们中的大部分在 2 K 的低温下都没有表现出磁滞现象[3]。

近年来内嵌富勒烯的磁性研究中一个备受关注的方向是基于内嵌富勒烯的单分子磁体。2012 年瑞士苏黎世大学 Greber 研究组发现了第一个内嵌富勒烯单分子磁体 $DySc_2N@C_{80}$，其零场的弛豫时间可长达 5 h[52]，因此在量子计算、信息存储等方面展示出极大的应用潜力。此后，内嵌富勒烯单分子磁体持续吸引了研究者的广泛兴趣。到目前为止，已经有多种不同类型的内嵌富勒烯单分子磁体被报道，包括：金属氮化物原子簇富勒烯（$DySc_2N@C_{80}$、$Dy_2ScN@C_{80}$、$Dy_3N@C_{80}$、$HoSc_2N@C_{80}$、$Ho_2ScN@C_{80}$）、金属碳化物原子簇富勒烯（$Dy_2TiC@C_{80}$、$Dy_2TiC_2@C_{80}$）、金属氰化物原子簇富勒烯（$TbNC@C_{2n}$，$2n = 82, 76$）和内嵌双金属富勒烯衍生物 $Dy_2@C_{80}$（CH_2Ph）[52-61]等。

图 6-7 比较了 $DySc_2N@C_{80}$、$Dy_2ScN@C_{80}$ 和 $Dy_3N@C_{80}$ 的磁滞回线。从中可

以看出这几种金属氮化物原子簇富勒烯的磁化行为对内嵌的 Dy^{3+} 离子的数目有着强烈的依赖关系。其中 $DySc_2N@C_{80}$ 表现出明显的量子隧穿磁化效应，而 $Dy_3N@C_{80}$ 则只表现出微弱的磁滞效应。相比而言，$Dy_2ScN@C_{80}$ 剩磁效应最明显，这也是到目前为止剩磁性能最好的内嵌富勒烯单分子磁体[57]。此外，$Dy_2TiC@C_{80}$ 的单分子磁体性质接近于 $Dy_2ScN@C_{80}$，这主要是由于它们具有极为相似的分子结构[55]。

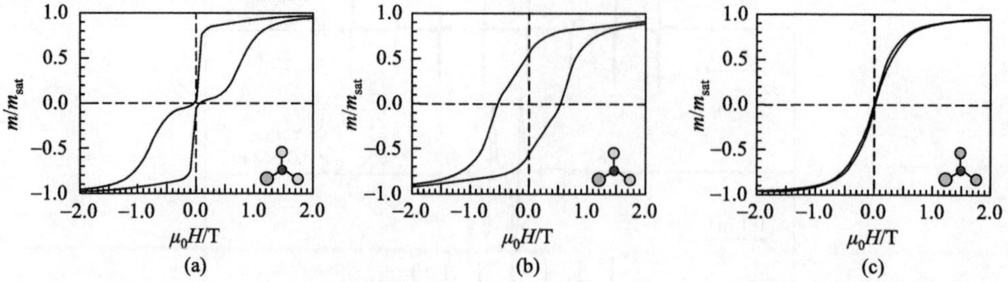

图 6-7 $DySc_2N@C_{80}$（a）、$Dy_2ScN@C_{80}$（b）、$Dy_3N@C_{80}$（c）的磁滞回线，通过 SQUID 以 0.8 mT/s 的扫描速度在 2 K 温度下测试[57]

作为内嵌原子簇富勒烯家族中唯一的基于单金属的成员，金属氰化物原子簇富勒烯也表现出了明显的单分子磁体行为。中国科学技术大学杨上峰等及其合作者对一系列具有不同碳笼同分异构体结构和大小的 $TbNC@C_{2n}$（$2n = 82, 76$）的磁性进行了 SQUID 研究，发现 $TbNC@C_{82}[C_2(5)、C_s(6)、C_{2v}(9)]$和 $TbNC@C_{2v}$-$^{\#19138}C_{76}$ 的弛豫时间取决于所内嵌的 Tb 原子和最近的 N/C 原子之间的距离，Tb-N/C 之间距离越大，弛豫时间越短，如图 6-8 所示[60, 61]。这一结果表明通过简单地改变外

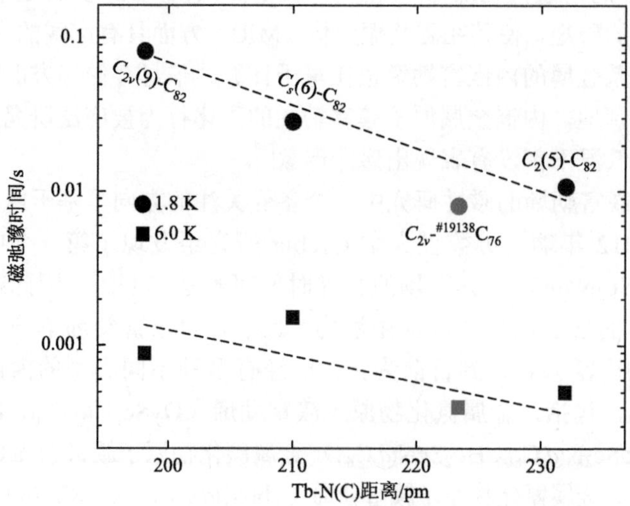

图 6-8 $TbNC@C_{82}[C_2(5)、C_s(6)、C_{2v}(9)]$和 $TbNC@C_{2v}$-$^{\#19138}C_{76}$ 的弛豫时间与内嵌的 Tb^{3+} 离子和最近的 N/C 原子之间距离的关系[60, 61]

部碳笼的对称性和大小可以调控 $TbNC@C_{2n}$ 的磁性。

6.3 非线性光学性质

富勒烯是典型的 π 电子离域分子，具有高对称性及较大的三重态瞬态吸收界面，使其具有优良的非线性光学性能，表现出反饱和吸收的光限幅特性、极大的三阶非线性光学系数，有潜力发展成为良好的宽谱带非线性吸收体[3, 62, 63]。1992 年，北京大学龚旗煌等和美国杜邦公司 Cheng 等相继测定了 C_{60}、C_{70} 的三阶非线性光学系数[62, 63]，后者报道的 C_{60} 和 C_{70} 的超极化率分别为（7.5±2）$\times10^{-34}$ esu 和（1.3±0.3）$\times10^{-33}$ esu[62]。

杨世和等研究了 $Dy@C_{82}$ 在 CS_2 溶液中三阶非线性光学性质，用 70 ps 激光脉冲测得 $Dy@C_{82}$ 在 0.532 μm 波长处的二阶超极化率为（3.0±0.5）$\times10^{-30}$ esu。理论计算表明，与 C_{82} 相比，$Dy@C_{82}$ 碳笼表面的 π 电子云密度更高，因此 $Dy@C_{82}$ 的非线性光学响应主要源于从内嵌的镝原子到 C_{82} 碳笼的电荷转移[31]。随后，Xenogiannopoulou 等深入探讨了 C_{82}（C_{2v}）、$Dy@C_{82}$、$Dy_2@C_{82}$、C_{92}（C_2）和 $Er_2@C_{92}$ 等几种大碳笼富勒烯及其内嵌金属富勒烯的非线性光学响应，获得了它们的光学克尔效应谱图，结果表明内嵌一个金属原子将提高大碳笼富勒烯的二阶超极化率，而继续内嵌第二个金属原子则会使二阶超极化率降低[64]。Heflin 等通过对 $Er_2@C_{82}$（III）进行光物理研究得出了类似的结论，发现其非线性光学响应比相应的无内嵌物的空心富勒烯提高了 2～3 个数量级，这主要是由于内嵌的铒原子转移电荷到外部的 C_{82} 碳笼上[32]。

6.4 超导性质

超导现象发现已超过 100 年，在现代科学中仍具有重要的地位，在超导发电、输电和储能、超导计算机等领域有着广阔的应用前景。基于富勒烯的超导体在富勒烯实现了宏量制备后不久即得到了广泛的研究。早在 1991 年，由碱金属钾或者铷和富勒烯 C_{60} 组成的富勒烯盐即被证明表现出超导现象，K_3C_{60}、Rb_3C_{60} 和 $RbCs_2C_{60}$ 的超导转变温度分别为 19 K、28 K 和 33 K[65]。该研究立即掀起了富勒烯超导体的研究热潮，实验表明其超导转变温度随着碱金属掺杂富勒烯的晶胞体积增大而升高。由于铯可以形成最大的碱金属离子，因此铯掺杂的富勒烯材料被广泛研究，2010 年 Prassides 等将体心立方堆积 Cs_3C_{60} 的超导转变温度提高到了 38 K[66]。然而，对于富勒烯超导体的超导机理研究，目前为止依然没有形成系统的理论[67-70]。

值得指出的是，目前实验发现的超导体只能在低温条件下才能观察到超导现象，这为超导体的应用带来了极大的挑战，所以将超导体的转变温度提高到液氮温区甚至是室温是超导研究中的重要目标。尽管到目前为止，富勒烯超导体在性能方面无法和其他类型的超导体（如层状金属氧化物）相比，但其特殊的结构为研究超导机理提供了独特的模型，这可能为深入理解超导机理提供有意义的线索，因此富勒烯超导体的研究依然值得期待。

参考文献

[1] Kadish K M，Ruoff R S. Fullerenes：Chemistry，Physics，and Technology. New York：John Wiley & Sons，2000.

[2] Liu F，Yang S. Carbon：fullerenes. Encyclopedia of Inorganic and Bioinorganic Chemistry，2014：1-34.

[3] Popov A A，Yang S，Dunsch L. Endohedral fullerenes. Chemical Reviews，2013，113（8）：5989-6113.

[4] Shinohara H. Endohedral metallofullerenes. Reports on Progress in Physics，2000，63（6）：843-892.

[5] Hare J P，Kroto H W，Taylor R J J O M S T. Preparation and UV/visible spectra of fullerenes C_{60} and C_{70}. Journal of Molecular Structure：THEOCHEM，1996，361（1-3）：181-190.

[6] Ito Y，Okazaki T，Okubo S，et al. Enhanced 1520 nm photoluminescence from Er^{3+} ions in di-erbium-carbide metallofullerenes（Er_2C_2）@C_{82}（isomers Ⅰ，Ⅱ，and Ⅲ）. ACS Nano，2007，1（5）：456-462.

[7] Inoue T，Tomiyama T，Sugai T，et al. Trapping a C_2 radical in endohedral metallofullerenes： synthesis and structures of（Y_2C_2）@C_{82}（Isomers Ⅰ，Ⅱ，and Ⅲ）. The Journal of Physical Chemistry B，2004，108（23）：7573-7579.

[8] Olmstead M M，de Bettencourt-Dias A，Stevenson S，et al. Crystallographic characterization of the structure of the endohedral fullerene {Er_2@C_{82} isomer Ⅰ} with Cs cage symmetry and multiple sites for erbium along a band of ten contiguous hexagons. Journal of the American Chemical Society，2002，124（16）：4172-4173.

[9] Olmstead M M，Lee H M，Stevenson S，et al. Crystallographic characterization of isomer 2 of Er_2@C_{82} and comparison with isomer 1 of Er_2@C_{82}. Chemical Communications，2002，（22）：2688-2689.

[10] Akiyama K，Sueki K，Kodama T，et al. Absorption spectra of metallofullerenes M@C_{82} of lanthanoids. The Journal of Physical Chemistry A，2000，104（31）：7224-7226.

[11] Arbogast J W，Foote C S. Photophysical properties of C_{70}. Journal of the American Chemical Society，1991，113（23）：8886-8889.

[12] Huffman K R，Delapp K，Andrews H，et al. Spectroscopic studies of fullerenes doped with rare earth and transition metal ions. Journal of Luminescence，1995，66-67：244-248.

[13] Ding X，Alford J M，Wright J C. Lanthanide fluorescence from Er^{3+}in Er_2@C_{82}. Chemical Physics Letters，1997，269（1-2）：72-78.

[14] Hoffman K R，Norris B J，Merle R B，et al. Near infrared Er^{3+}photoluminescence from erbium metallofullerenes. Chemical Physics Letters，1998，284（3）：171-176.

[15] Macfarlane R M，S Bethune D，Stevenson S，et al. Fluorescence spectroscopy and emission lifetimes of Er^{3+}in $Er_xSc_{3-x}N$@C_{80}（x = 1～3）. Chemical Physics Letters，2001，343（3）：229-234.

[16] Tiwari A，Dantelle G，Porfyrakis K，et al. Configuration-selective spectroscopic studies of Er^{3+}centers in $ErSc_2N$@C_{80} and Er_2ScN@C_{80} fullerenes. The Journal of Chemical Physics，2007，127（19）：194504.

[17] Morton J J L，Tiwari A，Dantelle G，et al. Switchable $ErSc_2N$ rotor within a C_{80} fullerene cage：an electron paramagnetic resonance and photoluminescence excitation study. Physical Review Letters，2008，101（1）：013002.

[18] Plant S R，Dantelle G，Ito Y，et al. Acuminated fluorescence of Er^{3+}centres in endohedral fullerenes through the incarceration of a carbide cluster. Chemical Physics Letters，2009，476（1）：41-45.

[19] Dantelle G，Tiwari A，Rahman R，et al. Optical properties of Er^{3+}in fullerenes and in β-PbF_2 single-crystals. Optical Materials，2009，32（1）：251-256.

[20] Tian G，Luo Y. Fluorescence and phosphorescence of single C_{60} molecules as stimulated by a scanning tunneling microscope. Angewandte Chemie International Edition，2013，52（18）：4814-4817.

[21] Fujitsuka M，Ito O，Kobayashi K，et al. Transient spectroscopic properties of endohedral metallofullerenes，La@C_{82} and La_2@C_{80}. Chemistry Letters，2000，29（8）：902-903.

[22] Ross R B，Cardona C M，Guldi D M，et al. Endohedral fullerenes for organic photovoltaic devices. Nature Materials，2009，8（3）：208-212.

[23] Pinzón J R，Gasca D C，Sankaranarayanan S G，et al. Photoinduced charge transfer and electrochemical properties of triphenylamine I_h-Sc_3N@C_{80} donor-acceptor conjugates. Journal of the American Chemical Society，2009，131（22）：7727-7734.

[24] Guldi D M，Feng L，Radhakrishnan S G，et al. A molecular Ce_2@I_h-C_{80} switch—unprecedented oxidative pathway in photoinduced charge transfer reactivity. Journal of the American Chemical Society，2010，132（26）：9078-9086.

[25] Takano Y，Herranz M Á，Martín N，et al. Donor-acceptor conjugates of lanthanum endohedral metallofullerene and π-extended tetrathiafulvalene. Journal of the American Chemical Society，2010，132（23）：8048-8055.

[26] Feng L，Gayathri Radhakrishnan S，Mizorogi N，et al. Synthesis and charge-transfer chemistry of La_2@I_h-C_{80}/Sc_3N@I_h-C_{80}-zinc porphyrin conjugates：impact of endohedral cluster. Journal of the American Chemical Society，2011，133（19）：7608-7618.

[27] Wolfrum S，Pinzón J R，Molina-Ontoria A，et al. Utilization of Sc_3N@C_{80} in long-range charge transfer reactions. Chemical Communications，2011，47（8）：2270-2272.

[28] Feng L，Rudolf M，Wolfrum S，et al. A paradigmatic change：linking fullerenes to electron acceptors. Journal of the American Chemical Society，2012，134（29）：12190-12197.

[29] Takano Y，Obuchi S，Mizorogi N，et al. Stabilizing ion and radical ion pair states in a paramagnetic endohedral metallofullerene/π-extended tetrathiafulvalene conjugate. Journal of the American Chemical Society，2012，134（39）：16103-16106.

[30] Tsuchiya T，Rudolf M，Wolfrum S，et al. Coordinative interactions between porphyrins and C_{60}，La@C_{82}，and La_2@C_{80}. Chemistry—A European Journal，2013，19（2）：558-565.

[31] Gu G，Huang H，Yang S，et al. The third-order non-linear optical response of the endohedral metallofullerene Dy@C_{82}. Chemical Physics Letters，1998，289（1）：167-173.

[32] Heflin J R，Marciu D，Figura C，et al. Enhanced nonlinear optical response of an endohedral metallofullerene through metal-to-cage charge transfer. Applied Physics Letters，1998，72（22）：2788-2790.

[33] Wang L J，Sun S L，Zhong R L，et al. The encapsulated lithium effect of Li@$C_{60}Cl_8$ remarkably enhances the static first hyperpolarizability. RSC Advances，2013，3（32）：13348-13352.

[34] Tagmatarchis N，Kato H，Shinohara H. Novel singlet oxygen generators：the nature and the number of trapped metal atoms in endohedral metallofullerenes M@C_{82}（M = Dy，Gd，La）and Dy_2@C_{2n}（$2n$ = 84～94）. Physical Chemistry Chemical Physics，2001，3（15）：3200-3202.

[35] Bharadwaj P，Novotny L. Plasmon-enhanced photoemission from a single Y_3N@C_{80} fullerene. The Journal of Physical Chemistry C，2010，114（16）：7444-7447.

[36] Alidzhanov E K，Lantukh Y D，Letuta S N，et al. Optical properties of nanoplasmon excitations in clusters of

endometallofullerenes. Optics and Spectroscopy，2010，109（4）：578-583.

[37] Alvarez L，Pichler T，Georgi P，et al. Electronic structure of pristine and intercalated $Sc_3N@C_{80}$ metallofullerene. Physical Review B，2002，66（3）：035107.

[38] Kessler B，Bringer A，Cramm S，et al. Evidence for incomplete charge transfer and La-derived states in the valence bands of endohedrally doped $La@C_{82}$. Physical Review Letters，1997，79（12）：2289-2292.

[39] Kubozono Y，Takabayashi Y，Kashino S，et al. Structure of $La_2@C_{80}$ studied by La K-edge XAFS. Chemical Physics Letters，2001，335（3）：163-169.

[40] Sun B Y，Inoue T，Shimada T，et al. Synthesis and characterization of Eu-metallofullerenes from $Eu@C_{74}$ to $Eu@C_{90}$ and their nanopeapods. The Journal of Physical Chemistry B，2004，108（26）：9011-9015.

[41] Hare J P，Dennis T J，Kroto H W，et al. The IR spectra of fullerene-60 and -70. Journal of the Chemical Society，Chemical Communications，1991，（6）：412-413.

[42] Chen C C，Lieber C M. Synthesis of pure $^{13}C_{60}$ and determination of the isotope effect for fullerene superconductors. Journal of the American Chemical Society，1992，114（8）：3141-3142.

[43] Yang S，Kalbac M，Popov A，et al. Gadolinium-based mixed-metal nitride clusterfullerenes $Gd_xSc_{3-x}N@C_{80}$（$x=1,2$）. ChemPhysChem，2006，7（9）：1990-1995.

[44] Lebedkin S，Renker B，Heid R，et al. A spectroscopic study of $M@C_{82}$ metallofullerenes：raman，far-infrared，and neutron scattering results. Applied Physics A，1998，66（3）：273-280.

[45] Yang S，Troyanov S I，Popov A A，et al. Deviation from the planarity—a large Dy_3N cluster encapsulated in an I_h-C_{80} cage：an X-ray crystallographic and vibrational spectroscopic study. Journal of the American Chemical Society，2006，128（51）：16733-16739.

[46] Seifert G，Bartl A，Dunsch L，et al. Electron spin resonance spectra：geometrical and electronic structure of endohedral fullerenes. Applied Physics A，1998，66（3）：265-271.

[47] Wolf M，Müller K H，Skourski Y，et al. Magnetic moments of the endohedral cluster fullerenes $Ho_3N@C_{80}$ and $Tb_3N@C_{80}$：the role of ligand fields. Angewandte Chemie International Edition，2005，44（21）：3306-3309.

[48] Zhang J，Ye Y，Chen Y，et al. $Gd_3N@C_{84}(OH)_x$：a new egg-shaped metallofullerene magnetic resonance imaging contrast agent. Journal of the American Chemical Society，2014，136（6）：2630-2636.

[49] Zhang J，Fatouros P P，Shu C，et al. High relaxivity trimetallic nitride（Gd_3N）metallofullerene MRI contrast agents with optimized functionality. Bioconjugate Chemistry，2010，21（4）：610-615.

[50] Dorn H C，Fatouros P P. Endohedral metallofullerenes：applications of a new class of carbonaceous nanomaterials. Nanoscience Nanotechnology Letters，2010，2（2）：65-72.

[51] Kato H，Kanazawa Y，Okumura M，et al. Lanthanoid endohedral metallofullerenols for MRI contrast agents. Journal of the American Chemical Society，2003，125（14）：4391-4397.

[52] Westerström R，Dreiser J，Piamonteze C，et al. An endohedral single-molecule magnet with long relaxation times：$DySc_2N@C_{80}$. Journal of the American Chemical Society，2012，134（24）：9840-9843.

[53] Liu F，Krylov D S，Spree L，et al. Single molecule magnet with an unpaired electron trapped between two lanthanide ions inside a fullerene. Nature Communications，2017，8：16098.

[54] Westerström R，Uldry A C，Stania R，et al. Surface aligned magnetic moments and hysteresis of an endohedral single-molecule magnet on a metal. Physical Review Letters，2015，114（8）：087201.

[55] Junghans K，Schlesier C，Kostanyan A，et al. Methane as a selectivity booster in the arc-discharge synthesis of endohedral fullerenes：selective synthesis of the single-molecule magnet $Dy_2TiC@C_{80}$ and its congener $Dy_2TiC_2@C_{80}$. Angewandte Chemie International Edition，2015，54（45）：13411-13415.

[56] Zhang Y，Krylov D，Schiemenz S，et al. Cluster-size dependent internal dynamics and magnetic anisotropy of Ho ions in $HoM_2N@C_{80}$ and $Ho_2MN@C_{80}$ families（M = Sc，Lu，Y）. Nanoscale，2014，6（19）：11431-11438.

[57] Westerström R，Dreiser J，Piamonteze C，et al. Tunneling，remanence，and frustration in dysprosium-based endohedral single-molecule magnets. Physical Review B，2014，89（6）：060406.

[58] Dreiser J，Westerström R，Zhang Y，et al. The metallofullerene field-induced single-ion magnet $HoSc_2N@C_{80}$. Chemistry—A European Journal，2014，20（42）：13536-13540.

[59] Dreiser J，Westerström R，Piamonteze C，et al. X-ray induced demagnetization of single-molecule magnets. Applied Physics Letters，2014，105（3）：032411.

[60] Liu F，Wang S，Gao C L，et al. Mononuclear clusterfullerene single-molecule magnet containing strained fused-pentagons stabilized by a nearly linear metal cyanide cluster. Angewandte Chemie International Edition，2017，56（7）：1830-1834.

[61] Liu F，Gao C L，Deng Q，et al. Triangular monometallic cyanide cluster entrapped in carbon cage with geometry-dependent molecular magnetism. Journal of the American Chemical Society，2016，138（44）：14764-14771.

[62] Wang Y，Cheng L T. Nonlinear optical properties of fullerenes and charge-transfer complexes of fullerenes. The Journal of Physical Chemistry，1992，96（4）：1530-1532.

[63] Gong Q，Sun Y，Xia Z，et al. Nonresonant third-order optical nonlinearity of all-carbon molecules C_{60}. Journal of Applied Physics，1992，71（6）：3025-3026.

[64] Xenogiannopoulou E，Couris S，Koudoumas E，et al. Nonlinear optical response of some isomerically pure higher fullerenes and their corresponding endohedral metallofullerene derivatives：C_{82}-C_{2v}，$Dy@C_{82}$（Ⅰ），$Dy_2@C_{82}$（Ⅰ），C_{92}-C_2 and $Er_2@C_{92}$（Ⅳ）. Chemical Physics Letters，2004，394（1）：14-18.

[65] Iqbal Z，Baughman R H，Ramakrishna B L，et al. Superconductivity at 45 K in Rb/Tl codoped C_{60} and C_{60}/C_{70} mixtures. Science，1991，254（5033）：826-829.

[66] Ganin A Y，Takabayashi Y，Jeglič P，et al. Polymorphism control of superconductivity and magnetism in Cs_3C_{60} close to the Mott transition. Nature，2010，466：221-225.

[67] Klupp G，Matus P，Kamarás K，et al. Dynamic Jahn-Teller effect in the parent insulating state of the molecular superconductor Cs_3C_{60}. Nature Communications，2012，3：912.

[68] Baldassarre L，Perucchi A，Mitrano M，et al. The strength of electron electron correlation in Cs_3C_{60}. Scientific Reports，2015，5：15240.

[69] Rabilloud F. Absorption spectra of alkali-C_{60} nanoclusters. Physical Chemistry Chemical Physics，2014，16（40）：22399-22408.

[70] Ramanantoanina H，Zlatar M，García-Fernández P，et al. General treatment of the multimode Jahn-Teller effect：study of fullerene cations. Physical Chemistry Chemical Physics，2013，15（4）：1252-1259.

第7章 富勒烯的化学性质

富勒烯可以通过化学反应实现功能化从而调控其性质。自发现富勒烯以来，人们对富勒烯的化学性质展开了大量的研究。例如，富勒烯的溶解度很差，通过加成合适的官能团可以提高其溶解度。富勒烯的化学修饰可以分为三大类：第一类是在富勒烯的笼外进行化学修饰；第二类是在富勒烯的笼内进行化学修饰，形成内嵌富勒烯（见 2.2 节）；第三类还可以在富勒烯的碳笼上通过杂原子取代碳原子进行化学修饰（见 2.3 节）。本章主要围绕富勒烯的笼外化学修饰简要进行讨论。

7.1 成键性质

以 C_{60} 为例，富勒烯 C_{60} 是由 60 个碳原子通过 20 个六元环和 12 个五元环连接而成的足球状空心对称分子。虽然它的核磁共振碳谱只有一条谱线，但是它的碳碳键有两种，其中六元环与六元环共用的键，称[6, 6]键，五元环与六元环共用的键，称[5, 6]键。X 射线单晶衍射数据表明，[6, 6]键长是 135.5 pm，[5, 6]键长是 146.7 pm，[6, 6]键相对于[5, 6]键较短，因此[6, 6]键具有更多双键的性质，更容易发生加成反应。

[6, 6]键容易发生化学反应的另一个原因是富勒烯为了形成笼状或管状结构其表面必须弯曲，这就形成了较大的键角张力。当它的某些双键通过化学反应饱和后，键角张力就得到释放，如富勒烯的[6, 6]键是亲电的，将 sp^2 杂化轨道变为 sp^3 杂化轨道后减小了键张力，原子轨道上的变化使得该键从 sp^2 杂化（近似 120°）变成 sp^3 杂化（约 109.5°），从而降低了 C_{60} 的吉布斯自由能而更加稳定。因此富勒烯可以通过打开[6, 6]键形成单加成产物或多加成产物。

富勒烯分子的球形结构使碳原子高度锥化，这对其反应活性有深远的影响。碳原子的 p 轨道在外球面的互相连接扩大程度更胜于在其内球（碳原子之间以 sp^2 杂化轨道连接，另一个 p 电子两两形成 π 键，所有 π 电子形成近似球形的复杂 π-π 共轭体系）[1]，这是富勒烯有时候充当电子给予体的原因。

富勒烯 C_{60} 分子中每个碳原子用剩下的一个 p 轨道互相重叠形成一个含 60 个 π 电子的闭壳层电子结构，因此在近似球形的笼内和笼外都围绕着 π 电子云。分子轨道计算表明，富勒烯具有较大的离域能。虽然富勒烯分子中的碳原子都是超共轭，但富勒烯却不是一个超大的芳香化合物。C_{60} 有 60 个 π 电子，但封闭壳层结构需要 72 个 π 电子[2]。所以从整体上来看富勒烯是缺电子的，表现出显著的亲电性质。

7.2 化学反应

理论计算表明 C_{60} 的 LUMO 是一个三重简并轨道[3]，因此它最多可以得到 6 个电子。用常规的循环伏安法和差分脉冲伏安法对 C_{60} 进行电化学测试，可以得到 4 个电子的还原电位谱图，如果在真空条件下用精制的乙腈和甲苯的混合溶剂测试，则可以得到 6 个电子的还原电位谱图[4]。理论计算以及电化学测试结果都表明富勒烯是一个缺电子的大共轭 π 电子体系，在化学性质上类似于缺电子的共轭多烯。因此，C_{60} 更容易发生还原反应、亲核加成反应、自由基加成反应以及环加成反应等。

7.2.1 还原反应和氢化反应

1991 年报道的富勒烯的第一个化学反应[5]，就是 C_{60} 的还原反应。在认识到富勒烯具有显著的亲电性之后，活泼金属、具有强供电子性质的有机化合物等陆续被用来还原富勒烯成富勒烯负离子。另外，电化学以及光化学还原反应也被用来还原富勒烯。所得到的富勒烯负离子或盐表现出了特别的超导和分子铁磁体性质。通常得到的富勒烯负离子盐本身也是很活泼的物种，可以和多种亲电试剂反应。因此，富勒烯负离子为富勒烯化学提供了一个很经典的合成中间体。

1. 与金属发生还原反应

富勒烯 C_{60} 很容易被活泼金属（如碱金属和碱土金属）还原成 C_{60}^{n-}（$n=1\sim5$）[6]。例如，碱金属 Rb 在液氨作溶剂的条件下便可将 C_{60} 还原成最高为 Rb_5C_{60} 的盐混合物[7]。碱金属 Li 在 THF 作溶剂的条件以及超声波的帮助下可以将 C_{60} 或 C_{70} 还原成 C_{60}^{n-} 或 C_{70}^{n-} 的盐溶液[8]。尽管如此，上述方法无法实现单一的富勒烯负离子的合成。通过加入冠醚类化合物或使用一些电子载体（如硫烯、萘），可以实现 KC_{60}、K_3C_{60}、K_6C_{60} 等的成功合成[9-11]。随着发现第一个碱金属掺杂的 K_3C_{60} 具有低温超导的性质之后，大量 M = Li、Na、Rb、Cs，被用来还原富勒烯形成各种 M_nC_{60} 盐，需要指出的是这些盐对空气都是很敏感的，需要在无水无氧或真空的条件下制备才能得到。

碱土金属也可以用来还原富勒烯。Ca_xC_{60}、Ba_xC_{60}、Sr_xC_{60} 等可以通过 C_{60} 和相应的碱土金属直接反应得到[12-14]。另外，混合碱金属和碱土金属的富勒烯盐，如 $K_3Ba_3C_{60}$、$K_2RbBa_3C_{60}$、$Rb_3Ba_3C_{60}$ 等，也可以由各种碱金属和 Ba_3C_{60} 反应得到[15, 16]。

2. 与强供电子有机化合物发生还原反应

由于富勒烯具有显著的亲电性，一些具有强供电子性质的有机化合物也可以用来还原富勒烯形成电荷转移（charge-transfer）的盐缔合物。最早的一个例子是有机化合物四(二甲胺基乙烯)（TDAE）(图 7-1）作为强电子供体与 C_{60} 直接反应，定量地转化为完全离子化的 TDAE-C_{60} 盐缔合物，该缔合物的结构得到了 X 射线单晶衍射的证实[17]。在 TDAE-C_{60} 缔合物的成功合成基础上，陆续有大量不同种类的类似缔合物被合成。如四硫富瓦烯衍生物（TTF）、四苯基卟啉衍生物（TPP）、1, 8-二氮杂二环十一碳-7-烯（DBU）、金属茂化合物等供电子有机物被用来与 C_{60} 形成离子化的盐缔合物[18-21]。其中 TTF 衍生物以及二茂铁等未能还原富勒烯。只有强电子供体 $Fe(C_5H_5)(C_6Me_6)$、$Co(Cp_2)$、$Ni(C_6Me_6)_2$（图 7-1）最终形成了完全离子化的盐缔合物[17, 22, 23]。

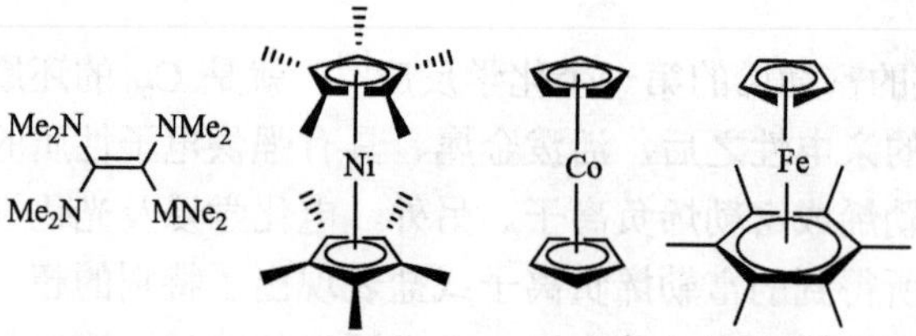

图 7-1　一些供电子有机化合物被用来与富勒烯形成电荷转移缔合物

3. 氢化还原反应

目前低氢化富勒烯已被合成，并且完全表征出来，如 $C_{60}H_2$、$C_{60}H_4$、$C_{60}H_6$ 和 $C_{70}H_2$ 等。另外，一些高氢化富勒烯异构体也已有报道，如 $C_{60}H_{18}$、$C_{60}H_{36}$。高氢化富勒烯氢化的程度约为每个 C_{60} 含有 44 个 H 原子，甚至更多。但是氢化的程度越高，C_{60} 碳笼上的键越容易断裂，失去了结构的稳定性。尽管如此，完全氢化的 $C_{60}H_{60}$ 也已被合成出来，但因为多氢化富勒烯不稳定，无法拿到纯的化合物。关于为什么多氢化富勒烯，甚至是不完全饱和的 $C_{60}H_{36}$，都不稳定的原因，人们认为随着引入的氢原子越多，碳笼框架外的压力也不断增大。这种不稳定性是富勒烯独特的化学性质。

氢化富勒烯的应用也是人们所关注的方面，如用于储氢。但储氢容量与氢化程度密切相关，如 $C_{60}H_{36}$ 为 4.8%。$C_{60}H_n$ 作为锂电池的添加剂也是其应用之一。

通过加入少量的氢化富勒烯，该电池的寿命得到明显的延长。下面具体讨论一下氢化还原的方法。

1）硼氢化和锆氢化还原反应

硼氢化反应是 C_{60} 与硼烷发生水解反应后产生中间体 $C_{60}(H)(BH_2)$进一步发生功能化反应（图 7-2）。添加 BH_3 的四氢呋喃溶液（1 mol/L）到 C_{60} 的干燥甲苯溶液中，在 5℃下反应 45 min，随后缓慢升至室温，加入乙酸或水水解，产生了一个可溶性的产物 $C_{60}H_2$。

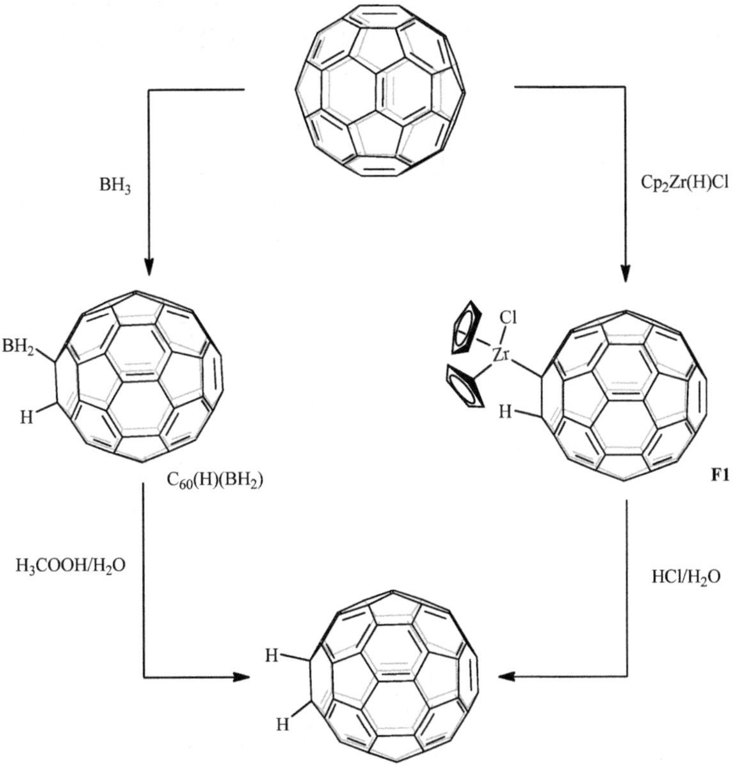

图 7-2　硼氢化和锆氢化的反应流程图

当中间体 $C_{60}(H)(BH_2)$与 D_2O 水解时，通过 ^1H NMR 谱观察到有 $C_{60}H_2$ 和 $C_{60}HD$ 混合物生成。D-H 耦合常数（$^nJ_{DH}$）为 2.4 Hz，^{n}DH(D)向高场移动 1.75 Hz 符合邻位顺式氢替代[1]，也就是说 $n = 3$。这些结果与 NMR 时间尺度上的 H(D)的分子间交换是不一致的，但不能排除分子内重排[24]。$C_{60}H_2$ 只有[6, 6]键加成异构体的产生，在计算的基础上排除了[5, 6]键加成异构体的存在[25]。

过渡金属配合物如$(\eta^2\text{-}C_2H_4)Pt(PPh_3)_2$[26]和 $Ir(CO)Cl(PPh_3)_2$[27]与富勒烯 C_{60} 发生[6, 6]键环加成反应。这些反应证实了 C_{60} 为缺电子体系[26]。通过与 Schwartz's

试剂($(\eta^5\text{-}C_5H_5)_2Zr(H)Cl$，实现选择性的加氢反应，形成图 7-2 中的反应中间体 **F1**，即$[(\eta^5\text{-}C_5H_5)_2ZrCl]_nC_{60}H_n$，然后加入稀释的盐酸水溶液水解，得到 $C_{60}H_{2n}$（n = 1, 2, 3）和未反应的 C_{60} 混合溶液，这也就是锆氢化反应（图 7-2）。由于过渡金属化合物的反应通常发生在一个[6, 6]键上，中间体的水解致使 H_2 加成在 C_{60} 双键上。两个氢原子的位置只能通过 X 射线单晶结构分析得到证实，另一种方式是通过氢谱和碳谱进行确定。

2）Zn/Cu 合金还原反应

除了常用的 C_{60} 和 C_{70} 与还原金属（如 Mg、Ti、Al 和 Zn）发生加氢反应外[27, 28]，富勒烯与 Zn/Cu 合金的加氢反应也被认为是最有效和具有选择性的方法。富勒烯与 Mg、Ti 和 Al 的还原反应效率低，且反应的氢化产物过多，难以分离[29, 30]。富勒烯与 Zn/Cu 合金的还原反应溶剂为甲苯，并且加入少量的水提供质子。在这个反应过程中，水是最好的质子源，氢化富勒烯 $C_{60}H_2$、$C_{60}H_4$ 和 $C_{60}H_6$ 的合成产率较高。产物的分布和形成异构体的数目可以通过反应时间、搅拌速度和 C_{60} 与金属的比例来控制[29]。例如，搅拌反应 1 h，最小的氢化富勒烯 $C_{60}H_2$ 可以获得 66%的产率[29, 30]，而反应 2 h 和 4 h 分别得到的主产物则为 $C_{60}H_4$ 和 $C_{60}H_6$。其中，$C_{60}H_4$ 的三种异构体[31]分别为 *cis*-3 异构体 1, 2, 18, 36-$C_{60}H_4$、*trans*-3-异构体 1, 2, 33, 50-$C_{60}H_4$ 和未鉴定的异构体，三种异构体产物的比例为 1∶1∶0.3（图 7-3）。反应 4 h 后两个主产物 $C_{60}H_4$ 异构体进一步还原成 $C_{60}H_6$，生成两个 $C_{60}H_6$ 异构体的比例为 6∶1，产率约为 35%，还伴随着一些 $C_{60}H_6O$ 的生成[29, 31]。

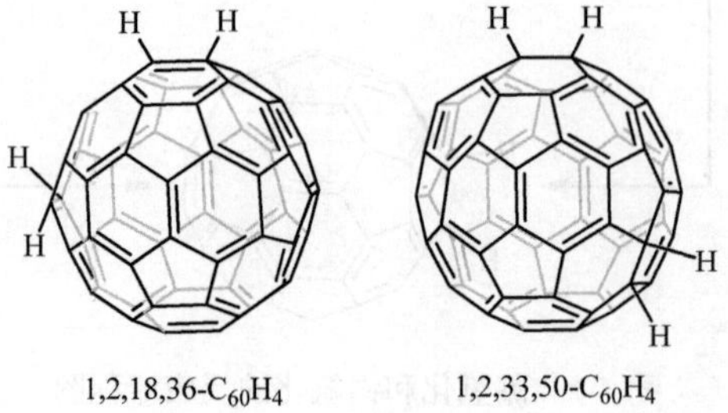

图 7-3　C_{60} 与 Zn/Cu 合金还原生成的主要产物 $C_{60}H_4$ 的异构体

C_{70} 比 C_{60} 更容易通过 Zn/Cu 还原[11, 28, 29, 32, 33]。一些 $C_{70}H_n$ 异构体（n = 2, 4, 6, 8, 10）都能够独立存在。$C_{70}H_{12}$ 的生成产率很低，而且不能够通过 HPLC 分离得到。

3）水合肼或有机试剂还原反应

还原剂如 1-苄基-1, 4-二氢氮蒽[34]、Hantzsch 酯[30]（二乙基-2, 6-二甲基-1, 4-二氢-3, 5-二羧酸二乙酯）或 10-甲基-9, 10-二氢吖啶[34, 35]可以发生光诱导电子转移[32]

到富勒烯上，通过连续的质子转移生成选择性的 1, 2-二氢化[60]富勒烯，这些还原反应条件温和。例如，C_{60} 与二酰亚胺氢化反应的产物主要有 $C_{60}H_2$ 和 $C_{60}H_4$ 的不同异构体[36-38]。生成少量的 $C_{60}H_6$ 和 $C_{60}H_8$ 与大量过量的还原剂继续反应还可以生成 $C_{60}H_{18}$、$C_{60}H_{36}$[37]。该反应主要用于合成 $C_{60}H_4$ 和检测八种可能的二加成异构体的相对比例[36]。八种异构体中至少有七种可以通过 ^{13}C NMR 谱检测，并通过 ^1H NMR 谱分析信号的数目和裂分模式。目前，不可能全部分离所有的异构体。通过高效液相色谱法只能分离出含量最多的异构体[37]。其中 $C_{60}H_4$ 一个异构——1, 2, 3, 4-四氢化[60]富勒烯的结构已通过 ^1H NMR 谱确定。1, 2, 3, 4-四氢化富勒烯是唯一的 AA′BB′模式的异构体。

4）伯奇还原反应

第一个富勒烯氢化物是通过 C_{60} 与 Li、叔丁醇在液氨存在的条件下通过 Birch-Hükel 反应合成的[39]。反应过程是由纯紫色的 C_{60} 变成淡奶油白色的物质。这个还原产物的主产物为 $C_{60}H_{18}$ 和 $C_{60}H_{36}$。这些多氢化富勒烯为最早合成的一批 C_{60} 衍生物。通过在回流的甲苯中与 2, 3-二氯-5, 6-二氰基苯醌（DDQ）反应，显示出多氢富勒烯的动力学不稳定性。结果，Birch-Hükel 的反应产物完全转化为 C_{60}，这表明富勒烯的氢化反应是完全可逆的（图 7-4）[39]。

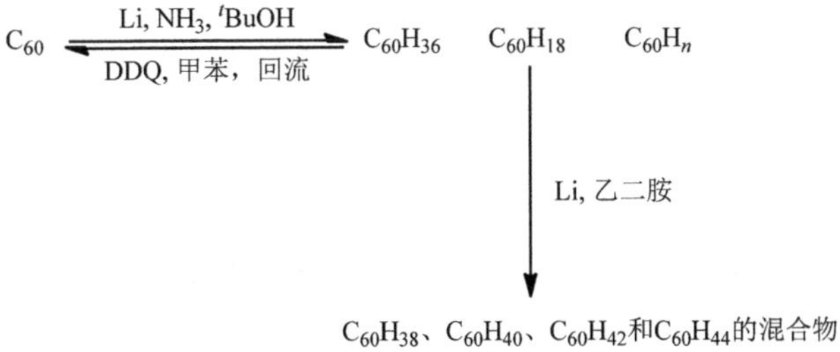

图 7-4　C_{60} 通过 Birch-Hükel 反应还原和 Benkeser 进一步还原的示意图

在 Birch 反应条件下合成的氢化富勒烯 $C_{60}H_n$，n 从 18 到 36。超过 36 个氢的异构体不能通过通常的 Birch 反应得到，需要通过 Benkeser 还原反应继续还原得到[40]。Birch 反应得到 $C_{60}H_{36}$，与 Li 在乙二胺溶液中回流进行继续还原，产生了四个新的多氢化富勒烯 $C_{60}H_n$，其中 $n = 38, 40, 42, 44$[40]。这些衍生物可以通过制备 HPLC 分离，并用质谱表征。

5）Zn/HCl 还原反应

相对于 C_{60} 与 Zn/Cu 合金或与 Zn/6 mol/L HCl 发生还原反应[41]只能生成低氢化富勒烯，C_{60} 与 Zn/浓盐酸在甲苯或苯溶液中反应，能快速生成主要产物为 $C_{60}H_{36}$ 的多氢化富勒烯[28, 42, 43]。在室温下反应 1 h，只发现有少量的副产物。通过电子轰击质谱（EI-MS）进行产物检测发现，在氮气保护下反应得到的主要产物为

$C_{60}H_{36}$（产率为 75%），而剩下的 25%为 $C_{60}H_{38}$ 和 $C_{60}H_{40}$。产物 $C_{60}H_{36}$ 首次提出是 t-异构体[43]。后来，根据振动光谱，推测为 S_6 对称性[44]。虽然确定的结构尚未得到，但是这个方法合成的异构体的种类比 Birch-Hückel 少[45]。$C_{60}H_{36}$ 在无光、无氧及高温下稳定性较好，然而在持续加热的条件下会有越来越多的 $C_{60}H_{18}$ 生成[42]。实验上 $C_{60}H_{18}$ 的制备也的确是在高温高压下完成的[45]。

利用氘代盐酸 DCl 和 Zn 作反应试剂，DCl 提供质子可以很容易生成氘代富勒烯[42]。在同样条件下利用 Zn/DCl 还原 C_{60}，短时间内生成产率较高的多氘富勒烯。但有趣的是，氘化还原产物的分布不同于 Zn/HCl 还原的产物分布，而且发现 C—D 键比 C—H 键更稳定。

C_{70} 的氢化反应的活性比 C_{60} 稍低。Zn/HCl 还原 C_{70} 反应大约在 1.5 h 后完成，得到一个淡黄色的产物，其中包含两个主要产物 $C_{70}H_{36}$、$C_{70}H_{38}$，以及一些次要产物 $C_{70}H_{40\sim44}$[42]。

6）氢转移还原反应

利用 9, 10-二氢蒽[40, 46-48]作为氢源，通过氢转移反应可以合成多氢富勒烯[49]。C_{60} 与熔融的 9, 10-二氢蒽在密封的玻璃管中，N_2 氛围下 350℃反应 30 min，颜色从棕色到鲁宾红、橙色、黄色最终至无色，得到的无色产物通过质谱检测（EI, FAB, FD）基峰为 756，确定为 $C_{60}H_{36}$[47]。延长反应时间至 24 h，根据反应混合物颜色和分离反应产物通过质谱检测基峰为 738，确定为 $C_{60}H_{18}$。因此，此条件下可以合成几乎纯的 $C_{60}H_{36}$ 或接近纯的 $C_{60}H_{18}$[28, 47]，少量杂质为其他氢化富勒烯和蒽，其中蒽杂质可以通过升华除去。多氘富勒烯 $C_{60}D_n$ 也可以类似地使用 9, 10-二氘蒽作为氘源。氢转移反应可通过加入 7H-苯并蒽或 7, 7′-二氘-7H-苯并蒽作为催化剂[49]，降低温度到 250℃。通过这种方式，可以达到高程度的氢化（n 高达 44）。

7）分子氢还原

自由基诱导的 C_{60} 和 C_{70} 的氢化可以用碘乙烷作为氢自由基的促进剂[50-52]。富勒烯被放置在反应釜玻璃容器里与过量碘乙烷混合，加氢气压力至 6.9 MPa，在 400℃下反应 1 h，得到浅棕色的多氢富勒烯固体。没有碘乙烷，富勒烯无法发生氢化反应。与 Birch-Hückel 还原和氢转移反应得到的多氢富勒烯相反，分子氢还原得到的多氢富勒烯在许多有机溶剂中是不溶的，仅微溶于硝基苯。快原子轰击质谱（FAB）检测发现其合成的氢化富勒烯混合物主要是 $C_{60}H_{36}$ 和 $C_{70}H_{36}$。有趣的是，反应在较高温和高压下进行反而会导致氢化程度降低。

C_{60} 催化加氢反应也可以在活性炭与 Ru 催化剂存在时溶于甲苯回流条件下进行[53, 54]，得到含氢量较高的氢化富勒烯（高达 $C_{60}H_{50}$）。C_{60} 的氢化程度随着氢气压力的增加和反应温度的升高而增加。C_{70} 也可以用该方法催化氢化生成 C_{70} 多氢化富勒烯，主要产物为 $C_{70}H_{36}$。通过对该反应的系统研究，将更深入地了解不同活性金属催化剂的活性和选择性[55]。实验结果表明，各种金属和贵金属催化剂都可用于该氢化反应，使用 Ru、Rh 和 Ir 催化剂反应得到的主要产物为 $C_{60}H_{18}$，而使用 Pd、Pt、Co 和 Ni 作催化剂反应得到的主要产物为 $C_{60}H_{36}$，Au 和 Fe 对 C_{60} 的加氢活性不大。上述催化过程的优点是可以选择性地大量合成富勒烯氢化物（取决于金属）。与其他氢化反应相比，产物通过催化剂的过滤和溶剂的蒸发很容易被分离[55]。

7.2.2　亲核加成反应

通过化学和电化学方法进行的还原反应已经证明 C_{60} 具有相当大的电负性。理论计算和结构数据表明，在[5, 6]键和具有双键特征的[6, 6]短键上会发生键交替现象。这说明 C_{60} 的性质不是“超级芳烃”，而像是由稠合的轴烯和环己三烯单元组成的缺电子共轭聚烯烃。因此，C_{60} 可与碳、氮、磷和氧等亲核试剂进行亲核加成反应。亲核试剂攻击 C_{60}，形成中间体 $Nu_nC_{60}^{n-}$，若向该中间体中加入亲电试剂 E^+（如 H^+或碳正离子），可以得到 $C_{60}E_nNu_n$；若加入中性亲电试剂 EX，如烷基卤化物，可得到 $C_{60}E_nNu_n$；或发生 S_Ni 或内部加成反应，生成亚甲基富勒烯和环己烯富勒烯；也可以通过氧化得到 $C_{60}Nu_2$。虽然不同的加成方式可产生许多异构体，但[1, 2]加成是首选。对于位阻较大的加成，[1, 4]加成甚至[1, 6]加成也会选择性进行或同时发生[56, 57]。

1. 碳负离子作为亲核试剂

1）C_{60} 和 C_{70} 的烷基氢化和芳基氢化

C_{60} 容易通过有机锂试剂和格氏试剂与烷基、苯基或炔基反应形成阴离子 RC_{60}^-，这个过程非常迅速[58-65]。如果反应在甲苯中进行，则生成相应盐 $C_{60}R_nM_n$，实验上可以观察到，在添加有机金属化合物时，C_{60} 立即形成沉淀，若再将其质子化，则会生成氢化富勒烯衍生物 $C_{60}H_nR_n$[57]。高度烷基化的富勒烯阴离子 $R_nC_{60}^{n-}$ 可溶于 THF，并可用 MeI 淬灭生成 $C_{60}Me_nR_n$。为了获得 1, 2 位取代的 $C_{60}HR$ 的最佳产率，可以采用滴定操作逐步加入亲核试剂，通过 HPLC 监控该过程，同时可实现副产物产量的最小化，当达到所添加的亲核试剂的最佳当量后，用 0.01 mol/L 氯化氢的甲醇溶液淬灭反应混合物。

使用 1～2 倍当量的有机锂试剂作为亲核试剂可获得最大产率的阴离子 RC_{60}^-，而与较温和的格氏试剂反应则需要 5～27 倍当量。1, 2-烷基氢化富勒烯产物可以通过制备型 HPLC 或己烷和甲苯混合物作为展开剂的快速柱层析法进行纯化。已被报道的用于烷基氢化的各种有机锂试剂和格氏试剂示于图 7-5[27, 63, 66, 67]。

Fagan 等用 1.2 mol/L 的叔丁基锂与溶解在苯中的 C_{60} 反应，分离出阴离子中间体 $^tBuC_{60}^-Li^+\cdot 4CH_3CN$，并在乙腈中重结晶，得到棕色粗产物。$^{13}C$ NMR 谱显示，

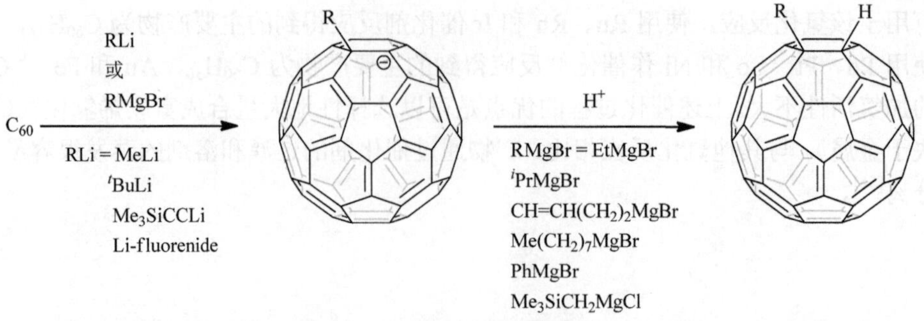

图 7-5 C_{60} 的氢烷基化反应

该化合物具有 C_s 对称性。变温 ^1H NMR 谱研究可观察到叔丁基旋转受阻的现象，推测是由于其 $\Delta G^{\ddagger}$较大（9.3 kcal/mol）造成的，在自由基 $^tBuC_{60}\cdot$[68]中也可观察到类似的旋转受阻现象。^1H NMR 实验结果与阴离子 RC_{60}^-（R = —H，—Me，—^{t}Bu）中电荷密度计算结果一致（图 7-6）。负电荷不发生离域，与[6, 6]键上的 sp^3 碳原子相邻的碳原子（C-2）的电荷密度最高。通过计算，C-4 上的电荷密度虽明显低于 C-2，但相比于其他位置的碳原子仍大幅增强。根据电荷密度分布情况，可推测质子的优先进攻位置为 C-2，这也与实验结果一致。将中间体 RC_{60}^- 进行原位质子化，再通过色谱纯化，只可得到 1, 2 位产物（HRC_{60}）。不同的是，$^tBuC_{60}^-Li^+\cdot 4CH_3CN$ 的质子化反应可产生 1, 2 位及 1, 4 位两种异构体（1, 2-HRC_{60} 和 1, 4-HRC_{60}）。其中 1, 4 位异构体不稳定，在 25℃下放置 12 h 后会发生重排，最终转变为 1, 2 位衍生物。

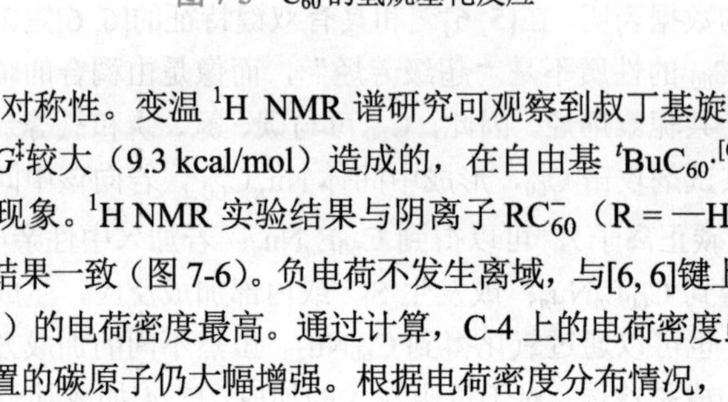

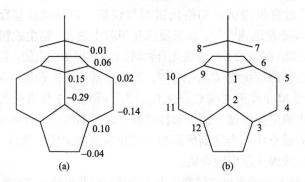

图 7-6 RC_{60}^-（R = —H，—Me，—^{t}Bu）的电荷密度计算

在 ^{13}C NMR 谱中观察到的 1, 2-HRC_{60} 所有碳原子的 32 个信号峰中有四个峰的强度是其他的一半，证明其具有 C_s 对称性。该实验结果通过 HRC_{60}（R = —H，—Me，—^{t}Bu）的 AM1 计算结果证实，表明 1, 2-HRC_{60} 的生成热更低。其他异构体（如 1, 4-或 1, 6-异构体）的形成需要引入至少一个[5, 6]键，在能量角度

上不利于 C_{60} 骨架的稳定性。预计在与 C_{60} 结合的配体位阻变大时，如将 H 换为 ^tBu，得到 1, 4 位加成产物的可能性增大。这些两步加成的区域选择性更接近于缺电子烯烃的特征，与芳香族化合物不一致。在 $C_{60}HR$ 的 ^1H NMR 谱中，富勒烯质子氢的信号出现在 $\delta = 6\sim7$ 之间的低场处，进一步证明了富勒烯的吸电子性质。富勒烯质子氢的化学位移也取决于 R 基的性质。例如，将 $C_{60}HMe$ 和 $C_{60}H^tBu$ 进行比较[69]，空间位阻的增加导致化学位移减小约 0.7 ppm，这显示出富勒烯基质子的酸性。事实上，通过电化学方法定量监测 $^tBuC_{60}^-$ 阴离子质子化，其 pK_a 测定值为 5.7(±0.1)。因此，$C_{60}H^tBu$ 是仅由碳和氢组成的最强酸之一。

HRC_{60} 棕色溶液的 UV/vis 光谱（图 7-7）在 λ_{max} = 213 nm、257 nm 和 326 nm 处出现强吸收带，与 C_{60} 的 UV/vis 光谱类似，证明了两者之间的电化学相似性。不过，与 C_{60} 相比，HRC_{60} 光谱的最大变化出现在可见光区域。位于 λ = 400～700 nm 之间的 C_{60} 吸收特征峰消失，并在 λ_{max} = 435 nm 处出现了新的特征峰。通过一系列实验表明，该特征峰与 R 基团的性质无关。

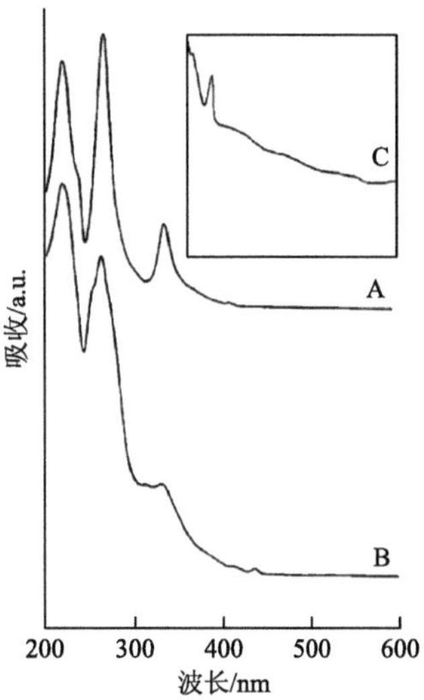

图 7-7　HRC_{60} 溶液的 UV/vis 光谱

金属乙炔化物具有较好的稳定性和低亲核性，这使其与 C_{60} 的反应活性相比于其他有机锂试剂或格氏试剂更低。尽管反应速率较慢且需要较高的反应温度，但仍可以获得各种 C_{60} 的乙炔基衍生物。最初的乙炔基 C_{60} 衍生物——(三甲基硅烷基) 乙炔基 C_{60} 和苯基乙炔基氢化[60]富勒烯是由 Diederich 和 Komatsu[66]同时合成的（图 7-8），反应后用酸淬灭后可得到其最终产物。质子化作用发生在 C-2 上，这也与 AM1 计算结果一致。同时，由于该质子的酸性较强，可以轻易地将其在二甲基亚砜溶液中用 K_2CO_3 拔去[70]。

可以通过 C_{60} 与 $Me_2Si(O^iPr)MgCl$ 格氏试剂反应（图 7-9）来实现 C_{60} 的甲硅烷基化，得到两种不同类型的 1, 2-甲硅烷基化 C_{60} 衍生物。使用不同溶剂会选择性地生成 1, 2-加成产物或 1, 4-加成产物。这些化合物容易与醇或酚反应，因此，甲硅烷基化 C_{60} 可以作为合成区域选择性的富勒烯衍生物的通用底物。

通过有机锂试剂或格氏试剂制备的有机铜化合物可在特定条件下与 C_{60} 反应，制备得到具有完全区域选择性的 C_{60} 多种加成产物，并且产率非常高[71, 72]。这些化合物都是通过 π 体系的典型反应制备的，如去质子化反应或络合反应。

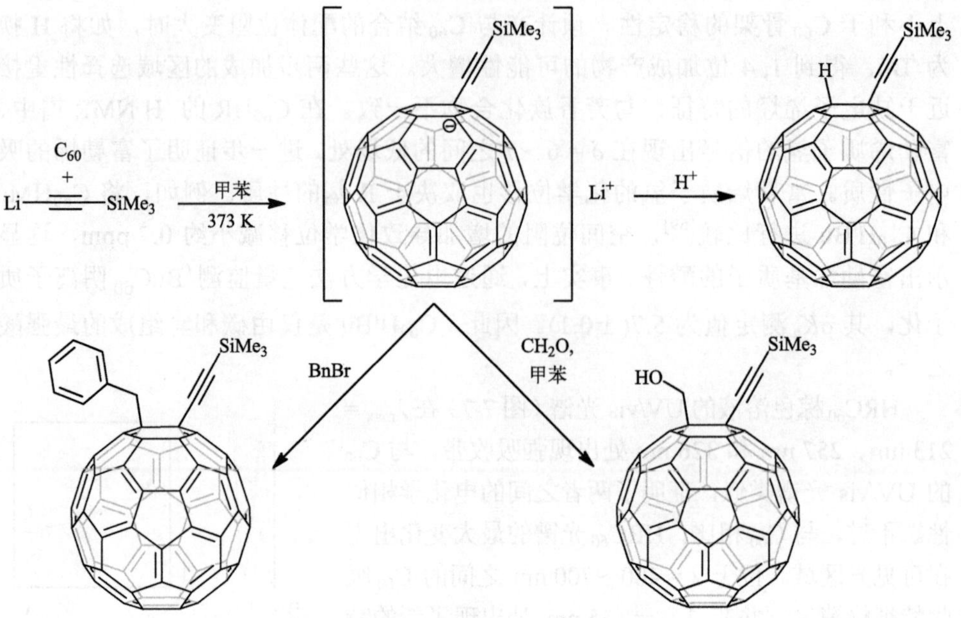

图 7-8 C_{60} 乙炔基衍生物的合成

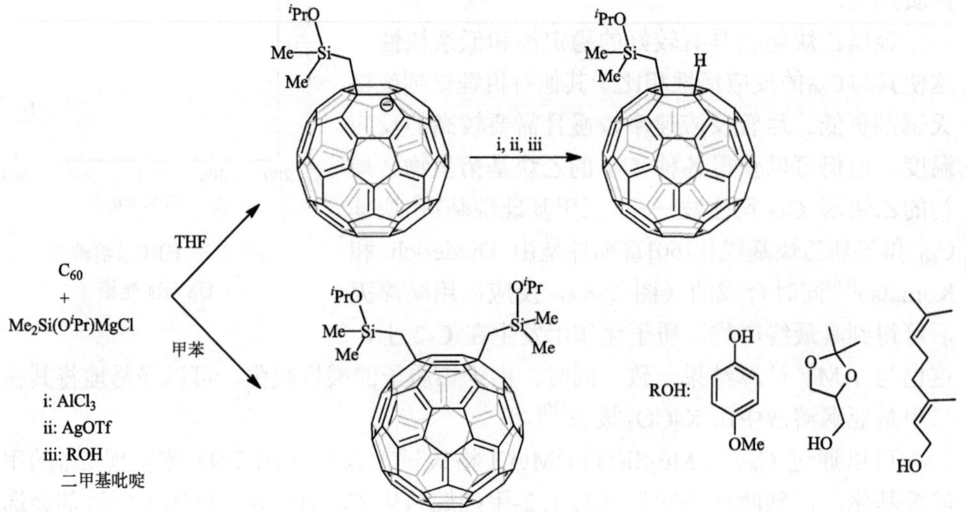

图 7-9 C_{60} 的甲硅烷基化

AM1 计算结果显示，C_{70} 的亲核加成产物只有少数可以稳定存在[73]。C_{70} 分子可被分为两个区域，分别为赤道的惰性区域和极点的高反应活性区域。实验上，在 HPLC 监测下的 C_{70} 烷基氢化和芳基氢化反应的主产物为 HRC_{70}。HRC_{70} 的 ^{13}C NMR 谱显示其具有 37 个富勒烯碳的共振峰，其中两个在 sp^3 区域，证明 HRC_{70}

具有 C_s 对称性。C_{70} 这些特定的[6, 6]键与 C_{60} 的[6, 6]键键长几乎相同。^{1}H NMR 数据表明，亲核试剂首先攻击 C-1 位，质子化过程发生在 C-2 位（图 7-10）。

2）C_{60} 和 C_{70} 的环丙烷化

如果 R 基中包含离去基团，则反应中间体 RC_{60}^- 和 RC_{70}^- 形成富勒烯衍生物的过程也可以通过分子内亲核取代（S_Ni）来实现。通过 α-卤代酯或 α-卤代酮的去质子化制备碳亲核试剂，可使 C_{60} 进行环丙烷化反应，得到较为纯净的产物（Bingel 反应）。

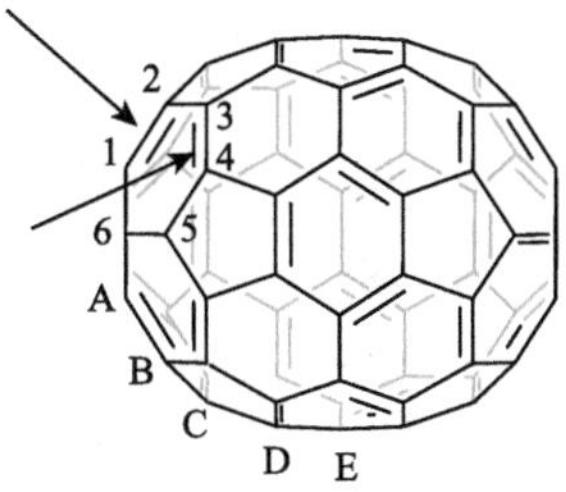

图 7-10　C_{70} 分子结构

在甲苯中，用 NaH 作辅助碱，C_{60} 与溴代丙二酸二乙酯的环丙烷化反应可在室温下平稳进行。反应得到的二(乙氧基羰基)亚甲基在高温下用 NaH 处理，并用甲醇淬灭可进行皂化反应过程[74]。该方法可获得某些水溶性富勒烯，并且也可以用于制备富勒烯多加成衍生物。

Bingel 反应可以被认为是 C_{60} 功能化最通用、最有效的方法之一。用碘单质或四溴甲烷和碱（通常为 DBU）处理 C_{60} 丙二酸衍生物或 1, 3-二酮衍生物[74-76]，可以省略中间体卤代化合物的纯化过程。优化后的反应条件可获得良好的产率（30%～60%）。后来的报道发现该过程在无溶剂体系中同样可以发生。无机碱 Na_2CO_3 可用于“高速振动研磨”条件下的机械化学反应[77]，代替有机碱 DBU 与溴代丙二酸二乙酯，产率可达到 40%～50%。

C_{60} 与甲硅烷基化亲核试剂的反应需要甲硅烷基乙烯酮缩醛、甲硅烷基乙烯酮硫代缩醛或甲硅烷基烯醇醚等化合物的参与[78]。该反应在氟离子（KF/18-冠醚-6）的存在下可平稳进行且收率良好（图 7-11）。这种合成方法的优点是在接近中性条件下实现环丙烷化，摆脱了 Bingel 反应所必需的碱性条件。另外，C_{60} 可以与甲硅烷基乙烯酮缩醛在光化学条件下反应，不使用 F^- 离子，不产生亚甲基 C_{60}，最终制备得到乙酸酯基氢化富勒烯[79]。

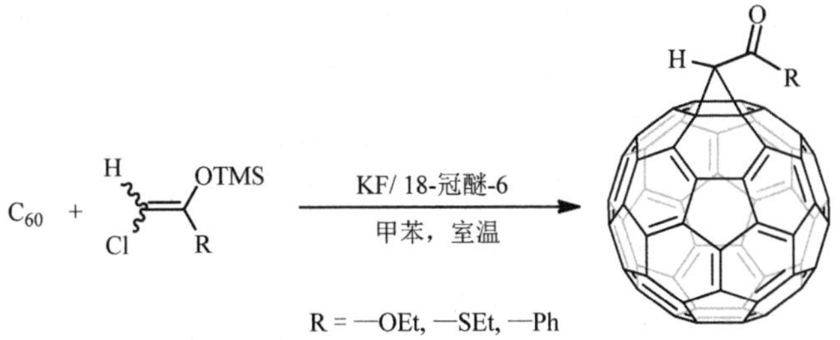

图 7-11　C_{60} 与甲硅烷基化亲核试剂的反应

通过上述机理的各种加成反应，几乎任何官能团或分子都可以连接到 C_{60} 分子上，如乙炔类、肽类、DNA 片断、聚合物、大环和卟啉复合物等。C_{60} 可以变成具有生物活性、水溶性、两亲性或与聚合物键合的化合物。

由 Diederich 和 Echegoyen 等开发了 Bingel 环丙烷化的逆反应——逆 Bingel 反应[80]，开辟了完全去除富勒烯 Bingel 加成基团的道路。C_{60} 丙二酸酯、二烷氧基磷酰基甲基 C_{60}、甲基 C_{60} 基氨基酸衍生物以及衍生自卡宾反应生成的亚甲基富勒烯可以通过该反应除去加成基团。亚甲基富勒烯衍生物的加成基团的去除也可以通过电化学方法或与汞齐化的 Mg 或 Zn/Cu 试剂反应的方法实现，产率在 50%～70%之间。因此在合成中可以使用 Bingel 加成反应为富勒烯提供保护基团，用于 C_{60} 的进一步选择性多加成反应[81]。

2. 胺作为亲核试剂

由于其强亲核性，脂肪族伯胺和仲胺易与缺电子的 C_{60} 发生亲核加成反应[82-85]。将固体 C_{60} 与丙胺或乙二胺等胺进行反应，会快速生成绿色溶液，并最终缓慢变为栗棕色。这个绿色溶液是形成 C_{60}-胺络合物的特征现象[86]。利用电子自旋共振光谱和紫外-可见-近红外光谱对反应进行密切监测发现，该反应的第一步是由胺到 C_{60} 的单电子转移，形成 C_{60} 自由基负离子的过程。第二步是自由基耦合反应，并生成两性离子。由于胺到 C_{60} 的电子转移和自由基耦合反应后是氧化过程，该离子的稳定性得到提升。

无论在溶液还是纯胺中，伯胺和仲胺与 C_{60} 的反应都很容易进行，但目标产物胺基富勒烯很难得到，因为胺加成反应很容易产生络合混合物。在严格除氧的环境下会产生胺基氢化 C_{60} 产物。通过质谱分析可观察到 $C_{60}(C_3H_9N)_n$ 上的 12 个丙胺基。过量乙二胺、过量乙醇胺甚至氨基酸的胺基都可与 C_{60} 反应生成水溶性的多加成化合物。

这些加成产物的准确结构却不易得到，只有少量的氢胺单加成产物的准确结构可被确定。第一个被确定结构的氢胺富勒烯衍生物是 C_{60} 的氮杂冠醚加成物[87]。氢胺富勒烯衍生物作为两性富勒烯单加成物，其二阶磁化率早已被测定，可用于制作 LB 膜。一氢化的水溶性环糊精富勒烯衍生物可通过膜过滤的方式进行纯化。若体系中有氧存在，氢胺化反应则不能发生，而会发生去氢化、二聚、多聚等反应。通过在空气饱和的苯溶液中与吗啉和哌啶的反应，则会得到二加成化合物、四加成环氧化合物和二聚体，并可进行分离表征。

在 C_{60} 与二次二元胺的反应中，可得到纯的去质子化二胺基环加成产物和聚合加成产物。异构化的单加成产物可由 C_{60} 与二氨基试剂的环加成反应获得，如 *N*, *N'*-二甲基乙二胺、哌嗪、高哌嗪和 *N*-乙基乙二胺，可与 C_{60} 在 0～110℃的范围内反应。在反应物的稀溶液中，即使二元胺过量，主要产物仍然为单加成和双加成的产物。加入 1, 2-环己二胺的手性对映体，可以在产物中分离出手性的胺基 C_{60} 单加成产物（图 7-12），该手性对映体的圆二色谱显示出强烈的手性光谱信号。

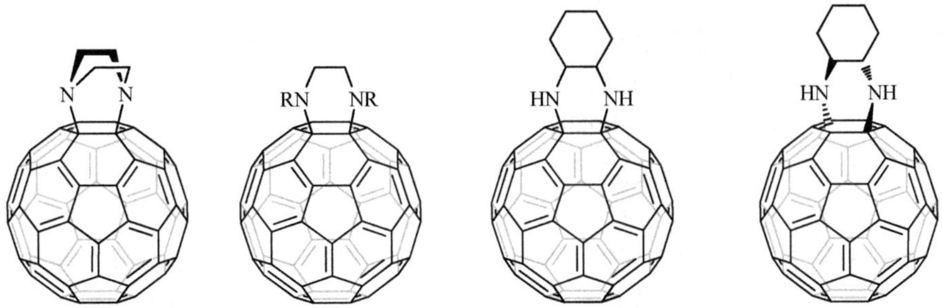

图 7-12　手性的胺基 C_{60} 单加成产物

质谱和核磁共振图谱分析表明，这些胺 C_{60} 衍生物是脱氢化后的产物。通过亲核加成反应，由二元胺引入的 H 原子被氧化消除，与仲二胺反应的最终产物都发生在[6, 6]键上。除单加成外，哌嗪或 *N, N'*-二甲基乙二胺与 C_{60} 反应的双加成产物的大多数区域异构体都可以通过柱层析法分离。单加成产物和一些双加成产物的结构可用 X 射线单晶衍射法进行结构确定。

从机理角度上讲，C_{60} 的胺加成反应伴随着一个电子的转移。因此这些加成反应无论在有氧还是无氧条件下均可在光催化环境下进行。在可见光照射下，*N, N'*-二甲基乙二胺或哌嗪与 C_{60} 的加成反应产率提升，同时反应时间缩短。在有氧、可见光照射且仲二胺大大过量的条件下，可得到明确结构的四胺基加成产物。

C_{60} 与叔胺不能形成类似的加成产物，而可以与稳定的胺（如隐色结晶紫、隐色孔雀绿等类似的中性染料）反应，生成稳定的络合物。基于叔胺的性质，若起初生成的 CT 络合物或两性离子不稳定，可观测到环加成作用或在 C_{60} 中嵌入烷基 C—H 键等反应路径。

通过与胺的加成反应，C_{60} 很容易与聚合物结合在一起，或自组装为单分子膜。将 C_{60} 与 $(MeO)_3Si(CH_2)_3NH_2$ 或 1, 12-二氨基十二烷修饰过的铟-锡氧化物（ITO）等进行自组装，可形成单分子膜（SAM）[88]。这也利用了伯氨基容易加成在富勒烯双键上的性质。$(MeO)_3Si(CH_2)_3NH_2$ 处理过的 ITO 和经过修饰的金基板可用于循环伏安和石英晶体微量天平（QCM）等电化学测试，研究表明 C_{60} 单分子层的确对器件表面具有约束力。该单分子层可用单体胺试剂进一步修饰，显示出其生长成为三维富勒烯结构的自组装性能。

3. 氢氧根或烷氧负离子作为亲核试剂

在有过量 KOH 的环境下，加热 C_{60} 和 C_{70} 的甲苯混合溶液，可得到羟基化富勒烯的沉淀。该羟基化产物可溶于四氢呋喃，但接触空气则会分解[89]。在 C_{70} 中加入氢氧化物的反应进程明显快于 C_{60}，该性质可通过随时间的变化紫外-可见光谱谱图的变化而总结出来，也可通过观察 C_{60}/C_{70} 混合溶液中的所有富勒烯沉淀出来之前，溶液由红色变为紫色的颜色来目测。在空气中，富勒醇还可以由 C_{60} 的苯溶液与 NaOH 的水溶液反应得到。该反应则需要在相转移催化剂——四丁基氢氧化铵的催化作用下才能进行，伴随着棕色沉淀的产生，反应可在几分钟内完成。而在无氧条件下，羟基的加成反应则进行得非常缓慢。有 24～26 种含羟基的基团可通过此方法加成到富勒烯上。通过控制反应时间、投料比、温度和氧化剂等条件可达成富勒烯的羟基化，并能够控制羟基化反应程度。加成上含羟基较少的低分子量富勒醇的水溶性变差，甚至不溶于水，但能形成稳定的 LB 膜。富勒醇还可以通过亲电、氧化或自由基反应制备。

C_{60} 与醇盐加成反应的第一步是一个持续产生 C_{60} 烷氧基负离子的过程，后续反应进程则非常依赖氧的存在。在有氧条件下，可得到 C_{60} 的 1, 3-二氧戊环衍生物，而在无氧条件下，则可生成低聚烷氧基 C_{60} 阴离子。C_{60} 与醇盐的反应通常会得到复杂混合物。这或许就是只有极少数 C_{60} 与醇盐的反应被报道过的原因。个别的烷氧化富勒烯可由醇盐与卤化富勒烯之间的亲核取代反应制得。

4. 磷负离子作为亲核试剂

与现有的种类繁多的碳或氮亲核试剂类似，也有几种磷亲核试剂可用于 C_{60} 的亲核加成反应。即使是在较高的温度下，中性的三烷基膦的亲核加成反应活性也较低[90]，而其氧化物则具有较高的反应活性，可形成稳定的氧化膦基富勒烯加成产物[91]。但目前为止还不清楚该反应是通过亲核加成机理还是环加成机理进行的。氧化膦加成反应需在重蒸甲苯中进行。在室温下，作为电荷转移中间体的 C_{60} 与三烷基膦（如三正辛基氧化膦或三正丁基氧化膦）的复合物，可在溶液中被观测到，并能稳定存在。

锂化膦和亚磷酸盐也可加成在 C_{60} 的[6, 6]双键上。亚磷酸盐的加成产物可分离纯化，且产率可观，而膦加成的产物则不能从未反应的 C_{60} 中分离出来。C_{60} 与锂化仲膦硼烷或次膦酸硼烷反应，在—BH_3 基团消除后，用锂化仲膦硼烷或次膦酸硼烷处理，可以高产率制备得到 1, 2-二磷酸化 C_{60}。膦亲核试剂则是由相应的硼烷络合物与 THF-HMPA 中的叔丁基锂作用发生去质子化作用而得到的，后将其加入−78℃的 C_{60} 甲苯溶液中反应即可进行，得到目标产物。

5. 硅负离子作为亲核试剂

大多数与硅相关的有机化合物反应都是光化学反应，通过自由基机理或环加成机理进行。只有极少数 RSi^-与 C_{60} 进行亲核加成的实例[92]（图 7-13）。甲硅烷基锂衍生物 R_3SiLi（R 为烷基或芳基）与 C_{60} 的亲核加成反应主产物为 1, 2-加成和 1, 16-加成的，1, 4-加成产物和 C_{60} 二聚体则较少。

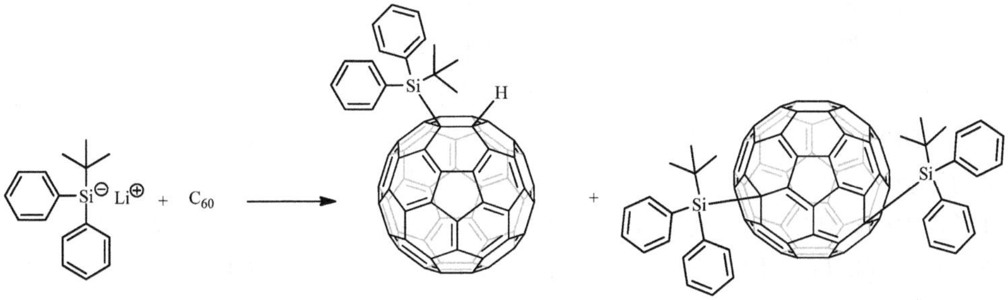

图 7-13　RSi^-与 C_{60} 的亲核加成反应

7.2.3　环加成反应

在 C_{60} 的环加成反应中，[6, 6]双键显示出亲双烯的性质。通过对 C_{60} 进行环加成反应，并对其产物（主要是单加合物）进行详尽的表征，可以大大增加我们对富勒烯化学的了解。几乎任何官能团都可以通过合适加成物的环加成反应与 C_{60} 共价连接，这也为富勒烯的功能化提供了强有力的工具。一些环加成产物显示出优异的化学稳定性和热稳定性，这对进一步的富勒烯侧链化学反应以及新型富勒烯衍生物作为生物活性物质或者新型材料的应用意义重大。

1. [2 + 4]环加成反应

1）与环戊二烯、蒽环加成

C_{60} 的[6, 6]双键是亲双烯的[58]，这使得分子能够经历各种 Diels-Alder 反应（[4 + 2]环加成），其双键反应性与马来酸酐或 *N*-苯基马来酰亚胺相当[93]。双烯反应性决定了环加成产物形成所需的条件。已经报道的 C_{60} 的大多数[4 + 2]反应条件有加热、光照等，并且微波辐射可以有效地作为能量源。等摩尔量的环戊二烯和 C_{60} 在室温下以相对高的产率反应得到单加成产物（图 7-14）[94]；而与蒽的环加成产物的形成通常需要更剧烈的反应条件，需要过量的蒽在甲苯中进行回流[58, 94]（图 7-14）。

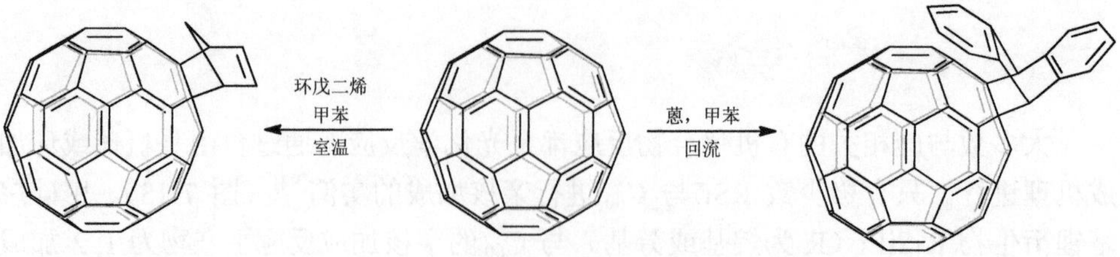

图 7-14　C_{60}和环戊二烯、蒽的加成

采用甲苯回流条件制备 C_{60} 与蒽的环加成物时，很容易发生 Diels-Alder 反应的逆反应[58, 94]。热重分析显示在温度高于 120℃时，蒽部分开始出现裂解[95]，这也解释了此反应通常为什么只能得到相对较低的产率。在选用 1, 3-二苯基异苯并呋喃（DPIF）、9-甲基蒽或 9, 10-二甲基蒽作为二烯时，逆 Diels-Alder 反应的发生更为显著。对于 DPIF 和蒽化合物，似乎是由于其基团体积较大引起的空间排斥促进了逆 Diels-Alder 反应的进行。然而 Wudl 和其同事在使用 1, 4-二氢-1, 4-环氧-3-苯基异喹啉原位产生的异苯并呋喃与 C_{60} 进行环加成时（图 7-15），得到的产物无论在固相中还是在溶液中都是稳定的，并没有显示出经历环裂解的趋势[96]。

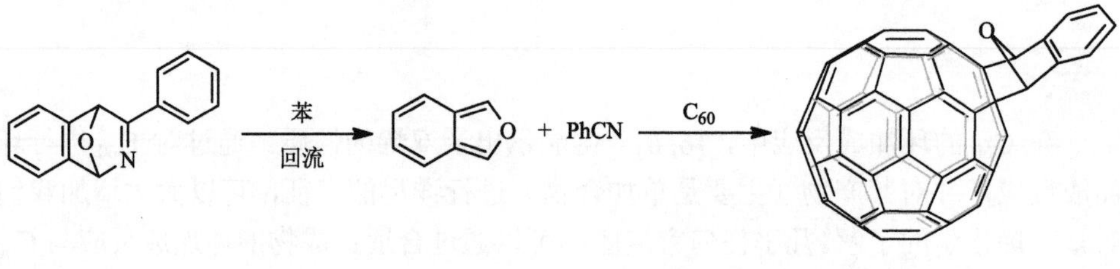

图 7-15　C_{60}和异苯并呋喃的加成

通过侧基的选择性氢化和溴化，C_{60} 的环戊二烯加合物（单-、四-和六-加合物）具有足够的稳定性而不会发生逆向反应，通过质谱法可以证明环加成物的还原增加了物质的稳定性[97]。

2）与丁二烯加成

丁二烯衍生物与 C_{60} 反应生成的[4 + 2]环加成产物，即使没有进一步的稳定化也显示出足够的稳定性。图 7-16 所示的丁二烯衍生物大多数都能够与富勒烯反应生成稳定的、易分离的且具有良好产率的产物。即便是具有缺电子基团的二烯（如 **a**、**b**）也能和 C_{60} 进行环加成反应并获得较高的产率。其中一些丁二烯（如 **c**、**d**）在温和的条件下也能和 C_{60} 稳定地发生区域选择性的[4 + 2]环加成，但大部分的这些环加成产物对空气和光是不稳定的[98]。另外，双-二烯（如 **e**、**f**）能够形成梯形的双富勒烯加成物。但环己二烯衍生物的反应活性比丁二烯衍生物低，因此这类化合物仅有少数几例与富勒烯环发生加成的报道。

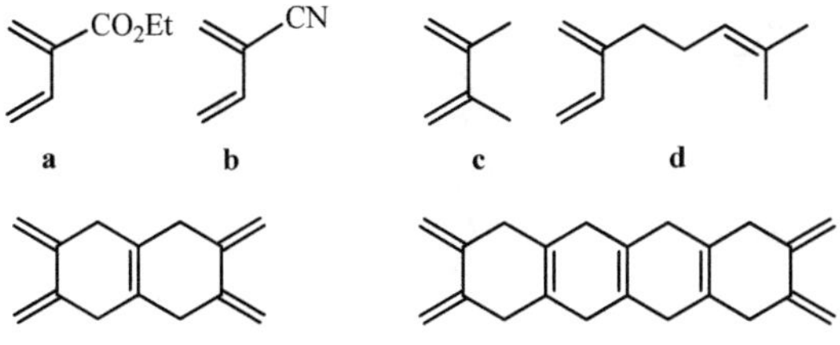

图 7-16　与 C_{60} 发生[4 + 2]环加成反应的丁二烯衍生物

3）与邻醌二甲烷、杂环邻醌二甲烷的加成

与原位产生的邻醌二甲烷衍生物作为二烯与 C_{60} 进行反应，Müllen 和同事开创了另一种新的合成方法，合成稳定的 C_{60} 的 Diels-Alder 加成物（图 7-17）[99, 100]。与 C_{60} 和异苯并呋喃反应的加成产物一样，这些加成产物的逆环化反应需要克服芳香族体系所提供的稳定性，并且反应过程中还将生成不稳定的邻醌二甲烷中间体。

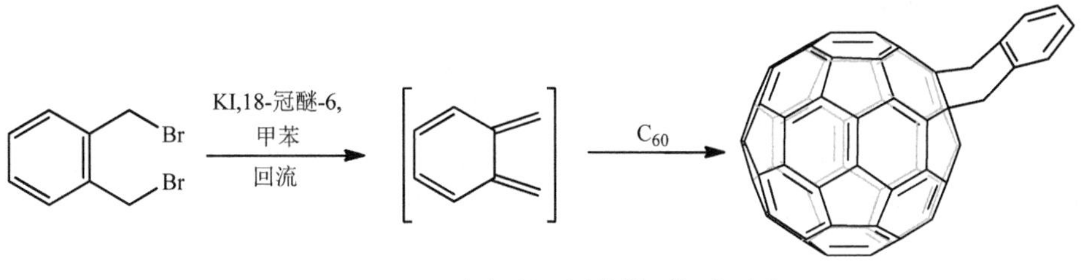

图 7-17　C_{60} 和邻醌二甲烷的环加成反应

邻醌二甲烷可以使用多种方法制备，并且其环加成物具有热稳定性，因此含有邻醌二甲烷的衍生物与富勒烯的环加成可提供多种有用的富勒烯功能化路径[100]。同时，邻醌二甲烷的衍生化可以制备一系列杂环化的邻醌二甲烷，通过类似的反应条件，将吡咯、呋喃、噻吩、噁唑、噻唑、吲哚和吡嗪等杂环连接到富勒烯单元上。其中吡咯加合物可以被认为是卟啉结构的一部分，可以进一步合成具有多达四个 C_{60} 单元围绕卟啉核的富勒烯-卟啉化物[101]。

4）与四硫富瓦烯衍生物的环加成

四硫富瓦烯（TTF）是非芳香族分子，其在氧化时形成 1, 3-二硫鎓阳离子，其具有芳香族特性，可以与 C_{60} 形成供体-受体复合物[105]。人们通过[3 + 2]环加成或 Bingel 反应[102]已经合成了多种不同的 TTF 连接的富勒烯衍生物。Rovira（图 7-18 上，R = CO_2Me）和 Hudhomme（图 7-18 下）由[4 + 2]环加成反应合成了第一个 C_{60}-TTF 复合物[103, 104]。与其他 TTF 连接的二元体系不同的是，[4 + 2]Diels-Alder 反应得到的 C_{60}-TTF 衍生物通过环已烯来连接两部分电活性片段，这个六元环连接在供体和受体之间提供了短距离和刚性桥接，彼此产生良好限定的间隔和取向[105]。

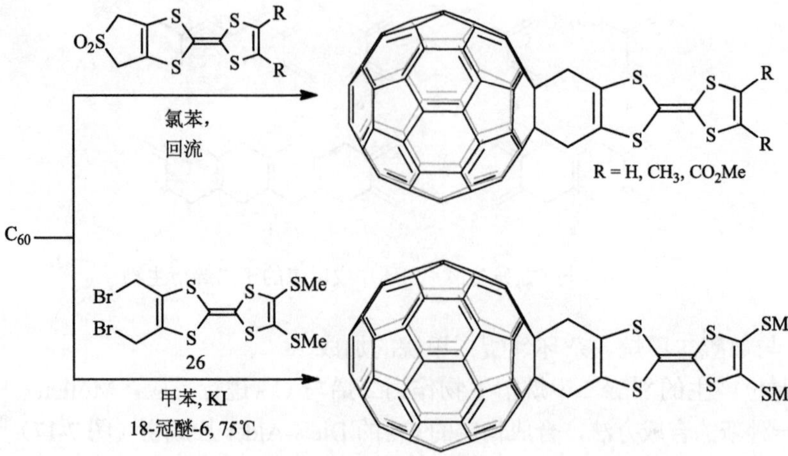

图 7-18 C_{60}和四硫富瓦烯衍生物的环加成反应

5）与三甲基硅烷氧基丁二烯加成

C_{60}与2-三甲基硅烷氧基-1, 3-丁二烯在甲苯中回流下反应[106]，中间体硅烷基烯醇硅醚迅速水解后形成酮，是获得另一种制备稳定Diels-Alder加成产物的方法（图7-19）。酮加成物在20℃下甲苯溶液中被DIBAL-H还原可生成外消旋的醇，随后通过偶联反应可以实现富勒烯的进一步功能化[106]。

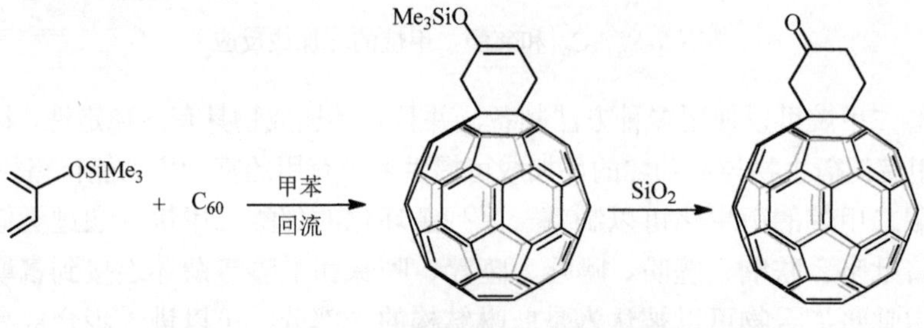

图 7-19 C_{60}和三甲基硅烷氧基丁二烯的环加成反应

2. [3 + 2]环加成

1）与重氮甲烷、重氮乙酸酯和重氮酰胺的环加成

基于C_{60}的亲1, 3-偶极性，Wudl发现了C_{60}与重氮衍生物的环加成反应[58, 107]。C_{60}与重氮甲烷[93, 107]、重氮乙酸酯[108]、重氮酰胺[109]和重氮酮[110]反应可以得到各种各样的碳桥连富勒烯。

对于重氮甲烷与C_{60}反应合成1, 2-亚甲基[60]富勒烯母体$C_{61}H_2$，可以成功分离出吡唑啉中间体并进行表征（图7-20）[111, 112]。首先，重氮甲烷和C_{60}的[3 + 2]环加成发生在[6, 6]双键，随后通过光化学或热处理去除N_2，形成两种不同的异构体，即 1, 6-桥连的开环产物 **a** 和 1, 2-桥连的闭环产物 **b**。加入其他重氮化合物，如取代的二苯基重氮甲烷或重氮基乙酸烷基酯，也可以生成不同异构体的混合物。

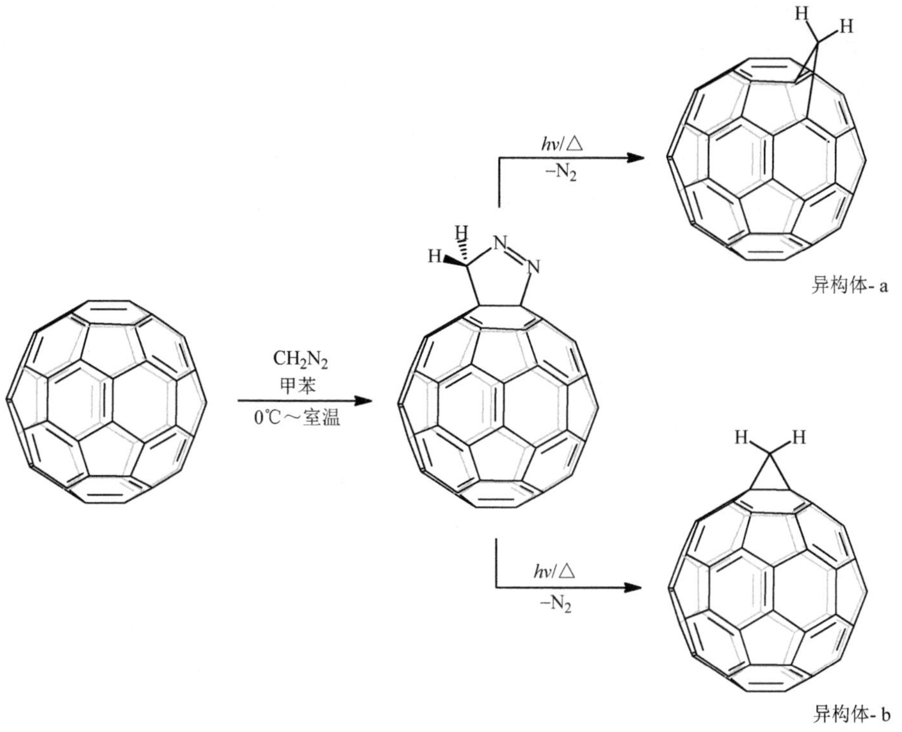

图 7-20　C_{60}和重氮甲烷的环加成反应

与重氮甲烷发生的环加成反应类似，在回流甲苯中进行 C_{60} 与重氮基乙酸酯的环加成反应时，通过 ^{1}H NMR 谱可测得产生了比例为 1∶1∶3 的三种异构体 **a**～**c**（图 7-21）[113]。该反应条件下，开环结构 **c** 的形成在动力学上是有利的，而闭环结构 **a** 是热力学上最稳定的。

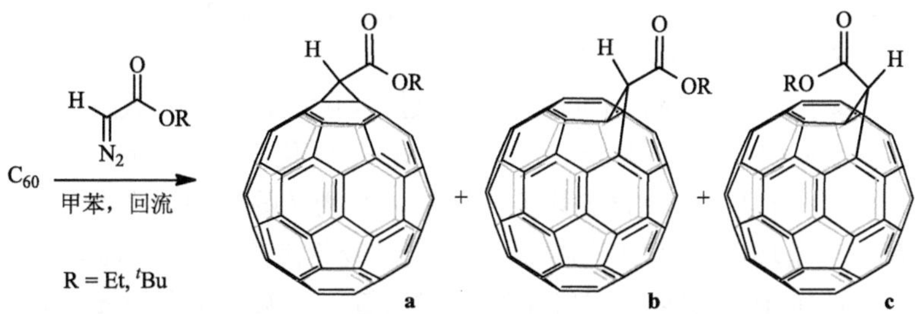

图 7-21　C_{60}和重氮基乙酸酯的环加成反应

苯基重氮甲烷取代物与 C_{60} 的环加成反应为我们提供了制得多官能团富勒烯衍生物的方法。Wudl 和其他人创造性地利用这些反应，获得苯环取代基为氨基、羟基、烷氧基、烷氧基羰基、硝基、卤素和冠醚的多种富勒烯加成物。

2）与叠氮化物的环加成

有机叠氮化物也可以作为 1, 3-偶极与 C_{60} 的[6, 6]双键进行[3 + 2]环加成，可得到中间体[6, 6]三唑啉（图 7-22），某些情况下该中间体可以被成功地检测或分离出来[114]。加热可去除 N_2 形成氮桥连富勒烯。理论研究表明 N—N 单键的断裂先于 N—C 键的断裂，氮宾与 C_{60} 的反应仅发生在[6, 6]环连接处，但是因为离去的 N_2 分子的立体效应阻碍了氮宾取代基加成至[6, 6]键，使其加成到相邻的[5, 6]键。这就可以解释在大多数烷基叠氮化物加成产物中，主要产物是[5, 6]开环产物 **a**，仅形成少量[6, 6]闭环产物 **b**。

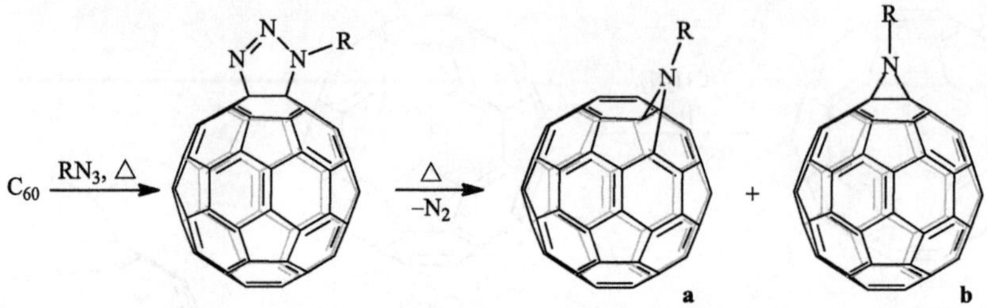

图 7-22　C_{60} 和叠氮化物的环加成反应

另外，通过在四氯乙烷或氯萘中 140～160℃加热，有利于使 N_2 的离去发生在可能的[3 + 2]环加成之前。因此发生的不是叠氮化物与富勒烯的[3 + 2]环加成，而是氮宾中间体与富勒烯的[1 + 2]环加成，从而可以获得预期中的闭环[6, 6]氮丙啶富勒烯衍生物。

叠氮化物容易通过叠氮化钠对烷基卤化物的亲核取代反应来制备，并且叠氮化物与 C_{60} 的环加成具有较高的产率。通过该途径可以制备多种官能化 C_{60} 衍生物，以及进行富勒烯的进一步功能化。如 C_{60} 与含有多个醚氧键的端羟基叠氮化物形成的富勒烯羟基官能化产物可以进一步衍生化，实现与卟啉单元的偶联并络合金属阳离子，从而调节该卟啉-富勒烯杂化物的供体-受体性质[115]。

3）与三亚甲基甲烷的环加成

三亚甲基甲烷（TMM）中间体可以通过 7-亚烷基-2, 3-二氮杂双环庚烯（非极性 TMM）或亚甲基环丙酮缩酮（极性 TMM）等转化而来。TMM 和 C_{60} 的[3 + 2]环加成合成可以得到稳定的富勒烯五元环加成产物（图 7-23）[96, 116]。

C_{60} 和亚甲基环丙酮缩酮环加成后，通过硅胶色谱法后分离得到化合物 **a** 和 **b**（图 7-23），NMR 谱表明环加成发生在[6, 6]双键。高温下化合物 **a** 异构化成乙烯酮缩醛加成物（图 7-24）[116]。通过化合物 **b** 的醇羟基，可以进一步实现侧链中的各种化学转化。

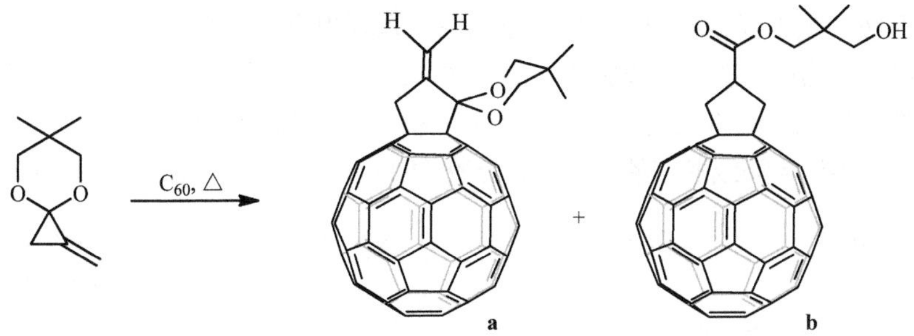

图 7-23　C_{60}和亚甲基环丙酮缩酮的环加成反应

4）与甲亚胺内鎓盐的环加成

甲亚胺内鎓盐具有 1, 3-偶极特性，与 C_{60} 反应得到吡咯烷富勒烯衍生物[117]。例如，在回流甲苯中 *N*-甲基甘氨酸和多聚甲醛的缩合产物脱羧原位产生的甲亚胺内鎓盐与 C_{60} 反应，得到了 *N*-甲基-吡咯烷衍生物（图 7-25）[117]。该反应由 Prato 和 Maggini 首先发现，由于选择性良好（仅[6, 6]键被进攻）和官能团引入种类众多，已成为目前富勒烯功能化最常用的方法之一。

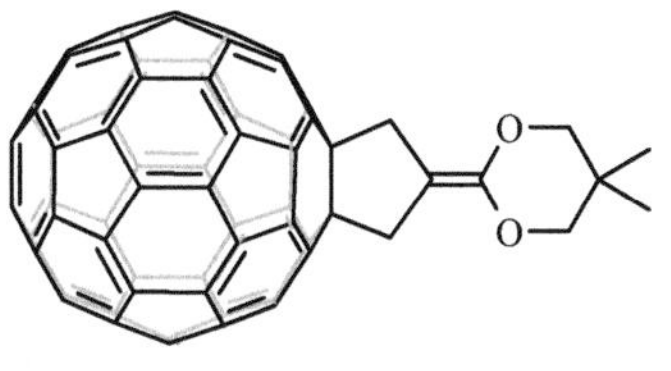

图 7-24　C_{60}的乙烯酮缩醛加成物

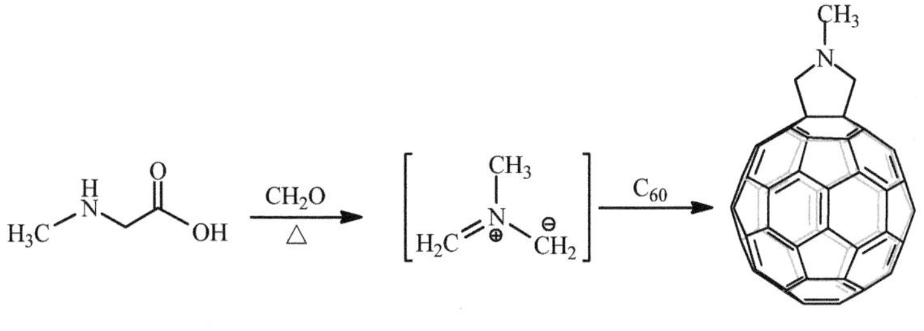

图 7-25　C_{60}和甲亚胺内鎓盐的环加成反应

5）与腈氧化物和腈亚胺的环加成

腈氧化物和富勒烯[6, 6]双键的 1, 3-偶极环加成反应生成 C_{60} 的异噁唑啉衍生物（图 7-26）[118]。X 射线单晶衍生结构分析表明，腈氧化物的加成发生在富勒烯 C_{60} 骨架的[6, 6]双键上。烷基异噁唑啉很容易发生开环生成 *α*-羟基-酮或 *α*-氨基醇等各种产物。然而相应的富勒烯异噁唑啉是稳定的化合物，还原开环的反应活性较低。

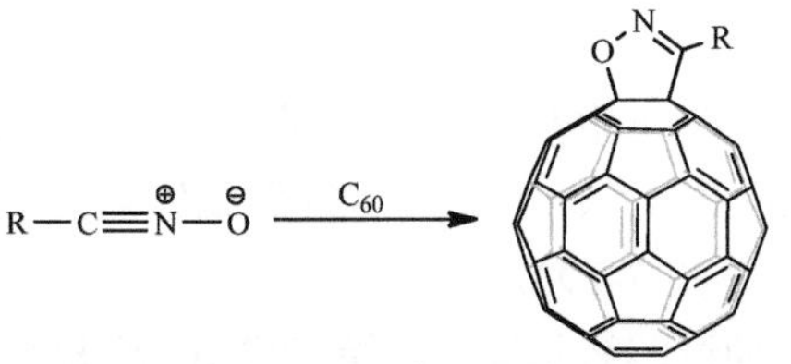

图 7-26　C_{60}和腈氧化物的环加成反应

腈亚胺的 1, 3-偶极环加成反应可以制备一系列相应的吡唑并[60]富勒烯[119]。首先由肼制得腙，然后经氯化生成腈亚胺中间体，最后与 C_{60} 发生环加成反应得到吡唑啉并富勒烯（图 7-27）。4-硝基苯基可以被 4-甲氧基苯基或苯基取代基代替，R 基团可以是各种芳香族化合物或取代的芳香族化合物（如呋喃、二茂铁、吡唑或苯和取代的苯）。

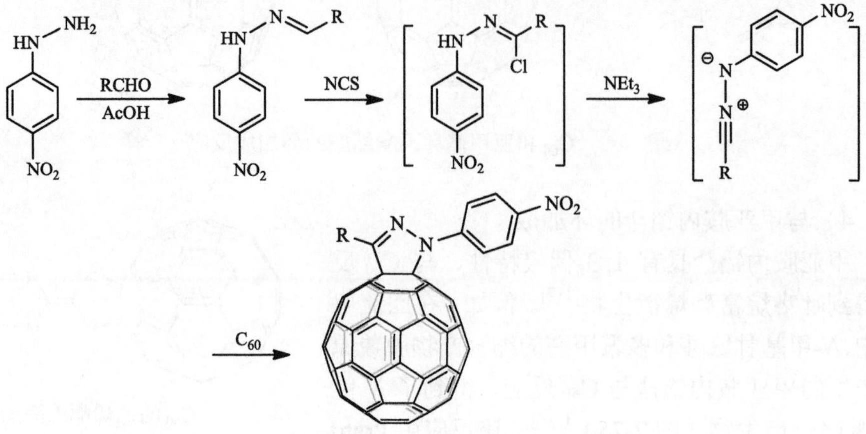

图 7-27　C_{60} 和腈亚胺的环加成反应

6）与亚甲基硫亚胺的环加成

通过 C_{60} 与 *N*-(1-金刚烷基)双(三氟甲基)亚甲基硫亚胺反应生成含硫、氮杂环的富勒烯衍生物（图 7-28）[120]。亚甲基硫亚胺可以由相应的亚磺酰胺通过 1, 3-脱卤化氢制备。反应中过量的 C_{60} 能够抑制多加成物的生成，以较高的产率获得富勒烯杂环衍生物。

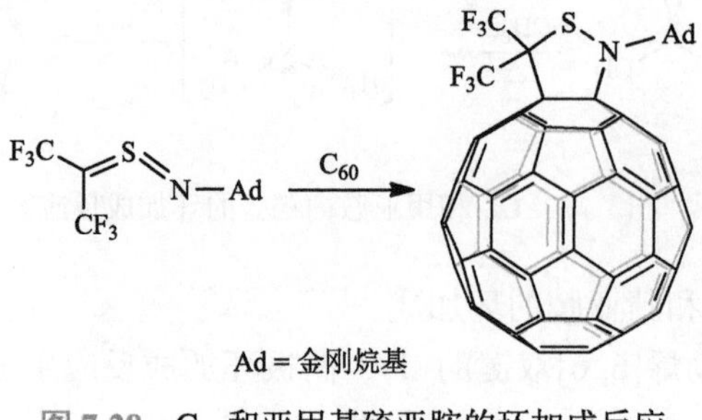

图 7-28　C_{60} 和亚甲基硫亚胺的环加成反应

7）与硫羰基叶立德或羰基叶立德的环加成

四氢噻吩稠合的 C_{60} 可以通过其与前驱体双(三甲基硅烷基甲基)亚砜的环加成产生[121]。亚砜前驱体在热处理下发生的 sila-Pummerer 原位重排形成硫羰基叶立德，能够较为容易地与 C_{60} 发生环加成反应（图 7-29）。

羰基叶立德加成到 C_{60} 的成功实例比较少。通过四氰基环氧乙烷（TCNE 氧化物）加热开环生成叶立德，可以获得较为稳定的富勒烯四氢呋喃衍生物（图 7-30）[122]。

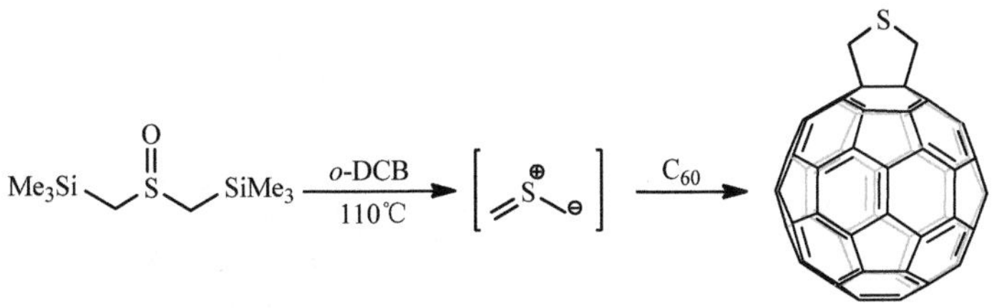

图 7-29　C_{60} 和硫羰基叶立德的环加成反应

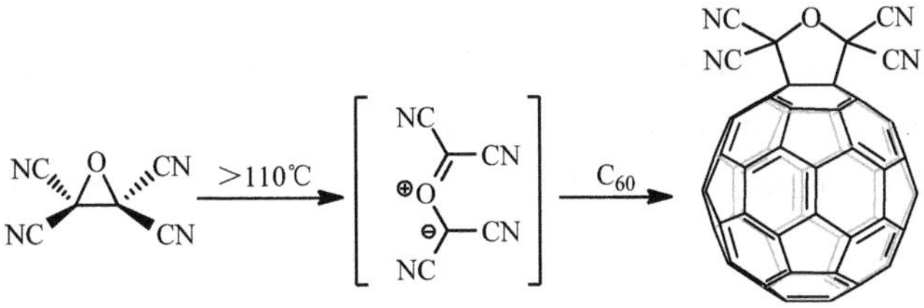

图 7-30　C_{60} 和羰基叶立德的环加成反应

8）与腈叶立德或异腈的环加成

光解 2, 3-二取代的 2H-氮丙啶或单芳基-2H-氮丙啶可以获得具有腈叶立德结构的中间体，其与 C_{60} 发生 1, 3-偶极环加成后得到单取代或二取代的吡咯烷富勒烯衍生物（图 7-31）[123]。因为激发波长比苯基取代的 2-氮丙啶更短，脂族 2H-氮丙啶没有反应活性。值得一提的是，在 C_{60} 与由氮丙啶产生的叶立德的反应产物中，仅有富勒烯[6, 6]加成物被发现。

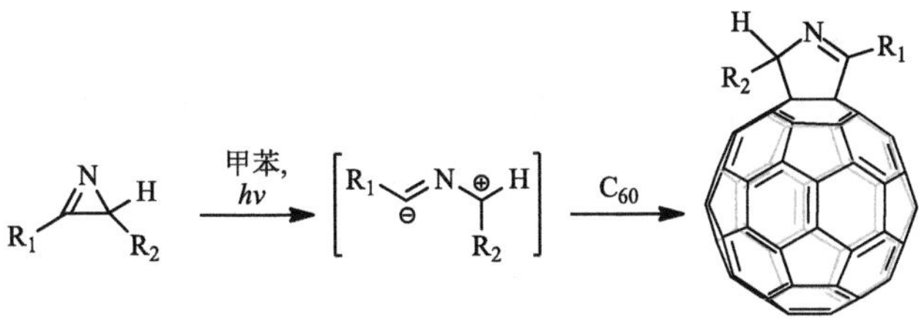

图 7-31　C_{60} 和腈叶立德的环加成反应

与上述形成 2, 5-取代的吡咯啉的方法相反，在 Cu_2O 或碱（如 DBU、NEt_3）存在下异腈与 C_{60} 反应得到的是仅在一个位置取代的吡咯啉富勒烯衍生物（图 7-32）[124]。该反应的优点是各种取代基、烷基取代和未活化的异氰化物如（$PhCH_2NC$），都能成功地加成到 C_{60} 上。对于未活化的异氰化物，需要氧化亚铜（Ⅰ）作为催化剂。

9）与二硅杂环丙烷的环加成

相比于基态 C_{60}，光激发的 C_{60} 是更强的电子受体。由于具有张力的硅-硅 σ 键可以作为电子给体，因此二硅环丙烷和 C_{60} 可以通过光化学反应实现环加成。用高压汞灯照射 1, 1, 2, 2-四均三甲苯基-1, 2-二硅杂环丙烷和 C_{60} 的甲苯溶液，在 C_{60} 完

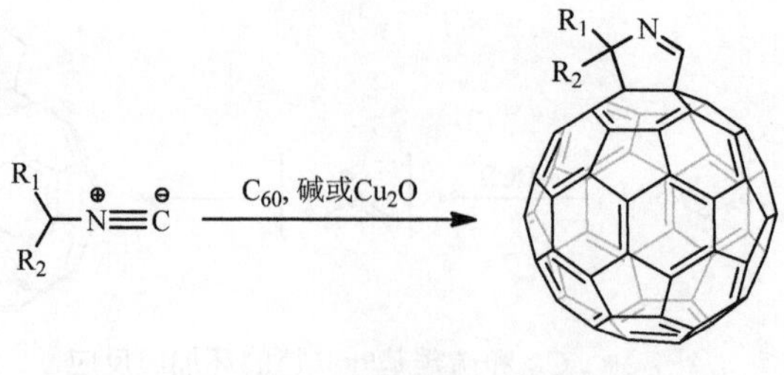

图 7-32 C_{60}和异腈的环加成反应

全反应后形成 1, 1, 3, 3-四均三甲苯基-1, 3-二硅环戊烷富勒烯加成物（图 7-33）。用 1, 1, 2, 2-四(2, 6-二甲基苯基)-1, 2-二硅杂环丙烷也观察到类似的光化学环加成。C_{70}、C_{76}、C_{78}和 C_{84}也能够在相同的反应条件下发生与二硅杂环丙烷的环加成[125]。

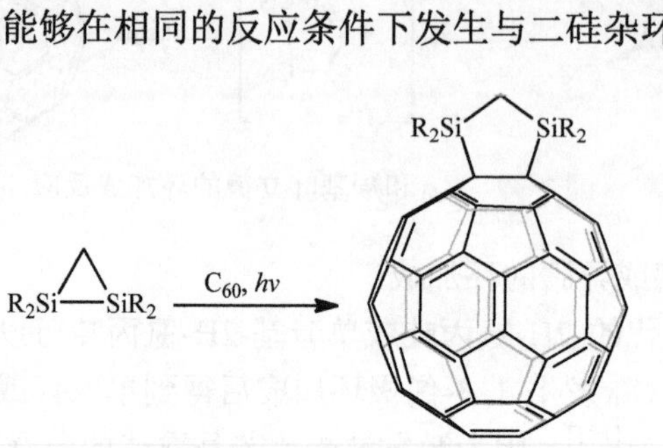

图 7-33 C_{60}和二硅杂环丙烷的环加成反应

3. [2 + 2]环加成

1）与苯炔的环加成

C_{60}和苯炔能够发生[2 + 2]环加成反应[126, 127]。苯炔可通过亚硝酸异戊酯重氮化邻氨基苯甲酸，或者四乙酸铅氧化 1-氨基苯并三唑来实现（图 7-34）。环加成

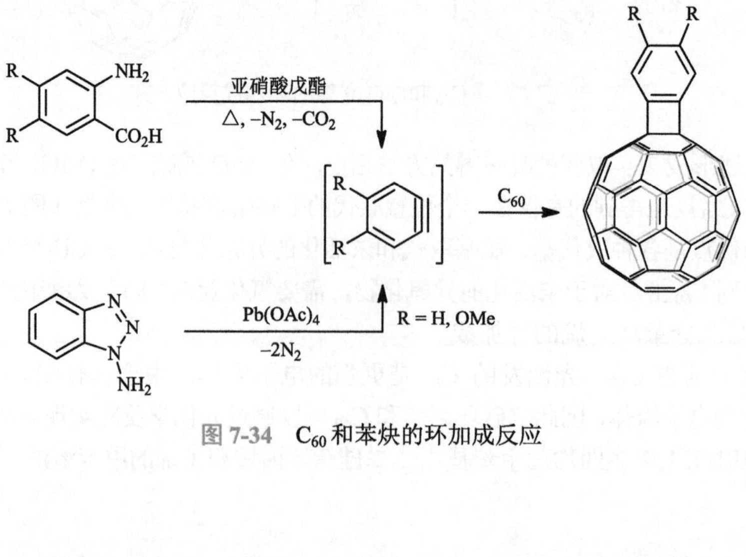

图 7-34 C_{60}和苯炔的环加成反应

反应发生在 1, 2-位，形成闭环的结构。二甲氧基-苯炔（R = OMe）与 C_{60} 的环加成反应形成了八种区域异构的 C_{60}-苯炔双加成产物[127]。其中平伏的顺式-1-异构体加成产物的空间位阻较小。C_{70} 苯炔环加成产物则不具有选择性。

2）与富电子炔或烯的环加成

C_{60} 与富电子有机分子的光反应活性很高，在光反应条件下尤为显著。无氧条件下，*N*, *N*-二乙基丙炔胺的甲苯溶液室温下光照 20 min 后即与 C_{60} 发生环化（图 7-35）[128]。该环加成产物很不稳定，暴露于空气和光线下会经由二氧杂环丁烷中间体完全转化为氧代酰胺富勒烯衍生物。

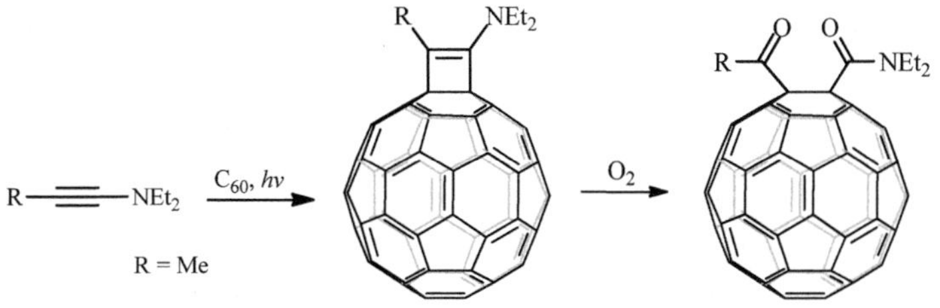

图 7-35　C_{60} 和富电子炔的环加成反应

烯烃发生[2 + 2]环加成的实例非常少。富电子的如四取代累积五烯可以与富勒烯发生热条件下的[2 + 2]环加成，中等或更低电子丰度的烯烃则可能会成功发生光化学环加成[129]。

3）与 *α*-环己烯酮、乙烯酮或乙烯酮缩醛的环加成

光照射下 *α*-环己烯酮类分子可以与富勒烯发生[2 + 2]环加成，如在 C_{60} 的苯溶液中得到具有顺反式异构体的单加成产物（图 7-36）[130]。

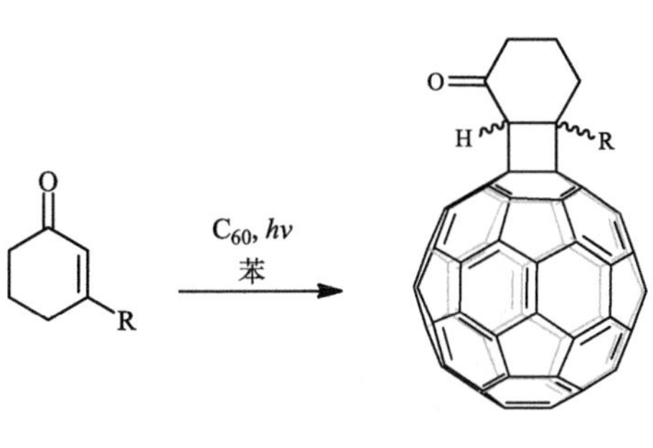

图 7-36　C_{60} 和 *α*-环己烯酮的环加成反应

具有亲电性质的乙烯酮难以与 C_{60} 发生环加成反应，然而一些芳氧基和烷氧基取代的烯酮能够生成环加成产物[131]，通过随后的烯醇化和酰化得到稳定产物（图 7-37）。

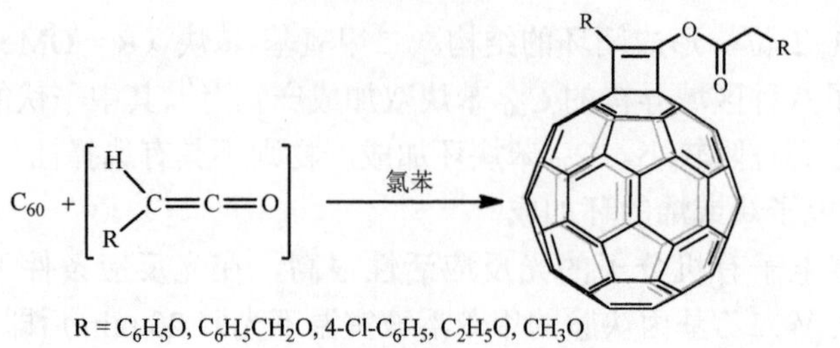

图 7-37 C_{60}和乙烯酮的环加成反应

乙烯酮缩醛相应的研究早于烯酮。富电子的且有张力的烯酮缩醛能够与 C_{60} 发生环加成反应（图 7-38），因为其能轻易地与多种缺电子烯烃反应。

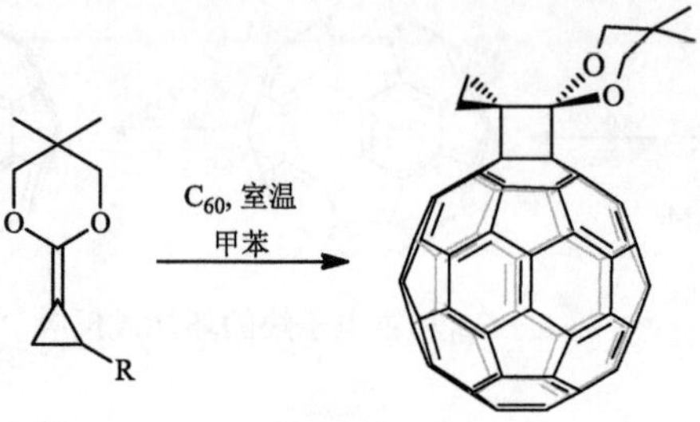

图 7-38 C_{60}和烯酮缩醛的环加成反应

4）与四环庚烷的环加成

过量四环庚烷在甲苯中与 C_{60} 进行加热[2 + 2]环加成得到[2 + 2]环加成产物（图 7-39）[132]，加成产物为 *exo* 构型，符合四环庚烷的环加成形式。降冰片烯单元的双键易与亲电子试剂反应，如与苯次磺酰氯发生反式加成（图 7-39）。

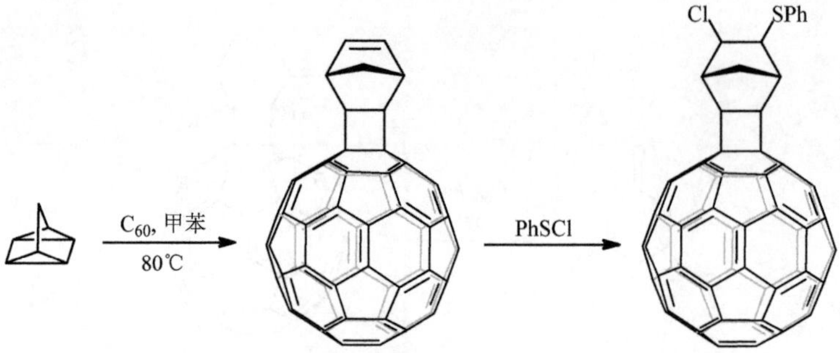

图 7-39 C_{60}和四环庚烷的环加成反应

4. [1 + 2]环加成

1）与卡宾的环加成

从 O-苄基和 O-新戊酰基保护的重氮烷中热去除 N_2 产生相应的卡宾，其在甲

苯中与 C_{60} 反应，得到富勒烯的亚甲基桥连的糖单加成产物（图 7-40）[133]。

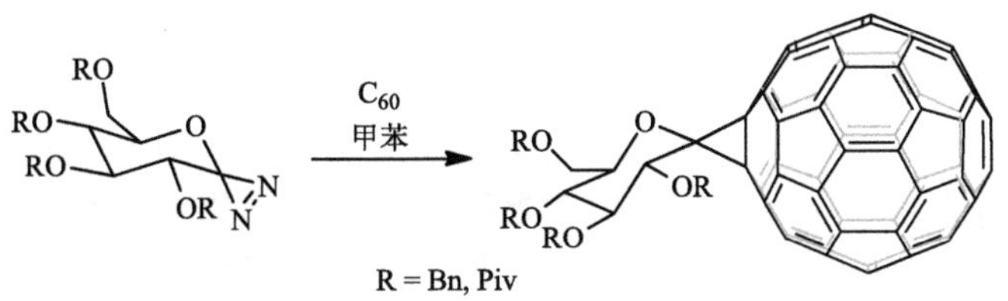

图 7-40　C_{60} 和卡宾的环加成反应

与重氮甲烷的反应相反，卡宾总是选择性地加成到富勒烯[6, 6]键[134]。由于卡宾和重氮化物区域选择性的不同，可以使用 C_{60} 确定二氮丙啶反应中形成卡宾和重氮化合物的可能性。

2）与氮宾的环加成

氮宾加成主要产生闭环的[6, 6]桥接异构体[135]。通过叠氮基-酯的热解，芳酰基叠氮化物或芳基叠氮化物的光解或胺与 $Pb(OAc)_2$ 的反应，均可以制得氮宾。如果温度足够高使得在加成之前能够发生氮的离去，叠氮基甲酸酯会与 C_{60} 进行[1 + 2]环加成反应（图 7-41），否则会发生[3 + 2]环加成反应[136]。

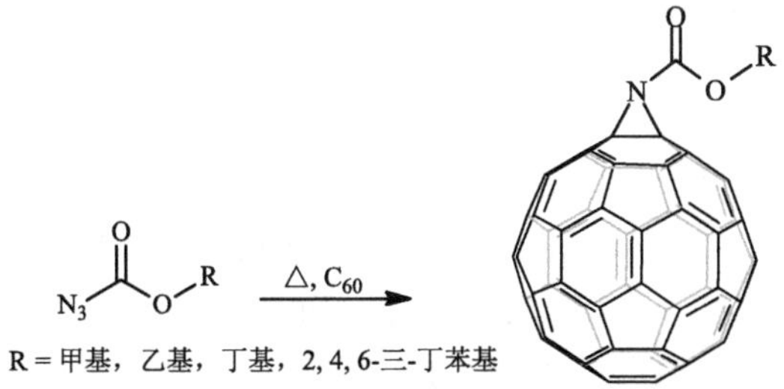

图 7-41　C_{60} 和氮宾的环加成反应

3）与硅宾的环加成

双(2, 6-二异丙基苯基)亚甲硅宾可以作为活性二价自由基物种，与 C_{60} 或 C_{70} 加成得到闭环 1, 2-桥连的[1 + 2]环加成物（图 7-42）[137]。三硅烷在甲苯溶液中通

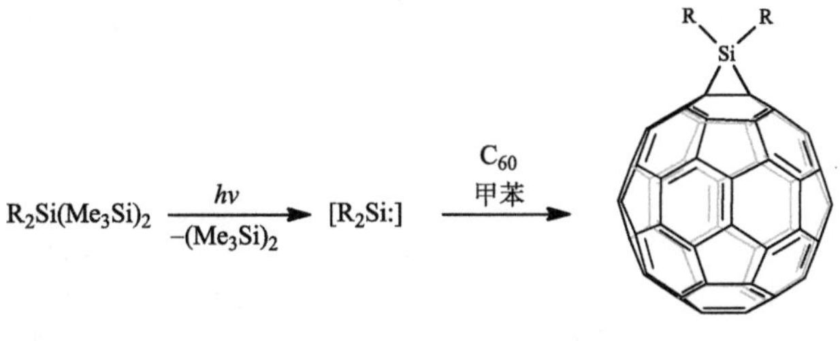

图 7-42　C_{60} 和硅宾的环加成反应

过低压灯光解即可制备硅宾。

7.2.4 亲电加成反应

自富勒烯发现以来，富勒烯的应用受到广泛关注。因为聚四氟乙烯的优异性能，所以将富勒烯氟化合成类似于聚四氟乙烯的氟化富勒烯球备受关注。因此富勒烯卤化物的合成，尤其是通过有机方法合成氟化富勒烯成为一个研究热点。有机合成富勒烯卤化物一直是一个难以攻克的难题，其主要原因是富勒烯的卤化物并不稳定，易水解且对温度敏感。富勒烯卤化物不稳定的原因主要是富勒烯卤化物中 C—X 键的键能比烷基卤化物中的 C—X 键的键能小，重叠相互作用的增加是导致键能减小的一个主要因素，这种相互作用的增加会导致卤化作用的增加；另外一个原因是在富勒烯卤化过程中需要在富勒烯碳笼上引入一个[5, 6]双键，这是很不稳定的。虽然使用有机合成的方法合成富勒烯卤化物有大的难度，但通过其他手段很多富勒烯卤化物已经被成功地合成和分离，这些具有独特性质的富勒烯卤化物也通过 NMR 和 X 射线单晶衍射得到了进一步的表征。通过对富勒烯卤化物的表征，很多 C_{60} 和 C_{60} 衍生物的高价值信息被获得，如区域选择性和芳香性。到目前为止富勒烯卤化物中只有碘化富勒烯由于 C—I 键太弱而没有被合成出来。

1. 氟化亲电加成反应

理论计算表明富勒烯的氟化过程中伴随着大量的热量放出[138-141]，主要原因是 C—F 键的形成和 F—F 键的断裂。类比于富勒烯的氢化作用，可以预测富勒烯的氟化会优先遵循 1, 2-加成模型形成 $C_{60}F_n$ 而不是 1, 4-加成模型[69, 141]。$C_{60}F_4$ 的 8 种异构体中，异构体 **2**（图 7-43）与被表征的 *cis*-1-加成型的 $C_{60}H_4$ 的主要异构体的结构是一样的，它也是目前唯一被分离的 $C_{60}F_4$ 的异构体。已经分离和表征的所有已知的 $C_{60}F_n$ 卤化异构体显示出了连续的加成模式[142]，它们通过 1, 2-加成模型先后加成在同一对[6, 6]双键上形成；唯一的例外是具有非相邻氟原子的 $C_{60}F_{24}$ 异构体 **7**，与采用原始 C_{60} 的高温氟化合成的所有其他产物不同的是该异构体衍生自 $C_{60}Br_{24}$ 向 $C_{60}F_{24}$ 的室温转化，同时保留溴衍生物的结构。到目前为止，已经分离了具有确定结构的 $C_{60}F_n$ 的一系列异构体[142]，它们如图 7-43 所示。

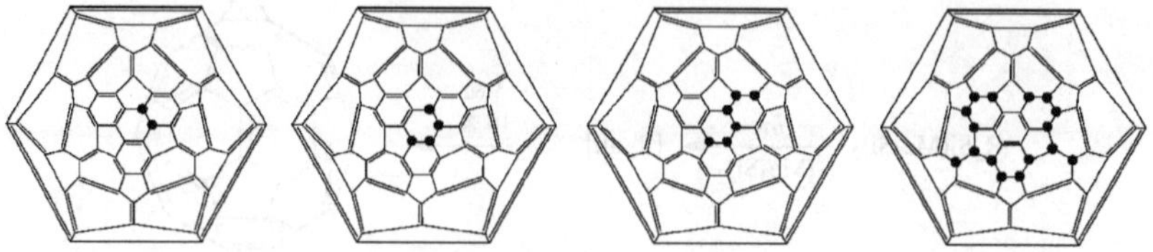

1, $C_{60}F_2$　　**2**, $C_{60}F_4$　　**3**, $C_{60}F_6$　　**4**, $C_{60}F_{16}$

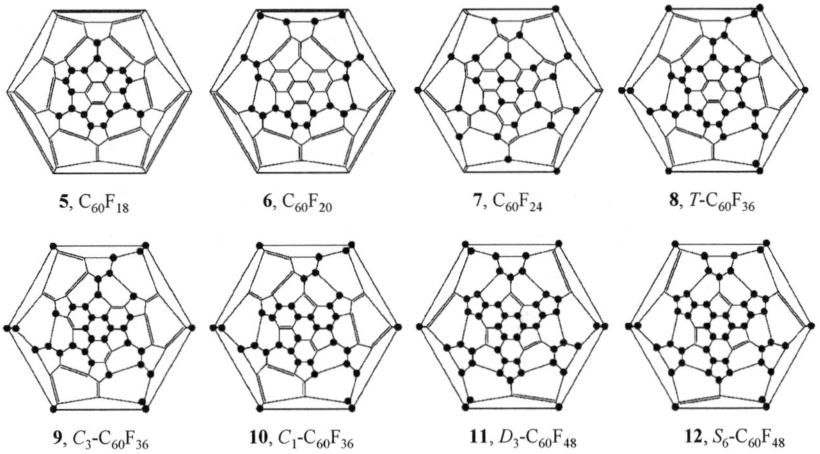

5, $C_{60}F_{18}$　**6**, $C_{60}F_{20}$　**7**, $C_{60}F_{24}$　**8**, T-$C_{60}F_{36}$

9, C_3-$C_{60}F_{36}$　**10**, C_1-$C_{60}F_{36}$　**11**, D_3-$C_{60}F_{48}$　**12**, S_6-$C_{60}F_{48}$

图 7-43　$C_{60}F_n$ 的一系列异构体

将富勒烯氟化物的结构与富勒烯氢化物的结构进行比较，这两种富勒烯衍生物具有明显的相似性。在富勒烯氢化物和富勒烯氟化物中，孤立苯环的形成导致富勒烯衍生物相对于富勒烯前驱体的芳香性增加并因此提高了富勒烯分子的稳定性[142]。与 C_{60} 相比，氟化富勒烯具有更高的电子亲和势和更高的氧化还原电位，使其可以成为良好的氧化剂或电子受体。例如，$C_{60}F_{48}$ 的还原电位比 C_{60} 还原电位正 1.38 V[143]。富勒烯氟化物可以相当稳定的暴露在空气和光中，但对水敏感，易水解。最常用于溶解富勒烯氟化物的溶剂是芳香族或卤代芳香族烃以及一些烷烃，如苯、甲苯、氯苯、戊烷和己烷；在脂肪族溶剂中，富勒烯的氟化物显示出比 C_{60} 高得多的溶解度。在四氢呋喃、丙酮或甲醇溶剂中，氟化富勒烯衍生物会完全降解，即使是在干燥的四氢呋喃溶剂中也会发生降解。在不存在任何有机溶剂的情况下，$C_{60}F_n$ 不与沸水反应，因为它在沸水中不溶解[144]；然而，当 THF 加入 $C_{60}F_n/H_2O$ 的悬浮液时会放出大量的热并伴随着 HF 的生成。

富勒烯氟化物可通过直接与卤素氟化物反应制备，如用 F_2 直接氟化或用稀有气体氟化物氟化[142, 145]。富勒烯与高价金属氟化物反应是合成 $C_{60}F_n$ 最通用的合成路径。

1）富勒烯与 F_2 的亲电加成

使用低压氟气与固相富勒烯反应是 C_{60} 进行的首个卤化反应[144, 146]。在这之后，人们对富勒烯的直接氟化开始了大量的研究[142, 147]，并在不同的条件下进行了氟化尝试[148-152]。施加不同的压力和温度，反应在静态条件下用氟气流作为氟源或在不同的容器中进行反应，这些条件都进行了尝试。

通过质谱法或 XPS 监测氟吸收的情况，结果表明氟化作用的强度与反应条件具有很大的关联，但仍可以从这些用 F_2 直接氟化 C_{60} 的尝试实验中推理出一般且有效的规律。在所有反应中，一个宽范围的 $C_{60}F_n$（$n = 2\sim102$）混合物组合物被检测到，但是由于氟气的高反应性，具有较低氟含量的富勒烯氟化物通常不会形成。$C_{60}F_{48}$ 是通过直接氟化合成中可分离得到的唯一产物[153-157]，在分离和表征的富勒烯氟化物中，它具有最高的氟含量。氟含量更高的 C_{60} 氟化物可以通过质谱法检测但从未分离，因此 $C_{60}F_{48}$ 可以被认为是直接氟化 C_{60} 的最终产物。

在严格的控制氟化条件下，$C_{60}F_{48}$ 可以通过一步法或两步法获得，两步法具有产率高、纯度高等优点（图 7-44）。两步法包括在 250℃下氟化 20 h，得到中间产物，然后将纯化的中间产物在 275℃条件下氟化 30 h[153]，中间产物主要为 $C_{60}F_{46}$。一步法的过程是在流动反应器中将 C_{60} 和氟气加热至 315～355℃反应 2～3 h[147]，该方法也可获得理想的富勒烯氟化物。

$$C_{60}F_{48} \xleftarrow[2\sim3\ \mathrm{h}]{F_2,\ 315\sim355^{\circ}\mathrm{C}} C_{60} \xrightarrow[20\ \mathrm{h}]{F_2,\ 250^{\circ}\mathrm{C}} C_{60}F_{46} \xrightarrow[30\ \mathrm{h}]{F_2,\ 275^{\circ}\mathrm{C}} C_{60}F_{48}$$

图 7-44 两步法合成 $C_{60}F_{48}$

在所有反应条件下，仅 $C_{60}F_{48}$ 可形成，$C_{60}F_{48}$ 的结构可能是三种不同的旋光异构体[153-155]（图 7-43）。Gakh 等通过 ^{19}F NMR 谱和 X 射线单晶衍射确定了其结构[153]。单晶结构表明 $C_{60}F_{48}$ 可能存在三种光学异构体（即具有 D_3-对称性的两种对映异构体和具有 S_6-对称性的内消旋体）（图 7-43，结构 **11** 和 **12**）。在该分子结构中，两个基团（每个由三个双键组成）引起显著的缩合，导致双键的有效屏蔽[142, 154]。这抑制氟的进一步进攻，从而使 $C_{60}F_{48}$ 成为直接氟化 C_{60} 的"最终"产物。$C_{60}F_{48}$ 是一种稳定的化合物，作为高度浓缩的氟源具有潜在的价值[142, 158, 159]，其可以在加热时释放，并且还与芳族溶剂形成有色的电荷转移络合物[142]。

2）富勒烯与惰性气体氟化物和卤素氟化物的亲电加成

稀有气体氟化物二氟化氙（XeF_2）或二氟化氪（KrF_2）是比氟气更强的氟化剂。用 XeF_2 处理 C_{60} 的二氯甲烷溶液或用 KrF_2 处理 C_{60} 的无水 HF 溶液可直接氟化（图 7-45）。KrF_2 比 XeF_2 具有更高的反应活性，能产生具有较高氟化度的 C_{60} 氟化物。到目前为止，用稀有气体氟化物的氟化方式不能作为制备 $C_{60}F_n$ 的标准方法，因为这种方法只能获得复杂且不可分离的混合物。虽然用稀有气体氟化物氟化 C_{60} 不产生确定结构的产物，但通过氟化中间产物得到富勒烯氟化物的例子已经存在；用 XeF_2 处理 T_h-$C_{60}Br_{24}$ 的无水 HF 溶液，T_h-$C_{60}Br_{24}$ 将转化成 $C_{60}F_{24}$；T_h-$C_{60}Br_{24}$ 的结构保留在了 $C_{60}F_{24}$ 中，通过 ^{19}F NMR 谱以及比较实验和计算出的 IR 和拉曼光谱可以证明。T_h-$C_{60}F_{24}$（图 7-43）是氟化富勒烯的非连续加成模式的第一个实例。

关于稀有气体氟化物所述的内容也适用于卤素氟化物，如 ClF_3 或 BrF_5。它们比 F_2 更具反应活性，氟化后所得到的氟化产物都不可分离[160]。

$$C_{60} \xrightarrow{XeF_2,\ CH_2Cl_2,\ 室温} C_{60}F_{6\sim44}$$

$$C_{60} \xrightarrow{KrF_2,\ HF,\ 室温} C_{60}F_{36\sim78}$$

图 7-45 稀有气体氟化物氟化 C_{60}

3）富勒烯与金属氟化物的亲电加成

气态氟和稀有气体氟化物的主要缺点是它们的高反应活性，这导致了反应的低选择性。通过引入无机金属氟化物作为温和的氟化试剂可以克服这个缺点[145, 161]。反应在 Knudsen 反应器[161]中，真空 300～600℃的高温条件下进行。将各种高价过渡金属和稀土金属氟化物与 C_{60} 混合直接进行固相反应。在与质谱仪和产物收集器连用的 Knudsen 装置中，可以同时合成和分析富勒烯氟化物，该技术显著地促进了选择性制备富勒烯氟化物[161]。

选择不同的金属氟化物作为氟源可以合成不同氟化程度的氟化物，这些金属氟化物都是二元金属氟化物[162]。如 TbF_4、CeF_4、CoF_3、AgF_2 和 MnF_3，这些金属氟化物与富勒烯 300～400℃的温度范围内反应可以产生高度氟化的富勒烯。MnF_3 可选择性地合成 $C_{60}F_{36}$[163]；另一个选择性合成的富勒烯氟化物的例子是 $C_{60}F_{18}$ 可以在 420～480℃下用较低反应活性的 AgF_2 合成[162]，该方法合成的 $C_{60}F_{18}$ 能够被分离出来。使用非常温和的氟化剂 CuF_2 和 FeF_3 在气相中能合成最小的氟化富勒烯 $C_{60}F_2$[164]。与二元金属氟化物类似，三元氟化物也可以作为氟源。$KPtF_6$ 具有中等反应活性，在 450～520℃的温度下与 C_{60} 反应可以合成 $C_{60}F_{18}$，并具有良好的选择性[165]。其他可作为氟源的复合氟化物组成为 $M_{2\sim3}PbF_{6\sim7}$（M = 碱金属）或 $MPbF_6$（M = 碱土金属）。调节金属 M，可以提高合成 $C_{60}F_{18}$ 或 $C_{60}F_{36}$ 的选择性。在上述金属氟化物中，K_2PtF_6 具有高选择性，可合成纯度大于 90%的 $C_{60}F_{18}$ 的单一异构体产物。

在大多数氟化反应中，常常观察到氧化的氟化富勒烯[166-170]和如 $C_{60}F_nCF_2CF_3$ 或 $C_{60}F_nCF_3$[171]的产物作为副产物。使用金属氟化物或 F_2[172]作为氟源的氟化产物的混合物的质谱数据表明几乎所有富勒烯氟化物都具有一个或多个氧的氧化物。它们中的一些可以被分离并用 ^{19}F NMR（$C_{60}F_nO$，$n = 2, 4, 6, 8, 16, 18$）表征[168, 169]。这些氧化的富勒烯氟化物可能是在合成期间由于存在痕量的氧或水而形成。

C_{70} 的氟化可以产生高度氟化产物 $C_{70}F_n$ 的混合物，用质谱分析法观察到的峰主要集中在 $n≈36～52$[146, 160]。$C_{70}F_n$（$n = 34, 36, 38, 40, 42, 44$）可以通过 C_{70} 与 MnF_3 在 450℃下反应获得，并通过高效液相色谱分离。

2. 氯化亲电加成反应

1）富勒烯与液氯的亲电加成

尽管在有机溶剂中的氯气与 C_{60} 不会发生任何可检测的反应，但通过缓慢的氯气流与 C_{60} 在热玻璃管中，温度在 250～400℃之间反应可以实现 $C_{60}Cl_n$ 的多氯化富勒烯[172]（图 7-46）。通过该方法，可以获得 n 的平均数为 24 的 $C_{60}Cl_n$ 混合物，其为浅橙色并且可溶于许多有机溶剂中[173]。具有较低氯化度（$n\approx6$）的富勒烯氯化物 $C_{60}Cl_n$ 可以通过在–35℃下用液氯处理固态 C_{60} 来合成[29]（图 7-46）。通过 ICl、ICl_3、$KICl_4$ 在不同条件下的反应，可合成具有平均 $n = 6, 8, 10, 12, 14, 26$ 的富勒烯氯化物 $C_{60}Cl_n$，并通过 IR、NMR 和 MALDI-TOF 质谱表征，但仅作为混合物得到，它们不能分离。

$$C_{60} \xrightarrow{Cl_2} C_{60}Cl_n \xrightarrow{400℃\text{或}PPh_3\text{或}e^-} C_{60}$$

图 7-46　C_{60} 的氯化

氯化富勒烯比[29]氟化富勒烯的稳定性差。$C_{60}Cl_n$ 电离的离子可以在 FAB 或 MALDI[174]质谱中观察到，但同时大量低于 C_{60} 分子量的碎片也被观察到。富勒烯氯化物的不稳定性从它们对热、化学和电化学的响应行为也得以证明。在 400℃，氩气保护下加热 $C_{60}Cl_n$ 会导致脱氯（脱氯始于 200℃[29]），并可回收未反应的富勒烯（图 7-46）[172]。$C_{60}Cl_n$（$n\approx6$）的循环伏安图表明，还原后氯离子从氯化富勒烯中解离[173]。用三苯基膦处理 $C_{60}Cl_n$ 的甲苯溶液也可实现脱氯，得到 80%的 C_{60}（图 7-46）[173]。

2）富勒烯与 ICl 的亲电加成

据报道在室温下 C_{60} 与过量一氯化碘在苯或甲苯中的反应可以获得纯的 $C_{60}Cl_6$（图 7-47）。$C_{60}Cl_6$ 易溶于苯、二硫化碳和四氯化碳，通过戊烷重结晶可以获得深橙色的 $C_{60}Cl_6$ 晶体。使用甲苯作为溶剂合成 $C_{60}Cl_6$ 比用苯作为溶剂合成 $C_{60}Cl_6$ 进行得更慢，表明该反应有自由基参与，而且自由基能被甲苯捕获。

从 $C_{60}Cl_6$ 的 ^{13}C NMR 谱推断出 $C_{60}Cl_6$ 的结构为 1, 2, 4, 11, 15, 30-六氯[60]富勒烯（图 7-47），$C_{60}Cl_6$ 的 ^{13}C NMR 谱显示其结构中包含 54 个 sp^2 杂化的和 6 个 sp^3 杂化的 C 原子，证明了 $C_{60}Cl_6$ 具有 C_s-对称性。在 $C_{60}Cl_6$ 的结构中，氯原子加成的选择性，对自由基 $C_{60}R_5\cdot$ 的形成也具有指导意义。在 $C_{60}R_5\cdot$ 中，基团 R 的加成也发生在位置 1, 4, 11, 15 和 30。对于 C_{60} 的氯加成，与氢和氟的加成相反，预测 1, 4-加成模式比 1, 2-加成模式更有利[69]，这种差异主要是由于氯对空间的要求增强。类似地，在苯溶液中也合成了唯一结构的氯化[70]富勒烯（$C_{70}Cl_{10}$）[175]。

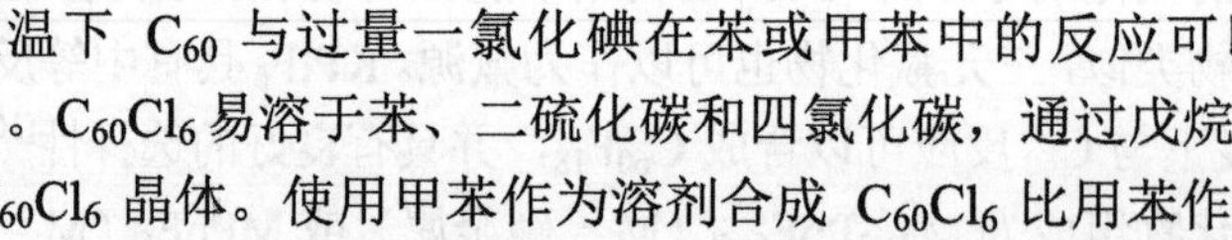

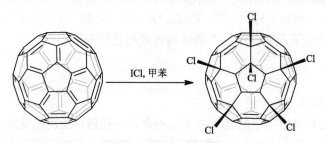

图 7-47　C_{60} 与 ICl 反应

3. 溴化亲电加成反应

1）C_{60}与液溴的亲电加成

C_{60}的溴化预计比氯化或氟化放热更少，并且通常 1, 4-加成模式应优于 1, 2-加成模式[69]。C_{60}与液溴反应可以形成溴化富勒烯 $C_{60}Br_{24}$，其为黄色结晶化合物，以溴溶剂合物 $C_{60}Br_{24}(Br_2)_x$ 的形式存在（图 7-48）[176]。该化合物具有简单的 IR 光谱，表明其具有高度对称的结构。加热至 150℃后，所有的溴原子将脱去[176]。

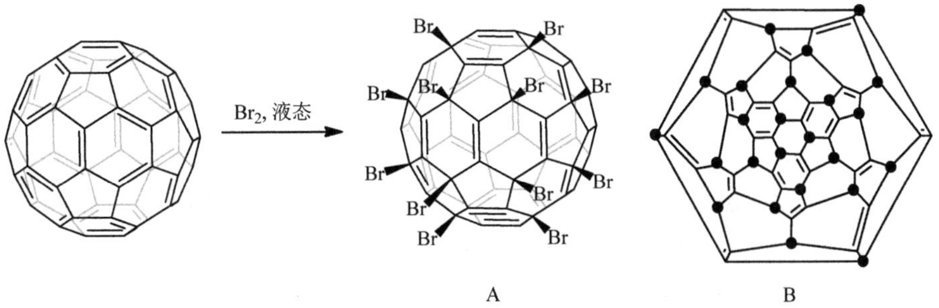

图 7-48　$C_{60}Br_{24}$ 的合成

A 为 $C_{60}Br_{24}$ 的正视图，只显示朝向观察者的溴原子；B 为 $C_{60}Br_{24}$ 的 Schlegel 图

X 射线单晶衍射分析表明 $C_{60}Br_{24}$ 具有 T_h-对称性，这是溴化富勒烯 $C_{60}Br_n$ 中具有最高对称性的分子。C_{60} 表面的溴原子的加成模式是通过 1, 4-加成与距离最近的六元环的 Br 原子形成稠合对，其中 Br 位置为 1, 3-位（图 7-48）。连在 1-位和 4-位 C 原子上的溴导致 12 个六边形形成船式构型，剩余的 8 个六边形形成椅式构型。另外两个溴原子将加成在 1, 2-位，这对于富勒烯分子的稳定性是非常不利的[69]。

2）C_{60}与液溴在 CS_2 中的亲电加成

C_{60}在 CS_2 中溴化可得到深棕色晶体，该反应 24 h 后产率为 80%（图 7-49）[176]。单晶 X 射线衍射分析表明该晶体为 $C_{60}Br_8$（图 7-49）。C_{60}在氯仿中的溴化也可以以 58%的产率获得相同的化合物（图 7-49）。C_{60}的八溴化物不太溶于普通有机溶剂，但可溶于液溴。

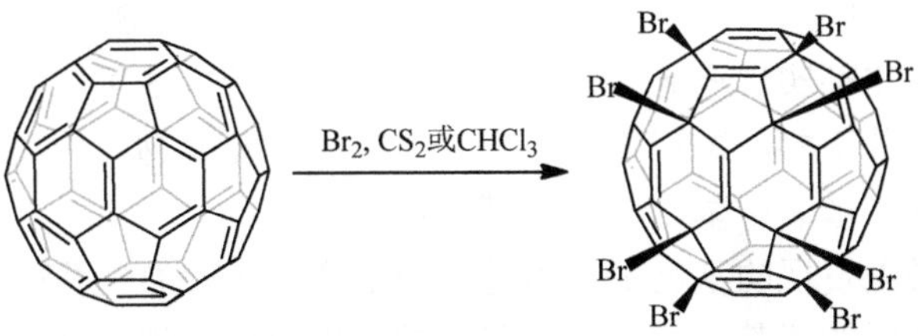

图 7-49　$C_{60}Br_8$ 的合成

3）C_{60}在苯和四氯化碳中与液溴的亲电加成

如果C_{60}的溴化反应在苯或四氯甲烷中进行，则获得另一种品红色的溴化产物$C_{60}Br_6$晶体，产率分别为54%和92%（图7-50）[176]，$C_{60}Br_6$可少量溶于有机溶剂。$C_{60}Br_6$的结构也已通过单晶X射线单晶衍射测定。该溴化物与$C_{60}Cl_6$的构型相同。

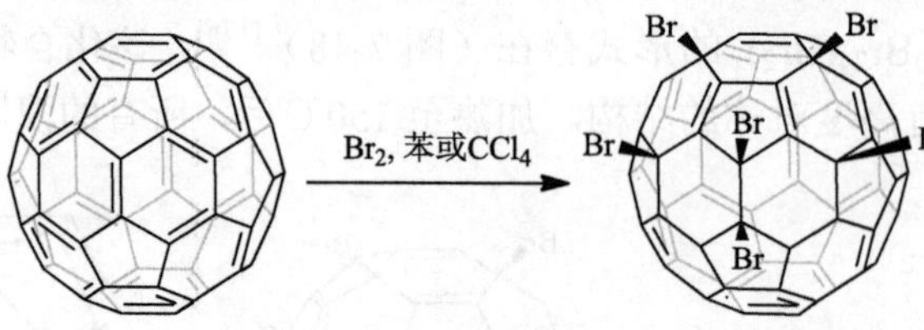

图7-50　$C_{60}Br_6$的合成

富勒烯的溴代衍生物在加热时都不稳定，易失去溴[176, 177]。最稳定的富勒烯溴化物是$C_{60}Br_{24}$。在四氯化碳或苯中加热，$C_{60}Br_6$发生歧化反应生成C_{60}和$C_{60}Br_8$[176, 177]。$C_{60}Br_8$比$C_{60}Br_6$具有更高的稳定性，这可以由$C_{60}Br_8$中不存在$C_{60}Br_6$的重叠相互作用来解释；在$C_{60}Br_6$形成$C_{60}Br_8$期间，可能涉及一系列的1, 3-烯丙基溴的迁移[176]；$C_{60}Br_8$和$C_{60}Br_6$的不稳定性与引入[5, 6]双键有关。在不同的溶剂中形成不同的富勒烯溴化物是因为不同的富勒烯溴化物晶体在不同溶剂中的溶解性不同，就像$C_{60}Br_6$易溶于苯，而不可溶解性则抑制了进一步的溴化。

7.2.5　自由基加成反应

1. 碳自由基加成

近年来，金属催化的富勒烯自由基反应获得了显著的发展。这些金属催化剂包括四丁基铵十聚钨酸盐[TBADT，$(n\text{-}Bu_4N)_4W_{10}O_{32}$]、二水乙酸锰（III）[$Mn(OAc)_3\cdot 2H_2O$]、高氯酸铁[$Fe(ClO_4)_3$]、四乙酸铅[$Pb(OAc)_4$]、$CoCl_2$dppe[dppe = bis-(diphenylphosphino)ethane]等。

1）与十聚钨酸盐催化的C_{60}自由基反应

在富勒烯反应中，四丁基铵十聚钨酸盐[TBADT，$(n\text{-}Bu_4N)_4W_{10}O_{32}$]可以作为常用且高效的催化剂实现在碳笼上形成碳碳键。这种方法可以获得一些富勒烯衍生物，如甲苯、苯甲醚、苯甲硫醚、乙醛、乙醚、硫化物、醇类等修饰物。

（1）与苄基、苯氧甲基、苯硫甲基自由基加成。

2008年，最先发现的富勒烯自由基反应是通过TBADT引发的。反应使甲苯、苯甲醚、苯硫甲醚的甲基变成碳自由基，然后碳自由基被富勒烯捕获，最终形成富勒烯单加成产物（图7-51）[178]。

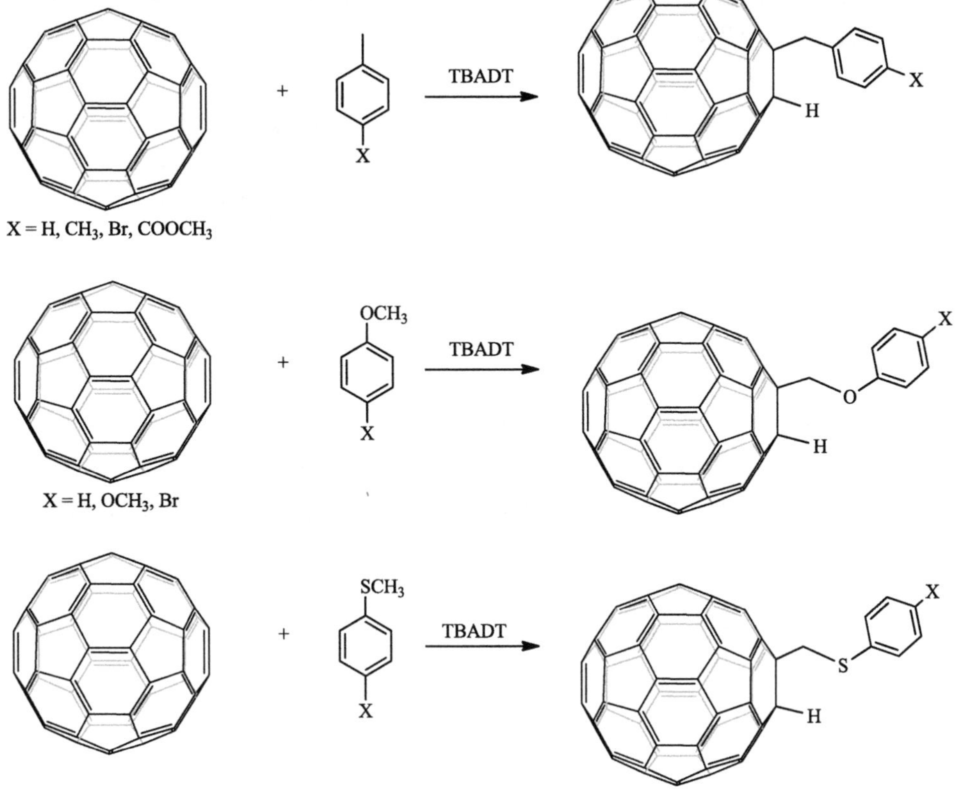

图 7-51　富勒烯与苄基、苯氧甲基、苯硫甲基自由基加成

Vorobiev 等通过硼氢化钠($NaBH_4$)还原富勒烯 C_{60},生成富勒烯氢化物 $C_{60}H_2$,$C_{60}H_2$ 在碱性环境下和 $C_4F_8I_2$ 反应获得一取代全氟化烷基链产物和二取代全氟化烷基链产物（图 7-52）[179]。

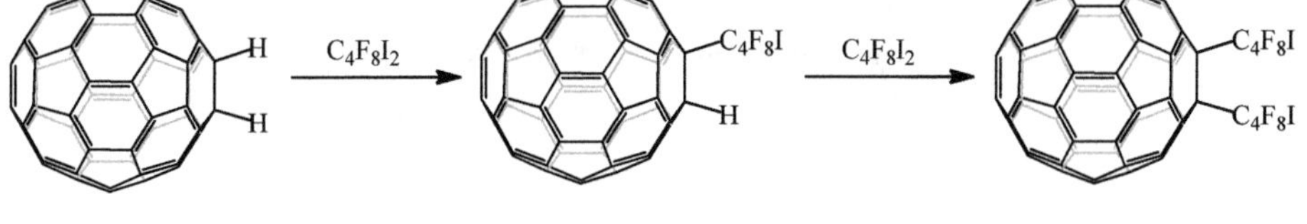

图 7-52　$C_{60}H_2$ 在碱性环境下和 $C_4F_8I_2$ 反应

（2）与酰基自由基加成。

TBADT 催化剂在光照条件下,可以对富勒烯 C_{60} 直接进行高效的酰基化反应,通过这种方法可以获得一系列不同酰基化富勒烯衍生物（图 7-53）。值得一提的

是，这种酰基化反应可以获得环丙基酰基化富勒烯衍生物，理论上环丙基酰基自由基容易重排，导致环丙基的重排[180]。

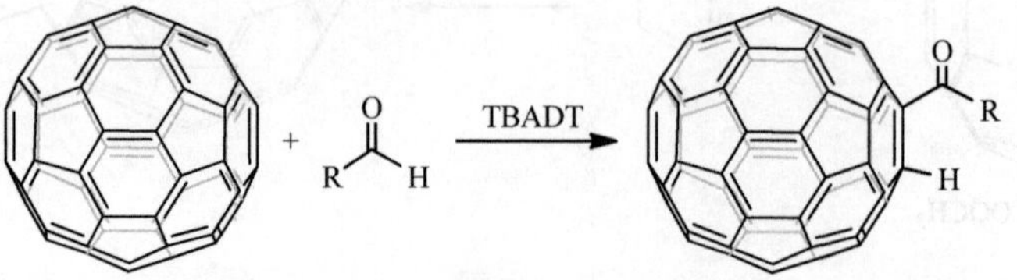

R = Ph, *p*-Me-Ph, *p*-MeO-Ph, $CH_3CH = CHCH_2$, cyclohexyl, cyclopropyl

图 7-53　富勒烯与酰基自由基加成

（3）与 *α*-氧烷基和 *α*-羟基碳自由基反应。

2010 年，通过 TBADT 催化，实现了在富勒烯上修饰醚类或者硫醚类（图 7-54）。重要的是，可以在富勒烯上修饰冠醚类化合物，这类化合物在生物医药中具有很大的应用前景[181]。

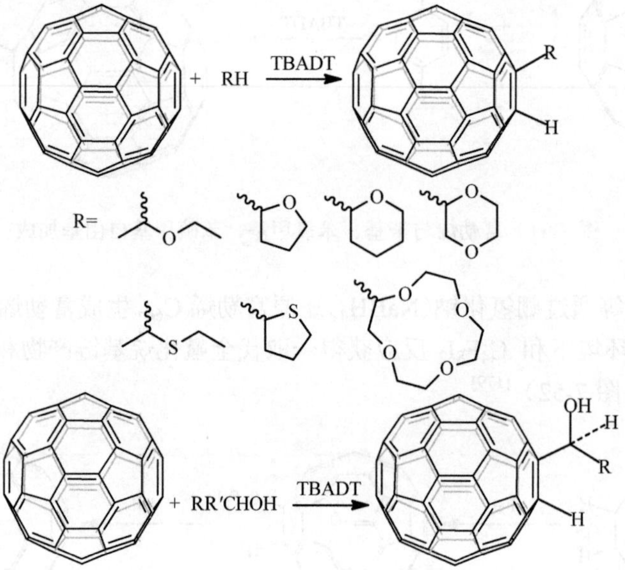

R = R′ = H
R = H, R′ = CH_3
R = H, R′ = $CH_3CH_2CH_2$
R = H, R′ = CHC
R = H, R′ = Ph
R = R′ = CH_3

图 7-54　富勒烯与 *α*-氧烷基和 *α*-羟基碳自由基反应

2）$Mn(OAc)_3$、$Fe(ClO_4)_3$ 催化的富勒烯自由基反应

2003 年，王官武课题组第一次报道了用 $Mn(OAc)_3$ 催化的富勒烯自由基反应，通过各种不同的亚甲基结构来产生自由基。特别的是，β-二酯通过 $Mn(OAc)_3$ 在氯苯中回流产生碳自由基，然后与富勒烯 C_{60} 反应，通过反应时间的改变，可以获得不同的产物（图 7-55）。例如，反应 20 min，可获得富勒烯二聚体；而反应 1 h 则获得相应的 1, 4-加成产物。也就是说富勒烯二聚体会在反应中转化成 1, 4-加成富勒烯。使用溴代二酯的时候，反应产生了 1, 4-加成和 1, 16-加成的富勒烯产物[182]。

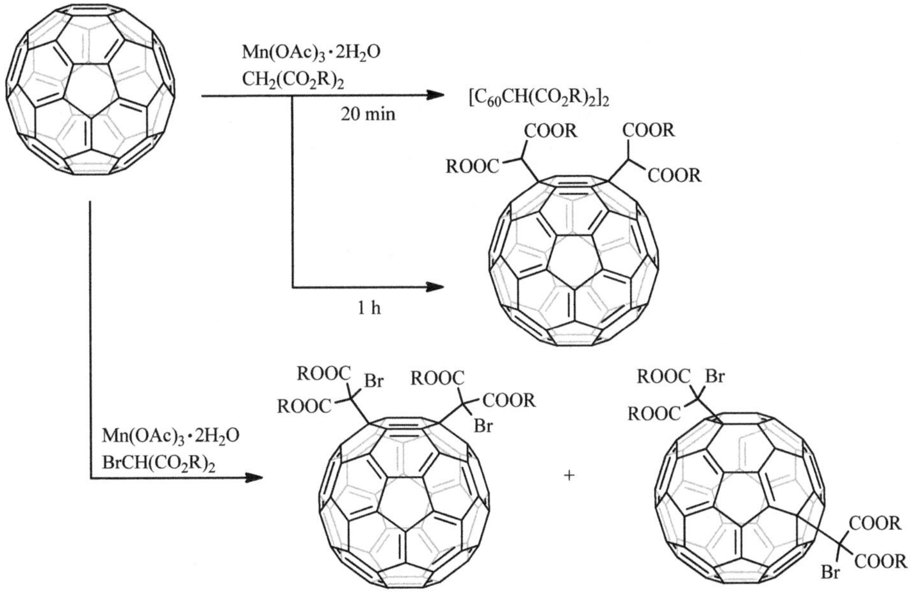

图 7-55　$Mn(OAc)_3$ 催化的富勒烯自由基反应

后面研究发现用丙二酸乙酯、氰乙酸乙酯等进行反应，也会生成 1, 4-加成产物（图 7-56）。

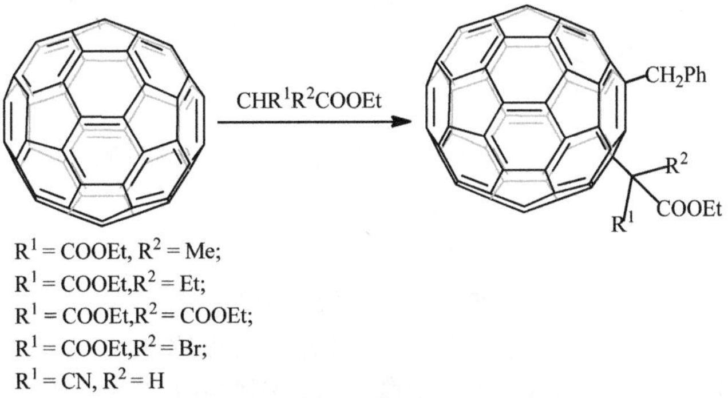

图 7-56　$Fe(ClO_4)_3$ 催化的富勒烯自由基反应

另外，含亚甲基的氰基化合物在 $Mn(OAc)_3$ 的作用下，会生成相应的环丙烷富勒烯（图 7-57）[183]。

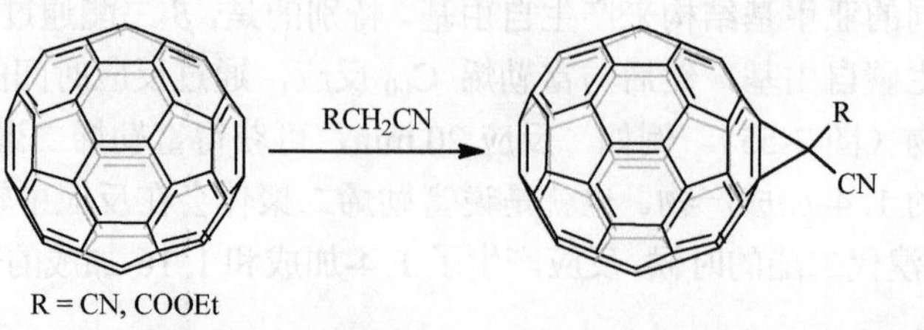

图 7-57　富勒烯与亚甲基氰基化合物在 $Mn(OAc)_3$ 催化下自由基反应

用 $Fe(ClO_4)_3$ 代替 $Mn(OAc)_3$ 作为催化剂的时候，并且在乙酸酐的参与下，不会生成 1, 4-加成产物，而是得到富勒烯 γ-内酯（图 7-58）[184]。

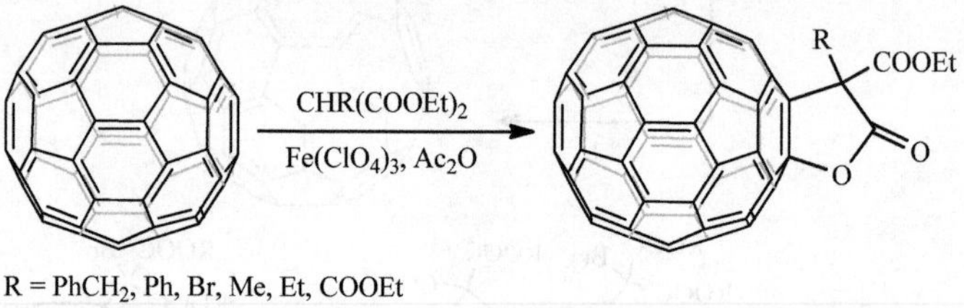

图 7-58　在乙酸酐参与下 $Fe(ClO_4)_3$ 催化的富勒烯自由基反应

3）$CoCl_2$dppe 催化的富勒烯自由基反应

$CoCl_2$dppe 催化剂活化烷基溴化物，在温和的条件下，可以和富勒烯 C_{60} 反应生成烷基氢化富勒烯衍生物（图 7-59）[185]。

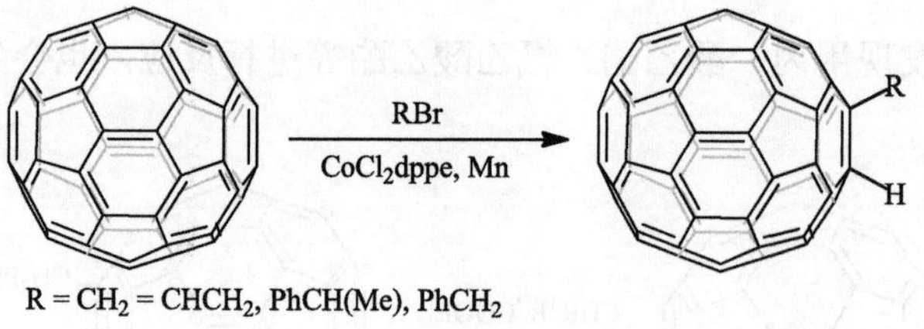

图 7-59　$CoCl_2$dppe 催化的富勒烯自由基反应

2. 硅自由基加成

富勒烯自由基反应的早期研究表明，将三烷基硅烷通过光解产生三烷基硅烷自由基，然后三烷基硅烷自由基和富勒烯 C_{60} 结合形成 $R_3SiC_{60}\cdot$。反应生成的 C_{60} 衍生物上的 Si—C_{60} 键长比 C—C_{60} 稍微长点，因此硅烷旋转障碍相对于烷基富勒烯来说比较小。

甲基硅烷富勒烯可以通过甲基硅烷自由基和富勒烯反应制备，其中甲基硅烷自由基是通过相应的乙硅烷或多聚硅烷光解获得的。例如，1, 16-二硅烷加成富勒烯是通过叔丁基甲基硅烷自由基和 C_{60} 反应获得（图 7-60）[186]。

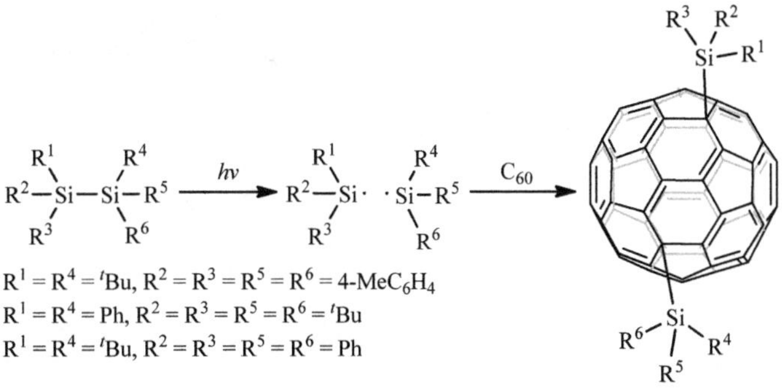

图 7-60　富勒烯与硅自由基加成

在一些环丁烷二硅烷（disilylcyclobutanes）中，通常是光解断裂四元环产生以硅为中心的双自由基和富勒烯反应，环加成在富勒烯的[6, 6]键上（图 7-61）[125, 187]。

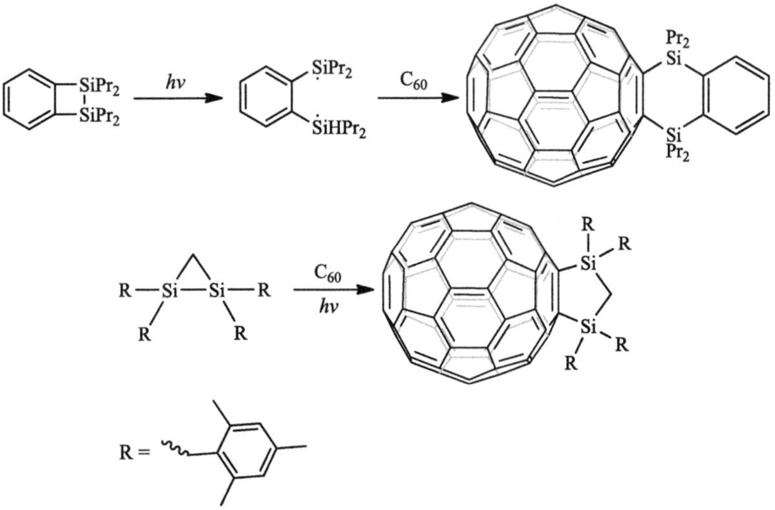

图 7-61　富勒烯与邻苯二硅烷、环丙烷二硅烷的硅自由基反应

3. 氧硫中心自由基反应

烷氧自由基和烷硫自由基加成到富勒烯 C_{60} 上形成相应的 RO—C_{60} 和 RS—C_{60}。其中 RO· 自由基可以同相应的过氧化物光解产生，更稳定和安全的方法是通过二烷氧基过硫化物（dialkoxy disulfides ROSSOR）的光解产生。相似的是，过硫化物 RSSR 和二烷硫基汞化合物（RSHgSR）的光解产生相应的 RS· 自由基。

叔丁基过氧化物在 $Ru(PPh_3)_3Cl_2$ 或者其他催化剂的存在下，生成叔丁基过氧自由基 $^tBuOO\cdot$，然后与富勒烯结合生成相应的叔丁基过氧化富勒烯（图 7-62）[188]。

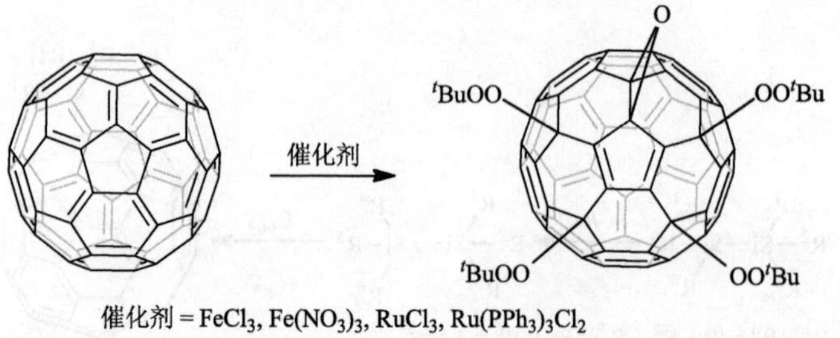

图 7-62 叔丁基过氧化物在催化剂下与富勒烯反应形成叔丁基过氧化富勒烯衍生物

类似地，醇在三氧化铬的作用下和富勒烯反应生成 5 个烷氧基和 1 个羟基加成的富勒烯（图 7-63）[189]。

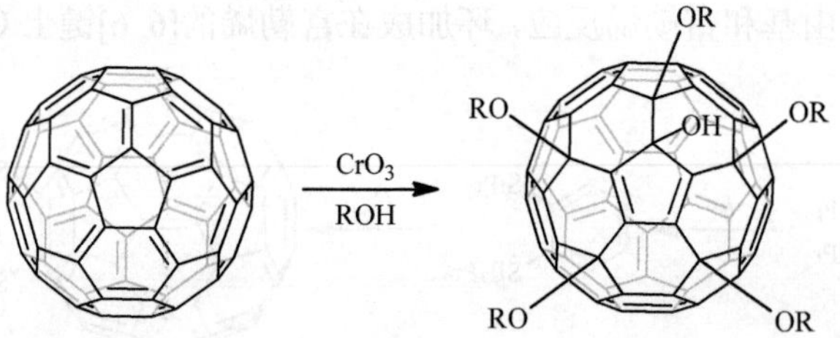

图 7-63 醇与富勒烯在三氧化铬的作用下形成五烷氧基一羟基富勒烯

醛或者酮类化合物在 $Fe(ClO_4)_3$ 催化下，与富勒烯 C_{60} 反应生成 1, 3-二氧戊环富勒烯（图 7-64）[190]。

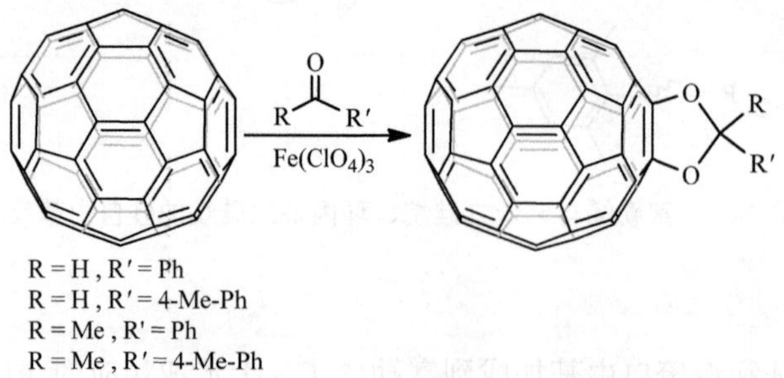

图 7-64 醛或者酮类化合物在 $Fe(ClO_4)_3$ 催化下与富勒烯形成 1, 3-二氧戊环富勒烯

羧酸在乙酸铅催化下同样可以生成 1, 3-二氧戊环富勒烯（图 7-65）[191]。

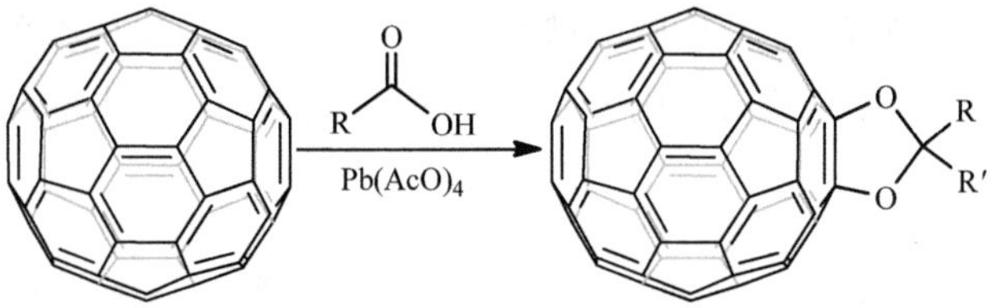

图 7-65　羧酸在乙酸铅作用下与富勒烯形成 1, 3-二氧戊环富勒烯

4. 磷中心自由基反应

磷中心自由基可以分为膦自由基（$\cdot PR_2$），磷酰自由基$\cdot P(O)R_2$，正膦自由基$\cdot PR_4$，而能与富勒烯相互作用的大部分是磷酰自由基$\cdot P(O)R_2$。磷酰自由基可以通过光解二磷酰基汞化合物或者磷酸酯的脱氢获得。

值得一提的是，在催化剂 $Mn(OAc)_3$ 过量的情况会生成 1, 4-加成富勒烯衍生物，而磷酸酯过量则会生成 1, 2-加成富勒烯（图 7-66）[192]。

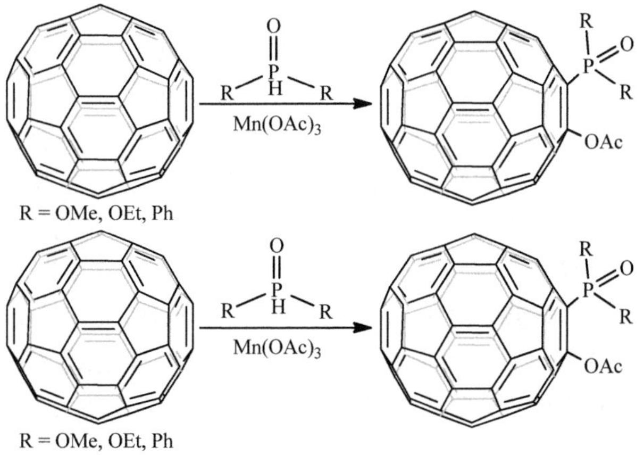

图 7-66　磷酰自由基与富勒烯反应生成 1, 4-加成富勒烯和 1, 2-加成富勒烯

5. 氮中心的自由基反应

在富勒烯化学中，氮自由基直接和原始的富勒烯反应的实例比较少。富勒烯在高氯酸铁和腈化合物作用下，会生成噁唑啉富勒烯衍生物（图 7-67）[193]。

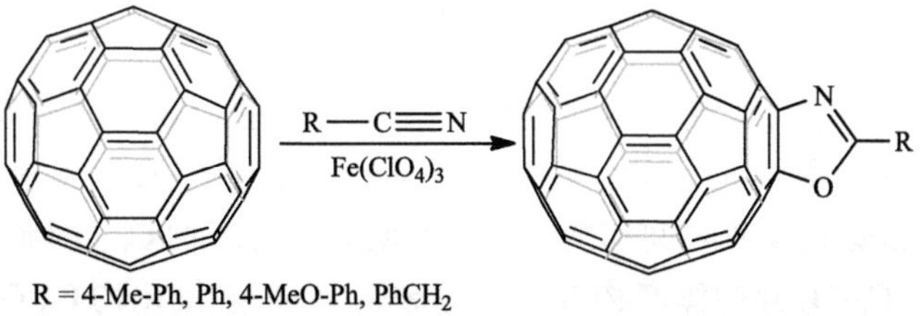

图 7-67　氮自由基直接和富勒烯反应形成噁唑啉富勒烯衍生物

富勒烯衍生物氮的自由基反应就比较容易发生。在溴化铜的作用下，使得氢化富勒烯上的氢离去形成自由基，然后仲胺取代形成 1, 4-取代的富勒烯衍生物（图 7-68）[194]。

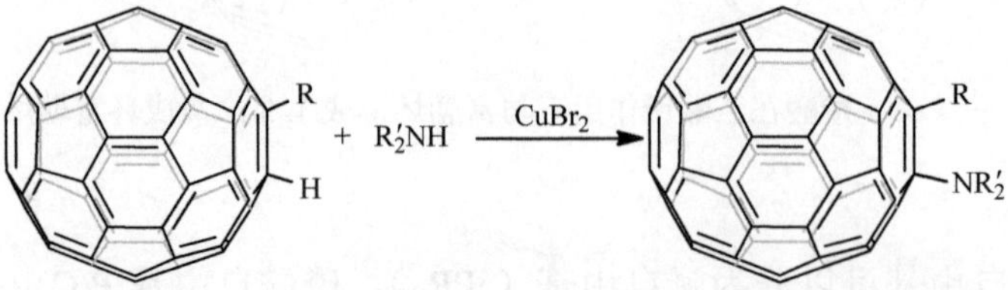

图 7-68 仲胺和氢化富勒烯发生自由基反应形成 1, 4-取代的富勒烯衍生物

7.2.6 氧化反应

1. 和氧气反应

在由石墨蒸发生成的富勒烯混合物中可以发现氧化富勒烯 $C_{60}O_n$ 和 $C_{70}O_n$[195, 196]。这些氧化物的形成是由于富勒烯反应器中存在少量分子氧。$C_{70}O$ 可以通过制备 HPLC 从富勒烯提取物中分离得到[195]。$C_{60}O_n$（n 可达 4）的混合物也可以通过 C_{60} 的电化学氧化[197]或通过粗富勒烯提取物的光解得到[196]。更剧烈的条件，如富勒烯己烷溶液在紫外辐射[198]或氧气存在下加热[199, 200]会发生更多的 C_{60} 氧化或分解。

C_{60} 光氧化产物除了含量可忽略的多氧化物，$C_{60}O$ 的产率为 7%（图 7-69），可由室温下光辐照含氧苯溶液 18 h，经过快速色谱粗分随后进行半制备型 HPLC 分离得到[199, 201]。紫外辐射下 $C_{60}O_2$ 寿命很短，这一点可以解释体系内不存在多氧化物[202]。$C_{60}O$ 的光化学反应可能经由单线态氧与最低的三重态 C_{60} 反应得到[203]。

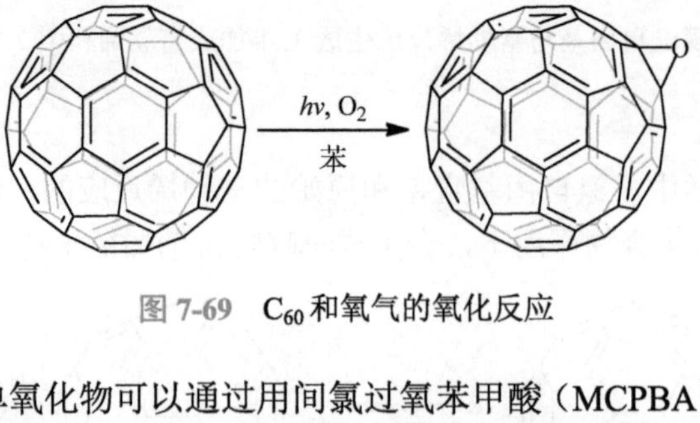

图 7-69 C_{60} 和氧气的氧化反应

更高产率的单氧化物可以通过用间氯过氧苯甲酸（MCPBA）氧化来实现，同时生成多氧化物（图 7-70）。C_{60} 与 10～30 倍当量的过氧酸在甲苯中 80℃下搅拌反应，产物分布受到反应时间和酸含量的影响。反应产物 $C_{60}O$（**a**）产率为 30%，反应产物 *cis*-1-$C_{60}O_2$ 异构体产物 **b** 产率为 8%，但是多氧化物 $C_{60}O_n$（n 可达 12）也能同时产生，主要产物是 n 为 1～3 的氧化物（图 7-70）。

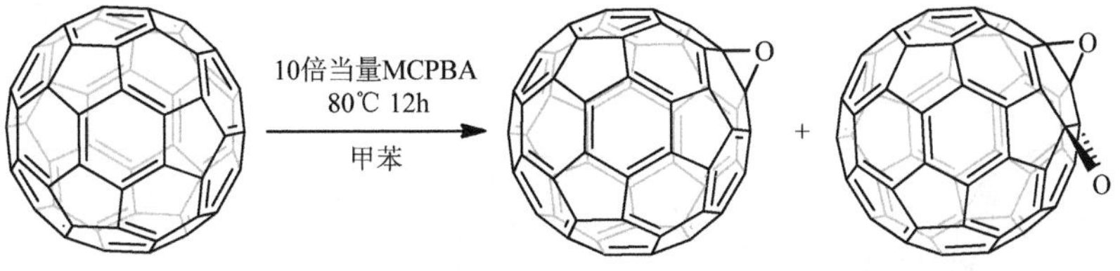

图 7-70　C_{60}和过氧酸的氧化反应

$C_{60}O$ 也可以通过 C_{60} 与二甲基二环氧乙烷在甲苯溶液中反应制备（图 7-71），获得的产物与光化学环氧化相同，当 C_{60} 与二甲基二环氧乙烷反应时，会同时生成副产物。用更具反应性的甲基(三氟甲基)二环氧乙烷替代，则可以在更温和的反应条件中进行[204]。在 0℃，反应时间仅为几分钟时，C_{60} 转化率超过 90%，并且 $C_{60}O$ 以及多氧化物的产率更高。$C_{60}O$ 分离后产率为 20%，总的 $C_{60}O_2$ 异构体产率为 35%，$C_{60}O_3$ 异构体产率 17%。此外，在这些反应条件下，*cis*-1-$C_{60}O_2$ 是最丰富的双加成产物。

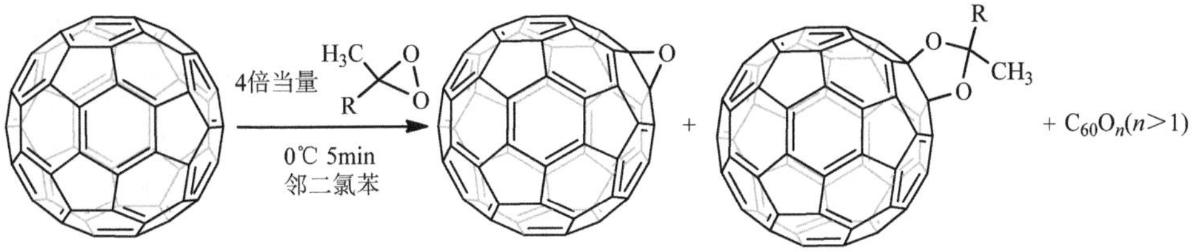

图 7-71　C_{60}和二环氧乙烷的氧化反应

在过渡金属存在条件下，氧加成具有 *cis*-1 诱导作用。$C_{60}O$ 的另一种可能的异构体是开环 1, 6-桥连结构 **b**（图 7-72），有趣的是，关于 **a** 和 **b** 从头计算在 LSD/DZP 水平[205, 206]和计算在 AM1 水平[207]都预测 **b** 更稳定，虽然在光氧化与过氧化物或与双环氧乙烷氧化中从未被观察到。遗失的[5, 6]-开环氧化物 $C_{60}O$ 在通常的臭氧分解条件下并未生成。但是它可以通过先在避光低温下形成臭氧化物，然后将纯化的臭氧化物在室温下暴露于光下几分钟获得，在此条件下由臭氧化物转化为 **b** 的转化率几乎为 100%。热臭氧分解生成 **a** 的产率为 20%，同时还生成多氧化物（图 7-72）。

C_{60} 的氧化不仅发生在目标物的合成中，也易于发生在暴露于光和空气的条件下[208-210]，这导致几乎无处不在的 C_{60} 污染，主要杂质被确定为 $C_{120}O$ 二聚体（图 7-73），它可能起源于 C_{60} 和反应性 C_{60} 氧化物 $C_{60}O$ 的[2 + 2]环加成反应。可以选择相同的反应路径来大量合成二聚体。C_{60} 和 $C_{60}O$（臭氧分解制备）用 CS_2 洗脱，除去溶剂后，将均相混合物在 200℃真空下加热干燥几小时。通过 HPLC 分离纯化可以得到较高产率的 $C_{120}O$，副产物可能是多氧化的二聚体氧化物 $C_{120}O_n$（$n>1$）。

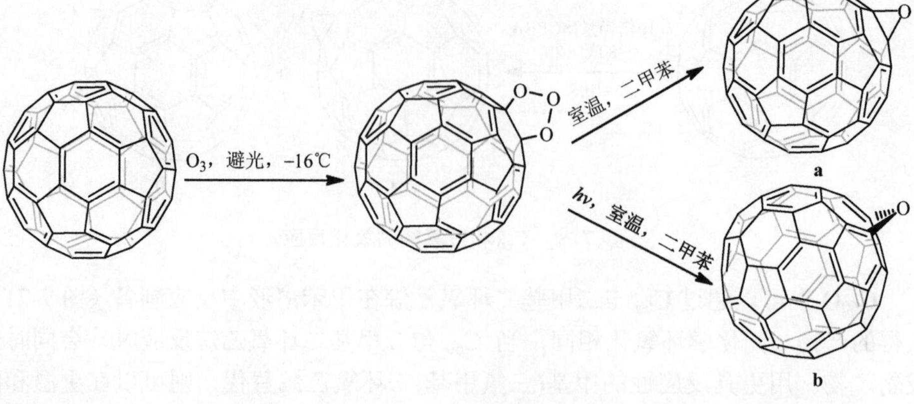

图 7-72 C_{60}和臭氧的氧化反应

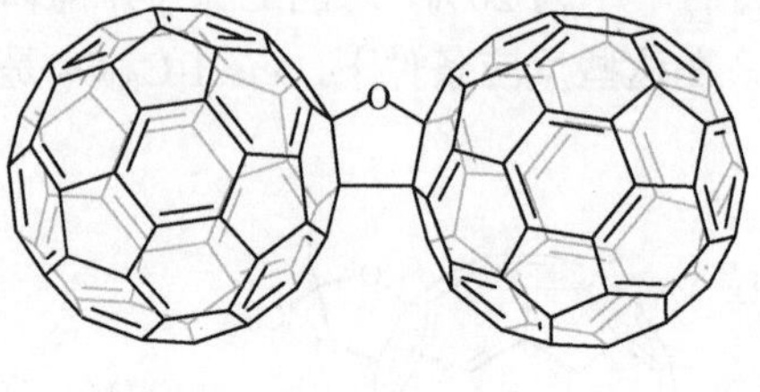

图 7-73 C_{60}的氧化物二聚体

2. 和 OsO_4 反应

Hawkins 课题组首次加入强的选择性氧化剂 OsO_4，得到了第一个完全表征的 C_{60} 衍生物。在甲苯中加入与吡啶混合的两个当量 OsO_4，生成双加成的区域异构体混合物 **a**（图 7-74）的沉淀。高产率的单加成产

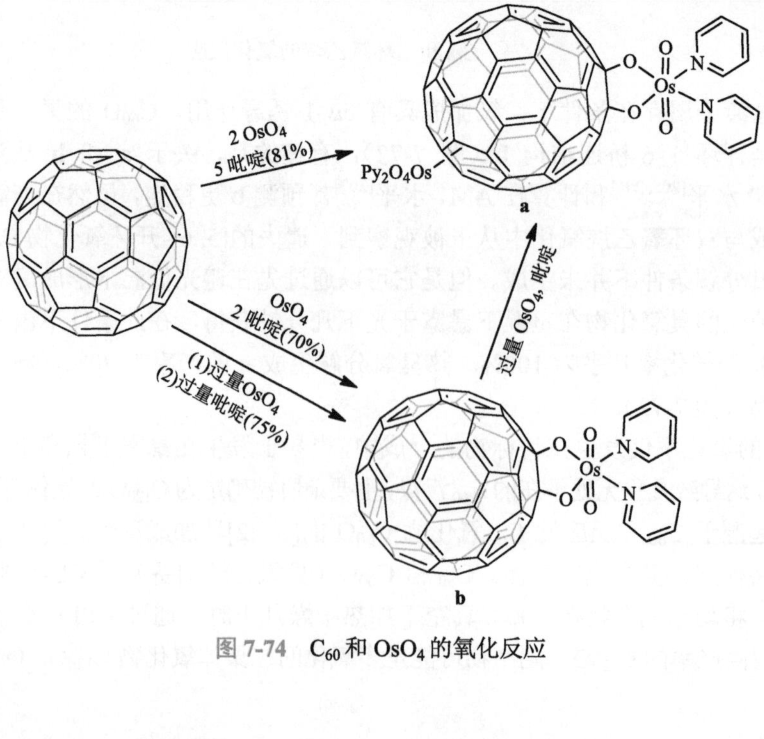

图 7-74 C_{60}和 OsO_4 的氧化反应

物 **b**（图 7-74）可以通过锇酸化后加入吡啶或者在吡啶存在下使用化学计量的 OsO_4 获得[5, 211-213]。

图 7-74 中化合物 **a** 或 **b** 中的吡啶分子可以被其他配位配体如 4-叔丁基吡啶交换，这种配体交换反应可用于增加锇酸化富勒烯衍生物的溶解度，从而实现它们的光谱表征以及高质量单晶的生长。

3. 和其他一些强氧化剂的反应

用强氧化剂如 SbF_5/SO_2Cl[8, 214]、$SbCl_5$、魔酸（FSO_3H、SbF_5）[215]或发烟硫酸和 SO_2ClF 的混合物等处理 C_{60}，大多数情况下得到深绿色溶液。在 NMR、ESR 或 NIR 光谱的基础上，可推测形成了 C_{60} 的自由基阳离子。用二氧化氯氧化结果立即形成棕色沉淀，显示指示自由基阳离子的 ESR 信号。这些氧化反应中普遍存在的问题是氧化条件下 C_{60} 阳离子的极不稳定性。C_{60}^{+} 与更高级阳离子对于超强酸（如 HSO_4^-、$SbCl_6^-$、SbF_6^-）或其他存在的亲核试剂的阴离子的氧化反应和亲核进攻敏感。这可能是观察到的 ESR 信号或 NIR-λ_{max} 的宽范围的一个原因。

C_{60} 与硫酸/硝酸反应，随后用含水碱水解中间体，得到富勒烯醇，也可以仅使用硝酸或从硝酸钾和发烟硫酸原位产生的硝酸。如果 C_{60} 在芳族烃中的溶液用路易斯酸如 $AlCl_3$、$AlBr_3$、$FeBr_3$、$FeCl_3$、$GaCl_3$ 或 $SbCl_5$ 处理，则发生富勒烯的芳烃化反应。在这种情况下，路易斯酸用作催化剂并增加富勒烯的亲电性，获得多芳基化富勒烯的混合物。将苯基加成到 C_{60}，质谱中最高强度的分子离子峰是 $C_{60}Ph_{12}$ 的峰，表明该化合物具有强的稳定性（图 7-75）。

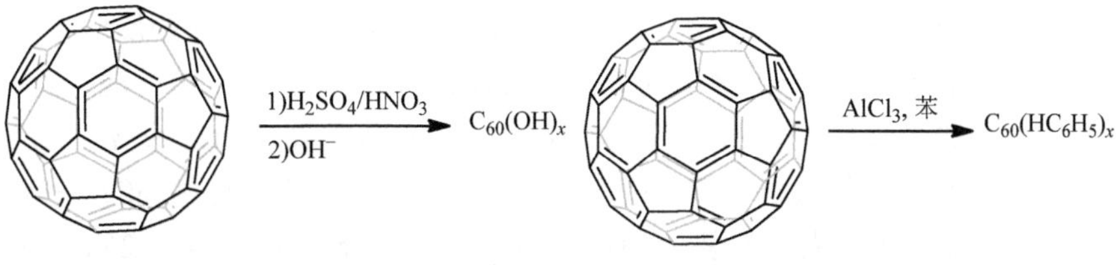

图 7-75　C_{60} 和酸/路易斯酸的氧化反应

将多氯烷烃（如氯仿或 1, 1, 2, 2-四氯乙烷）与 $AlCl_3$ 在 100 倍当量的情况下亲电加成至 C_{60}，得到具有 1, 4-加成型的单加成产物。该反应通过 $C_{60}R^+$阳离子路径进行，因氯原子与阳离子中心的配位得到稳定。阳离子被 Cl^-捕获生成产物。氯烷基富勒烯容易发生水解生成相应的富勒烯醇，通过加入三氟甲磺酸可以获得相应的阳离子。$C_{60}R^+$的稳定性类似于叔烷基阳离子，如叔丁基阳离子（图 7-76）。

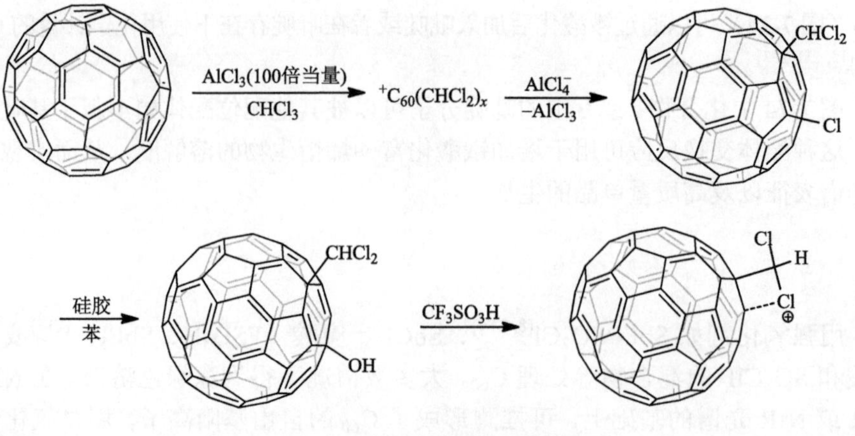

图 7-76 C_{60}和多氯芳烃的氧化反应

7.2.7 配位反应

理论计算预示了 C_{60} 和 C_{70} 具有缺电子性质，而电化学、与亲核试剂的反应以及对富勒烯-过渡金属配合物的研究都证明了该性质。许多单晶结构和光谱研究表明过渡金属和富勒烯的络合作用和缺电子烯烃同 π 键进行双齿配位以及氢金属化反应极其类似。这些络合反应大多是可逆的，双加成产物与六加成产物等多加成产物是热力学控制产物，解释了络合作用具有显著的区域选择性，π-π 堆积作用决定的堆积方式对于一个特定的区域选择性产物的固相结构至关重要。

1.（η^2-C_{60}）单个双键与过渡金属络合反应

实际上，C_{60} 在过渡金属配合物中可以看成是一个缺电子的烯烃。证明如下：配合物$[Cp^*Ru(CH_3CN)_3]^+ O_3SCF_3^-$ $[Cp^* = \eta^5\text{-}C_5(CH_3)_5]$和富电子的平面芳烃反应会替换其中的 3 个乙腈配体，形成 η^6-键合的 Ru-六元芳烃的配合物[216]。相反地，当 Ru 配合物与缺电子烯烃反应时，只会替换其中的一个乙腈配体从而形成 η^2-烯烃配合物。所以，当 Ru 处在烯烃和芳烃中时，总是先与芳烃络合，这种高的选择性使得 Ru 在众多过渡金属中成为一个很好的检测与 C_{60} 分子络合行为的代表。25℃条件下，当 C_{60} 与超过 10 当量的$[Cp^*Ru(CH_3CN)_3]^+ O_3SCF_3^-$ 在 CH_2Cl_2 溶液中反应 5 天时，反应得到棕色的沉淀物$\{[Cp^*Ru(CH_3CN)_2]_3(C_{60})\}^{3+}(O_3SCF_3^-)_3$，可以看到，2 个乙腈分子保留在配合物中，这表明了每个 Ru 是和 C_{60} 球面上的一个双键进行络合，因此在这一方面 C_{60} 可以看成是一个缺电子的烯烃。

考虑 C_{60} 碳笼中六边形内的 p 轨道的几何形状，其从环的中心倾斜，显而易见的是以六边形的金属形式键合 C_{60} 是不利的，因为轨道重叠将被削弱。这在一些理论计算中得到证实[217,218]。通过 PM3(tm)或组合 PM3(tm)密度泛函理论研究计算 η^6-键合的苯与 C_{60} 的交换，对于大多数过渡金属配合物片段而言，这种交换是吸热的。

对于以六边形中的两个或三个双键配位的各种锇、铼、铱或钌络合物而言，与 C_{60} 反应均不是 η^6-络合。事实上金属簇与 C_{60} 的键合是金属 η^2-键合到 C_6 面的相邻键上。

通过形成铂、钯、镍、铱、钴、铑、铁、钌、锇、锰、钛、铼、钽、钼和钨的各种配合物，明显可以看出 C_{60} 以 η^2-形式与过渡金属的键合。这些低价的金属络合物容易与缺电子烯烃络合。典型的结构特点是与过渡金属配位的烯烃的平面性损失，因为与烯烃结合的四个基团向后弯曲远离金属。对于取代的乙烯化合物 C_2X_4，变形随着 X 的电负性增加而增加。在 C_{60} 中，[6, 6]双键周围的排列已经预先固定。因此，[6, 6]双键的张力和电子欠缺的双因素是 C_{60} 与低价过渡金属的 η^2 结合的重要驱动力。等物质的量的$(Ph_3P)_2Pt(\eta_2\text{-}C_2H_4)$与 C_{60} 的反应结果生成深翡翠绿的$(Ph_3P)_2Pt(\eta^2\text{-}C_{60})$溶液。X 射线单晶衍射结构分析证实了铂与[6, 6]富勒烯双键的 η^2-键合[219]。

使用金属试剂 $M(PEt_3)_4$（M = Ni, Pd）也可以进行类似的络合物反应（图 7-77）[220]，所有这些金属衍生物表现出与$(Ph_3P)_2Pt(\eta^2\text{-}C_{60})$几乎相同的性质。相同的化合物也可以通过与络合物$(Et_3P)_2Pd(\eta^2\text{-}CH_2{=}CHCO_2CH_3)$反应合成得到[221]。使用化学计量比的反应试剂，这些反应会以高产率高选择性形成单加成产物，而不是多加成产物与未反应 C_{60} 的混合物。

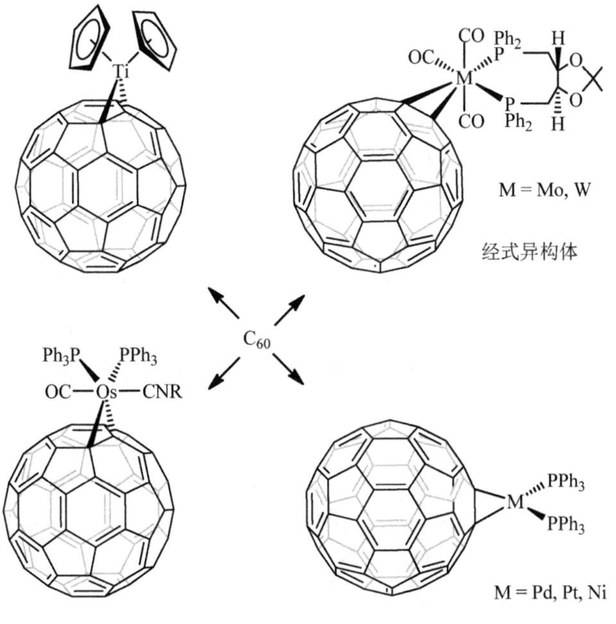

图 7-77　η^2-C_{60} 配合物的实例

目前人们已经通过不同的途径获得了具有双齿双膦基二茂铁配体的异双金属钯或铂-C_{60} 配合物[222, 223]。钯-C_{60} 络合物可通过电化学或者 Pd 配合物和 C_{60} 通过一锅反应制备，配体为 dppf[dppf = 1, 1′-双(双二苯基膦基)二茂铁][222]。然而，目前通过该途径制备的配合物还没有获得过单晶。通过包含两步反应的另一个方法，可以获得对应的 Pt 和 Pd 配合物的单晶。在第一步中，形成已知的络合物$(Ph_3P)_2M(\eta^2\text{-}C_{60})$，在第二步中其膦基配体与含二茂铁的双齿配体交换。

锇可形成各种多核配合物，但是其单核 η^2-配合物还没有得到。最近，有可能验证单核 Os 配合物的存在[224]。通过顺式-二氢配合物$[OsH_2(CO)(PPh_3)_3]$与 C_{60} 一起在甲苯和 ^{t}BuNC 中回流，^{t}BuNC 取代一个 PPh_3 配体伴随着消除两个氢原子，合成了新的单核$[(\eta^2\text{-}C_{60})Os(CO)(^tBuNC)(PPh_3)_2]$配合物。

钼和钨形成八面体配合物，一个配体为 C_{60}，其他位置通常由三个 CO 和两个（主要是桥连的）供体配体占据，其可以是菲咯啉或桥连的双官能膦，如 dppb、dppe 或 dppf。一些非常稳定的络合物可以通过在二氯苯或氯苯中 C_{60} 与 $Mo(CO)_4(Ph_2PCH_2CH_2PPh_2)/W(CO)_4(Ph_2PCH_2CH_2PPh_2)$光照反应生成，如配合物$(\eta^2\text{-}C_{60})W(CO)_3(Ph_2PCH_2CH_2PPh_2)/(\eta^2\text{-}C_{60})Mo(CO)_3(Ph_2PCH_2CH_2PPh_2)$。这些配合物在溶液中是相对稳定的，而且即使升高温度也不会丢失 C_{60}。此外，人们还通过用手性二膦 DIOP 配体替代非手性二膦配体，获得了光学活性的 Mo 和 W 衍生物 2, 3-*O*, *O*′-异亚丙基-2, 3-二羟基-1, 4-双(二苯基膦基)丁烷，两种金属与富勒烯都形成经式异构体（图 7-77）。

此外，这些合成钼、钨和铬的稳定 C_{60} 配合物的配体也已被成功地用于合成相应的 C_{70} 络合物[225-228]，如 $M(CO)_3(dppb)(\eta^2\text{-}C_{70})$（M = Mo, Cr, W）、$Mo(CO)_3(dppe)(\eta^2C_{70})$、$W(CO)_3(dppf)(\eta^2C_{70})$、$Mo(CO)(phen)dbm(\eta^2C_{70})$。通过 X 射线单晶衍射分析，证明加成发生在 C_{70} 的 1, 2-双键处。类似的加成模式在棕黑色 Pd-C_{70} 配合物 $(\eta^2C_{70})Pd(PPh_3)_2$ 中也可以观察到[229]。

正如上面所提，铂系金属（Ni，Pd，Pt）和其他金属的配合物主要选择性地生成 η^2-单加成产物，使用 10 倍过量的金属试剂 $M(PEt_3)_4$（M = Ni, Pd, Pt）可以驱使反应形成空气敏感的六加成产物。例如，$[(Et_3P)_2Pt]_6C_{60}$ 的 X 射线单晶结构分析表明该分子以 C_{60} 为核和六个$(Et_3P)_2Pt$ 基团以八面体的方式配位（图 7-78），具有

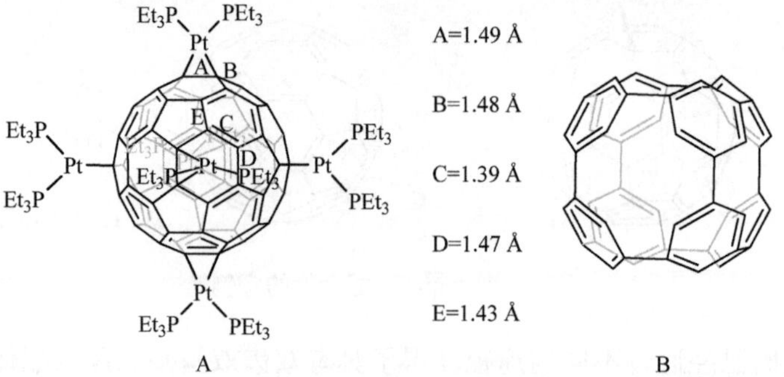

图 7-78　$[(Et_3P)_2Pt]_6C_{60}$ 的结构及苯型六边形片段

T_h 点群对称（不考虑乙基），每个铂键合在[6, 6]双键上。有趣的是，排除所有键合到铂上的碳结果形成一个 1, 3, 5-连接的八苯环的骨架结构。$[(Et_3P)_2Pt]_6C_{60}$ 的晶体结构显示，在六个八面体排列的苯环内，单双键（键 C 和 E）交替，两种键的键长差值减少到 0.037 Å，这个差值为 C_{60} 中单双键差值的一半。这两种键的键长都接近芳烃的典型值（约 1.395 Å）。因此，C_{60} 中剩余的 π 体系变得更加离域，这也得到了 Hückel 计算的证实[230]。此外，通过 ^{31}P NMR 谱证实了$[(Et_3P)_2Pt]_2C_{60}$ 中的金属片段在非八面体位置的络合[231]。

$(Et_3P)_2MC_{60}$（M = Ni, Pd, Pt）的第一还原电位比 C_{60} 负移了 0.23～0.34 V[221]。因此，这些金属配合物比单加成产物 $C_{60}RR'$（R, R′ = 有机基团或 H）更难以还原，两类化合物的电位差值为 0.1～0.2 V。金属配合物的还原电位相对于有机衍生物的额外负移归因于 C_{60} 核具有更高的电子密度，进一步降低了电子亲和势。这也就解释了用这些低价过渡金属试剂形成单加成产物的高选择性。第二金属片段添加到单加成产物的趋势显著降低。双加成产物$[(Et_3P)_2M]_2C_{60}$ 与 C_{60} 在溶液中反应会生成相应的单加成产物。随着金属配合物量的增加，其加成产物变得越来越难以还原。这与富电子的金属片段进一步络合的减少趋势一致。六加合物$[(Et_3P)_2M]_6C_{60}$ 的加成反应在 C_{60} 骨架上最快达到平衡，因此易于在这些配合物中实现 T_h 对称。

在 C_{60}-金属配合物形成时，几种效应可以影响 C_{60} 的电子结构，其中一个是从剩余的 29 个富勒烯双键中去除一个双键。如在任何多烯系统中，这种共轭体系的减少预期提高 LUMO 的能量，并因此降低系统的电子亲和力。相反，d 轨道反馈键将金属中的电子密度转移到剩余双键的 π^* 轨道中，这也降低了电子亲和势。

通过在 CH_2Cl_2 中回流等当量的$(\eta^5\text{-}C_9H_7)Ir(CO)(\eta^2\text{-}C_8H_{14})$和 C_{60} 可以获得相应的配合物$(\eta^5\text{-}C_9H_7)Ir(CO)(\eta^2\text{-}C_{60})$（图 7-79）。$C_{60}$ 与$(\eta^5\text{-}C_9H_7)Ir(CO)$片段的配位使第一还原电位相对于 C_{60} 仅降低 0.08 V，表明弱的反馈键能力。该配合物中的配位的 C_{60} 分子在用强配位配体处理时可以被取代，如用 CO、$P(OMe)_3$ 或 PPh_3（图 7-79）。因此，溶液从绿色变为 C_{60} 的特征紫色。这些反应可以通过 UV/vis 和 IR 光谱定

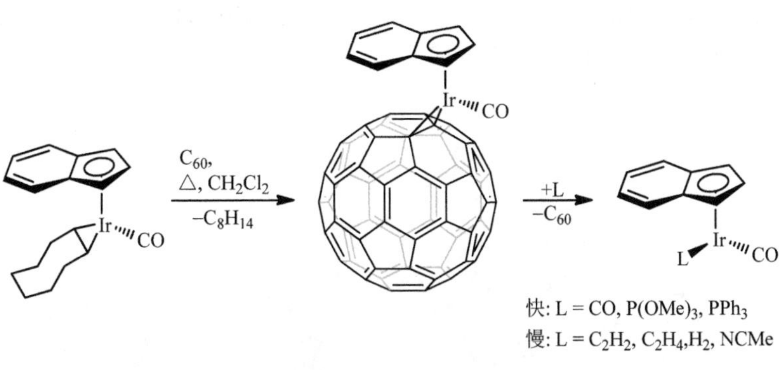

图 7-79　配合物$(\eta^5\text{-}C_9H_7)Ir(CO)(\eta^2\text{-}C_{60})$

量监测。重要的是，较弱的配位体如 C_2H_4 或 C_2H_2 取代$(\eta^5\text{-}C_9H_7)Ir(CO)(\eta^2\text{-}C_{60})$中的 C_{60} 的反应速率是与一氧化碳的取代反应速率的 1%以下。这意味着联合的取代反应途径。

在加入 Vaska 配合物［即羰基二(三苯基膦)氯化铱］$Ir(CO)Cl(PPh_3)_2$（图 7-80）时更可逆的配合物将会形成[230]。该配合物与缺电子烯烃如四氰基乙烯反应，形成稳定的 η^2 加成产物[231]。这些配合物中的羰基拉伸频率可用作配体的吸电子影响的量度。例如，在 $Ir(CO)Cl(PPh_3)_2$ 的四氰基乙烯加合物中，羰基拉伸频率比$(\eta^2\text{-}C_{60})Ir(CO)Cl(PPh_3)_2$ 中的羰基拉伸频率强得多，证明 C_{60} 在吸电子方面没有比四氰基乙烯有效。C_{60} 的吸电子影响类似于 $O_2Ir(CO)Cl(PPh_3)_2$ 中的 O_2 的吸电子影响。此外，人们还发现配合物形成的可逆性与羰基伸缩频率的大小相关。因此，C_{60} 和双氧络合物都属于“容易可逆”的类别。

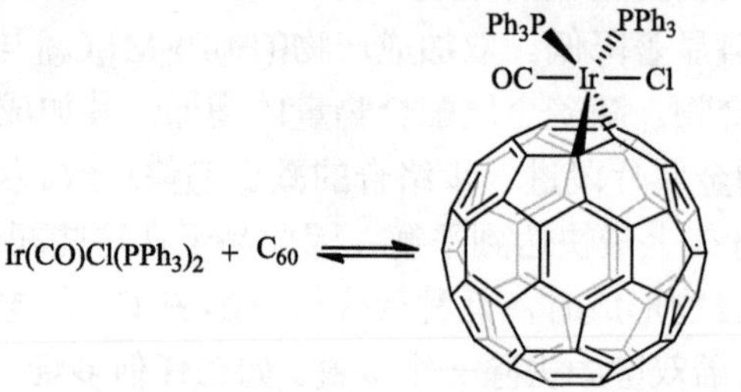

图 7-80 配合物 $Ir(CO)Cl(PPh_3)_2$

除了$Ir(CO)Cl(PPh_3)_2$之外，其他 Vaska 型铱配合物也已成功被加成到 C_{60} 上[232, 233]。例如，通过使用在每个侧链中含有两个苯环的配合物 $Ir(CO)Cl(bobPPh_2)_2$（bob = [4-$(PhCH_2O)C_6H_4CH_2$]）作反应物，在$(\eta^2\text{-}C_{60})Ir$ 的单晶中形成了超分子结构$(\eta^2\text{-}C_{60})Ir(CO)Cl(bobPPh_2)_2$（图 7-81），其中每个 C_{60} 球被另一个分子的两个侧臂中的苯环螯合，这是加成物侧链中富电子部分和缺电子部分之间的 π-π 相互作用的另一个实例。这种吸引力的相互作用也体现在与$(\eta^2\text{-}C_{60})Ir(CO)Cl(PPh_3)_2$ 的 P-Ir-P 键角相比，该配合物的 P-Ir-P 键角更低。

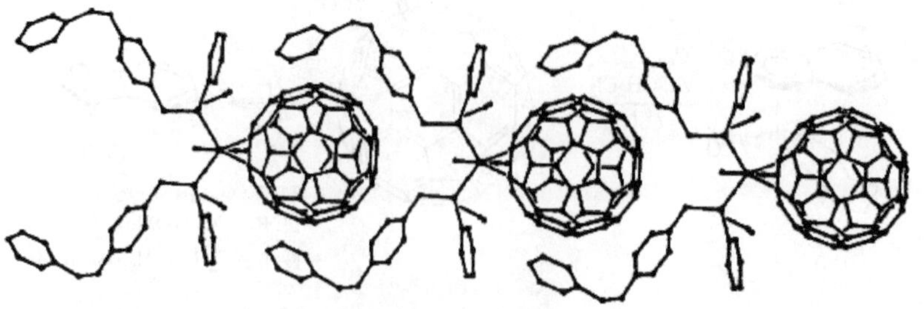

A

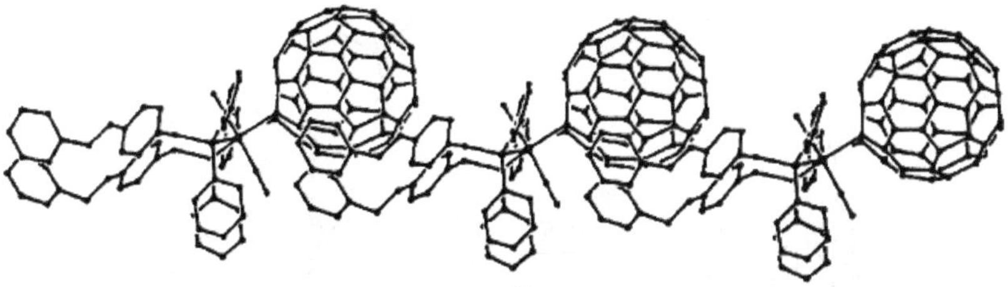

图 7-81 $(\eta^2\text{-}C_{60})Ir(CO)Cl(bobPPh_2)_2$ 不同方向的晶体排列[232]

图 7-81 为配合物$(\eta^2\text{-}C_{60})Ir(CO)Cl(bobPPh_2)_2$（bob = $[4\text{-}(PhCH_2O)C_6H_4CH_2]$）[232]不同角度的 X 射线衍射单晶堆积结构。

用烷基膦配体替代 Vaska 中的 PPh_3 配体，在氧化加成方面增加了其反应活性。因此，$Ir(CO)Cl(PMe_2Ph)_2$ 的氧化加成的结合常数比 $Ir(CO)Cl(PPh_3)_2$ 的结合常数大 200 倍。通过使用这种改性的 Vaska 配合物与配体 PMe_2Ph、PMe_3 和 PEt_3，成功获得了 C_{60} 的多加成产物。在苯中以不同摩尔比添加 $Ir(CO)Cl(PMe_2Ph)_2$ 至 C_{60}，可以合成出空气敏感的双加成产物的晶体，其结构通过 X 射线单晶衍射（图 7-82）[233]鉴定，包括两种不同的构象异构体，其中 Ir 部分以 *trans*-1 位置结合在 C_{60} 分子的相对端。在电子和空间上，根据预期 *trans*-1 异构体的形成不优于 *trans*-2、*trans*-3、*trans*-4 和 *e*-异构体，在某种程度上后者的形成被完全抑制。由于向 C_{60} 添加铱络合物是可逆的，所以该双加成产物的低溶解度（*trans*-1 异构体的特征）以及固体中的填充效应在该区域异构体的专一性形成中起主要作用。

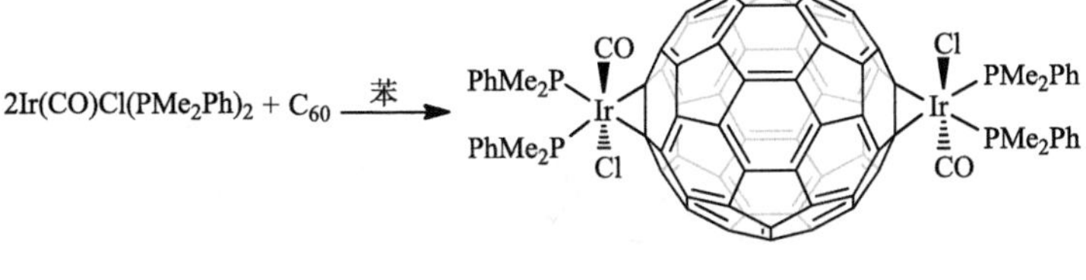

图 7-82 2∶1 摩尔比 $Ir(CO)Cl(PMe_2Ph)_2$ 与 C_{60} 反应图

用金属环碳硼烷基铱二氢化物配合物和 C_{60} 在甲苯-叔丁腈混合溶剂中回流，得到配合物 **A**，其含有两个不同的多面体团簇作为配体[234]（图 7-83）。σ-键合的碳硼烷配体强的反式影响导致配合物产物部分变形。反向到碳硼烷的 Ir—C 键显著长于其他 Ir—C 键（2.229 Å *vs*. 2.162 Å）。这种变形可以用于将双氧原子选择性地插入较长的 Ir—C 键（图 7-83），得到异常的 σ-配位富勒烯配合物 **B**，这是 C_{60} 的非 η^2 配位化合物的罕见实例之一。

通过 Vaska 络合物与 C_{70} 反应，选择性地形成了$(\eta^2\text{-}C_{70})Ir(CO)Cl(PPh_3)_2$ 的区域异构体，其结构通过 IR 光谱以及 X 射线单晶衍射[235]（图 7-84）得以确定。Ir 络合物的结合发生在极点的 1, 2-位置。与诸如$(\eta^2\text{-}C_{60})Ir(CO)Cl(PPh_3)_2$ 的 C_{60} 配合物

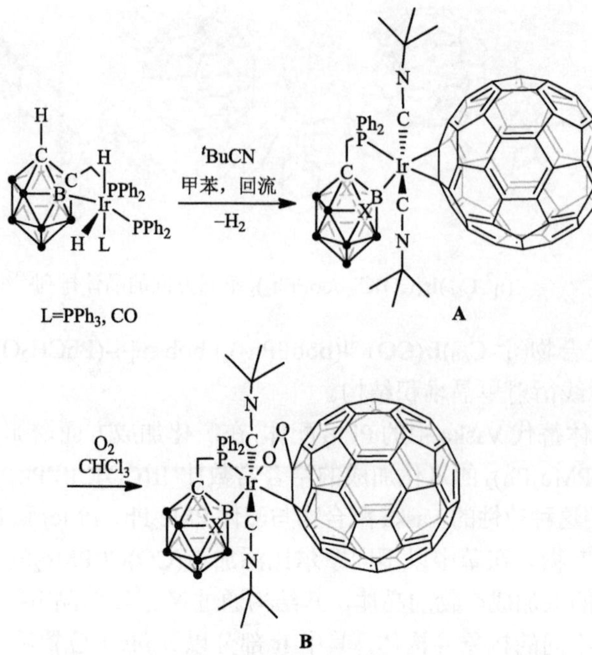

图 7-83　C_{60} 的非 η^2 配位体实例

一样，参与金属键合的富勒烯的两个 C 原子从表面被拉出。因此，两极点五元环的外双键对于这种配位是最容易发生的，因为 C_{70} 中的其他[6, 6]键具有更扁平的局部结构。

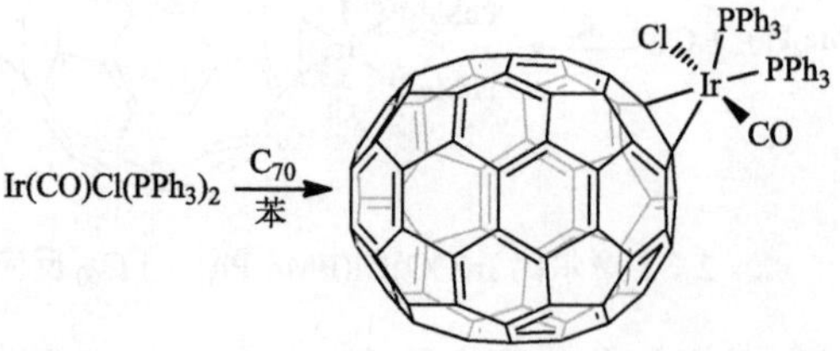

图 7-84　生成(η^2-C_{70})Ir(CO)Cl(PPh_3)$_2$ 的反应路线

络合物 Ir(CO)Cl($PPhMe_2$)$_2$ 的氧化加成反应活性比 Vaska 的络合物的更高。因此，通过用 6～12 倍过量的 Ir(CO)Cl($PPhMe_2$)$_2$ 与 C_{70} 反应，可以合成 C_{70} 的双加成络合物（图 7-85）[236]。尽管其在溶液中与几种异构体处于平衡状态，通过 $^{31}P\{^1H\}$NMR 谱表征，表明{(η^2-C_{70})[Ir(CO)Cl($PPhMe_2$)$_2$]}这单一区域选择性异构体存在固相当中。该分子具有 C_2 对称性，并且 Ir 原子键合在相对的两极点五元环的外双键上，这是电子以及空间上最有利的构型。事实上，该反应原则上可以得到“极对极”键合的三种双加成络合物的异构体，而实验上仅仅形成这种 C_2 对称异构体，这一结果可以通过固态结构的堆积效应来解释[236]。

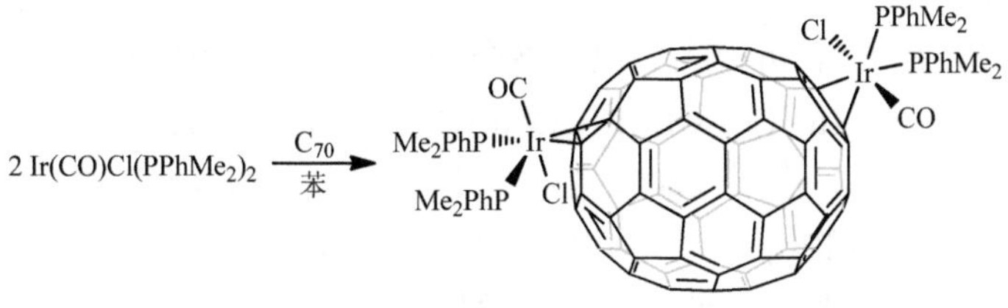

图 7-85　$Ir(CO)Cl(PPhMe_2)_2$ 与 C_{70} 双加成

氢化催化剂 $RhH(CO)(PPh_3)_3$ 与缺电子烯烃可以进行加氢金属化反应。然而，对于氢化催化剂与 C_{60} 或 C_{70} 反应，则发生 η^2 方式络合，生成$(\eta^2\text{-}C_{60})[RhH(CO)(PPh_3)_2]$和$(\eta^2\text{-}C_{70})[RhH(CO)_2]$，产率为 75%，如通过 X 射线单晶结构分析和 NMR 谱[237-239]所示，而不是通常的金属氢化产物（图 7-86）。与 C_{60} 和 $Ir(CO)Cl(PPh_3)_2$ 反应形成的$(\eta^2\text{-}C_{60})Ir(CO)Cl(PPh_3)_2$ 产物易解离不同，$(\eta^2\text{-}C_{60})[RhH(CO)(PPh_3)]$是稳定的。

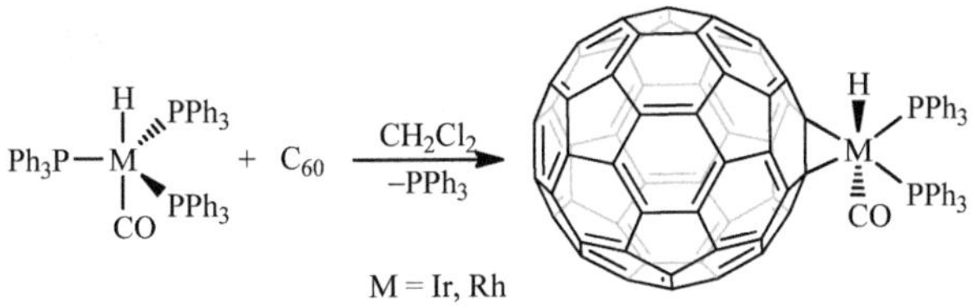

图 7-86　C_{60} 的加氢金属化

2. C_{60} 多个双键与过渡金属络合反应

通过 C_{60} 与两分子 $Ir_2(\mu\text{-}Cl)_2(1, 5\text{-}COD)_2$（1, 5-COD = 1, 5-环辛二烯）反应[240]，$Ir_2Cl_2(1, 5\text{-}COD)_2$ 的络合在没有任何离去基团的情况下进行，可以合成 C_{60} 的双分子加成产物（图 7-87）。在该络合物中，两分子 $Ir_2Cl_2(1, 5\text{-}COD)_2$ 键合到同一个 C_{60} 骨架

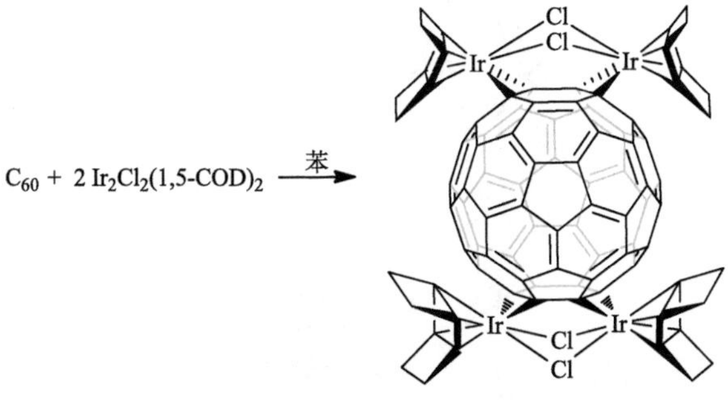

图 7-87　C_{60} 与 $Ir_2(\mu\text{-}Cl)_2(1, 5\text{-}COD)_2$ 双加成

的相对端，并且每个$Ir_2Cl_2(1,5\text{-COD})_2$的两个Ir原子与*cis*-1结合到同一六元环的$C_{60}$上，每个1, 5-COD配体与具有两个$\eta^2$-键的Ir结合，导致产物分子具有$C_{2h}$对称性。

通过C_{60}与桥连双核钌络合物$[(\eta^5\text{-}C_5Me_5)Ru(\mu\text{-}H)]_2$和$[(\eta^5\text{-}C_5Me_5)Ru(\mu\text{-}Cl)]_2$的等摩尔混合物反应[241]，可得到类似的络合物。将该络合物与C_{60}在甲苯中的混合物加热，得到$C_{60}Ru_2(\mu\text{-}H)(\mu\text{-}Cl)(\eta^5\text{-}C_5Me_5)_2$的绿色晶体，其具有与Ir配合物相同的加成模式，即以η^2：η^2-方式加成到六元环的相邻双键，Ru-Ru之间存在金属键。但是，在类似的配合物$(\eta^2:\eta^2\text{-}C_{60})Ru_2(\mu\text{-}Cl)_2(\eta^5\text{-}C_5Me_5)_2$中，没有观察到Ru-Ru金属键，显示了相当不寻常的η^2：η^2-配位模式。

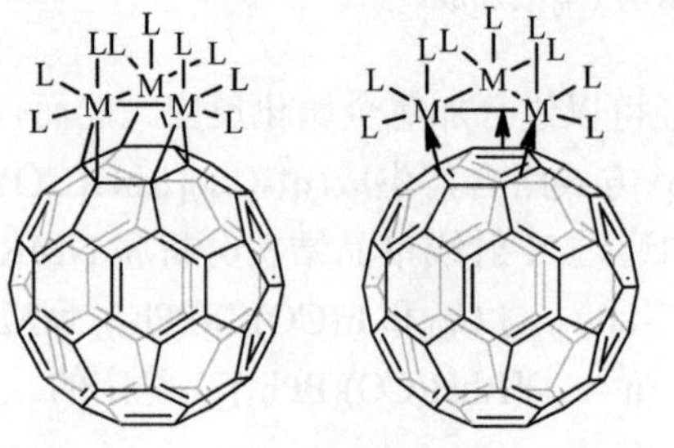

图 7-88　$Ru_3(CO)_9(\mu_3\text{-}\eta^2:\eta^2:\eta^2\text{-}C_{60})$的配合物

理论研究发现，C_{60}的一个六元环的η^6-配位是可能的[217, 218]，可以通过将$Co(\eta^3\text{-}C_3H_3)$或$Rh(\eta^3\text{-}C_3H_3)$加成到C_6环的三个双键来实现。然而，到目前为止，实验上还没有合成出η^6-络合物，而是采取C_{60}通过面帽键合模式键合到各种团簇骨架以得到$\mu_3\text{-}\eta^2:\eta^2:\eta^2\text{-}C_{60}$-配合物（图7-88）。

由于C_{60}的笼状结构，笼外部π轨道垂直于C_6环表面的方向偏离10°，因此无法与一个η^6键合的金属实现充分的重叠，但是π轨道与图7-89中所示的金属簇的金

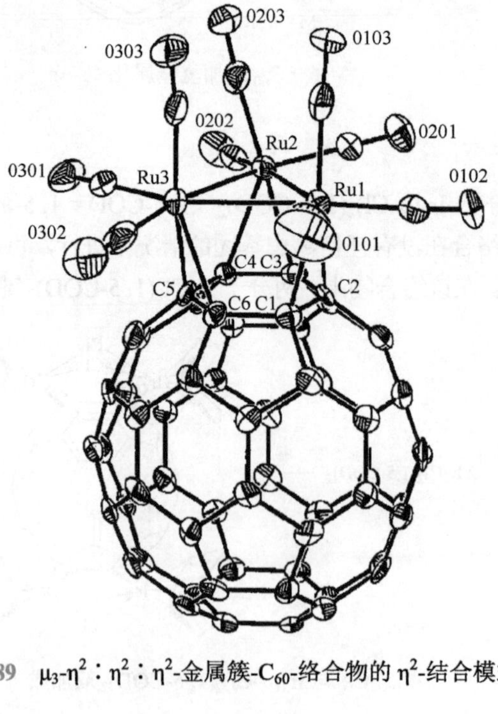

图 7-89　$\mu_3\text{-}\eta^2:\eta^2:\eta^2$-金属簇-$C_{60}$-络合物的$\eta^2$-结合模式[242]

属三角形的重叠可能是非常有效的。$Ru_3(CO)_9$ 与 C_{60} 或苯的络合物的分子轨道计算显示[243]，C_{60} 可以通过比苯更多的片段轨道结合，允许富勒烯形成更多的键合相互作用。$Ru_3(CO)_9(\mu_3\text{-}\eta^2:\eta^2:\eta^2\text{-}C_{60})$中的金属-碳键比 $Ru_3(CO)_9(\mu_3\text{-}\eta^2:\eta^2:\eta^2\text{-}C_6H_6)$中的更强[243]。与 C_{60} 相比，配位六边形中的键是伸长的，但是键长度交替仍然可观察到。Ru_3 三角形位于 C_{60} 骨架六边形的中心，而 Ru_3 三角形和 C_6 环基本上是平行的（图 7-89）[242]。

图 7-90 显示了这些三核（$\mu_3\text{-}\eta^2:\eta^2:\eta^2\text{-}C_{60}$）配合物的更多实例。通过 $Re_3(\mu\text{-}H)_3(CO)_{11}(NCMe)$与 C_{60} 的反应，可以制备铼-氢化物配合物 $Re_3(\mu\text{-}H)_3(CO)_{11}(\mu_3\text{-}\eta^2:\eta^2:\eta^2\text{-}C_{60})$，产率为 50%[244]。通过在 PMe_3 的存在下用 $Me_3NO\text{-}MeCN$ 脱除 $Os_3(CO)_9(\mu_3\text{-}\eta^2:\eta^2:\eta^2\text{-}C_{60})$中的羰基，可获得锇簇-$C_{60}$ 配合物（图 7-90）。也可以通过在回流氯苯中热解 $Os_3(CO)_{10}(NCMe)(\eta^2\text{-}C_{60})$或通过 $Os_3(CO)_{11}(CO)_{10}$ 的直接反应，合成 $Os_3(CO)_{10}(NCMe)(\eta^2\text{-}C_{60})$。$Re_3$ 和 Os_3-簇-富勒烯配合物具有类似于 Ru_3-簇-富勒烯配合物的结构。

三核 Os 配合物 **A**（图 7-91）还可以发生由配体（如苄基异腈或三苯基膦）诱导的一些有趣的转化。用过量的 $PhCH_2NC$ 处理配合物 **A**，导致该分子插入 Os—Os 键中，并且同时诱导($\mu_3\text{-}\eta^2:\eta^2:\eta^2$)键合模式变为($\mu_3\text{-}\eta^1:\eta^2:\eta^1$)键合模式(图 7-91)，为了清晰，化合物 **B** 的 CO 配体省略。这种新的配合物 **B** 是 M-C_{60} 中 σ 键的罕见实例之一。两个 M-C_{60} 中 σ 键存在于 C_6 环的 1, 4-位置，留下环己二烯片段，其在 X 射线单晶结构中清楚地显示出船形。

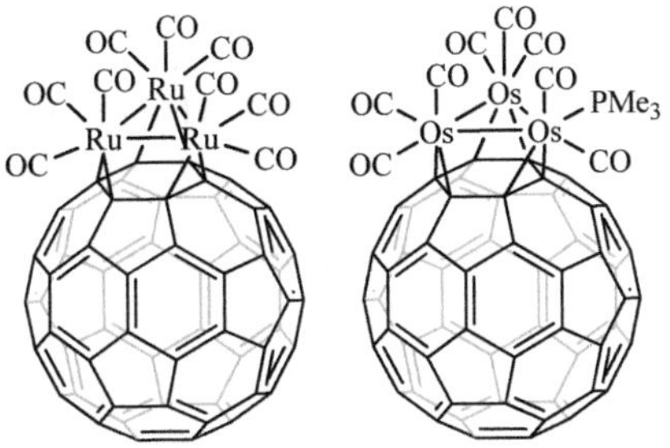

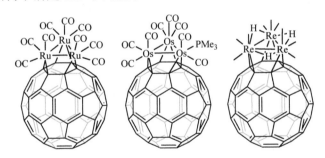

图 7-90　金属-C_{60} 簇的实例

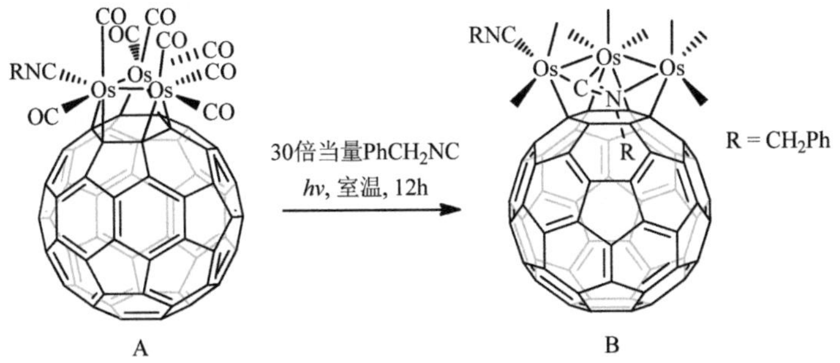

图 7-91　($\mu_3\text{-}\eta^1:\eta^2:\eta^1$）键合模式

用过量的 PPh_3 在氯苯中加热 **B**（图 7-91），可导致一个配位位点的丢失。当配合物 $Os_3(CO)_6(CNR)(\mu_3\text{-}CNCH_2C_6H_4)\text{-}(PPh_3)(\mu\text{-}PPh_2)(\mu\text{-}\eta^2:\eta^2\text{-}C_{60})$形成时，再一个 Os—Os 键断裂[245]。在该配合物中观察到的 $\eta^2:\eta^2$ 结合模式对于 C_{60} 是不常见的。在另一个实例中，C_{60} 可以作为四电子配体，是图 7-92 中所示的富勒烯碳五锇簇合物络合物 **B**[246, 247]。$\eta^2:\eta^2$ 络合物 **B**（图 7-92）与“正常的”$\eta^2:\eta^2:\eta^2$ 碳五锇络合物 **A** 一起形成混合物。这两种配合物在升温时可以彼此转化。

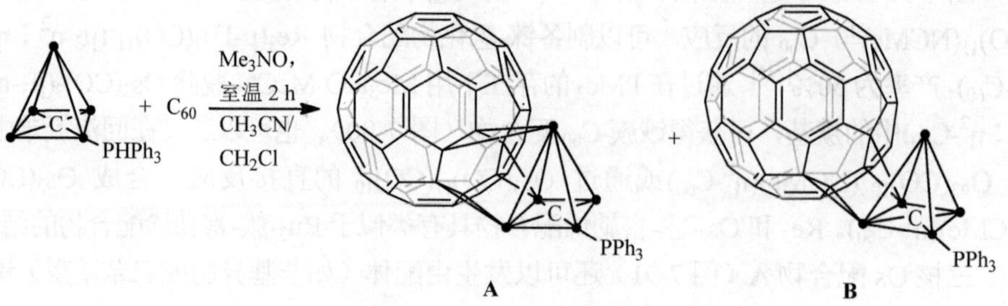

图 7-92 富勒烯配合物结构中的黑点代表 Os 和两个或三个 CO 配体

3. 氢金属化反应

尽管 C_{60} 与 $RhH(CO)(PPh_3)_3$ 的反应可以形成 η^2 形式的配合物，但是用更强的亲核试剂 $Cp_2Zr(H)Cl$（$Cp = \eta^5\text{-}C_5H_5$）可以进行加氢金属化（图 7-93）[248]。在用该 Zr 配合物处理 C_{60} 时，形成红色溶液，不同于 C_{60} 的 η^2 过渡金属配合物的绿色溶液。通过 ^1H NMR 谱确定了空气敏感的 $Cp_2ZrClC_{60}H$ 的分子结构，其中从 Zr 转移到 C_{60} 的氢的信号出现在 $\delta = 6.09$ ppm。进一步地，用 HCl/水溶液水解 $Cp_2ZrClC_{60}H$，可以合成出最简单的 C_{60} 氢化物 $C_{60}H_2$（图 7-93），光谱表征表明该化合物是纯的 1, 2-加成产物。

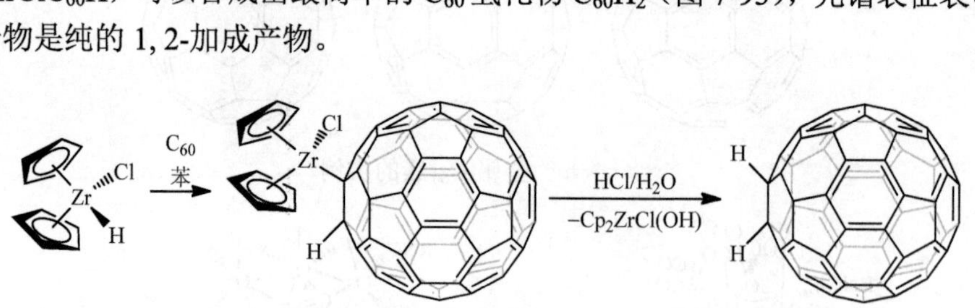

图 7-93 亲核试剂 $Cp_2Zr(H)Cl$ 对 C_{60} 加氢金属化

7.3 电化学反应

7.3.1 电化学还原反应

由于 C_{60} 分子具有较高的电离势（C_{60} 的第一电离能约为 7.6 eV），因此一般说来，C_{60}的电化学氧化比较难实现，虽然有人报道过 C_{60}和 C_{70}的不可逆电化学氧化反应，但更常见的是富勒烯的电化学还原。Haufler 和 Smalley 等首先采用循环伏安法在溶液中得到了离子形式的 C_{60}[249]。他们在实验中使用了玻璃状碳纽扣电池，并用铂丝作为对电极。这个还原反应是可逆的，结果显示，使用电化学方法制备稳定的"富勒烯化合物盐"（fulleride）的可能性。

中性富勒烯是缺电子体，在一定条件下可以逐步可逆地接受六个电子，由缺电子体变为富电子体，并可作为亲核试剂进行下一步反应。不同价态的富勒烯负离子可以通过化学或电化学还原获得，其中电化学方法相对于化学方法更便于选择性控制生成不同价态的富勒烯负离子，因此具有较高的选择性和可控性。与中性富勒烯相比，富勒烯负离子的电子结构发生了很大的变化，反应所涉及的机理和产物与中性富勒烯有明显的不同。

1993 年，Kadish 课题组[250]首次通过控制电位本体电解法获得了 C_{60}^{2-}，然后与碘甲烷（CH_3I）反应，成功合成并分离出了 1, 2-加成和 1, 4-加成的二甲基 C_{60}衍生物（图 7-94），其比例大约为 1.4∶1。理论计算结果显示，反应中间体 $CH_3C_{60}^-$的 C_2 位电荷密度最大（25%），C_4 位次之（9%）。因此当无空间位阻时，反应主要生成 1, 2-加成产物；空间位阻较大时，主要为 1, 4-加成产物。1998 年，Kadish 小组[251]通过同样的电化学方法合成了 1, 4-加成的二苄基 C_{60}衍生物。2007 年，高翔课题组[252]利用电化学方法制备得到 C_{60}^{2-} 后与苄基溴反应，通过硅胶柱分离得到了四种产物（图 7-95），并首次通过电化学还原反应得到了空间位阻更大的 1, 2-$(PhCH_2)_2C_{60}$。

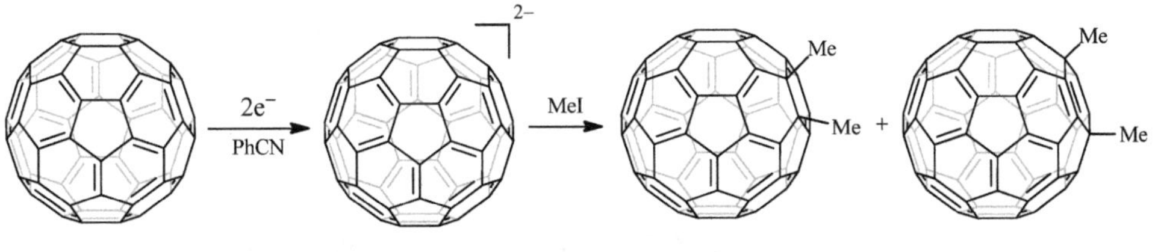

图 7-94　电化学方法合成$(CH_3)_2C_{60}$的两种异构体

Fukuzumi 等[253]利用原位近红外光谱研究了 C_{60}^{2-} 与有机卤化物反应的机理，反应分两步进行：第一步为单电子转移过程，转移一个电子给有机卤化物 R_1X 形成两个自由基，然后通过自由基耦合形成 $R_1C_{60}^-$ 中间体；第二步，$R_1C_{60}^-$ 作为亲核试剂进攻另一分子有机卤化物 R_2X，这一步为反应的决速步骤，与 S_N2 反应一致（图 7-96）。利用 C_{60}^{2-} 与有机卤化物反应的分步加成机理，可以制备含不同加成基团的 C_{60}衍生物，如 $R_1R_2C_{60}$和 RHC_{60}。

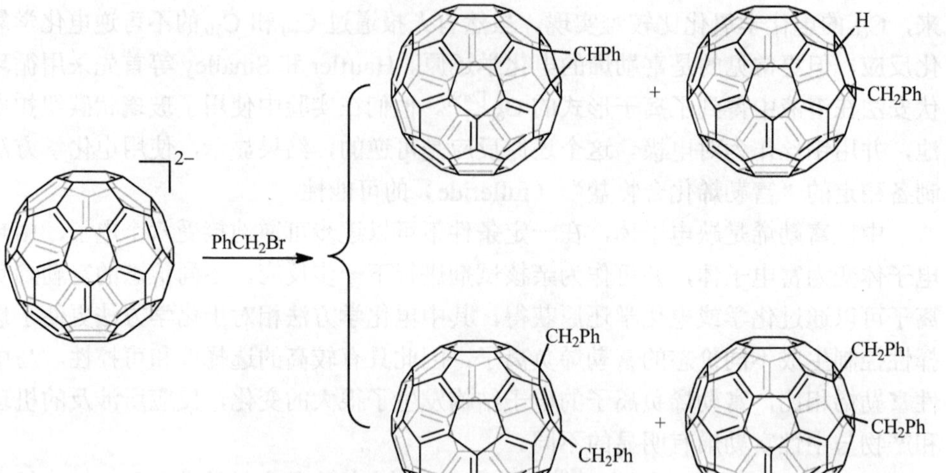

图 7-95 C_{60}^{2-} 与苄基溴反应

2008 年，高翔课题组发现在苯腈溶液中给 C_{60}^{2-} 施加过量的负电荷后，在其循环伏安图中的−0.5 V（*vs.* SCE）附近出现了一个不可逆的氧化峰，用 0 V 电位将溶液氧化至中性可以得到 C_{60}嘧唑啉衍生物[254]。随后经过详细研究发现，嘧唑啉杂环中的氧原子来自于空气中的 O_2，C_{60}^{2-} 先与空气中的 O_2 反应，再和溶剂 PhCN 反应得到 C_{60}嘧唑啉衍生物。

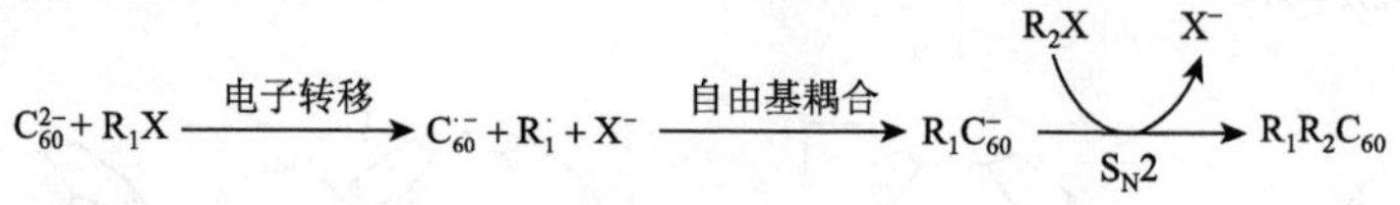

图 7-96 C_{60}^{2-} 与有机卤化物的反应机理

7.3.2 电化学氧化反应

尽管富勒烯易于还原，但是在相对高的阳极电位下也可以发生相应的氧化反应[4, 6]，理论预测 C_{60} 的第一氧化势与萘的相当[255]。与富勒烯相关的阳极电化学领域发展良好，已经实现了溶液中[256-258]的以及薄膜的 C_{60} 的电化学氧化[259]。室温下 C_{60} 在 0.1 mol/L Bu_4NPF_6 的三氯乙烯（TCE）溶液中的循环伏安表现出化学可逆，其单电子氧化峰相对于 Fc/Fc^+在 + 1.26 V。在相同条件下，C_{70} 也观察到化学可逆的单电子氧化。C_{70} 的氧化发生在 + 1.20 V，比 C_{60} 低 60 mV。电化学方法产生的阳离子自由基物种相对稳定，估计寿命大于 0.5 min。

在 TCE/(TBA)PF_6 溶液中加入三氟甲磺酸可以增大 C_{60}^{+} 阳离子的稳定性[260]。使其寿命延长至几个小时。C_{60}^{+} 被三氟甲磺酸稳定是由于酸具有清除水和亲核试剂的能力，避免它们将阳离子淬灭。阳离子寿命的提高使得大规模电解制备 C_{60}^{+} 和使用 UV/vis/NIR 光谱和 ESR 谱分析氧化的 C_{60} 变得可能。UV/vis/NIR 光谱表征显示在 983 nm 处出现尖锐峰，在 846 nm 处出现宽峰。这两个吸收峰归因于光谱允许的 NIR 转换，并且这些值与用其他方法获得的阳离子谱图一致。

C_{60} 阳离子自由基会迅速与任意亲核试剂反应。高氧化态的 C_{60} 自由基是极其活泼的物种，它们的产生和光谱证据需要仔细筛选条件。C_{60}^{+} 到 C_{60}^{2+} 和 C_{60}^{3+} 的电化学氧化可以通过使用超干二氯甲烷作溶剂、$TBAAsF_6$ 作电解质来实现。$TBAAsF_6$ 通常用作具有高抗氧化性和极低亲核性的电解质。阳极峰对应 C_{60} 的三个后续氧化具有 $E_{1/2}$ = 1.27 V、1.71 V 和 2.14 V 的半波电位。与预期相同，第二和第三氧化电位是化学不可逆的。

7.4 超分子化学

富勒烯的超分子组装是指富勒烯分子与其他主体分子通过非共价键作用而形成的复合体。此处我们主要讨论以凹凸 π-π 相互作用为基础的富勒烯的超分子组装。

自从富勒烯分子从碳灰中用芳香烃的试剂提取出来后[261]，富勒烯和 π 共轭的平面芳香烃分子之间的相互作用也引起了更多关注[262, 263]。富勒烯分子能溶解在芳香烃溶剂中并且表现出一个 400～500 nm 的电子转移吸收带。该电子转移吸收带表现出显著的溶剂效应，可能是富勒烯和芳香烃溶剂分子之间的电子转移所形成的[264]。因此，电子转移复合体可以用于解释 C_{60} 和苯胺之间的相互作用[265]。确实，如图 7-97 所示，随着 *N*, *N*-二甲基苯胺（DMA）的浓度的提高，C_{60} 的电子转移吸收带强度表现出增大的趋势[266]。

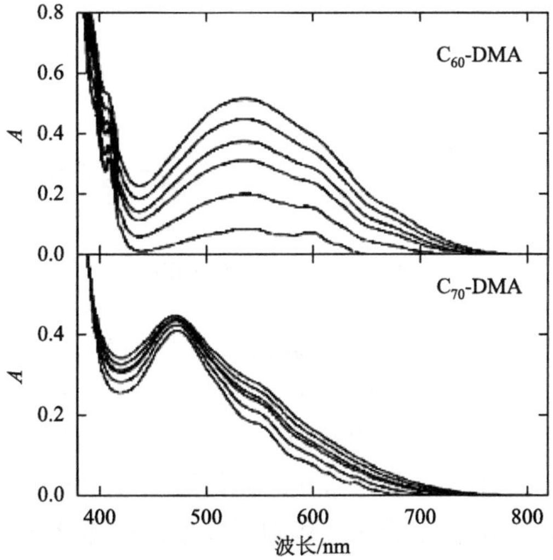

图 7-97　C_{60}、C_{70} 与苯胺的紫外吸收图[266]

由于传统小分子与富勒烯分子的结合能不是很高，因此合成化学家致力于设计合成更好的主体分子来实现与富勒烯分子的超分子组装。这些主体分子有一个大小合适的碗状结构、笼状结构或者带环状结构的腔体，从而可以实现与富勒烯分子能有更好的结合力。

7.4.1 杯芳烃分子与富勒烯分子的超分子组装

1994 年，Atwood[267]和 Shinkai[268]课题组分别发现对叔丁基[8]杯芳烃[图 7-98（a）]能选择性地将 C_{60} 沉淀，从而有效地纯化 C_{60}。这一发现激发了许多涉及 C_{60} 和其他杯芳烃的超分子自组装的广泛研究。为了解决富勒烯的分离和纯化问题，过去化学家们已经广泛研究了杯芳烃，杯[4]间苯二酚和环三藜芦烃的富勒烯的主客体化学。这些研究已经证明，络合主要取决于杯芳烃空腔的尺寸以及杯芳烃的上边缘处的官能团。oxacalix[3]芳烃［图 7-98（b）］[269]可以与富勒烯分子形成富勒烯包合络合物，其中富勒烯位于锥形杯芳烃的浅腔中。最近，Komatsu 等报道 oxacalix[3]芳烃衍生物（R = I 或 Br）可以作为捕获分离 C_{60} 和 C_{70} 的有效主体[270, 271]。

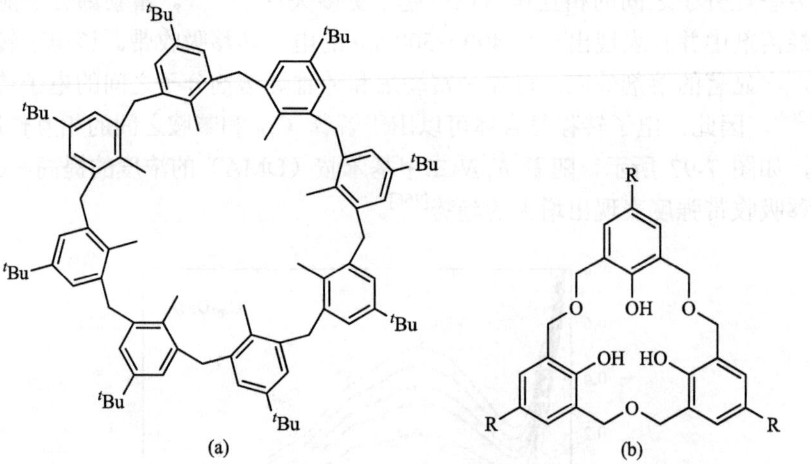

图 7-98 对叔丁基[8]杯芳烃（a）；oxacalix[3]芳烃衍生物（b）

具有刚性骨架的三蝶烯[272]（**a**）、氮杂三环[272]（**b**）和二蒽[273]的烃分子（**c**）也可以在固相中与富勒烯形成自组装包合络合物（图 7-99）。超分子共晶结构显示，相邻的 **a** 或 **c** 以反平行方式组装成两个相反方向的凹面，每个富勒烯 C_{60} 分子被两个分子 **a** 或 **c** 夹住。富勒烯和 **b** 的自组装则不相同，每个富勒烯分子被三个分子 **b** 包围。同时，每个分子 **b** 也包围了 3 个富勒烯分子，形成二维层状结构（图 7-100）。这些分子具有凹面结构使它们能够与 C_{60} 凸面进行有效堆积以获得较大的范德瓦耳斯接触面积。

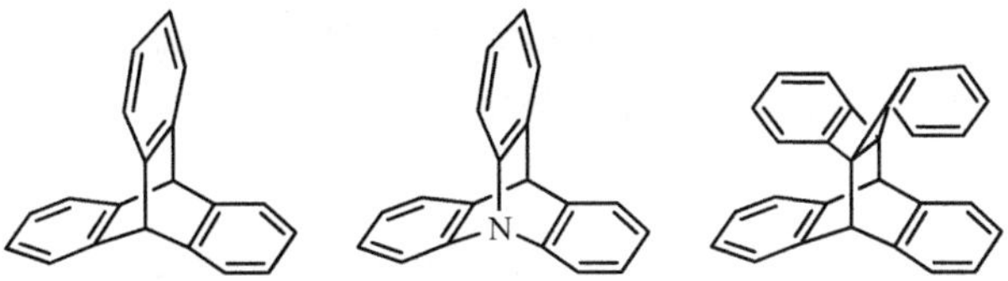

a　　b　　c

图 7-99　三蝶烯杯芳烃（a）、氮杂三环杯芳烃（b）和二蒽杯芳烃（c）

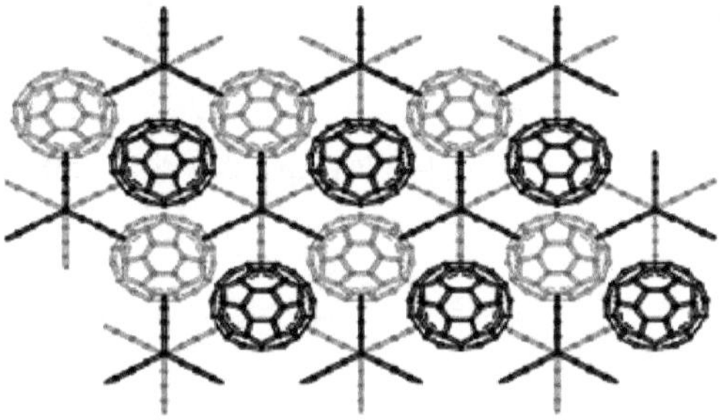

图 7-100　氮杂三环杯芳烃（b）与富勒烯分子的超分子组装堆积图

随后，Atwood 等[274-276]还报道了环三藜芦烃（CTV）衍生物与富勒烯分子在晶体中形成了“球窝式”的组装结构（图 7-101）。

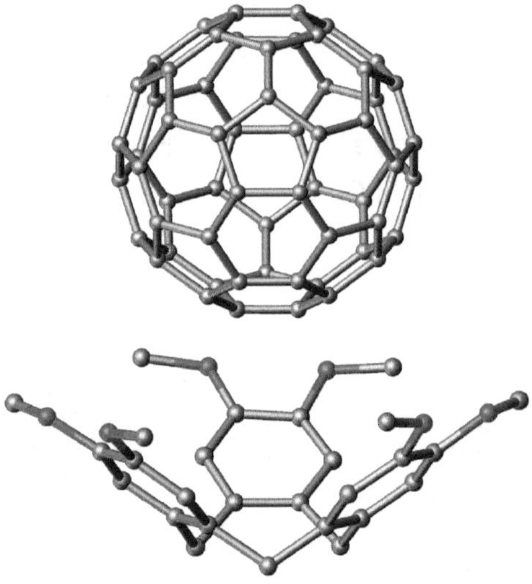

图 7-101　CTV 与 C_{60} 的“球窝式”的组装结构[p275]

7.4.2　碳纳米环状分子与富勒烯分子形成的超分子组装

1996 年，Oda 等报道了[6]-CPPA 和[8]-CPPA（图 7-102）的合成[277]，CPPA 分子及其相关衍生类分子（图 7-103）是典型的碳纳米环状类分子。这类分子由

于具有 π 共轭的富电子结构和一定大小的圆柱状腔体结构，其柱状空腔提供了与富勒烯分子形成超分子自组装的可能[278]。

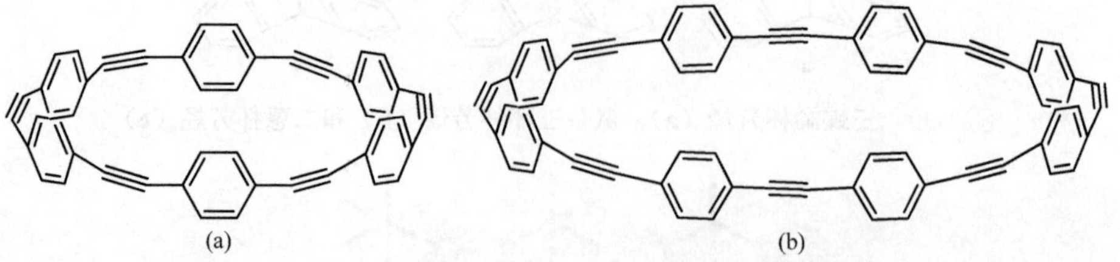

图 7-102 [6]-CPPA（a）和[8]-CPPA（b）碳纳米环状分子结构示意图

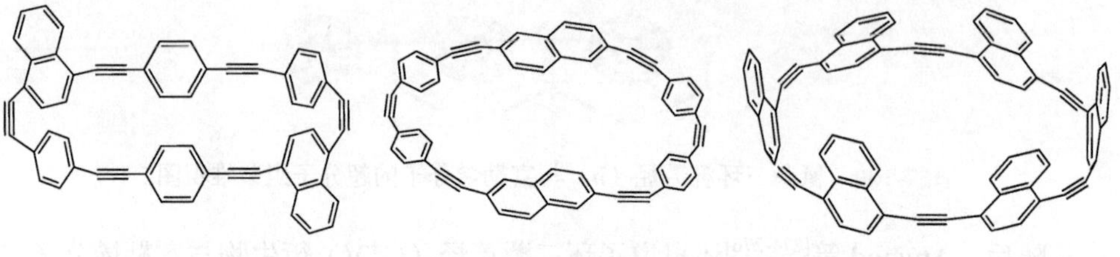

图 7-103 CPPA 相关衍生类碳纳米环状分子结构示意图

多包含超分子自组装结构的构造，类似俄罗斯 Matrioshka 套娃，是超分子化学迷人的主题之一。由三个不同的分子自组装形成的双包含富勒烯配合物已经实现。值得称奇的是，碳纳米环[6]-CPPA 和[9]-CPPA 在非极性有机溶剂中与 C_{60} 分子可以形成洋葱型双包含超分子结构[278]。另外，人们还制备了三苯并[9]-CPPA 衍生物，并且其在氯仿溶液中与 C_{60} 形成包合超分子复合物，如图 7-104 所示。

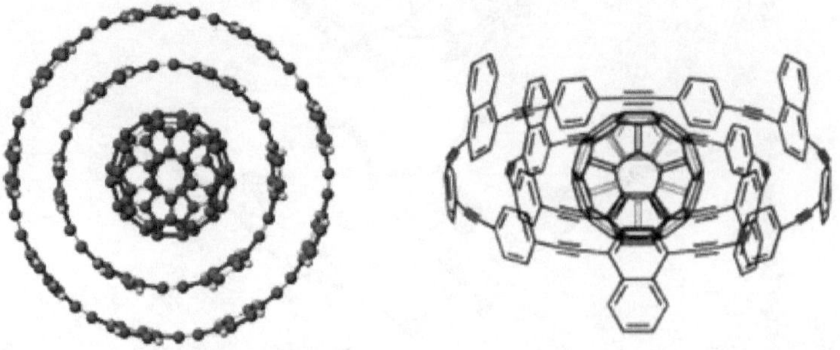

图 7-104 [6]-CPPA、[9]-CPPA 及三苯并[9]-CPPA 衍生物与 C_{60} 形成的超分子结构[278]

2015 年，Iyoda 等设计合成了环状寡聚噻吩分子（图 7-105），其中环状寡聚噻吩分子因其大小合适的腔体结构和富电子特性，可以成功地与 C_{60} 进行组装，并分别获得其对应的超分子组装体[279]。

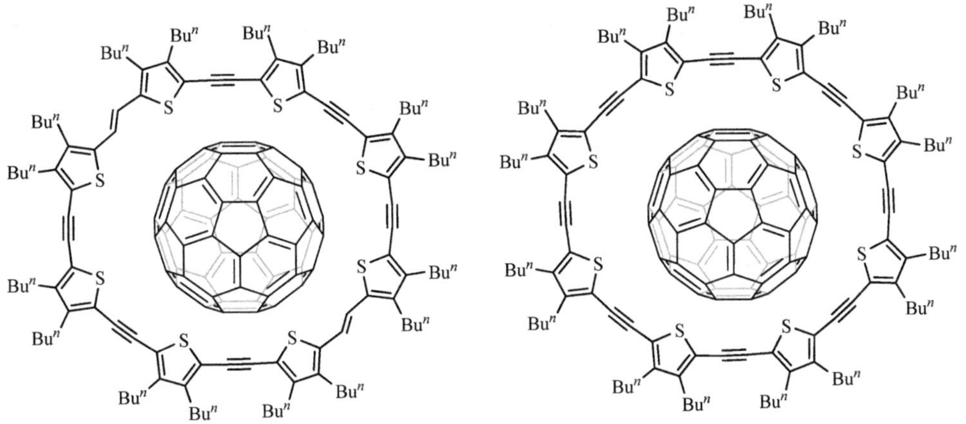

图 7-105 环状寡聚噻吩分子与 C_{60} 的超分子组装体[279]

7.4.3 卟啉类分子与富勒烯分子的超分子组装

1991 年和 1995 年，Wudl 等报道了 C_{60} 分别与铬(Ⅱ)卟啉[280]和八(二甲基氨基)四氮杂卟啉[281]的超分子共晶，这是由于富勒烯和卟啉分子之间电子转移的相互作用。1997 年，Boyd、Reed 等首先指出卟啉可以作为与富勒烯超分子组装的有效的主体[282]，并确定出卟啉和 C_{60} 之间的紧密接触（约 2.7 Å），表明 C_{60} 对卟啉环的中心具有吸引力，卟啉衍生物与 C_{60}[283-285]共晶分子在甲苯溶液中的缔合常数处于 490～5200 $dm^{-3}\cdot mol^{-1}$ 的范围。

1999 年，Reed 等相继利用卟啉镍等分子实现了与 C_{60}、C_{70} 等富勒烯分子及其衍生物的超分子组装，并分别得到了所对应的晶体结构。由于卟啉中心的金属和富勒烯分子之间的强相互作用，使得卟啉镍成了很好的富勒烯超分子组装的主体分子。

另外，人们还合成了一系列具有各种空腔尺寸的环状卟啉二聚体（图 7-106），如钳状和笼状的卟啉二聚体，以实现与富勒烯分子更稳定的超分子组装[286-288]。

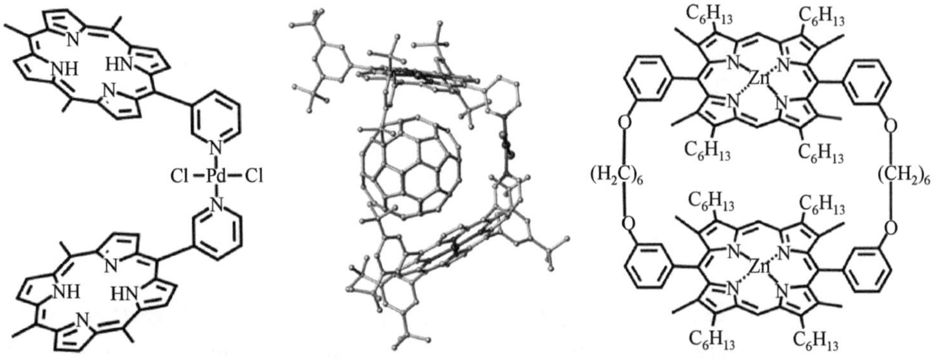

图 7-106 钳状和笼状的卟啉二聚体与富勒烯分子的超分子组装[286-288]

C_{60}的弯曲π表面与卟啉的平面π表面存在意想不到的强相互作用，而其中相当强的π-π相互作用主要是范德瓦耳斯力相互作用的结果，并且通过弱的静电相互作用而增强。卟啉镍分子成为目前为止较好的能与富勒烯分子形成超分子组装的主体分子，尤其是在内嵌富勒烯的超分子组装中有很广泛的应用。

7.4.4 碗状分子与富勒烯分子的超分子组装

1966年，Barth和Lowton课题组首次合成了第一个π共轭的碗状分子——心环烯（corannulene），它是由五个围绕在中心五元环（由5个sp^2杂化碳原子构成的）的苯环构成。由于这类分子既是富勒烯的结构片段，因此人们将这类碗状分子称为巴基碗。在巴基碗首次合成的30年后，Siegel小组将四取代的荧蒽作为前驱体，通过低价Ti偶联，分子内关环后用DDQ氧化脱氢，成功在液相中合成了2, 5-二甲基碗烯[289]。液相合成的方法可以很好地引入需要的官能团，这是热解法无法做到的，这个合成策略后续的优化工作由Rabideau课题组[290]和Siegel课题组[291, 292]完成。随后，在此基础上，各类合成巴基碗及其衍生物的方法也得到了发展，各类衍生化的巴基碗也不断被合成出来。这类巴基碗的弯曲凹表面与富勒烯分子的凸表面有着很好的几何结构互补性，而且这类分子相对于缺电子的富勒烯而言具有大π共轭的富电子体系，因此与富勒烯分子有很好的电子互补性，所以巴基碗可以和富勒烯分子形成稳定的超分子组装。

实验事实证明确实如此，最早科学家在气相中观察到巴基碗和富勒烯分子的超分子组装。但是，在很长的一段时间内科学家都没有在溶液相或者固相中找到未修饰的巴基碗和富勒烯分子的超分子组装的证据。直到2012年，Scott课题组[293]首次合成了五叔丁基巴基碗，研究发现五叔丁基碗烯可以与富勒烯C_{60}非常容易地形成超分子共晶自组装结构。后来经过不断研究尝试，最终他们发现在固相中未修饰的巴基碗和C_{60}也可以形成超分子组装的晶体结构（图7-107）。

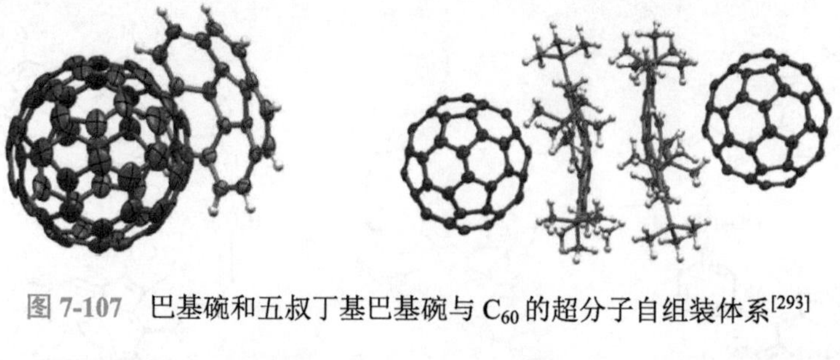

图7-107 巴基碗和五叔丁基巴基碗与C_{60}的超分子自组装体系[293]

此外，2001年，Scott课题组[296]还首次报道了给电子硫醇基团修饰的corannulene衍生物与C_{60}形成超分子自组装。尽管他们当时没有得到这个超分子组装的晶体结构，但是，他们通过核磁滴定等一系列的实验证明了主客体分子之间在溶液相存在着一定的 π-π 相互作用。之后 Scott 小组和其他课题组也相继报道了很多巴基碗衍生物和富勒烯的超分子组装[297-299]。例如，2007 年 Sygula 课题组[294]合成了类似分子钳的双 corannulene 衍生物 $C_{60}H_{24}$（图 7-108）。$C_{60}H_{24}$ 像钳子一样抓着富勒烯，并通过 X 射线单晶衍射确定了其自组装共晶结构。之后，该课题组后来设计合成了第二代双碗烯钳形分子，该分子可以和富勒烯形成 2∶1 的稳定的超分子组装体系[295]（图 7-108），并通过核磁滴定证明其超分子的结合常数远远大于第一代双碗烯钳形分子。2014 年，Petrukhina 课题组[300]发现了 $C_{28}H_{14}$ 与富勒烯的超分子自组装，并得到了它们的共晶结构（图 7-109）。Stuparuke 课题组[301]还合成了以 corannulene 为支链的高聚物（图 7-109），并证明了这一类高聚物是一种新型的与富勒烯分子构建超分子自组装的主体。

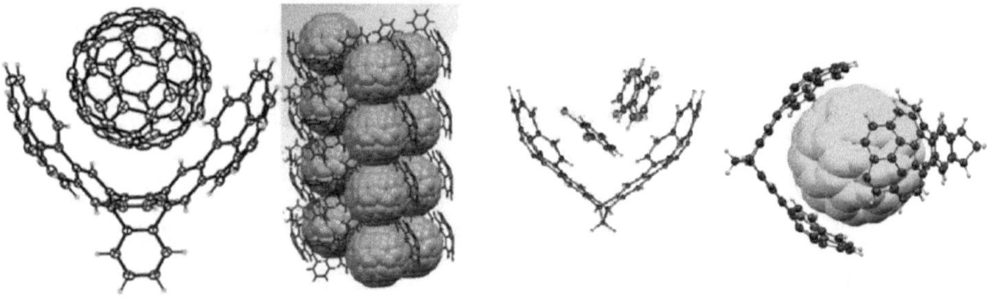

图 7-108　$C_{60}H_{24}$ 与 C_{60} 的超分子组装体系[294]及钳形分子与 C_{60} 的超分子组装体系[295]

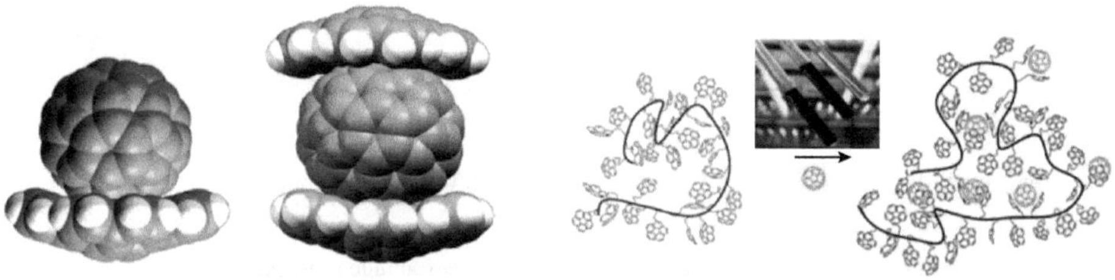

$C_{28}H_{14}·C_{60}$　　$(C_{28}H_{14})_2·C_{70}$

图 7-109　$C_{28}H_{14}$ 与富勒烯的超分子组装[300]及巴基碗高聚物与 C_{60} 的超分子作用[301]

2019 年，谢素原课题组报道了迄今捕获富勒烯客体分子方面自适应力最强的主体分子——十吡咯基碗烯衍生物。与心环烯 corannulene 分子相比，该碗状分子连有多达十个吡咯基团。由于吡咯基团是富电子的，因此该新型碗状分子表现出非常强的富电子性质，可以与缺电子的富勒烯在电子方面更加匹配。另外，在几何结构方面，由于十个吡咯基团的引入，不仅保持了原有的碗状凹面结构，而且该碗状分子与富勒烯分子之间的范德瓦耳斯接触面积也得到大大增加，从而在它们分子之间的 π-π 相互作用得到大大增强。更为重要的是，这十个吡咯基团在一定程度上可以在碗烯边缘灵活转动，这十个灵活的吡咯基团可以根据不同大小、形状的富勒烯分子采取自己最合适的二面角度与富勒烯分子作用。在该十吡咯硫烯分子和富勒烯分子的共晶自组装结构中，可以发现十吡咯硫烯分子可以自适应地和不同种类富勒烯分子之间形成不同结构，比如V形或三明治形的共晶自组装。通过大量的实验证明，该十吡咯硫烯分子能够捕获几乎所有不同种类和尺寸的富勒烯及其衍生物形成自组装单晶结构（图 7-110）[302]。

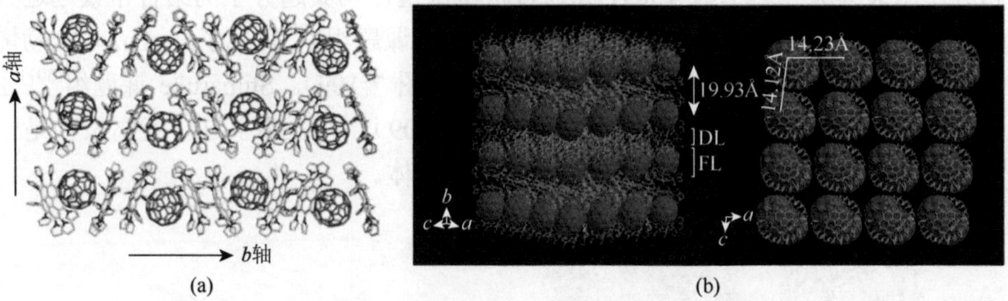

图 7-110 （a）2DPC 与 C_{60} 共晶堆积图；（b）2DPC 和 C_{60} 之间形成共晶的层状结构

以 C_{60} 为代表的缺电子富勒烯体系可以和具有 π 共轭富电子的化合物通过 π-π 相互作用形成各种不同的超分子自组装。可以基于以下三个因素考虑碳环共轭体系之间的非共价相互作用：范德瓦耳斯力相互作用、静电相互作用和电荷转移相互作用。关于这些超分子复合物和相关物质的进一步实验和理论研究将加深对富勒烯和其他弯曲 π 电子体系的新颖性质的理解。

参 考 文 献

[1] Brown G J，Taferner W T，Hegde S M，et al. Characterization and modeling of GaAs/AlGaAs p-type multi-quantum wells for infrared detection at normal incidence. Long Wavelength Infrared Detectors and Arrays：Physics and Applications V，1997：240-253.

[2] Hirsch A，Chen Z F，Jiao H J. Spherical aromaticity in I_h symmetrical fullerenes：the $2(N+1)^2$ rule. Angewandte Chemie International Edition，2000，39（21）：3915-3917.

[3] Rosen A，Wastberg B. Calculations of the ionization thresholds and electron affinities of the neutral，positively and negatively charged C_{60}—“follene-60”. Journal of Chemical Physics，1989，90（4）：2525-2526.

[4] Echegoyen L，Echegoyen L E. Electrochemistry of fullerenes and their derivatives. Accounts of Chemical Research，1998，31（9）：593-601.

[5] Hawkins J M，Meyer A，Lewis T A，et al. Crystal structure of osmylated C_{60}：confirmation of the soccer ball framework. Science，1991，252（5003）：312-313.

[6] Reed C A，Bolskar R D. Discrete fulleride anions and fullerenium cations. Chemical Reviews，2000，100（3）：1075-1120.

[7] Fullagar W K，Gentle I R，Heath G A，et al. Reversible alkali-metal reduction of C_{60} in liquid ammonia；first observation of near-infrared spectrum of C_{60}^{5-}. Journal of the Chemical Society，Chemical Communications，1993，（6）：525-527.

[8] Bausch J W, Prakash G K S, Olah G A, et al. Diamagnetic polyanions of the C_{60} and C_{70} fullerenes: preparation, ^{13}C and ^{7}Li NMR spectroscopic observation, and alkylation with methyl iodide to polymethylated fullerenes. Journal of the American Chemical Society, 1991, 113 (8): 3205-3206.

[9] Boyd P D W, Bhyrappa P, Paul P, et al. The C_{60}^{2-} fulleride ion. Journal of the American Chemical Society, 1995, 117 (10): 2907-2914.

[10] Chen J, Huang Z E, Cai R F, et al. Empirical correlation of ^{13}C NMR chemical shift with orientational ordering in solid $K_nC_{60}(THF)_m$ ($n = 1\sim3$). Solid State Communications, 1995, 95 (4): 233-237.

[11] Shabtai E, Weitz A, Haddon R C, et al. ^{3}He NMR of He@ C_{60}^{6-} and He@ C_{70}^{6-}. New records for the most shielded and the most deshielded ^{3}He inside a fullerene[1]. Journal of the American Chemical Society, 1998, 120 (25): 6389-6393.

[12] Baenitz M, Heinze M, Lüders K, et al. Superconductivity of Ba doped C_{60}—susceptibility results and upper critical field. Solid State Communications, 1995, 96 (8): 539-544.

[13] Brown C M, Taga S, Gogia B, et al. Structural and electronic properties of the noncubic superconducting fullerides $A_4'C_{60}$ (A' = Ba, Sr). Physical Review Letters, 1999, 83 (11): 2258-2261.

[14] Kortan A R, Kopylov N, Glarum S, et al. Superconductivity at 8.4 K in calcium-doped C_{60}. Nature, 1992, 355: 529.

[15] Iwasa Y, Hayashi H, Furudate T, et al. Superconductivity in $K_3Ba_3C_{60}$. Physical Review B, 1996, 54 (21): 14960-14962.

[16] Iwasa Y, Kawaguchi M, Iwasaki H, et al. Superconducting and normal-state properties of nonavalent fullerides. Physical Review B, 1998, 57 (21): 13395-13398.

[17] Bossard C, Rigaut S, Astruc D, et al. One-, two- and three-electron reduction of C_{60} using the electron-reservoir complex $[FeI(C_5H_5)(C_6Me_6)]$. Journal of the Chemical Society, Chemical Communications, 1993, (3): 333-334.

[18] Izuoka A, Tachikawa T, Sugawara T, et al. An X-ray crystallographic analysis of a$(BEDT\text{-}TTF)_2C_{60}$ charge-transfer complex. Journal of the Chemical Society, Chemical Communications, 1992, (19): 1472-1473.

[19] Konarev D V, Lyubovskaya R N, Drichko N Y V, et al. Donor-acceptor complexes of fullerene C_{60} with organic and organometallic donors. Journal of Materials Chemistry, 2000, 10 (4): 803-818.

[20] Konarev D V, Yudanova E I, Neretin I S, et al. Synthesis and characterisation of C_{60} and C_{70} molecular complexes with metal tetraphenylporphyrins MTPP, where M = Mn, Co, Cu, Zn. Synthetic Metals, 2001, 121(1): 1125-1126.

[21] Umek P, Omerzu A, Mihailovic D, et al. Synthesis and magnetic characterisation of fullerene derivative based ferromagnets 1-(3-nitro)-and 1-(3-aminophenyl)-1*H*-methanofullerene doped with cobaltocene. Chemical Physics, 2000, 253 (2-3): 361-366.

[22] Mrzel A, Omerzu A, Umek P, et al. Ferromagnetism in a cobaltocene-doped fullerene derivative below 19 K due to unpaired spins only on fullerene molecules. Chemical Physics Letters, 1998, 298 (4): 329-334.

[23] Wan W C, Liu X, Sweeney G M, et al. Structural evidence for the expected Jahn-Teller distortion in monoanionic C_{60}: synthesis and X-ray crystal structure of decamethylnickelocenium buckminsterfulleride. Journal of the American Chemical Society, 1995, 117 (37): 9580-9581.

[24] Morosin B, Henderson C, Schirber J E. Stoichiometrically controlled direct solid-state synthesis of $C_{60}H_2$. Applied Physics A, 1994, 59 (2): 179-180.

[25] Henderson C C, Rohlfing C M, Cahill P A. Theoretical studies of selected $C_{60}H_2$ and $C_{70}H_2$ isomers. Chemical Physics Letters, 1993, 213 (3-4): 383-388.

[26] Nossal J, Saini R K, Alemany L B, et al. The synthesis and characterization of fullerene hydrides. European

Journal of Organic Chemistry，2001，(22)：4167-4180.

[27] Hirsch A，Soi A，Karfunkel H R. Titration von C_{60}：eine methode zur synthese von organofullerenen. Angewandte Chemie International Edition in English，1992，31（6）：766-768.

[28] Hirsch A，Grosser T，Skiebe A，et al. Synthesis of isomerically pure organodihydrofullerenes. Chemische Berichte-Recueil，1993，126（4）：1061-1067.

[29] Bergosh R G，Meier M S，Laske Cooke J A，et al. Dissolving metal reductions of fullerenes. The Journal of Organic Chemistry，1997，62（22）：7667-7672.

[30] Meier M S，Spielmann H P，Haddon R C，et al. Reactivity，spectroscopy，and structure of reduced fullerenes. Carbon，2000，38（11-12）：1535-1538.

[31] Meier M S，Weedon B R，Spielmann H P. Synthesis and isolation of one isomer of $C_{60}H_6$. Journal of the American Chemical Society，1996，118（46）：11682-11683.

[32] Spielmann H P，Wang G W，Meier M S，et al. Preparation of $C_{70}H_2$，$C_{70}H_4$，and $C_{70}H_8$：three independent reduction manifolds in the Zn（Cu）reduction of C_{70}. Journal of Organic Chemistry，1998，63（26）：9865-9871.

[33] Spielmann H P，Weedon B R，Meier M S. Preparation and NMR characterization of $C_{70}H_{10}$：cutting a fullerene π-system in half. Journal of Organic Chemistry，2000，65（9）：2755-2758.

[34] Fukuzumi S，Suenobu T，Patz M，et al. Selective one-electron and two-electron reduction of C_{60} with NADH and NAD dimer analogues via photoinduced electron transfer. Journal of the American Chemical Society，1998，120（32）：8060-8068.

[35] Fukuzumi S，Suenobu T，Kawamura S，et al. Selective two-electron reduction of C_{60} by 10-methyl-9, 10-dihydroacridine via photoinduced electron transfer. Chemical Communications，1997，(3)：291-292.

[36] Avent A G，Darwish A D，Heimbach D K，et al. Formation of hydrides in fullerene-C_{60} and fullerene-C_{70}. Journal of the Chemical Society，Perkin Transactions，1994，(1)：15-22.

[37] Billups W E，Luo W，Gonzalez A，et al. Reduction of C_{60} using anhydrous hydrazine. Tetrahedron Letters，1997，38（2）：171-174.

[38] Cross R J，Jimenez-Vazquez H A，Lu Q，et al. Differentiation of isomers resulting from bisaddition to C_{60} Using ^{3}He NMR spectrometry. Journal of the American Chemical Society，118（46）：11454-11459.

[39] Haufler R E，Conceicao J，Chibante L P F，et al. Efficient production of C_{60}（buckminsterfullerene），$C_{60}H_{36}$，and the solvated buckide ion. The Journal of Physical Chemistry，1990，94（24）：8634-8636.

[40] Peera A，Saini R K，Alemany L B，et al. Formation，isolation，and spectroscopic properties of some isomers of $C_{60}H_{38}$，$C_{60}H_{40}$，$C_{60}H_{42}$，and $C_{60}H_{44}$-analysis of the effect of the different shapes of various helium-containing hydrogenated fullerenes on their ^{3}He chemical shifts. European Journal of Organic Chemistry，2003，(21)：4140-4145.

[41] Meier M S，Corbin P S，Vance V K，et al. Synthesis of hydrogenated fullerenes by zinc/acid reduction. Tetrahedron Letters，1994，35（32）：5789-5792.

[42] Darwish A D，Abdul-Sada A a K，Langley G J，et al. Polyhydrogenation of [60]-and [70]-fullerenes. Journal of the Chemical Society，Perkin Transactions 2，1995，(12)：2359-2365.

[43] Darwish A D，Abdul-Sada A K，Langley G J，et al. Polyhydrogenation of [60]-and [70]fullerenes with Zn/HCl and Zn/DCl. Synthetic Metals，1996，77（1-3）：303-307.

[44] Bini R，Ebenhoch J，Fanti M，et al. The vibrational spectroscopy of $C_{60}H_{36}$：an experimental and theoretical study. Chemical Physics，1998，232（1，2）：75-94.

[45] Palit D K，Mohan H，Mittal J P. Photophysical Properties of $C_{60}H_{18}$ and $C_{60}H_{36}$：a laser flash photolysis and pulse

radiolysis study. Journal of Physical Chemistry A，1998，102（24）：4456-4461.

[46] Gakh A A，Romanovich A Y，Bax A. Thermodynamic rearrangement synthesis and NMR structures of C_1，C_3，and T isomers of $C_{60}H_{36}$. Journal of the American Chemical Society，2003，125（26）：7902-7906.

[47] Gerst M，Beckhaus H D，Rüchardt C，et al. [7H]Benzanthrone，a catalyst for the transfer hydrogenation of C_{60} and C_{70} by 9, 10-dihydroanthracene. Tetrahedron Letters，1993，34（48）：7729-7732.

[48] Ruchardt C，Gerst M，Ebenhoch J，et al. Transfer hydrogenation and deuteration of buckminsterfullerene C_{60} by 9, 10-dihydroanthracene and 9, 9′, 10, 10′[D_4]dihydroanthracene. Angewandte Chemie International Edition in English，1993，32（4）：584-586.

[49] Ruchardt C，Gerst M，Nolke M. The uncatalyzed transfer hydrogenation of α-methylstyrene by dihydroanthracene or xanthene—a radical reaction. Angewandte Chemie International Edition in English，1992，31（11）：1523-1525.

[50] Attalla M I，Vassallo A M，Tattam B N，et al. Preparation of hydrofullerenes by hydrogen radical induced hydrogenation. Journal of Chemical Physics，1993，97（24）：6329-6331.

[51] Attalla M I，Wilson M A，Quezada R A，et al. Promotion of coal liquefaction by iodomethane：2. Reaction of coal model compounds with iodomethane at coal liquefaction temperatures. Energy & Fuels，1989，3（1）：59-64.

[52] Vassallo A M，Wilson M A，Attalla M I. Promotion of coal liquefaction by iodomethane. Energy & Fuels，1988，2（4）：539-547.

[53] Shigematsu K，Abe K，Mitani M，et al. Catalytic hydrogenation of fullerene，C_{70}. Chemistry Express，1992，7（12）：957-960.

[54] Shigematsu K，Abe K，Mitani M，et al. Catalytic hydrogenation of fullerene C_{60}. Chemistry Express，1993，8（1）：37-40.

[55] Osaki T，Hamada T，Tai Y. Catalytic hydrogenation of C_{60} on transition metals. Reaction Kinetics and Catalysis Letters，2003，78（2）：217-223.

[56] Hirsch A. Principles of Fullerene Reactivity. Fullerenes and Related Structures. Berlin，Heidelberg：Springer Berlin Heidelberg，1999：1-65.

[57] Tajima Y，Takeshi K，Shigemitsu Y，et al. Chemistry of fullerene epoxides：synthesis，structure，and nucleophilic substitution-addition reactivity. Molecules，2012，17（6）：6395-6414.

[58] Wudl F，Hirsch A，Khemani K C，et al. Survey of chemical reactivity of C_{60}，electrophile and dieno-polarophile par excellence. ACS Symposium Series，1992，481：161-175.

[59] Fagan P J，Krusic P J，Evans D H，et al. Synthesis，chemistry，and properties of a monoalkylated buckminsterfullerene derivative，$^tBuC_{60}$ anion. Journal of the American Chemical Society，1992，114（24）：9697-9699.

[60] Hashiguchi M，Watanabe K，Matsuo Y. Facile fullerene modification：$FeCl_3$-mediated quantitative conversion of C_{60} to polyarylated fullerenes containing pentaaryl（chloro）[60]fullerenes. Organic & Biomolecular Chemistry，2011，9（18）：6417-6421.

[61] Keshavarzk M，Knight B，Srdanov G，et al. Cyanodihydrofullerenes and dicyanodihydrofullerene：the first polar solid based on C_{60}. Journal of the American Chemical Society，1995，117（45）：11371-11372.

[62] Nagashima H，Saito M，Kato Y，et al. Electronic structures and redox properties of silylmethylated C_{60}. Tetrahedron，1996，52（14）：5053-5064.

[63] Nagashima H，Terasaki H，Kimura E. Silylmethylations of C_{60} with grignard reagents：selective synthesis of $HC_{60}CH_2SiMe_2Y$ and $C_{60}(CH_2SiMe_2Y)_2$ with selection of solvents. Journal of Organic Chemistry，1994，59（6）：1246-1248.

[64] Nagashima H，Terasaki H，Saito Y，et al. Chlorosilanes and silyl triflates containing C_{60} as a partial structure. A

versatile synthetic entry linking the C_{60} moieties with alcohols, phenols, and silica. Journal of Organic Chemistry, 1995, 60 (16): 4966-4967.

[65] Rychagova E A, Kalakutskaya L V, Titova S N, et al. Polyadducts of fullerene C_{60} with *tert*-butyl groups. Russian Chemical Bulletin, 2011, 60 (9): 1888-1898.

[66] Anderson H L, Faust R, Rubin Y, et al. Fullerene-acetylene hybrids: on the way to synthetic molecular carbon allotropes. Angewandte Chemie International Edition, 2010, 33 (13): 1366-1368.

[67] Murata Y, Motoyama K, Komatsu K, et al. Synthesis, properties, and reactions of a stable carbanion derived from alkynyldihydrofullerene: 1-octynyl-C_{60} carbanion. Tetrahedron, 1996, 52 (14): 5077-5090.

[68] Krusic P J, Roe D C, Johnston E, et al. EPR study of hindered internal rotation in alkyl-C_{60} radicals. Journal of Physical Chemistry, 1993, 97 (9): 1736-1738.

[69] Matsuzawa N, Fukunaga T, Dixon D A. Electronic structures of 1, 2- and 1, 4-$C_{60}X_{2n}$ derivatives with $n = 1, 2, 4, 6, 8, 10, 12, 18, 24$, and 30. Journal of Physical Chemistry, 1992, 96 (26): 10747-10756.

[70] Semenov S G, Makarova M V. A quantum chemical study of diethynyl derivatives of dodecahedrane and buckminsterfullerene in vacuum and in tetrahydrofuran. Optics & Spectroscopy, 2015, 118 (1): 46-49.

[71] Sawamura M, Hitoshi Iikura A, Nakamura E. The first pentahaptofullerene metal complexes. Journal of the American Chemical Society, 1996, 118 (50): 12850-12851.

[72] Masaya S, Noriaki N, Motoki T, et al. Regioselective penta-addition of 1-alkenyl copper reagent to [60]fullerene. Synthesis of penta-alkenyl FCp ligand. Journal of Organometallic Chemistry, 2002, 652 (1): 31-35.

[73] Sawamura M, Toganoh M, Suzuki K, et al. Stepwise synthesis of fullerene cyclopentadienide $R_5C_{60}^-$ and indenide $R_3C_{60}^-$. An approach to fully unsymmetrically substituted derivatives. Organic Letters, 2000, 2 (13): 1919.

[74] Nuretdinov I A, Gubskaya V P, Berezhnaya L S, et al. Synthesis of phosphorylated methanofullerenes. Russian Chemical Bulletin, 2000, 49 (12): 2048-2050.

[75] Kim K N, Chan S C, Kay K Y. A novel phthalocyanine with two axial fullerene substituents. Tetrahedron Letters, 2005, 46 (40): 6791-6795.

[76] Nierengarten J F, Nicoud J F. Cyclopropanation of C_{60} with malonic acid mono-esters. Tetrahedron Letters, 1997, 38 (44): 7737-7740.

[77] Camps X, Hirsch A. Efficient cyclopropanation of C_{60} starting from malonates. Journal of the Chemical Society Perkin Transactions, 1997, 1 (11): 1595-1596.

[78] Hino T, Kinbara K, Saigo K. Synthesis of methano[60]fullerene derivatives: the fluoride ion-mediated reaction of [60]fullerene with silylated nucleophiles. Tetrahedron Letters, 2001, 42 (30): 5065-5067.

[79] Mikami K, Matsumoto S, Ishida A, et al. Addition of ketene silyl acetals to the triplet excited state of C_{60} via photoinduced electron transfer leading to the fullereneacetates. Journal of the American Chemical Society, 1995, 117 (45): 11134-11141.

[80] Kessinger R, Crassous J, Herrmann A, et al. Preparation of enantiomerically pure C_{76} with a general electrochemical method for the removal of di(alkoxycarbonyl)methano bridges from methanofullerenes: the retro-Bingel reaction. Angewandte Chemie International Edition, 1998, 37 (13-14): 1919-1922.

[81] Moonen N N P, Thilgen C, Echegoyen L, et al. The chemical retro-Bingel reaction: selective removal of bis(alkoxycarbonyl)methano addends from C_{60} and C_{70} with amalgamated magnesium. Chemical Communications, 2000, (5): 335-336.

[82] Williams R M, Verhoeven J W. Fluorescence of fullerene-C_{70} and its quenching by long-range intermolecular electron transfer. Chemical Physics Letters, 1992, 194 (4-6): 446-451.

[83] Balch A L，Ginwalla A S，Lee J W，et al. Partial separation and structural characterization of C_{84} isomers by crystallization of $(\eta^2\text{-}C_{84})Ir(CO)Cl[P(C_6H_5)_3]_2$. Journal of the American Chemical Society，1994，116（5）：2227-2228.

[84] Schick G，Kampe K D，Hirsch A. Reaction of [60]fullerene with morpholine and piperidine：preferred 1, 4-additions and fullerene dimer formation. Journal of the Chemical Society，Chemical Communications，1995，（19）：2023-2024.

[85] Hutchings G J，Cairns I T，Saberi S P. Comments on the use of buckminsterfullerene encapsulated in zeolite Y as a potential catalyst. Catalysis Letters，1994，30（1-4）：131-134.

[86] Skiebe A，Hirsch A，Klos H，et al. [DBU]C_{60}. Spin pairing in a fullerene salt. Chemical Physics Letters，1994，220（1）：138-140.

[87] Leigh D A，Moody A E，Wade F A，et al. Second harmonic generation from langmuir-blodgett films of fullerene-aza-crown ethers and their potassium ion complexes. Langmuir，1995，11（7）：2334-2336.

[88] Mirkin C A，Caldwell W B. Thin film，fullerene-based materials. Tetrahedron，1996，52（14）：5113-5130.

[89] Naim A，Shevlin P B. Reversible addition of hydroxide to the fullerenes. Tetrahedron Letters，1992，33（47）：7097-7100.

[90] Romanova I P，Mironov V F，Larionova O A，et al. Formation of the fullerene radical anion in the reaction of C_{60} with phosphorous triamides. Russian Chemical Bulletin，2008，57（1）：209-211.

[91] Shu L H，Sun W Q，Zhang D W，et al. Phosphine-catalysed [3 + 2] cycloadditions of buta-2, 3-dienoates with [60]fullerene. Chemical Communications，1997，（1）：79-80.

[92] Kusukawa T，Ando W. Substituents effects on the addition of silyllithium and germyllithium to C_{60}. Journal of Organometallic Chemistry，1998，561（1-2）：109-120.

[93] Kraeutler B，Maynollo J. Diels-Alder reactions of the [60]fullerene. Functionalizing a carbon sphere with flexibly and with rigidly bound addends. Tetrahedron，1996，52（14）：5033-5042.

[94] Tsuda M，Ishida T，Nogami T，et al. Isolation and characterization of Diels-Alder adducts of fullerene C_{60} with anthracene and cyclopentadiene. Journal of the Chemical Society，Chemical Communications，1993，（16）：1296-1298.

[95] Schlueter J A，Seaman J M，Taha S，et al. Synthesis，purification，and characterization of the 1∶1 addition product of C_{60} and anthracene. Journal of the Chemical Society，Chemical Communications，1993，（11）：972-974.

[96] Prato M，Suzuki T，Foroudian H，et al. [3 + 2] and [4 + 2] cycloadditions of fullerene C_{60}. Journal of the American Chemical Society，1993，115（4）：1594-1595.

[97] Meidine M F，Roers R，Langley G J，et al. Formation and stabilization of the hexa-cyclopentadiene adduct of C_{60}. Journal of the Chemical Society，Chemical Communications，1993，（17）：1342-1344.

[98] An Y Z，Viado A L，Arce M J，et al. Unusual regioselectivity in the self-sensitized singlet oxygen ene reaction of cyclohexenobuckminsterfullerenes. Journal of Organic Chemistry，1995，60（26）：8330-8331.

[99] Belik P，Guegel A，Spickermann J，et al. Reaction of buckminsterfullerene with *ortho*-quinodimethane：a new access to stable C_{60} derivatives. Angewandte Chemie International Edition in English，1993，32（1）：78-80.

[100] Guegel A，Kraus A，Spickermann J，et al. Buckminsterfullerene adducts from *ortho*-quinodimethanes. Angewandte Chemie International Edition in English，1994，33（5）：559-561.

[101] Montforts F P，Kutzki O. Simple synthesis of a chlorin-fullerene dyad with a novel ring-closure reaction. Angewandte Chemie International Edition，2000，39（3）：599-601.

[102] Segura J L，Martin N. New concepts in tetrathiafulvalene chemistry. Angewandte Chemie International Edition，

2001，40（8）：1372-1409.

[103] Boulle C，Rabreau J M，Hudhomme P，et al. The bis-linking of tetrathiafulvalene（TTF）to C_{60}：towards the control of electron transfer between π-donors and C_{60}. Tetrahedron Letters，1997，38（22）：3909-3910.

[104] Llacay J，Mas M，Molins E，et al. The first Diels-Alder adduct of [60]fullerene with a tetrathiafulvalene. Chemical Communications，1997，（7）：659-660.

[105] Llacay J，Veciana J，Vidal-Gancedo J，et al. Persistent and transient open-shell species derived from C_{60}-TTF cyclohexene-fused dyads. Journal of Organic Chemistry，1998，63（15）：5201-5210.

[106] An Y Z，Anderson J L，Rubin Y. Synthesis of α-amino acid derivatives of C_{60} from 1, 9-(4-hydroxycyclohexano) buckminsterfullerene. Journal of Organic Chemistry，1993，58（18）：4799-4801.

[107] Suzuki T，Li Q，Khemani K C，et al. Systematic inflation of buckminsterfullerene C_{60}：synthesis of diphenyl fulleroids C_{61} to C_{66}. Science，1991，254（5035）：1186-1188.

[108] Wudl F. The chemical properties of buckminsterfullerene（C_{60}）and the birth and infancy of fulleroids. Accounts of Chemical Research，1992，25（3）：157-161.

[109] Skiebe A，Hirsch A. A facile method for the synthesis of amino acid and amido derivatives of C_{60}. Journal of the Chemical Society，Chemical Communications，1994，（3）：335-336.

[110] Bestmann H J，Moll C，Bingel C. Reaction of C_{60} with α-diazo ketones. Methano- and Dihydrofuranofullerenes. Synlett，1996，（8）：729-733.

[111] Smith Ⅲ A B，Strongin R M，Brard L，et al. 1, 2-Methanobuckminsterfullerene（$C_{61}H_2$），the parent fullerene cyclopropane：synthesis and structure. Journal of the American Chemical Society，1993，115（13）：5829-5830.

[112] Suzuki T，Li Q，Khemani K C，et al. Dihydrofulleroid H_3C_{61}：synthesis and properties of the parent fulleroid. Journal of the American Chemical Society，1992，114（18）：7301-7302.

[113] Isaacs L，Wehrsig A，Diederich F. Improved purification of C_{60} and formation of σ- and π-homoaromatic methano-bridged fullerenes by reaction with alkyl diazoacetates. Helvetica Chimica Acta，1993，76（3）：1231-1250.

[114] Prato M，Li Q C，Wudl F，et al. Addition of azides to fullerene C_{60}：synthesis of azafulleroids. Journal of the American Chemical Society，1993，115（3）：1148-1150.

[115] Baran P S，Monaco R R，Khan A U，et al. Synthesis and cation-mediated electronic interactions of two novel classes of porphyrin-fullerene hybrids. Journal of the American Chemical Society，1997，119（35）：8363-8364.

[116] Nakamura E，Yamago S. Thermal reactions of dipolar trimethylenemethane species. Accounts of Chemical Research，2002，35（10）：867-877.

[117] Maggini M，Scorrano G，Prato M. Addition of azomethine ylides to C_{60}：synthesis，characterization，and functionalization of fullerene pyrrolidines. Journal of the American Chemical Society，1993，115（21）：9798-9799.

[118] Meier M S，Poplawska M. The addition of nitrile oxides to C_{60}. Tetrahedron，1996，52（14）：5043-5052.

[119] Muthu S，Maruthamuthu P，Ragunathan R，et al. Reaction of buckminsterfullerene with 1, 3-diphenylnitrilimine：synthesis of pyrazoline derivatives of fullerene. Tetrahedron Letters，1994，35（11）：1763-1766.

[120] Brizzolara D，Ahlemann J T，Roesky H W，et al. Reactions of buckminsterfullerene C_{60} with sulfinimide and $(CF_3)_2$ NO，the first access to fullerenes containing perfluorinated substituents. Bulletin de la Société Chimique de France，1993，130（5）：745-747.

[121] Ishida H，Ohno M. The first 1, 3-dipolar cycloaddition reaction of [60]fullerene with thiocarbonyl ylide. Tetrahedron Letters，1999，40（8）：1543-1546.

[122] Jagerovic N，Elguero J，Aubagnac J L. Cycloaddition of tetracyanoethene oxide with [60]fullerene. Journal of the

Chemical Society，Perkin Transactions 1，1996，(6)：499.

[123] Averdung J，Albrecht E，Lauterwein J，et al. Photoreactions with C_{60}-fullerene. [3 + 2] photocycloaddition of 2, 3-diphenyl-2*H*-azirine. Chemische Berichte，1994，127 (4)：787-789.

[124] Tsunenishi Y，Ishida H，Itoh K，et al. Heterocyclization of [60]fullerene with isocyanides. Synlett，2000，(9)：1318-1320.

[125] Akasaka T，Mitsuhida E，Ando W，et al. Adduct of C_{70} at the equatorial belt：photochemical cycloaddition with disilirane. Journal of the American Chemical Society，1994，116 (6)：2627-2628.

[126] Tsuda M，Ishida T，Nogami T，et al. Addition reaction of benzyne to fullerene C_{60}. Chemistry Letters，1992，(12)：2333-2334.

[127] Nakamura Y，Takano N，Nishimura T，et al. First isolation and characterization of eight regioisomers for [60]fullerene-benzyne bisadducts. Organic Letters，2001，3 (8)：1193-1196.

[128] Zhang X，Romero A，Foote C S. Photochemical [2 + 2] cycloaddition of *N*, *N*-diethylpropynylamine to C_{60}. Journal of the American Chemical Society，1993，115 (23)：11024-11025.

[129] Zhang X，Fan A，Foote C S. [2 + 2] Cycloaddition of fullerenes with electron-rich alkenes and alkynes. Journal of Organic Chemistry，1996，61 (16)：5456-5461.

[130] Wilson S R，Kaprinidis N，Wu Y，et al. A new reaction of fullerenes：[2 + 2] photocycloaddition of enones. Journal of the American Chemical Society，1993，115 (18)：8495-8496.

[131] Matsui S，Kinbara K，Saigo K. A novel reaction of [60]fullerene. A formal [2 + 2] cycloaddition with aryloxy- and alkoxyketenes. Tetrahedron Letters，1999，40 (5)：899-902.

[132] Prato M，Maggini M，Scorrano G，et al. Addition of quadricyclane to C_{60}：easy access to fullerene derivatives bearing a reactive double bond in the side chain. Journal of Organic Chemistry，1993，58 (14)：3613-3615.

[133] Vasella A，Uhlmann P，Waldraff C A A，et al. Fullerene sugars：preparation of enantiomerically pure，spiro-linked *C*-glycosides of C_{60}. Angewandte Chemie International Edition in English，1992，31 (10)：1388-1390.

[134] Diederich F，Isaacs L，Philp D. Syntheses，structures，and properties of methanofullerenes. Chemical Society Reviews，1994，23 (4)：243-255.

[135] Cases M，Duran M，Sola M. The [2 + 1] cycloaddition of singlet oxycarbonylnitrenes to C_{60}. Molecular Modeling Annual，2000，6 (2)：205-212.

[136] Smith Ⅲ A B，Tokuyama H. Nitrene additions to [60]fullerene do not generate [6, 5]aziridines. Tetrahedron，1996，52 (14)：5257-5262.

[137] Akasaka T，Ando W，Kobayashi K，et al. Reaction of C_{60} with silylene，the first fullerene silirane derivative. Journal of the American Chemical Society，1993，115 (4)：1605-1606.

[138] Scuseria G E. *Ab initio* theoretical predictions of the equilibrium geometries of C_{60}，$C_{60}H_{60}$ and $C_{60}F_{60}$. Chemical Physics Letters，1991，176 (5)：423-427.

[139] Cioslowski J. Electronic structures of the icosahedral $C_{60}H_{60}$ and $C_{60}F_{60}$ molecules. Chemical Physics Letters，1991，181 (1)：68-72.

[140] Dunlap B I，Brenner D W，Mintmire J W，et al. Geometric and electronic structures of $C_{60}H_{60}$，$C_{60}F_{60}$，and $C_{60}H_{36}$. The Journal of Physical Chemistry，1991，95 (15)：5763-5768.

[141] Kaatze U，Pottel R，Schumacher A. Dielectric spectroscopy of 2-butoxyethanol/water mixtures in the complete composition range. The Journal of Physical Chemistry，1992，96 (14)：6017-6020.

[142] Clare B W，Kepert D L. Early stages in the addition to C_{60} to form $C_{60}X_n$，X = H，F，Cl，Br，CH_3，C_4H_9. Journal of Molecular Structure：THEOCHEM，2003，621 (3)：211-231.

[143] Taylor R. Fluorinated Fullerenes. Chemistry—A European Journal，2001，7（19）：4074-4084.

[144] Kniaz K，Fischer J E，Selig H，et al. Fluorinated fullerenes：synthesis，structure，and properties. Journal of the American Chemical Society，1993，115（14）：6060-6064.

[145] Boltalina O V. Fluorination of fullerenes and their derivatives. Journal of Fluorine Chemistry，2000，101（2）：273-278.

[146] Selig H，Lifshitz C，Peres T，et al. Fluorinated fullerenes. Journal of the American Chemical Society，1991，113（14）：5475-5476.

[147] Ol'ga V B，Galeva N A. Direct fluorination of fullerenes. Russian Chemical Reviews，2000，69（7）：609-621.

[148] Tuinman A A，Mukherjee P，Adcock J L，et al. Characterization and stability of highly fluorinated fullerenes. Journal of Physical Chemistry，1992，96（19）：7584-7589.

[149] Tuinman A A，Gakh A A，Adcock J L，et al. Hyperfluorination of buckminsterfullerene-cracking the sphere. Journal of the American Chemical Society，1993，115（13）：5885-5886.

[150] Okino F，Touhara H，Seki K，et al. Crystal structure of $C_{60}F_x$. Fullerene Science and Technology，1993，1（3）：425-436.

[151] Hamwi A，Fabre C，Chaurand P，et al. Preparation and characterization of fluorinated fullerenes. Fullerene Science and Technology，1993，1（4）：499-535.

[152] Hamwi A，Latouche C，Marchand V，et al. Perfluorofullerenes：characterization and structural aspects. Journal of Physics and Chemistry of Solids，1996，57（6）：991-998.

[153] Gakh A A，Tuinman A A，Adcock J L，et al. Selective synthesis and structure determination of $C_{60}F_{48}$. Journal of the American Chemical Society，1994，（116）：819-820.

[154] Troyanov S I，Troshin P A，Boltalina O V，et al. Two isomers of $C_{60}F_{48}$：an indented fullerene. Angewandte Chemie International Edition，2001，40（12）：2285-2287.

[155] Neretin I S，Lyssenko K A，Antipin M Y，et al. Crystal and molecular structures of fluorinated derivatives of C_{60} fullerene. Russian Chemical Bulletin，2002，51（5）：754-763.

[156] Gakh A A，Tuinman A A. Chemical fragmentation of $C_{60}F_{48}$. The Journal of Physical Chemistry A，2000，104（24）：5888-5891.

[157] Gakh A A，Tuinman A A. 'Fluorine dance' on the fullerene surface. Tetrahedron Letters，2001，42（41）：7137-7139.

[158] Boltalina O V，Sidorov L N，Sukhanova E V，et al. Observation of difluorinated higher fullerene anions by Knudsen cell mass spectrometry and determination of electron affinities of $C_{60}F_2$ and $C_{70}F_2$. Chemical Physics Letters，1994，230（6）：567-570.

[159] Gakh A A，Tuinman A A，Adcock J L，et al. Highly fluorinated fullerenes as oxidizers and fluorinating agents. Tetrahedron Letters，1993，34（45）：7167-7170.

[160] Selig H，Kniaz K，Vaughan G B M，et al. Fluorinated fullerenes：synthesis and characterization. Macromolecular Symposia，1994，82（1）：89-98.

[161] Boltalina O V，Goryunkov A A，Markov V Y，et al. *In situ* synthesis and characterization of fullerene derivatives by Knudsen-cell mass spectrometry. International Journal of Mass Spectrometry，2003，228（2）：807-824.

[162] Goryunkov A A，Markov V Y，Boltalina O V，et al. Reaction of silver(Ⅰ)and(Ⅱ)fluorides with C_{60}：thermodynamic control over fluorination level. Journal of Fluorine Chemistry，2001，112（2）：191-196.

[163] Boltalina O V，Markov V Y，Taylor R，et al. Preparation and characterisation of $C_{60}F_{18}$. Chemical Communications，1996，（22）：2549-2550.

[164] Boltalina O V，Ponomarev D B，Borschevskii A Y，et al. Thermochemistry of the gas phase reactions of

fluorofullerene anions. The Journal of Physical Chemistry A，1997，101（14）：2574-2577.

[165] Goldt I Y V，Boltalina O V，Sidorov L N，et al. Preparation and crystal structure of solvent free $C_{60}F_{18}$. Solid State Sciences，2002，4（11）：1395-1401.

[166] Boltalina O V，Troshin P A，De La Vaissière B，et al. $C_{60}F_{18}O$，the first characterised intramolecular fullerene ether. Chemical Communications，2000，（14）：1325-1326.

[167] Boltalina O，Holloway J H，Hope E G，et al. Isolation of oxides and hydroxides derived from fluoro[60]fullerene. Journal of the Chemical Society，Perkin Transactions 2，1998，（2）：1845-1850.

[168] Avent A G，Boltalina O V，Fowler P W，et al. $C_{60}F_{18}O$：Isolation，spectroscopic characterisation and structural calculations. Journal of the Chemical Society，Perkin Transactions 2，1998，（6）：1319-1322.

[169] Boltalina O V，Lukonin A Y，Avent A G，et al. Formation and characterisation of $C_{60}F_8O$，$C_{60}F_6O$ and $C_{60}F_4O$：the sequential pathway for addition to fullerenes. Journal of the Chemical Society，Perkin Transactions 2，2000，（4）：683-686.

[170] Darwish A D，Abdul-Sada A a K，Avent A G，et al. Isolation and characterisation of both the first fluoroxyfluorofullerene $C_{60}F_{17}OF$ and oxahomofluorofullerenol $C_{60}F_{17}O.OH$. Journal of Fluorine Chemistry，2003，121（2）：185-192.

[171] Troshin P A，Avent A G，Darwish A D，et al. Isolation of two seven-membered ring C_{58} fullerene derivatives：$C_{58}F_{17}CF_3$ and $C_{58}F_{18}$. Science，2005，309（5732）：278-281.

[172] Olah G A，Bucsi I，Lambert C，et al. Chlorination and bromination of fullerenes. Nucleophilic methoxylation of polychlorofullerenes and their aluminum trichloride catalyzed Friedel-Crafts reaction with aromatics to polyarylfullerenes. Journal of the American Chemical Society，1991，113（24）：9385-9387.

[173] Tebbe F N，Becker J Y，Chase D B，et al. Multiple，reversible chlorination of C_{60}. Journal of the American Chemical Society，1991，113（26）：9900-9901.

[174] Adamson A J，Holloway J H，Hope E G，et al. Halogen and interhalogen reactions with [60]fullerene：preparation and characterization of $C_{60}C_{24}$ and $C_{60}C_{18}F_{14}$. Fullerene Science and Technology，1997，5（4）：629-642.

[175] Krusic P J，Wasserman E，Keizer P N，et al. Radical reactions of C_{60}. Science，1991，254（5035）：1183-1185.

[176] Tebbe F N，Harlow R L，Chase D B，et al. Synthesis and single-crystal X-ray structure of a highly symmetrical C_{60} derivative，$C_{60}Br_{24}$. Science，1992，256（5058）：822-825.

[177] Birkett P R，Hitchcock P B，Kroto H W，et al. Preparation and characterization of $C_{60}Br_6$ and $C_{60}Br_8$. Nature，1992，357（6378）：479.

[178] Tzirakis M D，Orfanopoulos M. Decatungstate-mediated radical reactions of C_{60} with substituted toluenes and anisoles：a new photochemical functionalization strategy for fullerenes. Organic Letters，2008，10（5）：873-876.

[179] Vorobiev A K，Gazizov R R，Borschevskii A Y，et al. Fullerene as photocatalyst：visible-light induced reaction of perfluorinated alpha，omega-diiodoalkanes with C_{60}. Journal of Physical Chemistry A，2017，121（1）：113-121.

[180] Tzirakis M D，Orfanopoulos M. Acyl radical reactions in fullerene chemistry：direct acylation of [60]fullerene through an efficient decatungstate-photomediated approach. Journal of the American Chemical Society，2009，131（11）：4063-4069.

[181] Tzirakis M D，Orfanopoulos M. Photochemical addition of ethers to C_{60}：synthesis of the simplest 60 fullerene/crown ether conjugates. Angewandte Chemie International Edition，2010，49（34）：5891-5893.

[182] Zhang T H，Lu P，Wang F，et al. Reaction of [60]fullerene with free radicals generated from active methylene compounds by manganese(III)acetate dihydrate. Organic & Biomolecular Chemistry，2003，1（24）：4403-4407.

[183] Wang G W，Zhang T H，Cheng X，et al. Selective addition to [60]fullerene of two different radicals generated from Mn(III)-based radical reaction. Organic & Biomolecular Chemistry，2004，2（8）：1160-1163.

[184] Li F B，Liu T X，Huang Y S，et al. Synthesis of fullerene-fused lactones and fullerenyl esters：radical reaction of [60]fullerene with carboxylic acids promoted by manganese(Ⅲ)acetate and lead(Ⅳ)acetate. The Journal of Organic Chemistry，2009，74（20）：7743-7749.

[185] Lu S，Jin T，Bao M，et al. Cobalt-catalyzed hydroalkylation of [60]fullerene with active alkyl bromides：selective synthesis of monoalkylated fullerenes. Journal of the American Chemical Society，2011，133（32）：12842-12848.

[186] Kusukawa T，Ando W. Photochemical functionalizations of C_{60} with phenylpolysilanes. Journal of Organometallic Chemistry，1998，559（1-2）：11-22.

[187] Akasaka T，Ando W，Kobayashi K，et al. Organic chemical derivatization of fullerenes. 2. Photochemical [2 + 3] cycloaddition of C_{60} with disiliranes. Journal of the American Chemical Society，1993，115（22）：10366-10367.

[188] Gan L，Huang S，Zhang X，et al. Fullerenes as a *tert*-butylperoxy radical trap，metal catalyzed reaction of *tert*-butyl hydroperoxide with fullerenes，and formation of the first fullerene mixed peroxides $C_{60}(O)(OO^tBu)_4$ and $C_{70}(OO^tBu)_{10}$. Journal of the American Chemical Society，2002，124（45）：13384-13385.

[189] Bulgakov R G，Kinzyabaeva Z S. Synthesis of fullerene alkoxy derivatives by free-radical reaction of C_{60} with aliphatic alcohols promoted by chromium(Ⅵ)compounds. Russian Journal of Organic Chemistry，2014，50（5）：762-764.

[190] Troshin P A，Peregudov A S，Lyubovskaya R N. Reaction of [60]fullerene with $CF_3COOHal$ affords an unusual 1, 3-dioxolano-[60]fullerene. Tetrahedron Letters，2006，47（17）：2969-2972.

[191] You X，Li F B，Wang G W. Synthesis of ortho acid ester-type 1, 3-dioxolanofullerenes：radical reaction of [60]fullerene with halocarboxylic acids promoted by lead(Ⅳ)acetate. The Journal of Organic Chemistry，2014，79（22）：11155-11160.

[192] Wang G W，Wang C Z，Zou J P. Radical reaction of [60]fullerene with phosphorus compounds mediated by manganese(Ⅲ)acetate. The Journal of Organic Chemistry，2011，76（15）：6088-6094.

[193] Li F B，Liu T X，Wang G W. Synthesis of fullerooxazoles：novel reactions of [60]fullerene with nitriles promoted by ferric perchlorate. The Journal of Organic Chemistry，2008，73（16）：6417-6420.

[194] Si W，Lu S，Bao M，et al. Cu-catalyzed C—H amination of hydrofullerenes leading to 1, 4-difunctionalized fullerenes. Organic Letters，2014，16（2）：620-623.

[195] Diederich F，Ettl R，Rubin Y，et al. The higher fullerenes：Isolation and characterization of C_{76}，C_{84}，C_{90}，C_{94}，and $C_{70}O$，an oxide of D_{5h}-C_{70}. Science，1991，252（5005）：548-551.

[196] Wood J M，Kahr B，Hoke S H，Ii，et al. Oxygen and methylene adducts of C_{60} and C_{70}. Journal of the American Chemical Society，1991，113（15）：5907-5908.

[197] Kalsbeck W A，Thorp H H. Electrochemical reduction of fullerenes in the presence of oxygen and water：polyoxygen adducts and fragmentation of the C_{60} framework. Journal of Electroanalytical Chemistry and Interfacial Electrochemistry，1991，314（1-2）：363-370.

[198] Taylor R，Parsons J P，Avent A G，et al. Degradation of C_{60} by light. Nature，1991，351（6324）：277.

[199] Creegan K M，Robbins J L，Robbins W K，et al. Synthesis and characterization of $C_{60}O$，the first fullerene epoxide. Journal of the American Chemical Society，1992，114（3）：1103-1105.

[200] Vassallo A M，Pang L S K，Cole-Clarke P A，et al. Emission FTIR study of C_{60} thermal stability and oxidation. Journal of the American Chemical Society，1991，113（20）：7820-7821.

[201] Escobedo J O，Frey A E，Strongin R M. Investigation of the photooxidation of [60]fullerene for the presence of the [5, 6]-open oxidoannulene $C_{60}O$ isomer. Tetrahedron Letters，2002，43（35）：6117-6119.

[202] Heymann D，Chibante L P F. Photo-transformations of fullerenes（C_{60}，C_{70}）and fullerene oxides（$C_{60}O$，$C_{60}O_2$）.

Chemical Physics Letters，1993，207（4-6）：339-342.

[203] Schuster D I，Baran P S，Hatch R K，et al. The role of singlet oxygen in the photochemical formation of $C_{60}O$. Chemical Communications，1998，（22）：2493-2494.

[204] Fusco C，Seraglia R，Curci R，et al. Oxyfunctionalization of non-natural targets by dioxiranes. 3. Efficient oxidation of buckminsterfullerene C_{60} with methyl（trifluoromethyl）dioxirane. Journal of Organic Chemistry，1999，64（22）：8363-8368.

[205] Raghavachari K，Sosa C. Fullerene derivatives. Comparative theoretical study of $C_{60}O$ and $C_{60}CH_2$. Chemical Physics Letters，1993，209（3）：223-228.

[206] Raghavachari K. Structure of fullerene oxide $C_{60}O$：unexpected ground-state geometry. Chemical Physics Letters，1992，195（2-3）：221-224.

[207] Kepert D L，Clare B W. Hatch opening and closing on oxygenation and deoxygenation of C_{60} bathysphere. Inorganica Chimica Acta，2002，327：41-53.

[208] Taylor R，Barrow M P，Drewello T. C_{60} degrades to $C_{120}O$. Chemical Communications，1998，（22）：2497-2498.

[209] Paul P，Kim K C，Sun D，et al. Artifacts in the electron paramagnetic resonance spectra of C_{60} fullerene ions：inevitable $C_{120}O$ impurity. Journal of the American Chemical Society，2002，124（16）：4394-4401.

[210] Paul P，Bolskar R D，Clark A M，et al. The origin of the ‘spike’ in the EPR spectrum of C_{60}. Chemical Communications，2000，（14）：1229-1230.

[211] Hawkins J M，Lewis T A，Loren S D，et al. Organic chemistry of C_{60}（buckminsterfullerene）：chromatography and osmylation. Journal of Organic Chemistry，1990，55（26）：6250-6252.

[212] Hawkins J M，Loren S，Meyer A，et al. 2D nuclear magnetic resonance analysis of osmylated C_{60}. Journal of the American Chemical Society，1991，113（20）：7770-7771.

[213] Hawkins J M. Osmylation of C_{60}：proof and characterization of the soccer-ball framework. Accounts of Chemical Research，1992，25（3）：150-156.

[214] Olah G A，Bucsi I，Aniszfeld R，et al. Chemical reactivity and functionalization of C_{60} and C_{70} fullerenes. Carbon，1992，30（8）：1203-1211.

[215] Miller G P，Hsu C S，Thomann H，et al. Functionalizing fullerene C_{60} via nucleophilic trapping of its radical cations：1. Alkoxylation and arylation of C_{60}；2. Synthesis of earmuff ethers（difulleroxyalkanes）. MRS Online Proceedings Library Archive，1992，247：293-300.

[216] Fagan P J，Ward M D，Calabrese J C. Molecular engineering of solid-state materials：organometallic building blocks. Journal of the American Chemical Society，1989，111（5）：1698-1719.

[217] Jemmis E D，Manoharan M，Sharma P K. Exohedral η^5 and η^6 transition-metal organometallic complexes of C_{60} and C_{70}：a theoretical study. Organometallics，2000，19（10）：1879-1887.

[218] Goh S K，Marynick D S. Ability of fullerenes to act as η^6 ligands in transition metal complexes. A comparative PM3 (tm)-density functional theory study. Journal of Computational Chemistry，2001，22（16）：1881-1886.

[219] Fagan P J，Calabrese J C，Malone B. The chemical nature of buckminsterfullerene（C_{60}）and the characterization of a platinum derivative. Science，1991，252（5009）：1160-1162.

[220] Fagan P J，Calabrese J C，Malone B. Metal complexes of buckminsterfullerene（C_{60}）. Accounts of Chemical Research，1992，25（3）：134-142.

[221] Lerke S A，Parkinson B A，Evans D H，et al. Electrochemical studies on metal derivatives of buckminsterfullerene（C_{60}）. Journal of the American Chemical Society，1992，114（20）：7807-7813.

[222] Bashilov V V，Magdesieva T V，Kravchuk D N，et al. A new heterobimetallic palladium-[60]fullerene complex

with bidentate bis-1, 1′-[P]$_2$-ferrocene ligand. Journal of Organometallic Chemistry，2000，599（1）：37-41.

[223] Song L C，Wang G F，Liu P C，et al. Synthetic and structural studies on transition metal fullerene complexes containing phosphorus and arsenic ligands：crystal and molecular structures of(η^2-C_{60})M(dppf)[dppf = 1, 1′-bis(diphenylphosphino)ferrocene; M = Pt, Pd], (η^2-C_{60})Pt($AsPh_3$)$_2$, (η^2-C_{60})Pt（dpaf）[dpaf = 1, 1′-bis(diphenylarsino) ferrocene]，and(η^2-C_{70})Pt(dpaf). Organometallics，2003，22（22）：4593-4598.

[224] Usatov A V，Martynova E V，Neretin I S，et al. The first mononuclear η^2-C_{60} complex of osmium：synthesis and X-ray crystal structure of [(η^2-C_{60})Os(CO)(^{t}BuNC)(PPh_3)$_2$]. European Journal of Inorganic Chemistry，2003，2003（11）：2041-2044.

[225] Song L C，Liu J T，Hu Q M. Synthesis and characterization of group 6 transition-metal [70]fullerene derivatives containing dppb ligands：crystal structure of fac-Mo(CO)$_3$(dppb)(CH_3CN). Journal of Organometallic Chemistry，2002，662（1）：51-58.

[226] Liu C，Zhao G，Gong Q，et al. Optical limiting property of molybdenum complex of fullerene C_{70}. Optics Communications，2000，184（1）：309-313.

[227] Zanello P，Laschi F，Cinquantini A，et al. The redox behaviour of the family (C_{60})[Mo(CO)$_2$(phen)(dbm)]$_n$（n = 1～3）—a comparison with the analog (η^2-C_{70})[Mo(CO)$_2$(phen)(dbm)]（phen = 1, 10-phenanthroline；dbm = dibutyl maleate）. European Journal of Inorganic Chemistry，2000，2000（6）：1345-1350.

[228] Hsu H F，Du Y，Albrecht-Schmitt T E，et al. Structural comparison of M(CO)$_3$(dppe)(η^2-C_{60})（M = Mo，W），Mo(CO)$_3$(dppe)(η^2-C_{70})，and W(CO)$_3$(dppe)[η^2-*trans*-C_2H_2(CO_2Me)$_2$]. Organometallics，1998，17（9）：1756-1761.

[229] Olmstead M M，Hao L，Balch A L. Organometallic C_{70} chemistry. Preparation and crystallographic studies of (η^2-C_{70})Pd(PPh_3)$_2$·CH_2Cl_2 and(C_{70})·2{(η^5-C_5H_5)$_2$Fe}. Journal of Organometallic Chemistry，1999，578（1）：85-90.

[230] Balch A L，Catalano V J，Lee J W. Accumulating evidence for the selective reactivity of the 6-6 ring fusion of fullerene，C_{60}. Preparation and structure of (η^2-C_{60})Ir(CO)Cl(PPh_3)$_2$·5C_6H_6. Inorganic Chemistry，1991，30（21）：3980-3981.

[231] Vaska L. Reversible activation of covalent molecules by transition-metal complexes. The role of the covalent molecule. Accounts of Chemical Research，1968，1（11）：335-344.

[232] Balch A L，Catalano V J，Lee J W，et al. Supramolecular aggregation of an(η^2-C_{60})iridium complex involving phenyl chelation of the fullerene. Journal of the American Chemical Society，1992，114（13）：5455-5457.

[233] Balch A L，Lee J W，Noll B C，et al. A double addition product of C_{60}：C_{60}{Ir(CO)Cl(PMe_2Ph)$_2$}$_2$. Individual crystallization of two conformational isomers. Journal of the American Chemical Society，1992，114（27）：10984-10985.

[234] Usatov A V，Martynova E V，Dolgushin F M，et al. Fullerene and carborane in one coordination sphere：synthesis and structure of a mixed η^2-C_{60} and σ-carboranyl complex of iridium. European Journal of Inorganic Chemistry，2002，2002（10）：2565-2567.

[235] Balch A L，Catalano V J，Lee J W，et al. (η^2-C_{70})Ir(CO)Cl(PPh_3)$_2$：the synthesis and structure of an iridium organometallic derivative of a higher fullerene. Journal of the American Chemical Society，1991，113（23）：8953-8955.

[236] Balch A L，Lee J W，Olmstead M M. Structure of a product of double addition to C_{70}：[C_{70}{Ir(CO)Cl ($PPhMe_2$)$_2$}$_2$]·3C_6H_6. Angewandte Chemie International Edition in English，1992，31（10）：1356-1358.

[237] Balch A L，Lee J W，Noll B C，et al. Structural characterization of {(η^2-C_{60})RhH(CO)(PPh_3)$_2$}：product of the reaction of fullerene C_{60} with the hydrogenation catalyst carbonylhydridotris（triphenylphosphine）rhodium. Inorganic Chemistry，1993，32（17）：3577-3578.

[238] Usatov A V, Peregudova S M, Denisovich L I, et al. Exohedral mono-and bimetallic hydride complexes of rhodium and iridium with C_{60} and C_{70}: syntheses and electrochemical properties. Journal of Organometallic Chemistry, 2000, 599 (1): 87-96.

[239] Usatov A V, Kudin K N, Vorontsov E V, et al. Organometallic hydrides as reactants in fullerene chemistry. Interaction of the fullerenes C_{60} and C_{70} with HM $(CO)(PPh_3)_3$ (M = Rh and Ir) and HIr $(C_8H_{12})(PPh_3)_2$. Journal of Organometallic Chemistry, 1996, 522 (1): 147-153.

[240] Rasinkangas M, Pakkanen T T, Pakkanen T A, et al. Multimetallic binding to fullerenes: $C_{60}\{Ir_2Cl_2(1, 5\text{-}COD)_2\}_2$. A novel coordination mode to fullerenes. Journal of the American Chemical Society, 1993, 115 (11): 4901.

[241] Mavunkal I J, Chi Y, Peng S M, et al. Preparation and structure of $Cp^*{}_2Ru_2(\mu\text{-}Cl)(\mu\text{-}X)(C_{60})$, X = H and Cl. Novel dinuclear fullerene complexes with and without direct ruthenium-ruthenium bonding. Organometallics, 1995, 14 (10): 4454-4456.

[242] Hsu H F, Shapley J R. $Ru_3(CO)_9(\mu_3\text{-}\eta^2:\eta^2:\eta^2\text{-}C_{60})$: a cluster face-capping, arene-like complex of C_{60}. Journal of the American Chemical Society, 1996, 118 (38): 9192-9193.

[243] Lynn M A, Lichtenberger D L. Comparison of the bonding of benzene and C_{60} to a metal cluster: $Ru_3(CO)_9(\mu_3\text{-}\eta^2:\eta^2:\eta^2\text{-}C_6H_6)$ and $Ru_3(CO)_9)(\mu_3\text{-}\eta^2:\eta^2:\eta^2\text{-}C_{60})$. Journal of Cluster Science, 2000, 11 (1): 169-188.

[244] Song H, Lee Y, Choi Z H, et al. Synthesis and characterization of $\mu_3\text{-}\eta^2:\eta^2:\eta^2\text{-}C_{60}$ trirhenium hydrido cluster complexes. Organometallics, 2001, 20 (14): 3139-3144.

[245] Song H, Lee K, Choi M G, et al. [60]Fullerene as a versatile four-electron donor ligand. Organometallics, 2002, 21 (9): 1756-1758.

[246] Lee K, Lee C H, Song H, et al. Interconversion between $\mu\text{-}\eta^2:\eta^2\text{-}C_{60}$ and $\mu_3\text{-}\eta^2:\eta^2:\eta^2\text{-}C_{60}$ on a carbido pentaosmium cluster framework. Angewandte Chemie International Edition, 2000, 39 (10): 1801-1804.

[247] Lee K, Choi Z H, Cho Y J, et al. Reversible Interconversion between $\mu\text{-}\eta^2:\eta^2$-and $\mu_3\text{-}\eta^2:\eta^2:\eta^2\text{-}C_{60}$ on a carbido pentaosmium cluster framework. Organometallics, 2001, 20 (26): 5564-5570.

[248] Ballenweg S, Gleiter R, Krätschmer W. Hydrogenation of buckminsterfullerene C_{60} via hydrozirconation: a new way to organofullerenes. Tetrahedron Letters, 1993, 34 (23): 3737-3740.

[249] Dubois D, Kadish K M, Flanagan S, et al. Spectroelectrochemical study of the C_{60} and C_{70} fullerenes and their monoanions, dianions, trianions, and tetraanions. Journal of the American Chemical Society, 1991, 113 (11): 4364-4366.

[250] Caron C, Subramanian R, Dsouza F, et al. Selective electrosynthesis of $(CH_3)_2C_{60}$—a novel method for the controlled functionalization of fullerenes. Journal of the American Chemical Society, 1993, 115 (18): 8505-8506.

[251] Kadish K M, Gao X, Van Caemelbecke E, et al. Synthesis and spectroscopic and electrochemical characterization of di- and tetrasubstituted C_{60} derivatives. Journal of Physical Chemistry A, 1998, 102 (22): 3898-3906.

[252] Zheng M, Li F, Shi Z, et al. Electrosynthesis and characterization of 1, 2-dibenzyl C_{60}: a revisit. Journal of Organic Chemistry, 2007, 72 (7): 2538-2542.

[253] Subramanian R, Kadish K M, Vijayashree M N, et al. Chemical generation of C_{60}^{2-} and electron transfer mechanism for the reactions with alkyl bromides. Journal of Physical Chemistry, 1996, 100 (40): 16327-16335.

[254] Zheng M, Li F F, Ni L, et al. Synthesis and identification of heterocyclic derivatives of fullerene C_{60}: unexpected reaction of anionic C_{60} with benzonitrile. Journal of Organic Chemistry, 2008, 73 (8): 3159-3168.

[255] Haddon R C, Brus L E, Raghavachari K. Electronic structure and bonding in icosahedral C_{60}. Chemical Physics Letters, 1986, 125 (5): 459-464.

[256] Dubois D, Kadish K M, Flanagan S, et al. Electrochemical detection of fulleronium and highly reduced fulleride

（C_{60}^{5-}）ions in solution. Journal of the American Chemical Society，1991，113（20）：7773-7774.

[257] Meerholz K，Tschuncky P，Heinze J. Voltammetry of fullerenes C_{60} and C_{70} in dimethylamine and methylene chloride. Journal of Electroanalytical Chemistry，1993，347（1）：425-433.

[258] Xie Q，Arias F，Echegoyen L. Electrochemically-reversible，single-electron oxidation of C_{60} and C_{70}. Journal of the American Chemical Society，1993，115（21）：9818-9819.

[259] Jehoulet C，Bard A J，Wudl F. Electrochemical reduction and oxidation of C_{60} films. Journal of the American Chemical Society，1991，113（14）：5456-5457.

[260] Webster R D，Heath G A. Voltammetric，EPR and UV-vis-NIR spectroscopic studies associated with the one-electron oxidation of C_{60} and C_{70} in 1, 1′, 2, 2′-tetrachloroethane containing trifluoromethanesulfonic acid. Physical Chemistry Chemical Physics，2001，3（13）：2588-2594.

[261] Krätschmer W，Lamb L D，Fostiropoulos K，et al. Solid C_{60}：a new form of carbon. Nature，1990，347（6291）：354.

[262] Beck M T. Solubility and molecular state of C_{60} and C_{70} in solvents and solvent mixtures. Pure Applied Chemistry，1998，70（10）：1881-1887.

[263] Kadish K M，Ruoff R S. Fullerenes：Chemistry，Physics，and Technology. New York：John Wiley & Sons，2000.

[264] Bensasson R V，Bienvenue E，Dellinger M，et al. C_{60} in model biological-systems—a visible-UV absorption study of solvent-dependent parameters and solute aggregation. Journal of Physical Chemistry，1994，98（13）：3492-3500.

[265] Wang Y. Photophysical properties of fullerenes and fullerene/*N*, *N*-diethylaniline charge-transfer complexes. The Journal of Physical Chemistry，1992，96（2）：764-767.

[266] Sun Y P，Bunker C E，Ma B. Quantitative studies of ground and excited state charge transfer complexes of fullerenes with *N*, *N*-dimethylaniline and *N*, *N*-diethylaniline. Journal of the American Chemical Society，1994，116（21）：9692-9699.

[267] Atwood J L，Koutsantonis G A，Raston C L. Purification of C_{60} and C_{70} by selective complexation with calixarenes. Nature，1994，368（6468）：229.

[268] Suzuki T，Nakashima K，Shinkai S. Very convenient and efficient purification method for fullerene (C_{60}) with 5, 11, 17, 23, 29, 35, 41, 47-octa-tert-butylcalix[8]arene-49, 50, 51, 52, 53, 54, 55, 56-octol. Chemistry Letters，1994，23（4）：699-702.

[269] Tsubaki K，Tanaka K，Fuji K，et al. Complexation of C_{60} with hexahomooxacalix [3] arenes and supramolecular structures of complexes in the solid state. Chemical Communications，1998，（8）：895-896.

[270] Komatsu N. New synthetic route to homooxacalix [n] arenes via reductive coupling of diformylphenols. Tetrahedron Letters，2001，42（9）：1733-1736.

[271] Komatsu N. Preferential precipitation of C_{70} over C_{60} with *p*-halohomooxacalix [3] arenes. Organic Biomolecular Chemistry，2003，1（1）：204-209.

[272] Veen E M，Postma P M，Jonkman H T，et al. Solid state organisation of C_{60} by inclusion crystallisation with triptycenes. Chemical Communications，1999，（17）：1709-1710.

[273] Konarev D V，Valeev E F，Slovokhotov Y L，et al. Molecular complex of C_{60} with the concave aromatic donor dianthracene：synthesis，crystal structure and some properties. Journal of Chemical Research，Synopses，1997，（12）：442-443.

[274] Steed J W，Junk P C，Atwood J L，et al. Ball-and-socket nanostructures—new supramolecular chemistry based on cyclotriveratrylene. Journal of the American Chemical Society，1994，116（22）：10346-10347.

[275] Atwood J L，Barnes M J，Gardiner M G，et al. Cyclotriveratrylene polarisation assisted aggregation of C_{60}.

Chemical Communications，1996，（12）：1449-1450.

[276] Konarev D V，Khasanov S S，Vorontsov I I，et al. The formation of a single-bonded (C_{70}^-)$_2$ dimer in a new ionic multicomponent complex of cyclotriveratrylene：$(Cs^+)_2\cdot(C_{70}^-)_2\cdot CTV\cdot(DMF)_7\cdot(C_6H_6)_{0.75}$. Chemical Communications，2002，（21）：2548-2549.

[277] Kawase T，Darabi H R，Oda M. Cyclic [6] and [8] paraphenylacetylenes. Angewandte Chemie International Edition in English，1996，35（22）：2664-2666.

[278] Kawase T，Kurata H. Ball-，bowl-，and belt-shaped conjugated systems and their complexing abilities：exploration of the concave-convex π-π interaction. Chemical Reviews，2006，106（12），5250-5273.

[279] Shimizu H，Cojal GonzáLez J D，Hasegawa M，et al. Synthesis，structures，and photophysical properties of π-expanded oligothiophene 8-mers and their saturn-like C_{60} complexes. Journal of the American Chemical Society，2015，137（11）：3877-3885.

[280] Penicaud A，Hsu J，Reed C A，et al. C_{60}^- with coordination compounds.（tetraphenylporphinato）chromium(III)fulleride. Journal of the American Chemical Society，1991，113（17）：6698-6700.

[281] Eichhorn D M，Yang S，Jarrell W，et al. [60] Fullerene and TCNQ donor-acceptor crystals of octakis（dimethylamino）porphyrazine. Journal of the Chemical Society，Chemical Communications，1995，（16）：1703-1704.

[282] Sun Y，Drovetskaya T，Bolskar R D，et al. Fullerides of pyrrolidine-functionalized C_{60}. The Journal of Organic Chemistry，1997，62（11）：3642-3649.

[283] Reed C A，Fackler N L，Kim K C，et al. Isolation of protonated arenes（Wheland intermediates）with BAr^F and carborane anions. A novel crystalline superacid. Journal of the American Chemical Society，1999：6314-6315.

[284] Boyd P D，Hodgson M C，Rickard C E，et al. Selective supramolecular porphyrin/fullerene interactions. Journal of the American Chemical Society，1999，121（45）：10487-10495.

[285] Olmstead M M，Costa D A，Maitra K，et al. Interaction of curved and flat molecular surfaces. The structures of crystalline compounds composed of fullerene（C_{60}，$C_{60}O$，C_{70}，and $C_{120}O$）and metal octaethylporphyrin units. Journal of the American Chemical Society，1999，121（30）：7090-7097.

[286] Shoji Y，Tashiro K，Aida T. Selective extraction of higher fullerenes using cyclic dimers of zinc porphyrins. Journal of the American Chemical Society，2004，126（21）：6570-6571.

[287] Sato H，Tashiro K，Shinmori H，et al. Positive heterotropic cooperativity for selective guest binding via electronic communications through a fused zinc porphyrin array. Journal of the American Chemical Society，2005，127（38）：13086-13087.

[288] Ouchi A，Tashiro K，Yamaguchi K，et al. A self-regulatory host in an oscillatory guest motion：complexation of fullerenes with a short-spaced cyclic dimer of an organorhodium porphyrin. Angewandte Chemie International Edition，2006，118（21）：3622-3626.

[289] Seiders T J，Baldridge K K，Siegel J S. Synthesis and characterization of the first corannulene cyclophane. Journal of the American Chemical Society，1996，118（11）：2754-2755.

[290] Sygula A，Rabideau P W. Non-pyrolytic syntheses of buckybowls：corannulene，cyclopentacorannulene，and a semibuckminsterfullerene. Journal of the American Chemical Society，1999，121（34）：7800-7803.

[291] Seiders T J，Elliott E L，Grube G H，et al. Synthesis of corannulene and alkyl derivatives of corannulene. Journal of the American Chemical Society，1999，121（34）：7804-7813.

[292] Seiders T J，Baldridge K K，Elliott E L，et al. Synthesis and quantum mechanical structure of sym-pentamethylcorannulene and decamethylcorannulene. Journal of the American Chemical Society，1999，121（32）：

7439-7440.

[293] Dawe L N，Alhujran T A，Tran H A，et al. Corannulene and its penta-*tert*-butyl derivative co-crystallize 1∶1 with pristine C_{60}-fullerene. Chemical Communications，2012，48（45）：5563-5565.

[294] Sygula A，Fronczek F R，Sygula R，et al. A double concave hydrocarbon buckycatcher. Journal of the American Chemical Society，2007，129（13）：3842-3843.

[295] Yanney M，Fronczek F R，Sygula A. A 2∶1 receptor/C_{60} complex as a nanosized universal joint. Angewandte Chemie International Edition，2015，54（38）：11153-11156.

[296] Georghiou P E，Tran A H，Mizyed S，et al. Concave polyarenes with sulfide-linked flaps and tentacles：new electron-rich hosts for fullerenes. Journal of Organic Chemistry，2005，70（16）：6158-6163.

[297] Yokoi H，Hiraoka Y，Hiroto S，et al. Nitrogen-embedded buckybowl and its assembly with C_{60}. Nature Communications，2015，6：8215.

[298] Jackson E A，Steinberg B D，Bancu M，et al. Pentaindenocorannulene and tetraindenocorannulene：new aromatic hydrocarbon π systems with curvatures surpassing that of C_{60}. Journal of the American Chemical Society，2007，129（3）：484-485.

[299] San L K，Clikeman T T，Dubceac C，et al. Corannulene molecular rotor with flexible perfluorobenzyl blades：synthesis，structure and properties. Chemistry—A European Journal，2015，21（26）：9488-9492.

[300] Filatov A S，Ferguson M V，Spisak S N，et al. Bowl-shaped polyarenes as concave-convex shape complementary hosts for C_{60}- and C_{70}-fullerenes. Crystal Growth & Design，2014，14（2）：756-762.

[301] Stuparu M C. Rationally designed polymer hosts of fullerene. Angewandte Chemie International Edition，2013，52（30）：7786-7790.

[302] Xu Y Y，Tian H R，Li S H，et al. Flexible decapyrrylcorannulene hosts. Nature Communication，2019，10（1）：485.

第8章 富勒烯的高分子化学

对富勒烯进行高分子修饰，可将富勒烯与高分子各自的特性巧妙地结合，获得非凡的光、电、磁性质，从而引起了人们的极大兴趣，富勒烯高分子化学也就因此应运而生。从前面部分对富勒烯化学性质的介绍可知，富勒烯具有较高的反应活性，可以发生多种不同的化学反应，生成卤化、烷基化、芳基化、胺基化、羟基化等一系列富勒烯衍生物，为制备富勒烯的高分子衍生物提供了可能和保证。

与富勒烯的小分子衍生物相比，人们对富勒烯高分子化学的研究和认识相对较晚一些，到了 1992 年，一些高水平的学术刊物才陆续报道富勒烯高分子的开拓性研究工作，此后研究得到了不断地深入和拓展，而且这一趋势似乎还正方兴未艾。在科学家们的努力下，不同结构的富勒烯高分子（主要是 C_{60} 高分子），被不断合成和报道。这些富勒烯高分子在电学、磁学和光学等方面所表现出的特殊性质预示了其巨大的应用前景，引起了科学界的广泛关注。

8.1 富勒烯高分子的分类

由于富勒烯高分子的复杂多样性，要准确、全面地将富勒烯高分子进行系统地分类并不容易。我们在有关文献综述的基础上[1-3]，根据富勒烯高分子的结构特征，将富勒烯高分子分为链状富勒烯高分子、立体富勒烯高分子和其他富勒烯高分子三大类，图 8-1 为一般的文献分类方式。

链状富勒烯高分子指富勒烯连接在高分子链上而形成的一类高分子，根据富勒烯在高分子链中的位置，又分为主链型、链端型和侧链型富勒烯高分子。另外，富勒烯自身聚合而成的链状聚富勒烯也属于链状富勒烯高分子的范畴。

（1）主链型富勒烯高分子：富勒烯作为基本单元连接在高分子主链中，被称为“主链型富勒烯高分子”或“主链富勒烯高分子”（in-chain fullerene polymers 或 main-chain fullerene polymers），早期这类高分子还被称为“珠链型富勒烯高分子”（pearl necklace fullerene polymers）。

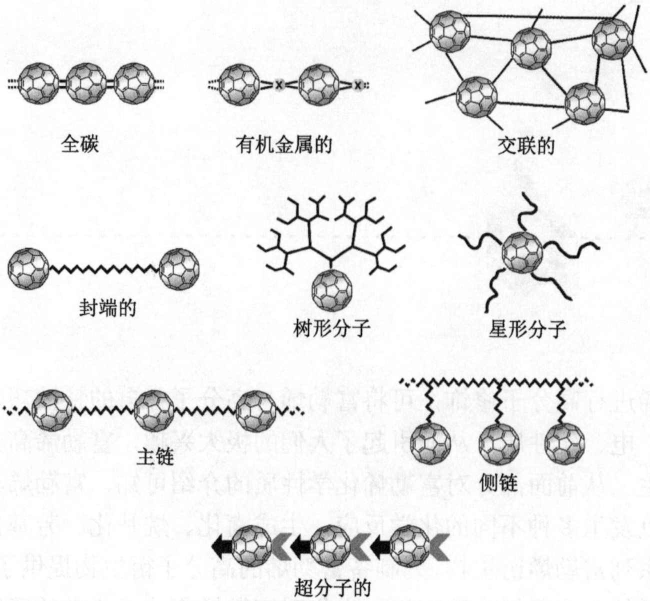

图 8-1　不同类型的富勒烯高分子示意图

（2）链端型富勒烯高分子：仅单个富勒烯分子连接在高分子链的一端，被称为"链端型富勒烯高分子"（end-chain fullerene polymers 或 end-capped fullerene polymers）。

（3）侧链型富勒烯高分子（side-chain fullerene polymers、on-chain fullerene polymers 或 pendant fullerene polymers）：指富勒烯位于高分子侧链的一类高分子，早期还被称为手镯形富勒烯高分子（charm-bracelet fullerene polymers）。

（4）链状聚富勒烯（polyfullerene chain）：包括富勒烯自身聚合，有的文献也称全碳富勒烯高分子（all carbon fullerene polymers）。

立体富勒烯高分子包括树枝状富勒烯高分子、星形富勒烯高分子和交联型富勒烯高分子等。

（1）树枝状富勒烯高分子（dendrofullerenes）：树枝状高分子连接在富勒烯上或其支化单元中含有富勒烯的高分子即为树枝状富勒烯高分子。

（2）星形富勒烯高分子：星形富勒烯高分子包括以富勒烯为中心伸展的高分子和富勒烯位于链末端的高分子，英文称为 star-shaped fullerene polymers、globular fullerene polymers、starburst fullerene polymers 等。

（3）交联型富勒烯高分子：交联型富勒烯高分子是指富勒烯或富勒烯衍生物，以及富勒烯与高分子之间发生键合，形成三维网状结构的富勒烯高分子。

其他富勒烯高分子包括富勒烯超分子聚合物（fullerene supramolecular polymers）、基体富勒烯高分子（matrix-bound fullerene polymers）、富勒烯金属高分子（organometallic polymers）等一些难以归类到上述富勒烯高分子范畴的其他含富勒烯的高分子。

在富勒烯高分子领域，主要研究的是 C_{60} 高分子（C_{70} 等其他富勒烯高分子研究得不多）的化学合成及其物理、化学性质，少量的研究涉及高分子反应机理研究和表征技术。以下就上述各类富勒烯高分子的化学研究演进做逐一介绍。

8.2 链状富勒烯高分子

链状富勒烯高分子是最早研究并得到重视的一类富勒烯高分子。由于富勒烯为球形笼状结构，其球面上的等效活性位点较多，给合成单一的链状富勒烯高分子带来一定困难，但经过富勒烯高分子研究者的多年努力，链状富勒烯高分子的合成和性质研究已经取得了长足的进步。各种新颖结构的富勒烯高分子被相继报道，一些富勒烯高分子表现出了优良的光学、电学等特性，相关的应用领域也得以开拓。

8.2.1 主链型富勒烯高分子

一般来说，在主链型富勒烯高分子中，富勒烯有两个位置参与成键，与其他类型的链状富勒烯高分子相比，主链型富勒烯高分子的富勒烯单元被结合得更加牢固，富勒烯与高分子材料的特性可望得到更紧密的结合，所以这类富勒烯高分子的合成研究引起了人们的兴趣（特别是在开展富勒烯高分子研究的早期）。主链型富勒烯高分子的合成策略主要有三种（图 8-2）：①富勒烯与具有合适对称双官能化的单体之间的共聚反应；②富勒烯双加成衍生物（或混合物）与双官能化单体之间的缩聚反应；③富勒烯或富勒烯双加成衍生物与两端双官能化的线性高分子之间的聚合反应。其中，第二种方法应用得最为广泛。然而，富勒烯 C_{60} 上的双加成产物通常为多个异构体的混合物（多达八种异构体），而且富勒烯的反应活性点较多，很容易形成多加成产物，把富勒烯聚合到高分子链中时很容易产生交

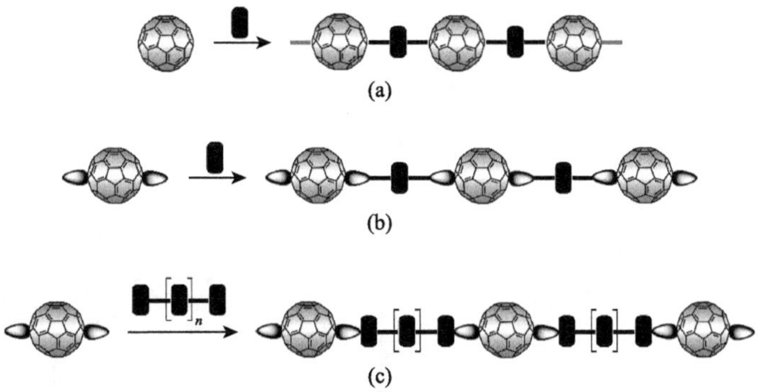

图 8-2　主链型富勒烯高分子的合成策略示意图

联聚合的现象。因此，合成主链型富勒烯高分子是一项比较复杂的工作，涉及主链型富勒烯高分子合成的成功例子不算多。最早报道这方面研究工作的是 Loy 等[4]，1992 年他们采用第一种合成方法，用 1, 1, 4, 4, -二亚乙基二苯（paracyclo-xylylene）热裂解得到对二甲苯的双自由基，再将此自由基引入 C_{60} 的甲苯溶液，在−78℃下进行聚合反应，制备得到 C_{60} 与对二甲苯的共聚物。但是，所获得的共聚物不稳定，当温度升高时成为交联聚合物。

水溶性富勒烯高分子的合成，为富勒烯高分子在生命科学领域中的应用创造了条件。2000 年，Geckeler 研究团队非常巧妙地合成了第一个水溶性的主链型富勒烯高分子[5]。他们通过 *β*-环糊精的二氨基超分子直接与 C_{60} 发生亲核加成反应，制备出了聚［*β*-环糊精-双(对氨基苯基)醚］富勒烯的富勒烯高分子，如图 8-3 所示。该高分子的数均分子量（M_n）为 18.9，平均分子量（M_w）是 20.0 kg/mol，多分散系数为 1.06，在水中具有很高的溶解性（＞10 mg/mL）。UV-vis 光谱测试该高分子主要吸收峰出现在 243 nm、286 nm 和 343 nm 处，而且在 350 nm 处还出现了一个扩展的吸收峰，动力学光散射研究表明，这个扩展峰是由于富勒烯集聚造成的。初步实验研究表明，由于其良好的亲水性，该高分子可以在生物和生物医学领域具有潜在的应用前景。该分子具有强烈清除自由基的能力，甚至比富勒烯 C_{60} 本身的清除力还强。此外，该高分子在光照下，可以切割 DNA 寡聚核苷酸。

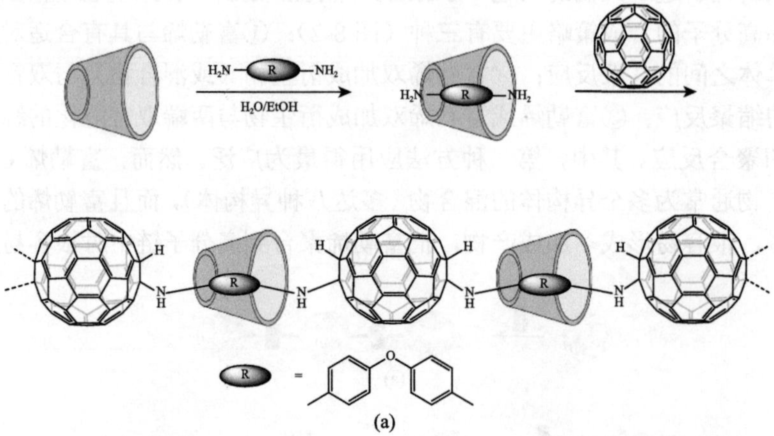

(a)

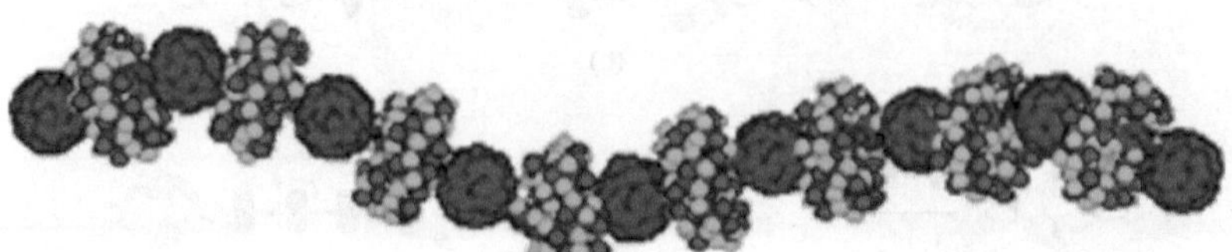

(b)

图 8-3 （a）水溶性富勒烯环糊精高分子的合成示意图；（b）富勒烯环糊精高分子的模型图[5]

Geckeler 课题组的这一研究无论在合成技术，还是产物结构上都具有一定的创新性。一般地说，C_{60} 与氨基化合物倾向于发生多加成反应，但把氨基化合物限制在环糊精中后，由于大环的空间位阻效应，有效地限制了富勒烯的多加成反应。这一类型的反应还可扩展应用到更多的主链型富勒烯高分子的合成，反应物也不仅局限于 β-环糊精和 C_{60}，还可改变环状化合物或富勒烯种类（如大碳笼富勒烯、内嵌金属富勒烯等），合成出更多、应用前景更好的主链型富勒烯高分子。

2009 年，Cramail 及其研究团队合成了两种双官能化单体（图 8-4），将这两种单体分别与 C_{60} 进行加成反应，结果获得了 1, 4-加成的主链型富勒烯高分子 PFDP1 和 PFDP2[6]。通过 GPC、NMR、TGA 研究表明，大空间位阻的 1, 4-双(甲基环己基醚)-2, 5-二溴甲基苯与富勒烯的加成是可控的可逆-失活自由基加成，生成主链型富勒烯的低聚物和高分子。紫外光谱和循环伏安测试表明，C_{60} 主要发生 1, 4-加成反应，有少量的 1, 2-加成，结果形成区域不规则的主链型富勒烯高分子。将 PFDP1 和 PFDP2 分别与给体 P3HT 混合制备有机太阳能电池，在所使用的浓度和退火温度范围内，PFDP1 的性能优于 PFDP2。

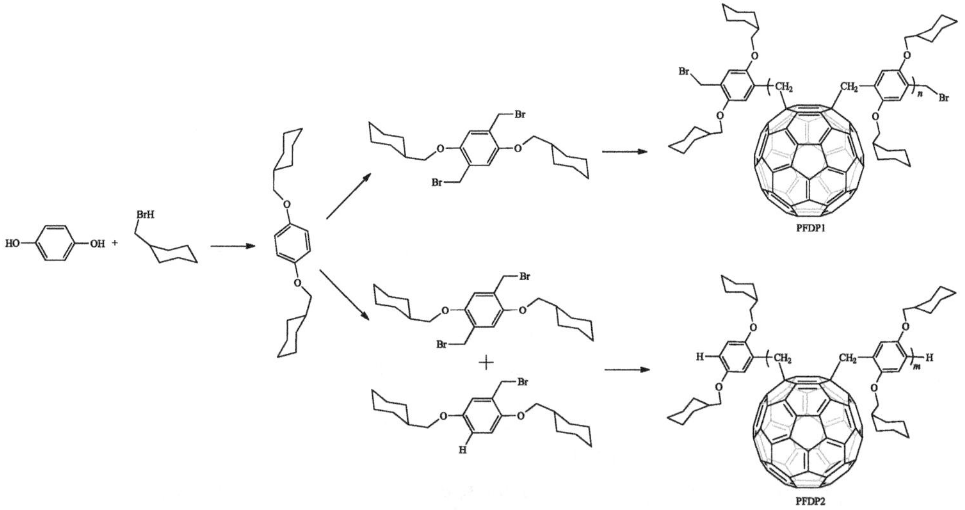

图 8-4　1, 4-加成的主链型富勒烯高分子 PFDP1 和 PFDP2 的合成示意图

Cramail 课题组在 PFDP 的研究基础上，继续对其结构和性能进行了优化，基于富勒烯作为主链重复亚单元的嵌段共聚高分子 PFDP-*b*-P3HT 首次被合成[7]。将电子给体聚(3-己基噻吩)（P3HT）和电子受体主链型富勒烯高分子 PFDP 一起纳入多嵌段共聚物的片段单元中，通过 Williamson 缩合反应合成多嵌段共聚物 PFDP-*b*-P3HT 富勒烯高分子（图 8-5）。可以通过选择电子受体 PFDP 和给体聚合物 P3HT 的嵌段长度，以满足不同有机太阳能电池制备的需要。研究还发现，依据制备条件的不同，这类高分子可以提供不同的宏观结构。

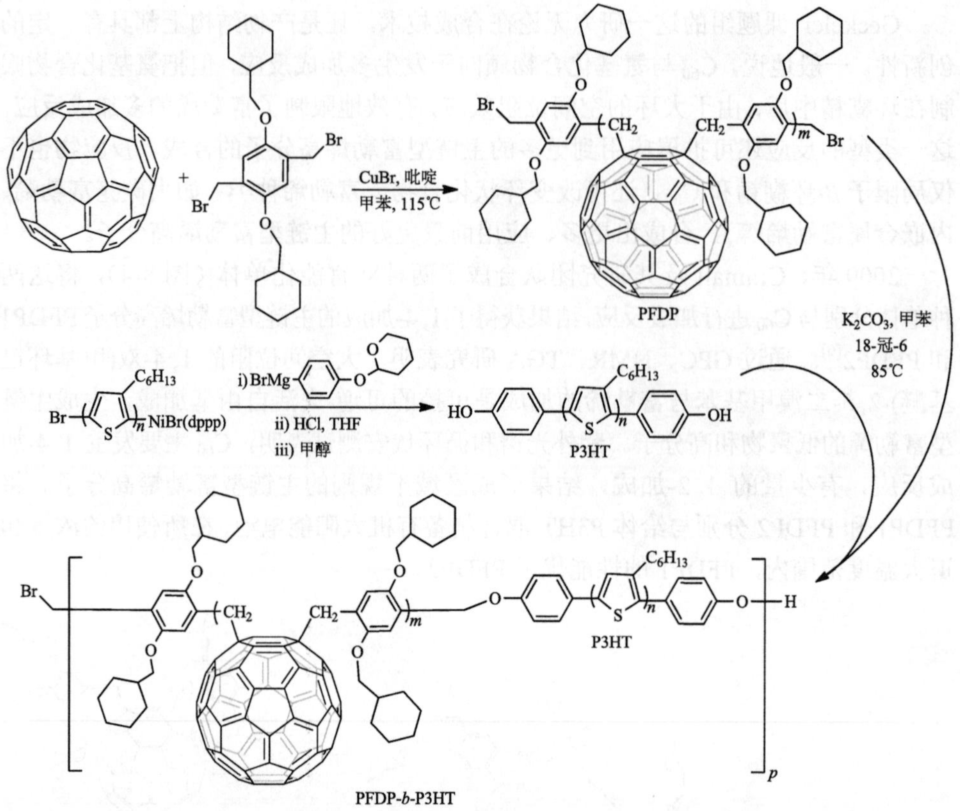

图 8-5 PFDP、P3HT 和 PFDP-*b*-P3HT 的合成路线图

为了减少主链型富勒烯高分子在合成过程中的交联，Hiorns 课题组采用含大分子量官能团的共聚单体来限制其交联[8]。他们通过空间位阻控制富勒烯的 Prato 环加成聚合，制备了分子量约为 25000 g/mol 的主链型富勒烯高分子 PPCs（图 8-6）。富勒烯高分子 PPCs 在许多溶剂中都具有相当好的溶解性。UV-vis 光谱等多种表征表明，这种方法合成的高分子是区域不规则的，且大部分为 *trans*-3 双加成异构体。此外，这种方法易于制备零金属含量的聚合物。有趣的是，这些富勒烯高分子材料在有机太阳能电池中，表现出相对高的 V_{oc}，并且可能还具有其他有趣的特性。

8.2.2 链端型富勒烯高分子

在链端型富勒烯高分子中，富勒烯作为一个分子单元悬挂在高分子链端，宏观上表现出与富勒烯母体相似的特性，为开发以富勒烯为基础的功能材料创造了条件。因为富勒烯衍生物的电化学和光物理性能等与富勒烯笼上的加成基团的数

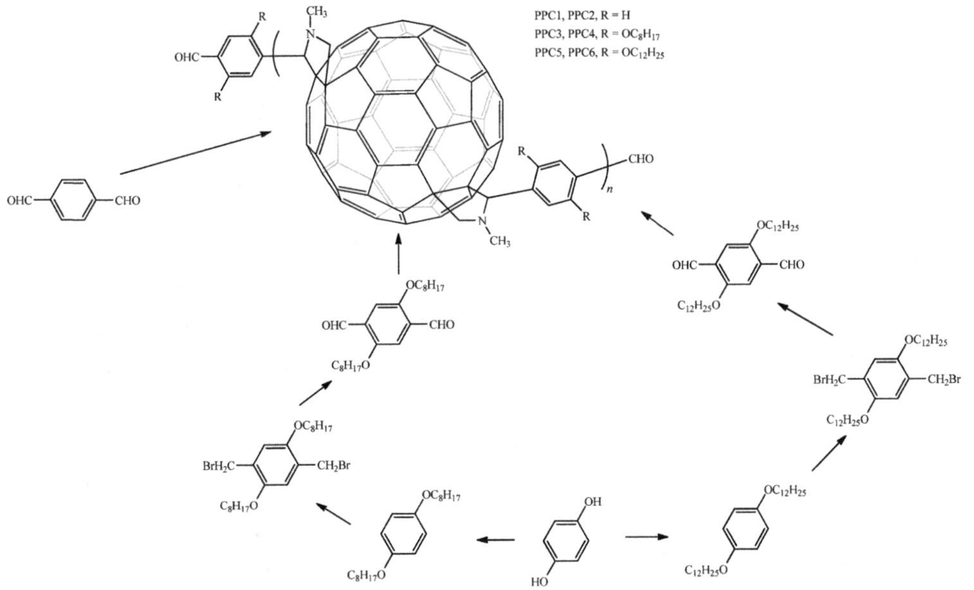

图 8-6 *trans*-3 双加成连接的主链型富勒烯高分子 PPCs 的合成示意图

PPC1、PPC3、PPC5 合成溶剂为甲苯，PPC2、PPC4、PPC6 合成溶剂为邻二氯苯

目密切相关，因此控制富勒烯高分子的加成数目，合成出具有立体选择性的富勒烯高分子材料，对开拓富勒烯的应用领域，发展功能高分子材料具有重要意义。

链端型富勒烯高分子的合成，要求制备方法和反应线路具有良好的立体选择性。但由于富勒烯分子特殊的笼状对称结构，使富勒烯具有易发生多加成反应的特点，产物结构难以控制。链端型富勒烯高分子的合成策略主要有两种（图 8-7）：①通过预先制备好的含有活性反应基团的高分子前驱体与富勒烯反应来实现；②用带活性反应基团的富勒烯与单体反应，诱导链的生长来制备。其中，第二种方法可以更好地控制富勒烯高分子衍生物的结构，常用的活性基团包括氨基、叠氮基、苄溴基等，相关的反应包括亲核加成反应、环加成反应、自由基加成反应等。

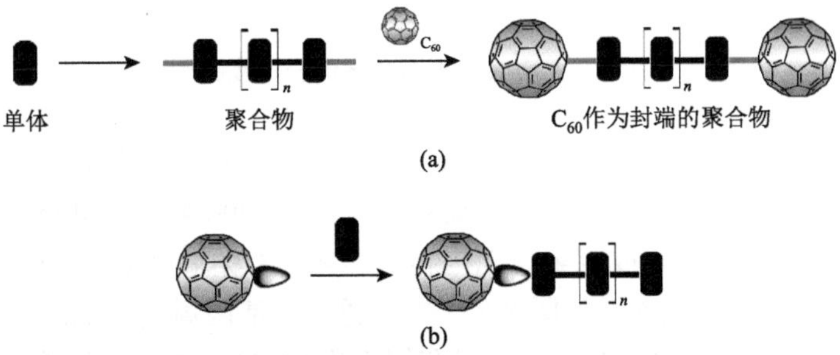

图 8-7 链端型富勒烯高分子的合成策略示意图

1. 亲核加成反应

链端型富勒烯高分子，可以通过含有氨基的高分子与富勒烯在较温和的条件下进行加成反应来制备。由于含有氨基的高分子骨架可通过不同的反应来控制，所以用这种方法可以合成不同性质的富勒烯高分子衍生物，如合成可溶性的富勒烯高分子等。

C_{60} 与氨基化合物的加成反应得到了较细致的研究，在此基础上，Hirsch 等[9]和 Patil 等[10]于 1993 年分别将胺化亲核加成反应扩展到富勒烯高分子领域，报道了 C_{60} 与一些氨基聚合物的反应，得到了聚(亚烷基胺)[poly(alkylene amine)]和聚(亚烷基亚胺)[poly(alkylene imide)]的 C_{60} 高分子衍生物。

后来，Frey 等[11]用聚苯乙烯作起始物，通过胺化反应先合成了氨基封端的聚苯乙烯 PS-NH_2，再与过量的 C_{60} 反应，在甲苯/吡啶（80∶20）溶剂中，50℃的温和条件下反应 4～6 天，有效地控制了 C_{60} 的加成基团的数量，得到了端链型富勒烯聚苯乙烯（图 8-8）。其中，氨基封端的聚苯乙烯 PS-NH_2 的合成是该反应成功的关键，他们用聚苯乙烯与二甲基氯硅烷和烯烃氨反应，在不同的反应条件下得到了 75%～90%的氨基封端的聚苯乙烯。在链端型富勒烯高分子的研究中，含 C_{60} 的聚苯乙烯被研究得最多，陆续有不少文献[12, 13]报道了该类高分子的合成、性质、表征、反应机理和应用。

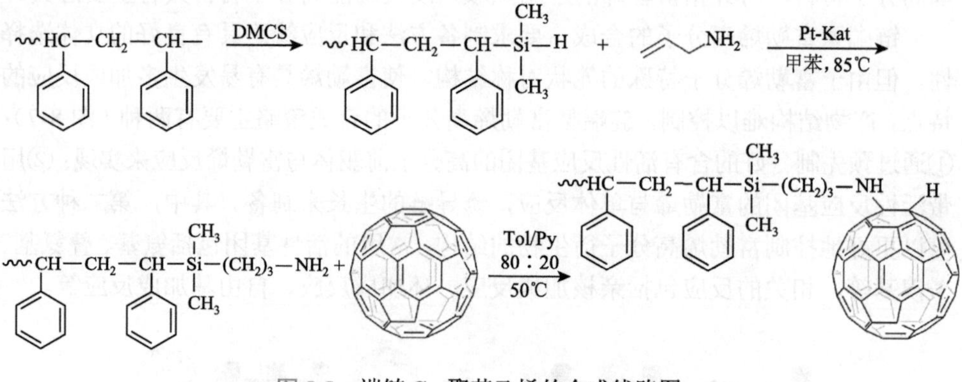

图 8-8 端链 C_{60} 聚苯乙烯的合成线路图

不仅含氨基的聚合物能与富勒烯发生亲核聚合反应，碳负离子的聚合物也可与 C_{60} 发生亲核加成，生成端链型富勒烯高分子。2006 年，Yashima 等报道了一种新颖而通用的方法，合成了全同立构和间同立构 C_{60}-端链型的聚(甲基丙烯酸甲酯)（*it*-和 *st*-PMMA-C_{60}'s，见图 8-9）[14]。通过甲基丙烯酸甲酯的立体特异性阴离子活性聚合，然后用 C_{60} 封端，合成有规立构 PMMA-C_{60}'s，并通过尺寸排阻色谱、NMR、UV-vis 和 MALDI-TOF-MS 分析其结构。这种合成方法可以精确控制结构，包括分子量、分子量分布、立构规整度和链端结构。有规立构高分子末端的 C_{60} 自组装可以形成超分子纳米球和纳米网络结构。由于 C_{60} 单元的疏水相互作用，有规立构 PMMA-C_{60}'s 在 H_2O/CH_3CN（1/9，体积比）溶液中自组装形成核壳聚集体，其中 C_{60} 作为核，PMMA 链作为壳。这些 *it*-和 *st*-PMMA-C_{60} 聚集体通过迭代立体复合进一步超分子组装形成纳米网络结构。当 *it*-和 *st*-PMMA- C_{60}'s 同时混合时，C_{60} 单元的自组装和 *it*-和 *st*-PMMA 链的立体络合物形成同时发生，结果形成尺寸均匀，具有耐热性的球形纳米颗粒。使用 *it*-PMMA-C_{60} 簇和 *st*-PMMA 预聚物作为黏合剂时，也可以生产类似的纳米网络结构。

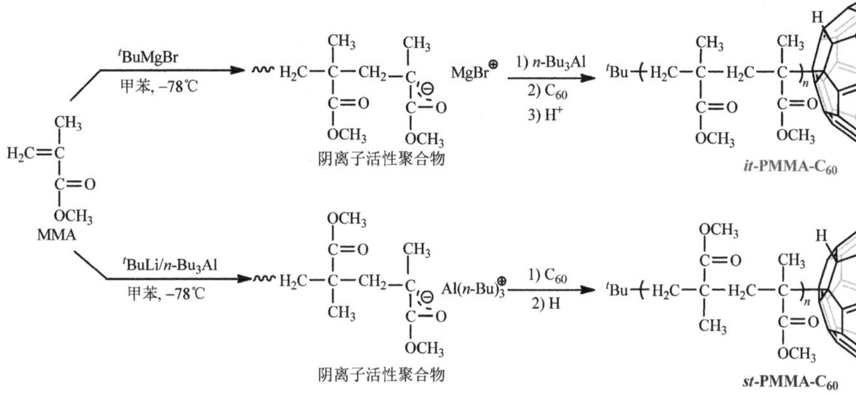

图 8-9　合成 *it*-和 *st*-PMMA-C_{60} 的示意图

2. 自由基加成反应

自由基反应无须预先合成带活性基团的高分子，在富勒烯高分子的研究实践中具有一定的优势。我国高分子科学界较早地开展了链端型富勒烯高分子的研究，复旦大学的汪长春等[15]于 1996 年提出利用带有活性自由基的高分子长链聚苯乙烯-TEMPO（TEMPO 为 2, 2, 6, 6-tetramethylpiperidinyl-1-oxy）与 C_{60} 反应的方法来制备高分子富勒烯衍生物，合成了聚苯乙烯-TEMPO 的 C_{60} 衍生物（图 8-10），并发现该高分子具有良好的光电导性能。

Webber 等[16]介绍了利用偶氮二异丁氰（AIBN）引发 C_{60} 或 C_{70} 与苯乙烯自由基反应合成富勒烯聚苯乙烯高分子的研究，并较详细地研究了富勒烯单加成的自由基反应机理，认为在只有 C_{60} 和偶氮二异丁氰存在时，发生如下反应（其中 I_2 为偶氮二异丁氰，$I^{\bullet}$ 为异丁氰自由基）：

$$I_2 \longrightarrow I^{\bullet} + N_2 \qquad (1)$$

$$I^{\bullet} + C_{60} \longrightarrow I\text{-}C_{60}^{\bullet} \qquad (2)$$

$$I^{\bullet} + I\text{-}C_{60}^{\bullet} \longrightarrow I\text{-}C_{60}\text{-}I \qquad (3)$$

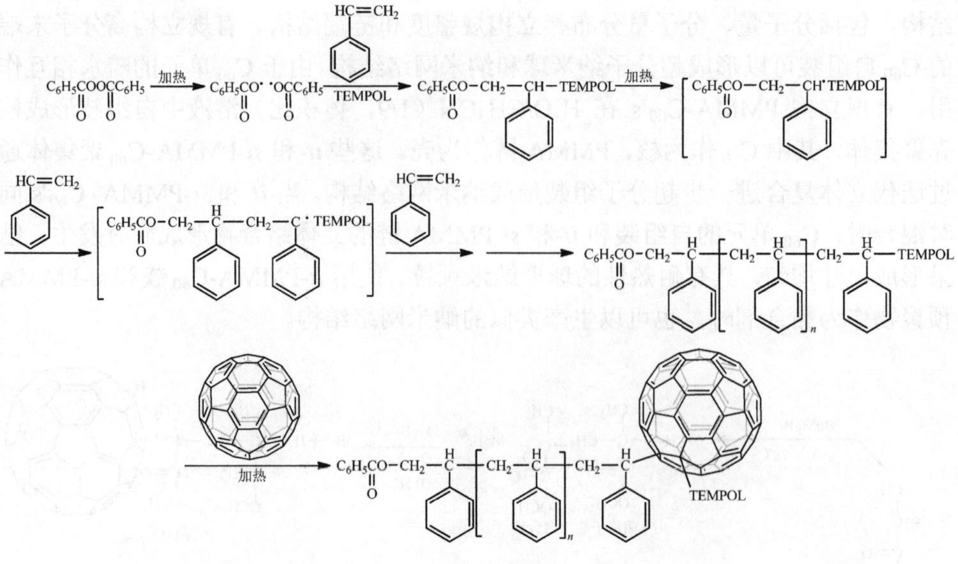

图 8-10 聚苯乙烯-TEMPO 的 C_{60} 衍生物的合成线路图

其中 TEMPO 为 2, 2, 6, 6-tetramethylpiperidinyl-1-oxy

$$2\ \text{I-C}_{60}^{\bullet} \longrightarrow \text{I-C}_{60}\text{-C}_{60}\text{-I} \quad (4)$$

当加入苯乙烯后，可能发生如下反应：

$$\text{I-C}_{60}^{\bullet} + \text{苯乙烯} \longrightarrow \text{慢反应} \quad (5)$$

$$\text{PS}'^{\bullet} + \text{C}_{60} \longrightarrow \text{PS-C}_{60}^{\bullet} + \text{苯乙烯} \longrightarrow \text{慢反应} \quad (6)$$

$$\text{PS}'^{\bullet} + \text{PS-C}_{60}^{\bullet} \longrightarrow \text{PS-C}_{60}\text{-PS}' \quad (7)$$

$$\text{I}^{\bullet} + \text{PS-C}_{60}^{\bullet} \longrightarrow \text{PS-C}_{60}\text{-I} \quad (8)$$

$$\text{PS-C}_{60}\text{-PS}' + \text{PS}''^{\bullet} \longrightarrow \text{(PS)(PS}')\text{(PS}'')\text{C}_{60}^{\bullet} \quad (9)$$

（其中 $PS'^{\bullet}$、$PS''^{\bullet}$ 为不同的聚苯乙烯自由基）

根据上述反应机理，研究者认为在 C_{60}、苯乙烯和偶氮二异丁氰共存时，C_{60} 与苯乙烯争夺异丁氰自由基。由于 C_{60} 与异丁氰自由基 $I^{\bullet}$ 的反应速率比苯乙烯快，因此苯乙烯自由基在 C_{60} 被大部分消耗完后才能与异丁氰自由基 $I^{\bullet}$ 反应，而 C_{60} 自由基比较稳定，反应速率慢。因此，当 C_{60} 含量高时，聚合产率低。所得的 C_{60}-聚苯乙烯荧光强度比 C_{60} 强 10～20 倍且蓝移，可能是由于产物的对称性受到破坏而引起的。

但后来的研究发现，基于这种自由基反应的合成产物往往结构复杂，不易获得单分散性的高聚物。Fukuda 等[17]巧妙地通过一个分步反应先获得聚苯乙烯自由基，再与 C_{60} 进行加成反应，进而获得具有较好单分散性的聚苯乙烯 C_{60} 衍生物 C_{60}-$(PS)_2$，其反应路径见图 8-11。

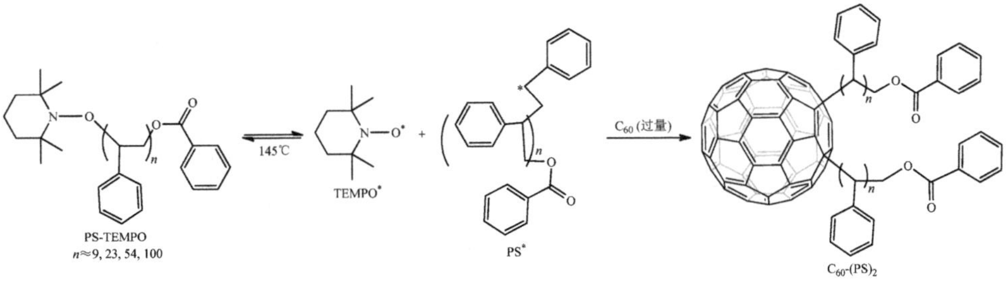

图 8-11　聚苯乙烯 C_{60} 衍生物 C_{60}-(PS)$_2$ 的合成线路图

这一实验与汪长春等[15]设计的反应线路有相似之处，但实验结果不尽相同。Fukuda 等[17]对二加成的聚苯乙烯 C_{60} 衍生物的结构进行了更加细致、全面的表征。他们采用相同的反应线路（图 8-12）首先合成了相应高分子的简单模型 1, 4-苯乙烯加成的 C_{60} 小分子衍生物 C_{60}-(BS)$_2$，并对 C_{60}-(BS)$_2$ 进行了 ^{13}C NMR 和 UV/vis 等分析，引证了有说服力的实验事实，确定了在拟定的反应线路和实验条件下将获得 1, 4-加成的 C_{60} 衍生物，然后将这一实验结论推广到 C_{60}-(PS)$_2$ 的研究中，同时，对合成的高分子产物进行了 ^{1}H 和 ^{13}C NMR、UV/vis 和 GPC 分析，这些分析结果均证实了 C_{60}-(PS)$_2$ 的加成结构。Fukuda 等对这一高选择性的反应机理做了讨论，并称其中的核心方法属于氧氮自由基存在下的“活性”自由基聚合技术（nitroxyl-mediated “living” radical polymerization technique）。

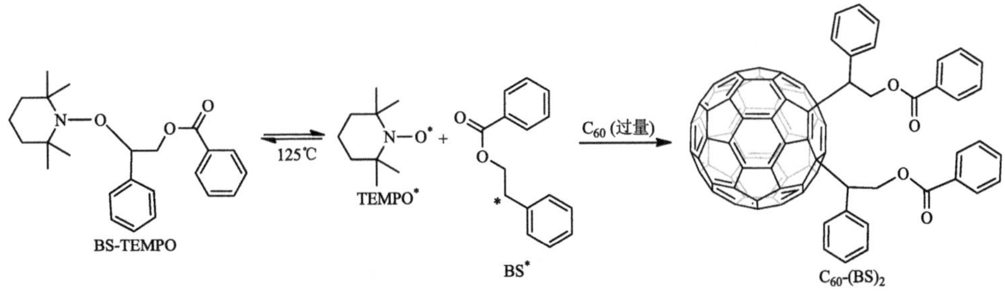

图 8-12　1, 4-加成 C_{60} 衍生物 C_{60}-(BS)$_2$ 的合成线路图

北京大学的李福绵教授等[18]通过原子转移自由基聚合方法（atom transfer radical polymerization），以一定分子量的端基为 Br 的聚苯乙烯 PSt-Br 和聚甲基异丁烯酸酯 PMMA-Br 为反应物，合成了两类富勒烯高分子 PSt-C_{60}-Br 和 PMMA-C_{60}-Br（图 8-13），经 GPC、UV-vis、FTIR 和荧光光谱表征确定了其为 C_{60} 封端的高分子结构，并经 NH_2CH_2CN 标记的红外光谱分析证明了 C_{60} 与高分子之间的共价键连接。

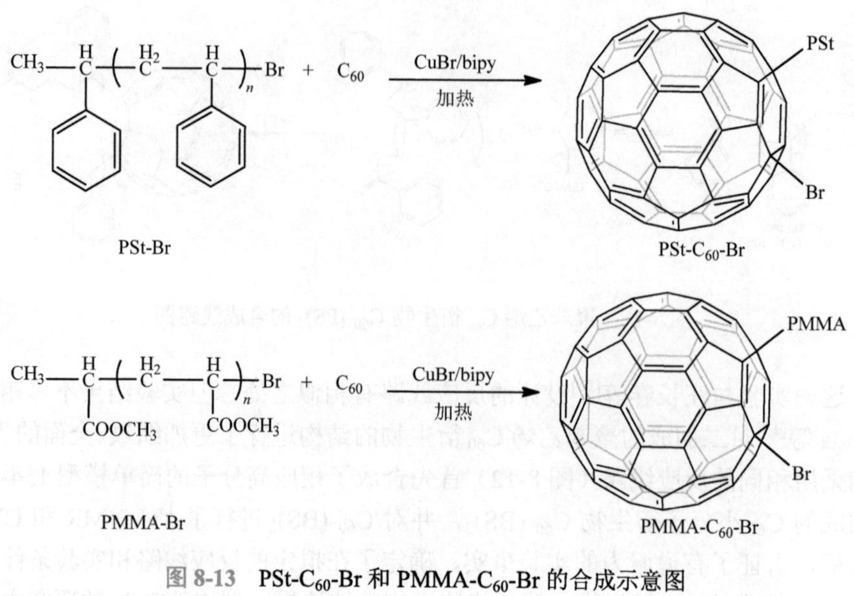

图 8-13 PSt-C_{60}-Br 和 PMMA-C_{60}-Br 的合成示意图

利用同样的反应原理，李福绵教授等[19]以一个单加成的具有 Br 封端的小分子富勒烯衍生物为反应起始物，与聚苯乙烯聚合生成一种结构确定的锤形的 C_{60} 高分子，反应线路见图 8-14。他们对该反应进行了合成动力学研究和聚合转化率与分子量的关系分析，得出了结论：在聚合转化率小于 5%时，C_{60} 高分子的分子量可以得到定量控制。对产物高分子进行 GPC 分析，获得的色谱图均具有很好的对称性，且没有肩峰，说明合成的高分子纯度较好，而非小分子原料和高分子产物的混合物。

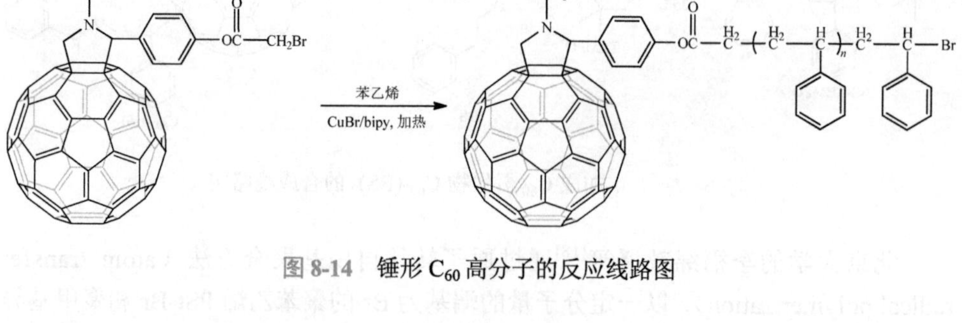

图 8-14 锤形 C_{60} 高分子的反应线路图

3. 环加成反应

汪长春等在环加成反应合成富勒烯高分子方面也做了一些有意思的研究工作。例如，2004 年[20]，他们将由 *N*, *N'*, *N'*, *N''*, *N''*-五甲基二亚乙基三胺（PMDETA）/CuBr 催化的原子转移自由基聚合（ATRP）用于合成具有预先设计分子量和窄多分散性的聚(丙烯酸叔丁酯)（PtBA-Br）。合成路线如图 8-15 所示，使用 PtBA-Br 作为大分子引发剂，通过 ATRP 制备 PtBA-*block*-PS 嵌段共聚物，然后将末端溴原子转化为叠氮基［P(tBA-*b*-St)-N_3］，然后通过 C_{60} 与 P(tBA-*b*-St)-N_3 发生环化反应，合成 C_{60} 封端的 PtBA-PS 嵌段共聚物［P(tBA-*b*-St)-C_{60}］。GPC 表征显示 C_{60} 化学键合到 P(tBA-*b*-St)链的末端，产物为单个 C_{60} 取代。FTIR、UV-vis 测试证实，P(tBA-*b*-St)-C_{60} 水解产生两亲性 C_{60} 封端的 PAA-PS 嵌段共聚物。另外，PtBA 和 PS 是非导电聚合物，没有光电导性，而 P(tBA-*b*-St)-C_{60} 具有良好的光电导率。

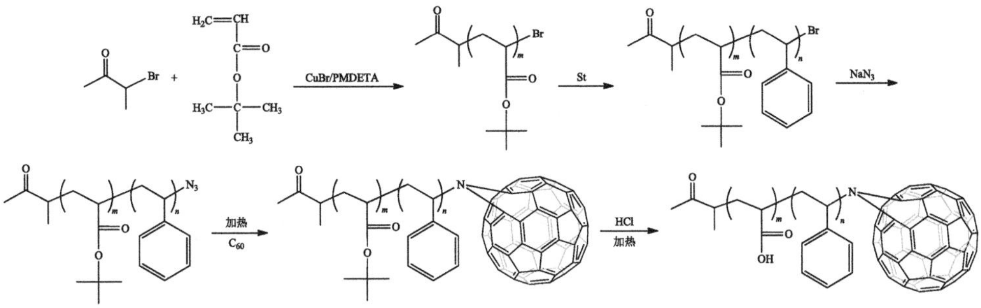

图 8-15　P(tBA-*b*-St)-C_{60} 的反应线路

Bingle 环加成反应在链端富勒烯高分子的合成中应用也比较频繁。2005 年，Ho 研究小组研究开发了多步合成过程制备新型 C_{60} 锚定的双臂聚(丙烯酸叔丁酯)C_{60}-PtBA[21]。首先，通过原子转移自由基聚合合成具有良好控制分子量的丙二酸酯为核心的双臂聚(丙烯酸叔丁酯)PtBA，然后与 C_{60} 进行有效的 Bingel 反应，得到 C_{60} 锚定的聚合物 C_{60}-PtBA（图 8-16）。GPC、^{1}H NMR 和 UV-vis 光谱等表征表明，C_{60}-PtBA 是单取代的闭环的 6, 6-加成的环丙烷富勒烯衍生物。此外，疏水性 C_{60}-锚定的双臂聚(丙烯酸叔丁酯)的经三氟乙酸的水解处理很容易获得亲水性 C_{60} 锚定双臂聚(丙烯酸)，在水中具有良好的溶解性。经 TFA 处理后，C_{60} 核和聚合物主链之间的联系保持不变，分子量分布保持单分散状态，因叔丁基的解离，平均分子量显示出合理的变小。

在链端型富勒烯高分子的合成中，Prato[3 + 2]环加成反应是较为简便易行的方法。Hillmyer 等[22]采用控制聚合技术和后聚合功能化相结合的方法，合成了链端功能化、区域规则的聚(3-己基噻吩)（P3HT），然后链端醛基化的 P3HT 聚合物 CHO-P3HT-CHO 经过 Prato 反应，将聚合物链的两端用富勒烯单元终止，生成一个内部具有受体-给体-受体的分子 C_{60}-P3HT-C_{60}（图 8-17）。利用 ^{1}H NMR 谱、尺寸排阻色谱、UV-vis 吸收光谱和荧光光谱对聚合物的分子性质进行表征，结果表明富勒烯单元与聚合物链端是共价结合的。作者还通过差示扫描量热法、广角 X 射线散射和小角 X 射线散射对聚合物的整体微观结构进行分析，通过原子

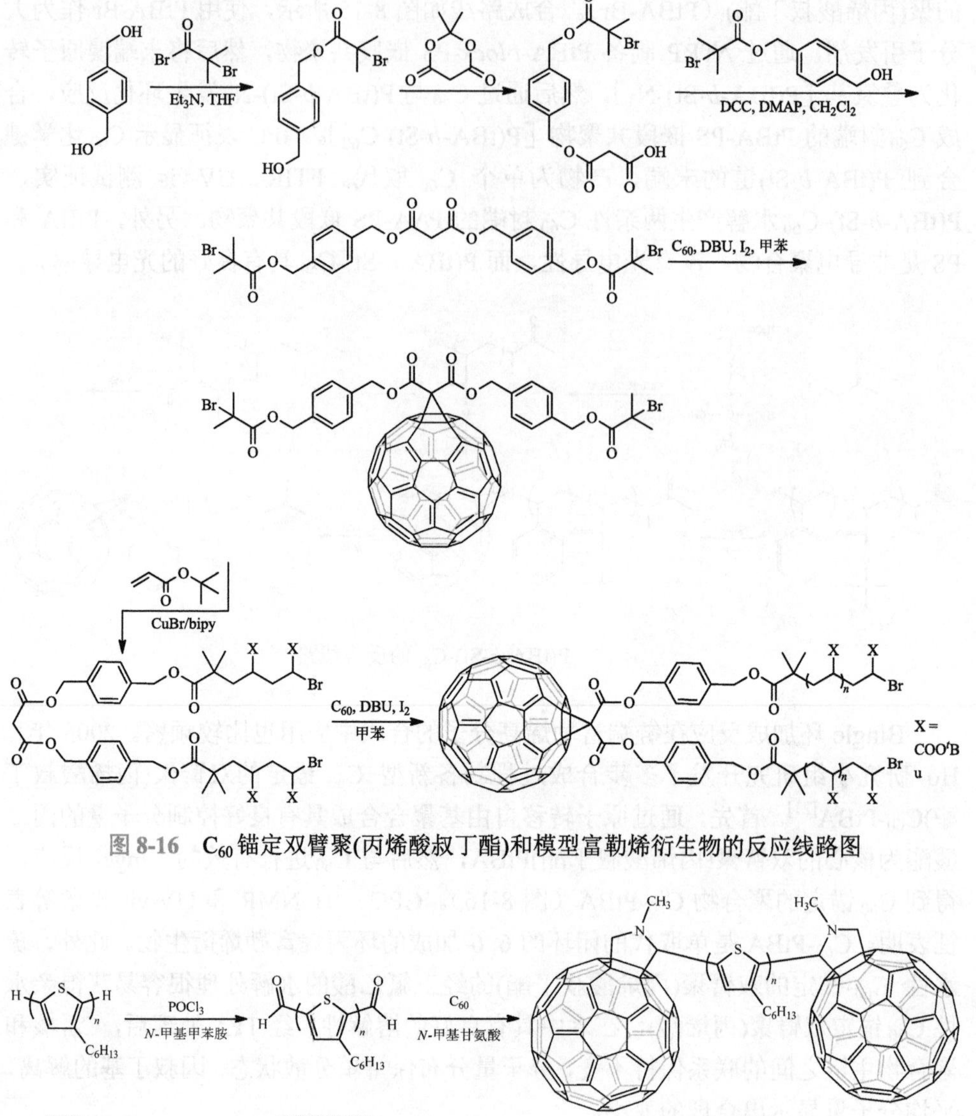

图 8-16　C_{60}锚定双臂聚(丙烯酸叔丁酯)和模型富勒烯衍生物的反应线路图

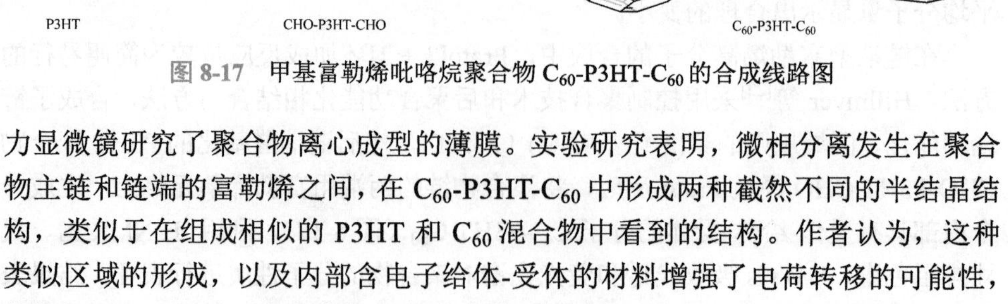

图 8-17　甲基富勒烯吡咯烷聚合物 C_{60}-P3HT-C_{60} 的合成线路图

力显微镜研究了聚合物离心成型的薄膜。实验研究表明，微相分离发生在聚合物主链和链端的富勒烯之间，在 C_{60}-P3HT-C_{60} 中形成两种截然不同的半结晶结构，类似于在组成相似的 P3HT 和 C_{60} 混合物中看到的结构。作者认为，这种类似区域的形成，以及内部含电子给体-受体的材料增强了电荷转移的可能性，使得 C_{60}-P3HT-C_{60} 成为本体异质结有机太阳能电池中一种具有应用前景的候选材料。

4. 其他反应

浙江大学的徐铸德教授等[23]利用 Friedel-Crafts 反应合成了聚环氧丙基咔唑［poly(epoxy propyl carbazole)］的 C_{60} 高分子 C_{60}-PEPC，并通过 GPC、NMR、FTIR、UV 和热分析等对结构进行表征，反应线路见图 8-18。作者认为该反应还可用于含有苯基的其他富勒烯高分子的合成。研究发现，C_{60}-PEPC 具有与反应单体相似的紫外吸收光谱（略向长波扩展），并表现出荧光铣猝灭现象。

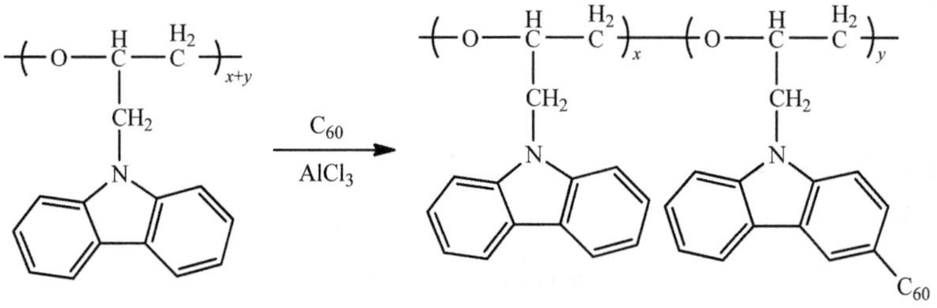

图 8-18　C_{60} 高分子 C_{60}-PEPC 的合成图

2014 年，Yamakoshi 等以 Prato 反应获得的 C_{60} 吡咯烷双羧酸衍生物作为反应前驱体，合成了多种具有生物相容性的富勒烯高分子[24]，如图 8-19 所示。研究发

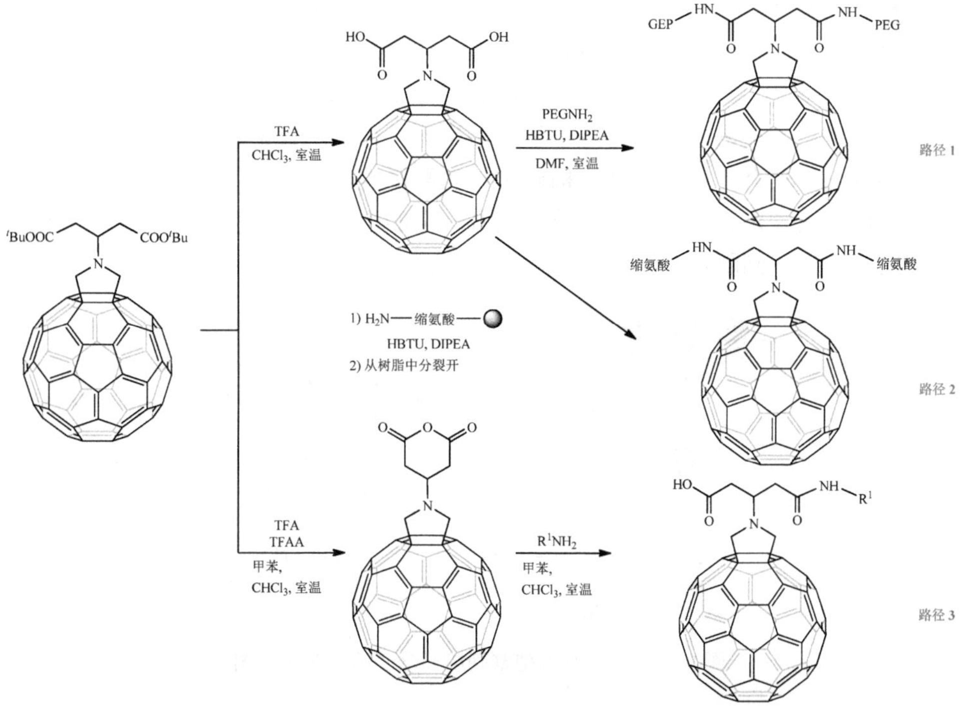

图 8-19　bis-^{t}Bu 酯基的 C_{60} 吡咯烷衍生物作为关键前驱体合成富勒烯高分子

现，含有 bis-^{t}Bu 酯基的 C_{60} 吡咯烷衍生物是一个稳定、方便的支架分子，可用于合成水溶性高分子（如 C_{60}-PEG 共聚物、富勒烯肽高分子）。在酸性条件下，^{t}Bu 脱保护顺利进行而不会影响 C_{60} 核并有效地转化为含双酸基的 C_{60} 吡咯烷衍生物。与其他 C_{60} 羧酸衍生物相比（如通过 Bingel 反应生成的羧酸衍生物），Prato 反应获得的羧酸衍生物非常稳定，此外该羧酸衍生物即使在固相条件下也易于官能化。通过引入含氨基衍生物或肽，可方便地合成多种其他生物相容性的链端型富勒烯高分子。bis-^{t}Bu 酯基的 C_{60} 吡咯烷衍生物形成的酸酐中间体还可用于合成带有多个官能基团的富勒烯衍生物。

8.2.3 侧链型富勒烯高分子

在过去的三十多年中，人们对含富勒烯侧链高分子给予了极大的关注，尤其是它们在太阳能电池中的应用，这要归功于它们自然倾向于自组装成周期性有序纳米结构[25]，以及可以通过不同的使用方式来控制最终的材料形貌。不少课题组研究了 C_{60} 的嵌段共聚物性质和它们的形貌组织，以及它们在太阳能电池中的光伏性能[26, 27]。已有大量的文献对侧链型富勒烯高分子进行了研究报道，高分子研究者们将富勒烯与聚苯乙烯[28]、聚丙烯酸酯[29]、聚醚[30]、聚碳酸酯[31]、聚硅氧烷[32]、多糖[33]等众多经典聚合物相结合起来，以增强高分子的性能，改进材料的加工性，拓展高分子的潜在应用。总的来说，制备侧链型富勒烯高分子的合成策略可以概括为两种方法（图 8-20）：①将富勒烯本身或富勒烯衍生物直接与预制备的聚合物反应；②预先合成含富勒烯的高分子单体，然后进行聚合反应。在第二种策略中，如果富勒烯单体是单加成衍生物，而且在富勒烯的双键为惰性的反应条件下进行聚合，就能得到结构确定、富勒烯的电子结构基本不变的富勒烯高分子。但合成含富勒烯的高分子单体具有一定的困难，可参与聚合反应的高分子单体的类型也受到限制，存在一定的局限性。

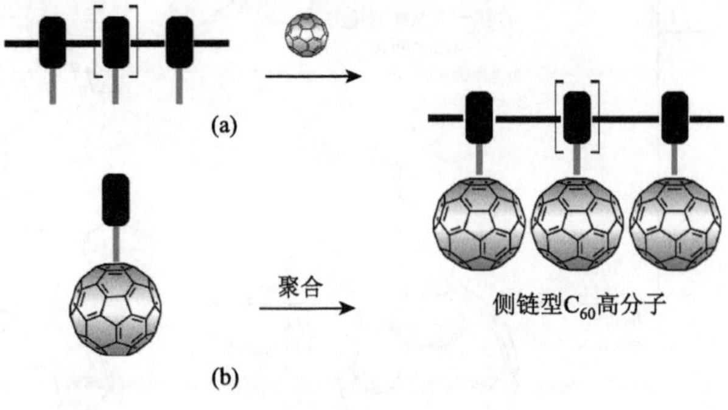

图 8-20 合成侧链型富勒烯高分子的策略示意图

Wudl 等[34]最早利用 C_{60} 的双酚衍生物单体制备侧链型 C_{60} 高分子聚(癸二酸酯)

和 $PHC_{61}U$，他们所采用的加成聚合和缩合聚合的反应线路如图 8-21 所示。其中，富勒烯聚氨酯高分子 $PHC_{61}U$ 是不溶的，而聚(癸二酸酯)更容易处理。通过 UV-vis 光谱和循环伏安法证实，高分子中 C_{60} 电子结构明显保持不变，这预示着这些由聚合物制造的产品可以观察到不寻常的类似富勒烯的性质。

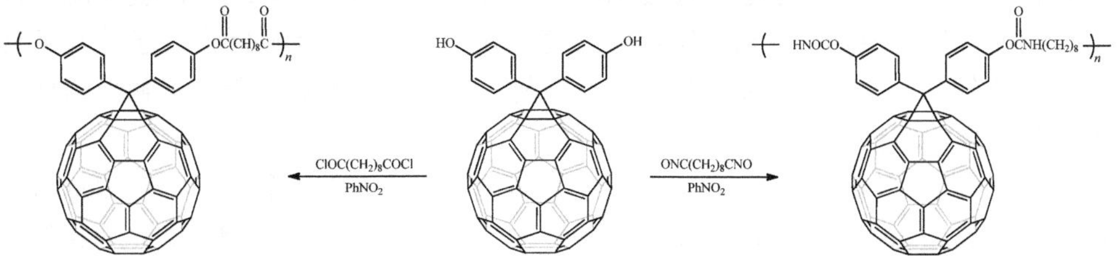

图 8-21　C_{60} 双酚衍生物单体制备侧链型 C_{60} 高分子的示意图

Wang 等[35]报道了一种将 C_{60} 引入高分子侧端的新方法：含苯并环丁基酮的衍生物 **1**（图 8-22）可与不同的乙烯基类单体（如乙烯和苯乙烯）反应得到不同的反应中间体，进而通过环加成得到侧端含 C_{60} 的高分子。图 8-22 为合成聚苯乙烯的富勒烯高分子 C_{60}-PSt 的反应路线图。他们用该法还合成了聚乙烯的富勒烯高分子 C_{60}-PE，C_{60}-PE 结构及其合成过程中的主要中间体 BCBO-PE 见图 8-22。在该类高分子合成过程中，将 C_{60} 引入高分子侧端上的关键步骤是通过苯并环丁基酮与 C_{60} 的[4 + 2]

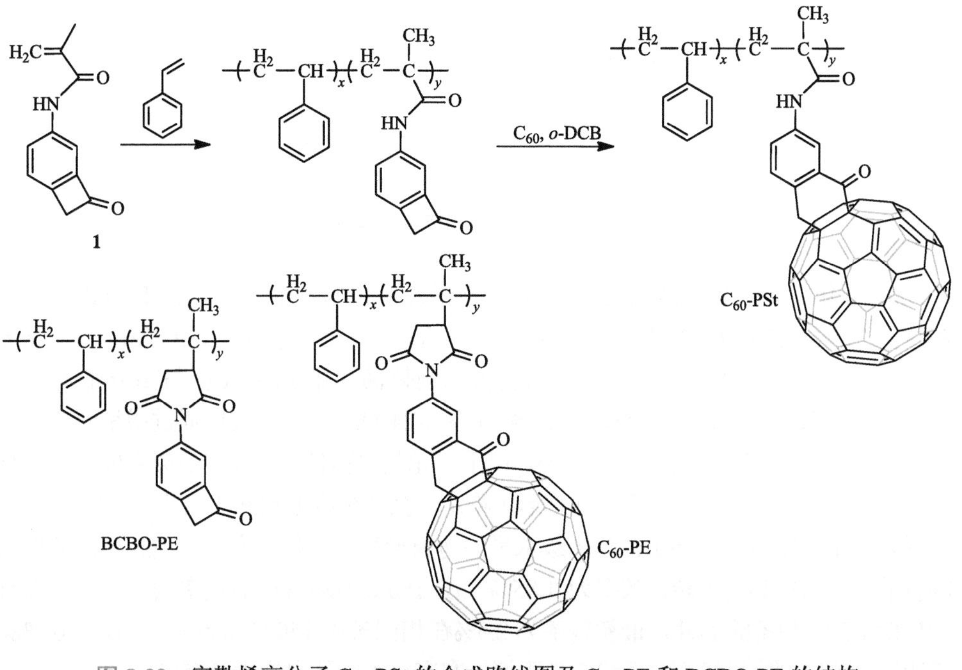

图 8-22　富勒烯高分子 C_{60}-PSt 的合成路线图及 C_{60}-PE 和 BCBO-PE 的结构

环加成的技术来实现的。研究结果表明，反应中间体中的苯并环丁基酮数量完全决定了高分子产物中 C_{60} 的含量，据此，可以通过调整反应计量来控制侧端 C_{60} 高分子中的 C_{60} 含量。此外，他们还发现，C_{60} 与高分子的各自性质都强烈地影响着这类高分子的性质，例如，由于受高分子的影响，C_{60}-PSt 和 C_{60}-PE 的溶解度比 C_{60} 单体的高得多；而受 C_{60} 的影响，C_{60}-PSt 和 C_{60}-PE 的玻璃化温度又比不含 C_{60} 的聚合物 BCBO-PSt 和 BCBO-PE 本身高得多。这说明富勒烯高分子综合了富勒烯和高分子各自的特性而成为一类新型材料，可以预测这类兼备富勒烯和高分子优异特性的新材料将具有潜在的应用前景。

合成可溶的富勒烯高分子是富勒烯高分子化学领域研究的一个重要内容。Sun 等[36]通过 Friedel-Crafts 反应合成的侧链型 C_{60} 聚苯乙烯（图 8-23）可溶于常规的有机溶剂中，但实验发现其溶解性与样品的处理过程密切相关。据报道，新合成的高分子在氯仿中可溶，但将溶剂蒸干后，再加入氯仿却发现这种聚合物已不再溶解。此外，他们通过凝胶渗透色谱、NMR、FTIR、热分析和光谱法对合成的高分子进行了表征。

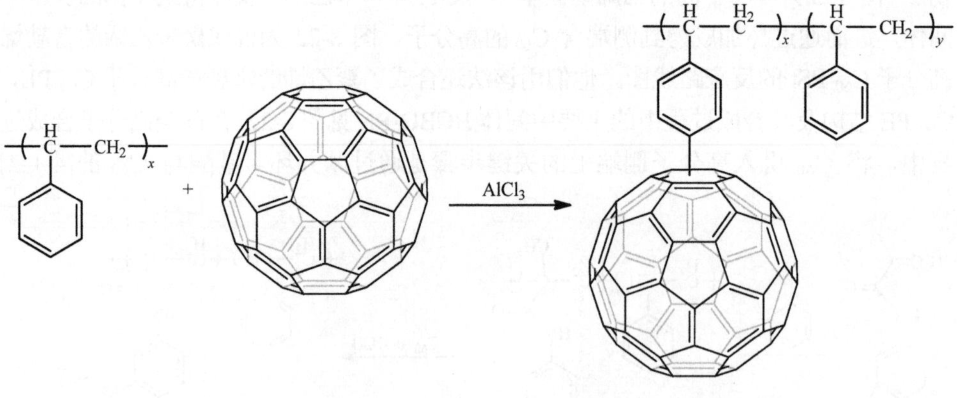

图 8-23　侧链型 C_{60} 的聚苯乙烯高分子的合成路线图

2010 年[27]，Holdcroft 等经过四步反应制备了叠氮功能化的嵌段 P3HT 共聚物 P3HT-1%*graft*-(ST-*stat*-N3MS)，如图 8-24(a)所示。在加热条件下，由 P3HT-1%*graft*-(ST-*stat*-N3MS)和 PCBM 二元共混物制备的固体薄膜中 PCBM 会与高分子的叠氮基反应，生成相应的侧链型富勒烯聚合物［图 8-24（b)］，这一反应通过傅里叶变换红外光谱和紫外-可见光谱被证实。此外，由于二元共混物膜加热反应后会生成富勒烯高分子，使得薄膜很大程度上不溶并且形貌稳定，会减缓或限制 PCBM 晶体的生长。通过透射电子显微镜分析显示，纳米级水平的薄膜形貌没有显著变化。由此稳定活性层制备的光伏器件其光电转换效率为 1.85%，在 150℃加热 3 h 后效率为 0.93%，而有 P3HT/PCBM 制备的器件，最初效率为 2.5%在相同条件 150℃加热 3 h 后仅有 0.5%，说明这种侧链型富勒烯高分子稳定性更好，在有机太阳能电池中具有应用前景。

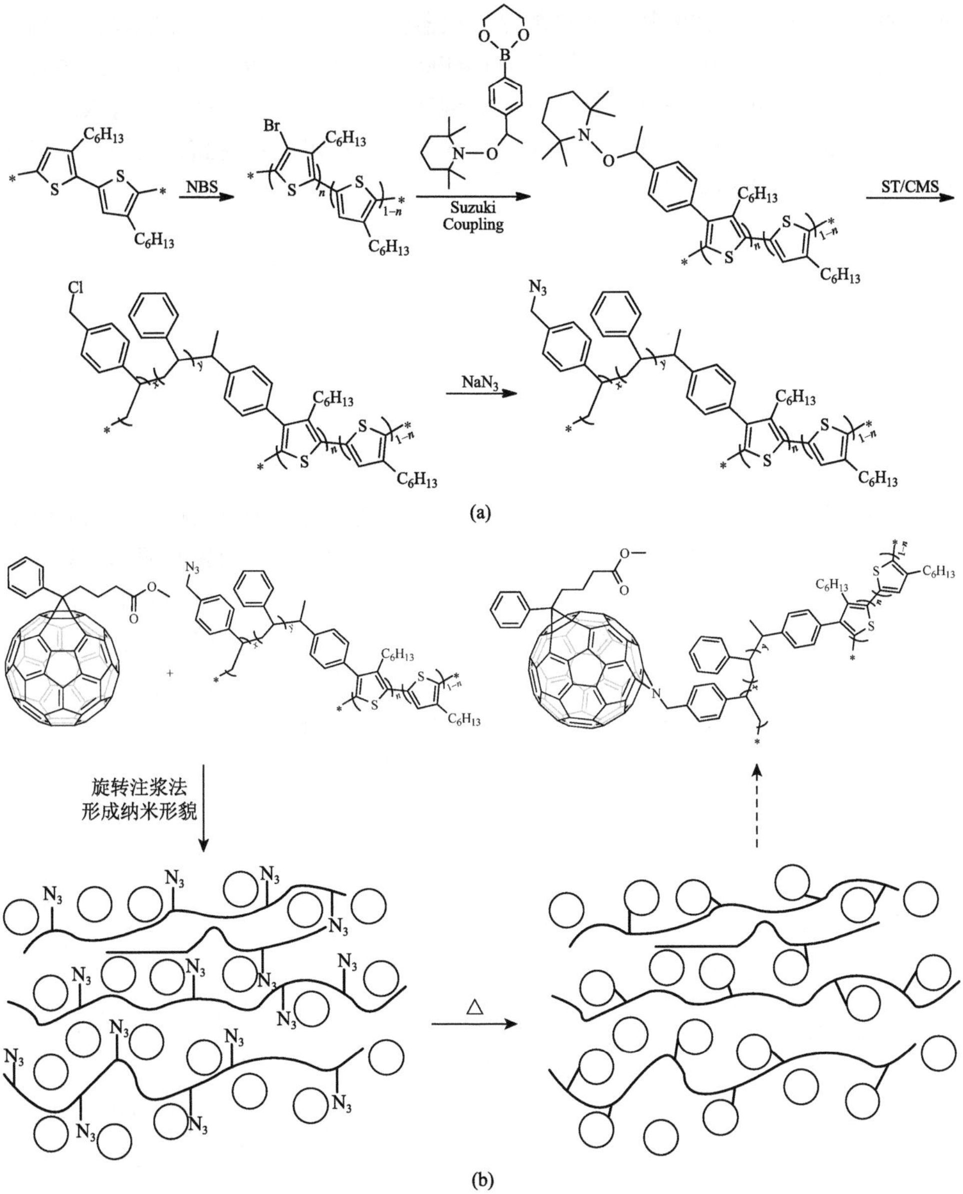

(b)

图 8-24　（a）叠氮功能化的嵌段 P3HT 共聚物 P3HT-1%*graft*-(ST-*stat*-N3MS)的反应路线图；（b）PCBM 与叠氮基官能化聚合物固相反应形成稳定纳米形貌

2005 年，Drees 及其合作者报道，富勒烯高分子应用于有机太阳能电池有助于电池效率和稳定性的提高[37]。他们成功地尝试了一种将富勒烯高分子引入有机太阳能电池的新方法，首先是[6, 6]-苯基 C_{61}-丁酸缩水甘油酯（PCBG）在路易斯酸三(五氟苯基)硼烷作为引发剂作用下预聚合（图 8-25），然后旋涂预聚物与聚(3-己基噻吩)（P3HT）的共混物，通过加热光伏器件，环氧丙烷开环完成聚合，结果获得高达 2%的光电转换效率。作者通过 AFM、TEM、PL 等表征推测，这种富勒烯高分子的形成可以在很大程度上稳定共混物的固态形貌，这样可以有效地改善器件的长期高温不稳定情况。在未来商业应用中，这可能是提高太阳能电池运行稳定性的一个行之有效的途径。

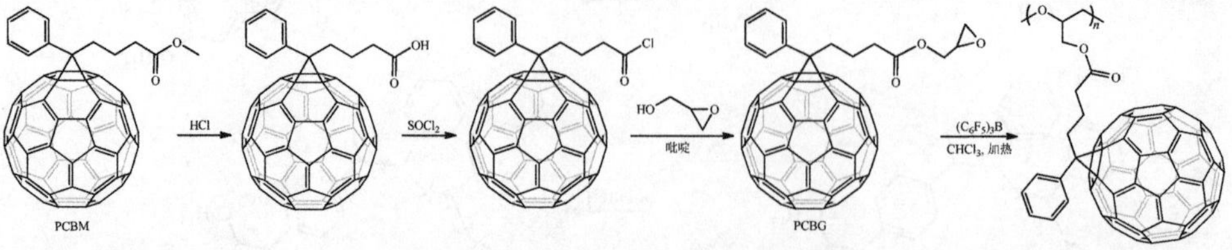

图 8-25　PCBM 高分子的合成路线图

黄祖恩等[38]将 C_{60} 与聚乙烯咔唑及其溴化和碘化衍生物反应得到一系列侧链型富勒烯高分子 C_{60}-PVK（图 8-26），并利用 TOF、NMR、激光光解瞬间吸收谱等多种分析测试手段，研究了产物的结构及物理化学性质与材料的光电导行为之间的关联性，发现其光电导性能优于纯的 PVK 以及 C_{60} 与聚乙烯咔唑的掺杂材料，且 C_{60}-PVK 的光电导性能与其中富勒烯的含量密切相关。此外，他们也报道了一些可溶富勒烯高分子的合成，如 C_{60} 与聚(对-溴苯乙烯)反应[39]，形成的侧链型富勒烯高分子可溶于许多常用的有机溶剂，并具有单一的玻璃化温度。

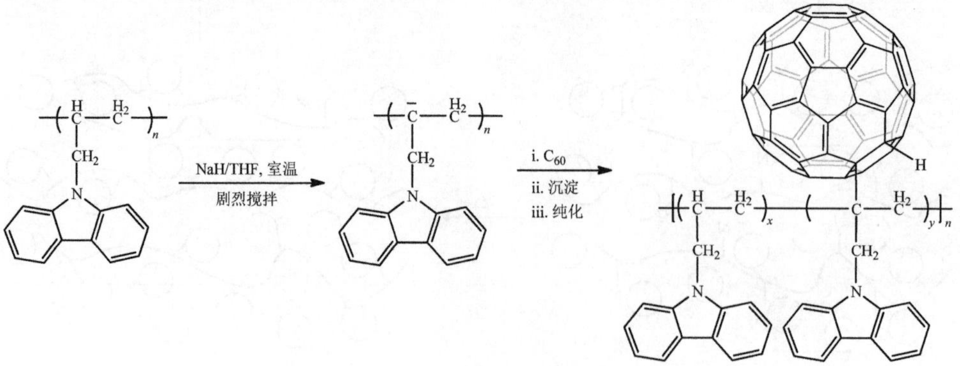

图 8-26　C_{60}-PVK 高分子的合成路线图

8.2.4　链状聚富勒烯高分子

在成功地制备毫克量级的 C_{60} 之后，有关富勒烯分子的物理、化学特性和能级结构的研究得到了实质性的进展，但很快人们又发现，由这种具有共轭体系的富勒烯分子组成的固体材料并没有表现出理论上所预测的半导体等性质。究其原因，是因为 C_{60} 晶体是一种分子晶体，C_{60} 分子之间的相互作用很弱，每个分子几乎是独立的，使之成为一种良好的绝缘体。这样自然就想到，如果能将孤立的 C_{60} 分子以成键的方式连接，形成类似于图 8-27 的聚合分子链，将会产生许多有趣的电学与光学特性，具有潜在的应用价值。因此，链状聚富勒烯高分子化学成为一个受到极大关注的研究领域。链状聚富勒烯高分子可以简单地通过将纯富勒烯暴露于可见光[40]、高压[41]、电子束[42]和等离子体辐射[43]等来制备，无须控制或关心最终的高分子结构。聚合过程的机理可能涉及[2 + 2]环加成，相邻 C_{60} 分子的两个[6, 6]-双键之间形成连接两个富勒烯碳笼的环丁烷。但由于链状聚富勒烯高分子的反应具有复杂性和多样性，高选择性地合成链状富勒烯聚合物不容易实现，加上富勒烯聚合物难溶于一般的有机溶剂，限制了对其化学研究的深入开展。事实上，链状聚富勒烯高分子的制备和物理、化学性质的研究至今仍无较大的突破。

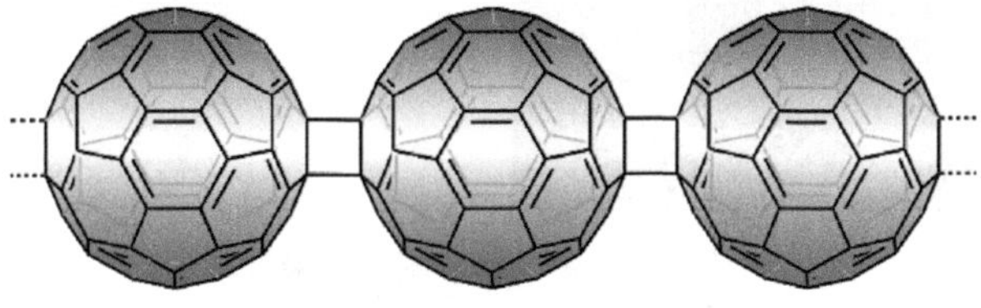

图 8-27　聚合 C_{60} 链的模型

光致聚合是实现固体 C_{60} 聚合的一个重要途径，关于 C_{60} 光致聚合的研究工作已有许多报道。富勒烯聚合的第一个例子是 Eklund 等在 1993 年报道的[40]，他们用可见光或紫外光照射无氧的 C_{60} 薄膜之后，获得了一种不溶性的光聚合膜，甚至在沸腾的甲苯（110℃）中都难以溶解，表明薄膜中 C_{60} 分子的相互作用增强了。通过激光解吸质谱、扫描电子显微镜、拉曼和红外光谱等研究表明，膜内的富勒烯分子发生了光聚合。光照后的薄膜样品的质谱中出现了一系列对应于不同质量的聚合 C_{60} 的尖锐的质谱峰，最高达到$(C_{60})_{21}$。后来 Duncan 等[44]发现，C_{60} 薄膜的这种光致聚合前后的结构变化是可逆的，将光照后的薄膜样品在无氧条件下加热至 200℃时，薄膜又恢复到原始状态。

研究者通过用 C_{60} 填充单壁碳纳米管，形成了所谓的“富勒烯豆荚”[45]（图 8-28）。2003 年[46]，Terrones 等研究了电子辐照诱导下，在单壁碳纳米管内富勒烯（即“富勒烯豆荚”）发生富勒烯聚合的结构转变，形成稳定的 zeppelinlike 碳分子（图 8-29）。他们通过原位透射电子显微镜对富勒烯聚合过程进行观察，并对该过程背后的微观机理进行了理论研究，阐明了电子辐照和热退火过程中单壁碳纳米管内富勒烯的聚合机理。这个过程可以通过形成空位（在电子辐射下产生）或通过热退火激活最小化表面能来触发，C_{60} 分子先发生聚合，然后进行表面重建。这些富勒烯聚合形成的新型管状碳包含六边形、五边形、七边形和八边形。最终形成的富勒烯聚合物的几何形状会强烈影响新型管状碳的稳定性、电子性质和电子传导性。这种方法可能成为设计具有特定电子特性的碳纳米线及高导电和半导体管状结构的新途径。

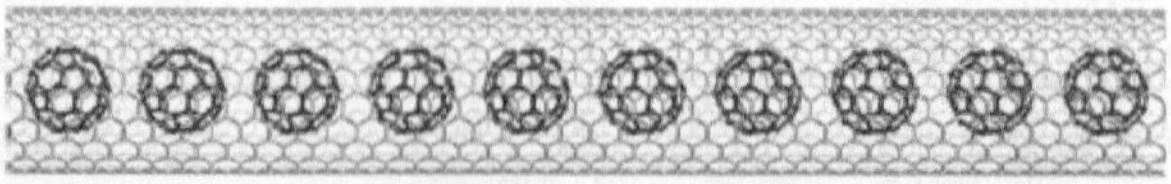

图 8-28 纳米管“富勒烯豆荚”示意图[45]

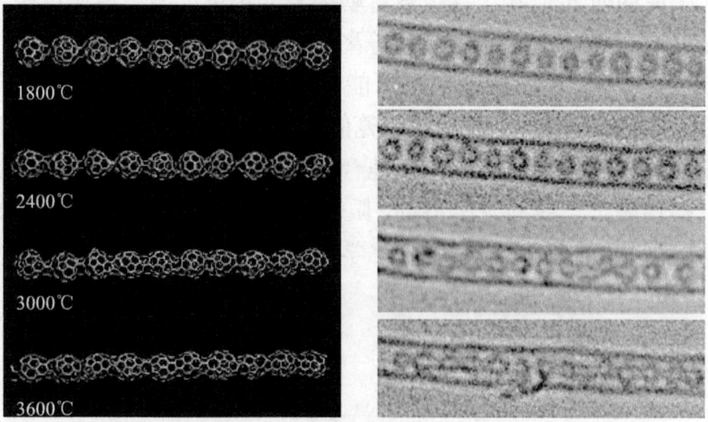

图 8-29 富勒烯聚合模拟图及实验观察图[46]

8.3 立体富勒烯高分子

研究特殊三维结构的大分子是富勒烯高分子化学的一个重要发展方向，其中树枝状和星形富勒烯高分子、交联富勒烯高分子等引起了高分子化学、有机化学、富勒烯化学等多学科不同领域学者的极大兴趣和关注，这些三维结构的富勒烯高分子往往给人以强烈的视觉效果，并可望具有特殊的理化性能。

8.3.1 树枝状富勒烯高分子

关于树枝状分子的研究进展已有一些综述论文[47]，树枝状分子在英文中被称为“Dendrimers”“Arborols Cascade Polymers”“Starburst Molecules”等。这类分子是通过支化单元（如多功能基单体）逐步重复的反应得到的具有树枝状高度支化结构的大分子，如果将这种树枝状分子连接在富勒烯上或支化单元中含有富勒烯单元，即成为树枝状富勒烯高分子（fullerodendrimers）。严格来说，树枝状聚合物是低聚物，但通常，特别是在它们的较高代中，它们的分子量达到很高。树枝状大分子可以被认为是多分散性为 1.0 的聚合物，适合作为母体聚合物的模型化合物。此外，富勒烯由于具有球形，作为生长几个树枝结构的中心很容易形成球状结构，是树枝状聚合物的天然候选分子。文献报道的树枝状富勒烯大分子可以分为四种类型（图 8-30）：①一个树枝状聚合物锚定在富勒烯表面上；②富勒烯作为中心，连接若干个树枝状结构，从而形成球状结构；③富勒烯连接在树枝状大分子的外围位置；④富勒烯位于树枝状大分子连接点位置。

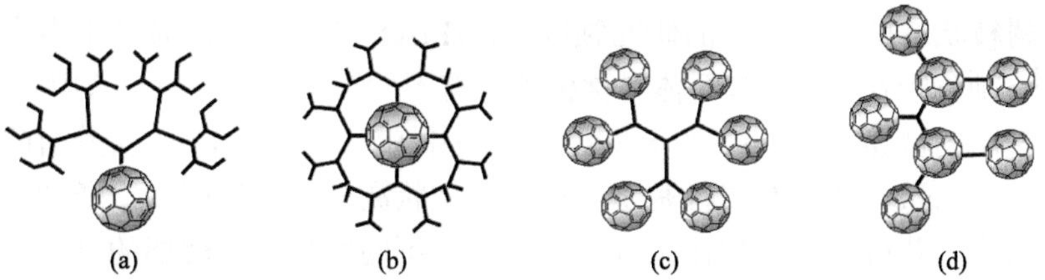

图 8-30　树枝状富勒烯高分子的类型

将富勒烯引入具有奇异结构和特殊性质的树枝状高分子中，可使富勒烯和树枝状高分子这两个科学领域完美地结合，开发出更多优异性能的高分子。1993 年，Fréchet 及其合作者首次报道了富勒烯与树枝状大分子共价连接的树枝状富勒烯高分子[48]。他们用双苯酚化的 C_{60} 衍生物与树枝状分子的苄基溴化物反应获得了可溶性的树枝状富勒烯高分子（图 8-31）。结果，树枝状大分子显著提高了富勒烯的溶解性。

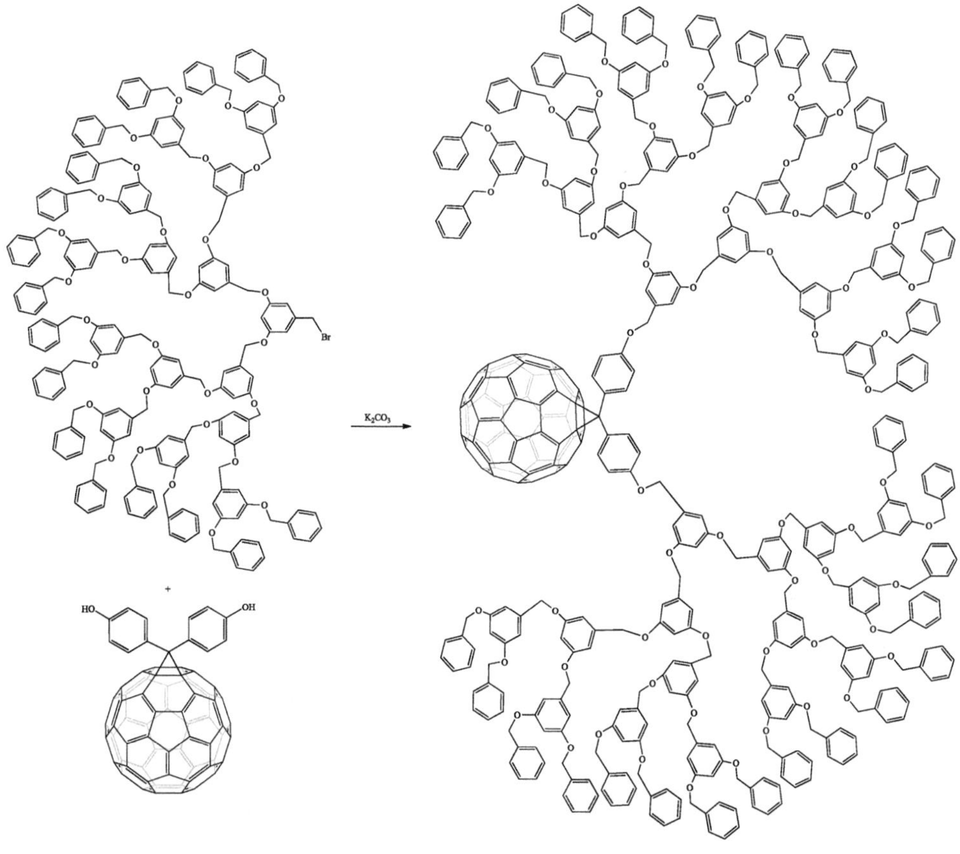

图 8-31　树枝状富勒烯高分子的合成

在树枝状富勒烯高分子的研究领域中，Hirsch 的研究小组做了很多有意思的工作[49]。他们用在 C_{60} 的八面体对称位置上有不同数量（2～5 个）的丙二酸二乙酯加成基团的富勒烯 **1**～**4**（图 8-32）作构筑中心，同时以 1～3 次繁衍的溴代丙二酸酯的 Fréchet 型 3, 5-二羟基苯基醇的树枝状高分子为反应物，通过完全的环丙烷化反应，获得了一系列在 C_{60} 中心上连接不同数目丙二酸酯的高密度树枝状富勒烯高分子 **5**～**8**（图 8-33）。

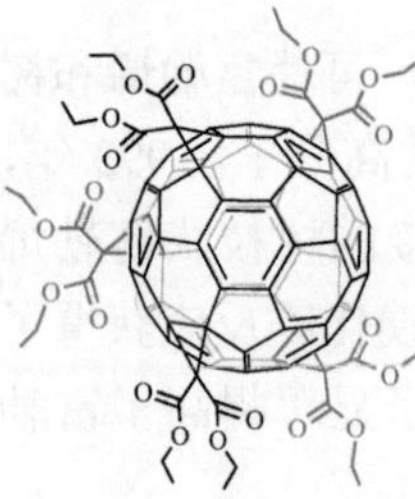
1

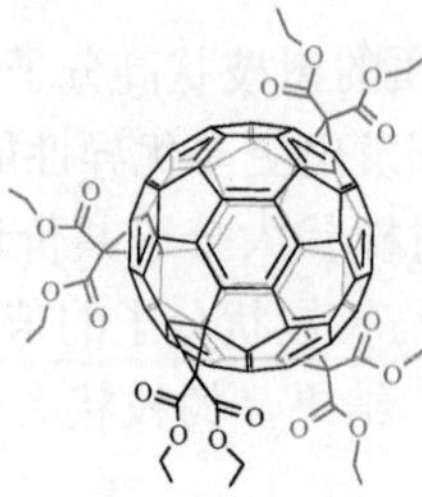
2

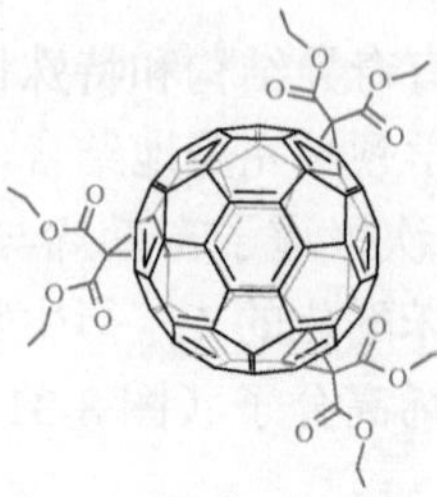
3

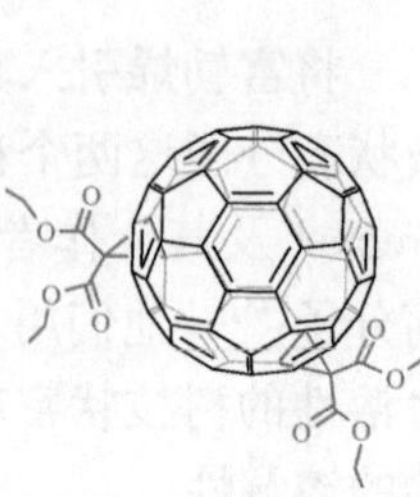
4

图 8-32　丙二酸二乙酯富勒烯 **1**～**4** 的结构

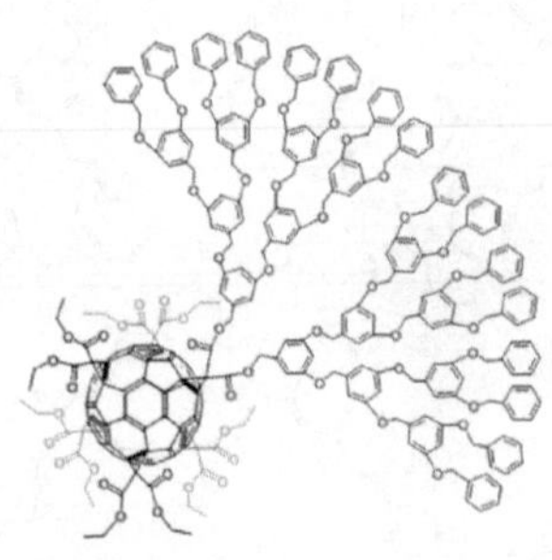
5

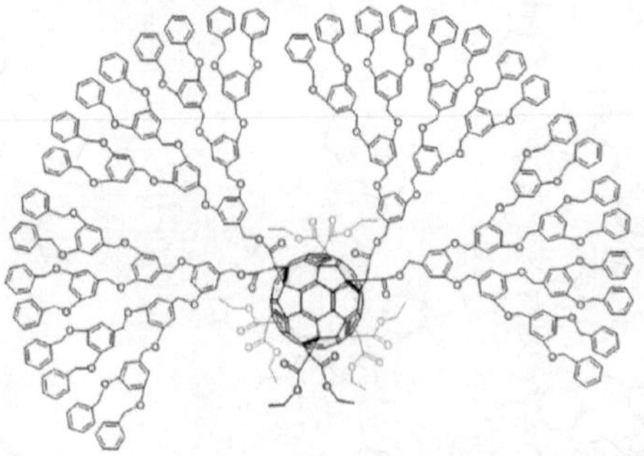
6

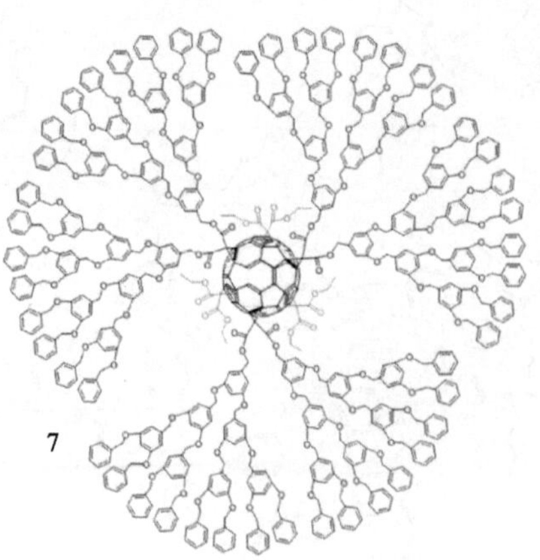
7

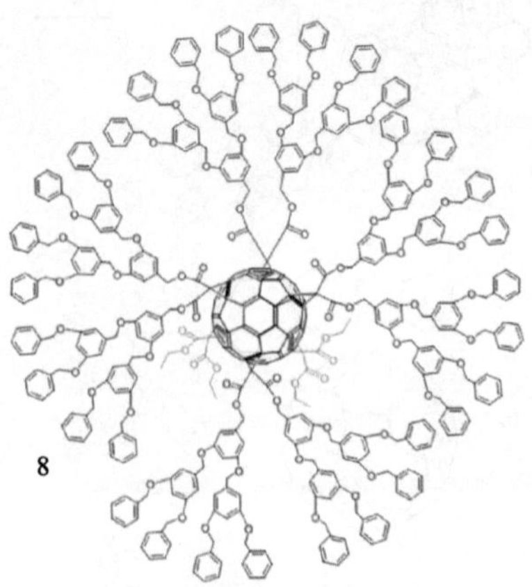
8

图 8-33　树枝状富勒烯高分子 **5**～**8** 的结构

另外，Hirsch 的研究小组，通过 C_{60} 与介晶双氰基联苯基丙二酸酯衍生物反应，合成相应的六加成富勒烯衍生物。其中单加成丙二酸酯衍生物产生单向向列相，六加成富勒烯衍生物显示出对映异构的近晶 A 相[50]（图 8-34）。Deschenaux 及其研究团队对于含富勒烯的液晶树枝状大分子非常感兴趣[51]，他们详细研究了具有液晶性质的 C_{60} 树枝状大分子的各个方面。氰基联苯单元是液晶促进剂，丙二酸酯衍生物呈现向列和/或近晶 A 相。除了观察到近晶 A 相和向列相的第二代树枝状聚合物，富勒烯树枝状大分子仅显示近晶 A 相。对于低代树枝状大分子，超分子组织由空间因子决定；对于高代树枝状大分子，介晶基团促进了微相组织的形成：由于分子的支化部分的横向延伸，氰基联苯基团以平行方式排列（如在经典的近晶 A 相的形式），其余部分位于液晶层之间。

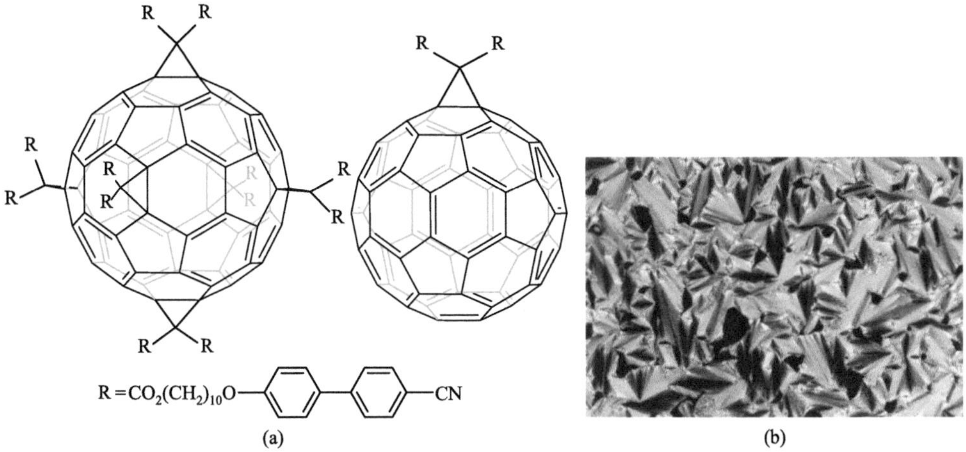

图 8-34　（a）C_{60} 与介晶双氰基联苯基丙二酸酯衍生物反应合成相应的六加成和单加成富勒烯衍生物结构；（b）富勒烯热致液晶的热光学显微镜照片[50]

在上述树枝状富勒烯高分子中，富勒烯一般位于高分子的顶端，若要将其进一步制成可应用的材料（如薄膜材料），将难以避免地遇到富勒烯的空间位阻和易团聚的问题，也不易提高富勒烯在材料中的比例。Nierengarten 等[52]合成了一系列新的富勒烯树枝状高分子，使富勒烯连接到高分子的树枝上，不仅提高了富勒烯在分子中的化学计量，又改善了富勒烯的加工性能，增加了富勒烯的溶解性。例如，他们[53]合成了一种富勒烯位于树枝上的两亲性高分子聚合物，其结构如图 8-35 所示，其中的 C_{60} 位于疏水部分的树枝上。这种聚合物不仅结构新颖，还具有好的可溶性，并有效地避免了常见的富勒烯衍生物的不可逆堆积问题，可以在空气-水界面上制作稳定有序的单分子层，在压缩和膨胀的循环过程中表现出可逆变化的现象，这类树枝状富勒烯高分子已成功地应用于 Langmuir-Blodgett 薄膜的制作（图 8-36）。

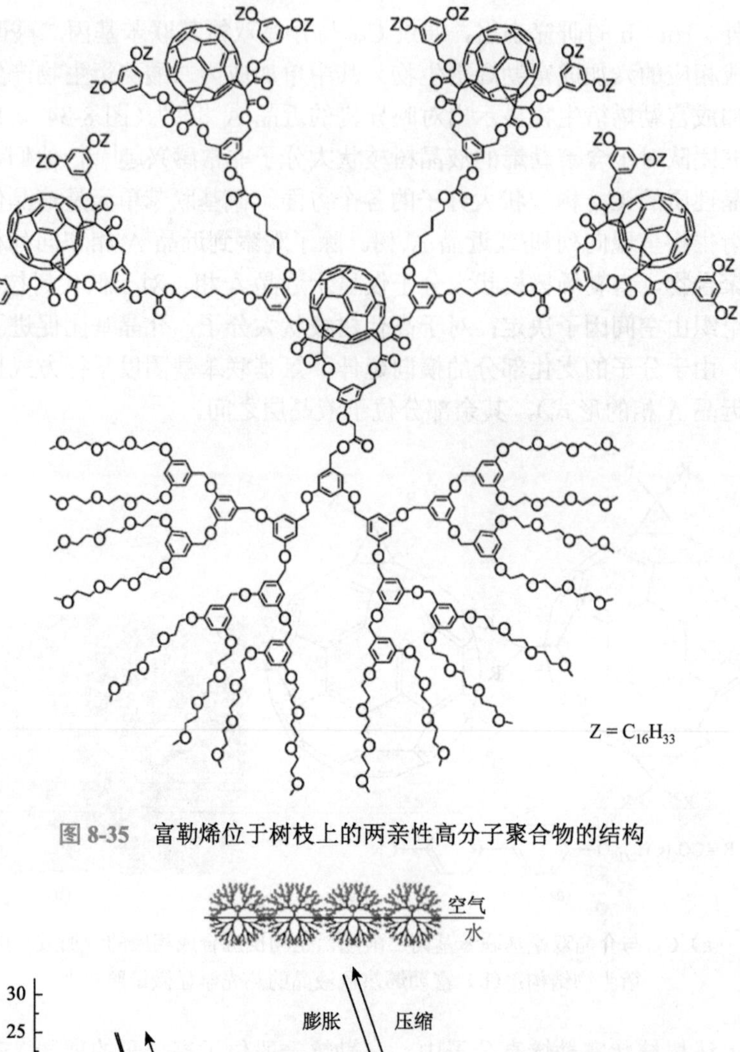

图 8-35 富勒烯位于树枝上的两亲性高分子聚合物的结构

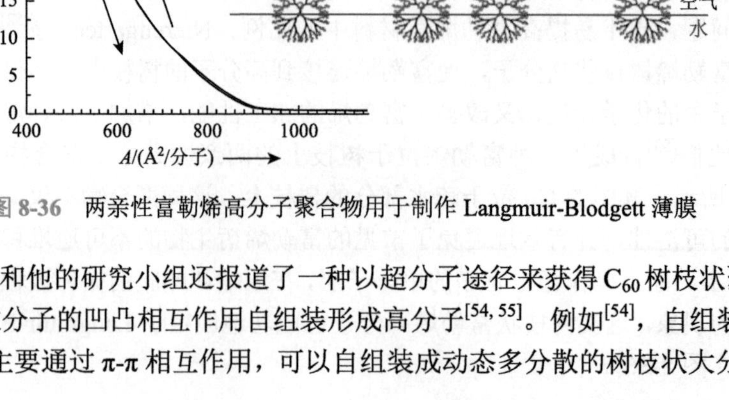

图 8-36 两亲性富勒烯高分子聚合物用于制作 Langmuir-Blodgett 薄膜

Martín 和他的研究小组还报道了一种以超分子途径来获得 C_{60} 树枝状聚合物，即可以通过分子的凹凸相互作用自组装形成高分子[54, 55]。例如[54]，自组装单体 **1**（图 8-37）主要通过 π-π 相互作用，可以自组装成动态多分散的树枝状大分子。通过 MALDI-TOF 质谱可以观察到 2～5 个单体，甚至是 6 个单体自组装形成的大分子的信号。这类树枝状富勒烯高分子是非共价的电活性材料，在光电器件构造中具有潜在应用价值。

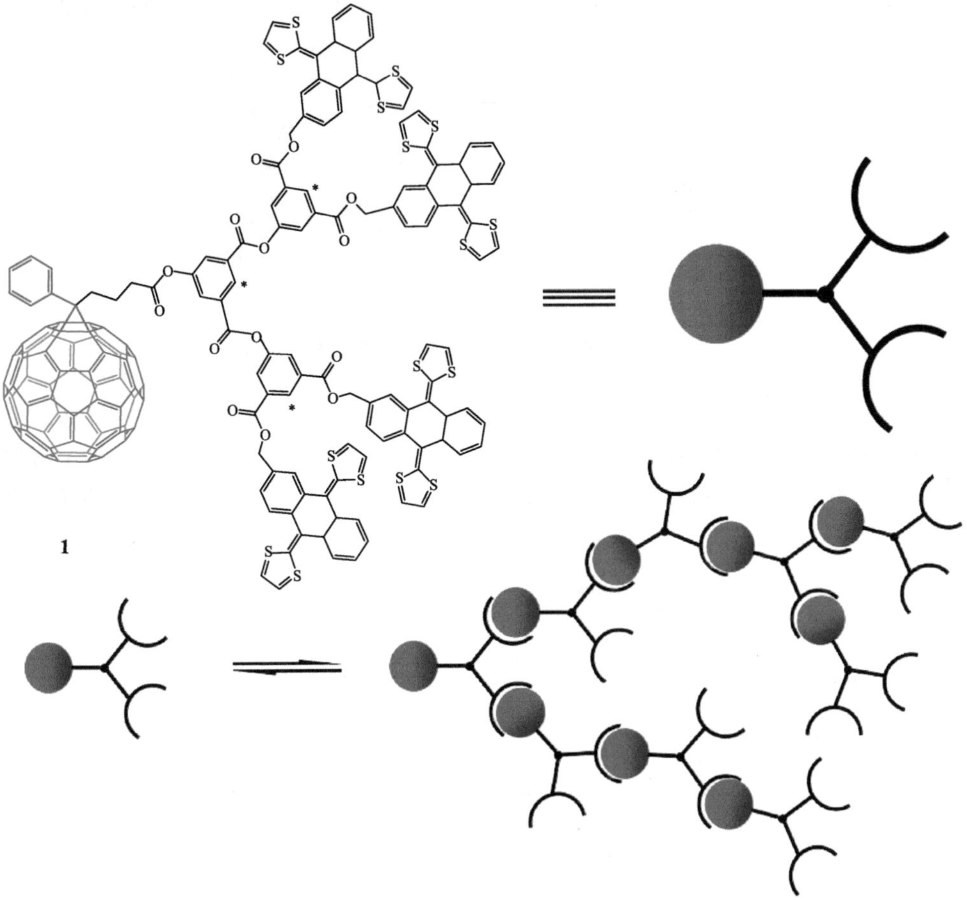

图 8-37　富勒烯小分子衍生物自组装形成超分子树枝状大分子的示意图

在合成树枝状富勒烯高分子的基础上，研究者逐渐把更多的兴趣投入到这些高分子的应用研究上。将具有特殊性质的富勒烯接入带有功能基团的树枝状高分子中，可使富勒烯和树枝状高分子各自的特性都得以体现或提高，如提高富勒烯的溶解度[48]，改善树枝状高分子电化学和光物理性能[56]，突破富勒烯薄层制备过程中的难题[57]，开发具有热致液晶性质的富勒烯高分子材料[50]等。

8.3.2　星形富勒烯高分子

星形富勒烯高分子包括以富勒烯为中心伸展的高分子和富勒烯位于末端的高分子，其拓扑结构与海星相似，英文称为“star-shaped fullerene polymers”“globular fullerene polymers”“starburst fullerene polymers”等。星形富勒烯高分子的合成策略与链端型富勒烯高分子的相类似，一般是通过两种途径合成（图 8-38）：①将含有活性反应基团的、预先制备好的高分子连接到富勒烯上；②用带合适反应基团的富勒烯衍生物与高分子单体反应，使聚合物链从富勒烯表面上连接出来。

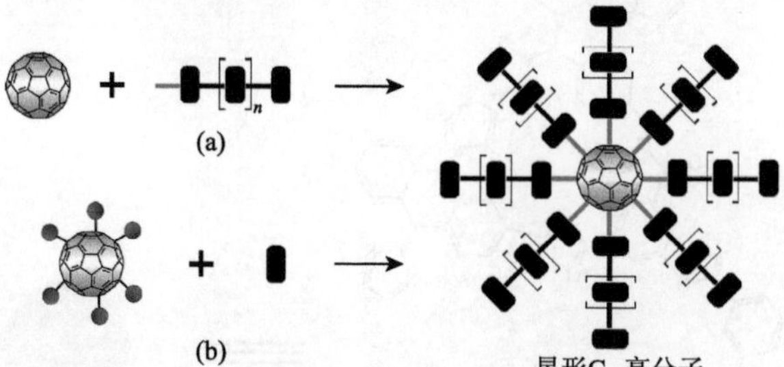

图 8-38　星形富勒烯高分子的合成路径示意图

Chiang 等最早利用多羟基富勒烯的反应特点，在温和的条件下，通过与二异氰酸基封端的脲烷聚合物反应，合成了聚脲烷的 C_{60} 星形高分子，平均每个富勒烯分子含 6 条聚脲烷链[58]。Goswami 研究团队也通过水溶性多羟基富勒烯（富勒醇）的选择性反应，合成了一种醚连接的环氧星形聚合物[59]（图 8-39）。反应在

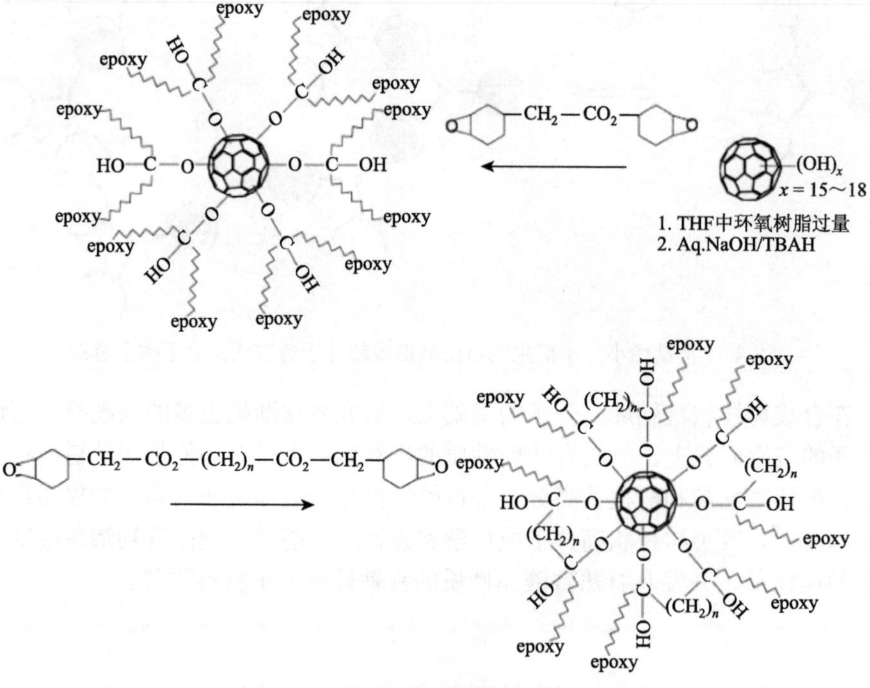

图 8-39　由富勒醇合成富勒烯连接环氧树脂星形聚合物

epoxy 表示环氧树脂

碱性室温条件下的非均相介质中进行，四丁基氢氧化铵为相转移催化剂，环氧树脂（Cy-230，Ciba-Geigy）为反应物。在这种条件下，富勒醇的羟基可以很好地与环氧树脂的极性羰基发生选择性的亲核加成反应，形成半缩酮。在这种条件下，富勒烯上连接的环氧单元为 8～10 个。此外，在类似条件下，富勒烯醇也能与 DGEBA 环氧树脂（LY 556 Ciba-Geigy）进行反应。相比于母体环氧树脂，富勒烯的存在会影响产品的热性能，环氧星形富勒烯聚合物显示出更高的热稳定性。

Hirsch 团队较系统地研究了以 C_{60} 为核心的、以丙二酸酯为基础的一系列星形 C_{60} 高分子的合成和应用，认为 C_{60} 是一种非常理想的星形化合物的核心，可以用作具有 T_h 对称的六臂星形富勒烯高分子合成的模板。例如，Hirsch 小组[60]报道了 T_h 对称的星形富勒烯高分子（图 8-40）在多层泡囊中聚合形成实心或空心的纳米球的研究。星形富勒烯高分子的合成线路见图 8-40。他们选择丁二炔为烷基链的可聚合结构单元，在 UV 辐照下可进行 1, 4-加成，如图 8-41 的二聚物形成，而不会形成交联聚合物，这可能与星形富勒烯高分子的立体效应有关，星形富勒烯高分子的性质和结构确保了完美的三维高分子网络的形成。通过 TEM 观察星形富勒烯高分子在多层泡囊中聚合反应前后的变化，可以清楚地看到星形富勒烯高分子光反应后形成了 100 nm 到几微米的球状物。其中，小于 150 nm 的球为空的，透明性良好，而最大的球为实心的，电子束无法透过。当基体材料被去除后，这些在真空中干燥后的球体可在透射电镜中成像。这些结果可能为富勒烯薄膜和纳米结构的制作研究提供依据。

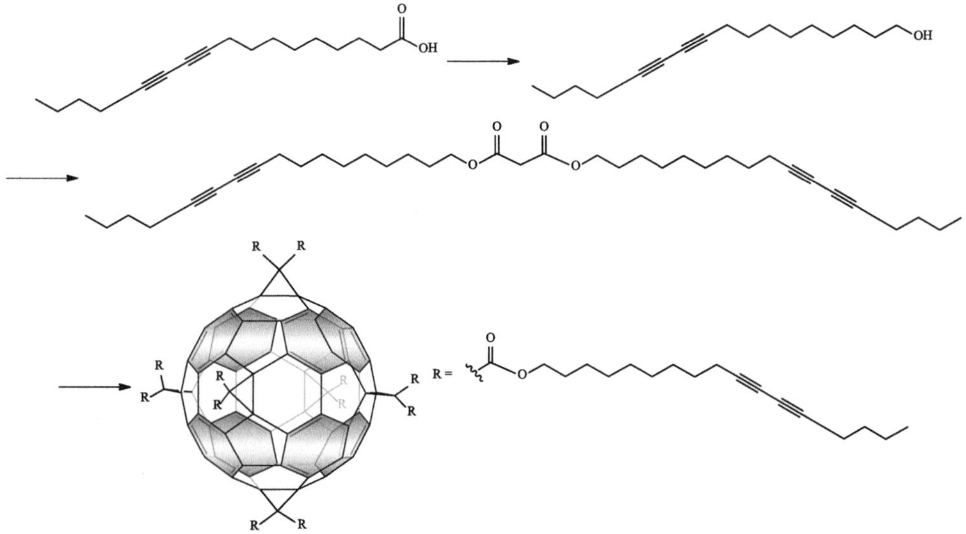

图 8-40　T_h 对称的星形富勒烯高分子的合成路径图

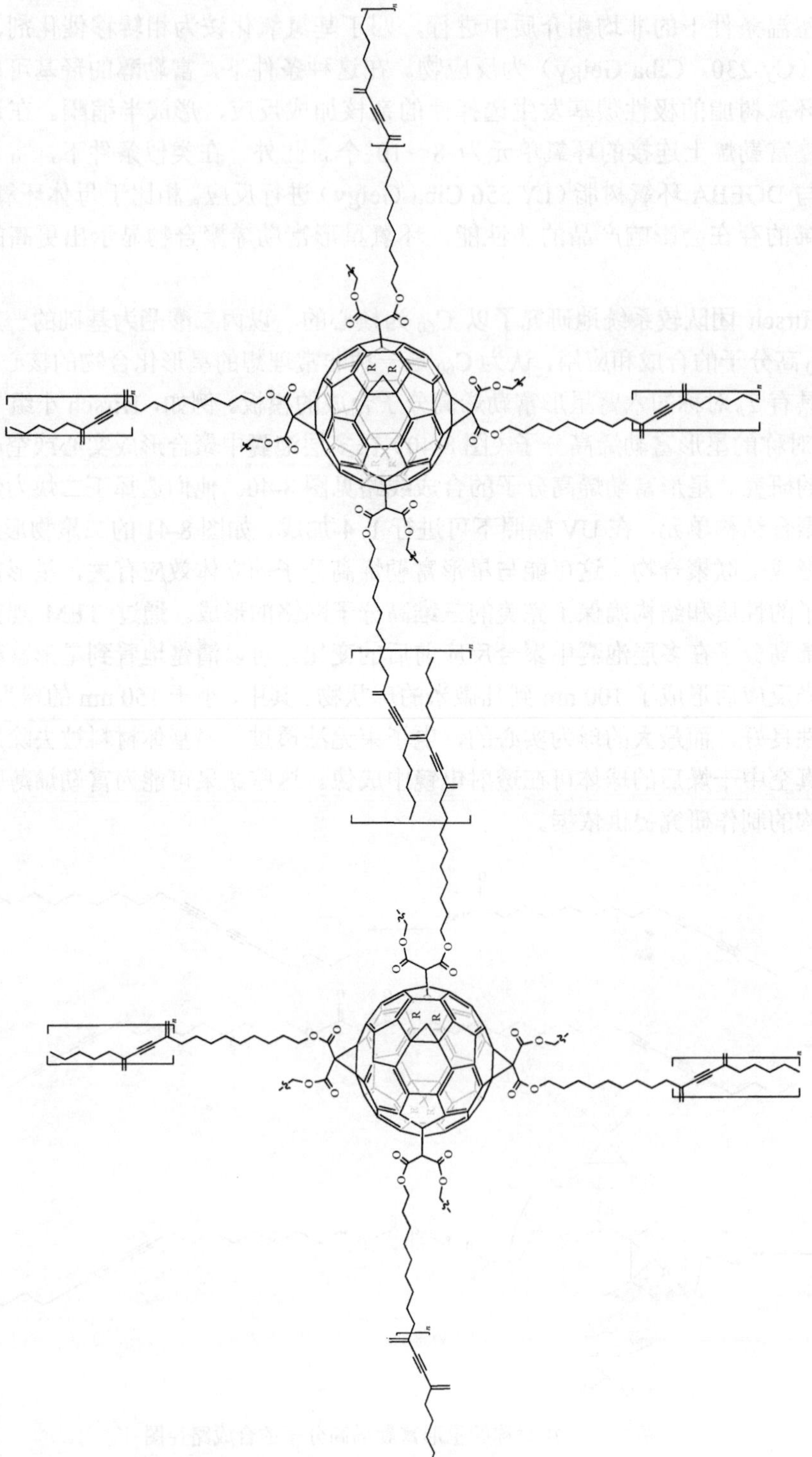

图 8-41 星形富勒烯高分子的二聚物结构

Martín 研究团队也在以 C_{60} 为核心的六加成星状富勒烯高分子方面做出了很多漂亮的工作，如他们的富勒烯“超级球”，就是其中一个代表性例子[61]。生物医学研究发现，利用多价碳水化合物阻断细胞表面的凝集素受体从而抑制病毒或细菌进入细胞是一种很有前途的方法，也可能因此发现新的抗病毒药物，但缺点是难以合成出足够大小的多价态化合物来建立此类化合物的骨架与病毒相互结合。该团队另辟蹊径，利用富勒烯 C_{60} 的六加成化合物作为构建骨架，既能保持多价控制又能调控允许通过病毒细胞的分子尺寸。如图 8-42 所示，他们合成了水溶性含十三个富勒烯的“超级球”，以一个富勒烯为核心，向外延伸的链上连接 12 个富勒烯，每个富勒烯接有 10 个单糖，共 120 个糖苷。通过粒径测试可知，巨球的直径约为 4 nm。这种星形富勒烯高分子可以通过使用铜催化的叠氮化物-炔环加成反应，一步由 C_{60} 的六加成化合物有效合成。以埃博拉病毒的人工克隆样品做测试表明，这些“超级球”对人工埃博拉病毒引起的细胞感染有非常好的抑制作用。

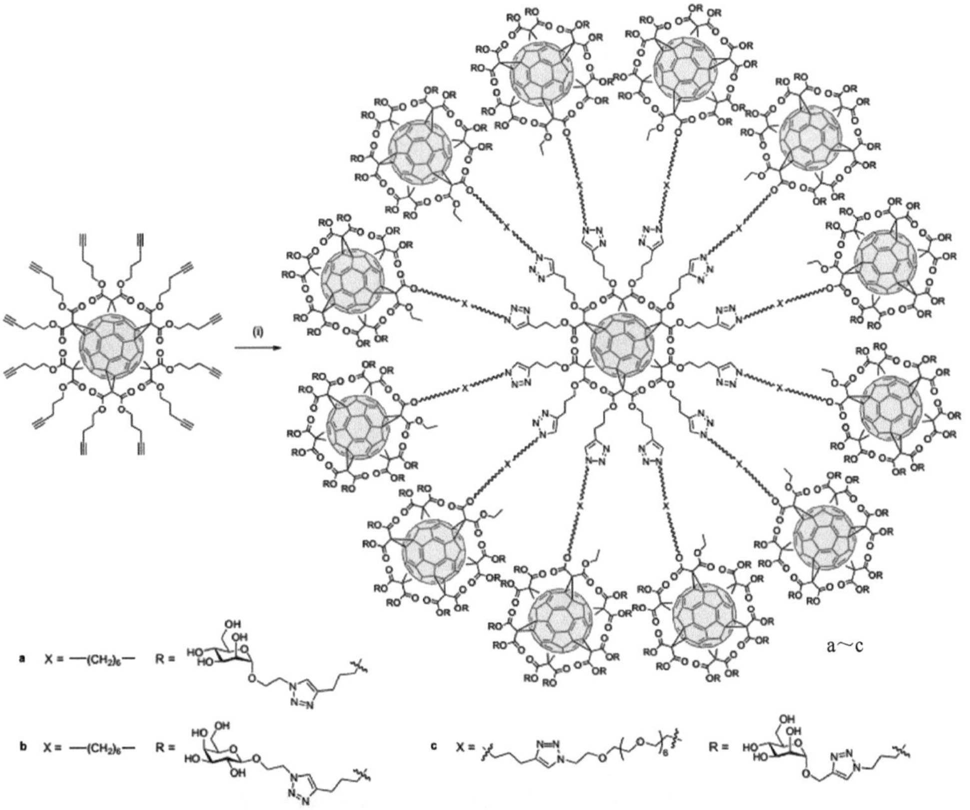

图 8-42　富勒烯的“超级球”的合成路径示意图[61]

Mathis[62]设计了一条通过 Li 取代的高分子合成一种哑铃状的星形富勒烯高分子的反应路径，颇具特色（图 8-43）。他们通过每当量的 C_{60} 分子与 6 当量的 PSLi 高分子反应，得到了相当纯的具有 6 个分支的星形聚合物，即 6 个 PS 链的碳阴离子锚定在富勒烯上。这 6 个碳链阴离子中只有一个能够引发苯乙烯或异戊二烯的阴离子聚合，从而形成棕榈树状结构。在其末端，外伸长链带有一个碳阴离子，该碳阴离子被允许与偶联剂二溴对二甲苯和二溴已烷反应，生成哑铃状结构的星形富勒烯高分子。

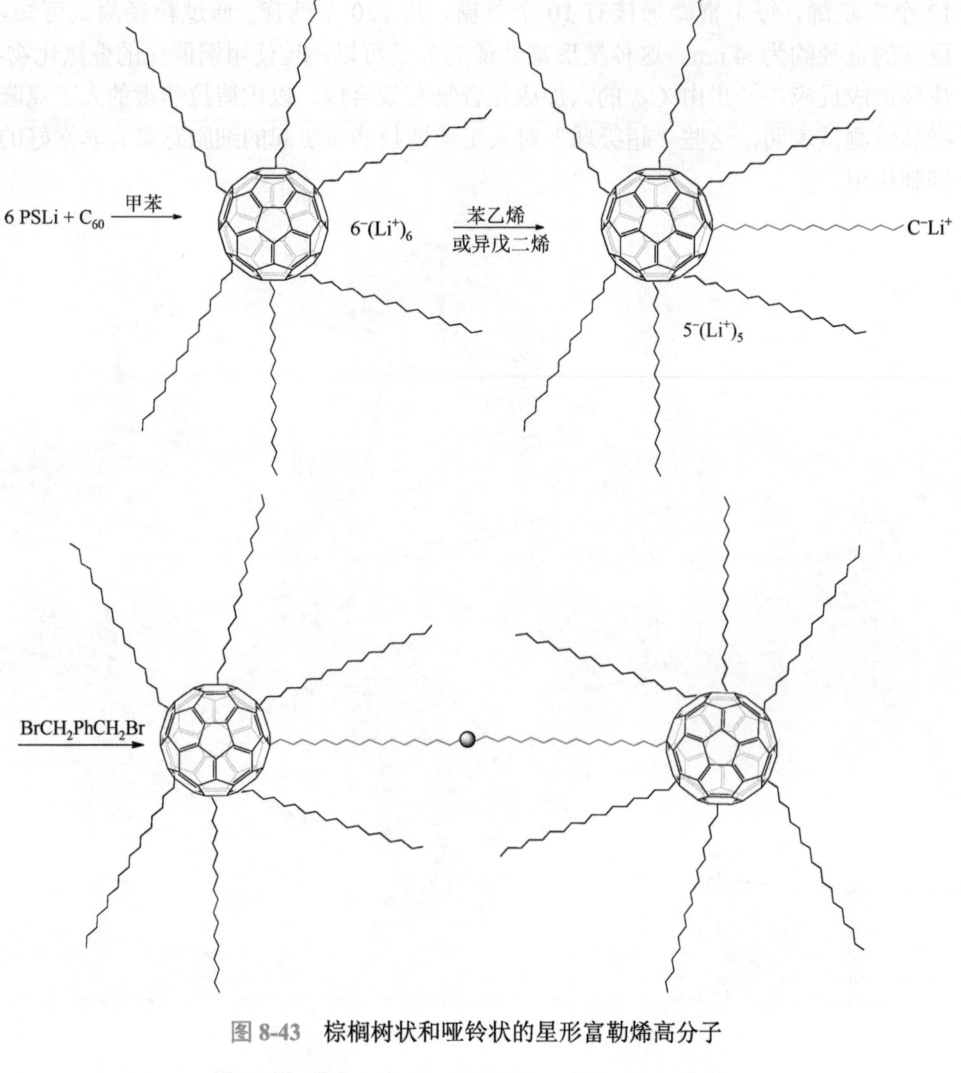

图 8-43 棕榈树状和哑铃状的星形富勒烯高分子

唐本忠课题组研究发现[63]，使用 WCl_6-Ph_4Sn 作为 1-苯基-1-丙炔的聚合催化剂，仅获得 0.5%的聚合产率，而在存在 C_{60} 甚至少量情况下，产率增加至 77%。聚合物的多分散性也急剧下降，摩尔质量增加。图 8-44 为产生星形聚合物的反应示意图。聚合通过钨卡宾催化的复分解机制进行，聚合链通过卡宾加成到 C_{60} 双键上最终与 C_{60} 连接，产生新的环丙烷环。有意思的是，聚合物在激发时发出强烈的蓝光，高于没有富勒烯的纯聚合物。

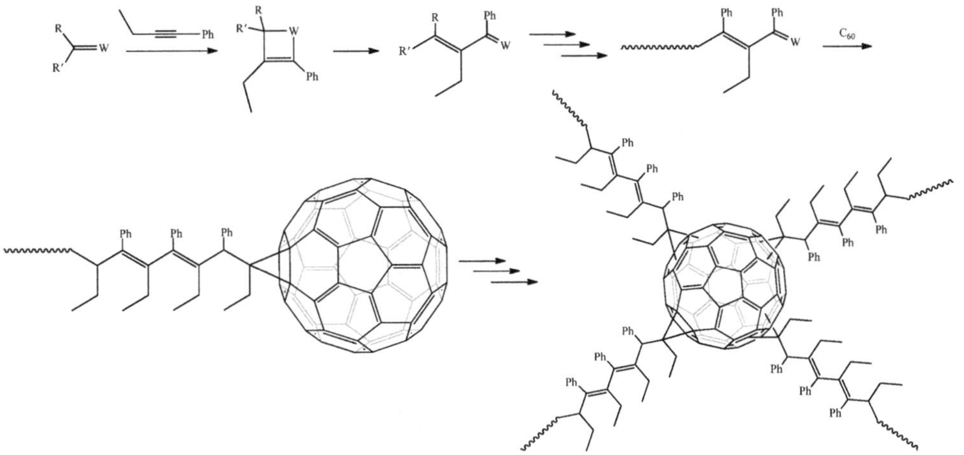

图 8-44　WCl_6-Ph_4Sn 催化合成星形富勒烯大分子的反应示意图

一般的星形富勒烯高分子是以富勒烯为核心，而（链状）聚合物沿着富勒烯的四周伸展，但 Astruc 等[64]报道了一种以苯环为中心，C_{60} 位于末端的聚苯乙烯星形高分子（图 8-45），具体合成方法是：以苯环为中心延伸出六个聚苯乙烯臂，其臂末端含氯的星状高分子作为起始物，在 CH_2Cl_2 中于−15℃条件下，与 100 倍过量的 Me_3SiN_3 和 20 倍过量的 $TiCl_4$ 反应 12 h，将星形高分子的 6 个末端氯原子完全叠氮化，然后再与相对于叠氮基 2 倍过量的 C_{60} 在氯苯中回流一天，反应生成物为棕色溶液，经分离提纯得到 6 个 C_{60} 位于末端的六臂的聚苯乙烯星形富勒烯高分子。由于聚苯乙烯臂足够大，可以避免相互干扰，因此 6 个分支末端的 C_{60} 没有空间位阻。此外，循环伏安图显示，这种星形富勒烯高分子具有三对可逆的还原氧化峰，对应于富勒烯衍生物三个还原过程，说明这种高分子可以作为一个巨大的多电子储存体系。

在星形富勒烯高分子的性能方面，Seta 等[65]研究了一种六臂的聚苯乙烯星形富勒烯高分子的光物理性能，认为这类高分子可作为一类新的光学限制材料。Xiao 等[66]采用物理喷束技术制备了星形 $C_{60}(CH_3)_x(PAN)_x$ 聚合物薄膜，使用飞秒 OHD-OKE 方法研究了薄膜的三阶非线性光学性质和超快响应，发现了其良好的非线性光学响应，其三阶非线性极化率的实部约为 10^{-11} esu。

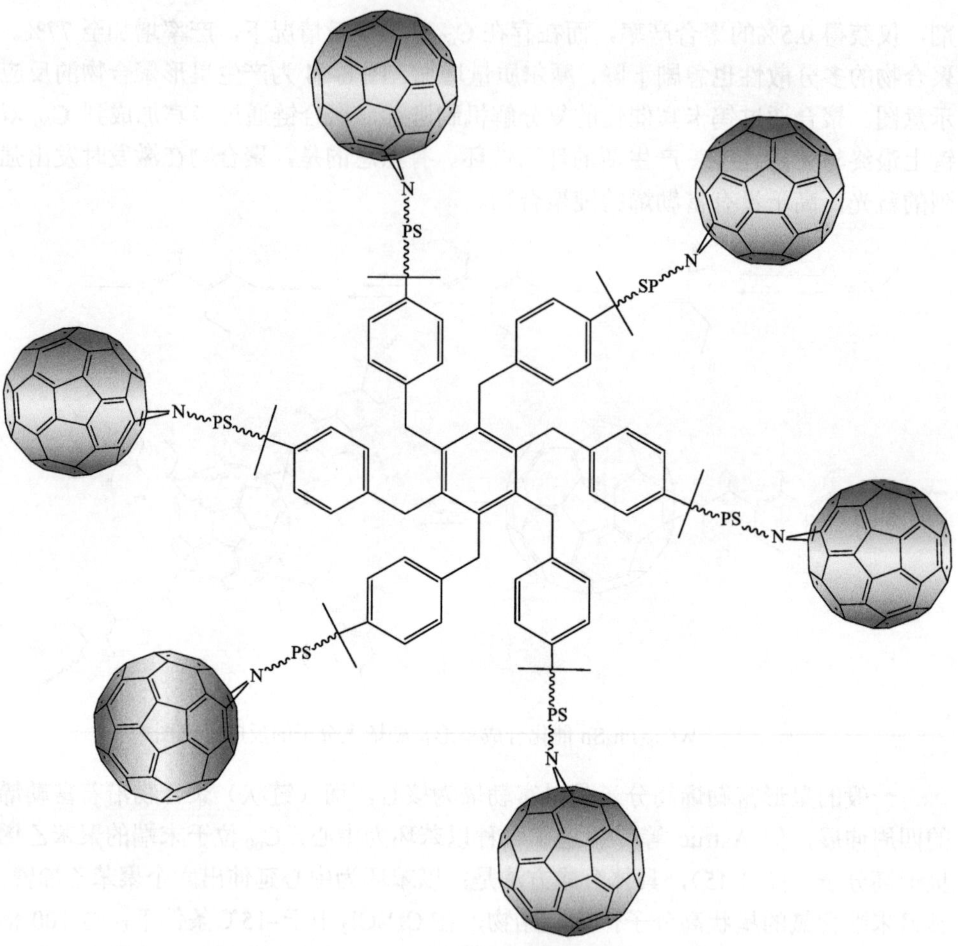

图 8-45 C_{60}位于末端的聚苯乙烯星形高分子结构

8.3.3 交联富勒烯高分子

交联富勒烯高分子（cross-link fullerene polymers）的合成一般是随机、快速的反应。由于富勒烯具有笼状结构，易发生多加成反应，因此很容易形成高度交联的高分子产物。为了避免最终产品的表征和加工极度棘手、难以处理，因此在各类富勒烯高分子的制备过程中，应该控制交联反应的发生，需要对富勒烯的 30 个双键的加成反应进行一定程度的控制。如图 8-46 所示，交联富勒烯高分子主要通过四种途径制备：①将富勒烯或富勒烯衍生物和单体混合在一起，并使其随机反应；②多取代的富勒烯衍生物在三个维度上进行均聚反应；③预制备的末端适当功能化的聚合物与富勒烯或多取代的富勒烯衍生物反应聚合；④具有待反应基团的聚合物与富勒烯发生聚合反应。

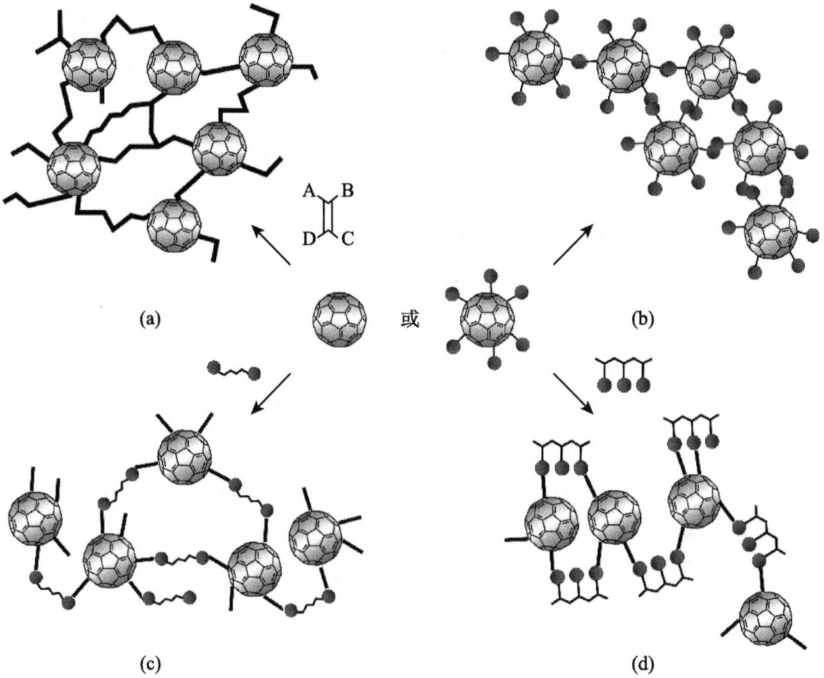

图 8-46　交联富勒烯高分子的合成方式示意图

交联聚合物是相当难处理的材料，相对于其他富勒烯高分子来说相关的研究报道较少。早期，Tajima 研究团队将含呋喃环高分子通过光照反应加成到富勒烯 C_{60} 上，合成了 C_{60} 的交联聚合物 PFMA-C_{60}[67]。他们通过聚(2-羟基甲基丙烯酸乙酯)与 2-糠酰氯的反应合成侧链中含呋喃单元的聚合物 PFMA［图 8-47（a）］。

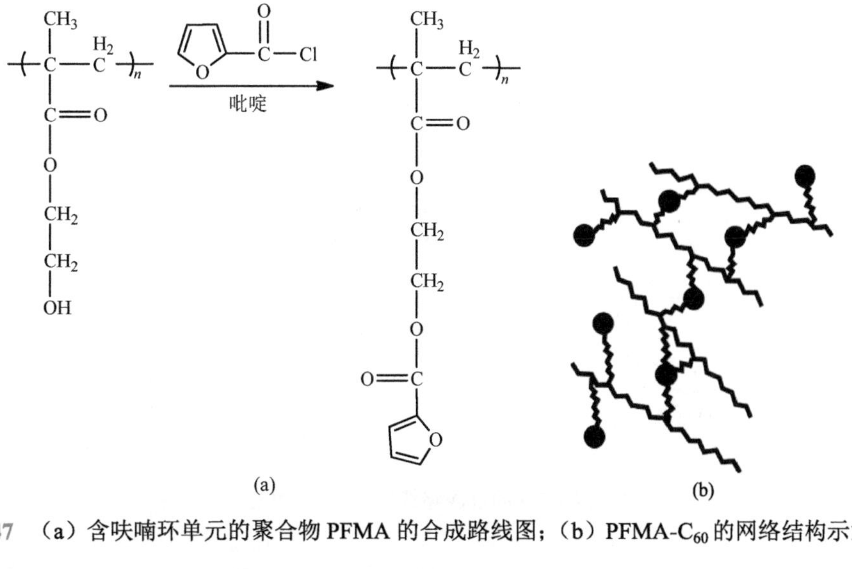

图 8-47　（a）含呋喃环单元的聚合物 PFMA 的合成路线图；（b）PFMA-C_{60} 的网络结构示意图

在可见光照下，C_{60}与聚合物在 1, 1, 2, 2-四氯乙烷溶液发生光照聚合，10 h 后溶液变成凝胶，然后完全固化。此外，作者通过动黏弹性测量原位监测光交联反应过程，图 8-47（b）为 PFMA-C_{60}的网络结构示意图。

在交联富勒烯高分子中，也存在一些有趣且有用的例子。Hsu 研究团队在基于 PCBM 分子的基础上，设计合成了可交联的富勒烯单体 PCBSD（图 8-48），分子中含有两个苯乙烯基团[68]。在 160℃的温度下加热 30 min，PCBSD 中的乙烯基团可以发生原位交联，形成稳定、耐溶剂的网络 C-PCBSD。应用在太阳能电池中，方便依次溶液过程制备多层结构器件，以避免界面被侵蚀。他们制备了倒置结构太阳能电池：ITO/ZnO/C-PCBSD/P3HT：PCBM/PEDOT：PSS/Ag，该器件性能得到明显提升，获得的最优效率为 4.4%。此外，在没有封装的情况下，电池寿命得到显著改善。同年，Hsu 研究团队与李永舫课题组合作[69]，以具有高 LUMO 能级的富勒烯双加成衍生物 ICBA 替代 PCBM，制备了结构为 ITO/ZnO/C-PCBSD/P3HT：ICBA/PEDOT：PSS/Ag 的有机太阳能电池。结果，器件的短路电流和填充因子得到明显提升，获得了 6.22%的光电转化效率，器件在未封装情况下于室温环境放置 21 天后，仍能保持其原始效率值的 87%，具有优异的电池稳定性。

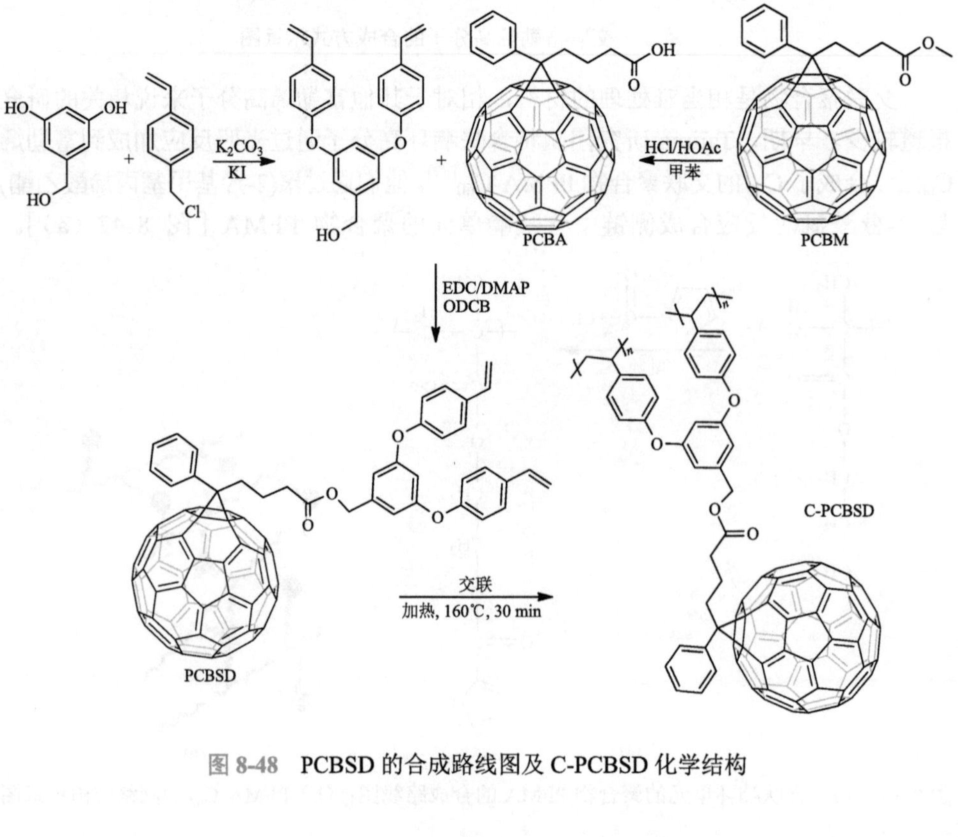

图 8-48 PCBSD 的合成路线图及 C-PCBSD 化学结构

Hsu 研究团队在后续的研究中心，将交联富勒烯高分子 C-PCBSD 应在有机和钙钛矿太阳能电池中，继续做了很多深入的研究。例如[70]，他们将 PCBSD 加入到 $CH_3NH_3PbI_xCl_{3-x}$ 钙钛矿前驱体溶液中，利用 C-PCBSD 的可交联优点，提高钙钛矿的结晶质量并解决低的电子提取效率问题（图 8-49）。此外，利用 C-PCBSD 的抗溶剂网络有利于多步溶液制备过程，并防止来自上层制备使用溶剂的侵蚀破坏。C-PCBSD 网络还可以抵抗水汽对器件界面的侵蚀，钝化钙钛矿活性层中产生的空隙或针孔，结果同时提高器件的效率和稳定性。又如，他们分别以 C-PCBSD 和 C-PCBOD 制备钙钛矿太阳能电池的界面修饰层[71]，器件性能得到了显著提高。

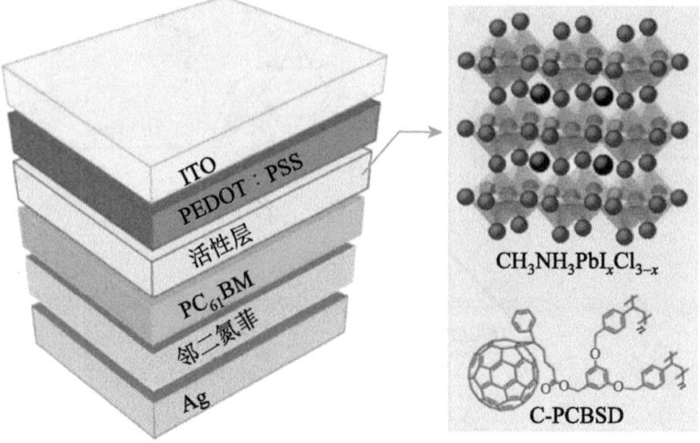

图 8-49　器件结构及交联富勒烯高分子 C-PCBSD 结构示意图[70]

Cheng 课题组[72]，成功地设计和合成了两种环氧丁烷功能化富勒烯衍生物 PCBO 和 PCBOD，结构如图 8-50 所示。他们通过接触角测量和 X 射线光电子光谱所证明，中性性质的环氧丁烷官能团可以通过在热和 UV 处理下，以阳离子诱导开环反应锚定到 TiO_x 表面上，推测的交联过程如图 8-51 所示。以 PCBO 为例，在 TiO_x 表面上，含一个环氧丁烷基的 PCBO 会自组装形成附着单层，与 TiO_x 表面紧密接触。这种策略简单易行，巧妙地将富勒烯分子 PCBO 和 PCBOD 的自组装和交联的优势集合在一起，在太阳能电池上显示极具潜力的应用前景。

Bucknall 研究团队用 PCBA 与 BCB-OH 反应，合成了一个高度可溶的类似 PCBM 结构的热交联富勒烯前驱体 PCBCB（图 8-52），并将其用于本体异质结有机太阳能电池[73]。在 150℃加热条件下，苯并环丁烯（BCB）经热活化，热交联反应开始，最终实现分子间的交联。与 PCBM 相比，交联富勒烯具有高度不溶性，并且在 P3HT 中的扩散迁移率比 PCBM 慢一个数量级。应用在有机太阳能电池中，对富勒烯的晶体形成有显著抑制作用，可以提高电池的热稳定性。关于更多交联富勒烯高分子在有机和钙钛矿太阳能电池中的应用，可以参见本书的 9.1.1 小节和 9.1.2 小节。

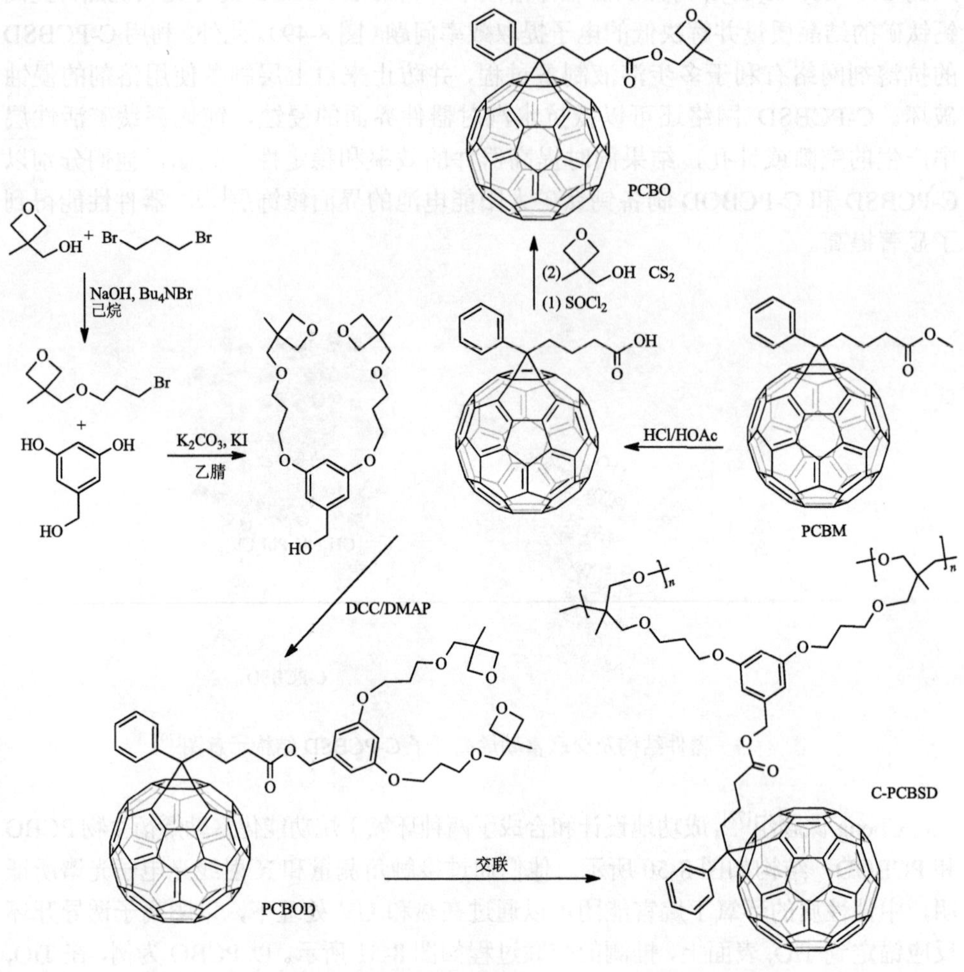

图 8-50 PCBOD 和 PCBO 的合成路线及 C-PCBOD 的化学结构

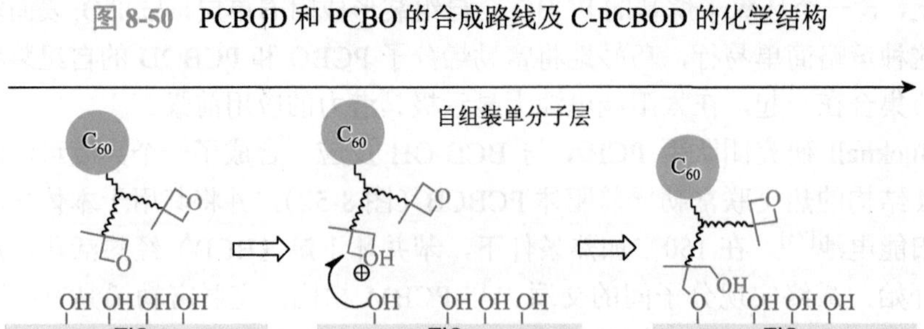

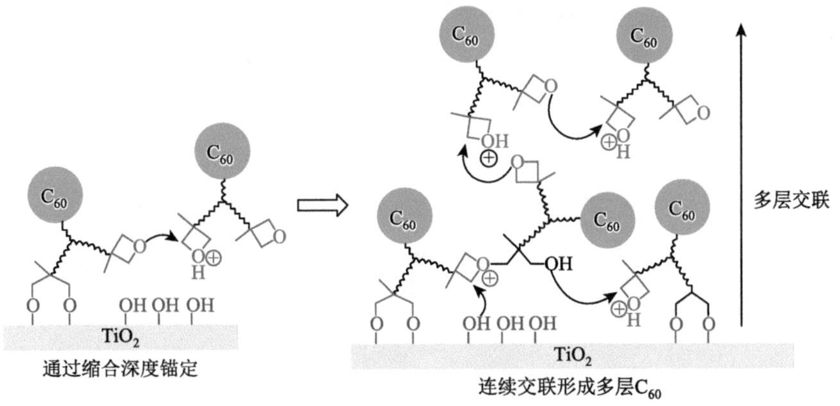

图 8-51　PCBO 在 TiO_x 表面上的自组装和多分子交联的示意图[72]

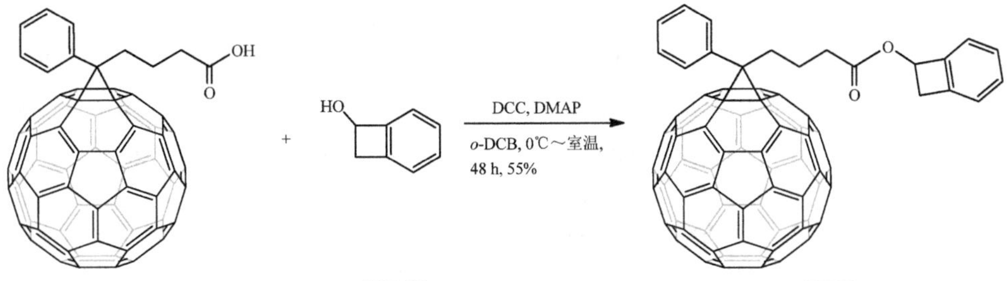

图 8-52　合成 PCBCB 的示意图

8.4　其他富勒烯高分子

除了上述具有较鲜明特征的各类富勒烯高分子外，还存在一些其他类型的富勒烯高分子，如富勒烯超分子聚合物、基体富勒烯高分子、富勒烯金属高分子等。

8.4.1　富勒烯超分子聚合物

前面 7.4 节已经介绍过富勒烯的超分子化学，富勒烯超分子聚合物也被归为富勒烯高分子范畴，这里从高分子化学角度简要再介绍一下。随着富勒烯研究工作的深入，富勒烯超分子聚合物引起研究人员越来越多的兴趣。根据它们的合成，可以形成四种形式的富勒烯超分子聚合物（图 8-53）：①通过功能化聚合物与富勒烯衍生物（或与富勒烯本身）之间的相互作用获得；②自补型富勒烯衍生物的自组装；③多取代的富勒烯衍生物和与之互补的聚合物骨架之间的组装；④通过凹凸互补相互作用，在两个凹面主体和富勒烯之间进行组装。

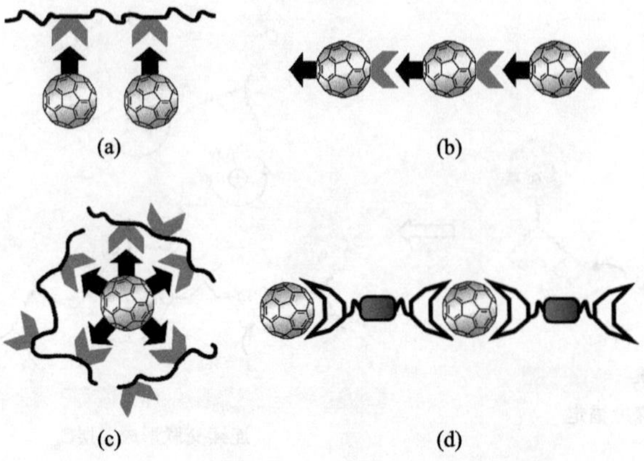

图 8-53 不同形式的富勒烯超分子聚合物

如图 8-54 所示，弱作用力会影响超分子富勒烯聚合物的大小和形状。分子间弱作用力总是与溶液中的溶剂相竞争，然而在固态下就不存在这种竞争。因此，在固态下利用主-客体化学进行富勒烯纳米的制备也引起了众多关注。通过化学修饰获得两亲性富勒烯分子，功能化富勒烯分子在中间相和水溶液中会发生自组装。微相分离或两亲相互作用可以形成富勒烯的液晶、胶束和双层结构。在这些富勒烯超分子聚合物中，富勒烯碳笼和修饰的功能基团能被充分分离，两部分进一步在

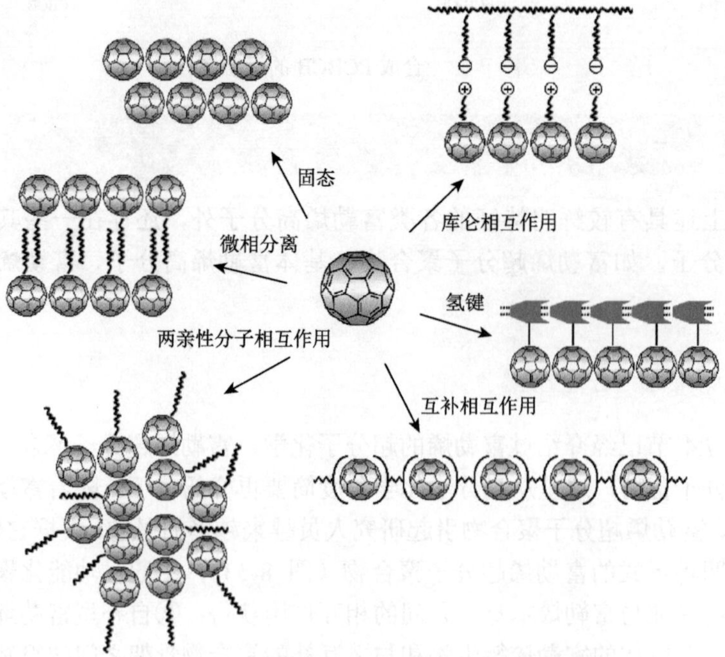

图 8-54 富勒烯超分子聚合物的构建示意图

结构上产生分离。在溶液中，富勒烯聚合物和纳米阵列的构建在富勒烯超分子化学领域中尤其引人注目。通过优化用于构建富勒烯纳米阵列的结合部分来克服与溶剂的竞争过程，其中有很多非共价相互作用可以利用。氢键、库仑相互作用、电荷转移、疏水相互作用、芳香堆积和互补型相互作用都可以用来构建富勒烯超分子聚合物。

1999 年，Dai 及其合作团队利用库仑相互作用，将带有多个—(O)SO_3H 基团的富勒烯醇衍生物作为质子酸掺杂剂与聚苯胺翠绿亚胺碱 PANI-EB 掺杂，形成富勒烯超分子聚合物（图 8-55）[74]。所得超分子聚合物具有优异的导电性能，其室温电导率高达 100 S/cm，比典型的富勒烯 C_{60} 掺杂的导电聚合物高出近六个数量级。

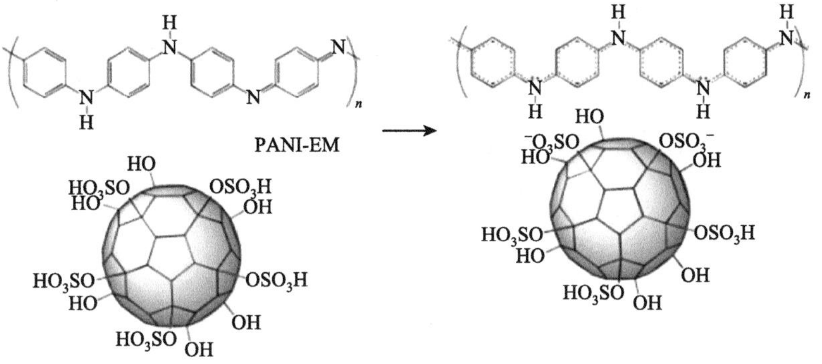

图 8-55　含磺酸基富勒烯醇衍生物掺杂 PANI-EB[74]

Chu 等[75]用激光散射技术研究了五苯基 C_{60} 钾盐 $PhC_{60}K$ 在水中的超分子自组装，发现它形成了一个直径达 17 nm 的双层富勒烯球体，这一完美的高分子球体含 1.2×10^4 个 C_{60} 富勒烯，给人以非常强烈的视觉感受（图 8-56）。基于对这种富勒烯超分子球研究的深入和扩展，将可能揭开一个新的研究领域。

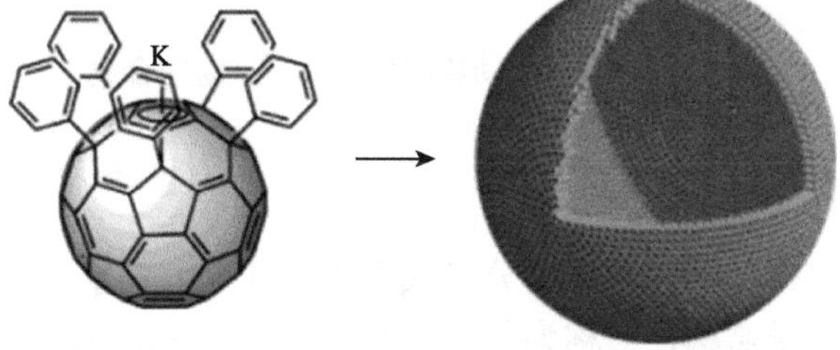

图 8-56　由五苯基 C_{60} 的钾盐形成的富勒烯球[75]

Hummelen 团队提出了一种由氢键相互作用构成的含富勒烯的聚合物[76]，如图 8-57 所示。2-脲基-4-嘧啶酮（2-ureido-4-pyrimidone）具有“给体-给体-受体-受体”（DDAA）氢键构造，从而产生非常稳定的氢键二聚体。图 8-58 中富勒烯衍生物具有两个 2-脲基-4-嘧啶酮修饰基团，在有机溶剂中形成自补型氢键聚合物。有趣的是，在高动态聚合态下，完全保留了单体部分的化学完整性，包括氧化还原和 UV/vis 行为也是如此。

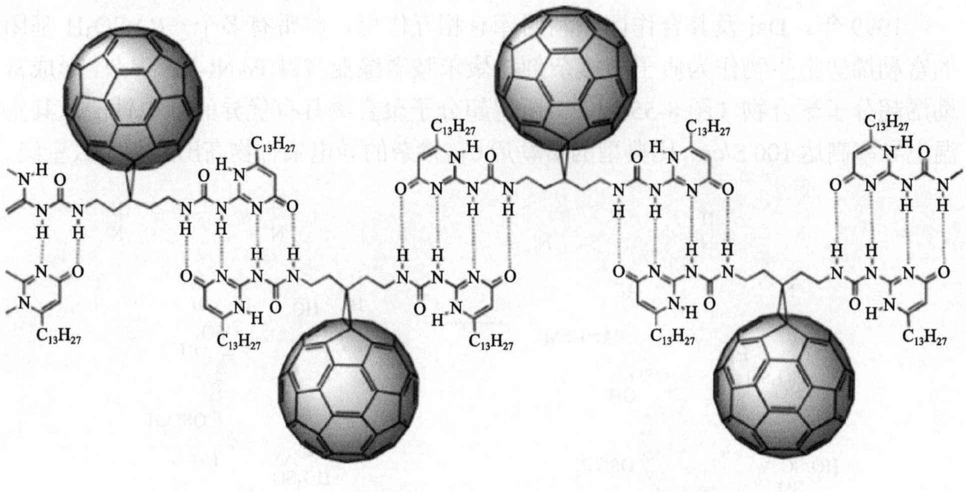

图 8-57 氢键相互作用形成的富勒烯聚合物[76]

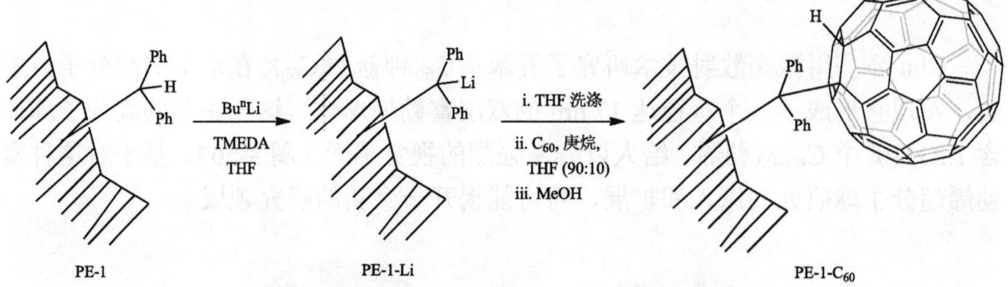

图 8-58 基体富勒烯高分子 PE-1-C_{60} 的合成

8.4.2 基体富勒烯高分子

通过分子链将富勒烯固定在高分子或无机基体上，使富勒烯组装成有序的共价结合的二维或三维结构，被称为基体富勒烯高分子（matrix fullerene polymer）。这种富勒烯高分子的合成为富勒烯薄膜的实用化创造了条件。一般来说，将富勒烯自组装到基体表面有两种途径：一是将富勒烯修饰上特殊功能的基团后再在基体表面自组装；二是先将基体表面用具有特殊功能的基团修饰后，再在溶液中与富勒烯反应，从而形成富勒烯薄膜。

Chen 等[77]报道了第一例基体富勒烯高分子的合成：先将$(MeO)_3Si(CH_2)_3NH_2$固定到铟锡氧化物基体表面，然后再与 C_{60} 反应，形成 C_{60} 膜。他们测定了分子膜的接触角、光谱和电化学特征。Bergbreiter 等[78]将具有亲电性质的 C_{60} 接枝到预先锂化的聚乙烯表面上，形成了基体富勒烯高分子 PE-1-C_{60}，具体合成途径如图 8-58 所示。实验证明，二苯基甲基官能团的空间位阻效应及聚乙烯的表面熵制约能有效地阻止 C_{60} 多加成的发生。

Blasie 及其研究团队将 C_{60} 键合到氧化硅或锗硅多层基体上[79]：他们首先将 11-溴代十一烷基三氯硅烷连接到锗硅多层基底，再用 4-甲基吡啶阴离子处理单层膜，使吡啶基团取代链端的溴，再与 OsO_4C_{60} 反应，吡啶上的 N 与 Os 配位，制备得到基体 C_{60} 高分子膜（图 8-59）。他们使用 X 射线干涉全息照相术研究 C_{60} 膜的特征，结果表明被束缚的 C_{60} 膜形成简单六方点阵，具有短程有序性。

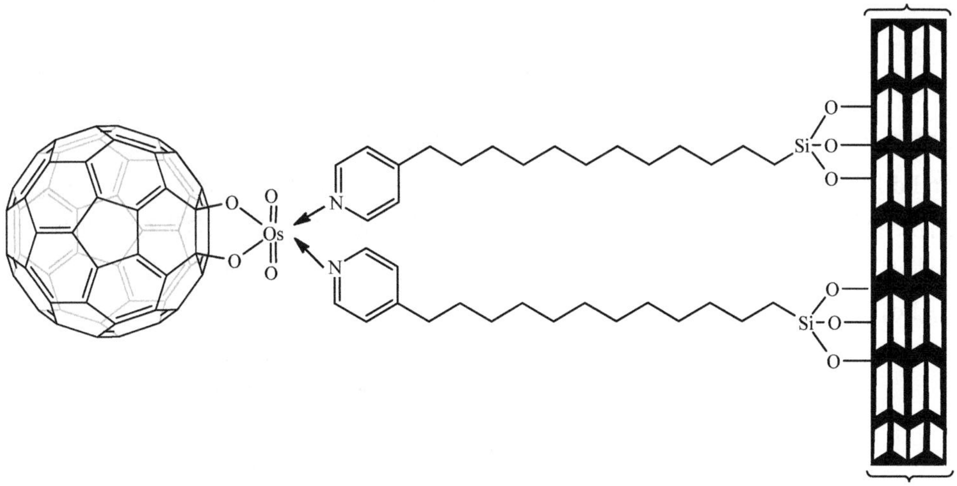

图 8-59　基体 C_{60} 高分子膜的结构

Tsukruk 等[80]用含有 11-溴代十一烷基三氯硅烷配位基团的硅基底与 NaN_3 反应，形成叠氮端基的中间体，再在 0.001 mol/L 的 C_{60} 苯溶液中回流 1.5 天，得到一种完美的、分子水平光洁的同质 C_{60} 膜，具体的制备过程见图 8-60。

8.4.3　富勒烯金属高分子

通常，富勒烯金属高分子（organometallic polymers）因为其结构含有金属或除碳以外的元素也被认为是含杂原子富勒烯高分子（heteroatom-containing polymers）。最早 Nagashim 等报道了第一例富勒烯金属高分子 $C_{60}Pd_n$[81]。他们将 C_{60} 与配合物 $Pd(dba)_3\cdot CHCl_3$ 在甲苯中于室温下反应 3 h，得到黑色的在空气中稳定的 $C_{60}Pd_n$

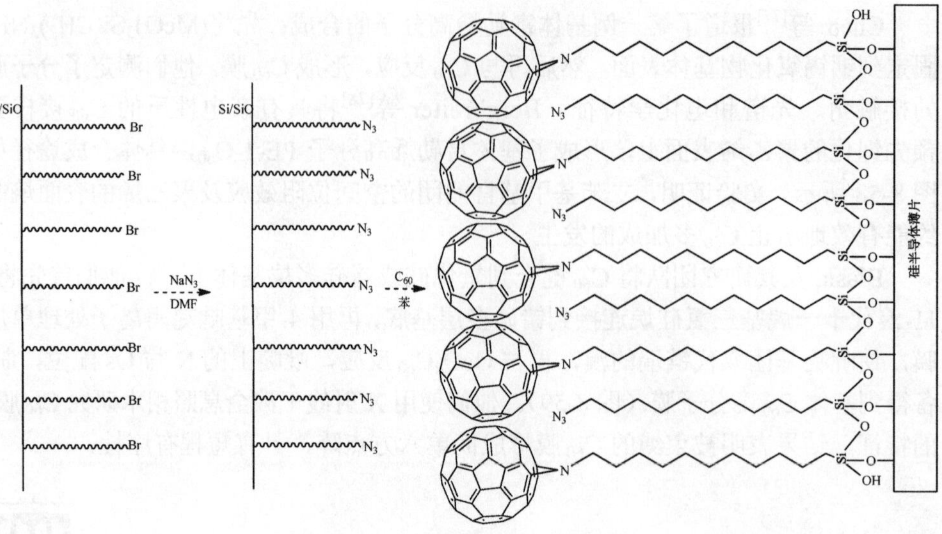

图 8-60　C_{60}膜的制备过程图

（控制反应物的计量比例，可得到 n 值不同的产物），当 $n>3$ 时，$C_{60}Pd_n$ 中有部分 Pd 原子沉积在 $C_{60}Pd_3$ 聚合物表面，具有催化二苯乙炔加氢的性能，而 $C_{60}Pd_3$ 则没有催化活性。如图 8-61 所示，他们对形成 $C_{60}Pd_n$ 的可能机理进行了推测，首先形成一维聚合物 $C_{60}Pd_1$，然后在聚合物链之间插入另外的 Pd 原子桥连形成 $C_{60}Pd_n$（$n>1$）。

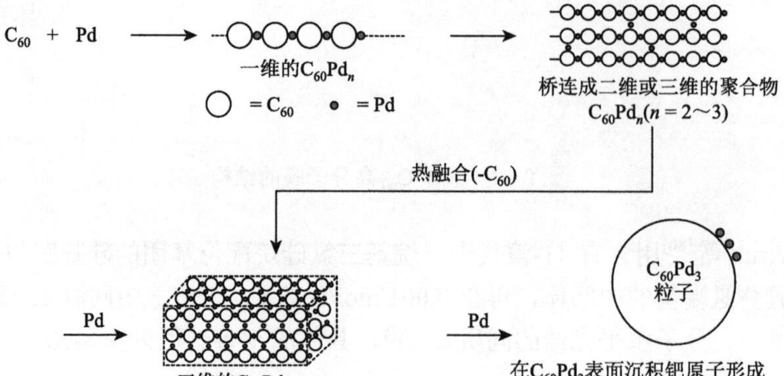

图 8-61　形成 $C_{60}Pd_n$ 过程示意图

1994 年，Forró 等[82]提供了 RbC_{60} 和 KC_{60} 的粉末 XRD 实验证据，证明在低于 400 K 时 RbC_{60} 和 KC_{60} 晶体中的 C_{60} 间距比理论上的范德瓦耳斯半径小，由此推测其单胞中存在特别短的一个边，从而推测晶体中发生了[2 + 2]环加成反应，在晶体空隙中产生具有碱金属的富勒烯聚合物。后来，在 C_{60} 二聚物的 X 射线单晶衍射分析中进一步证明了这种富勒烯间的环加成反应[83]。另外，Balch 研究团队对于富勒烯金属高分子的性质很感兴趣，他们研究了富勒烯或富勒烯衍生物和过渡金属配合物形成的氧化还原活性薄膜的电化学形成和性质[84]。这些富勒烯金属高分子薄膜作为电荷存储材料，可能在电池、光伏器件和电化学传感器等方面具有潜在应用。

随着 C_{60} 等富勒烯的宏量合成得以实现之后，不同类型的富勒烯高分子如雨后春笋般地被大量报道，本小节介绍了主链型、链端型或侧链型富勒烯高分子、链状聚富勒烯、树枝状、星形富勒烯高分子、交联富勒烯高分子、富勒烯超分子聚合物、基体富勒烯高分子、富勒烯金属高分子等各类富勒烯高分子的研究演进情况，从中可以看出，该领域的研究工作正在不断地探索和积累。基于富勒烯这一具有特殊理化性质的新奇分子，已被实验证明可以通过不同的方式和途径连接到不同类型的高分子上，形成链状、立体、其他形式的富勒烯高分子，而且一些更加新颖的高分子将会进一步得到合成，预示着富勒烯高分子诱人的未来。今后富勒烯高分子的研究将会更加系统、更加详尽，范围更广，进行深入的分离纯化、结构表征和反应机理研究，并注重理化性能研究和应用领域的开拓，寻找有特殊功能的富勒烯高分子材料，这些都是对研究者们提出的挑战。

参 考 文 献

[1] Martín N，Giacalone F. Fullerene Polymers：Synthesis，Properties and Applications. Weinheim：WILEY-VCH Verlag GmbH & Co. KGaA，2009.

[2] Giacalone F，Martín N. Fullerene polymers：synthesis and properties. Chemical Reviews，2006，106（12）：5136-5190.

[3] Martin N，Nierengarten J F. Supramolecular Chemistry of Fullerenes and Carbon Nanotubes. Weinheim：Wiley-VCH，2012.

[4] Loy D A，Assink R A. Synthesis of a fullerene C_{60}-*p*-xylylene copolymer. Journal of the American Chemical Society，1992，114（10）：3977-3978.

[5] Samal S，Choi B J，Geckeler K E. The first water-soluble main-chain polyfullerene. Chemical Communications，2000，（15）：1373-1374.

[6] Hiorns R C，Cloutet E，Ibarboure E，et al. Main-chain fullerene polymers for photovoltaic devices. Macromolecules，2009，42（10）：3549-3558.

[7] Hiorns R C，Cloutet E，Ibarboure E，et al. Synthesis of donor-acceptor multiblock copolymers incorporating fullerene backbone repeat units. Macromolecules，2010，43（14）：6033-6044.

[8] Ramanitra H H，Santos Silva H，Bregadiolli B A，et al. Synthesis of main-chain poly（fullerene）s from a sterically controlled azomethine ylide cycloaddition polymerization. Macromolecules，2016，49（5）：1681-1691.

[9] Geckeler K E，Hirsch A. Polymer-bound C_{60}. Journal of the American Chemical Society，1993，115（9）：3850-3851.

[10] Patil A O，Schriver G W，Carstensen B，et al. Fullerene functionalized polymers. Polymer Bulletin，1993，

30（2）：187-190.

[11] Weis C，Friedrich C，Muelhaupt R，et al. Fullerene-end-capped polystyrenes. Monosubstituted polymeric C_{60} derivatives. Macromolecules，1995，28（1）：403-405.

[12] Liu Y L，Chang Y H，Chen W H. Preparation and self-assembled toroids of amphiphilic polystyrene-C_{60}-poly (*N*-isopropylacrylamide)block copolymers. Macromolecules，2008，41（21）：7857-7862.

[13] Ford W T，Nishioka T，Mccleskey S C，et al. Structure and radical mechanism of formation of copolymers of C_{60} with styrene and with methyl methacrylate. Macromolecules，2000，33（7）：2413-2423.

[14] Kawauchi T，Kumaki J，Yashima E. Nanosphere and nanonetwork formations of [60]fullerene-end-capped stereoregular poly(methyl methacrylate)s through stereocomplex formation combined with self-assembly of the fullerenes. Journal of the American Chemical Society，2006，128（32）：10560-10567.

[15] Wang C，He J，Fu S，et al. Synthesis and characterization of the narrow polydispersity fullerene-end-capped polystyrene. Polymer Bulletin，1996，37（3）：305-311.

[16] Cao T，Webber S E. Free radical copolymerization of styrene and C_{60}. Macromolecules，1996，29（11）：3826-3830.

[17] Okamura H，Terauchi T，Minoda M，et al. Synthesis of 1, 4-dipolystyryldihydro[60]fullerenes by using 2, 2, 6, 6-tetramethyl-1-polystyroxypiperidine as a radical source. Macromolecules，1997，30（18）：5279-5284.

[18] Zhou P，Chen G Q，Hong H，et al. Synthesis of C_{60}-end-bonded polymers with designed molecular weights and narrow molecular weight distributions via atom transfer radical polymerization. Macromolecules，2000，33（6）：1948-1954.

[19] Zhou P，Chen G Q，Li C Z，et al. Synthesis of hammer-like macromolecules of C_{60} with well-defined polystyrene chains atom transfer radical polymerization（ATRP）using a C_{60}-monoadduct initiator. Chemical Communications，2000，（9）：797-798.

[20] Yang J，Li L，Wang C. Synthesis of a water soluble，monosubstituted C_{60} polymeric derivative and its photoconductive properties. Macromolecules，2003，36（16）：6060-6065.

[21] Chu C C，Wang L，Ho T I. Novel C_{60}-anchored two-armed poly(*tert*-butyl acrylate)：synthesis and characterization. Macromolecular Rapid Communications，2005，26（14）：1179-1184.

[22] Boudouris B W，Molins F，Blank D A，et al. Synthesis，optical properties，and microstructure of a fullerene-terminated poly(3-hexylthiophene). Macromolecules，2009，42（12）：4118-4126.

[23] Gu T，Chen W X，Xu Z D. Preparation and characterization of the fullerenated polymers. Polymer Bulletin，1999，42（2）：191-196.

[24] Aroua S，Schweizer W B，Yamakoshi Y. C_{60} pyrrolidine bis-carboxylic acid derivative as a versatile precursor for biocompatible fullerenes. Organic Letters，2014，16（6）：1688-1691.

[25] Darling S B. Block copolymers for photovoltaics. Energy & Environmental Science，2009，2（12）：1266-1273.

[26] Dante M，Yang C，Walker B，et al. Self-assembly and charge-transport properties of a polythiophene-fullerene triblock copolymer. Advanced Materials，2010，22（16）：1835-1839.

[27] Gholamkhass B，Holdcroft S. Toward stabilization of domains in polymer bulk heterojunction films. Chemistry of Materials，2010，22（18）：5371-5376.

[28] Stalmach U，De Boer B，Videlot C，et al. Semiconducting diblock copolymers synthesized by means of controlled radical polymerization techniques. Journal of the American Chemical Society，2000，122（23）：5464-5472.

[29] Wang C，Tao Z，Yang W，et al. Synthesis and photoconductivity study of C_{60}-containing styrene/acrylamide copolymers. Macromolecular Rapid Communications，2001，22（2）：98-103.

[30] Goh S H，Zheng J W，Lee S Y. Miscibility of C_{60}-containing poly(2, 6-dimethyl-1, 4-phenylene oxide)with styrenic

polymers. Polymer，2000，41（24）：8721-8724.

[31] Wu H，Li F，Lin Y，et al. Fullerene-functionalized polycarbonate：synthesis under microwave irradiation and nonlinear optical property. Polymer Engineering & Science，2006，46（4）：399-405.

[32] Li Z，Qin J. A new postfunctional method to synthesize C_{60}-containing polysiloxanes. Journal of Applied Polymer Science，2003，89（8）：2068-2071.

[33] Ungurenasu C，Pinteala M. Syntheses and characterization of water-soluble C_{60}-curdlan sulfates for biological applications. Journal of Polymer Science Part A：Polymer Chemistry，2007，45（14）：3124-3128.

[34] Shi S，Khemani K C，Li Q，et al. A polyester and polyurethane of diphenyl C_{61}：retention of fulleroid properties in a polymer. Journal of the American Chemical Society，1992，114（26）：10656-10657.

[35] Wang Z Y，Kuang L，Meng X S，et al. New route to incorporation of [60]fullerene into polymers via the benzocyclobutenone group. Macromolecules，1998，31（16）：5556-5558.

[36] Liu B，Bunker C E，Sun Y P. Preparation and characterization of soluble pendant [60]fullerene-polystyrene polymers. Chemical Communications，1996，（10）：1241-1242.

[37] Drees M，Hoppe H，Winder C，et al. Stabilization of the nanomorphology of polymer-fullerene "bulk heterojunction" blends using a novel polymerizable fullerene derivative. Journal of Materials Chemistry，2005，15（48）：5158-5163.

[38] Chen Y，Cai R F，Huang Z E，et al. Researches on the photoconductivity and UV-visible absorption spectra of the first C_{60}-chemically modified poly(*N*-vinylcarbazole). Polymer Bulletin，1996，36（2）：203-208.

[39] Chen Y，Huang Z E，Cai R F，et al. Synthesis and characterization of soluble C_{60}-chemically modified poly(*p*-bromostyrene). Journal of Polymer Science Part A：Polymer Chemistry，1996，34（16）：3297-3302.

[40] Rao A M，Zhou P，Wang K A，et al. Photoinduced polymerization of solid C_{60} films. Science，1993，259（5097）：955.

[41] Iwasa Y，Arima T，Fleming R M，et al. New phases of C_{60} synthesized at high pressure. Science，1994，264（5165）：1570.

[42] Rao A M，Eklund P C，Hodeau J L，et al. Infrared and Raman studies of pressure-polymerized C_{60}s. Physical Review B，1997，55（7）：4766-4773.

[43] Zou Y J，Zhang X W，Li Y L，et al. Bonding character of the boron-doped C_{60} films prepared by radio frequency plasma assisted vapor deposition. Journal of Materials Science，2002，37（5）：1043-1047.

[44] Cornett D S，Amster I J，Duncan M A，et al. Laser desorption mass spectrometry of photopolymerized fullerene C_{60} films. The Journal of Physical Chemistry，1993，97（19）：5036-5039.

[45] Service R F. Nanotube "peapods" show electrifying promise. Science，2001，292（5514）：45.

[46] Hernández E，Meunier V，Smith B W，et al. Fullerene coalescence in nanopeapods：a path to novel tubular carbon. Nano Letters，2003，3（8）：1037-1042.

[47] Braun M，Hirsch A. Fullerene derivatives in bilayer membranes：an overview. Carbon，2000，38（11）：1565-1572.

[48] Wooley K L，Hawker C J，Frechet J M J，et al. Fullerene-bound dendrimers：soluble，isolated carbon clusters. Journal of the American Chemical Society，1993，115（21）：9836-9837.

[49] Herzog A，Hirsch A，Vostrowsky O. Dendritic mixed hexakisadducts of C_{60} with a T_h symmetrical addition pattern. European Journal of Organic Chemistry，2000，2000（1）：171-180.

[50] Chuard T，Deschenaux R，Hirsch A，et al. A liquid-crystalline hexa-adduct of [60]fullerene. Chemical Communications，1999，（20）：2103-2104.

[51] Dardel B，Guillon D，Heinrich B，et al. Fullerene-containing liquid-crystalline dendrimers. Journal of Materials

Chemistry，2001，11（11）：2814-2831.

[52] Nierengarten J F. Fullerodendrimers：a new class of compounds for supramolecular chemistry and materials science applications. Chemistry—A European Journal，2000，6（20）：3667-3670.

[53] Nierengarten J F，Eckert J F，Rio Y，et al. Amphiphilic diblock dendrimers：synthesis and incorporation in Langmuir and Langmuir-Blodgett films. Journal of the American Chemical Society，2001，123（40）：9743-9748.

[54] Fernández G，Pérez E M，Sánchez L，et al. An electroactive dynamically polydisperse supramolecular dendrimer. Journal of the American Chemical Society，2008，130（8）：2410-2411.

[55] Fernández G，Sánchez L，Pérez E M，et al. Large exTTF-based dendrimers. Self-assembly and peripheral cooperative multiencapsulation of C_{60}. Journal of the American Chemical Society，2008，130（32）：10674-10683.

[56] Armaroli N，Boudon C，Felder D，et al. A copper(Ⅰ)bis-phenanthroline complex buried in fullerene-functionalized dendritic black boxes. Angewandte Chemie International Edition，1999，38（24）：3730-3733.

[57] Felder D，Gallani J L，Guillon D，et al. Investigations of thin films with amphiphilic dendrimers bearing peripheral fullerene subunits. Angewandte Chemie International Edition，2000，39（1）：201-204.

[58] Tseng S M，Wang L Y，Hsieh K H，et al. Arm length effect on synthetic chemistry of fullerene-connected urethane-ether star-polymers. Fullerenes，Nanotubes，and Carbon Nanostructures，1997，5（5）：1021-1032.

[59] Goswami T H，Nandan B，Alam S，et al. A selective reaction of polyhydroxy fullerene with cycloaliphatic epoxy resin in designing ether connected epoxy star utilizing fullerene as a molecular core. Polymer，2003，44（11）：3209-3214.

[60] Hetzer M，Clausen-Schaumann H，Bayerl S，et al. Nanospheres from polymerized lipofullerenes. Angewandte Chemie International Edition，1999，38（13-14）：1962-1965.

[61] Muñoz A，Sigwalt D，Illescas B M，et al. Synthesis of giant globular multivalent glycofullerenes as potent inhibitors in a model of Ebola virus infection. Nature Chemistry，2015，8：50.

[62] Ederlé Y，Mathis C. Palm tree-and dumbbell-like polymer architectures based on C_{60}. Macromolecules，1999，32（3）：554-558.

[63] Tang B Z，Xu H，Lam J W Y，et al. C_{60}-containing poly(1-phenyl-1-alkynes)：synthesis，light emission，and optical limiting. Chemistry of Materials，2000，12（5）：1446-1455.

[64] Cloutet E，Gnanou Y，Fillaut J L，et al. C_{60} end-capped polystyrene stars. Chemical Communications，1996，(13)：1565-1566.

[65] Janot J M，Eddaoudi H，Seta P，et al. Photophysical properties of the fullerene C_{60} core of a 6-arm polystyrene star. Chemical Physics Letters，1999，302（1）：103-107.

[66] Xiao L，Chen Y，Cai R，et al. Synthesis and characterization of [60]fullerene-based nonlinear optical polyacrylonitrile derivatives. Journal of Materials Science Letters，1999，18（11）：833-836.

[67] Tajima Y，Tezuka Y，Yajima H，et al. Photo-crosslinking polymers by fullerene. Polymer，1997，38（20）：5255-5257.

[68] Hsieh C H，Cheng Y J，Li P J，et al. Highly efficient and stable inverted polymer solar cells integrated with a cross-linked fullerene material as an interlayer. Journal of the American Chemical Society，2010，132（13）：4887-4893.

[69] Cheng Y J，Hsieh C H，He Y，et al. Combination of indene-C_{60} bis-adduct and cross-linked fullerene interlayer leading to highly efficient inverted polymer solar cells. Journal of the American Chemical Society，2010，132（49）：17381-17383.

[70] Li M，Chao Y H，Kang T，et al. Enhanced crystallization and stability of perovskites by a cross-linkable fullerene

for high-performance solar cells. Journal of Materials Chemistry A，2016，4（39）：15088-15094.

[71] Kang T，Tsai C M，Jiang Y H，et al. Interfacial engineering with cross-linkable fullerene derivatives for high-performance perovskite solar cells. ACS Applied Materials & Interfaces，2017，9（44）：38530-38536.

[72] Cheng Y J，Cao F Y，Lin W C，et al. Self-assembled and cross-linked fullerene interlayer on titanium oxide for highly efficient inverted polymer solar cells. Chemistry of Materials，2011，23（6）：1512-1518.

[73] Deb N，Dasari R R，Moudgil K，et al. Thermo-cross-linkable fullerene for long-term stability of photovoltaic devices. Journal of Materials Chemistry A，2015，3（43）：21856-21863.

[74] Dai L，Lu J，Matthews B，et al. Doping of conducting polymers by sulfonated fullerene derivatives and dendrimers. The Journal of Physical Chemistry B，1998，102（21）：4049-4053.

[75] Zhou S，Burger C，Chu B，et al. Spherical bilayer vesicles of fullerene-based surfactants in water：a laser light scattering study. Science，2001，291（5510）：1944.

[76] Sánchez L，Rispens M T，Hummelen J C. A supramolecular array of fullerenes by quadruple hydrogen bonding. Angewandte Chemie International Edition，2002，41（5）：838-840.

[77] Chen K，Caldwell W B，Mirkin C A. Fullerene self-assembly onto$(MeO)_3Si(CH_2)_3NH_2$-modified oxide surfaces. Journal of the American Chemical Society，1993，115（3）：1193-1194.

[78] Bergbreiter D E，Gray H N. Grafting of C_{60} onto polyethylene surfaces. Journal of the Chemical Society，Chemical Communications，1993，（7）：645-646.

[79] Chupa J A，Xu S，Fischetti R F，et al. A monolayer of C_{60} tethered to the surface of an inorganic substrate：assembly and structure. Journal of the American Chemical Society，1993，115（10）：4383-4384.

[80] Tsukruk V V，Lander L M，Brittain W J. Atomic force microscopy of C_{60} tethered to a self-assembled monolayer. Langmuir，1994，10（4）：996-999.

[81] Nagashima H，Nakaoka A，Saito Y，et al. $C_{60}Pd$：the first organometallic polymer of buckminsterfullerene. Journal of the Chemical Society，Chemical Communications，1992，（4）：377-379.

[82] Stephens P W，Bortel G，Faigel G，et al. Polymeric fullerene chains in RbC_{60} and KC_{60}. Nature，1994，370（6491）：636-639.

[83] Wang G-W，Komatsu K，Murata Y，et al. Synthesis and X-ray structure of dumb-bell-shaped C_{120}. Nature，1997，387（6633）：583-586.

[84] Winkler K，Balch A L. Electrochemically formed two-component films comprised of fullerene and transition-metal components. Comptes Rendus Chimie，2006，9（7）：928-943.

第9章 富勒烯的应用

如上所述，富勒烯及其衍生物具有良好的电子传输性能、生物相容性、抗氧化活性、催化性能、超导等特点，使其在有机电子学、生物医学、化妆品、催化剂、超导体、非线性光学及润滑剂等领域有着广阔的应用前景。本章主要阐述富勒烯及其衍生物在光电材料、生物医学、催化剂等诸多领域的应用，并对其研究与应用前景进行展望。

9.1 有机电子学

富勒烯及其衍生物是有机半导体材料。由于富勒烯独特的物理和化学性质，在纳米尺度范围内特殊的稳定性，以及奇异的电子结构，使其在有机太阳能电池、钙钛矿太阳能电池、场效应晶体管等有机电子学领域具有重要的应用前景。

9.1.1 有机太阳能电池

近年来，以有机太阳能电池和钙钛矿太阳能电池为代表的新型太阳能电池具有成本低、质量轻、制备工艺简单、可以在柔性基底上大规模制备等独特优势，成为电池领域的研究热点。富勒烯是一种半导体材料，其独特的三维共轭结构使得富勒烯具有良好的电子传输性能，可作为有机太阳能电池/钙钛矿太阳能电池的电子受体/电子传输材料。本节主要阐述富勒烯及其衍生物在有机太阳能电池受体材料以及钙钛矿太阳能电池电子传输材料等方面的应用。

富勒烯及其衍生物具有高的电子亲和势[1]、低的电子重组能[2-4]、较高的电子迁移率[5-8]，并且能够与电子给体材料相容[9, 10]，因此，富勒烯及其衍生物是有机太阳能电池理想的电子受体材料[11-13]。

有机太阳能电池通常由电子给体和电子受体组成的活性层夹在两个电极之间构成。这种异质结型器件又可以细分为双层异质结（bilayer heterojunction）和本体异质结（bulk heterojunction，BHJ），如图 9-1 所示。电子给体材料通常为有机小分子或共轭聚合物（图 8-1 列出了常见的几种给体材料的分子结构）；而受体材料有富勒烯及其衍生物，共轭聚合物受体材料、非富勒烯有机小分子受体材料和无机纳米晶受体材料等。根据给体材料的不同，可以将有机太阳能电池分为有机小分子太阳能电池和聚合物太阳能电池。本节主要讨论富勒烯类受体材料在有机太阳能电池中的应用。

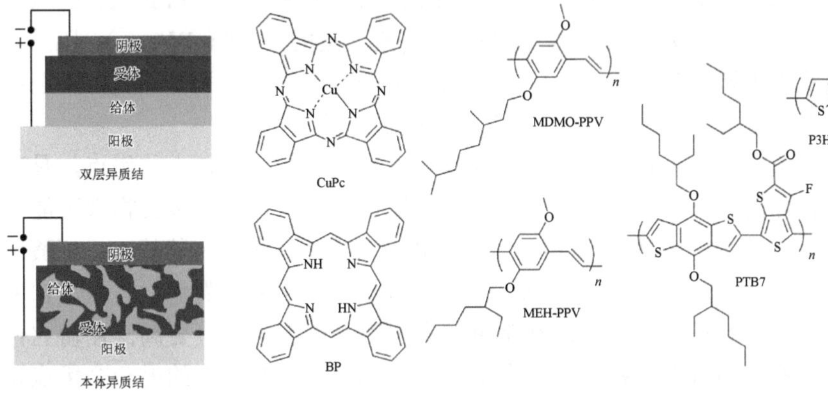

图 9-1　有机太阳能电池的器件结构和常见的几种给体材料的分子结构

1986 年，柯达公司的邓青云博士首次提出双层异质结有机太阳能电池的概念[14]，开创了有机给体/受体异质结太阳能电池研究方向。1992 年，Sariciftci 等发现共轭聚合物聚[2-甲氧基-5-(2′-乙基己氧基)对苯撑乙烯]（MEH-PPV）与 C_{60} 之间的光诱导电荷转移现象[15]，开启了聚合物/富勒烯太阳能电池研究的热潮。1995 年，俞刚等将富勒烯衍生物[6, 6]-苯基-C_{61}-丁酸甲酯（$PC_{61}BM$）与 MEH-PPV 混合，形成一种纳米尺度的互穿网络结构[16]，由此发明了本体异质结器件。本体异质结概念的提出，使得有机太阳能电池的效率有了突破性进展，引起了大家对有机太阳能电池的关注。目前，高效聚合物太阳能电池都采用这种器件结构。

未修饰的富勒烯，如 C_{60}、C_{70}，由于它们在有机溶剂中的溶解度低，不太适合需要溶液成膜的聚合物太阳能电池。它们常用于可以真空蒸镀成膜的有机小分子太阳能电池。2001 年，Forrest 等采用真空蒸镀法制备酞菁铜（CuPc）/C_{60} 双层异质结器件，在 AM 1.5G 150 mW/cm^2 模拟太阳光照下效率为 3.6%[17]。2009 年，Pfuetzner 等将有机小分子太阳能电池中常用的 C_{60} 替换成 C_{70}，制备了基于酞菁锌（ZnPc）：C_{70} 的本体异质结器件[18]。他们的研究结果表明，C_{70} 在 500～700 nm 之间的吸收比 C_{60} 强，使得在相同条件下 C_{70} 器件的短路电流高于 C_{60} 器件。对于有机小分子太阳能电池，本节不做详细介绍，可以参考相关文献[19, 20]。

为了克服未修饰的富勒烯溶解度差的缺点，并改善富勒烯受体与聚合物给体材料的相容性，人们对富勒烯进行化学修饰得到富勒烯衍生物。鉴于富勒烯衍生物的化学结构对聚合物太阳能电池的光伏性能影响显著，本节将富勒烯衍生物受体材料按照化学结构加以分类，并阐述其化学结构对光伏性能的影响。为了便于讨论，我们简单介绍一下描述太阳能电池光伏性能的参数：开路电压（V_{oc}），短路电流密度（J_{sc}），填充因子（FF）和光电转换效率（PCE）。V_{oc}是指外电路开路时电池阴阳两极之间的电压，J_{sc}是指外电路短路时通过器件的电流密度，FF定义为最大输出功率与V_{oc}和J_{sc}乘积的比值。PCE则等于V_{oc}、J_{sc}和FF三者的乘积除以太阳光的输入功率P_{in}。在标准测试中，P_{in}是一定的（100 mW/cm^2），因此，太阳能电池的光电转换效率取决于V_{oc}、J_{sc}和FF三者的乘积。为了提高太阳能电池的光电转换效率，必须从提高V_{oc}、J_{sc}和FF入手。

亚甲基富勒烯具有稳定性高、取代基对碳笼的结构扰动较小的优点，是研究最多的富勒烯衍生物，广泛用于有机电子学器件。目前，高效聚合物太阳能电池最常用的电子受体材料是$PC_{61}BM$和相应的C_{70}衍生物[6, 6]-苯基-C_{71}-丁酸甲酯（$PC_{71}BM$），其分子结构如图9-2所示，它们都属于亚甲基富勒烯。与未修饰的富勒烯相比，$PC_{61}BM$和$PC_{71}BM$在常见的有机溶剂中的溶解度更高，使得它们适合于通过溶液法制备聚合物太阳能电池。$PC_{61}BM$和$PC_{71}BM$的另一个优点是它们的能级与大多数聚合物的能级匹配。富勒烯的LUMO能级是一个非常重要的参数，是因为聚合物太阳能电池的开路电压V_{oc}是由给体材料的HOMO能级与受体材料的LUMO能级之差决定的[21, 22]。循环伏安测试表明，$PC_{61}BM$和$PC_{71}BM$的LUMO能级均为3.91 eV，而它们的HOMO轨道能级分别是5.93 eV和5.87 eV[11]。$PC_{61}BM$和$PC_{71}BM$的电子迁移率较高，能有效地提取电荷，使得聚合物太阳能电池能够获得较高的填充因子[22]。富勒烯受体对太阳光的吸收也是非常重要的，它对聚合物太阳能电池的短路电流密度J_{sc}有贡献。由于C_{60}的对称性较高，使得低能量的跃迁是禁阻的，因此，$PC_{61}BM$在可见光区域的吸收较弱。如果将C_{60}换成对称性稍低的C_{70}，得到的$PC_{71}BM$在可见光区域的吸收大大增强[23]。因此，高效聚合物太阳能电池往往采用$PC_{71}BM$而不是$PC_{61}BM$，也是基于对光的吸收的考虑。鉴于$PC_{61}BM$的成功，人们合成了大量的$PC_{61}BM$类似物。$PC_{61}BM$的取代基可以分为苯基、中间的脂肪链、末端酯基和亚甲基桥头碳原子，这些地方都可以被其他功能基团取代或修饰。尽管这些分子的取代基千差万别，总的来说，$PC_{61}BM/PC_{71}BM$类似物的光伏性能与$PC_{61}BM/PC_{71}BM$差不多甚至更差。因此，本节不做详细介绍，具体可以参考相关综述文章[11-13]。

鉴于大碳笼富勒烯衍生物比C_{60}/C_{70}的吸收光谱更宽更强，2006年Hummelen等合成了C_{84}的衍生物$PC_{85}BM$，并研究了其在聚合物太阳能电池上的应用[24]。$PC_{85}BM$的LUMO轨道比$PC_{61}BM$低0.35 eV，因此，$PC_{85}BM$器件的开路电压比$PC_{61}BM$器件的开路电压低0.50 V。尽管$PC_{85}BM$的电子迁移率比$PC_{61}BM$高，并且其吸收光谱较宽，一直拓展到近红外区域，但是，$PC_{85}BM$器件的短路电流密度很低。这可能是由于$PC_{85}BM$与聚[2-甲氧基-5-(3′, 7′-二甲基辛氧基)对苯撑乙烯]（MDMO-PPV）相容性差，导致活性层形貌较差。

限制聚合物太阳能电池效率的一个因素是器件的开路电压较低，因此，提升富勒烯受体的 LUMO 能级是一个有效提高器件开路电压的方法。Ross 等采用内嵌富勒烯衍生物 $Lu_3N@C_{80}$-PCBH 作为电子受体，有效地提高了器件的开路电压[25]。他们采用 $Lu_3N@C_{80}$-PCBH 是因为它在溶解度和与给体的相容性方面与 $PC_{61}BM$ 相近。采用空间电荷限制电流方法（SCLC）测得 $Lu_3N@C_{80}$-PCBH 的电子迁移率为 4.0×10^{-4} $cm^2/(V{\cdot}s)$，与 $PC_{61}BM$[1.4×10^{-3} $cm^2/(V{\cdot}s)$]相近。$Lu_3N@C_{80}$-PCBH 的 LUMO 能级比 $PC_{61}BM$ 高 0.28 eV。以聚(3-己基噻吩)（P3HT）为给体，$Lu_3N@C_{80}$-PCBH 为受体的器件的开路电压为 0.81 V，比 $P_3HT/PC_{61}BM$ 高 0.26 V，但两者的短路电流密度和填充因子类似。因此，P3HT/$Lu_3N@C_{80}$-PCBH 器件的光电转换效率为 4.2%，明显高于 P3HT/$PC_{61}BM$ 器件（3.4%）。

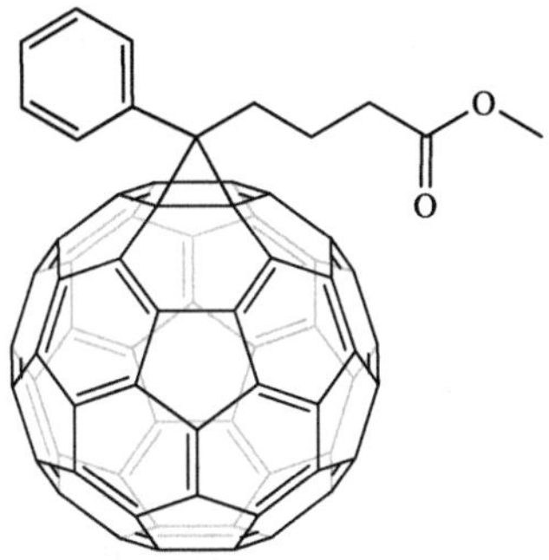

$PC_{61}BM$

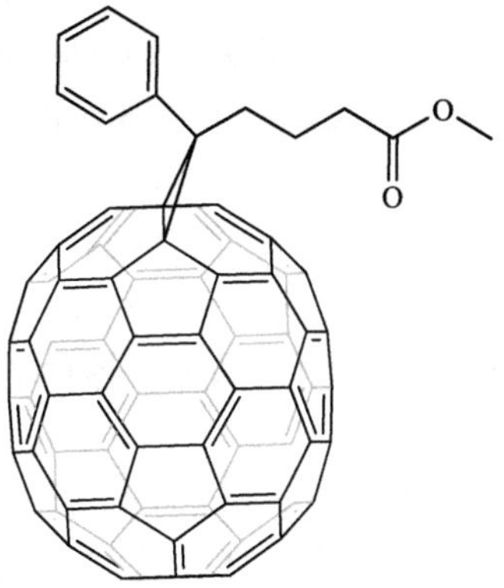

$PC_{71}BM$

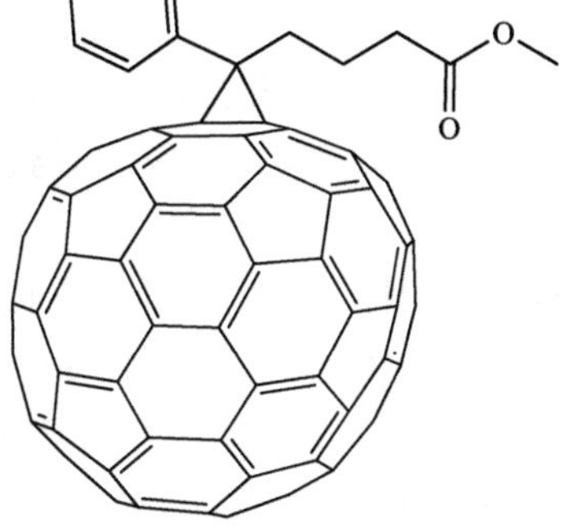

$PC_{85}BM$

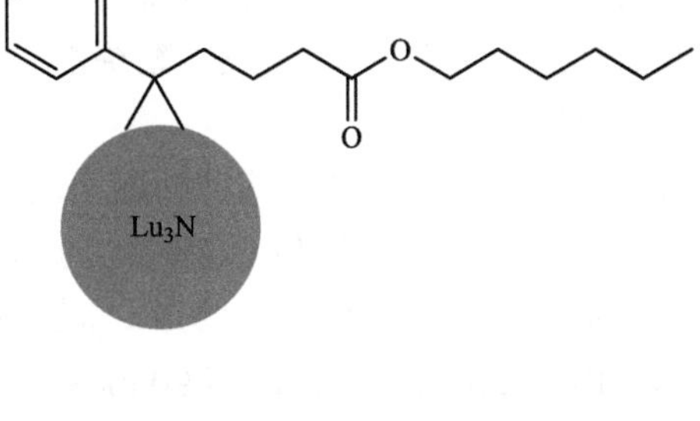

$Lu_3N@C_{80}$-PCBH

图 9-2 $PC_{61}BM$、$PC_{71}BM$、$PC_{85}BM$ 和 $Lu_3N@C_{80}$-PCBH 的分子结构示意图

提升器件开路电压的另一个有效途径是采用双加成或多加成富勒烯。Blom 等合成了一系列 C_{60}/C_{70} 的双加成和三加成产物（分子结构见图 9-3）[26, 27]，并研究了它们的光伏性能。双加成 $PC_{61}BM$，即 bis$PC_{61}BM$，其 LUMO 能级比 $PC_{61}BM$ 高约 0.1 eV，并且其电子迁移率只比 $PC_{61}BM$ 稍低。P3HT∶bis$PC_{61}BM$ 器件的开路电压为 0.73 V，比 P3HT∶$PC_{61}BM$ 器件高 0.15 V；两者的短路电流密度和填充因子接近。因此，开路电压的提升导致了效率的提高。三加成 $PC_{61}BM$，即 tris$PC_{61}BM$，其 LUMO 能级比 bis$PC_{61}BM$ 更高。但是，基于 tris$PC_{61}BM$ 器件的效率特别低（0.21%），主要是由 tris$PC_{61}BM$ 迁移率太低造成的。

2010 年，Fukuzumi 等合成了噻吩基取代的亚甲基富勒烯 $ThC_{61}BM$ 的单加成和多加成产物，并讨论了加成基团数目对光伏性能的影响[28]。单加成的 $ThC_{61}BM$ 的 LUMO 能级与 $PC_{61}BM$ 差不多，双加成的 bis$ThC_{61}BM$ 的 LUMO 能级比单加成产物高 100 meV 左右，而三加成的 tris$ThC_{61}BM$ 的 LUMO 能级则比单加成产物高 0.22 V。尽管四加成的 tetrakis$ThC_{61}BM$ 的 LUMO 能级更高，但其氧化还原峰表现出不可逆的性质。P3HT∶$ThC_{61}BM$ 器件的开路电压和效率分别为 0.60 V 和 3.97%，接近 P3HT∶$PC_{61}BM$ 器件的性能（PCE = 4.18%）。P3HT∶bis$ThC_{61}BM$ 器件的开路电压为 0.72 V，高于 P3HT∶$PC_{61}BM$ 器件，但其效率仅为 1.72%。他们发现，随着加成基团的数目增加，器件的短路电流密度大幅度降低，导致多加成产物的光伏性能较差。

为了在提升 LUMO 能级的同时保持较高的电子迁移率，Jen 等合成了取代基较小的 methano-$PC_{61}BM$ 受体材料[29]。Methano-$PC_{61}BM$ 的电子迁移率较高，同时其 LUMO 能级也比 $PC_{61}BM$ 高 0.15 eV。P3HT∶methano-$PC_{61}BM$ 器件的效率和热稳定性均高于 P3HT∶$PC_{61}BM$ 器件。值得注意的是，双加成富勒烯只适合于宽带隙聚合物给体体系，如 P3HT。对于窄带隙聚合物体系，如果将 $PC_{61}BM/PC_{71}BM$ 换成双加成富勒烯，会导致器件的短路电流密度和效率降低。一方面是由于双加成富勒烯的 LUMO 较高，导致电荷转移时的驱动力不够，影响电荷产生的效率；另一方面是由于聚合物/双加成富勒烯混合膜的电子/空穴迁移率不够，导致电荷收集效率较低。

与目前广泛研究的亚甲基富勒烯相比，含四元环的环丁烷富勒烯研究较少。Swager 等合成了环丁二烯与 C_{60} 的单加成和多加成产物（分子结构见图 9-4），并研究了其光伏性能[30]。环丁二烯与 C_{60} 加成产物的 LUMO 能级高于 $PC_{61}BM$，其中，TMCB-Mono 比 $PC_{61}BM$ 高 90 meV，TMCB-Bis 高 260 meV，TMCB-Tris 高 450 meV。此外，环丁二烯与 C_{60} 加成产物的吸收光谱与 $PC_{61}BM$ 类似甚至略高。P3HT∶TMCB-Mono 器件的开路电压和光电转换效率分别为 0.61 V 和 2.49%，与 P3HT∶$PC_{61}BM$ 器件相当。Kim 等合成了苯并环丁烯-C_{60} 双加成产物 BCBCBA，并作为电子受体材料用于聚合物太阳能电池[31]。BCBCBA 较小的取代基有利于促

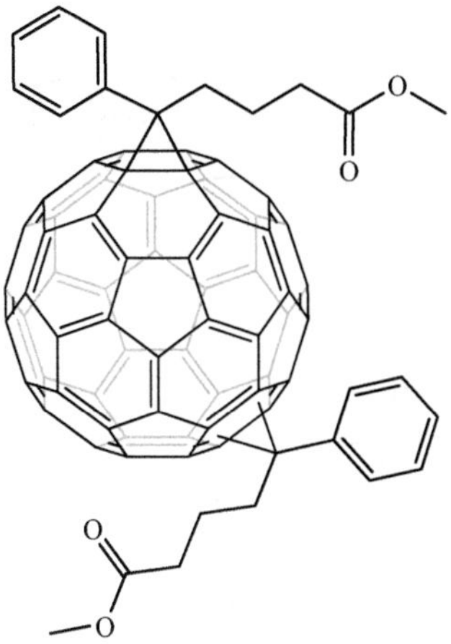

bisPC_{61}BM

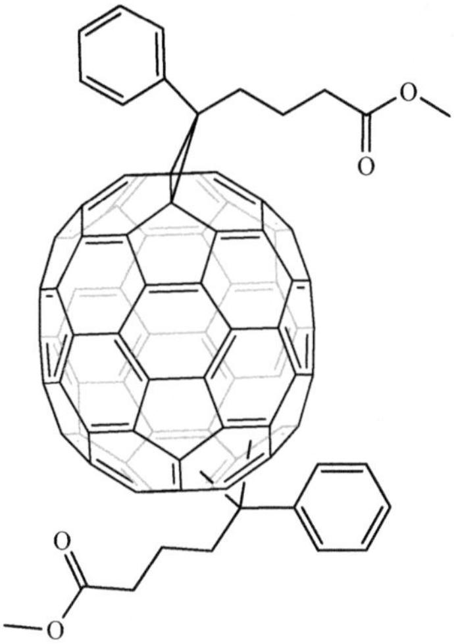

bisPC_{71}BM

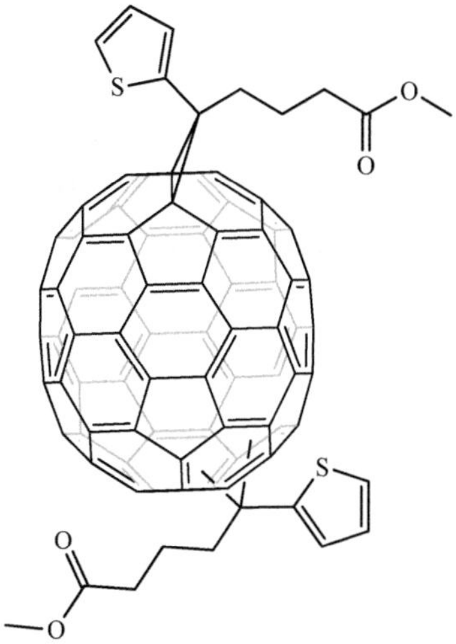

bisThC_{71}BM

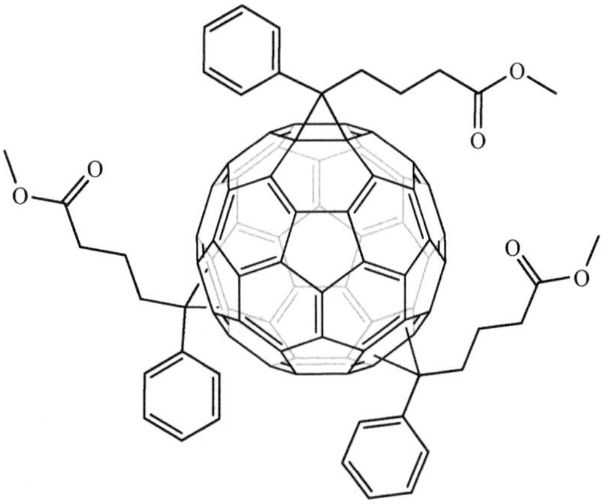

trisPC_{61}BM

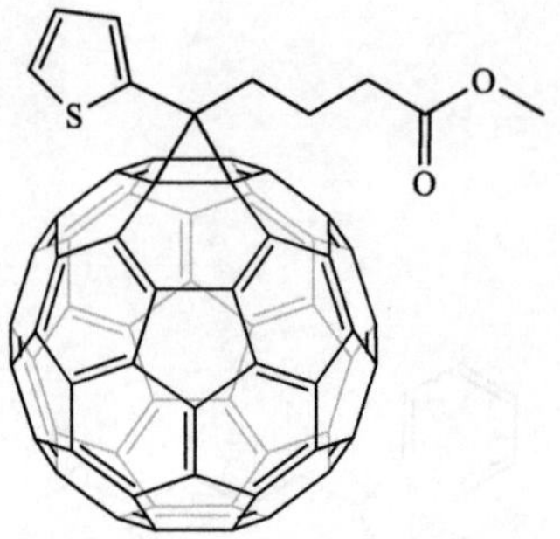

$ThC_{61}BM$

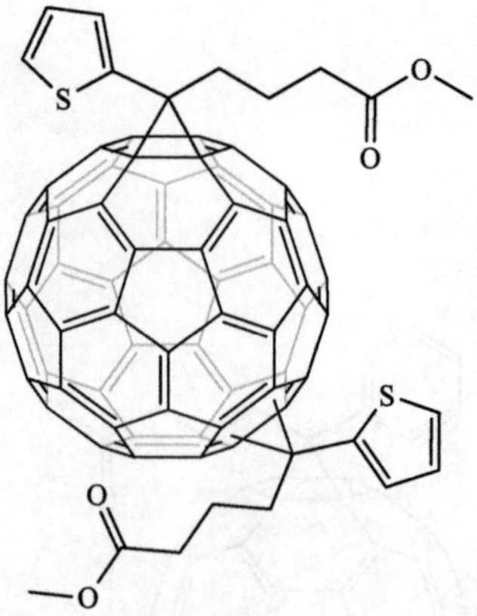

$bisThC_{61}BM$

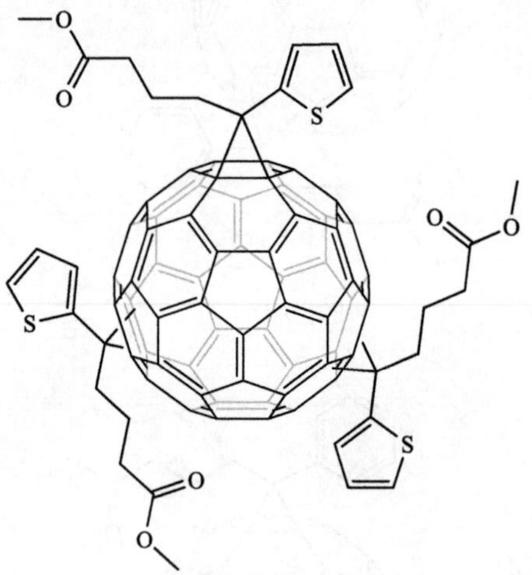

$trisThC_{61}BM$

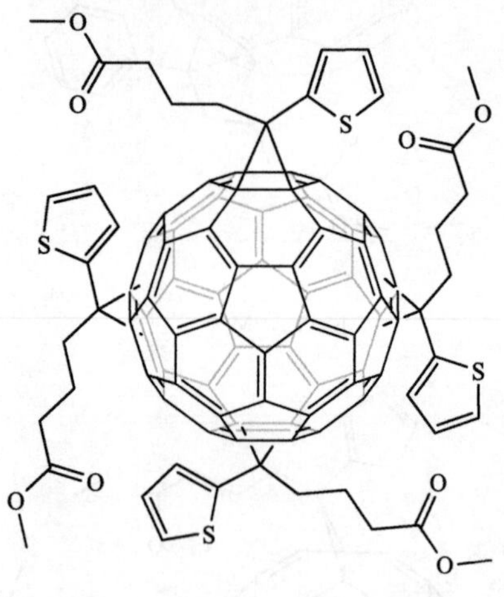

$tetrakisThC_{61}BM$

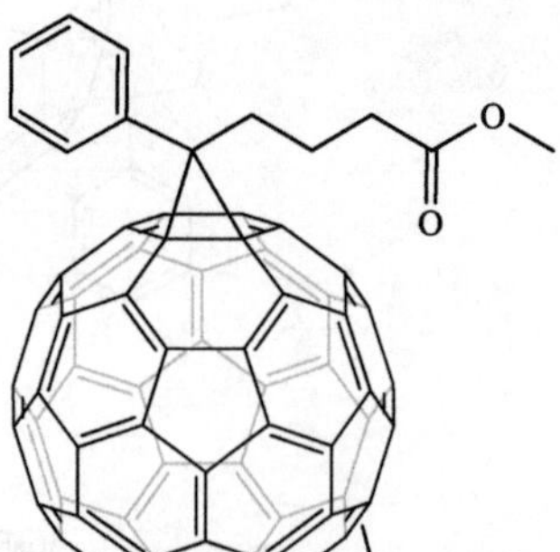

methano-$bisPC_{61}BM$

图 9-3　部分亚甲基富勒烯双加成或多加成产物的分子结构

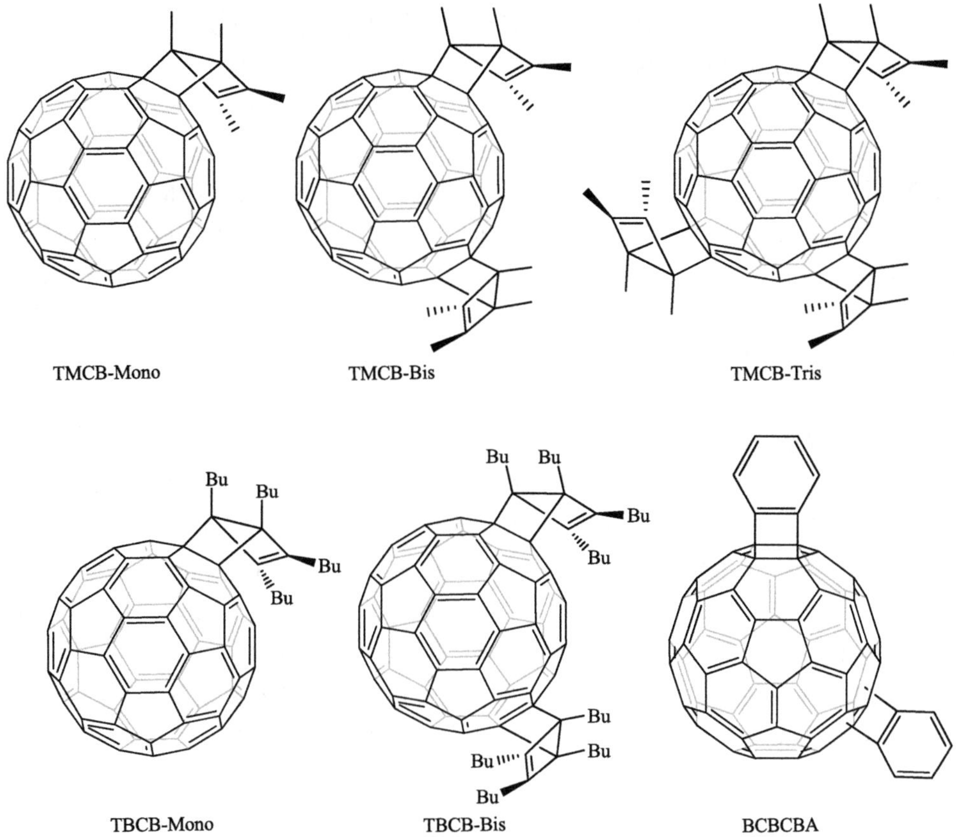

图 9-4　环丁烷富勒烯的分子结构

进 P3HT 形成高度有序的结构从而获得较好的活性层形貌。BCBCBA 的 LUMO 能级比 $PC_{61}BM$ 高 0.16 eV。P3HT∶BCBCBA 器件的开路电压和光电转换效率分别为 0.73 V 和 3.51%，与 P3HT∶bis$PC_{61}BM$ 器件相当。

含五元环的富勒烯吡咯烷衍生物是另一类研究非常广泛的富勒烯衍生物。Itoh 等合成了一系列 *N*-甲氧基乙氧基乙基取代的富勒烯吡咯烷衍生物（分子结构见图 9-5）并系统地研究了它们的分子结构与光伏性能的关系[32]。研究发现，邻位取代衍生物的效率要高于间位或对位取代的衍生物。基于 2-甲氧基苯基取代的衍生物效率达 3.44%，优于 P3HT∶$PC_{61}BM$ 器件。Lee 等采用 C_{60}-TH-H_x 作为电子受体，与窄带隙聚合物共混制备聚合物太阳能电池[33]。C_{60}-TH-H_x 的电子迁移率比 $PC_{61}BM$ 高一个数量级。C_{60}-TH-H_x 的 LUMO 能级也高于 $PC_{61}BM$。基于 C_{60}-TH-H_x 的器件的开路电压高于 $PC_{61}BM$ 器件。Aso 等合成了一系列分子结构与 $PC_{61}BM$ 类似的富勒烯吡咯烷衍生物受体材料[34]。这些富勒烯吡咯烷衍生物的电化学和吸收光谱均与 $PC_{61}BM$ 类似。然而，它们的光伏性能与取代基有很大关系。*N*-苯基取代的富勒烯吡咯烷的光伏性能接近甚至超过 $PC_{61}BM$。

最近，Chuang 等合成了环戊烷富勒烯（分子结构见图 9-5），并研究了它们的光伏性能[35]。这些富勒烯衍生物的 LUMO 能级非常接近。以 P3HT 为给体，环戊烷富勒烯为受体的电池最高效率达到 4.1%，接近 P3HT∶$PC_{61}BM$ 器件的效率（3.97%）。Chen 等合成了一系列二氢萘苯并呋喃-C_{60} 双加成产物 BFCBA，研究取代基对光伏性能的影响[36]。这些富勒烯衍生物具有类似的光学和电化学性质，但光伏性能却与取代基密切相关。性能最好的 P3HT∶C4-BFCBA 器件的效率达到 3.40%，与 P3HT∶$PC_{61}BM$ 性能差不多（3.44%）。

含六元环的环已烷富勒烯是有机太阳能电池中除了亚甲基富勒烯外另一类非常重要的富勒烯衍生物。茚加成富勒烯是一类重要的环已烷富勒烯。李永舫及其合作者合成了茚-C_{60} 双加成产物 $IC_{60}BA$（其分子结构见图 9-6）来提升富勒烯的 LUMO 能级[37]。$IC_{60}BA$ 的溶解度比 $PC_{61}BM$ 高，其对可见光的吸收也比 $PC_{61}BM$ 强。$IC_{60}BA$ 的 LUMO 能级比 $PC_{61}BM$ 高 0.17 eV。基于 P3HT∶$IC_{60}BA$ 器件的开路电压和光电转换效率分别为 0.84 V 和 5.44%，而 P3HT∶$PC_{61}BM$ 器件的开路电压和光电转换效率分别为 0.58 V 和 3.88%。$IC_{60}BA$ 优异的光伏性能引起了研究人员的注意，随后在全世界掀起了一股研究双加成富勒烯的热潮。随后，他们合成了茚-C_{70} 双加成产物 $IC_{70}BA$[38]。$IC_{70}BA$ 的 LUMO 能级比 $PC_{71}BM$ 高 0.19 eV。基于 P3HT∶$IC_{70}BA$ 器件的开路电压和光电转换效率分别为 0.84 V 和 5.64%，而 P3HT∶$PC_{71}BM$ 器件的开路电压和光电转换效率分别为 0.58 V 和 3.96%。接下来，该研究组还合成了茚加成的 $PC_{61}BM$，即 $IPC_{60}BM$[39]。$IPC_{60}BM$ 的 LUMO 能级比 $PC_{61}BM$ 高 0.12 eV。P3HT∶$IPC_{60}BM$ 器件的开路电压和效率分别为 0.72 V 和 4.39%，而在相同条件下制备的 P3HT∶$PC_{61}BM$ 器件的开路电压和效率分别为 0.58 V 和 3.49%。李永舫等也合成了联茚加成富勒烯，如 $BC_{60}MA$、$BC_{60}BA$、$BC_{70}MA$[40, 41]。然而，由于联茚基团体积较大，使得电子迁移率降低或形貌较差，导致器件短路电流密度和效率较低。需要特别注意的是，双加成富勒烯是多个区域异构体的混合物。为了研究 $IC_{60}BA$ 区域异构体对光伏性能的影响，Chen 等采用高效液相色谱将 $IC_{60}BA$ 分成 12 个主要的异构体，研究它们的结构、相对含量、溶解度和光伏性能[42]。他们发现，在 $IC_{60}BA$ 异构体混合物中，*trans*-3 和 e 异构体的含量最高。这些结构相似的异构体具有类似的光学性质和 LUMO 能级。然而，它们的光伏性能却不一样，主要受两个茚基的加成位置和空间朝向影响，其中，含量最高的 *trans*-3 异构体的光伏性能最好，甚至超过了 $IC_{60}BA$ 异构体混合物。

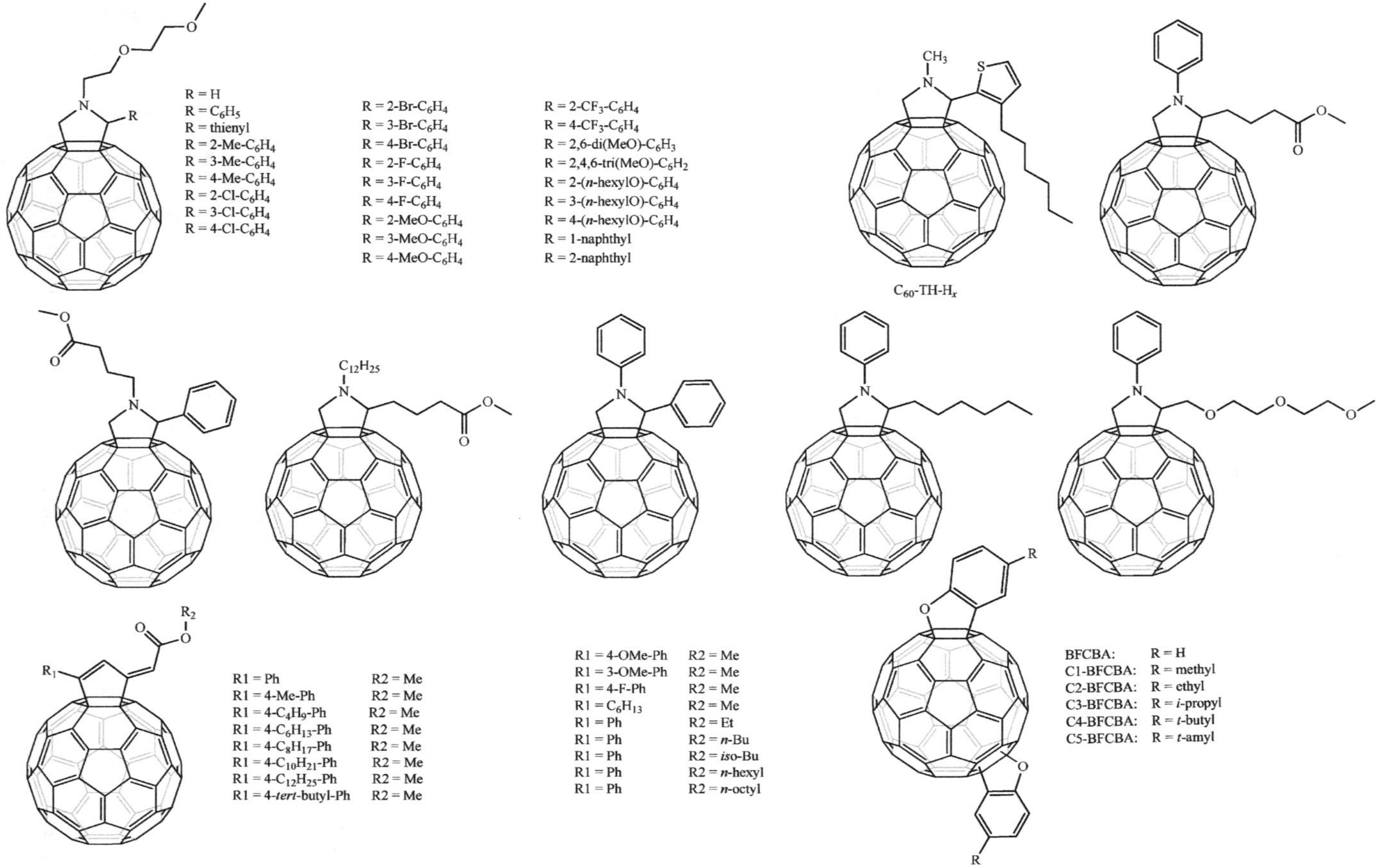

图 9-5　富勒烯吡咯烷和环戊烷富勒烯的分子结构

thienyl，噻吩基；naphthyl，萘基；methyl，甲基；ethyl，乙基；propyl，丙基；butyl，丁基；amyl，戊基

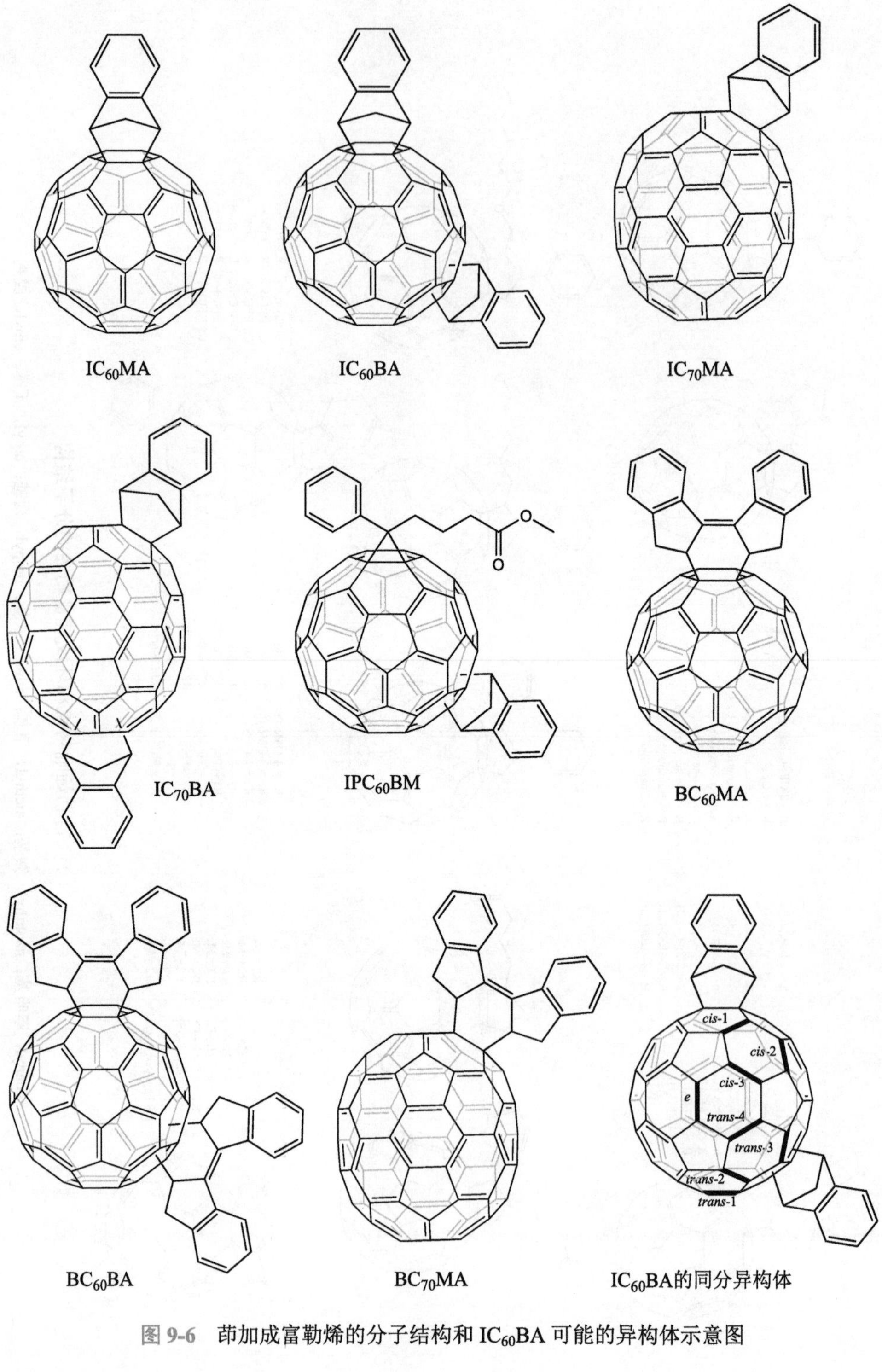

图 9-6　茚加成富勒烯的分子结构和 $IC_{60}BA$ 可能的异构体示意图

二氢萘基富勒烯是一类重要的环己烷富勒烯。Fréchet 等合成了一系列二氢萘基富勒烯的苄醇苯甲酸酯衍生物（分子结构如图 9-7 所示），并研究不同的取代基对光伏性能的影响[43]。以 P3HT 为给体，二氢萘基富勒烯苄醇苯甲酸酯为受体的电池效率达 4.5%，基本与 P3HT∶$PC_{61}BM$ 器件效率持平（4.4%）。谢素原等为了研究取代基对二氢萘基富勒烯光伏性能的影响，合成了一系列烷氧基取代的二氢萘基富勒烯受体材料（分子结构如图 9-7 所示）[44]。电化学测试表明，Bis-MDNC 的 LUMO 能级高于单加成产物或 $PC_{61}BM$ 的。尽管单加成产物的 LUMO 能级和紫外-可见吸收光谱非常类似，但是取代基影响了单加成产物的溶解性和活性层的形貌，进而影响了器件的光伏性能。基于 P3HT∶Bis-MDNC 器件的开路电压和效率分别为 0.83 V 和 4.58%，高于 P3HT∶$PC_{61}BM$ 器件。为了进一步提升二氢萘基富勒烯的 LUMO 能级，研究人员合成了二氢萘基-C_{60} 双加成产物（$NC_{60}BA$）[45-47]和二氢萘基-C_{70} 双加成产物（$NC_{70}BA$）[48]。$NC_{60}BA$ 的 LUMO 能级比 $PC_{61}BM$ 高 0.16 eV。P3HT∶$NC_{60}BA$ 器件的效率和开路电压分别为 5.37%和 0.82 V，优于 P3HT∶$PC_{61}BM$ 器件。与 $NC_{60}BA$ 相比，$NC_{70}BA$ 的 LUMO 能级比 $PC_{61}BM$ 高 0.2 eV，并且在可见区的吸收更宽。P3HT∶$NC_{70}BA$ 器件的开路电压和效率分别为 0.83 V 和 5.95%。由于 $NC_{60}BA/NC_{70}BA$ 是无定形的，$NC_{60}BA/NC_{70}BA$ 在加热情况下不容易结晶，提高了 $NC_{60}BA/NC_{70}BA$ 器件的热稳定性。

丁黎明等合成了一系列噻吩并邻苯碳醌与 C_{60} 的单加成和双加成产物，并研究了侧链对光伏性能的影响[49]。所有单加成的 TOQC 的 LUMO 能级比 $PC_{61}BM$ 稍高；而双加成的 TOQC 的 LUMO 能级比单加成的 TOQC 高 0.1 eV 左右。含侧链的 mono-TOQC-H 和 mono-TOQC-EH 的效率分别为 3.9%和 3.4%，与 $PC_{61}BM$ 差不多（3.6%）。P3HT∶bis-TOQC 器件的效率最高，为 5.1%。但是，含侧链的 bis-TOQC-H 和 bis-TOQC-EH 的效率非常低，可能是侧链影响了富勒烯的堆积，导致电子迁移能力较差，从而影响了性能。

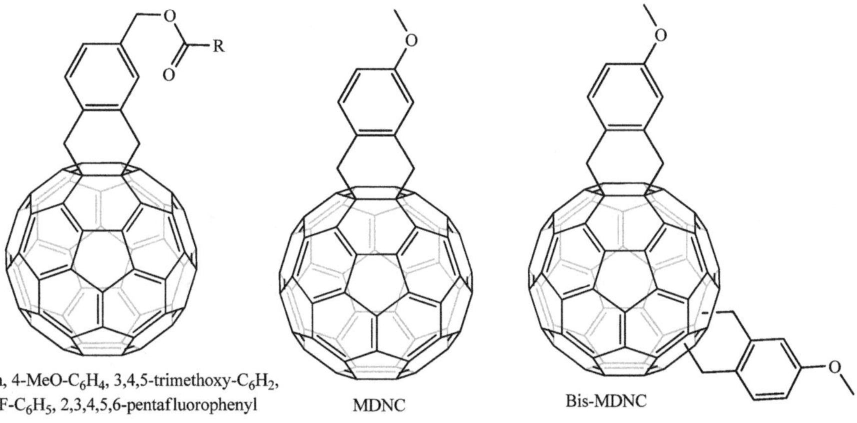

R = Ph, 4-MeO-C_6H_4, 3,4,5-trimethoxy-C_6H_2, 4-F-C_6H_5, 2,3,4,5,6-pentafluorophenyl　　MDNC　　Bis-MDNC

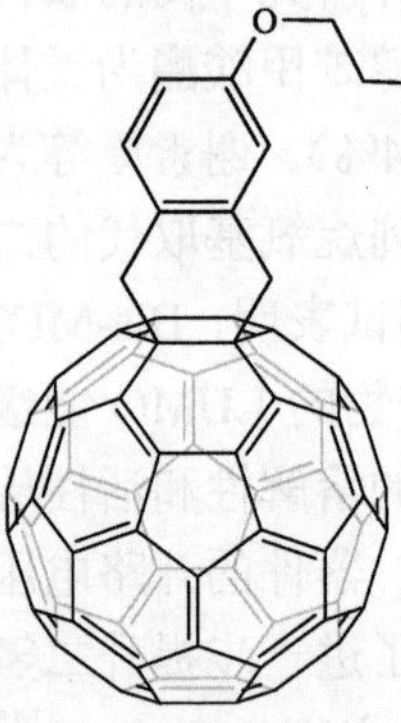
HDNC

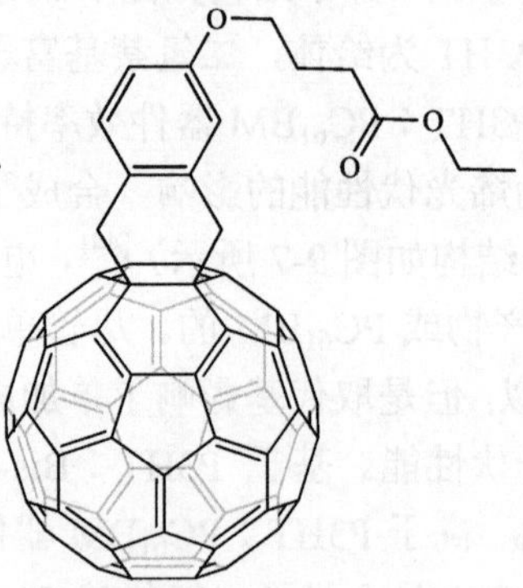
EDNC

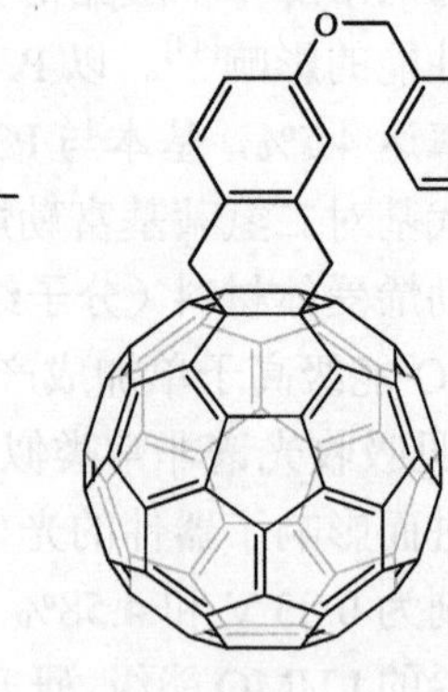
BDNC

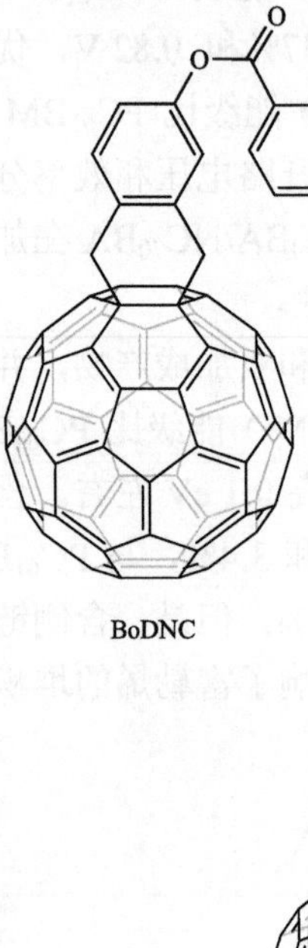
BoDNC

OXCMA 或 mono-oQDMC$_{60}$

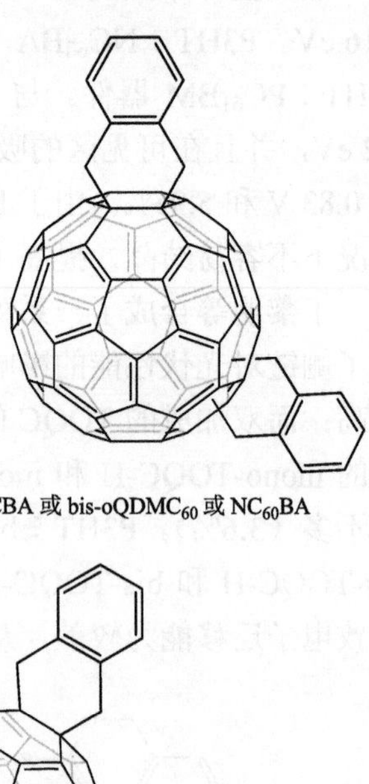
OXCBA 或 bis-oQDMC$_{60}$ 或 NC$_{60}$BA

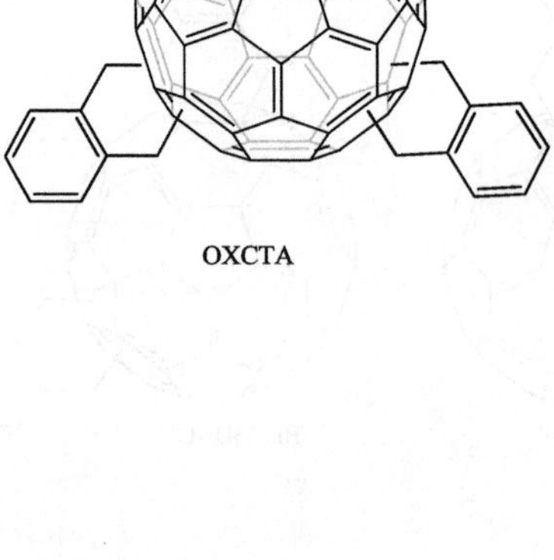
OXCTA

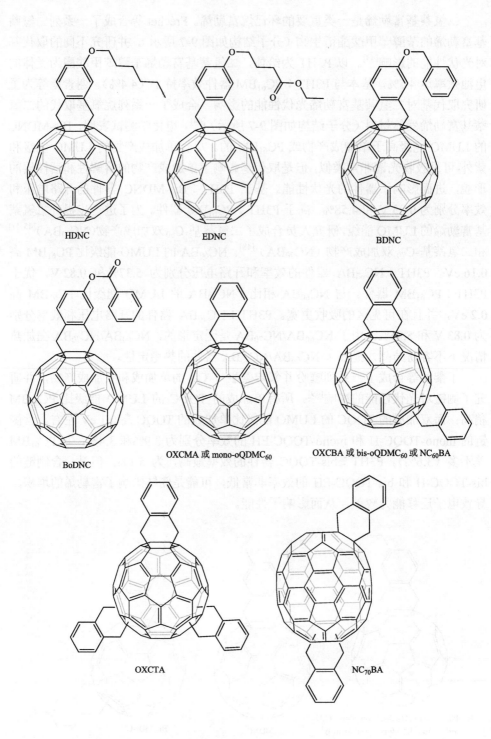

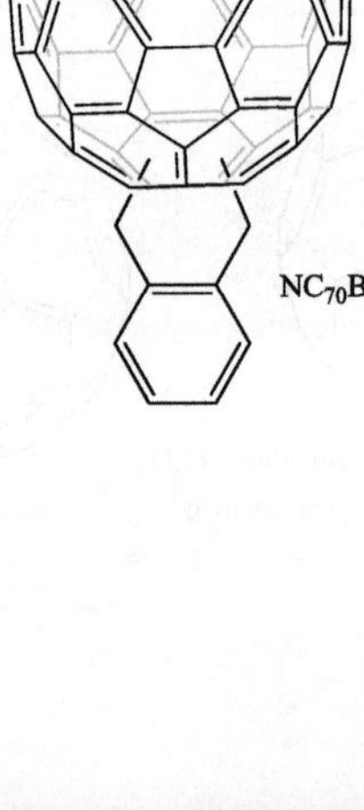
NC$_{70}$BA

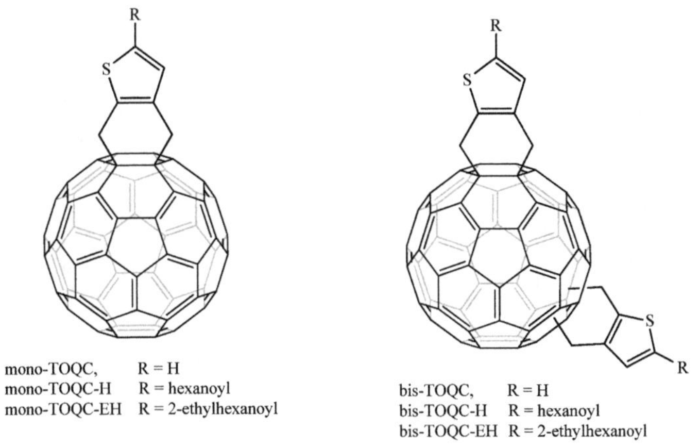

图 9-7　二氢萘基富勒烯的分子结构

trimethoxy，三甲氧基；pentafluorophenyl，五氟苯基；hexanoyl 己氧基；ethylhexanoyl，乙基己氧基

以上主要讨论富勒烯环加成衍生物的光伏性能，然而，还存在大量的非环加成富勒烯衍生物。Nakamura 及其合作者合成了 1, 4-加成的硅烷基甲基富勒烯衍生物 SIMEF（分子结构如图 9-8 所示），并与有机小分子给体四苯并卟啉（BP）一起制备有机小分子太阳能电池[50]。SIMEF 的 LUMO 能级比 $PC_{61}BM$ 高 0.1 eV 左右。他们制备了 p-i-n 型三层结构的有机太阳能电池。基于 SIMEF 的器件的开路电压为 0.75 V，短路电流密度为 10.5 mA/cm^2，填充因子为 0.65，效率为 5.2%。如果将 SIMEF 换成 $PC_{61}BM$，则器件效率降低至 2.0%，开路电压仅为 0.5 V。Nakamura 等还合成了一系列 1, 4-二芳基加成的富勒烯衍生物来调节其溶解性和物理性质[51]。对称的 1, 4-二苯基加成的富勒烯衍生物在有机溶剂中的溶解度低，然而，在苯环上接上取代基能够提高它们的溶解度，使得本体异质结器件的制备成为可能。光伏性能最好的是基于 $C_{60}(4\text{-}PhC_6H_4)_2$ 的 p-i-n 型器件，其效率为 2.3%。他们也合成了一系列结构不对称的 1-芳基-4-硅烷基甲基富勒烯衍生物[52]。电化学研究表明，在芳基上连接给电子基团能够提升 LUMO 能级，相反，在芳基上连接吸电子的三氟甲基导致 LUMO 能级降低。当芳基为噻吩基时，电子迁移率较高，其器件的效率也最高（3.4%）。

Wudl 等也合成了一系列 1, 4-加成富勒烯衍生物（分子结构如图 9-8 所示）来调节它们的电子、化学和物理性质[53]。这些 1, 4-加成的富勒烯衍生物对光的吸收要比 $PC_{61}BM$ 强，可能是由于它们的对称性较低造成的。此外，1, 4-加成富勒烯的 LUMO 能级可以通过给电子或吸电子基团进行调节。P3HT∶PTPOB 器件的效率为 2.3%，而 P3HT∶PTHOB 器件的效率为 1.2%。烷氧基取代的 1, 4-加成富勒烯的开路电压较高，这与其 LUMO 能级较高相吻合。然而，1, 4-加成富勒烯对光较强的吸收却没有提高短路电流密度，有可能与活性层形貌不佳有关。

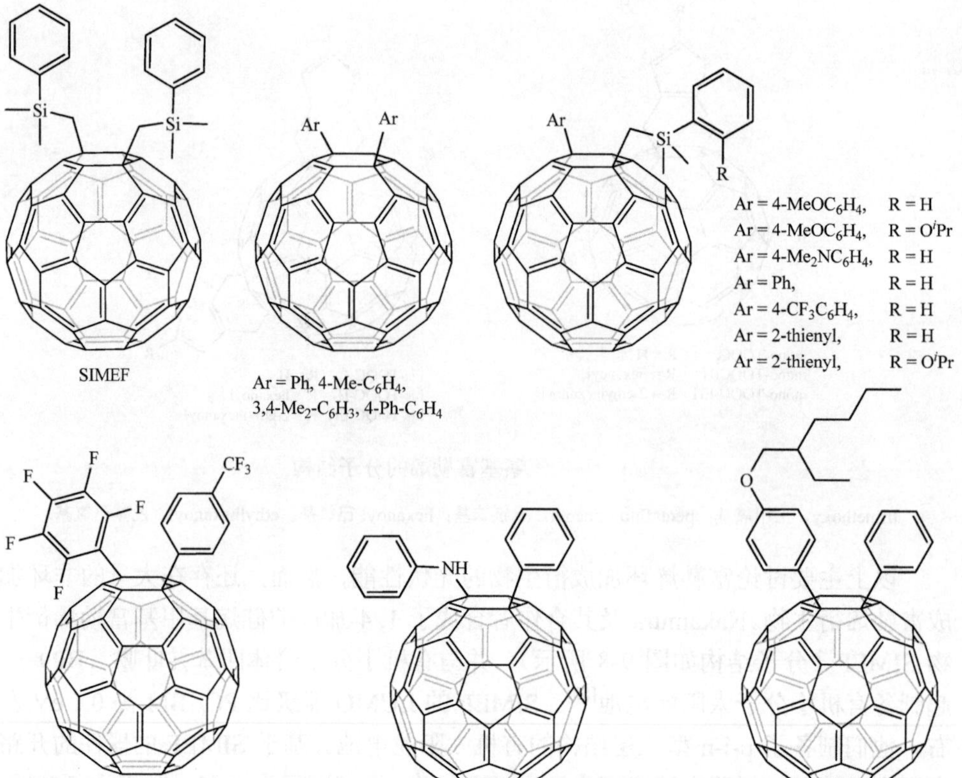

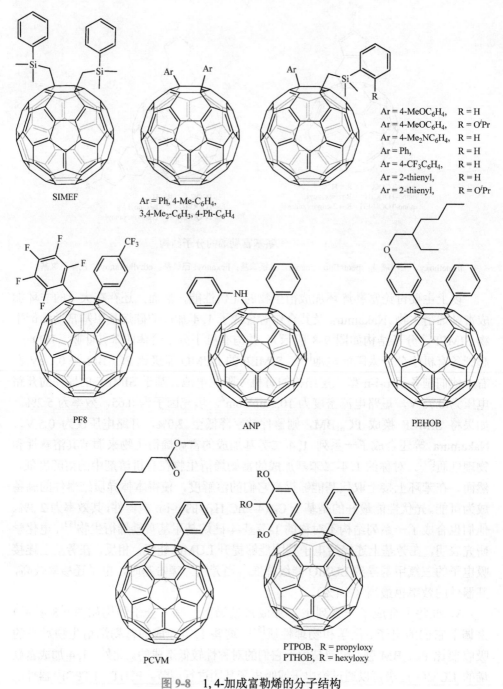

图 9-8 1, 4-加成富勒烯的分子结构

thienyl，噻吩基；propyloxy，丙氧基；hexyloxy，己氧基

为了获得更高的开路电压，Nakamura 等合成了 LUMO 能级较高的含有 66 个

π 电子的 C_{70} 衍生物（分子结构见图 9-9）作为有机太阳能电池的受体材料[54]。通过加成基团的修饰，C_{70} 衍生物的 LUMO 能级可以提升 220 meV。他们还发现，这些 C_{70} 衍生物的光学和电化学性质与加成模式有关。模式Ⅱ（7, 10, 22, 25-加成）产物比模式Ⅰ（3, 10, 22, 25-加成）的 LUMO 能级高。同样，基于模式Ⅱ加成产物的器件的短路电流密度和填充因子也比相应的模式Ⅰ加成产物高。采用四苯并卟啉（BP）为给体，C_{70} 衍生物为受体的器件的开路电压高达 0.9 V，效率为 3.33%。

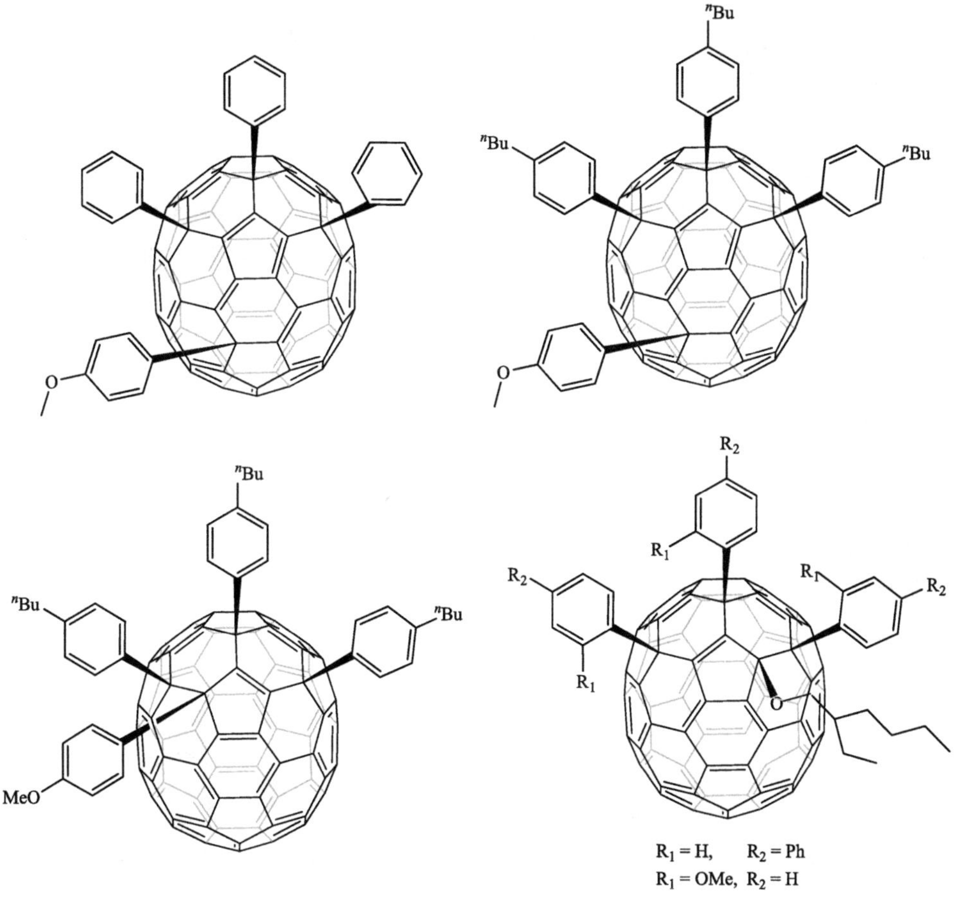

图 9-9　四加成 C_{70} 富勒烯的分子结构

为了更进一步提升富勒烯的 LUMO 能级，研究人员设计合成了含有 50 个 π 电子的六加成富勒烯。Rubin 及其合作者合成了两个六加成富勒烯，$C_{60}(p\text{-}t\text{-}BuC_6H_4)_5H$ 和 $C_{60}(m\text{-}MeC_6H_4)_5H$（分子结构见图 9-10）[55]。他们发现，能够形成羽毛球状一维堆积的 $C_{60}(p\text{-}t\text{-}BuC_6H_4)_5H$ 的效率（约 1.5%）要高于不能形成有序一维堆积的 $C_{60}(m\text{-}MeC_6H_4)_5H$。为了系统研究六加成富勒烯的化学结构对光伏性能的影响，Rubin 等合成了一系列六加成富勒烯受体材料[56]。这几个富勒烯衍生物的结构类似，它们的 LUMO 能级是一样的。他们发现，六加成富勒烯化学结构的微小变化导致活性层给体/受体相分离的较大差异，进而导致器件性能差别较大。以 P3HT 为给体，六加成富勒烯为受体的器件的开路电压接近 1 V，这与其较高的 LUMO 能级吻合。但是，由于六加成富勒烯的电子迁移率较低，导致其效率较低（1%以下）。Nakamura 及其合作者还合成了一系列其他六加成富勒烯，$C_{60}(C_6H_4Ph)_5Me$、$C_{60}(C_6H_4OPh)_5Me$、$C_{60}(C_6H_4^nBu)_5Me$、$Fe[C_{60}(C_6H_4^nBu)_5]Cp$ 和 $Ru[C_{60}(C_6H_4^nBu)_5]Cp$（分子结构见图 9-10），作为聚合物太阳能电池的受体材料[57]。大部分六加成富勒烯器件的开路电压高于 $PC_{61}BM$，但是，其短路电流密度非常低。效率最高的 P3HT∶$C_{60}(C_6H_4OPh)_5Me$ 器件开路电压为 0.76 V，短路电流密度为 2.8 mA/cm^2，填充因子为 0.51，效率为 1.08%。

谢素原等合成了含 50 个 π 电子的 $C_{60}(OCH_3)_4$ 衍生物，$C_{60}(OCH_3)_4$-PCBM 和 $C_{60}(OCH_3)_4$-APCBM（分子结构见图 9-10）[58]。$C_{60}(OCH_3)_4$-APCBM 和 $C_{60}(OCH_3)_4$-PCBM 的 LUMO 能级比 $PC_{61}BM$ 分别高 0.2 eV 和 0.3 eV。P3HT∶$C_{60}(OCH_3)_4$-APCBM 器件的开路电压为 0.63 V，短路电流密度为 4.30 mA/cm^2，填充因子为 42.2%，效率为 1.14%。P3HT∶$C_{60}(OCH_3)_4$-PCBM 器件的开路电压为 0.72 V，短路电流密度为 6.86 mA/cm^2，填充因子为 45.3%，效率为 2.24%。与 P3HT: $PC_{61}BM$ 器件相比，基于 $C_{60}(OCH_3)_4$ 衍生物的器件性能差，主要是短路电流密度和填充因子低造成的。电子迁移率的测试表明，$C_{60}(OCH_3)_4$ 衍生物的电子迁移率比 $PC_{61}BM$ 低两个数量级。AFM 研究表明，P3HT∶$C_{60}(OCH_3)_4$ 衍生物膜比 P3HT∶$PC_{61}BM$ 膜粗糙。这两个因素导致 $C_{60}(OCH_3)_4$ 衍生物的光伏性能差，这也是大部分六加成富勒烯光伏性能不佳的原因。

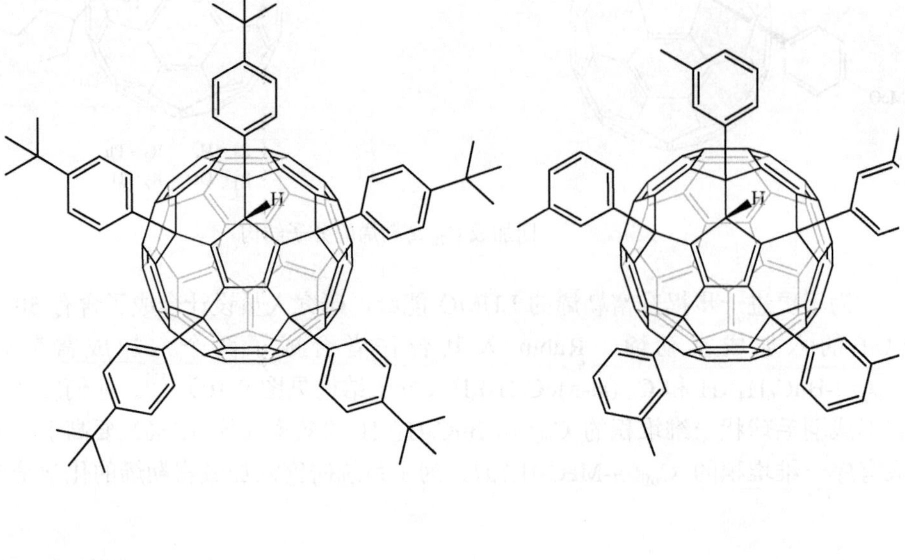

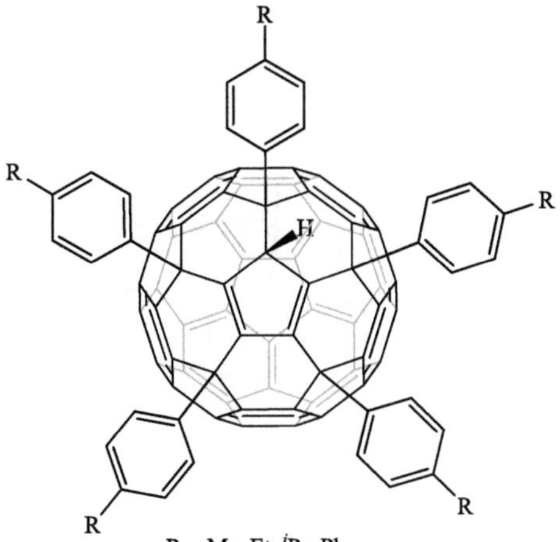

R = Me, Et, ^{i}Pr, Ph

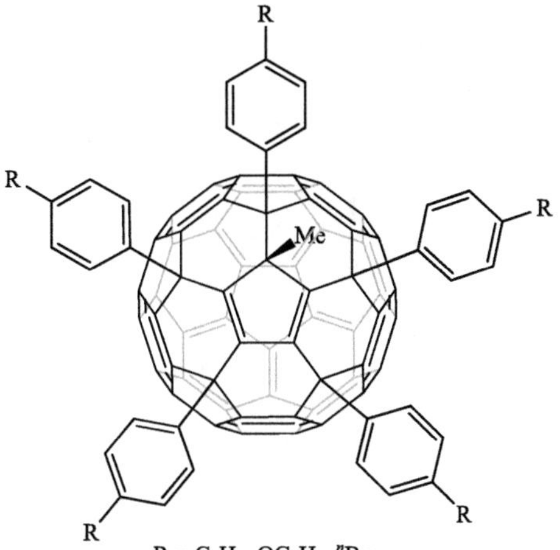

R = C_6H_5, OC_6H_5, ^{n}Bu

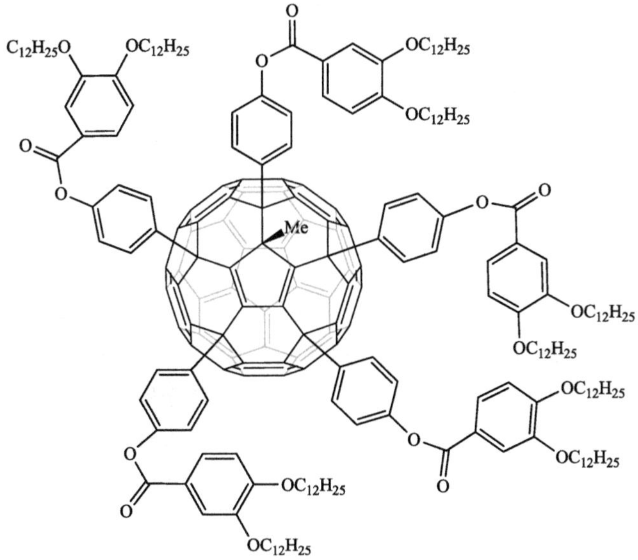

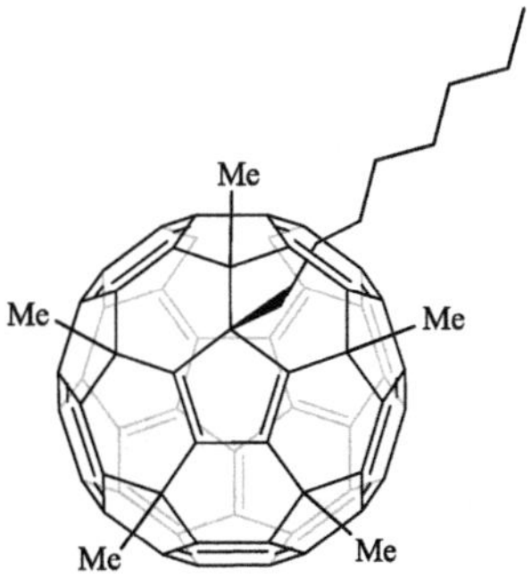

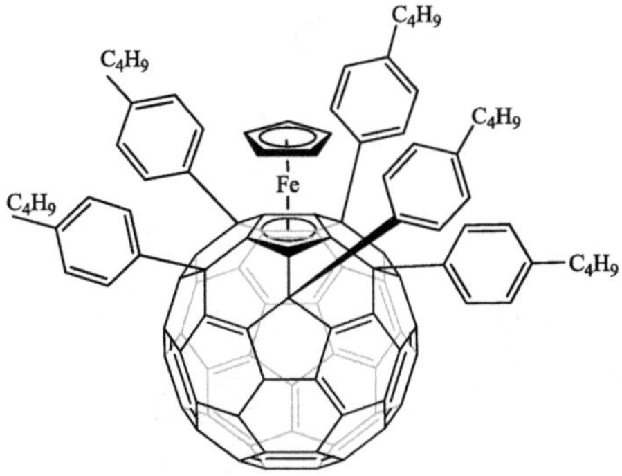

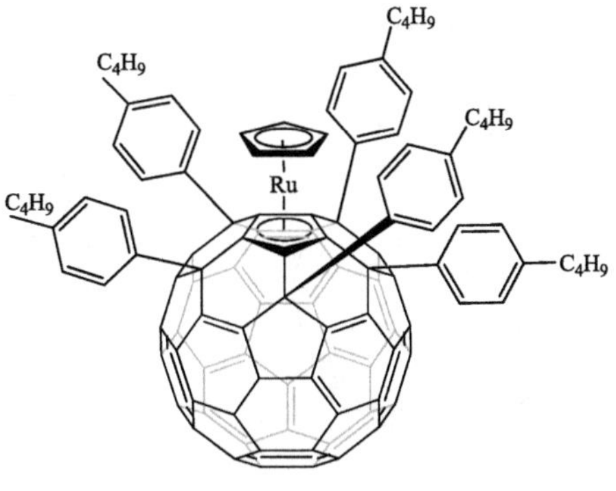

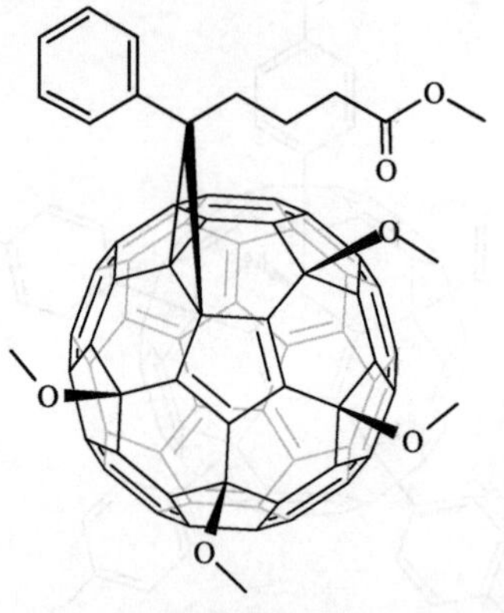

$C_{60}(OCH_3)_4$-PCBM

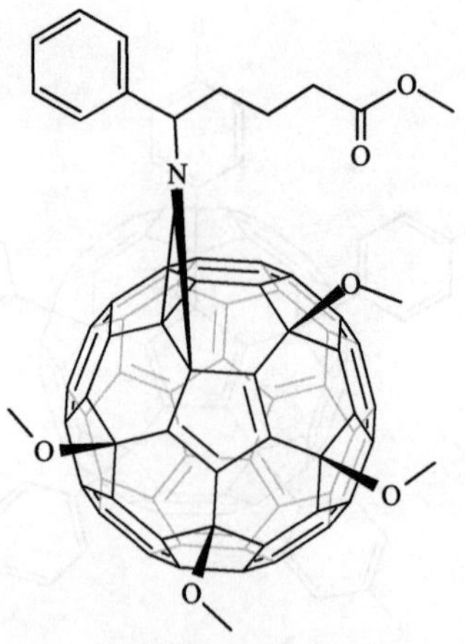

$C_{60}(OCH_3)_4$-APCBM

图 9-10　六加成富勒烯的分子结构

一些非经典的富勒烯，如开笼富勒烯和氮杂富勒烯也在有机太阳能电池中得到了应用。Chuang 等合成了一系列开笼富勒烯 F1～F5（分子结构见图 9-11），其开口的大小从八元环到二十元环，并研究了它们的光伏性能[59]。他们发现，这些开笼富勒烯的光伏性能不仅与 LUMO 能级有关，还与电子迁移率密切相关。开口的大小为八元环的富勒烯效率最高（2.9%），基本上接近 P3HT∶$PC_{61}BM$ 器件（3.2%）。为了调控 C_{60} 的 π 电子系统的 LUMO 能级，Murata 等通过对 C_{60} 的骨架进行修饰，得到开笼富勒烯 F6～F8[60]。这些开笼富勒烯的 LUMO 能级能够通过简单的修饰进行调控。P3HT∶F6 器件的开路电压为 0.49 V，反映其 LUMO 较低。P3HT∶F7 器件的开路电压上升至 0.62 V，而 P3HT∶F8 器件的开路电压进一步提升至 0.74 V。P3HT∶F8 器件的光伏性能最好，其效率为 3.11%，与 P3HT∶$PC_{61}BM$ 器件持平（3.12%）。

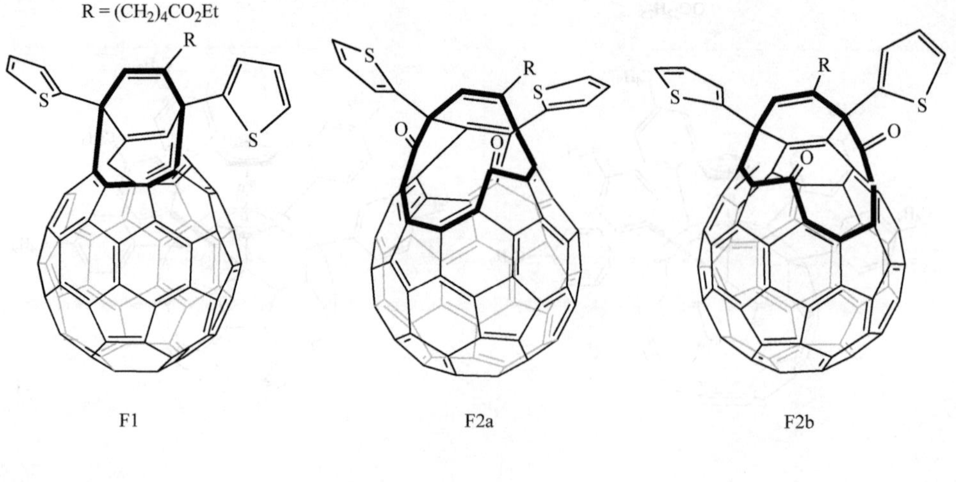

F1　　F2a　　F2b

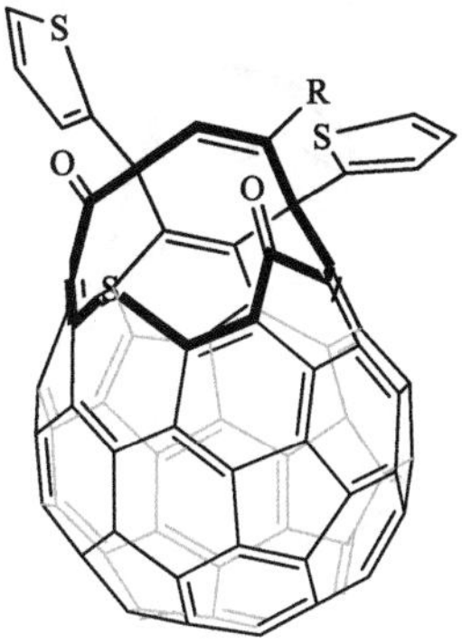

F3a

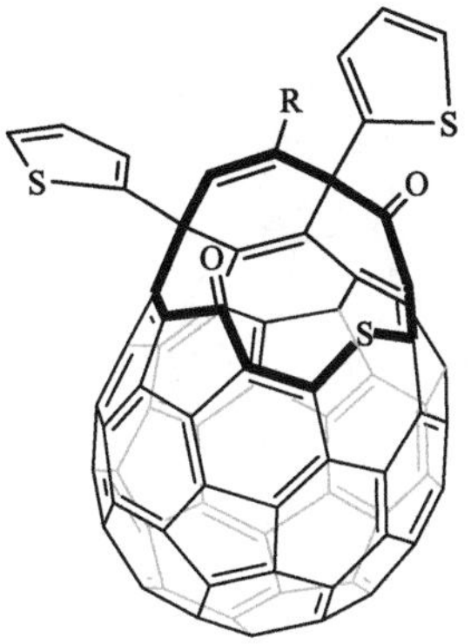

F3b

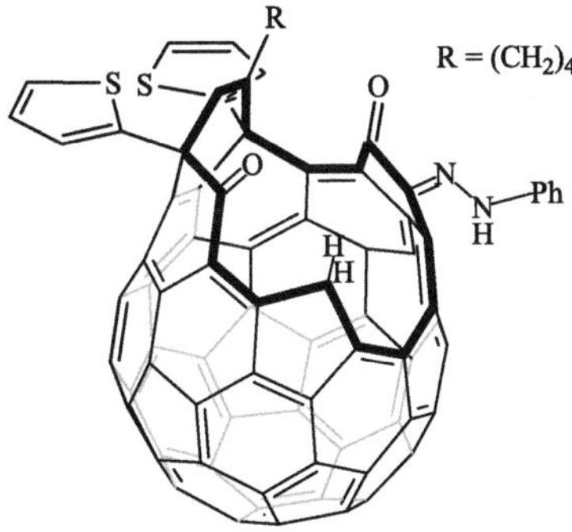

R = $(CH_2)_4CO_2Et$

F4a

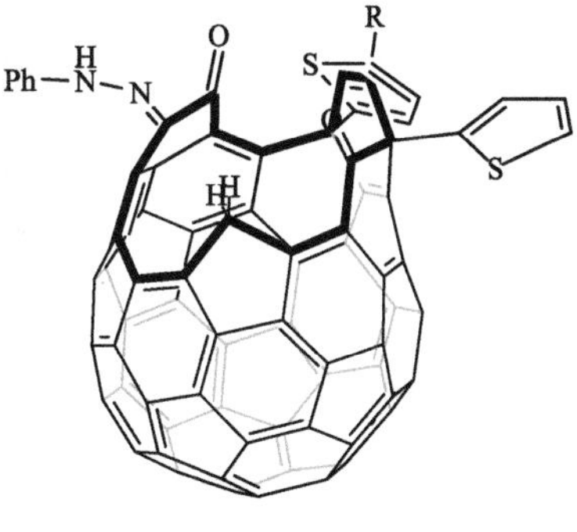

F4b

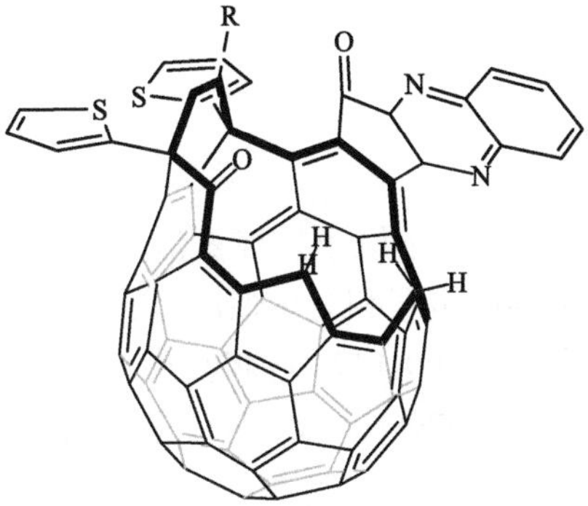

F5a

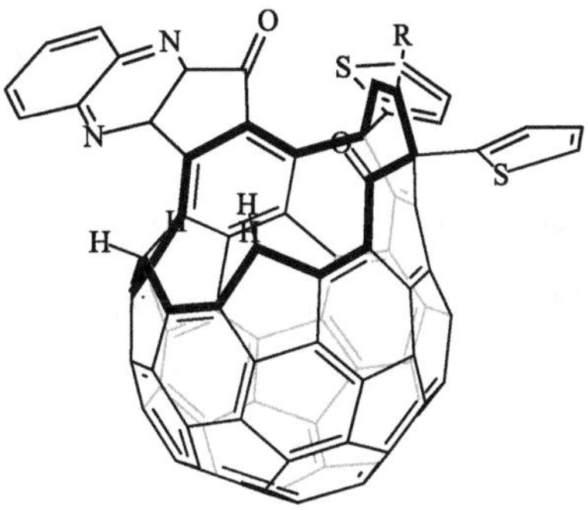

F5b

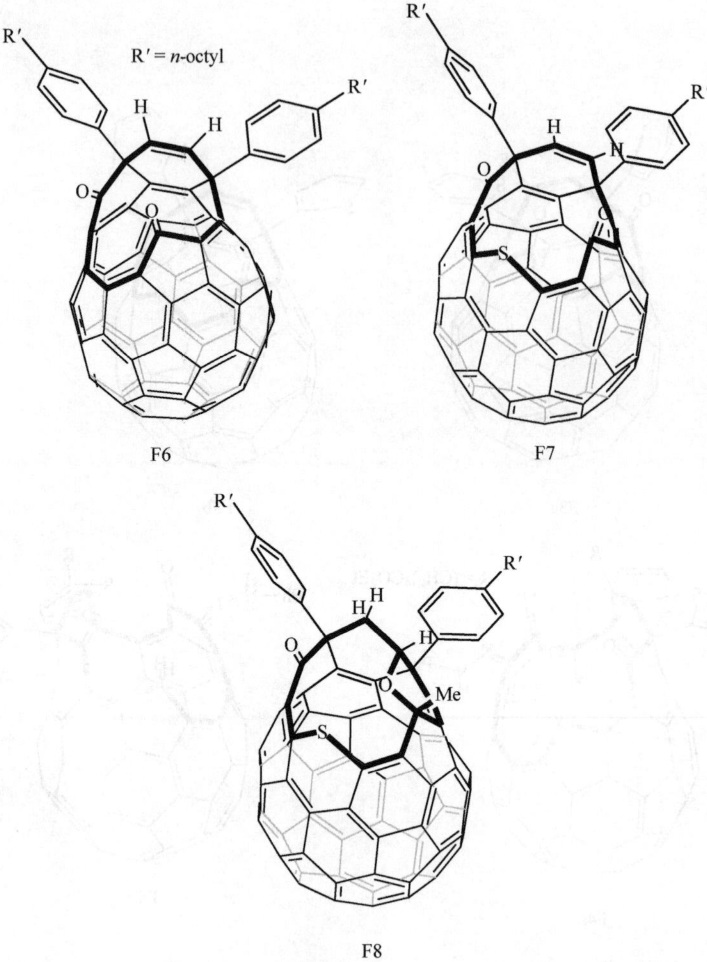

图 9-11　开笼富勒烯的分子结构

octyl 表示辛基

氮杂富勒烯是将富勒烯碳笼上的一个或多个碳原子换成氮原子得到的富勒烯。在碳笼上引入氮原子，有可能改变富勒烯的电子和光学性质。2014 年，丁黎明等合成了氮杂富勒烯 $OQThC_{59}N$（分子结构见图 9-12），并将其作为电子受体材料用于聚合物太阳能电池[61]。与 $PC_{61}BM$ 相比，$OQThC_{59}N$ 对可见和近红外光的吸收更强。并且，$OQThC_{59}N$ 的 LUMO 能级比 $PC_{61}BM$ 高 0.11 eV。SCLC 测试表明，$OQThC_{59}N$ 的电子迁移率[8.9×10^{-5} $cm^2/(V·s)$]比 $PC_{61}BM$[3.0×10^{-4} $cm^2/(V·s)$]稍低。P3HT：$OQThC_{59}N$ 器件的开路电压为 0.78 V，效率为 4.09%，而 P3HT：$PC_{61}BM$ 器件的开路电压为 0.65 V，效率为 3.67%。Delius 等合成了一种可溶性的十二烷氧基苯基取代的氮杂富勒烯 $DPC_{59}N$ 受体材料[62]。与 $PC_{61}BM$ 相比，$DPC_{59}N$

在可见区的吸收增强，但是，$DPC_{59}N$ 的 LUMO 能级比 $PC_{61}BM$ 稍低。P3HT：$DPC_{59}N$ 器件的开路电压为 0.578 V，短路电流密度为 8.39 mA/cm^2，填充因子为 0.50，效率为 2.42%，而 P3HT：$PC_{61}BM$ 器件的开路电压为 0.616 V，短路电流密度为 7.54 mA/cm^2，填充因子为 0.58，效率为 2.70%。Hirsch 等合成了一系列五芳基氮杂富勒烯，并研究它们的光伏性能[63]。这些富勒烯衍生物的 LUMO 能级比 $PC_{61}BM$ 高 0.3 eV，因此，基于五芳基氮杂富勒烯的器件的开路电压较高。然而，五芳基氮杂富勒烯的器件的短路电流密度和填充因子均较低，导致器件效率很低。

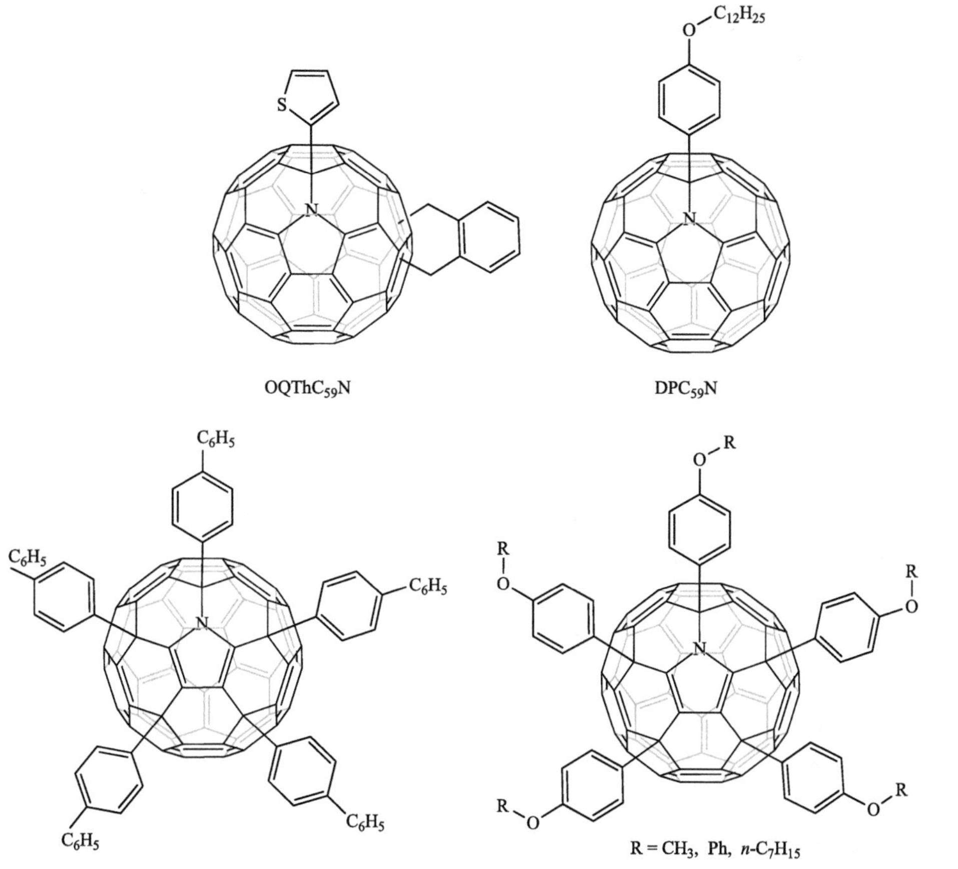

图 9-12　氮杂富勒烯衍生物的分子结构

为了对比富勒烯的化学结构对电化学性质、电荷迁移性质及光伏性能的影响，一些有代表性的富勒烯受体材料的 LUMO 能级、电子迁移率和光伏性能总结于表 9-1 中。从表 9-1 可以看出，影响富勒烯受体材料光伏性能的因素如下：①富勒烯碳笼的种类；②富勒烯上加成基团的结构；③加成基团的数目等。尽管富勒烯上加成基团的种类和数量会影响富勒烯衍生物的溶解度、LUMO 能级和电子迁移率，富勒烯碳笼的影响是最大的。例如，大部分 C_{70} 衍生物的光伏性能优于相应的 C_{60} 衍生物。因此，寻找新型碳笼有可能得到光伏性能优于目前常用的 $PC_{61}BM/PC_{71}BM$ 的富勒烯受体材料。

表 9-1　部分代表性富勒烯受体的 LUMO 能级、电子迁移率和光伏性能

富勒烯	LUMO^a/eV	$\mu_e{}^b$/[cm^2/(V·s)]	V_{oc}/V	J_{sc}/(mA/cm^2)	FF	PCE^c/%	参考文献
$PC_{61}BM$	0	0.104^d	0.59	9.26	0.65	3.55	[31]
$PC_{71}BM$	0	6.6×10^{-2d}	0.58	10.04	0.68	3.96	[31]
$PC_{85}BM$	–0.35	1.0×10^{-3}	0.34	1.38	0.45	0.25^e	[24]
$Lu_3N@C_{80}$-PCBH	0.28	4.0×10^{-4}	0.81	8.64	0.61	4.2	[25]
bis$PC_{61}BM$	0.1	2×10^{-3d}	0.73	7.3	0.63	2.4^f	[27]
bis$PC_{71}BM$	0.1	—	0.75	7.03	0.62	2.3^f	[27]
tris$PC_{61}BM$	0.21	—	0.81	0.99	0.37	0.21^f	[27]
$ThC_{61}BM$	0	—	0.60	10.9	0.60	3.97	[28]
bis$ThC_{61}BM$	0.09	—	0.72	5.91	0.41	1.72	[28]
tris$ThC_{61}BM$	0.22	—	0.64	1.88	0.28	0.34	[28]
tetrakis$ThC_{61}BM$	0.39	—	0.57	0.48	0.32	0.09	[28]
methano-$PC_{61}BM$	0.15	1.4×10^{-2d}	0.69	8.03	0.69	3.81	[29]
TMCB-Mono	0.09	1.08×10^{-3d}	0.61	7.86	0.52	2.49	[30]
TMCB-Bis	0.26	1.07×10^{-5d}	0.69	5.92	0.33	1.35	[30]
TMCB-Tris	0.45	1.34×10^{-6d}	0.65	3.13	0.32	0.65	[30]
BCBCBA	0.16	3.1×10^{-5}	0.73	9.06	0.53	3.51	[31]
C4-BFCBA	0	2.0×10^{-4}	0.69	7.44	0.67	3.40	[36]
$IC_{60}MA$	0.05	4.0×10^{-2d}	0.63	9.66	0.64	3.89	[37]
$IC_{60}BA$	0.17	6×10^{-3d}	0.84	9.67	0.67	5.44	[37]
$IC_{70}BA$	0.19	5×10^{-3d}	0.84	9.73	0.69	5.64	[38]
$IPC_{60}BM$	0.12	—	0.72	9.49	0.64	4.39	[39]
OXCMA	0	2.34×10^{-4}	0.63	9.63	0.59	3.60	[46]
OXCBA	0.17	2.09×10^{-4}	0.83	10.3	0.62	5.31	[46]
OXCTA	0.33	1.00×10^{-6}	0.98	6.79	0.40	2.63	[46]
$NC_{70}BA$	0.2	—	0.83	10.71	0.67	5.95	[47]
mono-TOQC	0.06	—	0.63	4.1	0.57	1.7	[48]
bis-TOQC	0.16	—	0.86	7.7	0.66	5.1	[48]
PTPOB	0.09	—	0.61	6.16	0.62	2.3	[53]
$C_{60}(C_6H_4OPh)_5Me$	0.37	—	0.76	2.8	0.51	1.08	[57]
$C_{60}(OCH_3)_4$-PCBM	0.3	5.8×10^{-6}	0.72	6.86	0.453	2.24	[58]

续表

富勒烯	LUMO[a]/eV	μ_e[b]/[cm^2/(V·s)]	V_{oc}/V	J_{sc}/(mA/cm^2)	FF	PCE[c]/%	参考文献
F1	0.03	5.2×10^{-4}	0.62	7.1	0.64	2.9	[59]
F6	−0.28	—	0.49	5.20	0.53	1.35	[60]
F7	−0.14	—	0.62	6.49	0.62	2.49	[60]
F8	0.04	—	0.74	6.57	0.64	3.11	[60]
OQThC$_{59}$N	0.11	8.9×10^{-5}	0.78	7.57	0.692	4.09	[61]
DPC$_{59}$N	0	—	0.578	8.39	0.50	2.42	[62]

a. 以 PC$_{61}$BM 的 LUMO 能级（−3.91 eV）为参照；

b. SCLC 迁移率；

c. 给体为 P3HT，光照条件：AM1.5G，100 mW/cm^2；

d. FET 迁移率；

e. 给体为 MDMO-PPV，光照条件：AM1.5G，82 mW/cm^2；

f. 光照条件：AM1.5G，140 mW/cm^2。

9.1.2 钙钛矿太阳能电池

近年来，钙钛矿太阳能电池成为光伏领域的研究热点。钙钛矿太阳能电池的吸光材料是一种钙钛矿型的有机-无机杂化半导体，其结构通式为 ABX_3，其中 A 为 +1 价的阳离子，B 为 +2 价的金属离子，X 为卤素离子，其晶体结构如图 9-13 所示。A 一般为 $CH_3NH_3^+$、$CH(NH_2)_2^+$、Cs^+等；B 一般为 Pb^{2+}、Sn^{2+}也有少量报道；X 为 I^-、Br^-、Cl^-等。目前，高效钙钛矿太阳能电池最常见的钙钛矿材料是甲胺铅碘（$CH_3NH_3PbI_3$），它的带隙约为 1.5 eV。以 $CH_3NH_3PbI_3$ 为代表的钙钛矿材料具有合适的带隙，高的吸光系数和优异的载流子输运性能，使得钙钛矿材料成为理想的太阳能电池吸光材料[64, 65]。同时钙钛矿薄膜材料的合成方法简单，既可以通过共蒸发法实现，也可以通过低温溶液加工法实现，为制备高效低成本钙钛矿太阳能电池提供了基础。与传统的晶体硅太阳能电池相比，钙钛矿太阳能电池具有开路电压高、可以低温溶液法制备、适合于柔性衬底等优势，并且可以兼顾高效率和低成本[66, 67]。钙钛矿太阳能电池是从染料敏化太阳能电池发展而来[64]，其器件结构包括介孔结构和平面异质结，平面异质结又可以进一步细分为 n-i-p 和 p-i-n 型平面异质结，如图 9-13 所示。富勒烯材料具有较高的电子迁移率和较好的成膜性，并且能级与钙钛矿材料匹配，适合作为钙钛矿太阳能电池的电子传输/界面修饰材料。本节主要介绍富勒烯在钙钛矿太阳能电池电子传输/界面修饰材料中的应用。

2013 年，Chen 及其合作者首次将富勒烯 C_{60} 及其衍生物 PC$_{61}$BM、IC$_{60}$BA 作为电子传输层（ETL）引入钙钛矿太阳能电池[68]。他们所采用的器件结构和相应材料的能级如图 9-14 所示。尽管器件效率只有 3.9%，他们的工作开启了富勒烯及其衍生物应用于钙钛矿太阳能电池研究的先河。随后，Lam 等通过对钙钛矿厚

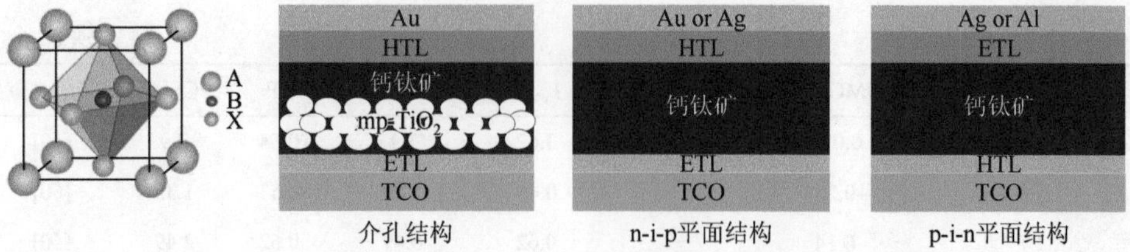

图 9-13 钙钛矿材料的晶体结构和钙钛矿电池的器件结构

度和成膜条件进行优化，使得基于$CH_3NH_3PbI_3/PC_{61}BM$的器件效率提高到7.4%[69]。2014 年，黄劲松等在钙钛矿层上旋涂一层 $PC_{61}BM$ 或 $IC_{60}BA$，然后在其上面蒸镀一层 C_{60} 形成双富勒烯电子传输层，将器件的填充因子提高到 80%以上，效率提高到 12.2%[70]。Wu 等首次将 $PC_{71}BM$ 作为电子传输层应用于钙钛矿太阳能电池[71]。他们发现高质量的钙钛矿膜和 $PC_{71}BM$ 的溶剂退火能够提高器件性能，使得器件的开路电压达 1.05 V，填充因子高达 78%，效率为 16.31%。Jen 等系统研究了双富勒烯电子传输层在钙钛矿电池中的作用[72]。考虑到 C_{60} 的电子迁移率和导电性均高于 $PC_{61}BM$，他们认为 C_{60} 有可能是比 $PC_{61}BM$ 更好的电子传输材料。与 $PC_{61}BM/Bis\text{-}C_{60}$ 或 $IC_{60}BA/Bis\text{-}C_{60}$ 相比，$C_{60}/Bis\text{-}C_{60}$ 的迁移率更高，相应的器件效率也最高（15.44%）。2015 年，多个研究组通过改进钙钛矿薄膜的制备工艺，制备了大尺寸、高质量的钙钛矿活性层，使得基于 $CH_3NH_3PbI_3/PC_{61}BM$ 的器件效率超过 18%[73-75]。2016 年，黄劲松等通过对 $PC_{61}BM$ 进行溶剂退火，有效地降低了钙钛矿/富勒烯界面的电荷复合，成功地将 $CH_3NH_3PbI_3/PC_{61}BM$ 器件的效率提升至 20%水平[76]。随着研究的深入，研究人员发现富勒烯不仅能够作为电子传输层，而且能够钝化钙钛矿晶界和界面的缺陷［图 9-14（c)］，使得钙钛矿电池的效率得到大幅度提升，并且能够有效抑制钙钛矿电池中普遍存在的迟滞效应[77]。

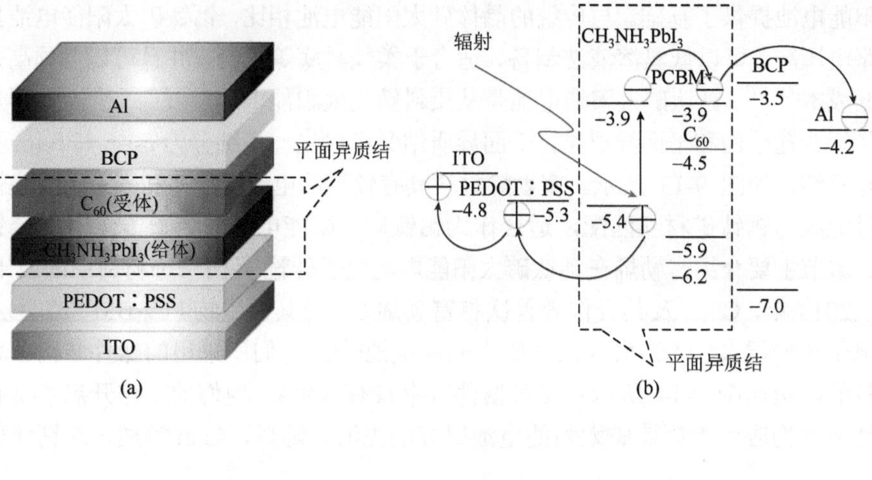

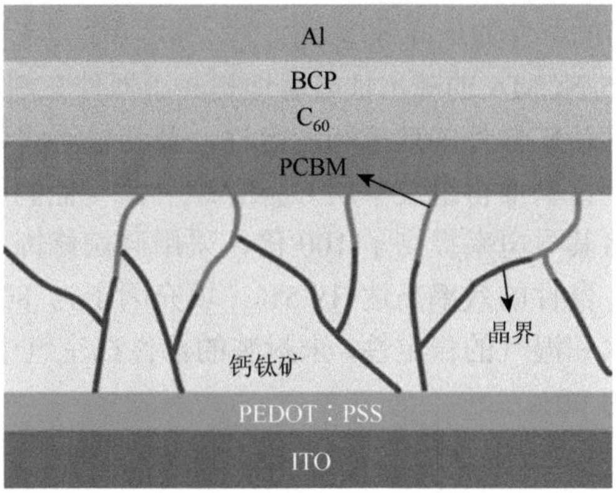

(c)

图 9-14 (a) 钙钛矿/富勒烯平面异质结器件结构[68]；(b) 钙钛矿/富勒烯平面异质结器件的能级示意图[68]；(c) 富勒烯扩散至钙钛矿晶界并钝化缺陷示意图[77]

目前，p-i-n 型平面异质结钙钛矿太阳能电池常用的富勒烯基电子传输材料种类较少，主要是 $PC_{61}BM$ 和 $PC_{71}BM$。为了拓展富勒烯在钙钛矿太阳能电池电子传输材料上的应用，研究人员合成了不少新型富勒烯衍生物。黄飞等合成了一系列含有亲水性低聚醚（OE）链的双苯基亚甲基富勒烯（DPM）衍生物（分子结构见图 9-15），作为电子传输材料用于 p-i-n 型钙钛矿太阳能电池[78]。富电子的 OE 链不仅能够钝化钙钛矿的缺陷，提高界面电荷迁移效率，而且能够降低金属电极的功函。这些因素能够有效地提升器件效率，其中，以 C_{70}-DPM-OE 作为电子传输层的器件的效率为 16%，高于相应的 $PC_{71}BM$ 器件。

Bolink 等采用可以商业购买得到的五种富勒烯衍生物（$PC_{61}BM$、$PC_{61}BB$、$PC_{61}BH$、IPB 和 IPH）作为 p-i-n 型钙钛矿电池的电子传输材料[79]。基于 IPB 和 IPH 的器件的开路电压和效率均高于 $PC_{61}BM$、$PC_{61}BB$ 和 $PC_{61}BH$ 器件。性能最佳的器件是 IPH 为电子传输材料，其开路电压高达 1.11 V，效率为 14.64%。

为了消除钙钛矿太阳能电池的光浴效应，Loi 等采用介电常数较高（5.9）的含有三乙二醇单乙醚侧链的富勒烯吡咯烷 PTEG-1 作为电子传输材料[80]。PTEG-1 的介电常数较高，可以有效地屏蔽钙钛矿的缺陷和自由电子的复合，提升了器件效率并消除了光浴效应。采用 PTEG-1 为电子传输材料的器件效率为 15.7%，并且其光浴效应可以忽略不计；而采用介电常数较低（3.9）的 $PC_{61}BM$ 的器件，其效率只有 11.7%，并且存在严重的光浴效应。

为了提高钙钛矿太阳能电池的抗湿性能，杨世和等合成了含有疏水烷基链的富勒烯衍生物 C5-NCMA 作为电子传输材料来替代常用的 $PC_{61}BM$[81]。C5-NCMA 的 LUMO 能级比 $PC_{61}BM$ 高 0.05 eV，使得 C5-NCMA 器件的开路电压更高。C5-NCMA 的电子迁移率[1.59×10^{-3} $cm^2/(V\cdot s)$]高于 $PC_{61}BM$[1.03×10^{-3} $cm^2/(V\cdot s)$]。这些因素

使得基于 C5-NCMA 的器件的最高效率达到 17.6%，并且 *J-V* 曲线迟滞现象可以忽略。更重要的是，C5-NCMA 的疏水性显著地提高了器件在潮湿环境中的稳定性。

为了同时提高钙钛矿器件的效率和稳定性，黄劲松等将可以交联的硅烷分子以氢键的形式键合到富勒烯自组装单层 C_{60}-SAM 上[82]。他们同时采用碘甲胺对富勒烯层进行掺杂，将其导电率提高了 100 倍。采用硅烷修饰与铵盐掺杂的富勒烯作为电子传输材料，器件的效率高达 19.5%，填充因子为 80.6%。交联后的富勒烯层提高了器件对水和湿气的稳定性，未封装的器件在空气中放置 30 天后，其效率依然保持初始值的 90%左右。

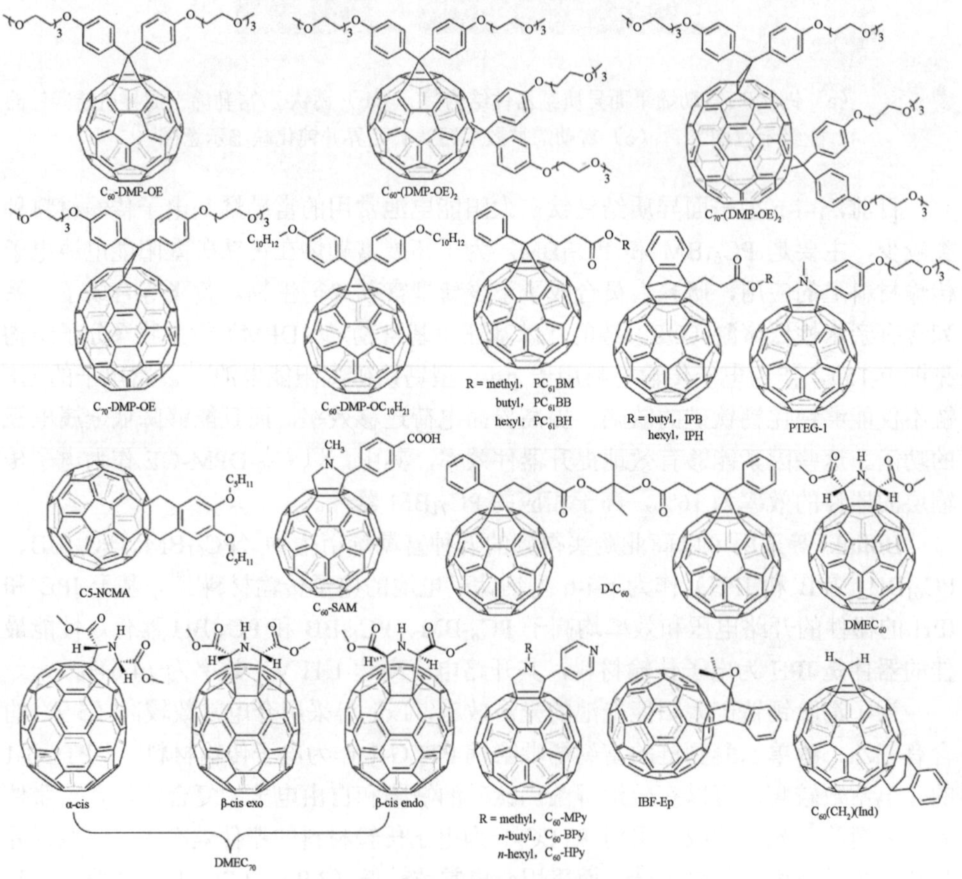

图 9-15 代表性的富勒烯电子传输材料的分子结构

methyl，甲基；butyl，丁基；hexyl，己基

为了提高钙钛矿电池的稳定性，Echegoyen 等合成了二聚富勒烯衍生物 D-C_{60} 以及富勒烯吡咯烷衍生物（$DMEC_{60}$ 和 $DMEC_{70}$）作为钙钛矿太阳能电池的电子传输材料[83, 84]。基于 D-C_{60} 和 $DMEC_{70}$ 的器件效率分别为 16.6%和 16.4%，并且在

空气中的稳定性也得到了改善。杨上峰等合成了三种具有不同烷基链长度的吡啶修饰的新型富勒烯衍生物（C_{60}-MPy、C_{60}-BPy 和 C_{60}-HPy）作为钙钛矿太阳能电池的新型电子传输材料，发现其末端的吡啶基团与钙钛矿表面的 Pb^{2+}间存在配位作用，这种配位作用钝化了钙钛矿的表面缺陷，减少了电荷在界面处的复合，从而改善了钙钛矿层和电子传输层之间的界面接触。基于 C_{60}-BPy 电子传输材料的器件效率提高至 16.83%，并且器件在空气中的稳定性也得到了改善[85]。

Swager 等合成了富勒烯衍生物 IBF-Ep 作为 p-i-n 和 n-i-p 型平面异质结钙钛矿电池的电子传输材料[86]。他们发现，IBF-Ep 的形貌稳定性优于 $PC_{61}BM$。基于 IBF-Ep 器件的效率为 9.0%，并且对高湿度表现出较好的耐受性。

为了提高钙钛矿太阳能电池的开路电压，Yip 等采用 LUMO 能级较高的富勒烯双加成产物 $C_{60}(CH_2)$(Ind)来取代 $PC_{61}BM$ 作为电子传输材料[87]。$C_{60}(CH_2)$(Ind) 的 LUMO 能级比 $PC_{61}BM$ 高 0.14 eV，其电子迁移率稍低于 $PC_{61}BM$。将 $PC_{61}BM$ 替换为 $C_{60}(CH_2)$(Ind)，钙钛矿电池的开路电压从 1.05 V 上升至 1.13 V，效率也从 16.2%提高到 18.1%。

为了获得更高的开路电压，Wu 等采用带隙比 $CH_3NH_3PbI_3$ 更宽的 $CH_3NH_3PbBr_3$ 作为吸光层，$IC_{60}BA$ 作为电子传输层，制备了 p-i-n 型器件[88]。通过溶剂退火，$CH_3NH_3PbBr_3/IC_{60}BA$ 器件的开路电压高达 1.61 V，效率为 7.5%。黄劲松等也报道了类似的结果，他们采用宽带隙钙钛矿材料作为吸光材料，LUMO 能级较高的 $IC_{60}BA$ 作为电子传输材料制备钙钛矿电池[89]。他们进一步研究了 $IC_{60}BA$ 异构体对光伏性能的影响。$IC_{60}BA$ 异构体 ICBA-tran3 的 LUMO 能级与 $IC_{60}BA$ 混合物一样，但其电子迁移率是 $IC_{60}BA$ 混合物的 7 倍，并且无序化能量更低。采用 ICBA-tran3 的器件的开路电压和效率分别为 1.21 V 和 18.5%；而采用 ICBA 混合物的器件的开路电压和效率则分别为 1.11 V 和 14.6%。

目前，有不少文献报道 $PC_{61}BM$ 与金属阴极（Al、Ag、Au 等）之间的能级不匹配，无法完全形成欧姆接触[90]。因此，为了改善富勒烯层与阴极之间的接触，研究人员设计合成了各种富勒烯衍生物作为电子传输层/阴极修饰层用于 p-i-n 型钙钛矿太阳能电池。黄劲松等在 $PC_{61}BM$ 和 Al 电极之间插入一层由 C_{60} 和二甲基-4, 7-二苯基-1, 10-菲啰啉（BCP）组成的阴极修饰材料，提高了器件性能[77]。李永舫等在 $PC_{61}BM$ 和 Al 电极之间插入由 C_{60} 和 LiF 组成的阴极修饰材料，使得器件效率提高到 14.24%，并且提高了器件在空气中的稳定性[91]。

2014 年，Jen 等在 $PC_{61}BM$ 和 Ag 电极之间插入一层由富勒烯衍生物 Bis-C_{60}（分子结构见图 9-16）组成的阴极修饰材料，改善了 $PC_{61}BM$/Ag 之间的接触[92]。2016 年，他们合成了含全氟烷基链的富勒烯阴极修饰材料 F-C_{60}[93]。他们将 F-C_{60} 与 Bis-C_{60} 混合形成的阴极修饰层应用于 p-i-n 型钙钛矿电池，器件效率由 12.1% 提高到 15.5%。同时，由于 F-C_{60} 的疏水性，器件在空气中的稳定性大幅提高。

未封装的器件在相对湿度为 20%的条件下放置 14 天，效率依然保持初始值的 80%。

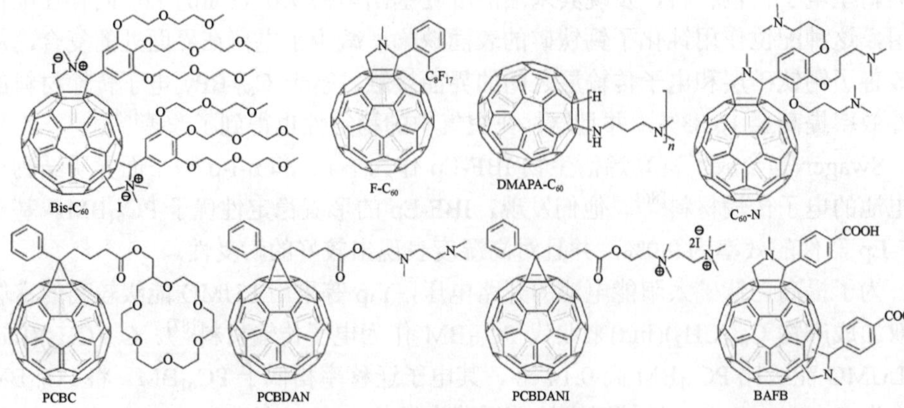

图 9-16 p-i-n 型钙钛矿电池中的富勒烯阴极修饰材料的分子结构

2015 年，Azimi 等合成了胺基功能化的富勒烯衍生物 DMAPA-C_{60}，并将其作为阴极修饰层插入 $PC_{61}BM$/Ag 之间的界面[94]。DMAPA-C_{60} 能够有效地降低 Ag 的功函，使得器件的填充因子达到 77%，效率达 13.4%。

马万里等采用含多个胺基的富勒烯吡咯烷（C_{60}-N）作为钙钛矿电池的电子传输/阴极修饰材料[95]。与 $PC_{61}BM$ 相比，C_{60}-N 不仅能够降低金属阴极的功函，并且能够钝化钙钛矿的缺陷，使得电池效率由 $PC_{61}BM$ 的 12.3%提高到 16.6%。Russell 及其合作者将 C_{60}-N 作为阴极修饰材料插入到 $PC_{61}BM$ 和 Ag 电极之间的界面，将电池效率由 7.5%提高到 15.5%，并改善了器件的稳定性[96]。

李永舫等合成了冠醚功能化的富勒烯衍生物 PCBC，并将其作为阴极修饰材料应用在基于 $CH_3NH_3PbI_{3-x}Cl_x$ 的 p-i-n 型钙钛矿电池中[97]。PCBC 的引入，使得钙钛矿电池的效率提高到 15.08%。

Yang 等采用含胺基的富勒烯衍生物 PCBDAN（分子结构见图 9-16）作为阴极修饰材料来降低 $PC_{61}BM$/Ag 之间的界面势垒，并改善器件的稳定性[98]。PCBDAN 的引入使得器件效率提高到 17.2%，并大幅度提高了器件的稳定性。李永舫等采用 PCBDANI 作为钙钛矿电池的阴极修饰材料[99]。PCBDANI 的引入能够在 $PC_{61}BM$/Al 之间的界面形成界面偶极，并抑制界面复合，有效地将器件效率提高到 15.45%。他们在 $PC_{61}BM$/Al 之间插入 PCBDANI/LiF 双阴极修饰层，将效率进一步提高至 15.71%，并且提高了器件的长期稳定性。

Erten-Ela 等合成了含两个羧基的富勒烯衍生物 BAFB，用来钝化钙钛矿表面和晶界的缺陷[100]。在钙钛矿和银电极之间插入 BAFB/ZnO 层，器件效率为 9.63%；而采用 $PC_{61}BM$/ZnO 层的器件，效率为 10.27%。

富勒烯及其衍生物不仅可以用于 p-i-n 型平面异质结钙钛矿太阳能电池，而且可以用于 n-i-p 型平面异质结钙钛矿太阳能电池。目前，n-i-p 型平面异质结钙钛矿太阳能电池最常用的电子传输材料是 TiO_2，但是 TiO_2 电子传输层存在光催化降解、表面缺陷态多、容易产生迟滞效应等缺点。为了克服 TiO_2 电子传输层的缺点，研究人员合成了多种富勒烯衍生物，将其覆盖在 TiO_2 表面，不仅能有效抑制 TiO_2 的光催化降解性，提升器件在光照下的稳定性；而且能够钝化 TiO_2 表面的缺陷态，有效抑制钙钛矿电池中普遍存在的迟滞效应，提高器件效率。

2013 年，Snaith 等研究了富勒烯自组装单层 C_{60}-SAM 在介孔 TiO_2 上的吸附（图 9-17），及其对钙钛矿电池性能的影响[101]。他们发现，C_{60}-SAM 能够抑制电子在 TiO_2 上复合，降低开路电压损失，将器件效率提高到 11.7%。2014 年，他们采用 C_{60}-SAM 来修饰致密 TiO_2 电子传输层[102]。他们发现 C_{60}-SAM 能够钝化 TiO_2 表面的缺陷态，降低界面复合。通过 C_{60}-SAM 对 TiO_2 的界面修饰，器件效率提高到 17.3%，并且大幅地降低了迟滞效应。

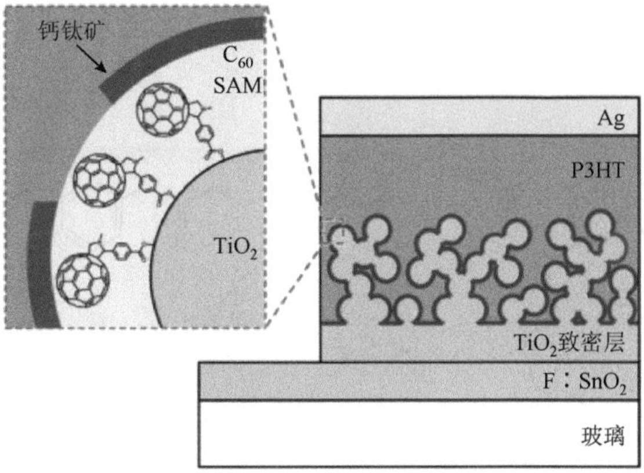

图 9-17　富勒烯自组装单层 C_{60}-SAM 在介孔 TiO_2 上的吸附示意图[101]

2015 年，Taima 及其合作者在无定形态的 TiO_x 表面蒸镀一层 C_{60}，并研究 C_{60} 的厚度对器件性能的影响[103]。他们发现，C_{60} 层的表面能对器件性能影响较大。当 C_{60} 层的厚度为 7 nm 时，电池效率最高（9.51%）。C_{60} 的引入，提高了光生载流子的含量，并降低了 TiO_x 与钙钛矿之间的界面势垒，减少了光生载流子在 TiO_x 界面处的累积和俘获。

2015 年，巩雄等利用 C_{60} 衍生物 $PC_{61}BM$ 对 TiO_2 进行界面修饰来克服溶液处理 TiO_2 的电导率低的缺点[104]。$PC_{61}BM$ 的使用提高了电荷提取和传导的效率，使得器件的短路电流密度和填充因子大幅度提高，进而将器件效率提高到 13.2%。为了改善 PbI_2 在 $PC_{61}BM$ 表面的成膜性，他们在 $PC_{61}BM$ 的上面引入一层水溶性富勒烯衍生物 WS-C_{60}（分子结构见图 9-18），将器件效率提高到 14.6%。Petrozza

等将 $PC_{61}BM$ 引入低温溶液处理的 TiO_x 表面，使得器件的稳态效率达 17.6%，并表现出较小的迟滞效应[105]。杨上峰等在 TiO_2 电子传输层上相继引入 $PC_{61}BM$ 和乙醇胺功能化的富勒烯衍生物 C_{60}-ETA 作为界面修饰材料，将器件的最高效率由 15.52%提高到 18.49%[106]。他们发现这两种富勒烯衍生物的协同效应：$PC_{61}BM$ 层能够钝化 TiO_2 表面的缺陷态；C_{60}-ETA 层不仅改善了钙钛矿层在电子传输层上的成膜性，而且促进了钙钛矿与 TiO_2 之间的电荷传输。

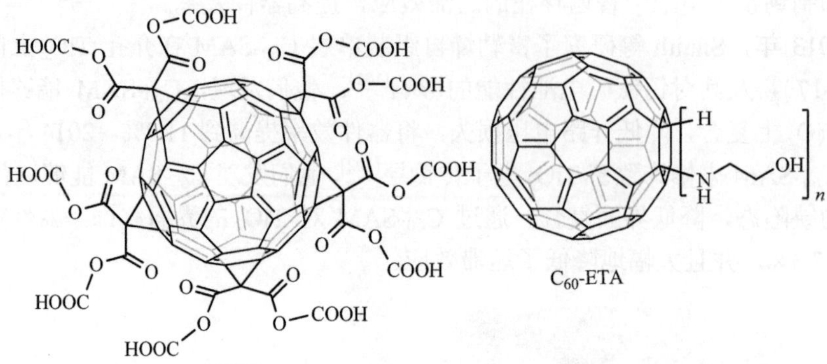

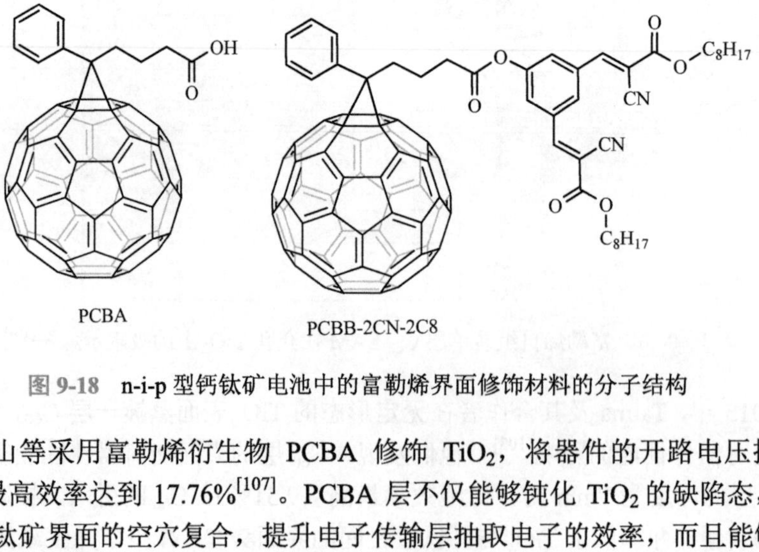

图 9-18 n-i-p 型钙钛矿电池中的富勒烯界面修饰材料的分子结构

薄志山等采用富勒烯衍生物 PCBA 修饰 TiO_2，将器件的开路电压提高到 1.16 V，最高效率达到 17.76%[107]。PCBA 层不仅能够钝化 TiO_2 的缺陷态，降低 TiO_2 与钙钛矿界面的空穴复合，提升电子传输层抽取电子的效率，而且能够改善钙钛矿薄膜的形貌。宋波等采用水溶性的富勒醇 $C_{60}(OH)_{24\sim26}$ 作为界面修饰层来修饰 TiO_2[108]。在钙钛矿与 TiO_2 之间插入一层富勒醇，能够促进电荷传输，并降低界面电阻。因此，器件效率由 12.50%提高到 14.69%。

李永舫等设计合成了多功能化的富勒烯衍生物 PCBB-2CN-2C8，作为界面修饰材料来改善 TiO_2 与钙钛矿之间的界面[109]。PCBB-2CN-2C8 对 TiO_2 的界面修饰，提高了 TiO_2 表面的功函，改善了电荷抽取的效率，使得器件的开路电压和填充因子分别从 0.99 V 和 72.2%提高到 1.06 V 和 79.1%，进而提高了器件效率。PCBB-2CN-2C8 的疏水性显著提高了器件的稳定性。

富勒烯及其衍生物不仅可以用来修饰 TiO_2 与钙钛矿之间的界面，也可以用来修饰其他金属氧化物与钙钛矿之间的界面。例如，C_{60} 可以修饰 WO_x[110]，$PC_{61}BM$ 可以修饰 ZnO[111]、SnO_2[112]、In_2O_3[113]、CeO_x[114]等。2017 年，Albrecht 等采用 C_{60}、$PC_{61}BM$、$IC_{60}BA$、TiO_2、SnO_2 以及 $TiO_2/PC_{61}BM$ 和 $SnO_2/PC_{61}BM$ 作为电子传输材料[115]，研究发现，只有双电子传输层（$TiO_2/PC_{61}BM$ 和 $SnO_2/PC_{61}BM$）才能有效地消除迟滞效应，并获得较高的器件效率。采用 $PC_{61}BM$ 对 TiO_2 进行修饰，可以防止短路，提高空穴阻挡效果，降低电荷传输损失。

富勒烯及其衍生物还能够与钙钛矿共混，形成钙钛矿-富勒烯异质结器件。2015 年，Sargent 等将 $PC_{61}BM$ 与钙钛矿前驱体共混，制备了钙钛矿-$PC_{61}BM$ 异质结器件[116]。$PC_{61}BM$ 均匀地分布在钙钛矿晶界中，能够钝化钙钛矿的缺陷态，改善电荷抽取的效率，有效地抑制了钙钛矿电池中普遍存在的迟滞效应，提高了器件的开路电压。2016 年，Wu 等将钙钛矿-$PC_{61}BM$ 异质结概念应用于 p-i-n 型钙钛矿电池中，所得器件的填充因子为 0.82，效率为 16.0%，并且没有迟滞效应[117]。他们认为，$PC_{61}BM$ 能够填补钙钛矿晶界之间的针孔和空位，从而能够获得晶粒大、晶界少的高质量吸光层。Wang 等将一维 $PC_{61}BM$ 纳米棒添加到钙钛矿层中，形成像皱纹一样的活性层[118]。一维 $PC_{61}BM$ 纳米棒在钙钛矿层中能够相互连接在一起，促进了光生载流子的分离和输运。因此，器件效率从 9.5%提高到 15.3%，在光照下的稳定性也得到提高。

韩礼元等采用 $PC_{61}BM$ 呈现梯度分布的钙钛矿-$PC_{61}BM$ 梯度异质结构，制备了 p-i-n 型异质结器件[119]。梯度异质结构可以提高光生电子的收集效率，降低复合损失，尤其适合基于甲脒的钙钛矿。梯度异质结构的使用，使得厘米级别的钙钛矿电池也能获得高效率、较小的迟滞效应和较高的稳定性。他们制备的 1.022 cm^2 的器件可以达到 18.21%的光电转换效率。

Tena-Zaera 及其合作者将 C_{70} 与 $CH_3NH_3PbI_3$ 共混，制备了无电子传输层的钙钛矿电池[120]，器件的效率达到 13.6%。与基于 TiO_2 的器件相比，采用钙钛矿-C_{70} 膜的器件在没有封装的情况下表现出更好的光照稳定性。

王世荣等将 $bisPC_{61}BM$ 混合物中最主要的异构体 α-bis-PCBM（分子结构见图 9-19）进行分离纯化，并将其加入反溶剂中，以调控钙钛矿晶体的生长[121]。α-bis-PCBM 可以填补钙钛矿膜中的空位和晶界，促进钙钛矿结晶，增加了电子抽取效率。同时，α-bis-PCBM 的引入可以抵抗水分侵入从而防止界面的侵蚀，减少空穴传输层层中产生的空隙或针孔，提高了钙钛矿电池的稳定性。α-bis-PCBM 器件的效率高达 20.8%，高于 $PC_{61}BM$ 器件的效率（19.9%），并且在加热和光照下表现出了优异的稳定性。

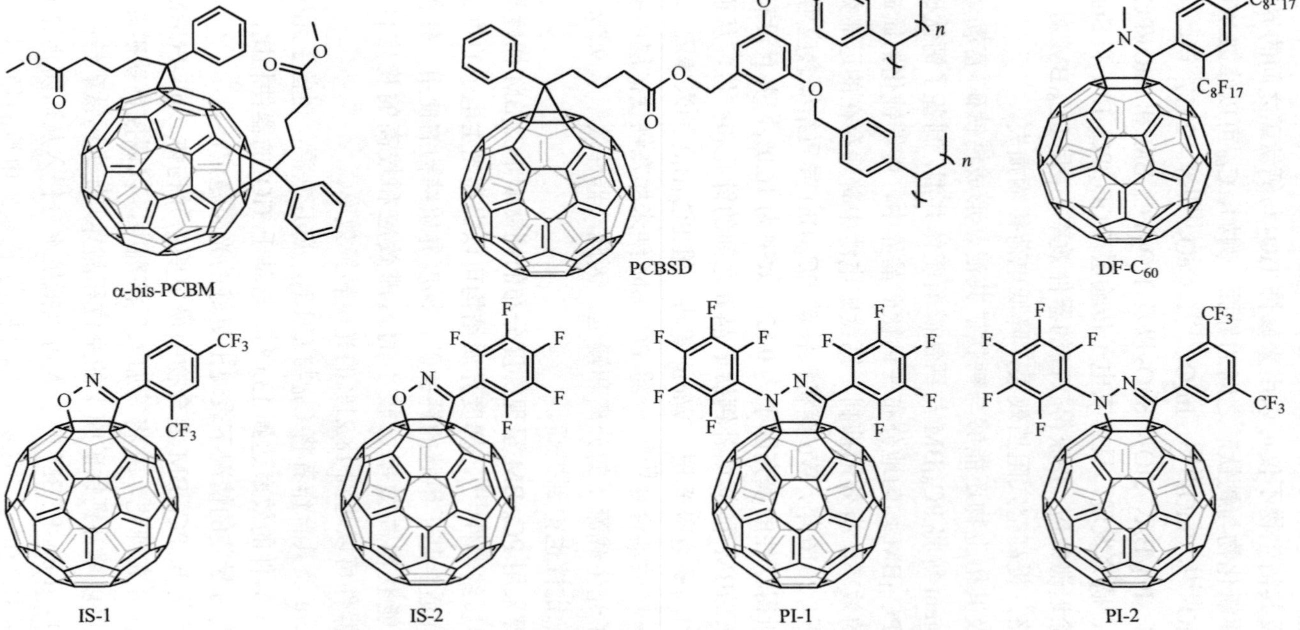

图 9-19 钙钛矿-富勒烯异质结器件中的富勒烯材料的分子结构

廖良生等将可以聚合的富勒烯衍生物 PCBSD 引入钙钛矿 $CH_3NH_3PbI_xCl_{3-x}$ 层中，提高了电池的性能和稳定性[122]。交联后的富勒烯网络不仅可以抵抗水分的入侵保护钙钛矿层，而且能够钝化活性层中的针孔。通过对 PCBSD 的浓度进行优化，钙钛矿电池的效率达到 17.21%，稳定性也显著提升。

巩雄等将水/醇溶性的富勒烯衍生物 $A_{10}C_{60}$（分子结构与 WS-C_{60} 相同）与 $CH_3NH_3PbI_3$ 共混，制备钙钛矿电池[123]。$A_{10}C_{60}$ 的引入使得电荷抽取效率更加平衡，同时扩大了 $CH_3NH_3PbI_3$ 与 $A_{10}C_{60}$ 之间的界面，提高了器件的短路电流密度和填充因子，其填充因子更是高达 86.7%。

Jen 等将含有全氟烷基链的富勒烯衍生物 DF-C_{60} 引入钙钛矿 $CH_3NH_3PbI_3$ 层中，形成富勒烯-钙钛矿异质结器件[124]。DF-C_{60} 有效地钝化了钙钛矿膜的缺陷和晶界，促进了电荷的输运和收集。富勒烯-钙钛矿异质结器件的效率达到 18.11%。由于 DF-C_{60} 的疏水性，富勒烯-钙钛矿异质结器件在空气中的稳定性较高。未封装的器件在空气中放置 1 个月，其效率依然保持初始值的 83%。

Martín 等将一系列新型富勒烯衍生物（IS-1、IS-2、PI-1 和 PI-2），以及亚甲基富勒烯 DPM-6 和 $PC_{61}BM$，与 $CH_3NH_3PbI_3$ 共混，制备了无电子传输层的钙钛矿电池[125]。基于 $CH_3NH_3PbI_3$-异噁唑啉富勒烯的器件的效率达到 14.3%。与 $CH_3NH_3PbI_3$-C_{60} 器件相比，$CH_3NH_3PbI_3$-吡唑啉富勒烯和 $CH_3NH_3PbI_3$-亚甲基富勒烯器件的性能更好。他们还发现器件的开路电压与富勒烯衍生物的 LUMO 能级之间存在明显的相关性。

9.1.3　场效应晶体管

场效应晶体管是电子学的基本元件。有机场效应晶体管（OFET）是有机电路的基本构筑单元，是重要的有机半导体器件之一，是有机半导体材料和器件研究领域中的重要前沿方向之一。有机场效应晶体管具有质量轻、成本低、可弯曲和适于大面积制备等优点，在有机传感器、有机存储设备、柔性平板显示、电子纸、射频识别等众多领域具有重要的应用前景。

有机场效应晶体管的性能主要取决于承担载流子传输的有源层材料即有机半导体材料。根据有机半导体材料的传输特性，可以将有机半导体材料分为两类：一类是 p 型有机半导体材料，主要用来传输空穴；另一类是 n 型有机半导体材料，主要用来传输电子。p 型有机半导体材料是目前研究较多的材料，其迁移率较高，能够获得较好的器件性能。但是，n 型有机半导体材料的发展相对滞后，n 型材料不仅种类少，而且性能不及 p 型材料，因此，n 型有机半导体材料的开发成为有机场效应晶体管材料研究的重点之一。目前，大部分的 n 型有机半导体材料是富勒烯及其衍生物，主要是由于富勒烯及其衍生物具有较高的电子迁移率。

1995 年，贝尔实验室的 Haddon 等首次采用 C_{60} 作为活性材料制备了有机场效应晶体管[126]。他们利用超高真空蒸镀的办法制备了基于 C_{60} 的 OFET，载流子迁移率为 0.08 $cm^2/(V \cdot s)$，开关比高达 10^6。2003 年，Kobayashi 等采用分子束沉积制备了基于 C_{60} 的 OFET[127]，将迁移率进一步提高到 0.5 $cm^2/(V \cdot s)$，开关比超过 10^8。2005 年，Kippelen 等采用区域升华提纯的 C_{60} 制备 OFET[128]，将迁移率提高到 0.65 $cm^2/(V \cdot s)$。2006 年，Anthopoulos 等采用热壁外延生长 C_{60} 薄膜的方法制备了高性能的 OFET[129]。当外延温度为 250℃时，制备的顶接触 OFET 的电子迁移率最高，达到 6 $cm^2/(V \cdot s)$。当他们采用底接触器件结构（图 9-20），并使用 SiO_2 作为门电路电介质时，迁移率降低到 0.2 $cm^2/(V \cdot s)$。

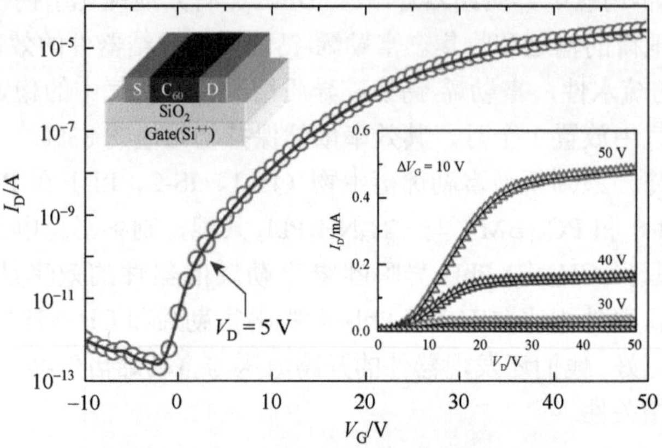

图 9-20 基于 C_{60} 的 OFET 的转移特性曲线[129]

左上角为器件结构，右下角为 OFET 的输出特性曲线

1996 年，Haddon 等首次将 C_{70} 作为有源层制备了 OFET[130]。他们制备的基于 C_{70} 的 OFET 的电子迁移率为 2×10^{-3} $cm^2/(V \cdot s)$，低于 C_{60} 的电子迁移率[8×10^{-2} $cm^2/(V \cdot s)$]。他们认为，C_{60} 与 C_{70} 之间的电子迁移率的差异主要是由 C_{60} 和 C_{70} 在电子结构和对称性方面的差异造成的。Kippelen 等采用区域升华提纯的 C_{70} 制备 OFET[128]，进一步将 C_{70} 的迁移率提高到 0.066 $cm^2/(V \cdot s)$。

2004 年，Kumashiro 等采用氮杂富勒烯$(C_{59}N)_2$作为有源层制备 OFET[131]。他们制备的 OFET 的电子迁移率为 3.8×10^{-4} $cm^2/(V \cdot s)$，开关比为 10^3。$(C_{59}N)_2$ 的电子迁移率比 C_{60} 低得多，他们认为这与$(C_{59}N)_2$膜的结晶性差、晶粒太小有关。

2004 年，Kubozono 等采用大碳笼富勒烯 C_{82} 的异构体 C_2-C_{82} 作为有源层制备 OFET[132]。该 OFET 表现出 n 沟道耗尽型（常开型）行为，其载流子迁移率为 1.9×10^{-3} $cm^2/(V \cdot s)$。他们发现，当温度在 150 K 以上，基于 C_{82} 的 OFET 的载流子的输运机制为跳跃输运。随后，其他大碳笼富勒烯也被应用于 OFET 中。2004 年，

Shibata 等采用 C_{84} 作为有源层制备 OFET[133]。与 C_{82} 类似，基于 C_{84} 的 OFET 也表现出 n 沟道耗尽型行为，载流子的输运机制为热激活跳跃输运，载流子迁移率为 2.1×10^{-3} $cm^2/(V{\cdot}s)$。2005 年，Nagano 等制备了基于 C_{88} 的 OFET，同样发现该 OFET 表现出 n 沟道耗尽型行为，载流子的输运机制为热激活跳跃输运[134]。在 300 K 时，该 OFET 的载流子迁移率为 2.5×10^{-3} $cm^2/(V{\cdot}s)$。2007 年，Kubozono 等采用高碳富勒烯 C_{76} 作为有源层制备 OFET[135]。他们制备的基于 C_{76} 的 OFET 的电子迁移率为 3.9×10^{-4} $cm^2/(V{\cdot}s)$，最高的开关比为 125。

除了空心富勒烯，内嵌富勒烯也被应用于 OFET 的有源层。2003 年，Kubozono 等首次报道了基于内嵌富勒烯 $Dy@C_{82}$ 的 OFET[136]。该 OFET 的载流子迁移率为 8.9×10^{-5} $cm^2/(V{\cdot}s)$，为常开型 OFET，性质与基于 C_{60} 和 C_{70} 的 OFET 不同。Iwasa 等采用 $La_2@C_{80}$ 作为有源层制备 OFET[137]。基于 $La_2@C_{80}$ 的 OFET 的电子迁移率为 1.1×10^{-4} $cm^2/(V{\cdot}s)$，远远低于 C_{60} 和 C_{70} 的电子迁移率。他们认为，$La_2@C_{80}$ 本身的迁移率低，是因为 $La_2@C_{80}$ 的 LUMO 轨道主要取决于内嵌的镧，使得分子间的 LUMO 轨道重叠非常小，导致迁移率较低。2005 年，Kubozono 等采用 $Pr@C_{82}$ 的异构体 C_{2v}-$Pr@C_{82}$ 作为有源层制备 OFET[138]。该 OFET 在 320 K 时，载流子迁移率为 1.5×10^{-4} $cm^2/(V{\cdot}s)$。

以上主要讨论的是未修饰的富勒烯作为 OFET 的有源层，由于未修饰的富勒烯在有机溶剂中的溶解度较低，使得有源层的制备主要采用真空蒸镀。为了采用成本相对较低的溶液法制备 OFET 器件，同时为了调节富勒烯的电子性质，研究人员对富勒烯进行修饰，合成了大量富勒烯衍生物。亚甲基富勒烯衍生物的电子迁移率较高，是富勒烯基 OFET 常用的有源层材料。2003 年，Brabec 及其合作者首次采用 C_{60} 衍生物 $PC_{61}BM$ 作为有源层，利用溶液旋涂成膜制备 OFET[139]。采用金属钙作为源漏电极，测得的电子迁移率为 4.5×10^{-3} $cm^2/(V{\cdot}s)$。2008 年，Anthopoulos 等通过采用合适的聚合物作为门电路电介质和使用低功函源漏电极，进一步优化了基于 $PC_{61}BM$ 和 $PC_{71}BM$ 的 OFET 器件的性能[140]。他们测得的 $PC_{61}BM$ 和 $PC_{71}BM$ 的最高的电子迁移率分别为 0.21 $cm^2/(V{\cdot}s)$和 0.1 $cm^2/(V{\cdot}s)$。他们的研究结果表明，$PC_{71}BM$ 和 $PC_{61}BM$ 的电子迁移率相近。

2006 年，Anthopoulos 等采用 C_{84} 的衍生物 $PC_{85}BM$ 作为有源层制备 OFET[141]。基于 $PC_{85}BM$ 的 OFET 的电子迁移率为 5×10^{-4} $cm^2/(V{\cdot}s)$，并且在空气中放置几个月后性能没有显著衰减。2010 年，Nelson 等研究了多加成对富勒烯的电子迁移率的影响[142]。他们测得的 $PC_{61}BM$ 的单加成、双加成和三加成的 OFET 电子迁移率分别为 4.0×10^{-2} $cm^2/(V{\cdot}s)$、2.7×10^{-3} $cm^2/(V{\cdot}s)$和 5.5×10^{-6} $cm^2/(V{\cdot}s)$，表明加成基团增加会导致电子迁移率下降。除了亚甲基富勒烯以外，人们还合成了大量的其他结构的富勒烯衍生物，如富勒烯吡咯烷衍生物等。但它们的 OFET 性能与亚甲基富勒烯接近，因此，本节不做详细介绍，具体可以参考相关综述文章[143]。

2012年，Jen等系统地研究了10种富勒烯衍生物结构与OFET性能之间的关系[8]。他们采用的器件结构和富勒烯衍生物的分子结构见图9-21（a）、（b）。他们将这10种富勒烯衍生物的电子迁移率总结于图9-21（c）中。从图上可以看出，C_{60}衍生物的电子迁移率高于相应的C_{70}衍生物，这可能与C_{60}和C_{70}在分子结构与电子结构方面的差异有关。对于加成基团的影响，他们发现亚甲基富勒烯的迁移率高于茚加成富勒烯和1, 4-二苯基富勒烯。对于加成基团数目的影响，他们发现双加成富勒烯的迁移率普遍低于相应的单加成富勒烯的迁移率，可能是由于加成基团会阻碍富勒烯分子之间的接触，从而影响了迁移率。

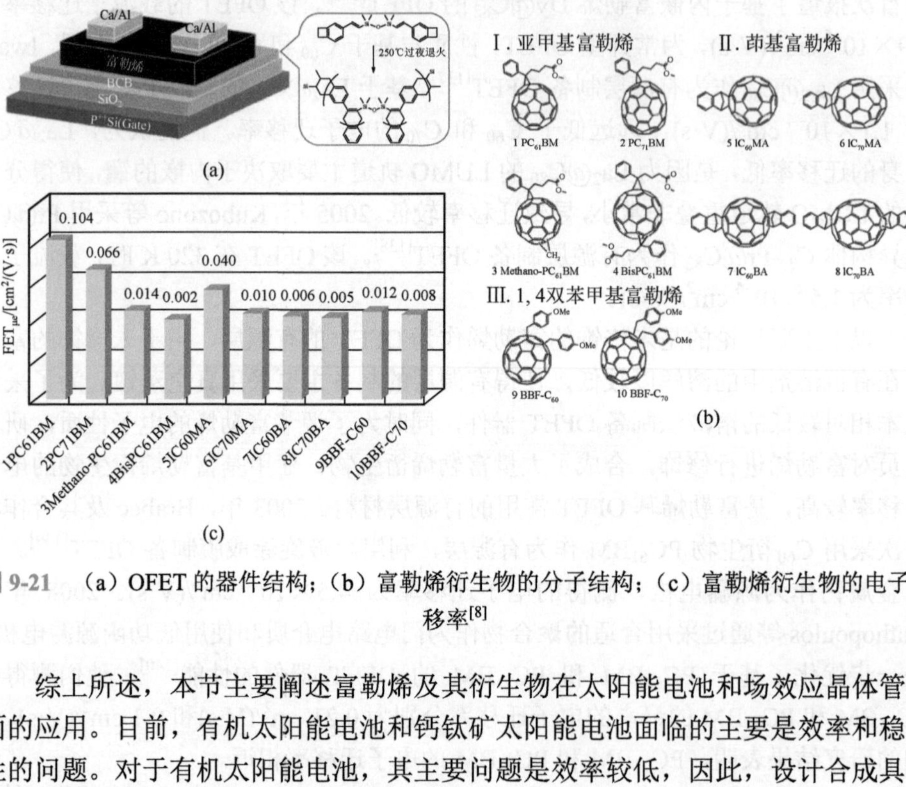

图9-21 （a）OFET的器件结构；（b）富勒烯衍生物的分子结构；（c）富勒烯衍生物的电子迁移率[8]

综上所述，本节主要阐述富勒烯及其衍生物在太阳能电池和场效应晶体管方面的应用。目前，有机太阳能电池和钙钛矿太阳能电池面临的主要是效率和稳定性的问题。对于有机太阳能电池，其主要问题是效率较低，因此，设计合成具有高吸光系数和高迁移率的新型给体和富勒烯受体材料以提高电池效率是有机太阳能电池未来的发展趋势。对于钙钛矿太阳能电池，其效率已经能够与硅电池匹配，但其稳定性还远远不够，因此，设计开发包括富勒烯在内的新型材料来改善钙钛矿电池的稳定性是钙钛矿电池能否商业化的关键因素。目前，随着高性能有机半导体材料和器件制备技术的不断深入，有机场效应晶体管取得了迅猛发展，部分OFET的迁移率已经达到或超越无定形硅器件的水平，使得OFET进入了可实用化的新阶段。OFET具有易加工、成本低、功耗小等许多无机场效应管所不具备的优点，因此有着广泛的、极具潜力的应用前景。但与无机场效应晶体管相比，有机半导体器件在性能、使用寿命和制作工艺等方面还需要完善。

富勒烯作为有机半导体材料，虽然目前不能与硅、砷化镓等无机半导体材料相提并论。但是，由于富勒烯是分子这一特点，使其在分子器件方面具有优势。随着微电子学的快速发展和电子器件的不断小型化，利用单分子以及分子团簇等来构建各种功能性电子元器件已经成为研究者公认的并且最有可能的发展趋势。

9.2 生物医学

富勒烯分子独特的 π 电子结构以及低的重组能，使其成为医学诊断、治疗等生物医学领域极具潜力的候选材料。未修饰的富勒烯不溶于水，需要通过衍生化修饰使其在生物系统中具有水溶性。通过在碳笼上修饰不同的功能基团可以为富勒烯的应用提供多样化的衍生物；此外，每种衍生化都会导致化合物的物理化学性质发生变化，有助于研究它们如何影响在生物体系中的作用。结合富勒烯自身固有的特性及其基团的衍生化，可以产生几乎无限的新化学结构，使得富勒烯成为一类创新解决基础生物问题的理想分子平台。富勒烯作为应用于下一代生物医学的碳纳米材料之一，本节将重点介绍富勒烯材料在治疗剂、诊断剂和治疗诊断剂等方面的应用，并对其生物毒性研究和未来发展趋势进行讨论。

9.2.1 富勒烯作为治疗剂

富勒烯具有“自由基海绵”的美称，通常被描述为抗氧化剂。自由基是指具有不成对电子的原子或基团，这使得它们具有高反应活性。在细胞中会自然生成如活性氧、活性氮的自由基，自由基存在于疾病病理部位会促进疾病的进一步发展。在生物系统中比较常见的有助于发生氧化或亚硝化反应的自由基是活性氧或氮自由基，这些物质可以对多种生物过程产生负面影响。抗氧化剂能消除或中和自由基电子。抗氧化剂是大家广泛接受的概念，它主要用于一般的健康和抗衰老的非处方补充剂。

空心富勒烯，如 C_{60}、C_{70}，通过接收外来电子并将电子分散在碳笼上而具有抗氧化功能。富勒烯这种清除自由基的能力使其成为科研人员研究治疗各种疾病和病症的热点碳纳米材料。研究表明，对于治疗多发性硬化[144]、神经变性[145]、抗艾滋病毒活性[146]、癌症[147]、放射线暴露[148]、局部缺血[149]、骨质疏松症[150]、常见炎症[151]和细菌的选择抗菌剂[152]等疾病和病症，富勒烯材料都是极具潜力的候选材料。有趣的是，长期使用水溶性羧酸化富勒烯喂养的小鼠和大鼠与同窝出生对照组相比寿命有显著的延长[153]。此外，通过功能基团对富勒烯进行修饰几乎有无限多的可能，使得一些现代医学中最难以捉摸的问题有了潜在的答案。

1. 药物和基因递送的载体

富勒烯对于开发药物和基因对细胞的安全性、靶向性和有效性的转运机制具有重要的意义[154]。通过对富勒烯进行衍生化可以获得水溶性富勒烯，从而改善富勒烯在水溶液中的溶解度。水溶性富勒烯衍生物可容易地穿过细胞膜而不损伤细胞。因此，水溶性富勒烯可以被进一步修饰成为药物和基因的载体。富勒烯是一类非常有效的药物和生物活性分子载体。目前，一些功能化的水溶性富勒烯被用作具有高生物相容性的多功能纳米靶向载体，治疗和预防疾病。例如，阿霉素是本身有着很多副作用的有效抗癌药物，其副作用可以通过与富勒烯结合的方式降低。吴水珠等[155]通过将叶酸（靶向配体）和阿霉素（抗癌药物）修饰到富勒烯上，生成的衍生物在水中能够团聚形成纳米级别的聚集体，从而提高了富勒烯携带阿霉素的分子大小，延长了阿霉素在体内被分解前的作用时间。这种聚集体不仅具有靶向给药的特性，同时还可以实现光动力学疗法治疗的目的，如图 9-22 所示。

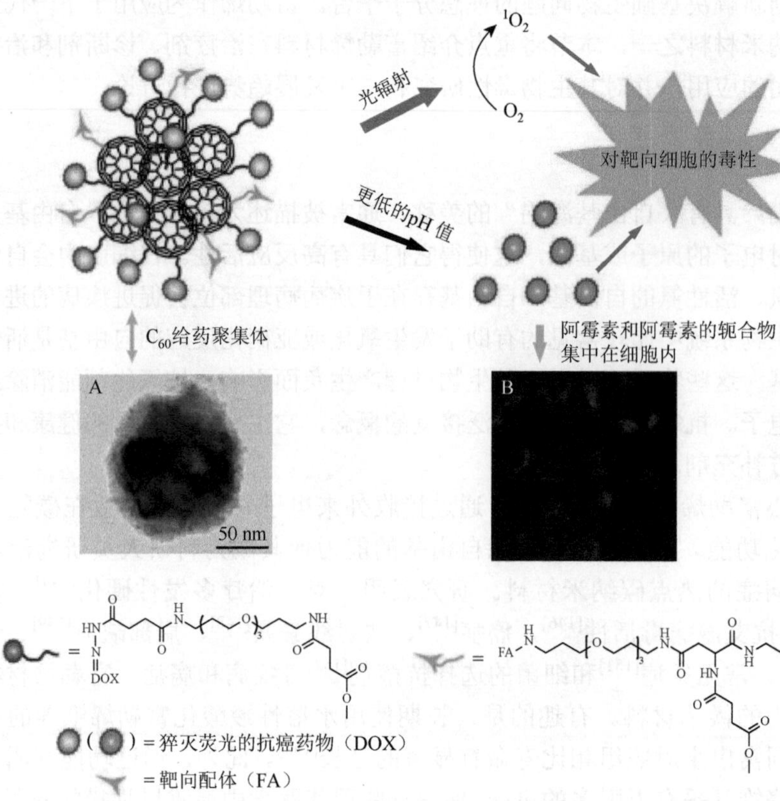

图 9-22　富勒烯-叶酸-阿霉素靶向协同抗癌作用的示意图[155]

2. 影响肥大细胞驱动的过敏反应

嗜碱性细胞在结缔组织和黏膜上皮内时，称肥大细胞，其结构和功能与嗜碱性细胞相似。肥大细胞驱动的过敏反应，主要是抗原诱导肥大细胞表面 FcεRI 受体分子的聚集，引发肥大细胞释放炎症介质的结果。新研究表明，特定性功能化的富勒烯衍生物被摄取可以稳定人类组织的肥大细胞，防止这些细胞释放炎性介质，使其成为治疗由肥大细胞介质控制疾病的理想候选材料[156]。Kepley 等研究表明[157]，得克萨斯红共轭的 C_{70} 富勒烯衍生物共同定位在内质网中可以减少钙释放和活性氧产生（图 9-23），能够稳定肥大细胞在体外驱动疾病，将其转化为体内阻断，有利于开发潜在富勒烯化合物来治疗包括哮喘、关节炎和过敏反应等与肥大细胞介质激活相关的疾病。

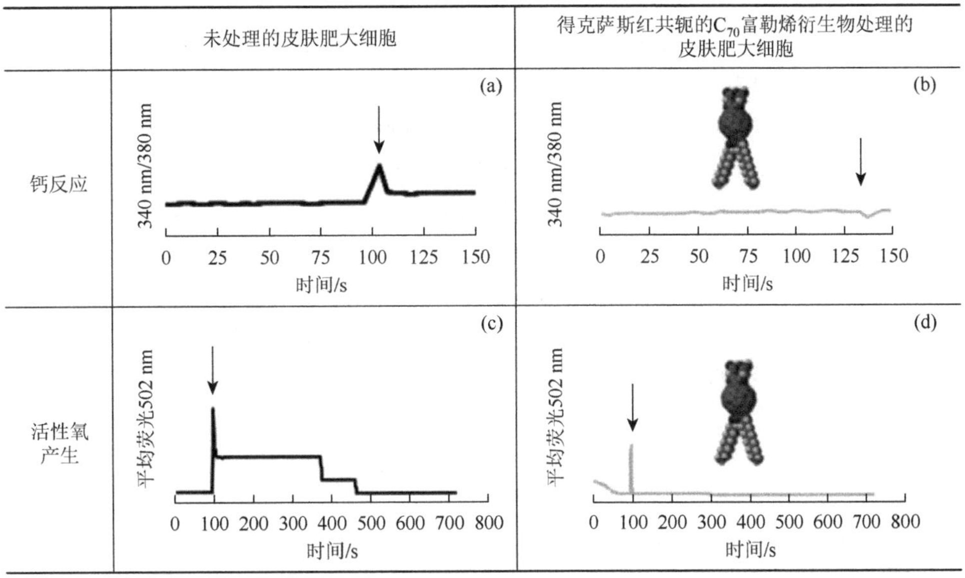

图 9-23 得克萨斯红共轭的 C_{70} 富勒烯衍生物（C_{70}-TR）共同定位在皮肤肥大细胞可以减少钙释放和活性氧（ROS）产生[157]

3. 抑制哮喘发病

哮喘是由多种细胞和细胞组分参与的气道慢性炎症性疾病，其发病机制极为复杂，目前认为肥大细胞活化与哮喘发病机制密切相关。肥大细胞广泛分布于许多组织，可被特异性抗体 IgE 依赖性和非 IgE 依赖性途径激活，通过一系列分子信号转导，产生和释放生物活性介质，参与哮喘早期相和晚期相反应。富勒烯衍生物能够抑制鼠哮喘模型中的疾病发作和反向确定的疾病，后者对于人类哮喘治疗总是涉及和确定的疾病来说是特别重要的。富勒烯衍生物在哮喘预防和逆转中的有效性可以通过用富勒烯衍生物治疗被卵清蛋白攻击小鼠的实验中得到验证。实验发现，与未经治疗的动物相比，治疗的动物明显减少了气道和支气管收缩。事实上，在富勒烯羧酸衍生物处理的动物在总体上不仅炎症和支气管收缩显著，而且与非敏感性对照中的动物相似[158]。在确定的疾病模型中，在对小鼠的整个疾病发展过程进行治疗发现，富勒烯衍生物在支气管肺泡灌洗液中可以明显抑制嗜酸性粒细胞增多和细胞因子水平。肺部显示在未经治疗的动物中的大量细胞被浸润，而接受富勒烯衍生物治疗的动物在气道周围只有少量的细胞被浸润。这促使富勒烯衍生物在治疗时降低动物气道高反应性。因此，富勒烯衍生物可能在临床环境中逆转哮喘发病机制并抑制症状加重，有可能成为治疗哮喘的新疗法。

4. 抑制由关节炎引起的炎症反应

关节炎泛指发生在人体关节及其周围组织的炎性疾病。在类风湿性关节炎的鼠模型中，肥大细胞在关节膜炎的发病机理中起关键作用[159]。小鼠模型中类风湿性关节炎患者的关节膜长期受到激发，肥大细胞数量会增多，占总关节膜细胞数量的 5%以上。累积的肥大细胞的数量伴随着关节炎强度的升高而变化，其细胞介质也会以更高的浓度存在于发炎的关节滑液中。以前的研究结果表明，富勒烯衍生物具有抑制肥大细胞诱导的及普通的炎症的能力。肥大细胞是导致关节性炎症诱导和发展的细胞锁链，阻断肥大细胞介质的释放可阻断关节性炎症。Zhou 等[160]设计了具有抗氧化能力的两亲性富勒烯衍生物，通过与辅助磷脂相互作用可以形成均匀且尺寸稳定的具有辅助磷脂的脂质体（图 9-24）。这种富勒烯衍生物脂

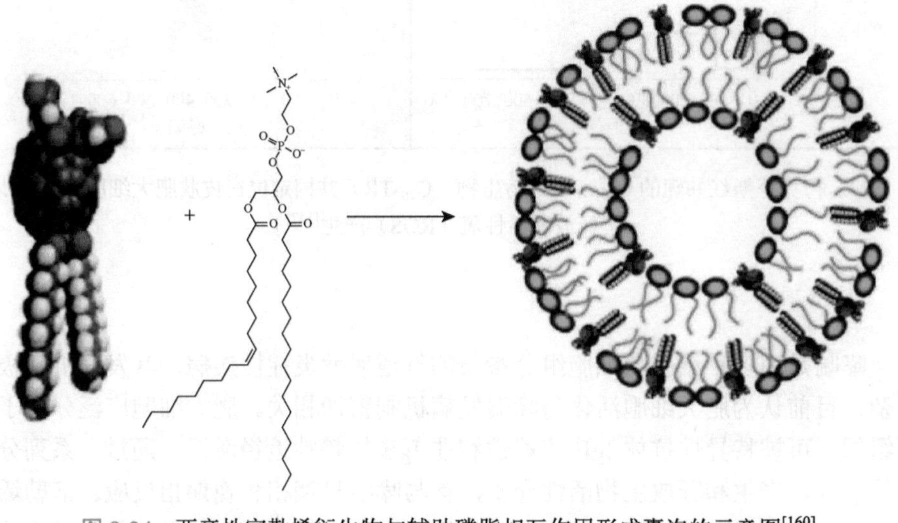

图 9-24 两亲性富勒烯衍生物与辅助磷脂相互作用形成囊泡的示意图[160]

质体可以有效地猝灭羟基自由基和超氧自由基，从而抑制炎症的发生；还能抑制自由基诱导的脂质过氧化，并保持脂质双层结构的完整性。因此，合理设计富勒烯衍生物可显著抑制活性氧的产生，抑制由关节炎引起的炎症反应。

5. 抑制艾滋病毒感染

艾滋病是一种危害性极大的传染病，由感染艾滋病病毒（HIV 病毒）引起。HIV 是一种能攻击人体免疫系统的病毒。它把人体免疫系统中最重要的 CD4T 淋巴细胞作为主要攻击目标，大量破坏该细胞，使人体丧失免疫功能。目前，富勒烯材料在减缓或抑制艾滋病毒感染的进程中取得了重大进展[161]。富勒烯之所以能够成功用于抗艾滋病病毒是基于富勒烯独特的几何结构和高的抗氧化活性。富勒烯化合物能够配位和抑制 HIV 蛋白酶，并具有相对较高的结构活性关系。富勒烯能够在空间上对 HIV 蛋白酶的腔内（直径约 10 Å）区域进行紧密结合，然后阻止释放出水，从而抑制 HIV 蛋白酶的活性区[162]。计算机模拟表明[163]，富勒烯与 HIV 蛋白酶活性位点结合的亲和力强（图 9-25），从而可以显著抑制病毒的复制，进而抑制艾滋病毒感染。

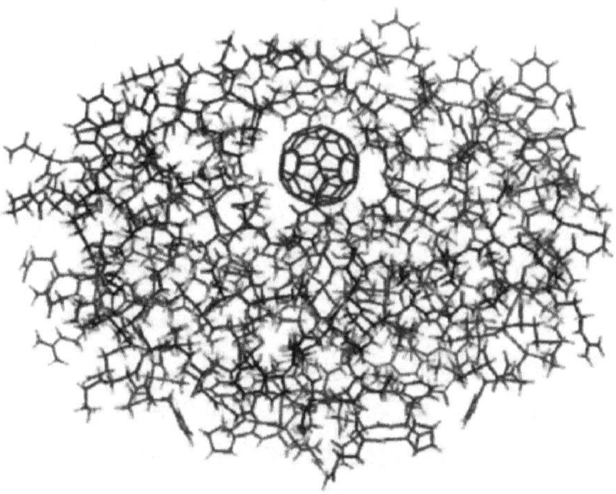

图 9-25　计算机模拟富勒烯衍生物与 HIV 蛋白酶活性位点结合[163]

6. 多发性硬化的潜在疗法

多发性硬化是以中枢神经系统白质炎性脱髓鞘病变为主要特点的自身免疫病。肥大细胞是多发性硬化症的重要调节因子[164]，通过生成的活性氧的氧化应激是调解肥大细胞信号传导和多发性硬化病变的基础机制[165]。实验性自身免疫性脑脊髓炎是研究多发性硬化症发病机制的合适模型，这方面目前正处于实验研究和人类临床试验的各个阶段[166]。鉴于富勒烯衍生物可以稳定肥大细胞，不仅是有效的抗氧化剂，并且还是抗炎药物，富勒烯衍生物具有抑制实验性过敏性脑脊髓炎的能力。富勒烯衍生物受保护的神经元不受氧化和谷氨酸诱导的损伤，并在炎症损伤下恢复星形胶质细胞中的谷氨酰胺合成和谷氨酸转运蛋白表达。在疾病发作后开始的治疗，降低了小鼠慢性实验性过敏性脑脊髓炎的临床进一步恶化，表明这可能对治疗进行性多发性硬化和其他神经变性疾病有帮助[167]。通过富勒烯衍生物在实验性过敏性脑脊髓炎模型中降低与多发性硬化相关的风险评分，表明这类合理设计的富勒烯化合物可作为多发性硬化新治疗领域的分子平台。

9.2.2 富勒烯作为诊断剂

富勒烯用于诊断的载体在解决现今医学成像限制方面具有巨大的潜力。内嵌富勒烯特殊的电子结构（见 2.2 节）可以大大增强诊断效果，研究表明这些内嵌富勒烯可以作为一种分子平台用于检测癌症[168]、动脉粥样硬化[169]和关节炎[170]。当前诊断的精确性受限于灵敏性和特定性，在增强患者成像方面几乎已经停滞不前，而内嵌富勒烯具有提升许多病症诊断的潜力。

基于钆的内嵌富勒烯已被应用于核磁共振成像领域（图 9-26），在基于钆造影剂的诊断领域被广泛研究[171]。对于传统的钆螯合物造影剂而言，钆的毒性、弛豫效能低和缺乏靶向性等几个问题极大地限制了其用作核磁共振成像的图像引导介入治疗。钆内嵌富勒烯则可以解决当前钆基造影剂存在的许多问题。首先，通过非常稳定的碳笼将活性靶向部分（笼外）与足够浓度的有毒钆（笼内）分隔开，可以增加造影剂的安全性。与目前的螯合物不同，还可以在富勒烯碳笼上修饰不影响钆能力靶向配体/功能基团形成多种新的富勒烯化合物。其次，封装钆的内嵌富勒烯更为灵敏。靶向成像剂需要强的信号，通过该信号报告特定位置处药剂的存在。而与传统的钆造影剂相比，钆内嵌富勒烯（尤其是三金属氮化物内嵌富勒烯）具有 25～50 倍的弛豫度。再次，靶向基团可以修饰到碳笼使得富勒烯可以靶向疾病生物标志物。最后，使用富勒烯造影剂在体外和体内都没有检测到毒性[172]，表明内嵌富勒烯应该是安全的，但是需要进一步研究来评估其安全性。内嵌富勒烯平台用于诊断的关键在于利用特定生物标志物与钆内嵌富勒烯核磁共振成像造影剂共轭，从而在理论上可用于存在适当受体特异性表达的任何疾病。例如，评估动脉粥样硬化和胶质母细胞瘤两种疾病过程，都具有可以靶向的疾病特异性生物标志物，基于该工作原型，人们研究了内嵌富勒烯巨噬泡沫细胞（用于动脉粥样硬化）和胶质母细胞瘤细胞（用于癌症）在体外的细胞摄取。该原型是通过利用已经识别的患病细胞的生物标志物，通过化学连接配体将内嵌富勒烯靶向这些细胞，以及使用体外分析来确定它们是否结合并进入细胞并评估所有的毒理学效果。

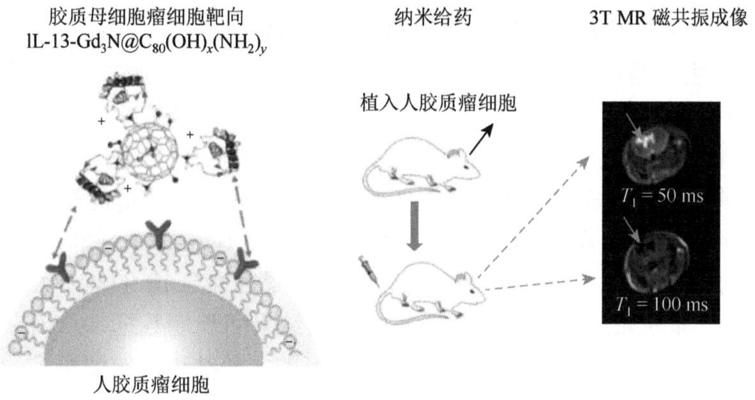

图 9-26　钆内嵌金属富勒烯靶向核磁共振成像检测肿瘤细胞[171]

9.2.3　富勒烯作为治疗诊断剂

结合医学成像和治疗的多功能方法可能是未来的医学发展方向，其中富勒烯被证明是这些方法中极具吸引力的平台。这是由于富勒烯能够同时检测（使用生物标志物），成像（使用钆基造影），并向指定的位点提供有效的治疗载荷，可以实时监测过程，通过内嵌富勒烯的高对比度能力直接可视化观察感兴趣的区域来评估治疗的有效性。目前纳米颗粒正在追求成像和诊断应用，下一个发展阶段将是将其与疾病治疗相结合。这类多功能的基于纳米平台的探针已在包括肿瘤检测和治疗，以及动脉粥样硬化和关节炎的小鼠模型中显示有效。使用钆基造影剂的核磁共振成像已被用于诊断胶质母细胞瘤。IL-13 受体在胶质母细胞瘤多形性细胞上表达，并且在正常组织中不显著表达，因此 IL-13 可以作为疾病各种干预措施的靶向部分。内嵌富勒烯可以用作开发新型胶质母细胞瘤靶向治疗诊断剂，其中诊断剂内嵌富勒烯封装在可以递送治疗剂多柔比星（抗肿瘤药）的有效载荷胶质母细胞瘤靶向 IL-13 脂质体中[173]。在体外验证了胶质母细胞瘤靶向治疗诊断剂与人的胶质母细胞瘤细胞结合，在体内纳米颗粒测试表明，胶质母细胞瘤治疗诊断剂可以靶向和收缩已经在小鼠中移植的人脑肿瘤。

9.2.4　富勒烯的毒性

人们在使用新材料如富勒烯时，毒性是一个必须考虑的问题。至今为止，已经有很多研究通过大量的富勒烯制剂来检查其毒性。然而，大多数研究结果是矛盾的，存在不确定性和争议性。因此，研究人员和广大公众很难确定，富勒烯是应该被禁用的危险纳米材料？还是开发新药的潜在新平台？造成富勒烯是否具有毒性这一结果混乱的原因是，很少有检查毒性的研究使用表征全面完整和高纯度的物质进行研究，通常使用的是含有多个异构体、尺寸不一和含有杂质的混合物。

目前，富勒烯及其衍生物在生物系统中的吸收、分布、代谢和排泄方面很难做出结论，主要是由于该领域还处在初期阶段，关于富勒烯对生物系统的长期影响研究有限。然而，已经有研究对从身体中清除富勒烯进行了评估。研究人员得出结论：在大鼠静脉注射和口服后，富勒烯的吸收有限，一般来说通过粪便和尿液快速排出体外。此外，几项实验研究表明，使用过量剂量（2000 mg/kg）的富勒烯治疗的小鼠没有显示明显的毒性[174, 175]。事实上，一些研究表明，富勒烯喂养的小鼠和大鼠可以改善其认知功能，小鼠寿命延长 11%，大鼠寿命延长 90%[153, 176]。即便如此，仍然需要清晰的对比结果和长期数据，从而获得将这些富勒烯分子转移到人类系统中可靠的、可重复的实验结果。需要更多的研究来澄清对富勒烯材料的长期接触，以及基因毒性、致癌性和生殖毒性的认识，将对促进富勒烯在生物医药中的研究至关重要。富勒烯材料有多种存在形式，其自身和特定的衍生物的毒性都应该被仔细地评估和单独描述，而仅仅对结果的推断并不足以全面评估其毒性。未来的研究应该着眼于制定适当的测试策略以评估风险和毒性特征，不应将碳纳米颗粒概括为一种材料，而应分别评估每一种特定的化合物。

综上所述，富勒烯独特的物理化学性质对许多现代医疗应用都是有益的，富勒烯具有高抗氧化能力，可以进行功能化或适当修饰以适应广泛的诊断和治疗应用。富勒烯类药物在抗病毒药物、抗癌、光敏剂、抗氧化活性、药物传输、基因治疗以及高灵敏度诊断等方面的应用潜力是巨大的，但对毒性的担忧减弱了研究人员发现应用最初的热情。只有使用表征明确的单一物种富勒烯制剂的研究才能提供有关潜在毒理作用有意义的信息。更深入的研究是开发一个数据库，将富勒烯化合物的功能化学与生物功能联系起来。在过去的十年里，这方面已经取得了长足的进步，有助于推动富勒烯作为一个功能平台来帮助解决许多现代医学上的局限。然而，将成功的研究转化为市场应用将需要更多的工作来更好地了解这些富勒烯纳米材料的摄取、生物分布、吸收、寿命、排泄以及最终的消费者安全性。独特的物理化学性质、生产成本的降低、物种的扩大和广泛的潜在医学应用激发了富勒烯领域的大量研究。随着时间的推移，富勒烯领域将会取得卓越的进步，但只有完成更全面的表征和研究阐明长期的、可再生的毒理学问题，这些令人着迷的富勒烯分子才会给现代医学带来进步。

9.3 化妆品

富勒烯独特的氧化还原特性使其具有较强的抗氧化能力，能够清除自由基，起到活化皮肤细胞、预防肌肤衰老的作用。自 1990 年以来，很多科研成果都证实了富勒烯在清除自由基方面的功效。经过多年的研究，人们已开发出了可以使用在保养品中的富勒烯，这对于肌肤抗老化来说无疑是一个值得深入研究的新材料。

正因如此，21 世纪以来富勒烯开始被用作高端化妆品的原料，具有抗皱、美白、预防衰老的卓越价值，成为备受瞩目的尖端美容成分。本节主要阐述富勒烯在化妆品中的应用原理和应用方式。

9.3.1　富勒烯在化妆品中的应用原理

富勒烯的分子结构中含有较多的碳碳双键，很容易与自由基发生反应[177]。在 1992 年，Charles N. McEwen 等的研究表明，富勒烯 C_{60} 能够清除自由基。他们首次提出 C_{60} 是“自由基海绵”[178]的概念。后续的研究表明，富勒烯 C_{60} 及其衍生物对多种自由基，尤其是活性氧（ROS），如超氧化物自由基（$\cdot O_2^-$）、羟基自由基（OH·）、过氧化氢（H_2O_2）、单线态氧（$^1O_2$）、脂质过氧化物及其自由基（LOOH 和 LOO·）等表现出较高的反应活性。正是由于这种卓越的抗氧化特性和清除自由基的能力，使得富勒烯 C_{60} 及其衍生物成为许多化妆品中的核心成分，用于消除多余的自由基，起到缓解皮肤老化的作用[179]。由于未修饰的富勒烯不溶于水和生物体系，为了有效地清除靶细胞和组织的活性氧，必须对富勒烯进行羟基化等修饰得到水溶性的富勒烯衍生物。同时，富勒烯衍生物清除自由基的能力不仅与碳笼本身有关，而且与连接在碳笼上的功能基团有关。因此，本节接下来介绍一些常见的富勒烯衍生物对自由基的清除作用。

富勒醇是富勒烯的羟基化衍生物，是富勒烯最重要的水溶性衍生物之一。1995 年，Long Y. Chiang 等合成了水溶性的富勒醇 $C_{60}(OH)_{18\sim20}$，并发现富勒醇能够非常有效地清除超氧化物自由基[180]。Laura L. Dugan 等研究了两种富勒醇，$C_{60}(OH)_{12}$ 和 $C_{60}(OH)_{18\sim20}O_{3\sim7}$（含半缩酮基团），在清除羟基自由基方面所表现出来的较强的抗氧化能力[181]。他们同时研究了这两种水溶性富勒烯衍生物作为抗氧化的神经保护剂的能力。M-C. Tsai 等的研究表明，富勒醇 $C_{60}(OH)_{18}$ 能够阻止体外大鼠的海马切片中由于过氧化氢和枯烯氢过氧化物引起的损伤[182]。Snezana M. Mirkov 等证明富勒醇 $C_{60}(OH)_{24}$ 具有直接清除一氧化氮自由基（NO）的能力[183]。Yasukazu Saitoh 等研究了 3 种富勒醇[$C_{60}(OH)_{6\sim12}$、$C_{60}(OH)_{32\sim34}$ 和 $C_{60}(OH)_{44}$]对自由基的清除作用和对由紫外线辐照引起的细胞损伤的保护作用[184]。$C_{60}(OH)_{32\sim34}$ 和 $C_{60}(OH)_{44}$ 清除羟基自由基的能力明显大于 $C_{60}(OH)_{6\sim12}$。$C_{60}(OH)_{32\sim34}$ 和 $C_{60}(OH)_{44}$ 能够显著抑制由紫外线辐射诱导的人类皮肤角质细胞的损伤，但 $C_{60}(OH)_{6\sim12}$ 无明显的抑制作用。并且，$C_{60}(OH)_{44}$ 表现出比其他两种富勒醇更强的抗氧化活性，能够显著抑制紫外线辐射诱导的细胞损伤。

羧基化富勒烯是富勒烯的羧酸衍生物，是另一类重要的水溶性富勒烯衍生物。1996 年，Kensuke Okuda 等研究了水溶性的 C_{60}-二丙二酸衍生物 $C_{62}(COOH)_4$ 对超氧化物自由基的猝灭作用[185]。Laura L. Dugan 等合成了 C_{60}-三丙二酸衍生物 $C_{63}(COOH)_6$，并分离提纯得到两个对称性分别为 C_3 和 D_3 的异构体[145]。这两个异构体能够有效地清除羟基自由基和超氧化物自由基，起到神经保护剂的作用。但是，C_3-$C_{63}(COOH)_6$异构体的效果比D_3异构体更好，可能是由于C_3异构体的极性较强，进入脂质膜的能力更强。Chen Wang 等研究了C_{60}、维生素 E 和 3 种富勒烯衍生物[含磷酸基的C_{60}衍生物$C_{61}(COOMe)(MeOOCCHPO_3H)$、$C_3$-$C_{63}(COOH)_6$和$D_3$-$C_{63}(COOH)_6$]对由羟基自由基和超氧化物自由基所引起的脂质过氧化的抵抗作用[186]。对于脂溶性抗氧化剂来说，对脂质过氧化的保护作用的大小如下：C_{60}≥维生素 E＞$C_{61}(COOMe)(MeOOCCHPO_3H)$；而对于水溶性抗氧化剂来说，$C_3$-$C_{63}(COOH)_6$对脂质过氧化的保护作用远远大于$D_3$-$C_{63}(COOH)_6$。Anya M. Y. Lin 等的研究表明，羧基化富勒烯C_3-$C_{63}(COOH)_6$具有较强的抗氧化作用，能够保护大鼠脑内黑质纹状体多巴胺能系统免受铁诱导的氧化损伤[187]。Cristiana Fumelli 等研究表明，羧基化富勒烯[C_3-$C_{63}(COOH)_6$和D_3-$C_{63}(COOH)_6$]可以作为自由基清除剂，对人类角质形成细胞中紫外线诱导损伤起保护作用[188]。Daniela Monti 等的研究表明，羧基化富勒烯C_3-$C_{63}(COOH)_6$能够对人外周血单核细胞中氧化应激诱导的细胞凋亡起到保护作用[189]。Sameh S. Ali 等的研究表明，羧基化富勒烯C_3-$C_{63}(COOH)_6$能够清除超氧化物自由基，可以作为潜在的超氧化物歧化酶（SOD）的模拟物[190]。Qiaoling Liu 等研究了C_{60}和C_{70}丙二酸衍生物的抗氧化性能[191]。研究结果表明，C_{70}-二丙二酸衍生物$C_{72}(COOH)_4$和C_{70}-三丙二酸衍生物$C_{73}(COOH)_6$的抗氧化能力大于相应的C_{60}丙二酸衍生物。

Kensuke Okuda 等合成了 12 种水溶性的富勒烯衍生物（分子结构见图 9-27 所示），并研究了它们清除超氧化物自由基的能力[192]。研究结果显示，阳离子型的富勒烯吡咯烷衍生物清除超氧化物自由基的能力大于富勒醇和阴离子型的羧基化富勒烯。Jun-Jie Yin 等研究了 3 种富勒烯衍生物$C_{60}(OH)_{22}$、$Gd@C_{82}(OH)_{22}$和$C_{62}(COOH)_4$对活性氧的清除作用[193]。研究结果表明，钆内嵌金属富勒醇$Gd@C_{82}(OH)_{22}$清除自由基的能力最大，富勒醇$C_{60}(OH)_{22}$次之，羧基化富勒烯$C_{62}(COOH)_4$最弱。以上所述的各种水溶性富勒烯衍生物的分子结构见图 9-27。

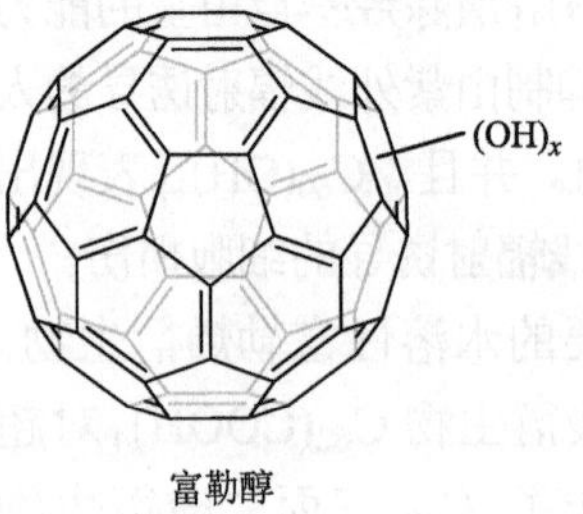

富勒醇

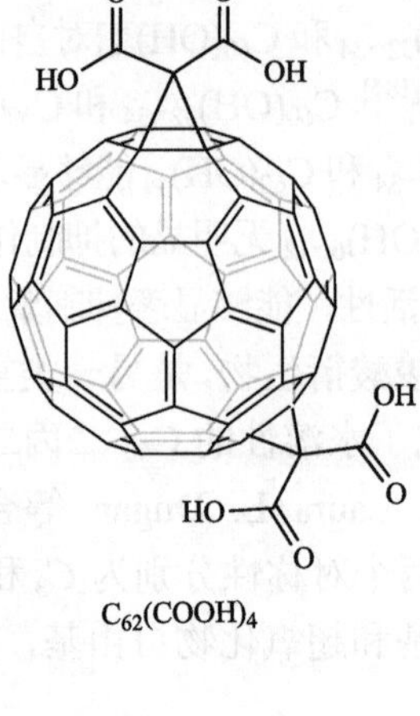

$C_{62}(COOH)_4$

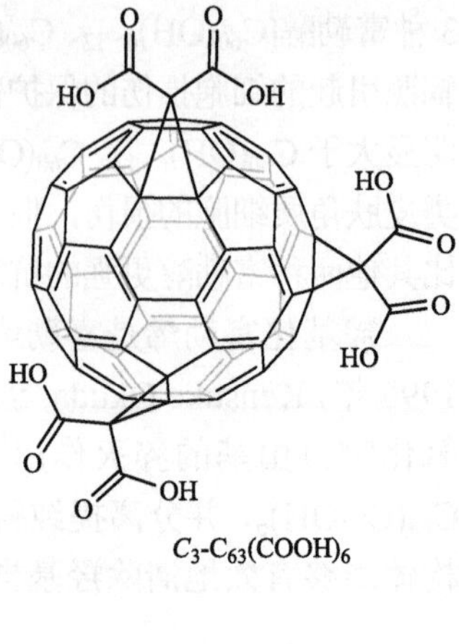

C_3-$C_{63}(COOH)_6$

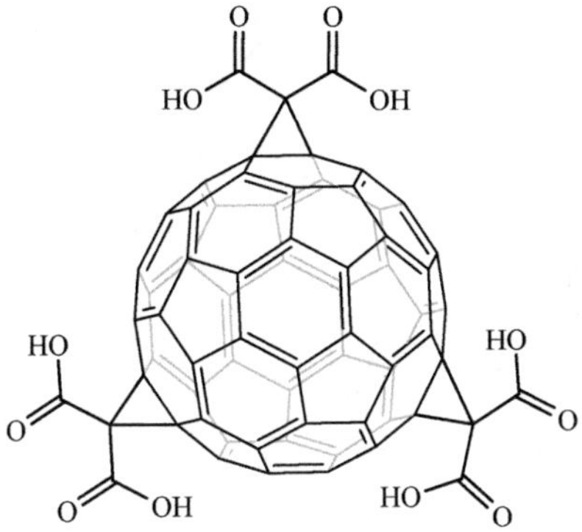

D_3-$C_{63}(COOH)_6$

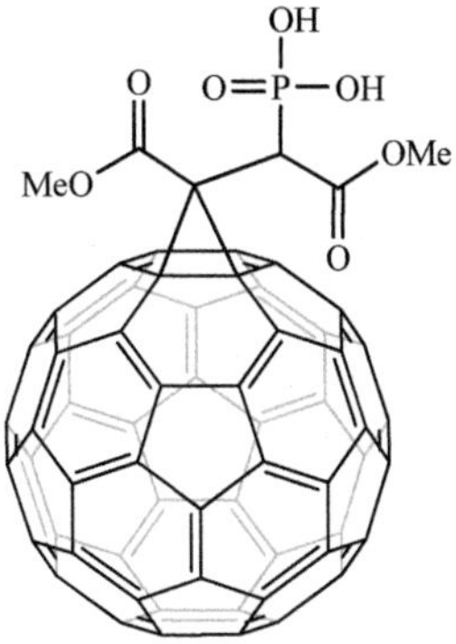

$C_{61}(COOMe)(MeOOCCHPO_3H)$

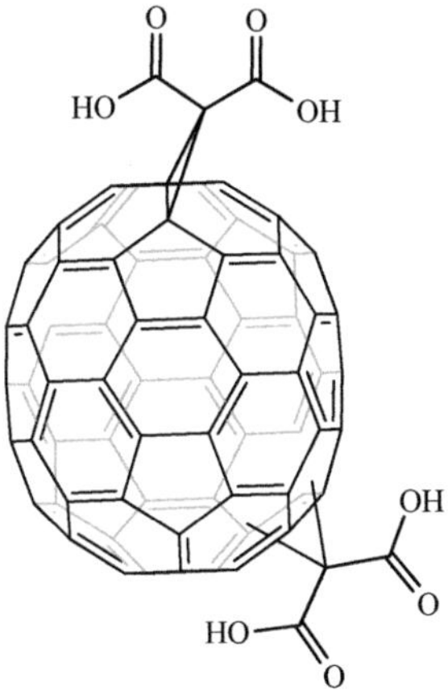

$C_{72}(COOH)_4$

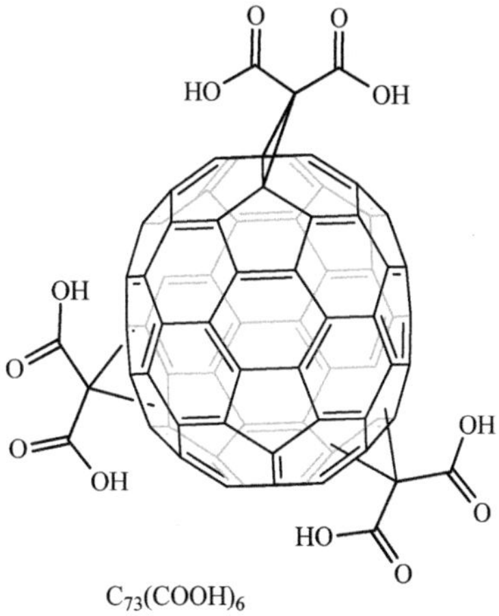

$C_{73}(COOH)_6$

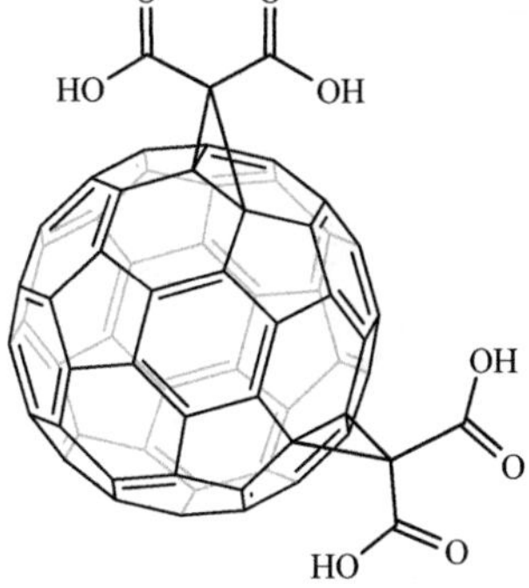

e-$C_{62}(COOH)_4$

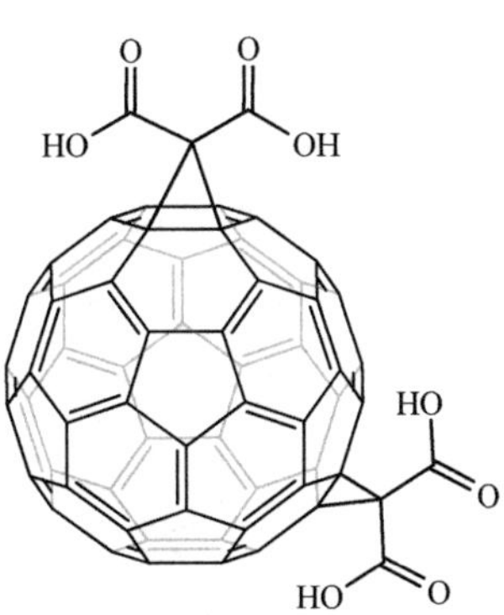

trans-3-$C_{62}(COOH)_4$

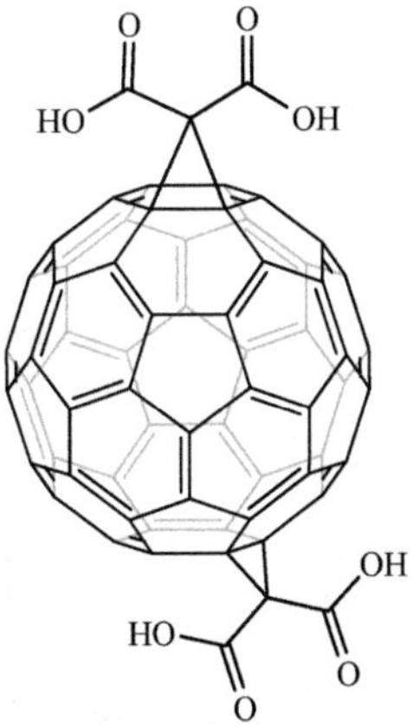

trans-2-$C_{62}(COOH)_4$

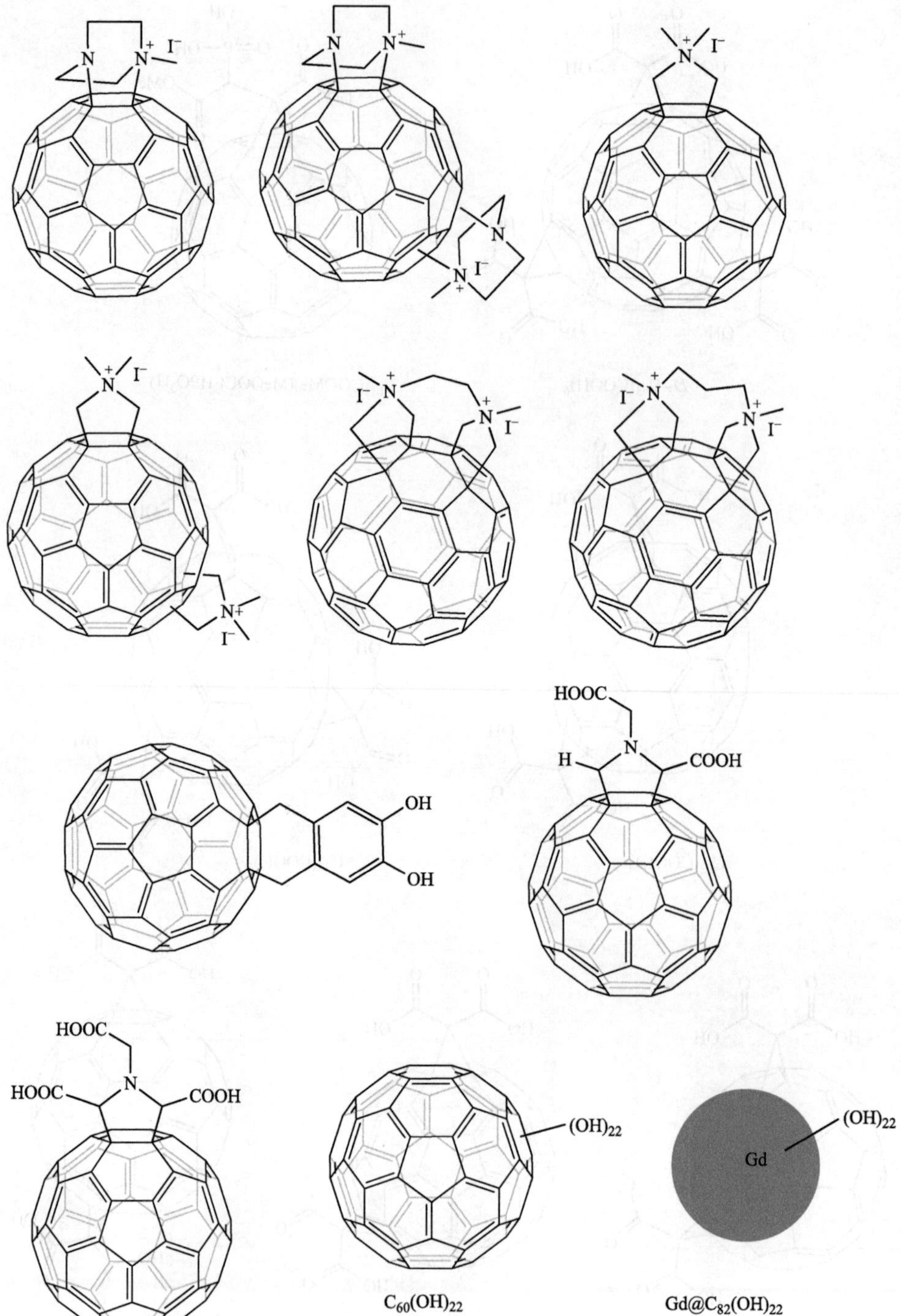

图 9-27　具有抗氧化性的水溶性富勒烯衍生物的分子结构

9.3.2　富勒烯在化妆品中的应用方式

在化妆品中使用富勒烯的主要原因是它们具有较强的抗氧化能力。皮肤的老化与细胞氧化应激损伤有关，而富勒烯具有较强的抗氧化能力，能够保护皮肤细胞免于氧化应激伤害。但是，富勒烯是疏水的，必须将其变成亲水的，才能在人体组织中发挥最佳作用。因此，需要将富勒烯或富勒烯衍生物用亲水的分子等包裹起来，得到水溶性的富勒烯复合物或包裹微粒。

第一种方式是用亲水的环糊精、聚乙烯吡咯烷酮（PVP）、聚乙二醇（PEG）、异硬脂酸等分子将富勒烯或富勒烯衍生物包裹起来（图 9-28），形成水溶性的富勒烯复合物[194]。例如，富勒烯 C_{60} 可以和 γ-环糊精形成摩尔比为 1∶2 的包合物 [$C_{60}/(\gamma\text{-CD})_2$]，该包合物能够溶于水，并具有清除自由基的能力[195]。应用于化妆品的第一种水溶性富勒烯是PVP-富勒烯复合物[196]。该PVP-富勒烯复合物溶于水，表现出富勒烯的特性，同时具有优异的稳定性和安全性。研究表明，PVP-富勒烯复合物是较强的自由基清除剂[194, 197]。

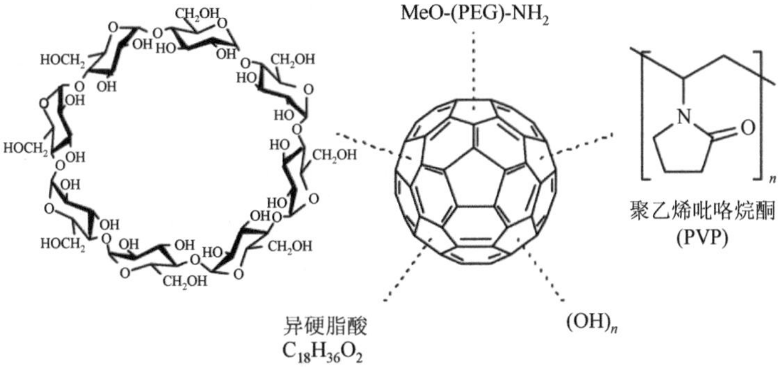

图 9-28　几种水溶性的富勒烯复合物[194]

第二种方式是将富勒烯或富勒烯衍生物包裹到脂质体中，形成脂质体-富勒烯复合物（图 9-29）[198]。由于脂质体在化妆品工业中广泛使用，将富勒烯包裹到脂质体中，对于富勒烯在化妆品中的应用是非常重要的。1996 年，研究人员发现富勒烯 C_{60} 及其衍生物可以包裹到由磷脂酰乙醇胺制成的脂质体中[199]。Marko Lens 等将 C_{60} 及其吡咯烷衍生物包裹到由多层磷脂组成的脂质体中，并研究了复合物的抗氧化性能[200]。他们的研究结果表明，包裹在脂质体中的 C_{60} 及其衍生物仍然显示出较好的抗氧化能力。Shinya Kato 等的研究表明，脂质体-富勒烯复合物可以保护皮肤免受紫外光诱导的细胞损伤[201]。

综上所述，富勒烯及其衍生物因其较强的抗氧化能力，已经成为化妆品行业最新研究的目标。虽然目前关于富勒烯的生物活性的研究非常有前景，但是富勒

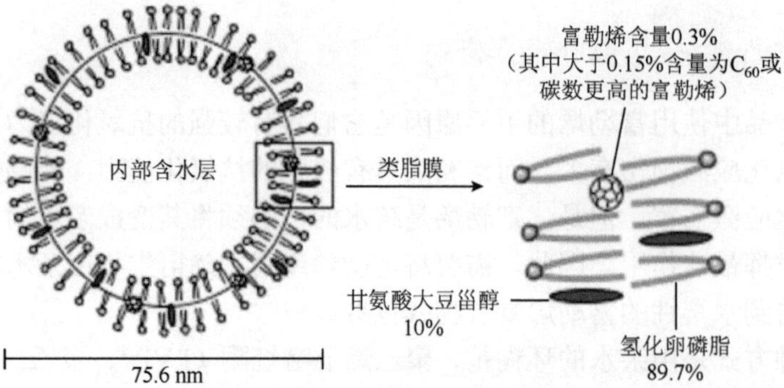

图 9-29 脂质体-富勒烯的结构[198]

烯在化妆品中的应用仍然有限，主要障碍之一是富勒烯的溶解度有限。因此，需要开发新型水溶性富勒烯衍生物，从而提高富勒烯在美容护肤产品配方中的生物相容性和适用性。此外，将富勒烯包裹到脂质体中以增强富勒烯的皮肤渗透性，有利于达到最佳疗效。总之，尽管富勒烯及其衍生物在生物医学研究中具有很大的潜力，但要广泛应用于化妆品行业，仍需要进行大量的研究。

9.4 催化剂

富勒烯以其独特的分子结构、特殊的电子性质、限域效应以及对金属催化剂的分散性能等特点使其在催化研究领域具有十分诱人的应用前景。富勒烯能够催化单线态氧的化学反应、固氮反应、金刚石合成反应、推进剂燃烧反应等。此外，富勒烯金属配合物作为催化剂在氢化硅氢化反应、烷烃裂解反应、氢氘互换反应、耦合和烷基转移等诸多有机反应中具有很好的催化性能。目前，以富勒烯为基础的催化剂显示出了较好的工业应用前景，并已经成为富勒烯的主要研究方向之一。本节主要阐述富勒烯及其过渡金属配合物在催化领域的应用。

9.4.1 富勒烯直接作为催化剂

富勒烯具有缺电子烯烃的性质，具有较强的亲电性，可以稳定自由基，能够促进强化学键的断裂与生成。因此，富勒烯及其衍生物可以直接作为一类新型催化剂材料，催化单线态氧的反应、加氢反应、氢转移反应、固氮、金刚石合成、储氢、推进剂燃烧等反应。

单线态氧（$^1O_2$）是一种处于激发态的分子氧，是有机反应中广泛使用的一种试剂。它能选择性地与烯烃、硫化物和二硫化物等发生反应。富勒烯是一种理想的单线态氧敏化剂，在光照激发后可以得到很高产率的单线态氧[202]，进而可以催化产生单线态氧的化学反应。1994 年，Michael Orfanopouios 等首次采用 C_{60} 和

C_{70}为光敏化剂，在有机溶剂中研究由单线态氧导致的烯烃光氧化反应[203]。随后，为了研究富勒烯在水以及其他极性溶剂中产生单线态氧的反应，他们采用 C_{60} 和 C_{70} 作为光敏化剂，以 Triton X-100 和聚乙烯吡咯烷酮为表面活性剂，在水溶液或 DMSO 等极性溶剂中光氧化含乙烯基的羧酸盐，结果显示较高的产率[204]。Rakesh Kumar 等研究了 C_{60} 和 C_{70} 作为光催化剂，将苄胺氧化成亚胺的反应（图 9-30）[205]。研究结果表明，C_{70} 的催化效果非常好，催化剂附载量低并且产率高，但 C_{60} 的催化效果较差。

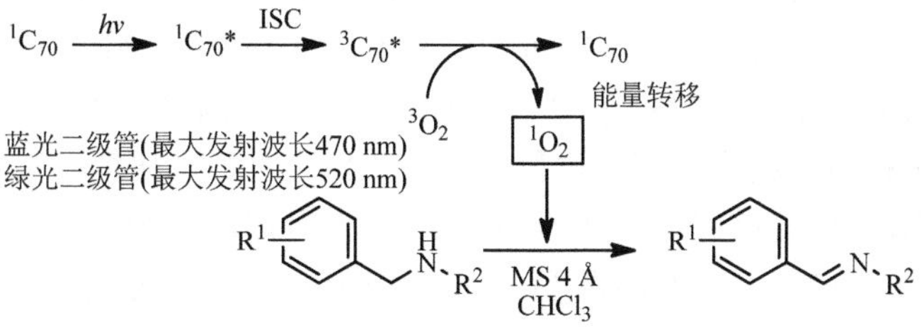

图 9-30　富勒烯催化剂产生单线态氧的反应[205]

直接采用 C_{60} 或 C_{70} 作为均相催化剂，存在催化剂回收困难的问题。因此，可以将富勒烯以共价键连接的方式接枝到有机或无机载体上，形成非均相催化剂。例如，Anton W. Jensen 等将 C_{60} 共价接枝到聚苯乙烯小球上，分别采用烯烃氧化、Diels-Alder 反应、酚氧化反应以及氨基酸的光分解反应对催化剂的性能进行了评价[206]。该催化剂可以方便地从反应体系中分离出来并重新使用。Tetsuo Hino 等将 C_{60} 共价连接到氨基官能化的硅胶上，作为产生单线态氧的光催化剂[207]。该催化剂能够高效率地催化各种类型的光氧化反应，包括 Diels-Alder 反应、烯烃氧化反应以及在固体溶剂体系甚至无溶剂体系中苯酚和硫化物的氧化。

催化加氢反应是一个非常重要的有机反应，一般是在 Pt、Pd、Ni 等金属催化剂的存在下，将氢分子加成到有机物的不饱和基团上的反应。Baojun Li 等的研究表明，富勒烯 C_{60} 和 C_{70} 在紫外光照射下能够活化氢分子，并将芳香族硝基化合物还原成相应的芳香胺[208]。该反应的产率和选择性很高，但确切的机理并不清楚。Yong Guo 等发现，在紫外光照和 $NaBH_4$ 存在下，C_{60} 能够催化偶氮化合物的还原[209]。但是，如果没有 Pd 和 Ag 之类的金属催化剂的帮助，单独使用 $NaBH_4$ 无法还原偶氮染料。实验和理论计算结果表明，C_{60} 可以通过使用其空轨道来接受偶氮染料成键轨道的电子，从而活化偶氮染料分子的氮氮双键。紫外光的照射则增强了 C_{60} 与偶氮染料分子给电子部分的相互作用。

富勒烯能够促进强键形成和断裂以及参与氢转移反应，能够将甲烷转化为高级烃类。1993 年，Ripudaman Malhotra 等首次证明富勒烯具有催化氢转移反应的能力[210]。他们的研究表明，富勒烯可以用于烷烃的裂解和重整反应。A. S. Hirschon

等研究了富勒烯作为催化剂催化氢转移反应将甲烷转化为高级烃类的能力[211]。他们发现含有 C_{60} 的烟灰能够活化甲烷的碳氢键，使得甲烷裂解的温度低于不加催化剂或使用炭黑等其他碳催化剂所需要的温度。

固氮作用是将稳定惰性的氮气分子直接转化成氨和其他含氮化合物的过程，该过程一般依赖强还原性的金属催化剂。2004 年，Yoshiaki Nishibayashi 等利用 C_{60} 与 γ-环糊精形成 1∶2 的水溶性复合物，在光照和大气压条件下实现了固氮[212]。该非金属催化剂体系利用富勒烯衍生物较强的氧化还原性，在温和条件下将氮气转化成氨。在水溶液中，利用该复合物和 $Na_2S_2O_4$ 作为还原剂，在 1 个大气压的氮气下，在可见光照射下于 60℃反应 1h，NH_3 的产率为 33%。

人工合成的金刚石一般是采用石墨为原料，在高温高压下合成。A. Ya. Vul 等对富勒烯在石墨转化成金刚石过程中的催化作用进行了研究[213]。在石墨中添加富勒烯催化剂，不仅能够降低合成压力和温度，而且提高了金刚石的产率。在 4.5～5.5GPa 的压力和 1200℃左右的温度下，在石墨中加入催化量的富勒烯，石墨转化成金刚石的转化率是采用石墨或富勒烯为原料时的 1.8 倍。

氢能被视为 21 世纪最具发展潜力的清洁能源，但如何安全、高效地存储氢是氢能大规模应用中的技术瓶颈。配位氢化物如 $LiBH_4$、$NaBH_4$、$NaAlH_4$ 等具有较高的理论储氢量，是当前高容量储氢材料研究的热点之一，但存在着动力学性能较差、吸放氢条件苛刻等不利因素。Polly A. Berseth 等通过实验和理论计算研究表明，碳纳米材料如富勒烯、碳纳米管、石墨烯可以作为 $NaAlH_4$ 的加氢/脱氢催化剂[214]。C_{60} 的催化效果最佳，$NaAlH_4$ 在 8h 后的放氢量为 4.3wt%。Matthew S.Wellons 等的研究表明，将 C_{60} 添加到 $LiBH_4$ 中，产生明显的催化作用，增强了氢的吸收和释放[215]。这种催化作用可能源于 C_{60} 较大的电负性，能够对 Li^+ 和 BH_4^- 之间电荷转移的干扰，从而削弱 Li^+ 和 BH_4^- 之间的离子键以及硼氢键。C_{60}-$LiBH_4$ 复合材料具有催化性能，不仅能够降低氢释放的温度，而且在相对较低的温度下（350℃）氢化再生。Joseph A. Teprovich 等进一步证实 C_{60} 是 $NaAlH_4$ 和 $LiAlH_4$ 氢释放的优异催化剂[216]。C_{60} 与 $NaAlH_4$ 或 $LiAlH_4$ 在温度升高后会发生氢解吸并形成碱金属富勒烯复合物，该复合物能够可逆地储存氢。

富勒烯具有独特的结构，使得碳笼被破坏时会释放额外的张力能和结合能。因此，富勒烯可以作为固体推进剂的含能催化剂，兼具含能和燃烧催化剂的双重优点。李疏芬等研究了 C_{60} 对 RDX-CMDB 推进剂燃烧性能的改善作用[217]。他们研究发现，C_{60} 能够显著提高推进剂的火焰温度和燃烧表面温度，降低压强指数，爆热提高 10%。赵凤起等研究了 C_{60}、含富勒烯的烟灰和炭黑等不同形态的碳对催化 RDX-CMDB 推进剂燃烧的影响[218]。他们发现 3 种碳都能使平台推进剂的燃烧速度增加，其中以含富勒烯的烟灰的效果最好。金波等研究了 *N*-甲基-2-(3-硝基苯基)富勒烯吡咯烷、C_{60}和炭黑作为燃烧催化剂对 RDX-CMDB 推进剂燃烧性能的影响[219]。研究表明，富勒烯吡咯烷的催化效果优于 C_{60}和炭黑。

9.4.2　富勒烯金属配合物催化剂

富勒烯具有缺电子烯烃的性质，是弱的 π 电子给予体，可以和过渡金属 Ni、Pd、Pt、Ru、Rh 等络合，形成 π-烯烃类型的富勒烯金属配合物[220]。与一般烯烃相比，富勒烯具有独特的球形 π 电子结构，而且体积庞大，可预先决定底物分子的配位方向和结合方向，从而提高产物的选择性。因此，富勒烯金属配合物有别于一般的烯烃配合物，表现出独特的催化活性，能够催化加氢反应、硅氢化反应、氢氘互换反应、偶联反应等多种类型的反应。

富勒烯金属配合物能够催化烯烃和炔烃的加氢反应。1992 年，Hideo Nagashima 等报道了 C_{60} 的有机钯聚合物 $C_{60}Pd_n$ 的合成及其对烯烃和炔烃的催化加氢[221]。他们随后合成了 $C_{60}Pt_n$，并研究了 $C_{60}Pt_n$ 对二苯乙炔的催化加氢作用[222]。E. Sulman 等研究了 Pd-C_{60}配合物(η^2-C_{60})$Pd(PPh_3)_2$对炔醇的选择性催化加氢作用，结果显示选择性达 99%[223]。M. Wohlers 等通过 $Ru_3(CO)_{12}$ 与 C_{60} 在甲苯溶液中回流得到 Ru_3C_{60}[224]。它能催化环己烯液相加氢或一氧化碳氢化。Eugenia V. Starodubtseva 等研究了 4 种富勒烯金属配合物(C_{60})$Pd(PPh_3)_2$、(C_{70})$Pd(PPh_3)_2$、(C_{60})Pd[(+)-DIOP]和(C_{60})$RhH(CO)(PPh_3)_2$ 对炔烃的催化氢化[225]。研究结果显示，(C_{60})$Pd(PPh_3)_2$ 和(C_{70})$Pd(PPh_3)_2$ 在相同条件下的催化效果差不多，而铑配合物的催化活性最高。

1994 年，陈远荫等首次报道了(η^2-C_{60})$Pt(PPh_3)_2$ 对烯烃硅氢化反应的催化性能[226]。随后，他们合成了 C_{60} 乙醇胺铂配合物，发现该配合物能有效催化烯烃与三乙氧基硅烷加成，并对苯乙烯有独特的催化性能，区域选择性接近 100%[227]。他们也合成了 C_{60} 正丙基胺衍生物的铂和铑配合物，并研究了它们催化硅氢化的活性[228]。这两种催化剂对于 1-癸烯、1-十二碳烯、烯丙基苯基醚的硅氢化非常有效。对于苯乙烯的硅氢化，Rh 配合物几乎没有活性，但是 Pt 配合物表现出高活性和高区域选择性。

Shin Serizawa 等研究发现，C_{60} 和 C_{70} 与碱金属（M = Cs、K、Na）形成的 $C_{60}M_6$ 或 $C_{70}M_6$ 的配合物能够在较低温度下催化氢-氘互换反应和烯烃加氢反应[229]。与 C_{60} 相比，C_{70} 能够提供更多活性位点，因而 C_{70} 配合物表现出更高的催化活性。他们推测氢-氘互换反应是通过分子氢的吸附-解吸机理在碱金属富勒烯配合物的表面上进行，类似于与贵金属如 Pt 和 Pd 的反应。

偶联反应是有机合成中应用比较广泛的反应，而富勒烯金属配合物能够催化多种类型的偶联反应。1994 年，Shigeru Yamago 等通过含 C_{60} 的手性膦配体与 $PtCl_2(PhCN)_2$、$PdCl_2(PhCN)_2$ 反应得到相应的含 C_{60} 的铂和钯配合物[230]。含 C_{60}

的钯配合物可催化 1-苯基乙基溴化镁和 β-溴苯乙烯的不对称偶联反应，但旋光产率只有 8%。Hojat Veisia 等合成了二甲双胍修饰的富勒烯钯配合物[231]。该配合物对不同的芳基碘化物和溴化物与苯基硼酸在室温下的 Suzuki-Miyaura 偶联反应表现出优异的催化活性。Seyyed Javad Sabounchei 等通过 C_{60} 与 α-酮稳定的磷叶立德和 $Pd(dba)_2$ 反应得到基于富勒烯的含零价钯的配合物[232]。该配合物能够催化不同的芳基氯与苯乙烯的 Mizoroki-Heck 偶联反应。

此外，富勒烯金属配合物还能够催化其他类型的反应，如氢转移反应等。Sara Vidal 等研究了富勒烯吡咯烷的 Ir、Rh 和 Ru 配合物对氢转移反应的催化作用（图 9-31）[233]。结果表明，Ir 配合物对氢转移反应如酮的还原和胺的 N-烷基化表现出较高的效率。由于这些配合物在极性溶剂中的溶解性较差，它们表现出均相/非均相催化剂的特点，可以通过简单的机械方法分离并重复使用数次，而最终产物不需要通过色谱进行分离。

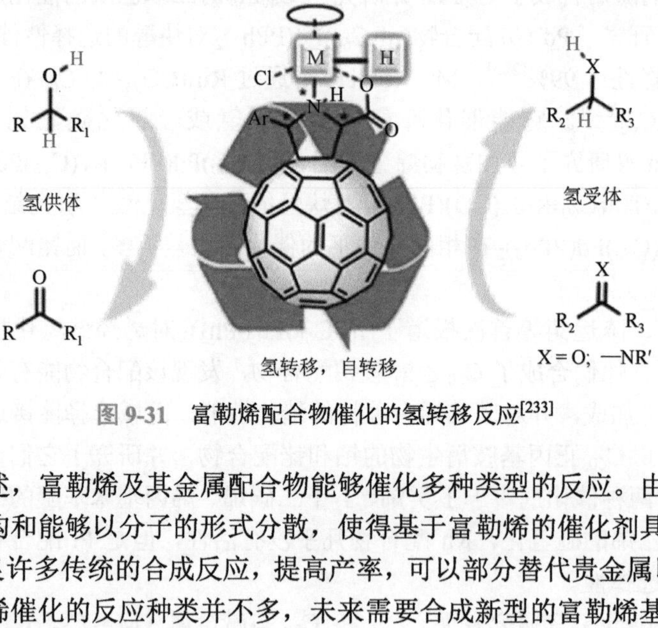

图 9-31　富勒烯配合物催化的氢转移反应[233]

综上所述，富勒烯及其金属配合物能够催化多种类型的反应。由于富勒烯特殊的分子结构和能够以分子的形式分散，使得基于富勒烯的催化剂具有独特的性能，能够改良许多传统的合成反应，提高产率，可以部分替代贵金属以降低成本。但目前富勒烯催化的反应种类并不多，未来需要合成新型的富勒烯基催化剂，拓宽富勒烯基催化剂的应用领域。

9.5 超导体

超导体是指在某一温度下，电阻为零的导体。当电阻为零时的温度被称为超导体的超导临界温度（T_c）。自从 1911 年荷兰物理学家 Onnes 发现汞在 4.2 K 低温下变成超导体以来，超导在实验和理论方面都得到了极大的发展，不同的超导材料不断地被合成出来，超导临界温度也不断地提高。作为 20 世纪最伟大的科学发现之一，超导体具有零电阻和完全抗磁性等一系列神奇的物理特性，在科学研究、信息通讯、工业加工、能源存储、交通运输、生物医学乃至航空航天等领域均有重大的应用前景。富勒烯 C_{60} 分子本身不具有超导性，但当碱金属嵌入 C_{60} 分子之间的空隙后，C_{60} 与碱金属形成的富勒烯盐将转变为超导体，具有很高的超导临界温度，是目前已知的具有最高超导临界温度的分子超导体。与氧化物超导体相比，C_{60} 系列超导体具有完美的三维超导性、电流密度大、稳定性高、易于展成线材等优点，是一类极具价值的新型超导材料。

9.5.1　碱金属掺杂富勒烯超导体

1991 年，A. F. Hebard 等发现钾掺杂的 C_{60}(K_3C_{60})在 18 K 的温度下转变为超导体[234]。此后，研究人员发现了一系列的碱金属掺杂富勒烯超导体，如 Rb_3C_{60}（$T_c = 28$ K）[235]、Rb_2CsC_{60}（31 K）[236]、Cs_2RbC_{60}（33 K）[236]、Cs_3C_{60}（38 K，压力为 0.7GPa）[237]、Na_2CsC_{60}（12 K）[238]、Na_2RbC_{60}（2.5 K）[238]、Na_2KC_{60}（2.5 K）[238]、$Na_2Rb_{0.5}Cs_{0.5}C_{60}$（8.4 K）[239]。上述碱金属掺杂的富勒烯基超导体 A_3C_{60}（A 为碱金属）是目前已知的具有最高超导临界温度的分子超导体。在 A_3C_{60} 超导体中，富勒烯阴离子 C_{60}^{3-} 的堆积一般采用面心立方（fcc）结构［图 9-32（a)］[240]，A^+ 离子占据八面体和四面体空隙的位置。但是，如果 A_3C_{60} 超导体中含有离子半径较小的 Na^+时，富勒烯阴离子的堆积采用取向有序的原始立方结构［图 9-32（b)］。对于 Cs_3C_{60}，由于 Cs^+的离子半径较大，富勒烯阴离子的堆积采用基于体心立方（bcc）的 A15 结构［图 9-32（c)］。

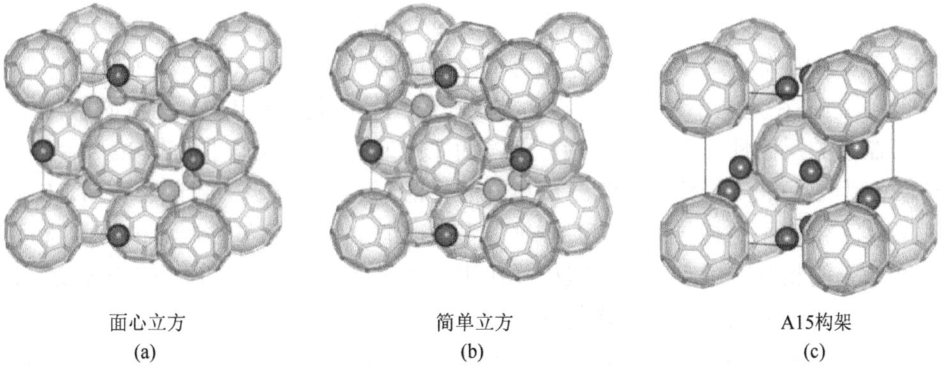

图 9-32　A_3C_{60} 超导体的晶体结构[240]

其中红球代表 A^+离子占据八面体空隙，绿球代表 A^+离子占据四面体空隙

随着 A_3C_{60} 超导体的发现，人们对其超导的来源充满了兴趣。A_3C_{60} 可以看作

是一种富勒烯盐，碱金属将其电子全部转移到 C_{60} 分子上，使得 C_{60} 的 LUMO 轨道被 3 个电子占据，形成半填充（$n=3$）的结构［图 9-33（a）］[240]。值得注意的是，C_{60} 的 LUMO 和 LUMO + 1 轨道都是三重简并的，对称性分别是 t_{1u} 和 t_{1g}。大量的研究已经证实，t_{1u} 和 t_{1g} 这 2 个轨道均能够接受来自金属的电子，从而产生超导电性。在 A_3C_{60} 的晶体结构中，碱金属阳离子可以占据八面体和四面体空隙。C_{60} 与 C_{60} 之间的距离主要由位于四面体空隙中的金属离子的尺寸决定。随着掺杂离子的半径增加，富勒烯之间的距离和晶格常数增加。人们发现，fcc 相的 A_3C_{60} 的超导临界温度 T_c 也会随着晶格常数的增加而单调地增加［图 9-33（b）］。目前，对于富勒烯基超导体的超导来源，还缺乏一个较为完整的理论。

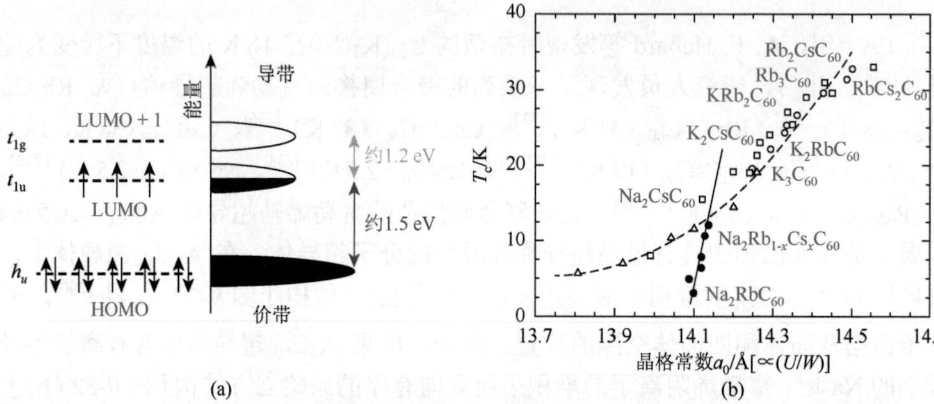

图 9-33　（a）C_{60}^{3-} 的分子轨道以及相应 A_3C_{60} 的导带和价带示意图；（b）A_3C_{60} 的 T_c 随晶格参数 a_0 的变化[240]

后来，研究人员发现，半径比 Na 小的 Li 也能掺杂到 C_{60} 中，形成富勒烯基超导体。1992 年，K. Tanigaki 等报道了掺锂的富勒烯盐 Li_2RbC_{60} 和 Li_2CsC_{60} 的合成[238]，它们在室温下都采用面心立方堆积结构。起初，SQUID 测量显示在低温下存在小的反磁性，可能与杂相有关，而 Li_2CsC_{60} 看起来似乎具有 12 K 的 T_c，屏蔽率为 1%。随后，他们又制备出更好的样品，通过进一步的测试表明，Li_2RbC_{60} 和 Li_2CsC_{60} 都不是超导体[241]。Li_2RbC_{60} 和 Li_2CsC_{60} 的非超导性质可能与 Li 和 C_{60} 之间增强的相互作用有关。这些相互作用是通过 C 的 p_z 轨道和 Li 的 2s 轨道的部分杂化实现，从而改变了费米能级的电子结构。

为了克服 Li^+-C 相互作用并实现半填充（$n=3$）的 t_{1u} 带，Mayumi Kosaka 等合成了一系列富勒烯盐 Li_xCsC_{60}（$x=1.5$～6）[242]。通过调节 Li^+ 含量，可以控制从碱金属到 C_{60} 的电子转移和导带的填充水平。他们发现，半填充（$n=3$）的 Li_3CsC_{60} 是超导体，其超导相所占的百分数为 80%，超导临界温度 T_c 为 10.5 K[242]。Li_4CsC_{60} 也是超导体（$n=3.5$），但是其 T_c 降低到 8 K，并且超导相的百分数减少到 18%。如果 Li 含量继续增加，当 t_{1u} 带的填充 n 超过 4，则超导性消失。例如，Li_5CsC_{60}（$n=5$）和 Li_6CsC_{60}（$n=6$）都不是超导体。相反，如果 Li 含量不足，使得 t_{1u} 带的填充 n 小于 3，超导性也会消失。例如，$Li_{1.5}CsC_{60}$、Li_2CsC_{60}（$n=2.5$）和 $Li_{2.5}CsC_{60}$ 都不是超导体。他们的研究结果表明，t_{1u} 带的填充水平，尤其是半填充（$n=3$），对于控制碱金属富勒烯的超导性起着非常重要的作用。

NH_3 能够与碱金属离子配位，形成有效离子半径较大的物种，并进入富勒烯结构的空隙中，同时能够维持碱金属到富勒烯的电荷转移。由于掺杂离子的有效半径增大，晶格常数增加，导致 T_c 提高。O. Zhou 等成功地采用这种策略，将 T_c 由 Na_2CsC_{60} 的 10.5 K 的增加到$(NH_3)_4Na_2CsC_{60}$ 的 29.6 K[243]。他们通过 Na_2CsC_{60} 与 NH_3 反应，得到$(NH_3)_4Na_2CsC_{60}$，该化合物的晶格发生了膨胀，有效地提高了 T_c，仍然保留了立方结构。由于 $Na(NH_3)_4^+$ 的离子半径较大，其占据八面体空隙的位置。然而，将 NH_3 插入 K_3C_{60} 中，得到的（NH_3）K_3C_{60} 在常压下不是超导体[244]。但在压力大于 1GPa 的情况下，$(NH_3)K_3C_{60}$ 变成超导体，其 T_c 为 28 K[245]。

9.5.2　碱土金属掺杂富勒烯超导体

碱土金属也能掺杂富勒烯，形成富勒烯基超导体。与碱金属掺杂富勒烯相比，合成纯相的碱土金属掺杂富勒烯比较困难，使得系统性地研究碱土金属掺杂富勒烯的性质充满了挑战性。由于碱土金属元素是二价的，使得 C_{60} 的 t_{1u} 带被填满，并开始填充 t_{1g} 带（LUMO + 1 轨道），这为富勒烯超导的研究带来新的机遇。Ca_5C_{60} 是超导体，其超导临界温度 T_c 为 8.4 K[246]。Sr 和 Ba 能够与 C_{60} 形成稳定的化合物 AE_xC_{60}（$x=3$、4、6）。Sr_3C_{60} 和 Ba_3C_{60} 不是超导体，其晶体堆积采用 A15 结构[247]。Sr_4C_{60} 和 Ba_4C_{60} 是超导体，其 T_c 分别是 4.4 K 和 6.7 K[248]。它们的晶体采用高度各向异性的斜方晶系结构，对于富勒烯基超导体来说，这是一种新的结构。Sr_6C_{60} 和 Ba_6C_{60} 都不是超导体[249]，尽管早期的文献报道认为它们是超导体[250]。$A_3Ba_3C_{60}$（A = K、Rb、Cs）是一类非常有意思的化合物，它们的 t_{1g} 轨道是半填充的，而且富勒烯之间的距离可以通过碱金属阳离子的大小来控制。$K_3Ba_3C_{60}$（$T_c=5.6$ K）和 $Rb_3Ba_3C_{60}$（$T_c=2.0$ K）是超导体，而 $Cs_3Ba_3C_{60}$ 不是超导体[251]。与面心立方的 A_3C_{60} 型超导体不一样的是，体心立方结构的 $A_3Ba_3C_{60}$ 超导体的费米能级的态密度和 T_c 是随着晶格参数的增加而减小的。

9.5.3　稀土金属掺杂富勒烯超导体

除了碱金属和碱土金属，稀土金属也能掺杂富勒烯，有可能形成既具有超导性，又具有磁性的新材料。第一个报道的稀土金属掺杂的富勒烯基超导体是 $Yb_{2.75}C_{60}$，其超导临界温度 T_c 为 6 K[252]。X. H. Chen 等报道 Sm_xC_{60}（$x<3$）看起来似乎具有 8 K 的 T_c[253]。2006 年，Misaho Akada 等对 RE_xC_{60}（RE = Sm、Yb）

的超导性能进行了详细的研究[254]。他们的研究结果表明，Yb_xC_{60}的超导相并不是之前报道的$Yb_{2.75}C_{60}$，而是Yb_xC_{60}（$3<x\leqslant5$），其中超导相所占的百分数最高的是$Yb_{3.5}C_{60}$。他们在Sm_xC_{60}中并没有观察到超导电性，表明Sm_xC_{60}不是超导体。

综上所述，碱金属、碱土金属和稀土金属掺杂的 C_{60} 是超导体。富勒烯基超导体最大的优点在于容易加工成各种形状；同时它们是三维分子超导体，具有各向同性，使得电流可以在各个方向均等地流动。富勒烯基超导体还具有较高的临界磁场和临界电流密度。理论分析显示，有可能存在更高 T_c 的富勒烯基超导体。这些良好的性质和潜在的高临界温度为富勒烯基超导体的应用创造了条件。

9.6 非线性光学

富勒烯具有三维离域 π 电子共轭体系和高度对称的结构，使得它具有优良的非线性光学（NLO）性能，包括反饱和吸收（RSA）的光限制性以及大的三阶非线性光学系数。富勒烯是良好的非线性光学材料，可以用于制备高速电子或光开关。此外，富勒烯分子还具有光限幅效应，可以用于制造光限制器，保护光学传感器免受强光脉冲的损害，并在光计算、光记忆、光信号处理及控制等方面有良好应用前景。

9.6.1 富勒烯非线性光学材料

1992 年，Gautam B. Talapatra 等报道了 C_{60} 的非线性光学性能[255]。他们的研究表明，C_{60} 分子具有较大的非线性光学系数和超快的响应时间，是优良的非线性光学材料。Lee W. Tutt 等报道了 C_{60} 和 C_{70} 甲苯溶液的光限幅性质[256]，并指出富勒烯的光限幅效应主要起源于激发态的反饱和吸收。与 C_{60} 相比，C_{70} 的基态吸收更高，使其激发态与基态吸收的比值更小，因此，C_{70} 光限幅的阈值更高。

S. R. Flom 等采用时间分辨简并四波混频的实验方法研究 C_{60} 和 C_{70} 薄膜的非线性光学性质[257]。他们的研究结果表明，C_{60} 和 C_{70} 在 597 nm 和 675 nm 激光照射下显示较大的三阶非线性光学响应，动力学研究显示它们的非线性光学响应依赖于激光的波长和强度。因此，不同富勒烯的非线性光学性能的测量需要在相同激光波长下进行。J. Barroso 等研究了 C_{60} 和 C_{70} 甲苯溶液的非线性光学吸收对波长的依赖性[258]。他们采用纳秒脉冲激光测量了 C_{60} 和 C_{70} 甲苯溶液在紫外和可见光区域的非线性吸收。在波长为 308 nm 和 534 nm 的激光照射下，两者都表现为反饱和吸收；而在 337 nm 的激光照射下，它们表现为饱和吸收。

富勒烯的非线性光学性质与其结构密切相关。富勒烯的能级具有单重态和三重态结构[259]，如图 9-34 所示。其中，S_0 代表基态；S_1 和 T_1 分别代表单重态和三重态的第一激发态；S_x 代表 S_1 态的振动能级；S_n 和 T_n 分别代表单重态和三重态的更高级的激发态；σ_i 代表吸收截面，τ_i 是对应的寿命。在激光的照射下，富勒烯吸收光子，其电子由基态跃迁到 S_x 上，并迅速弛豫至 S_1，也可以通过系间窜越（ISC）的方式弛豫到 T_1。处于 S_1 和 T_1 的电子能够吸收光子跃迁至更高的激发态 S_n 和 T_n，并迅速弛豫至 S_1 和 T_1。处于 S_1 和 T_1 的电子能够以无辐射跃迁的方式回到基态。对于富勒烯来说，其分子的对称性较高，由于对称性禁阻的缘故，使其基态的吸收较弱。但其单重和三重激发态的吸收却比基态强得多。也就是说，富勒烯的单重激发态的吸收截面和三重态的吸收截面大于基态的吸收截面。并且，富勒烯的单重态到三重态交叉弛豫的量子效率非常高，三重态的寿命较长[260, 261]。因此，在一定光强范围内，随着入射激光光强的增加，富勒烯的吸收也增加，导致透射的激光能量密度变化不大，出现反饱和吸收现象，实现了光限幅。

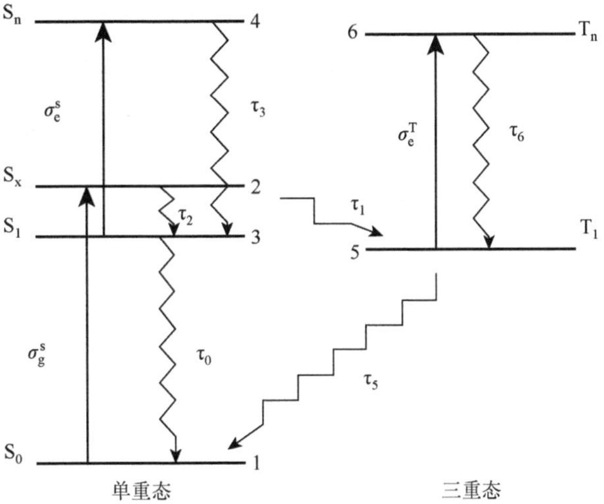

图 9-34 富勒烯的单重态和三重态能级示意图[259]

除了 C_{60} 和 C_{70}，人们研究了高碳富勒烯的非线性光学性能。Houjin Huang 等研究了从 C_{60} 到 C_{96} 的一系列富勒烯（C_{60}、C_{70}、C_{76}、C_{78}、C_{84}、C_{86}、C_{90}、C_{94}、C_{96}）的三阶非线性光学响应[262]。除了 C_{70} 和 C_{78} 以外，其他富勒烯的二阶超极化率的大小会随着碳笼尺寸的变大而增加；而 C_{70} 和 C_{78} 的二阶超极化率大于邻近的富勒烯。V. P. Belousov 等应用 Nd：YAG 脉冲激光，在波长为 1064 nm、脉冲宽度为 10 ns 的条件下，测试了 C_{60}、C_{70} 和 $C_{76\sim84}$ 的光限幅特性[263]。研究表明，高碳富勒烯在可见光区域的光限幅阈值高于 C_{60}，主要是由于高碳富勒烯从单重态到三重态的交叉弛豫的量子产率较低造成的。

E. Koudoumas 等通过 z-扫描技术和光学克尔效应研究了 C_{60}、C_{70}、C_{76} 和 C_{84} 的瞬态和瞬时三阶非线性光学响应[264]。这些富勒烯的二阶超极化率在纳秒和飞秒脉冲照射下都是负值；并且除了 C_{70} 和 C_{76} 外，其他富勒烯的二阶超极化率的大小随着碳笼尺寸的变大而增加。

9.6.2 富勒烯衍生物非线性光学材料

人们合成了大量富勒烯衍生物，并对其非线性光学性质进行了研究。Jason E. Riggs 等系统地研究了一系列单加成和多加成的 C_{60} 衍生物（分子结构如图 9-35 所示）的光限幅性质[265]。他们的研究结果表明，C_{60} 衍生物的结构影响其光限幅

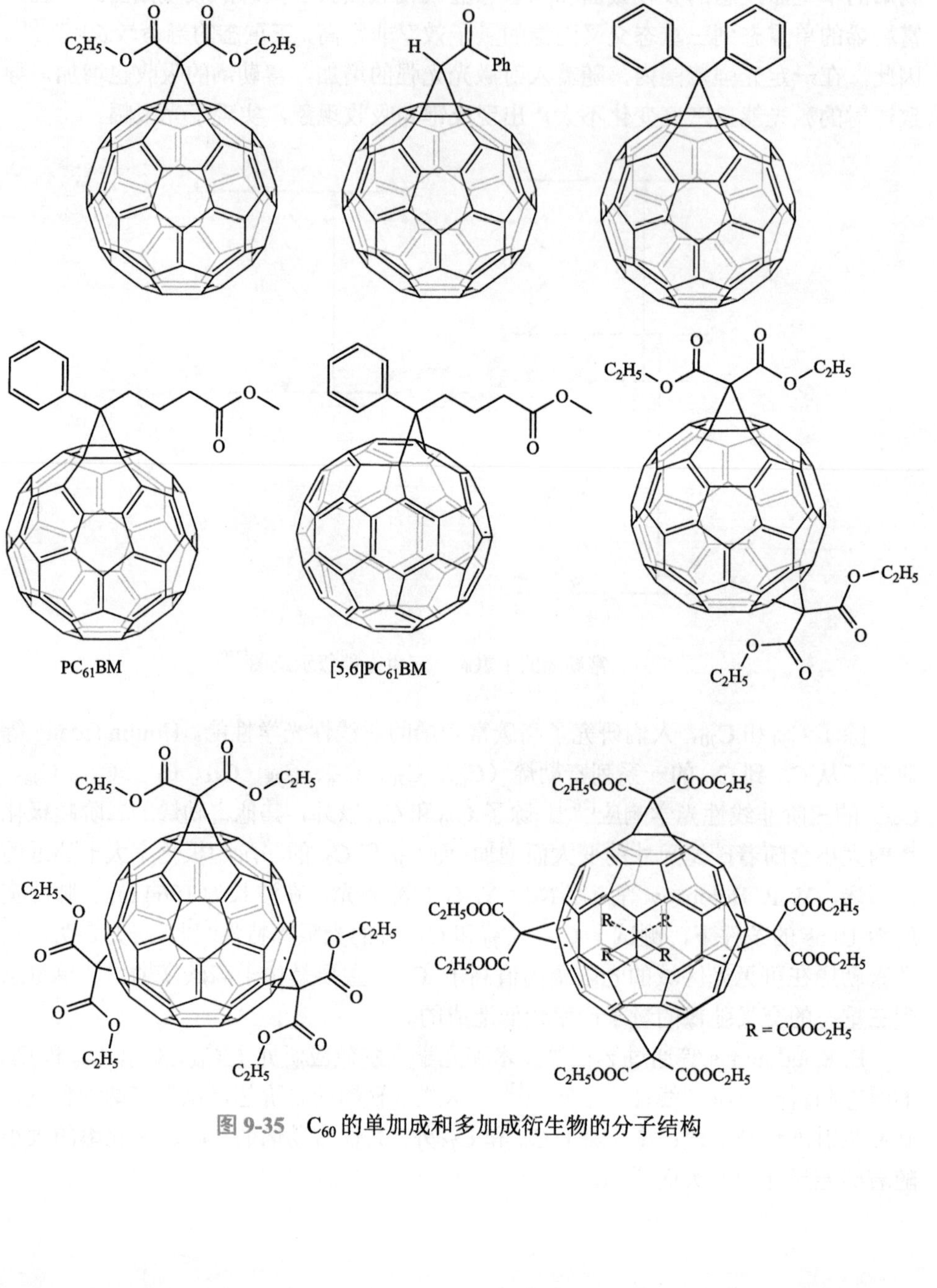

图 9-35 C_{60} 的单加成和多加成衍生物的分子结构

性能。例如，单加成的亚甲基富勒烯具有类似的光限幅性质。[5, 6]$PC_{61}BM$ 的光限幅性能明显低于亚甲基富勒烯 $PC_{61}BM$。双加成和六加成的亚甲基富勒烯的光限幅性能与单加成的亚甲基富勒烯类似。三加成的亚甲基富勒烯的光限幅性能最差，不如单加成和六加成的亚甲基富勒烯。所有这些 C_{60} 衍生物的光限幅响应均强烈地依赖于溶液的浓度。Bin Ma 等研究了 C_{60} 的二聚体和 C_{60} 聚合物（聚 C_{60}）的光限幅性能[266]。C_{60} 二聚体的三重态-三重态吸收明显弱于 C_{60}，导致 C_{60} 二聚体在 532 nm 处的光限幅响应较低。C_{60} 聚合物溶液的荧光非常弱，其三重态吸收和光限幅响应几乎检测不到。

富勒烯具有较大的电子亲和势，一般作为电子受体；如果在富勒烯上连接给电子基团形成给体-受体（D-A）型的富勒烯衍生物，则体系的电荷转移趋势会增大，使其非线性光学响应显著增大。因此，为了将增强富勒烯的非线性光学响应，人们通过各种给电子基团对富勒烯进行化学修饰。

Wentao Huang 等研究了 C_{60} 与酞菁铜（CuPc）Diels-Alder 加成产物 CuPc-C_{60}（分子结构如图 9-36 所示）的三阶非线性光学响应[267]。通过飞秒时间分辨光学克尔效应技术测得 CuPc-C_{60} 的二阶超极化率为 5.4×10^{-31} esu，该数值是相同条件下 C_{60} 的二阶超极化率的 6000 倍，也比 CuPc 的二阶超极化率高一个数量级。研究表明，CuPc-C_{60} 的三阶非线性光学响应增强的原因是 CuPc 和 C_{60} 之间形成了分子内电荷转移复合物。

I. Fuks-Janczarek 等通过简并四波混频技术研究 C_{60} 与四硫富瓦烯（TTF）通过碳碳单键连接的 2 种 C_{60}-TTF 化合物（分子结构如图 9-36 所示）的三阶非线性光学性质[268]。研究发现，含饱和碳碳键更多的 C_{60}-TTF 化合物的三阶非线性光学系数更大，这可能与饱和碳碳键连接不会降低有效带隙有关。

Panagiotis Aloukos 等研究了 C_{60} 与不同的给体单元如锌卟啉和二茂铁形成的化合物（C_{60}-ZnPP 和 C_{60}-Fc，分子结构如图 9-36 所示）的非线性光学性质[269]。他们通过实验证实，在给体（如卟啉和二茂铁）和 C_{60} 受体之间能够发生光诱导的分子内电荷转移过程。C_{60}-ZnPP 和 C_{60}-Fc 的二阶超极化率大于 C_{60} 的二阶超极化率，其中 C_{60}-ZnPP 的二阶超极化率是 C_{60} 的 20 倍。

Robert Zalesny 等研究了 C_{60} 与三苯胺（TPhA）形成的化合物（TPhA-C_{60}、Bis-TPhA-C_{60}、C_{60}-TPhA-C_{60}，分子结构如图 9-36 所示）的非线性光学性质[270]。为了研究这些体系的结构（D-A、A-D-A）对二阶超极化率的影响，他们采用 z-扫描技术测试了 TPhA-C_{60} 和 C_{60}-TPhA-C_{60} 的二阶超极化率。结果表明，C_{60}-TPhA-C_{60} 的二阶超极化率是 TPhA-C_{60} 的好几倍。

Hendry I. Elim 等研究了 C_{60} 与二苯基氨基芴（DPAF）共价连接的单加成和多加成产物［C_{60}(DPAF-C_9)、C_{60}(DPAF-C_9)$_2$、C_{60}(DPAF-C_9)$_4$，分子结构如图 9-36 所示］的非线性光学性质[271]。这些化合物都有较强的光限幅效应。此外，他们观察

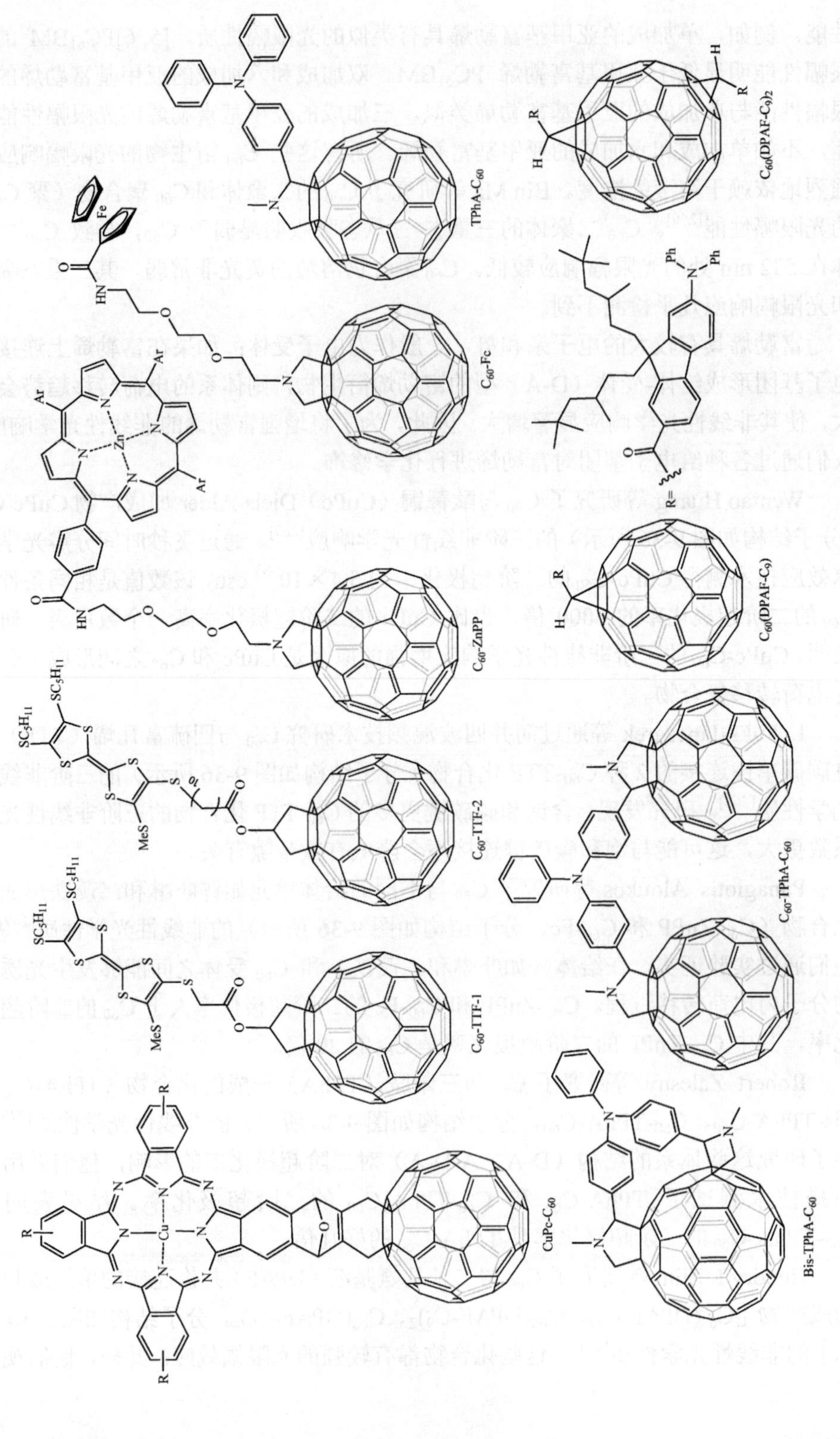
TPhA-C_{60}
$C_{60}(DPAF-C_9)_2$
C_{60}-Fc
C_{60}-ZnPP
$C_{60}(DPAF-C_9)$
C_{60}-TTF-2
C_{60}-TTF-1
C_{60}-TPhA-C_{60}
CuPc-C_{60}
Bis-TPhA-C_{60}

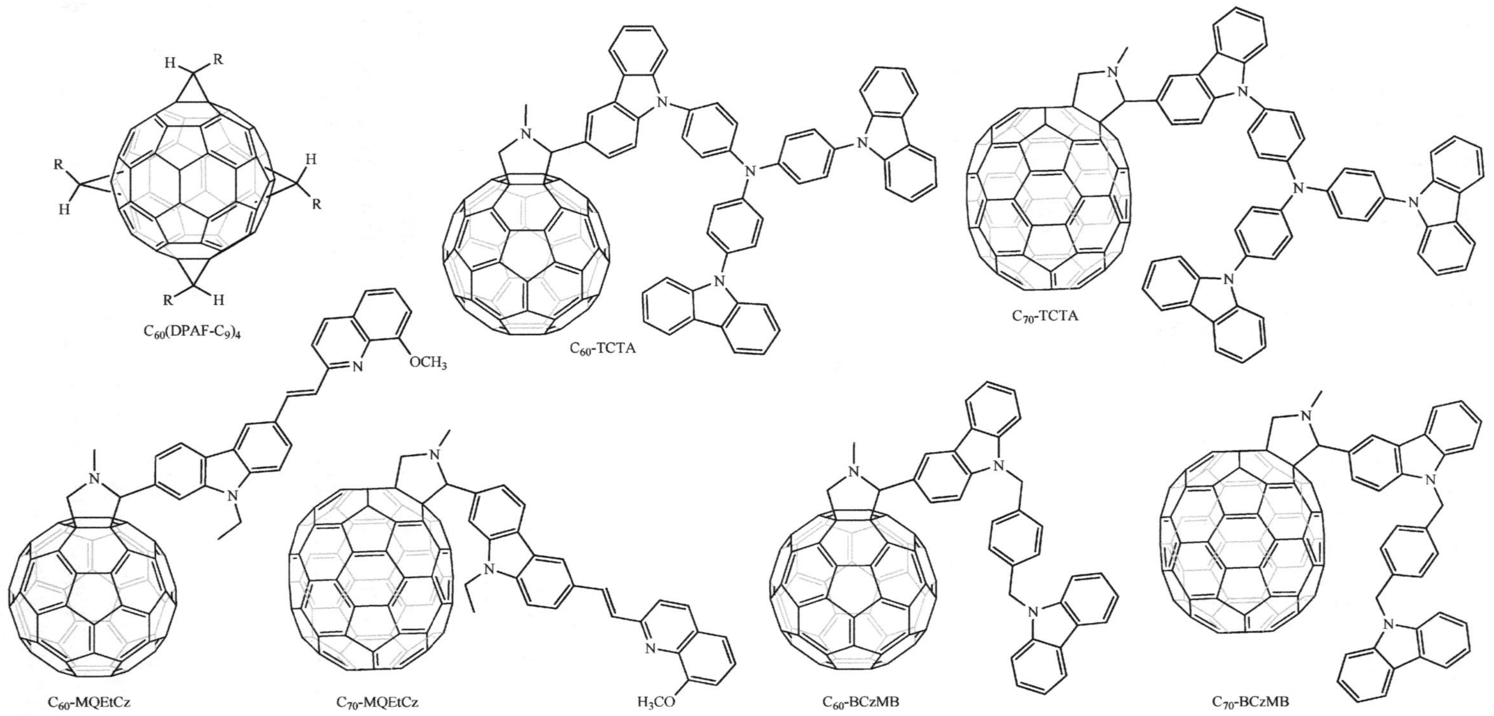

图 9-36　给体-受体型的富勒烯衍生物的分子结构

到了这些 C_{60} 衍生物的双光子吸收现象，并且发现在较高浓度下，双光子吸收截面会显著降低。这可能与富勒烯分子在较高浓度下形成纳米尺度的聚集有关。

Xinhua Ouyang 等研究了含咔唑的 C_{60} 和 C_{70} 衍生物（分子结构如图 9-36 所示）的光限幅性质和双光子吸收现象[272]。他们采用开孔 z-扫描和频率简并泵浦探针在 780 nm 处测得的双光子吸收截面的大小顺序如下：C_{70}-TCTA＞C_{60}-TCTA＞C_{70}-BCzMB＞C_{70}-MQEtCz。当入射激光的辐照度增加到 150GW/cm^2 时，C_{70}-TCTA、C_{60}-TCTA、C_{60}-BCzMB 和 C_{70}-MQEtCz 的归一化透射率衰减到 33%～50%，表明它们是有效的光学限制器。强度相关的 z-扫描和泵浦探针实验都证实透光率的降低主要来自双光子吸收过程。

富勒烯与过渡金属形成的配合物中存在电荷转移现象，能够增强富勒烯的非线性光学响应。因此，富勒烯配合物也是一类重要的非线性光学材料。Oleg B. Mavritsky 等研究了 C_{60} 配合物 $(Ph_3P)_2PtC_{60}$、$[(C_5H_5)_2Fe]_2C_{60}$ 和 $(C_5H_5)_2CoC_{60}$ 的非线性光学性质[273]。z-扫描技术的测试表明，在 C_{60} 上连接二茂铁或二茂钴对 C_{60} 的非线性光学性质影响较小；但是在 C_{60} 上连接铂形成的配合物能够将 C_{60} 的非线性光学吸收提高一个数量级以上。

Tieqiao Zhang 等研究了 C_{60} 的钼配合物 $(\eta^2\text{-}C_{60})Mo(CO)_2(o\text{-phen})(DBM)$ 的反饱和吸收[274]。与 C_{60} 相比，C_{60} 钼配合物的光限幅性能得到明显提升。这与分子内电荷转移和体系的非对称性增强引起的三重态吸收增加有关。并且，由于该配合物的基态吸收拓宽到 800 nm 左右，使得该 C_{60} 钼配合物能够应用于红外和近红外波段的光限制器。为了确认富勒烯金属配合物的光限幅性能的增强是由分子内电荷转移导致的三重态-三重态吸收引起的，Chunling Liu 等合成了 C_{70} 钼配合物 $(\eta^2\text{-}C_{70})Mo(CO)_2(o\text{-phen})(DBM)$，并研究了该配合物的光限幅性能[275]。研究结果表明，与 C_{70} 相比，C_{70} 钼配合物的光限幅性能有一定程度的提高。然而，与 C_{60} 钼配合物相比，C_{70} 钼配合物的光限幅性能的提升不明显；这与 C_{60} 钼配合物的电荷转移的程度大于 C_{70} 钼配合物有关。

Kai Dou 等研究了富勒烯配合物 $C_{60}[W(CO)_3diphos]$ 的非线性光学吸收和光限幅性能[276]。在可见光范围内，$C_{60}[W(CO)_3diphos]$ 的光限幅性能优于 C_{60}。并且，$C_{60}[W(CO)_3diphos]$ 的三阶非线性极化率大于 C_{60} 的三阶非线性极化率。

9.6.3 内嵌金属富勒烯非线性光学材料

内嵌金属富勒烯是一类将金属原子或金属团簇内嵌到富勒烯碳笼形成的核壳结构分子。与传统的空笼富勒烯（如 C_{60}、C_{70} 等）相比，由于内嵌金属富勒烯内部的金属物种可以将电子转移到外部的碳笼上，使得内嵌金属富勒烯具有许多空笼富勒烯所不具备的特殊的物理和化学性质。因此，采用内嵌金属富勒烯有望提高富勒烯的非线性光学性能。

1998 年，Gang Gu 等研究了内嵌金属富勒烯 $Dy@C_{82}$ 的三阶非线性光学响应[277]。$Dy@C_{82}$ 的三阶非线性光学系数是 9.2×10^{-13} esu，大于 C_{60}（1.0×10^{-13}）和 C_{70}（4.3×10^{-13}）的三阶非线性光学系数。与空笼富勒烯相比，$Dy@C_{82}$ 具有更大的非线性光学响应，主要来源于从镝到 C_{82} 碳笼的共振增强机制和电子转移。J. R. Heflin 等的研究表明，$Er_2@C_{82}$ 的非线性光学响应比空笼富勒烯高 2～3 个数量级[278]。Eleanor E. B. Campbell 等的研究表明，$Li@C_{60}$ 的非线性光学响应是 C_{60} 的 14 倍[279]；并且 $Li@C_{60}$ 的非线性光学系数是正的，与 C_{60} 的非线性光学系数的符号相反。Gul Yaglioglu 等利用 z-扫描技术研究了 $Gd_2@C_{80}$ 的非线性光学性质[280]。研究表明，$Gd_2@C_{80}$ 的三阶非线性光学系数大于空笼富勒烯，并对激光脉冲的持续时间和波长表现出较强的依赖性。

E. Xenogiannopoulou 等采用光学克尔效应技术系统地研究了 $Dy@C_{82}$、$Dy_2@C_{82}$ 和 $Er_2@C_{92}$ 的非线性光学响应[281]。测试结果表明，$Dy@C_{82}$ 的二阶非线性超极化率大于相应的 C_{82} 空笼的二阶非线性超极化率；而 $Dy_2@C_{82}$ 的二阶非线性超极化率则小于 C_{82} 的二阶非线性超极化率。$Er_2@C_{92}$ 的二阶非线性超极化率也小于相应的 C_{92} 空笼的二阶非线性超极化率。也就是说，在空笼富勒烯中引入第一个金属原子能够增强二阶非线性超极化率；而继续引入第二个金属原子则会使二阶非线性超极化率减小。他们的研究结果表明，内嵌金属富勒烯的非线性光学性能需要综合考虑电荷转移、共振、对称性等多种因素的影响。

9.6.4 富勒烯/聚合物非线性光学材料

目前富勒烯非线性光学性质的研究取得了较大进展，但是，针对富勒烯非线性光学性质的应用研究还处于起步阶段。对于光学器件来说，非线性光学材料的加工性能尤为重要，然而，富勒烯材料的加工性能较差。因此，为了改善富勒烯非线性光学材料的加工性能，人们将富勒烯与聚合物共混或将富勒烯接枝到聚合物上，获得加工性能和非线性光学性能优异的复合材料。

1993 年，Alan Kost 等研究了 C_{60} 与聚甲基丙烯酸甲酯（PMMA）共混形成的 C_{60}：PMMA 膜的光限幅性能[282]。研究表明，C_{60}：PMMA 膜的光限幅性能是由激发态的吸收引起的。与 C_{60} 的甲苯溶液相比，C_{60}：PMMA 膜也具有反饱和吸收，但其光限幅的阈值更高，主要原因是 C_{60} 的甲苯溶液中存在液体的非线性散射。Ya-Ping Sun 等系统地研究了 C_{60} 衍生物在甲苯溶液以及在 PMMA 共混膜中的光限幅性能差异[283]。研究发现，共混膜的光限幅响应基本上与膜厚无关，但其响应比 C_{60} 衍生物的甲苯溶液弱得多。

富勒烯及其衍生物还可以掺杂到溶胶-凝胶基质中，形成复合材料。与聚合物基质不一样，溶胶-凝胶基质具有良好的抗光损伤性能。Florian Bentivegna 等将 C_{60} 掺入含硅和锆的氧化物凝胶中，发现掺入凝胶中的 C_{60} 仍然表现出反饱和吸收[284]。

Michele Maggini 等通过溶胶-凝胶处理，将 C_{60} 以非常低的浓度掺入 SiO_2 薄膜中，并研究了其光限幅性能[285]。L. Smilowitz 等将 C_{60} 及其衍生物掺入 SiO_2 溶胶-凝胶玻璃中，制成固态的光学限制器[286]。该固态复合材料的光损伤阈值比富勒烯溶液高得多。J. Schell 等将 C_{60} 掺入 SiO_2 凝胶中，并通过泵浦探测技术发现其光限幅效应来源于诱导吸收[287]。该 C_{60}：SiO_2 复合材料对单次激发的激光表现出优秀的光限幅性能；但对于重复脉冲激光，当激光能量高于某个阈值时，其光限幅性能会变差。Y. Rio 等将 C_{60} 及其衍生物，如亚甲基富勒烯和树枝状衍生物，掺入介孔 SiO_2 溶胶-凝胶玻璃中[288]。对于短脉冲皮秒激光，这些样品都表现出较好的光限幅性能，此时，单重态的吸收起主导作用。但是，C_{60}：SiO_2 复合材料对于长脉冲纳秒激光表现出优异的光限幅性能，此时，系间窜越导致的三重态吸收起着主要作用。

富勒烯及其衍生物与聚合物或无机凝胶形成的掺杂材料存在着混溶性差、掺杂浓度低、热稳定性不好等缺点。为了克服掺杂材料的缺点，人们将富勒烯通过化学键连接到聚合物上。Y. Kojima 等将 C_{60} 和 C_{70} 的混合物与苯乙烯共聚，得到含富勒烯的聚苯乙烯（PS），并研究其光限幅性能[289]。研究发现，随着共聚物中富勒烯的含量增加，光限幅阈值反而降低。唐本忠等将 C_{60} 通过共价键连接到聚(1-苯基-1-丙炔)(PPP)和聚(1-苯基-1-丁炔)(PPB)上，并研究了它们的光限幅性能[290]。C_{60}-PPP 和 C_{60}-PPB 溶液的光限幅性能优于 C_{60} 溶液，两者具有较高的线性透射率，并且限幅阈值更低。

Huixia Wu 等将 C_{60} 与聚碳酸酯（PC）共聚，得到含 C_{60} 的聚碳酸酯[291]。z-扫描技术测试表明，C_{60}-PC 的非线性光学性能接近 C_{60}。Annamaria Celli 等通过亲电取代反应将 C_{60} 接枝到聚砜（PSU）上，并研究了 C_{60}-PSU 材料的光限幅性能[292]。C_{60}-PSU 材料的热稳定性很高，并且基本上保留了 C_{60} 的光限幅性能，其光限幅的阈值较低。

综上所述，富勒烯及其衍生物是良好的非线性光学材料。未来富勒烯非线性光学材料的发展方向是开发具有加工性能好、防护波段宽、高损伤阈值、高线性透过率、低限幅阈值和响应速度快等特征的新型非线性光学材料。随着理论和实际应用研究的深入，富勒烯及其衍生物有望在光计算机、激光应用和光纤通信等领域中发挥重要作用。

9.7 润滑剂

富勒烯 C_{60} 分子具有特殊的球形结构和较高的化学稳定性，其抗压能力强，表面能低，分子内作用力强，分子间作用力相对较弱，具有特定的自润滑特性和分子滚珠效应[293-296]。因此，富勒烯 C_{60} 有望成为一类超高硬度的研磨材料，也可以作为新型固体润滑材料或液体润滑体系添加剂，在摩擦学上具有广阔的应用前景。本节主要阐述富勒烯及其衍生物在固体润滑体系和流体润滑体系上的应用。

9.7.1　富勒烯作为固体润滑剂

目前，富勒烯在固体润滑体系方面的研究主要集中在富勒烯固体润滑薄膜方面。由于物理吸附在固体表面的富勒烯分子膜的机械稳定性较差，人们一般通过以下几种方式成膜：溶剂挥发法、真空升华沉积法、Langmuir-Blodgett（LB）膜、自组装膜（SAM）等。不同方法制备的富勒烯膜与基底的结合紧密程度以及机械稳定性是不一样的，其摩擦学特性也是不一样的，下面分别加以介绍。

1992 年，Peter J. Blau 等将富勒烯（含 90% C_{60}、10% C_{70}）的甲苯溶液滴加到抛光的铝表面，通过溶剂挥发成膜，并研究了富勒烯薄膜与不锈钢滑块之间的摩擦性能[297]。结果表明，富勒烯层的摩擦系数甚至高于铝基体。这可能是由于制备的富勒烯膜不均匀，富勒烯粉末发生结块，在摩擦条件下压缩成高剪切强度的膜，比铝基体更难以变形。

1993 年，Bharat Bhushan 等采用真空升华沉积法将 C_{60} 膜沉积在抛光的硅基底上，研究其与不锈钢球之间的摩擦性能[298]。富勒烯 C_{60} 膜的摩擦系数较低（0.12～0.18），其摩擦系数与 MoS_2 和石墨涂层（约 0.1）相当，表明 C_{60} 可能是一种非常有前途的固体润滑剂。S. Okita 等研究了沉积在高定向热解石墨（HOPG）上的 C_{60} 单层膜的摩擦学性能[299]。C_{60} 单层膜的平均摩擦力约为 2 mN，仅为 C_{60} 薄膜的五分之一，表明 C_{60} 单层膜有作为固体润滑剂的潜力。

H. Nakagawa 等通过分子束外延的方法在 MoS_2 基底上生长了一层高结晶度的 C_{60} 薄膜，并研究了其摩擦学性能[300]。原子力显微镜（AFM）和摩擦力显微镜（FFM）测得其摩擦系数为 0.012，是迄今文献所报道的 C_{60} 膜的摩擦系数的最低值。Wei Zhao 等研究了通过真空升华沉积在硅（001）晶面上的 C_{70} 薄膜的摩擦学性能[301]。采用不同的销材料（从 0.5 的 Al_2O_3 销一直到 0.9 的不锈钢销），C_{70} 薄膜均表现出较高的摩擦系数。他们认为，C_{70} 膜较高的摩擦系数是由于 C_{70} 颗粒容易聚集并压缩成剪切强度较高的膜。

富勒烯 LB 膜是一种研究富勒烯摩擦学的理想模型体系之一，它既可以通过选择不同的脂肪酸或酰胺来制备不同类型的 LB 膜，又容易制备具有不同结构的多层膜。1995 年，张军等制备了富勒烯 C_{60}/C_{70}（主要为 C_{60}）及其与二十二酸（BA）混合的 LB 膜，并研究了这些 LB 膜的耐磨性及摩擦特性[302]。研究结果表明，C_{60}/C_{70} LB 膜的摩擦系数高于二十二酸 LB 膜，但是 C_{60}/C_{70} LB 膜的寿命大于二十二酸 LB 膜；如果将 C_{60}/C_{70} 与二十二酸按一定比例混合后制备 LB 膜，则得到摩擦系数低、寿命长的 LB 膜。Q. J. Xue 等研究了 C_{60}/硬脂酸（SA）LB 膜的摩擦特性和磨损机制[303]，发现 LB 膜中 C_{60} 和硬脂酸具有协同润滑作用，其中 C_{60} 为主要的耐磨相，而硬脂酸主要起到降低摩擦力的作用。

Bing Shi 等制备了 C_{60}/聚苯乙烯（PS）单层和多层 LB 膜[304]，发现这些 LB 膜能够牢固地固定在基底的表面，其结构紧密、高度有序、表面相对光滑。AFM/FFM 测试表明，这些 LB 膜显示出良好的微摩擦学性能，其中大多数多层 LB 膜的摩擦系数比单层 LB 膜略低。Pingyu Zhang 等在硅基底上制备了 3 中含 C_{60} 的 LB 膜[305]，即 C_{60}/二十二酸（BA）、C_{60}/花生酸（AA）和 C_{60}/十八胺（OA）的 LB 膜，并通过 AFM/FFM 研究这些 LB 膜的微摩擦学性能来证明 C_{60} 的分子滚动效应的存在及其对摩擦力的贡献。

Guanghong Yang 等研究了 2 种含 C_{60} 的复合 LB 膜，即 C_{60}/SA/BA/OA 膜和 C_{60}/SA/AA/OA 膜的摩擦学性能[306]。C_{60} 复合 LB 膜中存在 2 种特殊的 C_{60} 自组装结构，一种的颗粒直径在 150～230 nm 之间，另一种的颗粒直径小于 20 nm。微摩擦学研究表明，微小 C_{60} 聚集体（＜20 nm）显示明显的微滚动效应，摩擦系数急剧降低；而直径较大的 C_{60} 聚集体则表现出体相的行为，具有较大的摩擦系数，不具有微润滑能力，而是表现出棘轮机制。

采用溶剂挥发法、真空升华沉积法、LB 成膜法等方法制备的富勒烯薄膜与基底的结合力不强，不利于摩擦性能的研究。采用自组装（SAM）法制备的富勒烯薄膜具有稳定的结构，与基底的结合力较强，有利于摩擦学研究。1995 年，Lorraine M. Lander 等利用末端含有叠氮基的自组装膜与 C_{60} 反应，在硅表面制备出末端为 C_{60} 的自组装膜，并研究了 C_{60} 自组装膜的摩擦性能[307]。他们测得 C_{60} 自组装膜的动摩擦系数为 0.13，并且很少或者没有观察到 C_{60} 自组装膜的磨损；而真空升华法制备的 C_{60} 膜通常存在明显的磨损。Vladimir V. Tsukruk 等通过摩擦力显微镜研究在硅片表面制备的 C_{60} 自组装膜的摩擦学性能[308]。在各种速度和载荷下，C_{60} 自组装膜的摩擦系数为 0.04～0.15，远低于硅表面（0.1～0.6）。

Seunghwan Lee 等利用主链为 6 个和 11 个碳原子的结构不对称的二硫化物在 Au（111）表面的吸附，通过末端衍生化反应制备了末端为 C_{60} 的自组装膜[309]。通过主链为 11 个碳原子的二硫化物制备的 C_{60} 自组装膜的表面光滑，摩擦力分布均匀；但通过主链为 6 个碳原子的二硫化物制备的 C_{60} 自组装膜的表面粗糙，摩擦力分布不均匀。

Sili Ren 等在聚乙烯亚胺（PEI）涂覆的硅基底表面，利用 PEI 的胺基与 C_{60} 反应制备了末端为 C_{60} 的自组装膜，并研究其摩擦性能[310]。该 C_{60} 自组装膜对基底具有良好的黏附性，并且表现出较好的抗磨损能力和承载能力及减小摩擦的能力。Jibin Pu 等在硅片表面制备了 C_{60}-石墨烯混合的自组装膜，并研究其微纳摩擦学行为[311]。研究表明，石墨烯与 C_{60} 的组合表现出协同效应。C_{60} 分子具有较低的表面能和滚动效应，加上石墨烯具有较高的机械强度和层间滑动能力，使得 C_{60}-石墨烯混合膜具有良好的降低摩擦、提高承载以及抗磨损能力。

富勒烯除了作为固体润滑薄膜之外，还可以作为润滑填料添加到聚合物固体润滑涂层中，提高富勒烯-聚合物复合涂层的摩擦学性能。2001 年，B. M. Ginzburg 等研究了含有富勒烯的烟灰添加剂对聚四氟乙烯的载荷承载能力的影响[312]。结果表明，当含有富勒烯的烟灰添加量为 1wt%（质量分数）时，复合材料的线性磨损率显著降低，载荷承载能力提高了 30%。

A.O. Pozdnyakov 等研究了 C_{60} 添加剂对含嘧啶的聚酰亚胺（PI）固体润滑涂层的滑动摩擦和磨损特性的影响[313]。C_{60} 的存在对 PI-C_{60} 复合涂层的摩擦系数影响不大，但 C_{60} 的引入减少了复合涂层的磨损。G. N. Gubanova 等将 C_{60}/C_{70} 混合物作为填料添加到由 3, 3′, 4, 4′-二苯甲酮四甲酸二酐和 3, 3′-二氨基二苯甲酮反应制得的聚酰亚胺涂层中[314]，发现复合材料的摩擦系数和磨损均减小了，并且复合材料的抗磨损性能随着富勒烯含量的增加而提高。

Vjacheslav V. Zuev 等研究了 3 种富勒烯填料，即 C_{60}、C_{60}/C_{70} 混合物以及含富勒烯的烟灰，对聚酰胺-6（PA6）的摩擦性能的影响[315]。当富勒烯填料的添加量为 0.001wt%～0.1wt%时，复合材料的拉伸模量和拉伸强度提升了 15%，摩擦系数减小到纯 PA6 的一半。当富勒烯填料的添加量为 0.02wt%时，复合材料的摩擦系数最低（0.22），接近聚四氟乙烯的摩擦系数。

Dan Liu 等研究了功能化的 C_{60} 和石墨烯填料对环氧树脂（EP）涂层的摩擦学和耐腐蚀性能的影响[316]。与纯的环氧树脂相比，添加了 C_{60} 和石墨烯的复合涂层的摩擦系数较低、抗磨损性能好、防腐蚀性能较高。他们还发现，与含石墨烯的复合涂层相比，含 C_{60} 的复合涂层表现出更好的摩擦学性能，但其抗腐蚀能力却更差。R. K. Upadhyay 等研究了 C_{70} 和多壁碳纳米管填料对环氧树脂涂层的摩擦性能的影响[317]。含 C_{70} 和多壁碳纳米管的复合涂层的摩擦系数分别为 0.17～0.29 和 0.07～0.27。

9.7.2 富勒烯作为润滑液添加剂

除了固体润滑体系外，富勒烯在流体润滑体系中也具有重要的应用，可以作为添加剂，加入润滑油或水基润滑液中，提高其摩擦性能。1993 年，阎逢元等将 1wt%的 C_{60}/C_{70} 混合物添加到液状石蜡中[318]，发现 C_{60}/C_{70} 混合物使得液状石蜡的摩擦系数降低 1/3，极压负荷提高 3 倍，同时减少了摩擦副的磨损。B. K. Gupta 等在润滑基础油中添加 5wt%的 C_{60}，发现基础油的摩擦系数降低了 20%，同时钢球摩擦副的磨损也减小了[319]。B. M. Ginzburg 等考察了工业润滑油的多种添加剂，包括 C_{60}、烟灰、石墨和炭黑，对金属摩擦副表面结构的影响[320]。他们发现含富勒烯的烟灰和 C_{60} 可以显著改善金属摩擦副的抗摩擦和抗磨损性能。进一步研究表明，C_{60}能够在摩擦副的表面形成一层厚度为100 nm左右的保护层，保护摩擦副表面免受磨损，并降低摩擦系数。

Jaekeun Lee等考察了矿物油中富勒烯C_{60}的添加量（0.01 vol%～0.5 vol%）对摩擦性能的影响[321]。研究表明，C_{60}添加剂改善了矿物油的润滑性能，含C_{60}浓度较高的矿物油使得固定摩擦盘的摩擦系数更小，磨损更少。Kwangho Lee等在冰箱压缩机所用的矿物润滑油中添加0.1 vol%的C_{60}，发现添加C_{60}后的矿物油的摩擦系数降低了90%[322]。Meibo Xing等也证实C_{60}能够降低冰箱压缩机所用的矿物油的摩擦系数[323]，并且随着C_{60}添加量的增加，矿物油的摩擦系数降低。

由于富勒烯只溶于苯、甲苯、氯苯等少数几种非极性溶剂，因此，一般通过物理或机械的方式将富勒烯分散到润滑油中作为润滑油添加剂。但是，这种方法制备的富勒烯往往以微粒等聚集态的形式存在，难以发挥富勒烯分子的独特优势。为了使C_{60}溶解于液状石蜡中，雷红等合成了油溶性的C_{60}-丙烯酸月桂酯共聚物，并将其添加到液状石蜡中，发现该共聚物可以提高液状石蜡的抗磨及承载能力，改善钢球摩擦副的微观磨损状态[324]。

A. R. Tuktarov等合成了含硫的亚甲基富勒烯衍生物，并将其添加到工业润滑油中（添加量为0.005wt%），发现该C_{60}衍生物能够提高工业油的抗磨性能和极压性能[325]。Baoyong Liu等合成了具有3个二十烷基链的C_{60}吡咯烷衍生物，由于脂肪链的影响，该C_{60}衍生物在液状石蜡中具有一定的溶解度。他们将1.0wt%的C_{60}衍生物添加到液状石蜡中，发现摩擦系数降低了24%左右，同时显著改善了摩擦副的抗磨损能力[326]。

未经化学修饰的富勒烯如C_{60}、C_{70}，是疏水的，在水中的溶解度很低。经过合适的衍生化，可以得到水溶性的富勒烯衍生物，能够作为水基润滑添加剂。2000年，雷红等合成了水溶性的富勒烯-苯乙烯-马来酸酐共聚物，并将其添加到水基润滑液（2%三乙醇胺水溶液）中，发现摩擦系数从0.235降低到0.063，载荷承载能力和抗磨损能力显著增加[327]。江贵长等合成了水溶性的C_{60}-苯乙烯-甲基丙烯酸三元共聚物，考察其作为水基润滑液（2%三乙醇胺水溶液和0.5%的烷基酚聚氧乙烯醚磷酸锌）添加剂的摩擦学性能[328]。他们发现，随着富勒烯三元共聚物的添加量增加，摩擦系数从0.233下降到0.0615，承载能力从基础液的135 N逐渐上升至最大值490 N。他们推测富勒烯三元共聚物纳米微球起着固体润滑剂的作用，有效地隔离摩擦副表面，提高其承载能力及降低磨损。官文超等以C_{60}/C_{70}混合物（C_{60}含量为84%，C_{70}含量为15%，其余为高碳富勒烯）为原料合成了水溶性的富勒烯-衣康酸共聚物，发现其作为水基润滑液添加剂可以有效地提高水基液的承载能力，增强抗磨损能力[329]。

水溶性的富勒烯衍生物，如富勒醇、富勒烯羧酸衍生物等，也可以作为水基润滑液的添加剂。Yuhong Liu等研究了富勒醇作为纯水添加剂对陶瓷摩擦性能的影响[330]。他们发现富勒醇可以缩短 Al_2O_3 陶瓷盘与 Si_3N_4 摩擦副之间的磨合时间，提高了水膜的承载能力。随后，他们系统地研究了 3 种水溶性富勒烯衍生物，即富勒醇 $C_{60}O_7(OH)_{23}$、富勒烯羧酸衍生物 $C_{60}[C(COOH)_2]_5$ 和同时含有羧基和羟基的富勒烯衍生物 $C_{60}(OH)_6(NHCH_2COOH)_{33}$，作为水基润滑液添加剂对摩擦性能的影响[331]。研究表明，当富勒醇和富勒烯羧酸衍生物的添加量分别为 0.6wt%和 0.2wt%，可以提高水基润滑液的润滑性能和耐磨性能。但是，同时含有羧基和羟基的富勒烯衍生物对水基润滑液的摩擦性能没有显著影响。

提高 C_{60} 在水中的溶解度的另一个方法是将 C_{60} 用两亲性分子，如 β-环糊精、葫芦脲等包裹起来，形成水溶性的主-客体超分子结构。2008 年，江贵长等合成了葫芦[8]脲-C_{60} 复合物，并将其添加到水基润滑液（2wt%三乙醇胺水溶液）中，发现富勒烯复合物可以提高水基润滑液的耐磨性、承载能力和抗摩擦能力[332]。

综上所述，富勒烯及其衍生物在摩擦学上的研究取得了不少成果。但是，目前富勒烯作为摩擦材料的成本较高，作为固态润滑材料存在与基底结合力较差的问题，作为润滑液添加剂存在分散性差的问题，关于富勒烯的润滑机理的研究不够深入全面。随着这些问题的解决，富勒烯有望在固体和流体润滑体系上得到广泛应用。

9.8 其他

富勒烯及其衍生物具有较大的电子亲和势，能够与电子给体或金属形成电荷转移复合物或富勒烯盐，同时富勒烯具有催化作用。因此，富勒烯及其衍生物在分子磁体、储氢材料、燃料电池等领域也有着广泛的应用前景。

1991 年，Pierre-Marc Allemand 等发现四(二甲基氨基)乙烯（TDAE）掺杂的富勒烯电荷转移复合物 TDAE-C_{60} 具有铁磁性[333]，其居里温度为 16 K。进一步研究发现，TDAE-C_{60} 的铁磁性与 C_{60} 分子的取向有关[334]。A. Mrzel 等发现二茂钴掺杂的富勒烯衍生物 APhF-Co 在温度低于 19 K 下表现出铁磁性[335]。电子自旋共振实验表明，电子自旋完全位于富勒烯单元上，他们由此推断 APhF-Co 的铁磁性来源于富勒烯衍生物 3-氨基苯基-亚甲基-富勒烯[60]（APhF）分子上的 π 电子之间的交换作用。2002 年，Kenji Ishii 等发现稀土金属铕掺杂的富勒烯盐 Eu_6C_{60} 具有铁磁性和巨磁电阻效应[336]，其居里温度大约为 12 K。2003 年，Taishi Takenobu 等发现稀土金属铕掺杂的 C_{70}，即 Eu_9C_{70}，也具有铁磁性，其居里温度为 38 K[337]。然而，由有机给体或金属掺杂形成的富勒烯电荷转移配合物或富勒烯盐的居里温度太低，限制了其在分子基磁体上的应用。

富勒烯 C_{60} 能够发生氢化反应产生一系列稳定的氢化富勒烯，如 $C_{60}H_{18}$、$C_{60}H_{36}$、$C_{60}H_{48}$、$C_{60}H_{60}$ 等。理论上，C_{60} 分子最多可以加 60 个氢原子，形成 $C_{60}H_{60}$

的化合物，其储氢量达到 7.7wt%（质量分数）。虽然氢化富勒烯能够通过氢化反应得到，然而，将氢从氢化富勒烯释放的反应存在问题，无法满足实际应用要求。例如，氢化富勒烯分解释放氢气的温度较高。其次，在氢化富勒烯的脱氢过程中，富勒烯的碳笼被破坏，发生不可逆分解，导致吸氢/脱氢循环过程中容量的损失。

为了使富勒烯基储氢材料的吸氢和放氢在温和的条件下进行，人们发现碱金属掺杂的富勒烯能够通过物理或化学吸附的方式存储大量的氢。2011 年，Akihiro Yoshida 等首次报道锂掺杂的 $C_{60}(Li_nC_{60})$能够可逆地吸收/释放氢气，其储氢量是 2.59 wt%[338]。Joseph A. Teprovich，Jr.等发现锂掺杂的 $C_{60}(Li_6C_{60})$能够可逆地存储氢气，其储氢量是 5 wt%，并且其开始释放氢气的温度是约 270℃，远低于氢化富勒烯和氢化锂的释放氢气的温度[339]。Philippe Mauron 等研究了锂掺杂的 $C_{60}(Li_{12}C_{60})$的储氢性能[340]。他们发现 $Li_{12}C_{60}$ 能够吸收 9.5 wt%的 D_2（相当于约 5 wt%的 H_2）。除了锂掺杂的 C_{60}，Philippe Mauron 等发现钠掺杂的 $C_{60}(Na_{10}C_{60})$也能够可逆地存储氢气，其储氢量是 3.5 wt%[341]。在温度为 200℃和氢气压力为 200 bar 的条件下，$Na_{10}C_{60}$ 最多能够可逆地吸收 3.5wt%的氢气。在氢气压力为 1bar 的条件下，吸收了氢气的 $Na_{10}C_{60}$ 在 250℃下开始分解释放氢气，300℃下氢气释放完全。Douglas A. Knight 等发现，钠掺杂的 $C_{60}(Na_6C_{60})$能够通过氢化态的 $Na_6C_{60}H_{36}$ 与脱氢态的 $Na_6C_{60}H_{18}$ 之间的可逆循环实现氢气的可逆存储，其对应的储氢量是 2.1wt%[342]。

为了优化碱金属掺杂富勒烯的储氢量，Mattia Gaboardi 等将 Li_6C_{60} 中的锂用钠代替，得到钠取代的富勒烯锂盐 $Na_xLi_{6-x}C_{60}$[343]。他们研究发现，在 280℃左右的温度下，Li_6C_{60} 能够吸附大约 20 个氢原子，对应的储氢量为 2.7wt%。在相同的条件下，$Na_{0.5}Li_{5.5}C_{60}$ 能够吸附大约 38 个氢原子，对应的储氢量为 4.7wt%；$NaLi_5C_{60}$ 能够吸附大约 36 个氢原子，对应的储氢量为 4.3wt%。但综合考虑储氢量和吸/放氢速率，$NaLi_5C_{60}$ 是最佳储氢材料。

富勒烯及其衍生物具有良好的导电性、较高的比表面积和优异的催化性能，因此，富勒烯及其衍生物在燃料电池领域具有广泛的应用。例如，富勒烯及其衍生物可以作为电催化剂载体或催化剂应用于阳极氧化反应和阴极还原反应或作为质子导体应用于质子传导膜中。2004 年，C. Roth 等利用 C_{60} 分子层作为连接系统将 Pt 纳米粒子固定到金电极上，发现富勒烯连接的 Pt 纳米粒子对甲醇氧化反应具有较高的催化活性[344]。Gaehang Lee 等将 Pt 和 PtRu 催化剂分别负载到 C_{60} 上，形成 Pt/C_{60} 和 $PtRu/C_{60}$ 混合纳米催化剂[345]。该混合纳米催化剂可以作为直接甲醇燃料电池的阳极催化剂，它们的催化活性高于商用的 E-TEK 催化剂。Zhengyu Bai 等将 Pt-Ru 纳米粒子负载在聚苯胺改性的 C_{60} 上，用于催化甲醇氧化反应[346]。电化学研究表明，该纳米复合材料对甲醇氧化具有优异的电催化活性。Xuan Zhang 等将 Pt 纳米薄片负载在含吡啶基团的富勒烯吡咯烷（PyC_{60}）上，发现 Pt/PyC_{60}

催化剂对甲醇氧化反应的电催化活性和稳定性均高于未负载的 Pt 纳米薄片以及商业购买的 Pt/C 催化剂[347]。

此外，富勒烯及其衍生物也能作为燃料电池阴极氧还原反应的催化剂。富勒烯吡咯烷的铱和铑配合物能够催化氧还原反应，其电催化活性显著高于 C_{60} 衍生物 $PC_{61}BM$[348]。

富勒烯及其衍生物除了作为电催化剂或电催化剂载体应用于燃料电池的电极反应外，还可以作为质子导体应用于质子传导膜中。2001 年，Koichiro Hinokuma 等发现富勒醇 $C_{60}(OH)_{12}$ 是质子导体[349]。在温度为 295 K 时，$C_{60}(OH)_{12}$ 的质子传导率为 7×10^{-6}S/cm。他们认为 $C_{60}(OH)_{12}$ 的质子传导机制是质子通过富勒烯碳笼上的氧位点进行跳跃式传递，而富勒烯强的电子亲和势使得质子比较容易解离。Yong Ming Li 等合成了含二磷酸基的亚甲基富勒烯 $C_{60}[C(PO_3H)_2]$质子导体[350]。该富勒烯衍生物的质子传导很大程度上取决于湿度或水分的含量。在温度为 25℃，相对湿度为 95%时，其质子传导率高达 10^{-2}S/cm。

Jeffrey Gasa 等比较了 C_{60} 及其衍生物，如 C_{60}、氢化富勒烯 $C_{60}H_{18}$、富勒醇 $C_{60}(OH)_n$(PHF)、磺酸化的富勒醇 $C_{60}(OH)_n(OSO_3H)_m$(PHSF)、亚甲基富勒烯膦酸 $C_{60}[C(PO_3H)_2]_n$（MFPA）和富勒烯膦酸 $C_{60}(PO_3H_2)_n$（FPA）的质子传导性能[351]。在温度为 20℃，相对湿度为 25%时，C_{60} 和氢化富勒烯 $C_{60}H_{18}$ 没有表现出质子传导性能；其他几种 C_{60} 衍生物的质子传导率的顺序为：PHSF＞FPA＞MFPA＞PHF。

为了制备含富勒烯的质子传导膜，Ken Tasaki 等将富勒醇 $C_{60}(OH)_{12}$ 掺到 Nafion 117 膜中，得到富勒烯-Nafion 复合膜[352]。该富勒烯-Nafion 复合膜在 20℃和 80℃下的质子传导率都比 Nafion 117 膜高，尤其是在相对湿度低于 50%的环境中。Hengbin Wang 等将三腈基氢化富勒烯 $HC_{60}(CN)_3$ 和多聚乙二醇富勒烯 $C_{60}(TEO)_5$ 添加到 Nafion 膜中制备质子传导膜[353]。交流阻抗谱的测试表明，$HC_{60}(CN)_3$-Nafion 膜的质子传导率高于 Nafion 膜。如果在 $HC_{60}(CN)_3$-Nafion 膜中加入 $C_{60}(TEO)_5$，其质子传导率会更高。

Gutru Rambabu 等将磺化富勒烯添加到磺化聚醚醚酮（SPEEK）膜中，作为直接甲醇燃料电池的电解质膜[354]。与使用 SPEEK 和 Nafion 膜相比，使用富勒烯掺杂的 SPEEK 膜时，甲醇的渗透性大大降低，并且燃料电池的峰值功率密度大幅度增加。Takuro Hirakimoto 等合成了全氟磺酸化的 C_{60} 衍生物，并将其作为质子导体添加到聚偏二氟乙烯（PVdF）中制备质子传导膜[355]。在温度为 25℃，相对湿度为 70%时，富勒烯含量为 67wt%的富勒烯-PVdF 复合膜的质子传导率高达 4.5×10^{-3}S/cm。使用富勒烯-PVdF 复合膜的直接甲醇燃料电池的性能类似甚至优于使用 Nafion 膜的燃料电池。

最近，Zhengjin Yang 等首次报道了含 *N*-甲基吡咯烷-C_{60} 阳离子的聚合物阴离子交换离聚物（AEI）[356]。该富勒烯基阴离子交换离聚物在阳离子浓度较低的情况下表现出极高的氢氧根离子电导率（182 mS/cm）；并且能够消除常规阳离子头部基团对氧还原催化剂的毒害作用。该离聚物在碱性聚合物电解质燃料电池中有重要的应用前景。

综上所述，富勒烯及其衍生物在分子磁体、储氢材料、燃料电池等领域的应用取得了较大进展。但是，目前对于富勒烯及其衍生物的磁性来源，储氢机理和电催化剂机理研究不够深入，有待物理和化学工作者去逐步揭开其理论基础，反过来进一步推动其应用进展。

9.9 总结

从富勒烯的发现到现在已经有30多年了，人们对富勒烯的基础和应用研究取得了不少成果。富勒烯独特的分子结构和特殊的物理化学性质，对化学、物理、生物医学、材料科学等学科产生了深远的影响，在有机电子学、生物医学、化妆品、催化剂、超导体、非线性光学、润滑剂、分子磁体、储氢材料、燃料电池等领域显示出诱人的前景。

虽然富勒烯的应用前景广阔，但是，目前除了少数含富勒烯的产品已经面世，富勒烯在大部分领域上的应用仍处在起步阶段，还没有真正成为商品进入市场。其中一个重要的原因是富勒烯的生产成本较高，直接影响到富勒烯的应用和进一步开发。不过，成本的问题未来可以通过规模化生产加以解决。随着富勒烯研究的不断深入和发展成熟，人们将目光逐渐聚集到最有前途的方向，从而带动富勒烯的实际应用。

参考文献

[1] Reed C A，Bolskar R D. Discrete fulleride anions and fullerenium cation. Chemical Reviews，2000，100（3）：1075-1119.

[2] Guldi D M，Neta P，Asmus K D. Electron-transfer reactions between C_{60} and radical ions of metalloporphyrins and arenes. The Journal of Physical Chemistry，1994，98（17）：4617-4621.

[3] Imahori H，Hagiwara K，Akiyama T，et al. The small reorganization energy of C_{60} in electron transfer. Chemical Physics Letters，1996，263（3，4）：545-550.

[4] Imahori H，Sakata Y. Donor-linked fullerenes. Photoinduced electron transfer and its potential application. Advanced Materials，1997，9（7）：537-546.

[5] Frankevich E，Maruyama Y，Ogata H. Mobility of charge carriers in vapor-phase grown C_{60} single crystal. Chemical Physics Letters，1993，214（1）：39-44.

[6] Jarrett C P，Pichler K，Newbould R，et al. Transport studies in C_{60} and C_{60}/C_{70} thin films using metal-insulator-semiconductor field-effect transistors. Synthetic Metals，1996，77（1-3）：35-38.

[7] Gudaev O A，Malinovsky V K，Okotrub A V，et al. Charge transfer in fullerene films. Fullerene Science and Technology，1998，6（3）：433-443.

[8] Li C Z，Chueh C C，Yip H L，et al. Evaluation of structure-property relationships of solution-processible fullerene acceptors and their n-channel field-effect transistor performance. Journal of Materials Chemistry，2012，22（30）：14976-14981.

[9] Thompson B C，Frechet J M J. Polymer-fullerene composite solar cells. Angewandte Chemie International Edition，2008，47（1）：58-77.

[10] Li Y. Molecular design of photovoltaic materials for polymer solar cells：toward suitable electronic energy levels and broad absorption. Accounts of Chemical Research，2012，45（5）：723-733.

[11] He Y，Li Y. Fullerene derivative acceptors for high performance polymer solar cells. Physical Chemistry Chemical Physics，2011，13（6）：1970-1983.

[12] Li C Z，Yip H L，Jen A K Y. Functional fullerenes for organic photovoltaics. Journal of Materials Chemistry，2012，22（10）：4161-4177.

[13] Lai Y Y，Cheng Y J，Hsu C S. Applications of functional fullerene materials in polymer solar cells. Energy & Environmental Science，2014，7（6）：1866-1883.

[14] Tang C W. Two-layer organic photovoltaic cell. Applied Physics Letters，1986，48（2）：183-185.

[15] Sariciftci N S，Smilowitz L，Heeger A J，et al. Photoinduced electron transfer from a conducting polymer to buckminsterfullerene. Science，1992，258（5087）：1474-1476.

[16] Yu G，Gao J，Hummelen J C，et al. Polymer photovoltaic cells：enhanced efficiencies via a network of internal donor-acceptor heterojunctions. Science，1995，270（5243）：1789-1791.

[17] Peumans P，Forrest S R. Very-high-efficiency double-heterostructure copper phthalocyanine/C_{60} photovoltaic cells. Applied Physics Letters，2001，79（1）：126-128.

[18] Pfuetzner S，Meiss J，Petrich A，et al. Improved bulk heterojunction organic solar cells employing C_{70} fullerenes. Applied Physics Letters，2009，94（22）：223307.

[19] Mishra A，Baeuerle P. Small molecule organic semiconductors on the move：promises for future solar energy technology. Angewandte Chemie International Edition，2012，51（9）：2020-2067.

[20] Lin Y，Li Y，Zhan X. Small molecule semiconductors for high-efficiency organic photovoltaics. Chemical Society Reviews，2012，41（11）：4245-4272.

[21] Brabec C J，Cravino A，Meissner D，et al. Origin of the open circuit voltage of plastic solar cells. Advanced Functional Materials，2001，11（5）：374-380.

[22] Scharber M C，Muehlbacher D，Koppe M，et al. Design rules for donors in bulk-heterojunction solar cells-towards 10% energy-conversion efficiency. Advanced Materials，2006，18（6）：789-794.

[23] Wienk M M，Kroon J M，Verhees W J H，et al. Efficient methano[70]fullerene/MDMO-PPV bulk heterojunction photovoltaic cells. Angewandte Chemie International Edition，2003，42（29）：3371-3375.

[24] Kooistra F B，Mihailetchi V D，Popescu L M，et al. New C_{84} derivative and its application in a bulk heterojunction solar cell. Chemistry of Materials，2006，18（13）：3068-3073.

[25] Ross R B，Cardona C M，Guldi D M，et al. Endohedral fullerenes for organic photovoltaic devices. Nature Materials，2009，8（3）：208-212.

[26] Lenes M，Wetzelaer G J A H，Kooistra F B，et al. Fullerene bisadducts for enhanced open-circuit voltages and efficiencies in polymer solar cells. Advanced Materials，2008，20（11）：2116-2119.

[27] Lenes M，Shelton S W，Sieval A B，et al. Electron trapping in higher adduct fullerene-based solar cells. Advanced Functional Materials，2009，19（18）：3002-3007.

[28] Choi J H，Son K I，Kim T，et al. Thienyl-substituted methanofullerene derivatives for organic photovoltaic cells.

Journal of Materials Chemistry，2010，20（3）：475-482.

[29] Li C Z，Chien S C，Yip H L，et al. Facile synthesis of a 56π-electron 1, 2-dihydromethano-[60]PCBM and its application for thermally stable polymer solar cells. Chemical Communications，2011，47（36）：10082-10084.

[30] Han G D，Collins W R，Andrew T L，et al. Cyclobutadiene—C_{60} adducts：N-type materials for organic photovoltaic cells with high V_{oc}. Advanced Functional Materials，2013，23（24）：3061-3069.

[31] Kim Y，Cho C H，Kang H，et al. Benzocyclobutene-fullerene bisadducts as novel electron acceptors for enhancing open-circuit voltage in polymer solar cells. Solar Energy Materials and Solar Cells，2015，141：87-92.

[32] Matsumoto K，Hashimoto K，Kamo M，et al. Design of fulleropyrrolidine derivatives as an acceptor molecule in a thin layer organic solar cell. Journal of Materials Chemistry，2010，20（41）：9226-9230.

[33] Kim H，Seo J H，Park E Y，et al. Increased open-circuit voltage in bulk-heterojunction solar cells using a C_{60} derivative. Applied Physics Letters，2010，97（19）：193309.

[34] Karakawa M，Nagai T，Adachi K，et al. *N*-phenyl[60]fulleropyrrolidines：alternative acceptor materials to $PC_{61}BM$ for high performance organic photovoltaic cells. Journal of Materials Chemistry A，2014，2（48）：20889-20895.

[35] Wu A J，Tseng P Y，Hsu W H，et al. Tricyclohexylphosphine-catalyzed cycloaddition of enynoates with [60]fullerene and the application of cyclopentenofullerenes as n-type materials in organic photovoltaics. Organic Letters，2016，18（2）：224-227.

[36] Liu G，Cao T，Xia Y，et al. Dihydrobenzofuran-C_{60} bisadducts as electron acceptors in polymer solar cells：effect of alkyl substituents. Synthetic Metals，2016，215：176-183.

[37] He Y，Chen H Y，Hou J，et al. Indene-C_{60} bisadduct：a new acceptor for high-performance polymer solar cells. Journal of the American Chemical Society，2010，132（4）：1377-1382.

[38] He Y，Zhao G，Peng B，et al. High-yield synthesis and electrochemical and photovoltaic properties of indene-C_{70} bisadduct. Advanced Functional Materials，2010，20（19）：3383-3389.

[39] He Y，Peng B，Zhao G，et al. Indene addition of [6, 6]-phenyl-C_{61}-butyric acid methyl ester for high-performance acceptor in polymer solar cells. Journal of Physical Chemistry C，2011，115（10）：4340-4344.

[40] He Y，Chen H Y，Zhao G，et al. Biindene-C_{60} adducts for the application as acceptor in polymer solar cells with higher open-circuit-voltage. Solar Energy Materials & Solar Cells，2011，95（3）：899-903.

[41] He Y，Chen H Y，Zhao G，et al. Synthesis and photovoltaic properties of biindene-C_{70} monoadduct as acceptor in polymer solar cells. Solar Energy Materials & Solar Cells，2011，95（7）：1762-1766.

[42] Cao T，Chen N，Liu G，et al. Towards a full understanding of regioisomer effects of indene-C_{60} bisadduct acceptors in bulk heterojunction polymer solar cells. Journal of Materials Chemistry A，2017，5（21）：10206-10219.

[43] Backer S A，Sivula K，Kavulak D F，et al. High efficiency organic photovoltaics incorporating a new family of soluble fullerene derivatives. Chemistry of Materials，2007，19（12）：2927-2929.

[44] Deng L L，Feng J，Sun L C，et al. Functionalized dihydronaphthyl-C_{60} derivatives as acceptors for efficient polymer solar cells with tunable photovoltaic properties. Solar Energy Materials & Solar Cells，2012，104：113-120.

[45] Voroshazi E，Vasseur K，Aernouts T，et al. Novel bis-C_{60} derivative compared to other fullerene bis-adducts in high efficiency polymer photovoltaic cells. Journal of Materials Chemistry，2011，21（43）：17345-17352.

[46] Kim K H，Kang H，Nam S Y，et al. Facile synthesis of *o*-xylenyl fullerene multiadducts for high open circuit voltage and efficient polymer solar cells. Chemistry of Materials，2011，23（22）：5090-5095.

[47] Meng X，Zhang W，Tan Z A，et al. Dihydronaphthyl-based [60]fullerene bisadducts for efficient and stable polymer solar cells. Chemical Communications，2012，48（3）：425-427.

[48] Meng X，Zhang W，Tan Z A，et al. Highly efficient and thermally stable polymer solar cells with dihydronaphthyl-based [70]fullerene bisadduct derivative as the acceptor. Advanced Functional Materials，2012，22（10）：2187-2193.

[49] Zhang C，Chen S，Xiao Z，et al. Synthesis of mono-and bisadducts of thieno-*o*-quinodimethane with C_{60} for efficient polymer solar cells. Organic Letters，2012，14（6）：1508-1511.

[50] Matsuo Y，Sato Y，Niinomi T，et al. Columnar structure in bulk heterojunction in solution-processable three-layered p-i-n organic photovoltaic devices using tetrabenzoporphyrin precursor and silylmethyl[60]fullerene. Journal of the American Chemical Society，2009，131（44）：16048-16050.

[51] Matsuo Y，Zhang Y，Soga I，et al. Synthesis of 1, 4-diaryl[60]fullerenes by bis-hydroarylation of C_{60} and their use in solution-processable，thin-film organic photovoltaic cells. Tetrahedron Letters，2011，52（17）：2240-2242.

[52] Matsuo Y，Oyama H，Soga I，et al. 1-Aryl-4-silylmethyl[60]fullerenes：synthesis，properties，and photovoltaic performance. Chemistry—An Asian Journal，2013，8（1）：121-128.

[53] Varotto A，Treat N D，Jo J，et al. 1, 4-Fullerene derivatives：tuning the properties of the electron transporting layer in bulk-heterojunction solar cells. Angewandte Chemie International Edition，2011，50（22）：5166-5169.

[54] Xiao Z，Matsuo Y，Soga I，et al. Structurally defined high-lumo-level 66π-[70]fullerene derivatives：synthesis and application in organic photovoltaic cells. Chemistry of Materials，2012，24（13）：2572-2582.

[55] Kennedy R D，Ayzner A L，Wanger D D，et al. Self-assembling fullerenes for improved bulk-heterojunction photovoltaic devices. Journal of the American Chemical Society，2008，130（51）：17290-17292.

[56] Tassone C J，Ayzner A L，Kennedy R D，et al. Using pentaarylfullerenes to understand network formation in conjugated polymer-based bulk-heterojunction solar cells. Journal of Physical Chemistry C，2011，115（45）：22563-22571.

[57] Niinomi T，Matsuo Y，Hashiguchi M，et al. Penta（organo）[60]fullerenes as acceptors for organic photovoltaic cells. Journal of Materials Chemistry，2009，19（32）：5804-5811.

[58] Deng L L，Xie S L，Yuan C，et al. High LUMO energy level $C_{60}(OCH_3)_4$ derivatives：electronic acceptors for photovoltaic cells with higher open-circuit voltage. Solar Energy Materials & Solar Cells，2013，111：193-199.

[59] Chen C P，Lin Y W，Horng J C，et al. Open-cage fullerenes as n-type materials in organic photovoltaics：relevance of frontier energy levels，carrier mobility and morphology of different sizable open-cage fullerenes with power conversion efficiency in devices. Advanced Energy Materials，2011，1（5）：776-780.

[60] Murata M，Morinaka Y，Murata Y，et al. Modification of the σ-framework of [60]fullerene for bulk-heterojunction solar cells. Chemical Communications，2011，47（26）：7335-7337.

[61] Xiao Z，He D，Zuo C，et al. An azafullerene acceptor for organic solar cells. RSC Advances，2014，4（46）：24029-24031.

[62] Cambarau W，Fritze U F，Viterisi A，et al. Increased short circuit current in an azafullerene-based organic solar cell. Chemical Communications，2015，51（6）：1128-1130.

[63] Wessendorf C D，Eigler R，Eigler S，et al. Investigation of pentaarylazafullerenes as acceptor systems for bulk-heterojunction organic solar cells. Solar Energy Materials & Solar Cells，2015，132：450-454.

[64] Snaith H J. Perovskites：the emergence of a new era for low-cost，high-efficiency solar cells. Journal of Physical Chemistry Letters，2013，4（21）：3623-3630.

[65] Lin Q，Armin A，Burn P L，et al. Organohalide perovskites for solar energy conversion. Accounts of Chemical Research，2016，49（3）：545-553.

[66] Green M A，Ho-Baillie A，Snaith H J. The emergence of perovskite solar cells. Nature Photonics，2014，8（7）：

506-514.

[67] Di Giacomo F, Fakharuddin A, Jose R, et al. Progress, challenges and perspectives in flexible perovskite solar cells. Energy & Environmental Science，2016，9（10）：3007-3035.

[68] Jeng J Y，Chiang Y F，Lee M H，et al. $CH_3NH_3PbI_3$ perovskite/fullerene planar-heterojunction hybrid solar cells. Advanced Materials，2013，25（27）：3727-3732.

[69] Sun S，Salim T，Mathews N，et al. The origin of high efficiency in low-temperature solution-processable bilayer organometal halide hybrid solar cells. Energy & Environmental Science，2014，7（1）：399-407.

[70] Wang Q，Shao Y，Dong Q，et al. Large fill-factor bilayer iodine perovskite solar cells fabricated by a low-temperature solution-process. Energy & Environmental Science，2014，7（7）：2359-2365.

[71] Chiang C H，Tseng Z L，Wu C G. Planar heterojunction perovskite/$PC_{71}BM$ solar cells with enhanced open-circuit voltage via a（2/1）-step spin-coating process. Journal of Materials Chemistry A，2014，2（38）：15897-15903.

[72] Liang P W，Chueh C C，Williams S T，et al. Roles of fullerene-based interlayers in enhancing the performance of organometal perovskite thin-film solar cells. Advanced Energy Materials，2015，5（10）：1402321.

[73] Nie W，Tsai H，Asadpour R，et al. High-efficiency solution-processed perovskite solar cells with millimeter-scale grains. Science，2015，347（6221）：522-525.

[74] Bi C，Wang Q，Shao Y，et al. Non-wetting surface-driven high-aspect-ratio crystalline grain growth for efficient hybrid perovskite solar cells. Nature Communications，2015，6：7747.

[75] Heo J H，Han H J，Kim D，et al. Hysteresis-less inverted $CH_3NH_3PbI_3$ planar perovskite hybrid solar cells with 18.1% power conversion efficiency. Energy & Environmental Science，2015，8（5）：1602-1608.

[76] Shao Y，Yuan Y，Huang J. Correlation of energy disorder and open-circuit voltage in hybrid perovskite solar cells. Nature Energy，2016，1（1）：15001.

[77] Shao Y，Xiao Z，Bi C，et al. Origin and elimination of photocurrent hysteresis by fullerene passivation in $CH_3NH_3PbI_3$ planar heterojunction solar cells. Nature Communications，2014，5：5784.

[78] Xing Y，Sun C，Yip H L，et al. New fullerene design enables efficient passivation of surface traps in high performance p-i-n heterojunction perovskite solar cells. Nano Energy，2016，26：7-15.

[79] Gil-Escrig L，Momblona C，Sessolo M，et al. Fullerene imposed high open-circuit voltage in efficient perovskite based solar cells. Journal of Materials Chemistry A，2016，4（10）：3667-3672.

[80] Shao S，Abdu-Aguye M，Qiu L，et al. Elimination of the light soaking effect and performance enhancement in perovskite solar cells using a fullerene derivative. Energy & Environmental Science，2016，9（7）：2444-2452.

[81] Meng X，Bai Y，Xiao S，et al. Designing new fullerene derivatives as electron transporting materials for efficient perovskite solar cells with improved moisture resistance. Nano Energy，2016，30：341-346.

[82] Bai Y，Dong Q，Shao Y，et al. Enhancing stability and efficiency of perovskite solar cells with crosslinkable silane-functionalized and doped fullerene. Nature Communications，2016，7：12806.

[83] Tian C, Kochiss K, Castro E, et al. A dimeric fullerene derivative for efficient inverted planar perovskite solar cells with improved stability. Journal of Materials Chemistry A，2017，5（16）：7326-7332.

[84] Tian C, Castro E, Wang T, et al. Improved performance and stability of inverted planar perovskite solar cells using fulleropyrrolidine layers. ACS Applied Materials & Interfaces，2016，8（45）：31426-31432.

[85] Li B，Zhen J，Wan Y，et al. Anchoring fullerene onto perovskite film via grafting pyridine toward enhanced electron transport in high-efficiency solar cells. ACS Applied Materials & Interfaces，2018，10(38)：32471-32482.

[86] Chang S，Han G D，Weis J G，et al. Transition metal-oxide free perovskite solar cells enabled by a new organic charge transport layer. ACS Applied Materials & Interfaces，2016，8（13）：8511-8519.

[87] Xue Q，Bai Y，Liu M，et al. Dual interfacial modifications enable high performance semitransparent perovskite solar cells with large open circuit voltage and fill factor. Advanced Energy Materials，2017，7（9）：1602333.

[88] Wu C G，Chiang C H，Chang S H. A perovskite cell with a record-high-V_{oc} of 1.61 V based on solvent annealed $CH_3NH_3PbBr_3$/ICBA active layer. Nanoscale，2016，8（7）：4077-4085.

[89] Lin Y，Chen B，Zhao F，et al. Matching charge extraction contact for wide-bandgap perovskite solar cells. Advanced Materials，2017，29（26）：1700607.

[90] Cui C，Li Y，Li Y. Fullerene derivatives for the applications as acceptor and cathode buffer layer materials for organic and perovskite solar cells. Advanced Energy Materials，2017，7（10）：1601251.

[91] Liu X，Yu H，Yan L，et al. Triple cathode buffer layers composed of PCBM，C_{60}，and LiF for high-performance planar perovskite solar cells. ACS Applied Materials & Interfaces，2015，7（11）：6230-6237.

[92] Liang P W，Liao C Y，Chueh C C，et al. Additive enhanced crystallization of solution-processed perovskite for highly efficient planar-heterojunction solar cells. Advanced Materials，2014，26（22）：3748-3754.

[93] Zhu Z，Chueh C C，Lin F，et al. Enhanced ambient stability of efficient perovskite solar cells by employing a modified fullerene cathode interlayer. Advanced Science，2016，3（9）：1600027.

[94] Azimi H，Ameri T，Zhang H，et al. A universal interface layer based on an amine-functionalized fullerene derivative with dual functionality for efficient solution processed organic and perovskite solar cells. Advanced Energy Materials，2015，5（8）：1401692.

[95] Li Y，Lu K，Ling X，et al. High performance planar-heterojunction perovskite solar cells using amino-based fulleropyrrolidine as the electron transporting material. Journal of Materials Chemistry A，2016，4（26）：10130-10134.

[96] Liu Y，Bag M，Renna L A，et al. Understanding interface engineering for high-performance fullerene/perovskite planar heterojunction solar cells. Advanced Energy Materials，2016，6（2）：1501606.

[97] Liu X，Jiao W，Lei M，et al. Crown-ether functionalized fullerene as a solution-processable cathode buffer layer for high performance perovskite and polymer solar cells. Journal of Materials Chemistry A，2015，3（17）：9278-9284.

[98] Xie J，Yu X，Sun X，et al. Improved performance and air stability of planar perovskite solar cells via interfacial engineering using a fullerene amine interlayer. Nano Energy，2016，28：330-337.

[99] Liu X，Huang P，Dong Q，et al. Enhancement of the efficiency and stability of planar p-i-n perovskite solar cells via incorporation of an amine-modified fullerene derivative as a cathode buffer layer. Science China Chemistry，2017，60（1）：136-143.

[100] Erten-Ela S，Chen H，Kratzer A，et al. Perovskite solar cells fabricated using dicarboxylic fullerene derivatives. New Journal of Chemistry，2016，40（3）：2829-2834.

[101] Abrusci A，Stranks S D，Docampo P，et al. High-performance perovskite-polymer hybrid solar cells via electronic coupling with fullerene monolayers. Nano Letters，2013，13（7）：3124-3128.

[102] Wojciechowski K，Stranks Samuel D，Abate A，et al. Heterojunction modification for highly efficient organic-inorganic perovskite solar cells. ACS Nano，2014，8（12）：12701-12709.

[103] Shahiduzzaman M，Yamamoto K，Furumoto Y，et al. Enhanced photovoltaic performance of perovskite solar cells via modification of surface characteristics using a fullerene interlayer. Chemistry Letters，2015，44（12）：1735-1737.

[104] Liu C，Wang K，Du P，et al. High performance planar heterojunction perovskite solar cells with fullerene derivatives as the electron transport layer. ACS Applied Materials & Interfaces，2015，7（2）：1153-1159.

[105] Tao C，Neutzner S，Colella L，et al. 17.6% Stabilized efficiency in low-temperature processed planar perovskite solar cells. Energy & Environmental Science，2015，8（8）：2365-2370.

[106] Zhou W，Zhen J，Liu Q，et al. Successive surface engineering of TiO_2 compact layers via dual modification of fullerene derivatives affording hysteresis-suppressed high-performance perovskite solar cells. Journal of Materials Chemistry A，2017，5（4）：1724-1733.

[107] Dong Y，Li W，Zhang X，et al. Highly efficient planar perovskite solar cells via interfacial modification with fullerene derivatives. Small，2016，12（8）：1098-1104.

[108] Cao T，Wang Z，Xia Y，et al. Facilitating electron transportation in perovskite solar cells via water-soluble fullerenol interlayers. ACS Applied Materials & Interfaces，2016，8（28）：18284-18291.

[109] Li Y，Zhao Y，Chen Q，et al. Multifunctional fullerene derivative for interface engineering in perovskite solar cells. Journal of the American Chemical Society，2015，137（49）：15540-15547.

[110] Eze V O，Seike Y，Mori T. Efficient planar perovskite solar cells using solution-processed amorphous WO_x/fullerene C_{60} as an electron extraction layers. Organic Electronics，2017，46：253-262.

[111] Fu F，Feurer T，Jager T，et al. Low-temperature-processed efficient semi-transparent planar perovskite solar cells for bifacial and tandem applications. Nature Communications，2015，6：8932.

[112] Ke W，Zhao D，Xiao C，et al. Cooperative tin oxide fullerene electron selective layers for high-performance planar perovskite solar cells. Journal of Materials Chemistry A，2016，4（37）：14276-14283.

[113] Qin M，Ma J，Ke W，et al. Perovskite solar cells based on low-temperature processed indium oxide electron selective layers. ACS Applied Materials & Interfaces，2016，8（13）：8460-8466.

[114] Wang X，Deng L L，Wang L Y，et al. Cerium oxide standing out as an electron transport layer for efficient and stable perovskite solar cells processed at low temperature. Journal of Materials Chemistry A，2017，5（4）：1706-1712.

[115] Kegelmann L，Wolff C M，Awino C，et al. It takes two to tango-double-layer selective contacts in perovskite solar cells for improved device performance and reduced hysteresis. ACS Applied Materials & Interfaces，2017，9（20）：17245-17255.

[116] Xu J，Buin A，Ip A H，et al. Perovskite-fullerene hybrid materials suppress hysteresis in planar diodes. Nature Communications，2015，6：7081.

[117] Chiang C H，Wu C G. Bulk heterojunction perovskite-PCBM solar cells with high fill factor. Nature Photonics，2016，10（3）：196-200.

[118] Ran C，Chen Y，Gao W，et al. One-dimensional（1D）[6, 6]-phenyl-C_{61}-butyric acid methyl ester（PCBM）nanorods as an efficient additive for improving the efficiency and stability of perovskite solar cells. Journal of Materials Chemistry A，2016，4（22）：8566-8572.

[119] Wu Y，Yang X，Chen W，et al. Perovskite solar cells with 18.21% efficiency and area over 1 cm^2 fabricated by heterojunction engineering. Nature Energy，2016，1（11）：16148.

[120] Pascual J，Kosta I，Tuyen Ngo T，et al. Electron transport layer-free solar cells based on perovskite-fullerene blend films with enhanced performance and stability. ChemSusChem，2016，9（18）：2679-2685.

[121] Zhang F，Shi W，Luo J，et al. Isomer-pure bis-PCBM-assisted crystal engineering of perovskite solar cells showing excellent efficiency and stability. Advanced Materials，2017，29（17）：1606806.

[122] Li M，Chao Y H，Kang T，et al. Enhanced crystallization and stability of perovskites by a cross-linkable fullerene for high-performance solar cells. Journal of Materials Chemistry A，2016，4（39）：15088-15094.

[123] Wang K，Liu C，Du P，et al. Bulk heterojunction perovskite hybrid solar cells with large fill factor. Energy &

Environmental Science，2015，8（4）：1245-1255.

[124] Liu X，Lin F，Chueh C C，et al. Fluoroalkyl-substituted fullerene/perovskite heterojunction for efficient and ambient stable perovskite solar cells. Nano Energy，2016，30：417-425.

[125] Sandoval-Torrientes R，Pascual J，Garcia-Benito I，et al. Modified fullerenes for efficient electron transport layer-free perovskite/fullerene blend-based solar cells. ChemSusChem，2017，10（9）：2023-2029.

[126] Haddon R，Perel A，Morris R，et al. C_{60} thin film transistors. Applied Physics Letters，1995，67（1）：121-123.

[127] Kobayashi S，Takenobu T，Mori S，et al. Fabrication and characterization of C_{60} thin-film transistors with high field-effect mobility. Applied Physics Letters，2003，82（25）：4581-4583.

[128] Haddock J N，Zhang X，Domercq B，et al. Fullerene based n-type organic thin-film transistors. Organic Electronics，2005，6（4）：182-187.

[129] Anthopoulos T D，Singh B，Marjanovic N，et al. High performance n-channel organic field-effect transistors and ring oscillators based on C_{60} fullerene films. Applied Physics Letters，2006，89（21）：213504.

[130] Haddon R. C_{70} thin film transistors. Journal of the American Chemical Society，1996，118（12）：3041-3042.

[131] Kumashiro R，Tanigaki K，Ohashi H，et al. Azafullerene$(C_{59}N)_2$ thin-film field-effect transistors. Applied Physics Letters，2004，84（12）：2154-2156.

[132] Kubozono Y，Rikiishi Y，Shibata K，et al. Structure and transport properties of isomer-separated C_{82}. Physical Review B，2004，69（16）：165412.

[133] Shibata K，Kubozono Y，Kanbara T，et al. Fabrication and characteristics of C_{84} fullerene field-effect transistors. Applied Physics Letters，2004，84（14）：2572-2574.

[134] Nagano T，Sugiyama H，Kuwahara E，et al. Fabrication of field-effect transistor device with higher fullerene，C_{88}. Applied Physics Letters，2005，87（2）：023501.

[135] Sugiyama H，Nagano T，Nouchi R，et al. Transport properties of field-effect transistors with thin films of C_{76} and its electronic structure. Chemical Physics Letters，2007，449（1-3）：160-164.

[136] Kanbara T，Shibata K，Fujiki S，et al. N-channel field effect transistors with fullerene thin films and their application to a logic gate circuit. Chemical Physics Letters，2003，379（3-4）：223-229.

[137] Kobayashi S I，Mori S，Iida S，et al. Conductivity and field effect transistor of $La_2@C_{80}$ metallofullerene. Journal of the American Chemical Society，2003，125（27）：8116-8117.

[138] Nagano T，Kuwahara E，Takayanagi T，et al. Fabrication and characterization of field-effect transistor device with C_{2v} isomer of $Pr@C_{82}$. Chemical Physics Letters，2005，409（4-6）：187-191.

[139] Waldauf C，Schilinsky P，Perisutti M，et al. Solution-processed organic n-type thin-film transistors. Advanced Materials，2003，15（24）：2084-2088.

[140] Wöbkenberg P H，Bradley D D，Kronholm D，et al. High mobility n-channel organic field-effect transistors based on soluble C_{60} and C_{70} fullerene derivatives. Synthetic Metals，2008，158（11）：468-472.

[141] Anthopoulos T D，Kooistra F B，Wondergem H J，et al. Air-stable n-channel organic transistors based on a soluble C_{84} fullerene derivative. Advanced Materials，2006，18（13）：1679-1684.

[142] Faist M A，Keivanidis P E，Foster S，et al. Effect of multiple adduct fullerenes on charge generation and transport in photovoltaic blends with poly(3-hexylthiophene-2, 5-diyl). Journal of Polymer Science Part B：Polymer Physics，2011，49（1）：45-51.

[143] Anthony J E，Facchetti A，Heeney M，et al. N-type organic semiconductors in organic electronics. Advanced Materials，2010，22（34）：3876-3892.

[144] Basso A S，Frenkel D，Quintana F J，et al. Reversal of axonal loss and disability in a mouse model of progressive

multiple sclerosis. Journal of Clinical Investigation，2008，118（4）：1532-1543.

[145] Dugan L L，Turetsky D M，Du C，et al. Carboxyfullerenes as neuroprotective agents. Proceedings of the National Academy of Sciences，1997，94（17）：9434-9439.

[146] Bosi S，Da Ros T，Spalluto G，et al. Synthesis and anti-HIV properties of new water-soluble bis-functionalized [60] fullerene derivatives. Bioorganic & Medicinal Chemistry Letters，2003，13（24）：4437-4440.

[147] Berger C S，Marks J W，Bolskar R D，et al. Cell internalization studies of gadofullerene-(ZME-018) immunoconjugates into A375 m melanoma cells. Translational Oncology，2011，4（6）：350-354.

[148] Daroczi B，Kari G，Mcaleer M F，et al. *In vivo* radioprotection by the fullerene nanoparticle DF-1 as assessed in a zebrafish model. Clinical Cancer Research，2006，12（23）：7086-7091.

[149] Lai Y L，Murugan P，Hwang K. Fullerene derivative attenuates ischemia-reperfusion-induced lung injury. Life Sciences，2003，72（11）：1271-1278.

[150] Gonzalez K A，Wilson L J，Wu W，et al. Synthesis and in vitro characterization of a tissue-selective fullerene：vectoring $C_{60}(OH)_{16}$AMBP to mineralized bone. Bioorganic & Medicinal Chemistry，2002，10（6）：1991-1997.

[151] Dellinger A，Zhou Z，Lenk R，et al. Fullerene nanomaterials inhibit phorbol myristate acetate-induced inflammation. Experimental Dermatology，2009，18（12）：1079-1081.

[152] Tsao N，Luh T Y，Chou C K，et al. *In vitro* action of carboxyfullerene. Journal of Antimicrobial Chemotherapy，2002，49（4）：641-649.

[153] Quick K L，Ali S S，Arch R，et al. A carboxyfullerene SOD mimetic improves cognition and extends the lifespan of mice. Neurobiology of Aging，2008，29（1）：117-128.

[154] Maeda-Mamiya R，Noiri E，Isobe H，et al. *In vivo* gene delivery by cationic tetraamino fullerene. Proceedings of the National Academy of Sciences，2010，107（12）：5339-5344.

[155] Fan J，Fang G，Zeng F，et al. Water-dispersible fullerene aggregates as a targeted anticancer prodrug with both chemo-and photodynamic therapeutic actions. Small，2013，9（4）：613-621.

[156] Ryan J J，Bateman H R，Stover A，et al. Fullerene nanomaterials inhibit the allergic response. The Journal of Immunology，2007，179（1）：665-672.

[157] Dellinger A，Zhou Z，Norton S K，et al. Uptake and distribution of fullerenes in human mast cells. Nanomedicine Nanotechnology Biology & Medicine，2010，6（4）：575-582.

[158] Norton S K，Wijesinghe D S，Dellinger A，et al. Epoxyeicosatrienoic acids are involved in the C_{70} fullerene derivative-induced control of allergic asthma. Journal of Allergy and Clinical Immunology，2012，130（3）：761-769.

[159] Nigrovic P A，Lee D M. Synovial mast cells：role in acute and chronic arthritis. Immunological Reviews，2007，217（1）：19-37.

[160] Zhou Z，Lenk R P，Dellinger A，et al. Liposomal formulation of amphiphilic fullerene antioxidants. Bioconjugate Chemistry，2010，21（9）：1656-1661.

[161] Kornev A B，Peregudov A S，Martynenko V M，et al. Synthesis and antiviral activity of highly water-soluble polycarboxylic derivatives of [70] fullerene. Chemical Communications，2011，47（29）：8298-8300.

[162] Zhu Z，Schuster D I，Tuckerman M E. Molecular dynamics study of the connection between flap closing and binding of fullerene-based inhibitors of the HIV-1 protease. Biochemistry，2003，42（5）：1326-1333.

[163] Marcorin G L，Da Ros T，Castellano S，et al. Design and synthesis of novel [60] fullerene derivatives as potential HIV aspartic protease inhibitors. Organic Letters，2000，2（25）：3955-3958.

[164] Brown M A，Tanzola M B，Robbie-Ryan M. Mechanisms underlying mast cell influence on EAE disease course.

Molecular Immunology，2002，38（16-18）：1373-1378.

[165] Gilgun-Sherki Y，Melamed E，Offen D. The role of oxidative stress in the pathogenesis of multiple sclerosis：the need for effective antioxidant therapy. Journal of Neurology，2004，251（3）：261-268.

[166] Lassmann H，Bradl M. Multiple sclerosis：experimental models and reality. Acta Neuropathologica，2017，133（2）：223-244.

[167] Ghalamfarsa G，Hojjat-Farsangi M，Mohammadnia-Afrouzi M，et al. Application of nanomedicine for crossing the blood-brain barrier：theranostic opportunities in multiple sclerosis. Journal of Immunotoxicology，2016，13（5）：603-619.

[168] Mody V V，Nounou M I，Bikram M. Novel nanomedicine-based MRI contrast agents for gynecological malignancies. Advanced Drug Delivery Reviews，2009，61（10）：795-807.

[169] Nitta N，Seko A，Sonoda A，et al. Is the use of fullerene in photodynamic therapy effective for atherosclerosis? Cardiovascular & Interventional Radiology，2008，31（2）：359-366.

[170] Bolskar R D. Gadofullerene MRI contrast agents. Nanomedicine，2008，3（2）：201-213.

[171] Li T，Murphy S，Kiselev B，et al. A new interleukin-13 amino-coated gadolinium metallofullerene nanoparticle for targeted MRI detection of glioblastoma tumor cells. Journal of the American Chemical Society，2015，137（24）：7881-7888.

[172] Macfarland D K，Walker K L，Lenk R P，et al. Hydrochalarones：a novel endohedral metallofullerene platform for enhancing magnetic resonance imaging contrast. Journal of Medicinal Chemistry，2008，51（13）：3681-3683.

[173] Dellinger A，Zhou Z，Connor J，et al. Application of fullerenes in nanomedicine：an update. Nanomedicine，2013，8（7）：1191-1208.

[174] Gharbi N，Pressac M，Hadchouel M，et al. [60]Fullerene is a powerful antioxidant *in vivo* with no acute or subacute toxicity. Nano Letters，2005，5（12）：2578-2585.

[175] Mori T，Takada H，Ito S，et al. Preclinical studies on safety of fullerene upon acute oral administration and evaluation for no mutagenesis. Toxicology，2006，225（1）：48-54.

[176] Baati T，Bourasset F，Gharbi N，et al. The prolongation of the lifespan of rats by repeated oral administration of [60]fullerene. Biomaterials，2012，33（19）：4936-4946.

[177] Krusic P，Wasserman E，Keizer P，et al. Radical reactions of C_{60}. Science，1991，254（5035）：1183-1185.

[178] Mcewen C N，Mckay R G，Larsen B S. C_{60} as a radical sponge. Journal of the American Chemical Society，1992，114（11）：4412-4414.

[179] Mousavi S Z，Nafisi S，Maibach H I. Fullerene nanoparticle in dermatological and cosmetic applications. Nanomedicine Nanotechnology Biology & Medicine，2017，13（3）：1071-1087.

[180] Chiang L Y，Lu F J，Lin J T. Free radical scavenging activity of water-soluble fullerenols. Journal of the Chemical Society，Chemical Communications，1995，（12）：1283-1284.

[181] Dugan L L，Gabrielsen J K，Shan P Y，et al. Buckminsterfullerenol free radical scavengers reduce excitotoxic and apoptotic death of cultured cortical neurons. Neurobiology of Disease，1996，3（2）：129-135.

[182] Tsai M C，Chen Y，Chiang L. Polyhydroxylated C_{60}，fullerenol，a novel free-radical trapper，prevented hydrogen peroxide—and cumene hydroperoxide—elicited changes in rat hippocampus *in vitro*. Journal of Pharmacy & Pharmacology，1997，49（4）：438-445.

[183] Mirkov S M，Djordjevic A N，Andric N L，et al. Nitric oxide-scavenging activity of polyhydroxylated fullerenol，$C_{60}(OH)_{24}$. Nitric Oxide，2004，11（2）：201-207.

[184] Saitoh Y，Miyanishi A，Mizuno H，et al. Super-highly hydroxylated fullerene derivative protects human

keratinocytes from UV-induced cell injuries together with the decreases in intracellular ROS generation and DNA damages. Journal of Photochemistry and Photobiology B：Biology，2011，102（1）：69-76.

[185] Okuda K，Mashino T，Hirobe M. Superoxide radical quenching and cytochrome *C* peroxidase-like activity of C_{60}-dimalonic acid，$C_{62}(COOH)_4$. Bioorganic & Medicinal Chemistry Letters，1996，6（5）：539-542.

[186] Wang I C，Tai L A，Lee D D，et al. C_{60} and water-soluble fullerene derivatives as antioxidants against radical-initiated lipid peroxidation. Journal of Medicinal Chemistry，1999，42（22）：4614-4620.

[187] Lin A M，Chyi B，Wang S，et al. Carboxyfullerene prevents iron-induced oxidative stress in rat brain. Journal of Neurochemistry，1999，72（4）：1634-1640.

[188] Fumelli C，Marconi A，Salvioli S，et al. Carboxyfullerenes protect human keratinocytes from ultraviolet-B-induced apoptosis. Journal of Investigative Dermatology，2000，115（5）：835-841.

[189] Monti D，Moretti L，Salvioli S，et al. C_{60} carboxyfullerene exerts a protective activity against oxidative stress-induced apoptosis in human peripheral blood mononuclear cells. Biochemical and Biophysical Research Communications，2000，277（3）：711-717.

[190] Ali S S，Hardt J I，Quick K L，et al. A biologically effective fullerene（C_{60}）derivative with superoxide dismutase mimetic properties. Free Radical Biology & Medicine，2004，37（8）：1191-1202.

[191] Liu Q，Zhang X，Zhang X，et al. C_{70}-carboxyfullerenes as efficient antioxidants to protect cells against oxidative-induced stress. ACS Applied Materials & Interfaces，2013，5（21）：11101-11107.

[192] Okuda K，Hirota T，Hirobe M，et al. Synthesis of various water-soluble C_{60} derivatives and their superoxide-quenching activity. Fullerene Science and Technology，2000，8（3）：127-142.

[193] Yin J J，Lao F，Fu P P，et al. The scavenging of reactive oxygen species and the potential for cell protection by functionalized fullerene materials. Biomaterials，2009，30（4）：611-621.

[194] Xiao L，Takada H，Maeda K，et al. Antioxidant effects of water-soluble fullerene derivatives against ultraviolet ray or peroxylipid through their action of scavenging the reactive oxygen species in human skin keratinocytes. Biomedicine & Pharmacotherapy，2005，59（7）：351-358.

[195] Kato S，Aoshima H，Saitoh Y，et al. Highly hydroxylated or γ-cyclodextrin-bicapped water-soluble derivative of fullerene：the antioxidant ability assessed by electron spin resonance method and β-carotene bleaching assay. Bioorganic & Medicinal Chemistry Letters，2009，19（18）：5293-5296.

[196] Takada H，Matsubayashi K. Process for producing PVP-fulleren complex and aqueous solution thereof：WO117877.

[197] Xiao L，Takada H，Gan X H，et al. The water-soluble fullerene derivative 'Radical Sponge®'exerts cytoprotective action against UVA irradiation but not visible-light-catalyzed cytotoxicity in human skin keratinocytes. Bioorganic & Medicinal Chemistry Letters，2006，16（6）：1590-1595.

[198] Kato S，Kikuchi R，Aoshima H，et al. Defensive effects of fullerene-C_{60}/liposome complex against UVA-induced intracellular reactive oxygen species generation and cell death in human skin keratinocytes HaCaT，associated with intracellular uptake and extracellular excretion of fullerene-C_{60}. Journal of Photochemistry & Photobiology B：Biology，2010，98（2）：144-151.

[199] Williams R M，Verhoeven J W，Crielaard W，et al. Incorporation of fullerene-C_{60} and C_{60} adducts in micellar and vesicular supramolecular assemblies；introductory flash photolysis and photoredox experiments in micelles. Recueil des Travaux Chimiques des Pays-Bas，1996，115（1）：72-76.

[200] Lens M，Medenica L，Citernesi U. Antioxidative capacity of C_{60}（buckminsterfullerene）and newly synthesized fulleropyrrolidine derivatives encapsulated in liposomes. Biotechnology & Applied Biochemistry，2008，51（3）：

135-140.

[201] Kato S，Aoshima H，Saitoh Y，et al. Fullerene-C_{60}/liposome complex：defensive effects against UVA-induced damages in skin structure，nucleus and collagen type Ⅰ/Ⅳ fibrils，and the permeability into human skin tissue. Journal of Photochemistry and Photobiology B：Biology，2010，98（1）：99-105.

[202] Wahlen J，De Vos D E，Jacobs P A，et al. Solid materials as sources for synthetically useful singlet oxygen. Advanced Synthesis & Catalysis，2004，346（2-3）：152-164.

[203] Orfanopoulos M，Kambourakis S. Fullerene C_{60} and C_{70} photosensitized oxygenation of olefins. Tetrahedron Letters，1994，35（12）：1945-1948.

[204] Orfanopoulos M，Kambourakis S. Chemical evidence of singlet oxygen production from C_{60} and C_{70} in aqueous and other polar media. Tetrahedron Letters，1995，36（3）：435-438.

[205] Kumar R，Gleißner E H，Tiu E G V，et al. C_{70} as a photocatalyst for oxidation of secondary benzylamines to imines. Organic Letters，2015，18（2）：184-187.

[206] Jensen A W，Daniels C. Fullerene-coated beads as reusable catalysts. Journal of Organic Chemistry，2003，68（2）：207-210.

[207] Hino T，Anzai T，Kuramoto N. Visible-light induced solvent-free photooxygenations of organic substrates by using [60]fullerene-linked silica gels as heterogeneous catalysts and as solid-phase reaction fields. Tetrahedron Letters，2006，47（9）：1429-1432.

[208] Li B，Xu Z. A nonmetal catalyst for molecular hydrogen activation with comparable catalytic hydrogenation capability to noble metal catalyst. Journal of the American Chemical Society，2009，131（45）：16380-16382.

[209] Guo Y，Li W，Yan J，et al. Fullerene-catalyzed reduction of azo derivatives in water under UV irradiation. Chemistry—An Asian Journal，2012，7（12）：2842-2847.

[210] Malhotra R，Mcmillen D F，Tse D S，et al. Hydrogen-transfer reactions catalyzed by fullerenes. Energy & Fuels，1993，7（5）：685-686.

[211] Hirschon A，Wu H J，Wilson R，et al. Investigation of Fullerene-based catalysts for methane activation. Journal of Physical Chemistry 1995，99（49）：17483-17486.

[212] Nishibayashi Y，Saito M，Uemura S，et al. Buckminsterfullerenes：a non-metal system for nitrogen fixation. Nature，2004，428（6980）：279-280.

[213] Vul A Y，Davidenko V，Kidalov S，et al. Fullerenes catalyze the graphite-diamond phase transition. Technical Physics Letters，2001，27（5）：384-386.

[214] Berseth P A，Harter A G，Zidan R，et al. Carbon nanomaterials as catalysts for hydrogen uptake and release in $NaAlH_4$. Nano Letters，2009，9（4）：1501-1505.

[215] Wellons M S，Berseth P A，Zidan R. Novel catalytic effects of fullerene for $LiBH_4$ hydrogen uptake and release. Nanotechnology，2009，20（20）：204022.

[216] Teprovich Jr J A，Knight D A，Wellons M S，et al. Catalytic effect of fullerene and formation of nanocomposites with complex hydrides：$NaAlH_4$ and $LiAlH_4$. Journal of Alloys & Compounds，2011，509：S562-S566.

[217] 李疏芬，单文刚. 含 C_{60} 的 RDX-CMDB 推进剂性能研究. 推进技术，1997，18（6）：79-83.

[218] 赵凤起，李疏芬. 不同形态碳物质对 RDX-CMDB 推进剂燃烧性能的影响. 推进技术，2000，21（2）：72-76.

[219] Jin B，Peng R，Zhao F，et al. Combustion effects of nitrofulleropyrrolidine on RDX-CMDB propellants. Propellants，Explosives，Pyrotechnics，2014，39（6）：874-880.

[220] Sokolov V. Fullerenes as a new type of ligands for transition metals. Russian Journal of Coordination Chemistry，2007，33（10）：711-724.

[221] Nagashima H，Nakaoka A，Tajima S，et al. Catalytic hydrogenation of olefins and acetylenes over $C_{60}Pd_n$. Chemistry Letters，1992，21（7）：1361-1364.

[222] Nagashima H，Kato Y，Yamaguchi H，et al. Synthesis and reactions of organoplatinum compounds of C_{60}，$C_{60}Pt_n$. Chemistry Letters，1994，23（7）：1207-1210.

[223] Sulman E，Matveeva V，Semagina N，et al. Catalytic hydrogenation of acetylenic alcohols using palladium complex of fullerene C_{60}. Journal of Molecular Catalysis A：Chemical，1999，146（1-2）：257-263.

[224] Wohlers M，Herzog B，Belz T，et al. Ruthenium-C_{60} compounds：properties and catalytic potential. Synthetic Metals，1996，77（1-3）：55-58.

[225] Starodubtseva E V，Sokolov V I，Bashilov V V，et al. Fullerene complexes with palladium and rhodium as catalysts for acetylenic bond hydrogenation. Mendeleev Communications，2008，4（18）：209-210.

[226] Yuan-Yin C，Rong-Shen S，Ying L. $(\eta^2C_{60})Pt(PPh_3)_2$ as the catalystfor the hydrosilylation of olefins. Chemical Research in Chinese Universities，1994，10（4）：338-340.

[227] 方鹏飞，陈远荫. C_{60} 乙醇胺铂配合物的合成及其催化硅氢化性能. 有机化学，1999，19（6）：600-605.

[228] Pengfei F，Yuanyin C，Ling H，et al. Synthesis，characterization and catalytic hydrosilylation activity of [60] fullerene n-propylamine platinum，rhodium complex. Wuhan University Journal of Natural Sciences，1999，4（1）：82-84.

[229] Serizawa S，Gabrielova I，Fujimoto T，et al. Catalytic behaviour of alkali-metal fullerides，$C_{60}M_6$ and $C_{70}M_6$（M＝Cs，K，Na），in H_2-D_2 exchange and olefin hydrogenation. Journal of the Chemical Society，Chemical Communications，1994，（7）：799-800.

[230] Yamago S，Yanagawa M，Nakamura E. Tertiary phosphines and P-chiral phosphinites bearing a fullerene substituent. Journal of the Chemical Society，Chemical Communications，1994，（18）：2093-2094.

[231] Veisi H，Masti R，Kordestani D，et al. Functionalization of fullerene（C_{60}）with metformine to immobilized palladium as a novel heterogeneous and reusable nanocatalyst in the Suzuki-Miyaura coupling reaction at room temperature. Journal of Molecular Catalysis A：Chemical，2014，385：61-67.

[232] Sabounchei S J，Hashemi A，Hosseinzadeh M，et al. [60]Fullerene-based Pd(0)complexes of phosphorus ylides as efficient nanocatalyst for homo and heterogeneous Mizoroki-Heck coupling reactions. Catalysis Letters，2017，147（9）：2319-2331.

[233] Vidal S，Marco-Martínez J，Filippone S，et al. Fullerenes for catalysis：metallofullerenes in hydrogen transfer reactions. Chemical Communications，2017，53（35）：4842-4844.

[234] Hebard A F. Superconductivity at 18 K in potassium-doped C_{60}. Nature，1991，350（6319）：600-601.

[235] Rosseinsky M J，Ramirez A P，Glarum S H，et al. Superconductivity at 28 K in Rb_xC_{60}. Physical Review Letters，1991，66（21）：2830-2832.

[236] Tanigaki K，Ebbesen T，Saito S，et al. Superconductivity at 33 K in $Cs_xRb_yC_{60}$. Nature，1991，352（6332）：222-223.

[237] Ganin A Y，Takabayashi Y，Khimyak Y Z，et al. Bulk superconductivity at 38 K in a molecular system. Nature Materials，2008，7（5）：367-371.

[238] Tanigaki K，Hirosawa I，Ebbesen T，et al. Superconductivity in sodium and lithium-containing alkali-metal fullerides. Nature，1992，356（6368）：419-421.

[239] Brown C M，Takenobu T，Kordatos K，et al. Pressure dependence of superconductivity in the $Na_2Rb_{0.5}Cs_{0.5}C_{60}$ fulleride. Physical Review B，1999，59（6）：4439-4444.

[240] Takabayashi Y，Prassides K. Unconventional high-T_c superconductivity in fullerides. Philosophical Transactions of

the Royal Society A，2016，374（2076）：20150320.

[241] Tanigaki K，Ebbesen T，Tsai J，et al. Superconductivity of Li_2MC_{60} and Na_2MC_{60} fullerides. Europhysics Letters，1993，23（1）：57-62.

[242] Kosaka M，Tanigaki K，Prassides K，et al. Superconductivity in Li_xCsC_{60} fullerides. Physical Review B，1999，59（10）：R6628-R6630.

[243] Zhou O，Fleming R，Murphy D，et al. Increased transition temperature in superconducting Na_2CsC_{60} by intercalation of ammonia. Nature，1993，362（6419）：433-435.

[244] Rosseinsky M，Murphy D，Fleming R，et al. Intercalation of ammonia into K_3C_{60}. Nature，1993，364（6436）：425-427.

[245] Zhou O，Palstra T，Iwasa Y，et al. Structural and electronic properties of$(NH_3)_xK_3C_{60}$. Physical Review B，1995，52（1）：483-489.

[246] Kortan A，Kopylov N，Glarum S，et al. Superconductivity at 8.4 K in calcium-doped C_{60}. Nature，1992，355（6360）：529-532.

[247] Kortan A，Kopylov N，Fleming R，et al. Novel A15 phase in barium-doped fullerite. Physical Review B，1993，47（19）：13070-13073.

[248] Brown C M，Taga S，Gogia B，et al. Structural and electronic properties of the noncubic superconducting fullerides A'_4C_{60}（A' = Ba，Sr）. Physical Review Letters，1999，83（11）：2258-2261.

[249] Baenitz M，Heinze M，Lüders K，et al. Superconductivity of Ba doped C_{60}-susceptibility results and upper critical field. Solid State Communications，1995，96（8）：539-544.

[250] Kortan A，Kopylov N，Glarum S，et al. Superconductivity in barium fulleride. Nature，1992，360（6404）：566-568.

[251] Iwasa Y，Kawaguchi M，Iwasaki H，et al. Superconducting and normal-state properties of nonavalent fullerides. Physical Review B，1998，57（21）：13395-13398.

[252] Özdaş E，Kortan A，Kopylov N，et al. Superconductivity and cation-vacancy ordering in the rare-earth fulleride $Yb_{2.75}C_{60}$. Nature，1995，375（6527）：126-129.

[253] Chen X H，Roth G. Superconductivity at 8 K in samarium-doped C_{60}. Physical Review B，1995，52（21）：15534-15536.

[254] Akada M，Hirai T，Takeuchi J，et al. Superconducting phase sequence in R_xC_{60} fullerides（R = Sm and Yb）. Physical Review B，2006，73（9）：094509.

[255] Talapatra G B，Manickam N，Samoc M，et al. Nonlinear optical properties of the fullerene（C_{60}）molecule: theoretical and experimental studies. Journal of Physical Chemistry，1992，96（13）：5206-5208.

[256] Tutt L W，Kost A. Optical limiting performance of C_{60} and C_{70} solutions. Nature，1992，356（6366）：225-226.

[257] Flom S，Pong R，Bartoli F，et al. Resonant nonlinear optical response of the fullerenes C_{60} and C_{70}. Physical Review B，1992，46（23）：15598-15601.

[258] Barroso J，Costela A，Garcia-Moreno I，et al. Wavelength dependence of the nonlinear absorption of C_{60}^- and C_{70}^- toluene solutions. Journal of Physical Chemistry A，1998，102（15）：2527-2532.

[259] Signorini R，Meneghetti M，Bozio R，et al. Optical limiting and non linear optical properties of fullerene derivatives embedded in hybrid sol-gel glasses. Carbon，2000，38（11-12）：1653-1662.

[260] Arbogast J W，Darmanyan A P，Foote C S，et al. Photophysical properties of sixty atom carbon molecule（C_{60}）. Journal of Physical Chemistry，1991，95（1）：11-12.

[261] Arbogast J W，Foote C S. Photophysical properties of C_{70}. Journal of the American Chemical Society，1991，113（23）：8886-8889.

[262] Huang H, Gu G, Yang S, et al. Third-order nonlinear optical response of fullerenes as a function of the carbon cage size（C_{60} to C_{96}）at 0.532 μm. The Journal of Physical Chemistry B，1998，102（1）：61-66.

[263] Belousov V, Belousova I, Gavronskaya E, et al. Some regularities of nonlinear-optical limitation of laser radiation by fullerene-containing materials. Journal of Optical Technology，2001，68（12）：876-881.

[264] Koudoumas E, Konstantaki M, Mavromanolakis A, et al. Transient and instantaneous third-order nonlinear optical response of C_{60} and the higher fullerenes C_{70}，C_{76} and C_{84}. Journal of Physics B：Atomic Molecular and Optical Physics，2001，34（24）：4983-4996.

[265] Riggs J E，Sun Y P. Optical limiting properties of mono-and multiple-functionalized fullerene derivatives. The Journal of Chemical Physics，2000，112（9）：4221-4230.

[266] Ma B，Riggs J E，Sun Y P. Photophysical and nonlinear absorptive optical limiting properties of [60]fullerene dimer and poly [60]fullerene polymer. The Journal of Physical Chemistry B，1998，102（31）：5999-6009.

[267] Huang W，Wang S，Liang R，et al. Ultrafast third-order non-linear optical response of Diels-Alder adduct of fullerene C_{60} with a metallophthalocyanine. Chemical Physics Letters，2000，324（5-6）：354-358.

[268] Fuks-Janczarek I，Dabos-Seignan S，Sahraoui B，et al. Experimental study of third-order nonlinear optical properties in C_{60}-TTF dyads with saturated（C—C）chemical bonds. Optics Communications，2002，211（1-6）：303-308.

[269] Aloukos P，Iliopoulos K，Couris S，et al. Photophysics and transient nonlinear optical response of donor-[60] fullerene hybrids. Journal of Materials Chemistry，2011，21（8）：2524-2534.

[270] Zaleśny R, Loboda O, Iliopoulos K, et al. Linear and nonlinear optical properties of triphenylamine-functionalized C_{60}：insights from theory and experiment. Physical Chemistry Chemical Physics，2010，12（2）：373-381.

[271] Elim H I，Anandakathir R，Jakubiak R，et al. Large concentration-dependent nonlinear optical responses of starburst diphenylaminofluorenocarbonyl methano [60]fullerene pentads. Journal of Materials Chemistry，2007，17（18）：1826-1838.

[272] Ouyang X, Zeng H, Ji W. Synthesis, strong two-photon absorption, and optical limiting properties of novel C_{70}/C_{60} derivatives containing various carbazole units. The Journal of Physical Chemistry B, 2009, 113(44): 14565-14573.

[273] Mavritsky O B，Egorov A N，Petrovsky A N，et al. Third-order optical nonlinearity of C_{60} and C_{70} and their metal derivatives under picosecond laser excitation. Fullerenes and Photonics Ⅲ，1996：254-266.

[274] Zhang T，Li J，Gao P，et al. Enhanced optical limiting performance of a novel molybdenum complex of fullerene. Optics Communications，1998，150（1-6）：201-204.

[275] Liu C，Zhao G，Gong Q，et al. Optical limiting property of molybdenum complex of fullerene C_{70}. Optics Communications，2000，184（1-4）：309-313.

[276] Dou K，Du J Y，Knobbe E T. Nonlinear absorption and optical limiting of fullerene complex C_{60} [W(CO)$_3$diphos] in toluene solutions and sol gel films. Journal of Luminescence，1999，83：241-246.

[277] Gu G，Huang H，Yang S，et al. The third-order non-linear optical response of the endohedral metallofullerene Dy@C_{82}. Chemical Physics Letters，1998，289（1-2）：167-173.

[278] Heflin J, Marciu D, Figura C, et al. Enhanced nonlinear optical response of an endohedral metallofullerene through metal-to-cage charge transfer. Applied Physics Letters，1998，72（22）：2788-2790.

[279] Campbell E E，Couris S，Fanti M，et al. Third-order susceptibility of Li@C_{60}. Advanced Materials，1999，11（5）：405-408.

[280] Yaglioglu G，Pino R，Dorsinville R，et al. Dispersion and pulse-duration dependence of the nonlinear optical response of Gd_2 at C_{80}. Applied Physics Letters，2001，78（7）：898-900.

[281] Xenogiannopoulou E, Couris S, Koudoumas E, et al. Nonlinear optical response of some isomerically pure higher fullerenes and their corresponding endohedral metallofullerene derivatives: C_{82}-C_{2v}, Dy@ C_{82}(Ⅰ), Dy_2@ C_{82}(Ⅰ), C_{92}-C_2 and Er_2@ C_{92}(Ⅳ). Chemical Physics Letters, 2004, 394 (1-3): 14-18.

[282] Kost A, Tutt L, Klein M B, et al. Optical limiting with C_{60} in polymethyl methacrylate. Optics Letters, 1993, 18 (5): 334-336.

[283] Riggs J E, Sun Y P. Optical limiting properties of [60]fullerene and methano [60]fullerene derivative in solution versus in polymer matrix: the role of bimolecular processes and a consistent nonlinear absorption mechanism. The Journal of Physical Chemistry A, 1999, 103 (4): 485-495.

[284] Bentivegna F, Canva M, Georges P, et al. Reverse saturable absorption in solid xerogel matrices. Applied Physics Letters, 1993, 62 (15): 1721-1723.

[285] Maggini M, Scorrano G, Prato M, et al. C_{60} derivatives embedded in sol-gel silica films. Advanced Materials, 1995, 7 (4): 404-406.

[286] Smilowitz L, Mcbranch D, Klimov V, et al. Fullerene doped glasses as solid state optical limiters. Synthetic Metals, 1997, 84 (1-3): 931-932.

[287] Schell J, Brinkmann D, Ohlmann D, et al. Optical limiting properties and dynamics of induced absorption in C_{60}-doped solid xerogel matrices. Journal of Chemical Physics, 1998, 108 (20): 8599-8604.

[288] Rio Y, Felder D, Kopitkovas G, et al. Reverse saturable optical absorption of C_{60}, soluble methanofullerenes, and fullerodendrimers in sol-gel mesoporous silica host matrices. Journal of Sol-Gel Science and Technology, 2003, 26 (1-3): 625-628.

[289] Kojima Y, Matsuoka T, Takahashi H, et al. Optical limiting property of fullerene-containing polystyrene. Journal of Materials Science Letters, 1997, 16 (24): 2029-2031.

[290] Tang B Z, Xu H, Lam J W, et al. C_{60}-containing poly(1-phenyl-1-alkynes): synthesis, light emission, and optical limiting. Chemistry of Materials, 2000, 12 (5): 1446-1455.

[291] Wu H, Li F, Lin Y, et al. Fullerene-functionalized polycarbonate: synthesis under microwave irradiation and nonlinear optical property. Polymer Engineering & Science, 2006, 46 (4): 399-405.

[292] Celli A, Marchese P, Vannini M, et al. Synthesis of novel fullerene-functionalized polysulfones for optical limiting applications. Reactive & Functional Polymers, 2011, 71 (6): 641-647.

[293] Kroto H W, Heath J R, O'brien S C, et al. C_{60}: Buckminsterfullerene. Nature, 1985, 318 (6042): 162-163.

[294] Krätschmer W, Lamb L D, Fostiropoulos K, et al. Solid C_{60}: a new form of carbon. Nature, 1990, 347 (6291): 354-355.

[295] Bo F. Relationship between the structure of C_{60} and its lubricity: a review. Lubrication Science, 1997, 9 (2): 181-193.

[296] 薛群基，张绪寿. C_{60}/C_{70}晶体摩擦相变的研究. 科学通报，1994，39（5）：475-477.

[297] Blau P J, Haberlin C E. An investigation of the microfrictional behavior of C_{60} particle layers on aluminum. Thin Solid Films, 1992, 219 (1-2): 129-134.

[298] Bhushan B, Gupta B, Van Cleef G W, et al. Fullerene (C_{60}) films for solid lubrication. Tribology Transactions, 1993, 36 (4): 573-580.

[299] Okita S, Matsumuro A, Miura K. Tribological properties of a C_{60} monolayer film. Thin Solid Films, 2003, 443 (1-2): 66-70.

[300] Nakagawa H, Kibi S, Tagawa M, et al. Microtribological properties of ultrathin C_{60} films grown by molecular beam epitaxy. Wear, 2000, 238 (1): 45-47.

[301] Zhao W，Tang J，Li Y，et al. High friction coefficient of fullerene C_{70} film. Wear，1996，198（1-2）：165-168.
[302] 张军，杜祖亮. 富勒烯 LB 膜结构与其摩擦学性能. 中国科学：B 辑，1995，25（3）：253-257.
[303] Xue Q，Zhang J. Friction and wear mechanisms of C_{60}/stearic-acid Langmuir-Blodgett films. Tribology International，1995，28（5）：287-291.
[304] Shi B，Lu X，Zou R，et al. Observations of the topography and friction properties of macromolecular thin films at the nanometer scale. Wear，2001，251（1-12）：1177-1182.
[305] Zhang P，Lu J，Xue Q，et al. Microfrictional behavior of C_{60} particles in different C_{60}-LB films studied by AFM/FFM. Langmuir，2001，17（7）：2143-2145.
[306] Yang G，Zhang X，Xun J，et al. Investigation of tribological properties of composite C_{60}-LB films. Chinese Science Bulletin，2006，51（15）：1811-1817.
[307] Lander L M，Brittain W J，Depalma V A，et al. Friction and wear of surface-immobilized C_{60} monolayers. Chemistry of Materials，1995，7（8）：1437-1439.
[308] Tsukruk V V，Everson M P，Lander L M，et al. Nanotribological properties of composite molecular films：C_{60} anchored to a self-assembled monolayer. Langmuir，1996，12（16）：3905-3911.
[309] Lee S，Shon Y S，Lee T R，et al. Structural characterization and frictional properties of C_{60}-terminated self-assembled monolayers on Au（111）. Thin Solid Films，2000，358（1-2）：152-158.
[310] Ren S，Yang S，Zhao Y. Preparation and tribological studies of C_{60} thin film chemisorbed on a functional polymer surface. Langmuir，2004，20（9）：3601-3605.
[311] Pu J，Mo Y，Wan S，et al. Fabrication of novel graphene-fullerene hybrid lubricating films based on self-assembly for MEMS applications. Chemical Communications，2014，50（4）：469-471.
[312] Ginzburg B，Tochil'nikov D. Effect of fullerene-containing additives on the bearing capacity of fluoroplastics under friction. Technical Physics，2001，46（2）：249-253.
[313] Pozdnyakov A，Kudryavtsev V，Friedrich K. Sliding wear of polyimide-C_{60} composite coatings. Wear，2003，254（5-6）：501-513.
[314] Gubanova G，Meleshko T，Yudin V，et al. Fullerene-modified polyimide derived from 3, 3′, 4′, -benzophenonetetracarboxylic acid and 3, 3′-diaminobenzophenone for casted items and its use in tribology. Russian Journal of Applied Chemistry，2003，76（7）：1156-1163.
[315] Zuev V V，Ivanova Y G. Mechanical and electrical properties of polyamide-6-based nanocomposites reinforced by fulleroid fillers. Polymer Engineering & Science，2012，52（6）：1206-1211.
[316] Liu D，Zhao W，Liu S，et al. Comparative tribological and corrosion resistance properties of epoxy composite coatings reinforced with functionalized fullerene C_{60} and graphene. Surface and Coatings Technology，2016，286：354-364.
[317] Upadhyay R，Kumar A. A novel approach to minimize dry sliding friction and wear behavior of epoxy by infusing fullerene C_{70} and multiwalled carbon nanotubes. Tribology International，2018，120：455-464.
[318] 阎逢元，金芝珊，张绪寿，等. C_{60}/C_{70} 作为润滑油添加剂的摩擦学性能研究. 摩擦学学报，1993，13（1）：59-63.
[319] Gupta B，Bhushan B. Fullerence particles as an additive to liquid lubricants and greases for low friction and wear. Lubrication Engineering，1994，50（7）：524-528.
[320] Ginzburg B，Baidakova M，Kireenko O，et al. Effect of C_{60} fullerene，fullerene-containing soot，and other carbon materials on the sliding edge friction of metals. Technical Physics，2000，45（12）：1595-1603.
[321] Lee J，Cho S，Hwang Y，et al. Enhancement of lubrication properties of nano-oil by controlling the amount of

fullerene nanoparticle additives. Tribology Letters，2007，28（2）：203-208.

[322] Lee K，Hwang Y，Cheong S，et al. Performance evaluation of nano-lubricants of fullerene nanoparticles in refrigeration mineral oil. Current Applied Physics，2009，9（2）：e128-e131.

[323] Xing M，Wang R，Yu J. Application of fullerene C_{60} nano-oil for performance enhancement of domestic refrigerator compressors. International Journal of Refrigeration，2014，40：398-403.

[324] 雷红，雒建斌，杨文言，等. C_{60}-丙烯酸月桂酯共聚物的合成及其摩擦学行为. 化学物理学报，2002，15（6）：471-475.

[325] Tuktarov A R，Khuzin A A，Popod'ko N Y R，et al. Synthesis and tribological properties of sulfur-containing methanofullerenes. Fullerenes，Nanotubes and Carbon Nanostructures，2014，22（4）：397-403.

[326] Liu B，Li H. Alkylated fullerene as lubricant additive in paraffin oil for steel/steel contacts. Fullerenes，Nanotubes and Carbon Nanostructures，2016，24（11）：712-719.

[327] Hong L，Wenchao G，Daoxun L. Experimental study on tribological properties of fullerene copolymer nanoball. Chinese Journal of Mechanical Engineering，2000，13（3）：201-205.

[328] 江贵长，官文超，郑启新. 富勒烯-苯乙烯-甲基丙烯酸三元共聚物的合成及其磨擦学性能. 应用化学，2003，20（11）：1044-1047.

[329] 官文超，申春迎. 富勒烯-衣康酸共聚物的合成及其润滑性能. 材料保护，2002，35（2）：15-16.

[330] Liu Y，Wang X，Liu P，et al. Modification on the tribological properties of ceramics lubricated by water using fullerenol as a lubricating additive. Science China Technological Sciences，2012，55（9）：2656-2661.

[331] Liu Y，Liu P，Che L，et al. Tunable tribological properties in water-based lubrication of water-soluble fullerene derivatives via varying terminal groups. Chinese Science Bulletin，2012，57（35）：4641-4645.

[332] Jiang G，Li G. Tribological behavior of a novel fullerene complex. Wear，2008，264（3-4）：264-269.

[333] Allemand P M，Khemani K C，Koch A，et al. Organic molecular soft ferromagnetism in a Fullerene C_{60}. Science，1991，253（5017）：301-302.

[334] Narymbetov B，Omerzu A，Kabanov V V，et al. Origin of ferromagnetic exchange interactions in a fullerene-organic compound. Nature，2000，407（6806）：883-885.

[335] Mrzel A，Omerzu A，Umek P，et al. Ferromagnetism in a cobaltocene-doped fullerene derivative below 19 K due to unpaired spins only on fullerene molecules. Chemical Physics Letters，1998，298（4-6）：329-334.

[336] Ishii K，Fujiwara A，Suematsu H，et al. Ferromagnetism and giant magnetoresistance in the rare-earth fullerides $Eu_{6-x}Sr_xC_{60}$. Physical Review B，2002，65（13）：134431.

[337] Takenobu T，Chi D H，Margadonna S，et al. Synthesis，structure，and magnetic properties of the fullerene-based ferromagnets Eu_3C_{70} and Eu_9C_{70}. Journal of the American Chemical Society，2003，125（7）：1897-1904.

[338] Yoshida A，Okuyama T，Terada T，et al. Reversible hydrogen storage/release phenomena on lithium fulleride（Li_nC_{60}）and their mechanistic investigation by solid-state NMR spectroscopy. Journal of Materials Chemistry，2011，21（26）：9480-9482.

[339] Teprovich Jr J A，Wellons M S，Lascola R，et al. Synthesis and characterization of a lithium-doped fullerane（Li_x-C_{60}-H_y）for reversible hydrogen storage. Nano Letters，2012，12（2）：582-589.

[340] Mauron P，Gaboardi M，Remhof A，et al. Hydrogen sorption in $Li_{12}C_{60}$. Journal of Physical Chemistry C，2013，117（44）：22598-22602.

[341] Mauron P，Remhof A，Bliersbach A，et al. Reversible hydrogen absorption in sodium intercalated fullerenes. International Journal of Hydrogen Energy，2012，37（19）：14307-14314.

[342] Knight D A，Teprovich Jr J A，Summers A，et al. Synthesis，characterization，and reversible hydrogen sorption

study of sodium-doped fullerene. Nanotechnology，2013，24（45）：455601.

[343] Gaboardi M，Milanese C，Magnani G，et al. Optimal hydrogen storage in sodium substituted lithium fullerides. Physical Chemistry Chemical Physics，2017，19（33）：21980-21986.

[344] Roth C，Hussain I，Bayati M，et al. Fullerene-linked Pt nanoparticle assemblies. Chemical Communications，2004，（13）：1532-1533.

[345] Lee G，Shim J H，Kang H，et al. Monodisperse Pt and PtRu/C_{60} hybrid nanoparticles for fuel cell anode catalysts. Chemical Communications，2009，（33）：5036-5038.

[346] Bai Z，Shi M，Niu L，et al. A facile preparation of Pt-Ru nanoparticles supported on polyaniline modified fullerene [60] for methanol oxidation. Journal of Nanoparticle Research，2013，15（11）：2061.

[347] Zhang X，Ma L X. Electrochemical fabrication of platinum nanoflakes on fulleropyrrolidine nanosheets and their enhanced electrocatalytic activity and stability for methanol oxidation reaction. Journal of Power Sources，2015，286：400-405.

[348] Girón R M，Marco-Martínez J，Bellani S，et al. Synthesis of modified fullerenes for oxygen reduction reactions. Journal of Materials Chemistry A，2016，4（37）：14284-14290.

[349] Hinokuma K，Ata M. Fullerene proton conductors. Chemical Physics Letters，2001，341（5-6）：442-446.

[350] Li Y M，Hinokuma K. Proton conductivity of phosphoric acid derivative of fullerene. Solid State Ionics，2002，150（3-4）：309-315.

[351] Gasa J，Wang H，Desousa R，et al. Fundamental characterization of fullerenes and their applications for proton-conducting materials in PEMFC. ECS Transactions，2007，11（1）：131-141.

[352] Tasaki K，Desousa R，Wang H，et al. Fullerene composite proton conducting membranes for polymer electrolyte fuel cells operating under low humidity conditions. Journal of Membrane Science，2006，281（1-2）：570-580.

[353] Wang H，Desousa R，Gasa J，et al. Fabrication of new fullerene composite membranes and their application in proton exchange membrane fuel cells. Journal of Membrane Science，2007，289（1-2）：277-283.

[354] Rambabu G，Bhat S D. Sulfonated fullerene in SPEEK matrix and its impact on the membrane electrolyte properties in direct methanol fuel cells. Electrochim Acta，2015，176：657-669.

[355] Hirakimoto T，Fukushima K，Li Y，et al. Fullerene-based proton-conductive material for the electrolyte membrane and electrode of a direct methanol fuel cell. ECS Transactions，2008，16（2）：2067-2072.

[356] Yang Z，Liu Y，Guo R，et al. Highly hydroxide conductive ionomers with fullerene functionalities. Chemical Communications，2016，52（13）：2788-2791.

第10章 富勒烯纪元

富勒烯一经发现就被认为具有理所当然的应用前景，曾被 *Science* 期刊评为明星分子，被业界誉为“纳米王子”。富勒烯已经走过了30多个年头，回顾富勒烯科学的历程，可以看到富勒烯研究从发现初期的气相研究，到实现宏量合成后的研究高潮，再历经急促降温的低谷，而今走出低谷又进入到平稳上升时期，不同的阶段都面临着不同的科学与技术问题。

1）富勒烯从发现到制备（1985～1990年）

在1985年Smalley等科学家宣布富勒烯的发现之后不久，他们又宣布发现了内嵌富勒烯，知道了富勒烯实际上是一系列含有不同碳原子数的团簇分子，而且笼内可以内嵌金属原子或小团簇。但是，由于当时在气相中激光蒸发石墨和超声冷却结合质谱检测的实验中，只能检测到富勒烯的分子量，还需通过理论分析才能推测分子结构。由于在气相实验中难以获得足够的样品，因此就无法验证富勒烯的准确几何结构以及由此引起的特殊性质，在这种情况下，如何通过实验合成得到足够量的富勒烯样品就成为当时的首要科学与技术问题，这也很自然要求科学界深入去理解富勒烯的形成。在这一时期，因为没有足量的富勒烯用于实验，关于富勒烯的研究主要集中于理论研究，许多科研小组做了宏量合成富勒烯的实验探索，事实上，先后有美国莱斯大学、英国萨塞克斯大学、IBM公司和美国亚历山那州立大学-德国马普学会的四个小组从激光、电弧等非常规的合成技术出发，进行在富勒烯宏量合成的征途上并取得重要进步。

2）富勒烯从结构到性能（1991～1996年）

1990年，富勒烯的宏量合成取得了突破，美国亚历山那州立大学-德国马普学会的研究小组通过电弧合成得到了宏量的C_{60}，并发现经典的富勒烯（C_{60}、C_{70}）不仅可以在空气中稳定存在，还可以溶解在有机溶剂中，这样人们就可在固相或液相条件下去研究它们，为富勒烯的广泛研究奠定了基础，人们从物理、化学、材料、医学、天文等各种不同的角度出发，掀起了富勒烯的研究热潮。在这一时期，建立富勒烯的合成方法、确定富勒烯的结构、发现富勒烯的性能成为首要科学问题。由于诸如电弧、燃烧等非经典合成技术的应用，使人们可以透过更广泛的视野来发展新的宏量合成技术，也使人们有机会找到包括单壁碳纳米管在内的更多的富勒烯新结构，富勒烯的一个又一个重要特性得以发现，一波又一波的研究热潮一直持续到20世纪中后期，有关富勒烯的典型反应类型和主要特性大多是在这一段时期被发现的。

3）富勒烯从碳笼到碳管（1997～2003年）

在富勒烯的发现者们获得诺贝尔奖后，碳纳米管逐步走上了舞台，富勒烯的研究热潮却急促降温。这段时期，世界上许多研究小组纷纷从经典富勒烯转向碳纳米管领域，尤其是在单层碳纳米管被报道后，Smalley将碳纳米管类比于拉长的富勒烯，使人们对富勒烯的研究热潮迅速转变成对碳纳米管的研究热潮。由于碳纳米管比富勒烯更长，展现出了一维纳米结构的典型特征，碳纳米管的各种特性成为这一时期人们关注的主要研究方向，一系列有关碳纳米管的重要性质被相继发现。进入21世纪后，人们对碳纳米管的研究热潮仍未减退，尤其是产业界，使碳纳米管成为后来居上比富勒烯更早实现工业化应用的新型碳材料。

4）富勒烯从稳定到活泼（2004～2010年）

继碳纳米管之后，作为二维材料的石墨烯被报道，掀起了一波更大规模的热潮，而富勒烯的研究却愈陷低谷，使富勒烯的研究面临严峻挑战。然而，由于碳纳米管和石墨烯的溶解性问题，很难通过化学手段进行深入的研究，因此，有一批化学家仍然坚持在溶解度更好的富勒烯研究领域，他们开始思考如何深入开展富勒烯研究的问题。这一时期人们将目光转移到更加活泼的富勒烯上，这类富勒烯的数量很大，是富勒烯家族的主要成员。活泼富勒烯可以透过内嵌方式得以稳定，值得一提的是三金属氮化物团簇的内嵌富勒烯，一经报道就掀起了新型内嵌富勒烯及其衍生物的研究高潮，但受富勒烯内腔尺寸的限制，较小的富勒烯难以通过内嵌方式进行稳定。2004年$C_{50}Cl_{10}$的报道标志着活泼富勒烯还可以通过笼外衍生得以稳定，此后，一批含相邻五元环的富勒烯相继被报道。解决了如何稳定活泼富勒烯的问题，也就打开了通往新型富勒烯的研究道路。通过对活泼富勒烯的稳定化研究，人们对富勒烯的功能化和对富勒烯空腔的利用方面也取得长足进步。

5）富勒烯从基础到应用（2010年以后）

富勒烯经历了20多年的研究之后，许多重要的性质已被发现，合成经典富勒烯和稳定活泼富勒烯的技术也已出现，研究重点转向对富勒烯特性的利用，如何进行技术开拓以实现富勒烯在医药、能源、材料等领域的实际应用成为重要的科学与技术问题。要实现富勒烯从基础研究到实际应用的跨越，规模化制备成了亟待解决的问题。由于富勒烯的制备主要是采用不同于经典化学方法的电弧或燃烧技术，这些方法面临的共性问题是产物复杂且产率低，这就涉及如何提高富勒烯产率的问题了，而要解决这一问题，还是需要充分理解富勒烯的形成机理。早在富勒烯发现之初，人们就进行了富勒烯的形成机理研究，但当时的技术主要集中在气相，事实上，近年来人们正在借助新的科技手段，从更广范围进行更深入的富勒烯的形成机理研究，以期突破富勒烯的工业化制备和理解富勒烯形成机理的瓶颈，进而实现富勒烯作为生物医药、可再生能源、未来电子设备等的核心材料的实际应用。

市场往往要求低廉的价格，而目前富勒烯的生产成本依然偏高，因此，进行富勒烯应用开拓首先面临的挑战就是富勒烯的规模化合成，国际上最早进行工业化投资的是三菱公司，早在 2003 年三菱公司就宣称进行年产 1500t 富勒烯的工业化生产，但后因富勒烯的市场开发没有形成规模，目前该公司关于富勒烯工业化生产的策略已有所调整。国内规模化进行富勒烯合成的企业有河南省濮阳市永新公司、内蒙古蒙碳纳米材料高科技有限责任公司、厦门福纳新材料科技有限公司、苏州大德碳纳米科技有限公司、江西金石高科技公司等，最近又有内蒙古碳谷科技有限公司进行富勒烯的生产，但迄今的市场还不够成熟，因此，这些公司的富勒烯生产规模也仅在年产吨级或以下的规模。另外，在内嵌富勒烯的宏量制备方向上，国内有厦门福纳公司进行 $Gd@C_{82}$ 等制备，而英国有剑桥大学的科创公司发展了生产和分离 $N@C_{60}$ 的技术，期望用作便携式原子钟的关键材料，但产品售价高达每克 2 亿美元，可谓迄今“最贵的材料”，被评入吉尼斯世界纪录。

目前，富勒烯化妆品、富勒烯保健品已经上市，富勒烯润滑油也有多个品种，富勒烯参与的柔性太阳电池已有模型产品，富勒烯药物也在开发中。未来富勒烯的应用领域还可望不断开拓，如药物、原子钟、超硬材料、分子陀螺、全碳电子、火箭推进剂、动物饲料、助催化剂等，都有可能成为富勒烯未来新的应用领域。

在跨越世纪的这 30 多年，富勒烯开创了前所未有的发展纪元，将人们带进了笼状结构碳团簇世界，通过富勒烯的研究又发现了一维碳纳米管结构，直接带动了 20 世纪末以来如火如荼的纳米科技研究。

未来，富勒烯的研究将需针对遗留在富勒烯科学中一些核心问题而深入开展，例如，关于富勒烯形成机理问题仍将是需要回答的难题，富勒烯的新结构仍将等待去发现和制备，进行富勒烯应用开拓也无疑将是一个重要方向。富勒烯的应用开拓还将涉及其他相关技术的发展，如富勒烯在太阳能电池中的应用，就依赖于成膜技术、器件制备技术等。如何绿色地进行富勒烯的功能化，也是今后很长一段时期需要面临的问题。

富勒烯的纪元已经开始，人类定能解决富勒烯科学与技术领域中一个个难题，继写富勒烯纪元的辉煌。

关键词索引

Z

其他